固相萃取技术与应用

第二版

陈小华 等 编著

科学出版社

北京

内 容 简 介

本书是《固相萃取技术与应用》的第二版，依然是从固相萃取的基本理论入手，系统地介绍了固相萃取技术的基本原理，固相萃取材料，固相萃取方法的建立与优化，固相萃取的自动化以及固相萃取技术在环境分析、食品分析、司法鉴定、药物分析、临床检测、生命科学等领域的应用，并对固相萃取技术应用中经常遇到的问题提出了解决方法。最后对固相萃取技术的发展前景进行了展望。

在第二版中，介绍了近年出现的固相萃取新材料及其应用，增加了近年在生物分析中经常用到的固体支撑液液萃取及固相萃取在临床检测中应用的内容。由于液相色谱–串联质谱技术在实验室的普及，本书对固相萃取技术的应用的内容进行了大幅更新。

本书可供从事环境及水质分析、食品分析、司法鉴定、药物分析、临床检测及生命样品分析的相关人员参考，也可以作为高等院校相关专业师生的教学参考书。

图书在版编目(CIP)数据

固相萃取技术与应用 / 陈小华等编著. —2 版. —北京：科学出版社，2019.10

ISBN 978-7-03-062309-6

Ⅰ.①固⋯　Ⅱ.①陈⋯　Ⅲ.①固相–萃取　Ⅳ.①O658.2

中国版本图书馆 CIP 数据核字（2019）第 205925 号

责任编辑：杨　震　霍志国　孙　曼 / 责任校对：杜子昂
责任印制：徐晓晨 / 封面设计：东方人华

科 学 出 版 社 出版
北京东黄城根北街 16 号
邮政编码：100717
http://www.sciencep.com

涿州市京南印刷厂印刷
科学出版社发行　各地新华书店经销
*

2010 年 1 月第 一 版　　开本：720×1000　1/16
2019 年 10 月第 二 版　　印张：41 3/4
2020 年 1 月第二次印刷　　字数：839 000

定价：**238.00 元**
（如有印装质量问题，我社负责调换）

编委会名单

第 二 版 序

面对环境科学、生命科学、天然产物、医药、临床检测等领域的复杂样品分析，样品前处理技术的发展与应用已成为当前分析检测的必要手段，在一定意义上说，样品预处理水平决定了分析检测的定性定量水平和分析精度。而固相萃取及基于固相萃取原理的各种样品前处理技术应用最为广泛。

陈小华博士等人近十年前撰写出版的我国第一部《固相萃取技术与应用》专著，系统介绍了该技术的理论和应用。我很欣慰地看到该书无论是在分析检测实验室，还是在高等院校都发挥了重要的作用。

近年来各种新的分析检测手段层出不穷，特别是 GC-MS/MS 和 LC-MS/MS 以及 TOF-MS 等技术的普及，将分析检测水平推到一个新的台阶。上述串联质谱技术已经广泛应用于食品安全、环境监测、新药研发、药物一致性评价、临床检测、司法鉴定及蛋白质分离中。而固相萃取作为一种样品前处理技术发挥了重要作用。

为了满足现今高灵敏检测技术的需求，固相萃取技术在近年也有了许多新的发展和应用。有必要对《固相萃取技术与应用》一书的内容进行更新。我很高兴地看到，与第一版不同，这次参与编写的人员包括了国内许多专家、学者和工作在分析检测一线的专业人员，他们将各自实验室的最新研究成果及各领域固相萃取技术的最新进展编入新版《固相萃取技术与应用》，使得该书与时俱进，更加具有可读性。

新版《固相萃取技术与应用》一书在理论部分增加了许多近年来在固相萃取技术方面新的进展，在应用部分除了对第一版书中许多应用案例进行了更新外，还增加了许多应用 GC-MS/MS、LC-MS/MS 的固相萃取样品前处理案例。我相信，新版《固相萃取技术与应用》一书的出版将会使我国广大化学分析工作者更加全面地了解和掌握固相萃取技术，更好地将固相萃取技术应用在日常的分析检测工作中。同时，该书也是一本很好的教科书，可以帮助在校学生更加系统地学习固相萃取技术。

中国科学院院士

2019 年 6 月 28 日

第 一 版 序

随着生命科学、环境科学、蛋白质科学、食品科学、天然产物及中医药等学科的迅速发展，分析化学迎来了新的发展机遇和挑战。面对上述复杂样品体系，样品预处理已成为分析鉴定的瓶颈之一，它直接影响最后分析结果，因此越来越受到人们的重视。固相萃取是样品预处理的重要手段之一。

固相萃取技术是在 20 世纪 70 年代末至 80 年代初发展起来的一种分离富集样品前处理技术，其应用领域涵括了食品分析、环境监测、临床监测、司法鉴定、药物研发、蛋白质分离等在内的诸多领域。在近年颁布的国标检测方法中，也越来越多地使用固相萃取作为样品前处理的手段。

固相萃取操作虽然简单，但是要用好这项技术，必须了解并掌握其原理。只有这样才能够真正发挥固相萃取在样品前处理中的作用。

陈小华、汪群杰两位海归博士在固相萃取方面都有很深造诣，他们用多年的知识积累和实践经验编写了《固相萃取技术与应用》这本书，这是国内第一本系统介绍固相萃取技术的专著。该书的出版必将推进我国样品预处理技术的发展和更加广泛的应用。

该书系统地介绍了固相萃取的原理、材料、方法开发及优化、固相萃取的自动化、常见问题与解决方法以及固相萃取在各个领域的应用等内容，同时，还给出了固相萃取常用的参数，是相关分析工作者不可多得的参考书。我相信该书的出版会帮助广大分析工作者更好地掌握并应用固相萃取技术，在复杂体系样品分析鉴定中发挥重大作用。

张玉奎

2009 年 9 月 1 日

第二版前言

记得当初写第一版的初衷是希望给国内分析实验室人员提供一本比较系统全面的固相萃取技术方面的书籍。从 2010 年 1 月《固相萃取技术与应用》一书由科学出版社出版至今，已经过去了将近十年，我欣慰地看到该书的出版基本达到了当初写书的目的，在不同程度上帮助了许多分析实验室的人员，并且成为许多大学相关专业研究生的必读教材。

然而，随着科学技术的发展，特别是串联质谱技术在分析实验室的广泛使用，我们能够对浓度更低的目标化合物进行定性和定量分析。但有些人一度认为有了高灵敏度、高分辨率的串联质谱技术，样品前处理就可以被淘汰，样品只需要简单地稀释就可以直接进样分析。十分遗憾，事实证明在许多情况下并非如此。例如，在近年逐渐普及的液相色谱–串联质谱分析中，人们必须考虑样品基质对质谱分析的干扰。目标化合物在质谱中的离子化程度会受到共流出物的干扰，最常见的就是"基质效应"对目标化合物分析的影响。另外，在液相色谱–质谱联用技术中，样品基质的引入会降低色谱柱的使用寿命。而适当的样品前处理可以大大降低这些干扰的影响，从而得到更加准确、真实的分析结果。

由此看来，即便近年分析检测技术有了很大的飞跃，但样品前处理依然是人们必须面对的挑战。在最近一次与张玉奎院士的交谈中，张院士说："样品前处理的重要性怎么强调都不为过。"由此可见时至今日，样品前处理在分析化学中依然处于很重要的位置。值得欣慰的是，随着分析检测技术的发展，包括固相萃取在内的样品前处理技术也有了相应的更新和发展。基于这一点，以及许多读者的需求，我们决定对第一版进行修编。在第一版基础上用了很大的篇幅介绍新型固相萃取材料和许多新的应用，增加了固体支撑液液萃取及固相萃取在临床检测中的应用两个章节。

第一版的编写大部分是凭我一己之力，以我在固相萃取领域二十多年的沉淀，花了三年时间完成。而此次第二版的编写，很荣幸地邀请到国内分析化学各个领域的专家学者及工作在一线的资深技术人员共同参与这项工作，一起为广大读者献上一本与时俱进，既有可读性，又有实用性的新版《固相萃取技术与应用》。在固相萃取理论部分，第 1 章至第 3 章做了适当修改，刘虎威教授和王松雪博士等负责了第 4 章的编写，第 5 章和第 6 章做了必要修改，潘灿平教授等负责了第 7 章的编写，第 8 章由我本人负责编写，第 9 章由李平博士等负责编写。在应用部分，第 10 章由翟家骥高工等负责编写，第 11 章由潘灿平教授和王松雪博士等负责编写，第 12 章改动不大，第 13 章由张金兰研究员等负责编写，第 14 章由李水军博士等负责编写，第 15 章由刘虎威教授等负责编写，第 16 章改动不大，第 17 章由李攻科教授等负责编写。

十年前，进口自动化固相萃取仪占据了国内的主要市场。经过国内许多企业，特别是民营企业多年的不懈努力，这种状况得到了很大的改变。我很高兴看到这种改变，也希望我们中国仪器人能够研发生产出更多的高质量国产样品前处理设备。为了支持国产仪器，在"固相萃取的自动化"一章我们用了更多的篇幅介绍国产自动固相萃取仪及相关仪器设备。

本书撰写的初衷未变，依然是希望通过此书为实验室人员提供较为全面的固相萃取技术方面的信息，帮助他们了解、掌握固相萃取技术，以便在工作中能够更好地加以应用。但由于水平有限，本书难免会有不足或疏漏之处，欢迎大家批评指正。

在这里，我要感谢所有支持和帮助我们完成本书的专家、老师和朋友。首先，要再次衷心地感谢张玉奎院士，当我提出希望他为本书第二版写序时，他一如既往地欣然接受了邀请，并作为本书编写顾问给予我们很大的支持。然后，我要感谢为本书编写付出辛勤劳动的编委会的专家们及参与编写的所有人员，他们分别是刘虎威教授和李先江博士；王松雪博士、叶金和李丽；潘灿平教授、马立利博士和李艳杰博士；翟家骥高工；李平博士、戴相辉及罗赟；张金兰研究员及任天坤博士、王喆博士、生宁和唐煜；李水军博士及陆优丽博士、张梦琪；李攻科教授和霍冰洋博士。我还要感谢一贯给予我支持的梁萍女士，在我决定编写第二版时，她向我提出了宝贵的建议。另外，我十分感谢赵蓓蓓、王宛、尹磊、张峰及黄葳在本书编写中给予的帮助和协作。最后，我要特别感谢睿科集团（厦门）股份有限公司林志杰总经理在本书的编写和出版中给予的全力支持和资助。

陈小华

2019 年 6 月 11 日

第一版前言

我在荷兰留学期间，师从时为国际毒物分析学会主席的 R. A. de Zeeuw 教授，专门研究固相萃取技术及其在系统毒物分析中的应用。20 世纪 90 年代回国后一直在从事自动化固相萃取仪器的应用与推广工作。近几年因为工作关系，我在全国各地进行过上百次固相萃取技术的讲座。每次讲座之后，总是有许多听众要求得到讲座资料，原因是他们十分缺乏样品前处理方面的相关资料。当时我利用出差的机会专门到北京、上海、广州等大城市的新华书店、科技书店翻阅了所有涉及固相萃取技术的书籍，发现大部分书籍中对固相萃取技术的介绍都十分简单，而且大同小异，并不能使读者系统地了解和掌握这项技术。为了满足参加讲座的听众在这方面的要求，我编写了《固相萃取技术及应用》的小册子，由香港华运公司印刷。从那时起，我就产生了编写一本专门论述固相萃取技术的中文书籍的想法。

近几年，固相萃取技术在国内迅速普及，相关的文章也越来越多。然而，当我们阅读这些文章时，可以发现一个带有普遍性的不足之处，就是大多数文章在描述建立固相萃取方法的过程时，较少讨论固相萃取所涉及的化学问题。较多的是基于经验及相关的实验结果，而缺乏对这些实验结果的解释。这一方面可能是由于在相当一部分的分析实验室中，样品前处理的重要性依然没有得到足够的认识，文章的作者不愿意在样品前处理方面多下笔墨；另一方面也可能是由于国内大学很少开办样品前处理相关的课程，学生毕业后又没有得到相应的培训，加上指导实验人员正确选择、使用固相萃取的资料实在太少，以至实验室人员缺乏相关的基本知识，当然，也可能是受篇幅所限。为了弥补这方面的不足，让更多的人来关心样品前处理的问题，我从 2006 开始着手编写这本书。今天，在汪群杰博士等人的支持和参与下，这本书终于脱稿了。

令人欣慰的是这几年样品前处理的重要性越来越受到人们的关注，网上出现了不少关于样品前处理的讨论区。在我曾经访问过的国内的许多实验室，看到一些研究生的研究课题就是固相萃取。这些都说明人们已经开始改变过去那种重仪器分析，轻样品前处理的观念。本书的目的就是为实验室人员提供较为全面的固相萃取技术方面的信息，帮助他们了解、掌握固相萃取技术，以便在工作中能够更好地加以应用。由于水平有限，本书难免会有不足，甚至错误，欢迎大家批评指正。如果读完此书可以从中有所得益，那么，我们的目的就已经达到了。

本书的第 1 章至第 9 章、第 11 章、第 13 章至第 15 章主要由我本人负责编写，第 10 章和第 12 章由汪群杰博士负责编写，我进行补充及修改。

本书在编写过程中，得到了许多热心人的支持和帮助。在这里，我要感谢所有支持和帮助我们完成这本书的老师和朋友。首先，要衷心地感谢张玉奎院士，当我提出希望他为本书写序时，他欣然地接受了邀请。另外，我还要特别感谢我的大学同学，华南理工大学轻工与食品学院的陈玲教授和她的学生们在本书的编写过程中帮我收集了大量的相关资料。同时，还要感谢广东省公安厅刑侦局技术处高级工程师裴茂清为我提供相关的资料。博纳艾杰尔科技有限公司的梁萍总经理、殷文娟对本书的出版功不可没，在此一并感谢。我还要感谢张俊燕、黄韦等人协助汪群杰博士完成相关章节的编写工作。本书的出版得到了博纳艾杰尔科技有限公司的鼎力资助，在此表示由衷的感谢。

陈小华

2009 年 6 月 11 日

目　　录

第1章 概 论

1.1 样品前处理的重要性

当今世界,人们在享受科学发展和社会进步带来前所未有的光明的同时,也在承受在追求发展过程中对自身生存环境破坏所带来的惩罚。工业化过程对我们赖以生存的地球造成的破坏和污染已是众所周知,食品安全、环境污染已经严重地影响人们的身体健康。

在中国,有五分之一的土地受到酸雨的影响。2006年10月世界卫生组织公布全球污染最严重的二十个大城市中,中国占十六个。各种农药、杀虫剂、抗生素、激素的大量合法或非法的使用,以及为追求经济利益而不断发生的掺假、造假事件,使得人们不得不忧虑环境和食品安全问题,2008年发生的轰动全球的三聚氰胺毒奶粉事件就是一个很好的例子。势态的严峻及人们的忧虑,导致要监控、分析的样品种类及数量迅速增多,对分析实验室的要求也越来越高,分析工作者正面临前所未有的压力。速度快、花费少是人们对分析实验室提出最多的要求。

从国际贸易的角度来看,中国加入WTO后,成员方之间的产品出口必须遵守WTO的原则。为了保护本国或本地区的工农业产业,发达国家都凭借先进科技优势,以保护环境和人类健康为由,通过立法或制定严格的强制性技术法规构建对国外商品进行准入限制的贸易壁垒[1]。这就是利用所谓"绿色壁垒"对本国或本地区的产业进行贸易保护,如增加检测项目、降低有害物质的许可含量等。日本从2006年5月29日开始执行的"肯定列表制度"中对许多有害物质的许可最低含量进行了调整。例如,蜂王浆中的氯霉素残留含量从原先的0.05 mg/L调整为0.0005 mg/L。由于各国对食品中残留有害物质的许可含量要求越来越低,对分析手段及相关的样品前处理手段的要求也越来越高。

近年来串联质谱技术已经进入不同实验室,特别是在新药开发及临床检测领域的迅速发展,LC-MS/MS越来越广泛地应用于生物样品的检测。串联质谱分析已经是贯穿新药研发各个阶段必不可少的检测手段。在临床检测方面,串联质谱的引入更是使得其应用领域产生了爆发性的增长,从体内各种药物、激素、氨基酸、维生素到生物标记物等。在临床检测领域,应用LC-MS/MS检测的项目已经多达2000多项。随着各种新型生物标记物的发现,其应用范围还会不断扩大。而串联质谱的成功应用,少不了生物样品的前处理环节。因此,样品前处理技术在新药研发及临床检测方面都起到重要作用。

目前,我国无论是对内还是对外的检测,实验室装备的分析检测仪器都是相当先进的,可以说是基本与国际接轨的。但是,在样品前处理方面,无论是资金的投入还是人员的培训,与发达国家相比还有一定的距离。我曾经访问了一个城市自来水厂的化验室,他们谈到由于建设部(现住房和城乡建设部)2005 年 2 月 5 日颁布了新的《城市供水水质标准》,水质检测标准要求检测项目从原来的三十五项增加到一百零一项,大大增加了他们的工作量。为了提高效率,他们希望用自动化的固相萃取设备来进行水中多环芳烃、有机农药残留量等分析前的样品预处理。然而,该实验室上至室主任,下至化验员,十几个人中没有一个人接触过固相萃取技术。由此可见宣传、推广现代样品前处理技术的重要性。

一个样品分析过程,包括样品的采集、分析前的样品处理、分析、数据处理及结果报告。在这个过程中,样品前处理是最烦琐、最花时间的步骤。根据 *LC-GC* 杂志对 1000 多个实验室进行的调查[2],在色谱分析过程中,实际仪器分析仅仅占 6% 的时间,而样品前处理所花费的时间则高达 61%！图 1-1 给出了该项调查的结果。很明显,样品前处理已经成为我们提高分析效率的瓶颈。这个问题不解决,即便有世界上最先进、最高效的分析仪器,也无法提高整体的分析工作效率。然而,由于种种原因,在许多人的头脑中已经形成一种观念,就是重视分析仪器及其方法,轻视样品前处理。长期以来,我国很少有关于分析样品前处理的专著。直到 2001 年,在这方面几乎是空白[3,4]。大学的分析化学专业也很少开设样品前处理的课程。大学毕业生到了工作单位,基本上是师父用什么方法,徒弟就学什么方法。在许多实验室中,不难看到气相色谱仪、液相色谱仪、气–质联用仪、液–质联用仪、多级质谱仪、红外光谱仪、核磁共振仪、等离子体光谱仪等世界上最先进的分析仪器。但是,样品前处理设备的投入则较少。值得庆幸的是,这种状况在最近几年有了很大的改变。

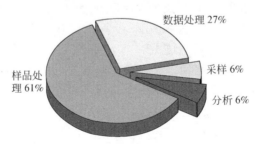

图 1-1　分析过程中各步骤花费时间所占比例

必须强调指出,样品前处理在整个分析过程中所占的位置是十分重要的。这不仅涉及工作效率的问题,同时也关系到分析结果可靠性的问题,样品前处理是影响分析数据精确度和准确度的主要因素之一。如图 1-2 所示,对于一个给定样品,在整个色谱分析过程中,主要的误差来源产生于样品处理及操作。这两项约占整个误差来源的 49%[2]!

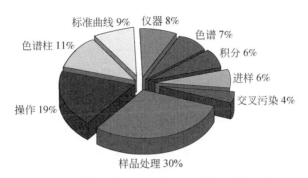

图 1-2 色谱过程每个步骤产生误差来源的概率

对于一个固体样品而言,整个分析过程可能包括以下步骤(图 1-3):

图 1-3 固体样品分析过程示意图

很明显,在分析过程中,样品处理引起的误差是无法通过分析仪器来校正的。因此,绝对不能忽视样品前处理的重要性。样品前处理在现代化学分析中是一个十分重要的步骤,要保证分析结果的精确度和准确度必须从样品前处理入手。

除了酶联免疫分析及放射免疫分析等对目标化合物有专一选择性的检测手段之外,一个送到实验室要求进行某种化学检测的样品,往往不能直接进行相关的检测。我们往往需要对这个样品进行一定的前处理,以保证该样品能够满足检测手段的要求。正如 *LC-GC* 杂志专栏作家 Majors[5] 所说:"Analysts are seldom lucky enough to be able to inject samples with no pretreatment。"例如,对水产品中孔雀石绿残留量的检测,根据现有的技术,人们是无法直接将鱼虾等水产品直接注入分析仪器进行检测的。根据农业部(现农业农村部)SC/T 3021—2004 方法,对于水产品中孔雀石绿残留量进行液相色谱检测前,样品必须经过粉碎匀浆、溶剂萃取、浓缩、固相萃取净化等前处理步骤将残留孔雀石绿从样品基质中分离出来,然后才能对样品中残留的孔雀石绿进行检测。

样品前处理的方法有很多。Majors[5] 罗列了三十九种目前实验室使用的样品前处理方法。根据样品的特性及检测手段,人们可以选择不同的样品前处理方法。理想的样品前处理方法应该符合以下条件:

(1)能够选择性地将一个或多个目标化合物从基质中分离出来。

(2)分离出来的目标化合物应该保持原有的基本特征,不能产生变性或被破坏。例如,不能出现降解、分解、代谢等。

(3)方法的重现性好,被分离出来的目标化合物的回收率应该是稳定的。

(4)速度要快,以满足快速响应及高通量样品分析的需求。

(5)方法简单,便于实际操作。

(6)成本低。

作者曾对样品前处理的目的进行过归纳[6],概括起来有以下几点:

(1)将目标化合物从样品基质中分离出来。由于样品基质是一个十分复杂的体系,人们往往无法直接将样品注入分析仪器进行检测,所以需要通过一定的手段将目标化合物从复杂的基质中分离出来。

(2)将样品中所含有的对分析仪器有损害或对目标化合物分析有干扰的成分除去。一个明显的例子就是对动物性食品中有毒有害物质的检测。动物性食品含有大量的大分子,如蛋白质、脂肪、聚合物、细胞残留、类固醇类等。这类物质在气相色谱分析时会聚集在气相色谱的进样口和分析柱上,造成色谱的分离效率降低,污染仪器。因此,需要采用适当的样品前处理手段将这些干扰物除去。例如,采用GPC(凝胶渗透色谱)净化就是一种常用的方法[7]。近年来,LC-MS/MS越来越多地应用于临床检测,生物样品的基质效应(matrix effect)会严重干扰LC-MS/MS的分析结果[8-10]。因此有效除去样品基质中的干扰物成为LC-MS/MS在临床检测应用中的一个重要课题。

(3)将样品转化为适合分析仪器对其进行分析的状态。根据分析仪器的不同,目标化合物可以是液态,如溶解于水溶液或有机溶液中,也可以是气态或固态。对于色谱分析而言,使用最多的是液态样品。在气相色谱分析中,目标化合物大多溶解于有机溶液中。在液相色谱分析中,取决于样品及色谱条件,目标化合物可以溶解于有机相或者水相。对于一些易挥发气体或含有易挥发气体的液体样品,可以采用顶空进样–气相色谱技术,这时,目标化合物可以是气态。固态样品在气相色谱分析中的顶空进样或裂解进样中的使用较为常见。

(4)调节样品的酸碱度、离子强度、浓度,以便符合检测仪器的工作要求。

表1-1列出了常见仪器分析方法及分析前必要的前处理手段。很明显,现今许多先进的仪器分析方法都涉及样品前处理的问题。

表1-1　常见仪器分析方法及分析前必要的前处理手段

目标化合物	样品前处理	分析仪器
有机物	萃取、浓缩、净化、衍生化	GC、HPLC、GC-MS、LC-MS
挥发性有机物	转化为蒸气态、浓缩	GC、GC-MS
金属	萃取、浓缩、形态分析	AA、GFAA、ICP、ICP-MS

续表

目标化合物	样品前处理	分析仪器
金属	萃取、衍生化、浓缩、形态分析	UV-Vis、IC
离子	萃取、浓缩、衍生化	IC、UV-Vis
DNA/RNA	细胞裂解、萃取、聚合酶链反应（PCR）	电泳仪、UV-Vis、荧光光谱仪
氨基酸、脂肪、碳水化合物	萃取、净化	GC、HPLC、电泳仪
生物标记物	萃取、浓缩、净化、衍生化	LC-MS/MS

注：GC. 气相色谱仪；HPLC. 高效液相色谱仪；GC-MS. 气–质联用仪；LC-MS. 液–质联用仪；LC-MS/MS. 液相色谱–串联质谱联用仪；AA. 原子吸收光谱仪；GFAA. 石墨炉原子吸收光谱仪；ICP. 电感耦合等离子体光谱仪；ICP-MS. 电感耦合等离子体质谱仪；UV-Vis. 紫外/可见分光光度计；IC. 离子色谱仪。

1.2 本书各章简述

本书从固相萃取的基本原理入手，介绍了固相萃取技术的基本理论，如何建立并优化固相萃取方法，影响固相萃取的因素，以及固相萃取在实际分析中的应用。以下是各章的主要内容。

第 1 章是概论，主要阐明样品前处理的重要性及作用，以及对本书的各章介绍。

第 2 章对固相萃取技术的概况进行了叙述。对什么是固相萃取，固相萃取技术的发展历史，固相萃取与液–液萃取及高效液相色谱的区别，以及固相萃取的作用等基本的概念进行了阐述。

第 3 章重点对固相萃取的基本原理进行了叙述。内容包括固相萃取中的几种主作用力及多种作用力，pH、样品基质以及各种参数对固相萃取的影响，并且介绍了常见的固相萃取模式。

第 4 章汇集了各种固相萃取材料的信息，包括以键合硅胶为基质的经典固相萃取材料，各种无机以及有机树脂型固相萃取材料。给出了各种固相萃取材料的理化性质及适用范围。同时还介绍了几种新型固相萃取材料，例如，分子印迹材料、免疫亲和材料、限进介质材料、金属有机骨架材料、聚合物整体材料、磁性材料、核酸适配体材料等。本章还归纳并介绍了主要商品化的固相萃取装置，如固相萃取柱、固相萃取膜片、膜片型固相萃取柱、固相萃取吸嘴等。最后对固相萃取柱的容量及固相萃取柱的再生问题进行了阐述。

第 5 章讨论了如何建立固相萃取方法。建立固相萃取方法应该从信息收集开始，根据这些信息建立初步的固相萃取方法。在这一章中，介绍如何选择固相萃取柱，如何设定固相萃取方法中的每个参数，如样品的用量、溶剂的选择、流速的选择等。应用初步建立的固相萃取方法，得到初步的实验结果。根据这些实验数据，我们可以对初步的方法进行优化。本章介绍了固相萃取方法优化需要考虑的因素，以及如何进行方法优化。另外,本章还简单地介绍了如何通过统计学方法对固相萃取参数进行优化。

经典固相萃取的前提是样品必须为液体。然而,在实际检验中,常常会遇到各种固态或半固态以及黏稠样品,如水果、蔬菜、蜂蜜、动物组织、血液等。即便是液体样品,在进行固相萃取之前也常常要进行适当的处理,如调节 pH,除去颗粒状物质以及大分子等。因此,在对这些样品中的目标化合物进行固相萃取之前,必须对样品进行适当的处理,使样品中的待测目标化合物溶解在液体中。这些都涉及固相萃取前的样品预处理问题。因此,第 6 章着重讨论了固相萃取前的各种样品预处理的方法。

第 7 章集中讨论了与固相萃取相关的样品前处理方法,包括基质固相分散萃取和分散固相萃取。虽然这两种萃取技术与经典的固相萃取之间有某种程度的相关,但其操作方法与经典固相萃取有很大的不同。基质固相分散萃取中固相吸附剂是直接与固态和半固态的样品作用,而分散固相萃取则是将固相萃取吸附剂作用于固态样品(瓜果、蔬菜等)的萃取液。本章结合 QuEChERS 萃取方法介绍了分散固相萃取的应用。由于近年来 QuEChERS 方法中的净化方法不断得到改良,本章着重介绍了这些新的改良方法。鉴于固相微萃取(solid phase microextraction,SPME)技术在许多文章和书籍中已经有十分详细的论述[11-13],本书没有涉及这项样品前处理技术。

近年来,固体支撑液-液萃取(SLE)作为一项样品前处理技术在生物样品前处理方面得到越来越多的关注和应用。为此我们增加了一个新的章节(第 8 章),专门对 SLE 技术进行了介绍。

样品前处理的自动化是解决高通量样品前处理的重要手段之一。要提高分析效率,就应该从样品前处理开始,实现自动化操作。第 9 章着重介绍了自动固相萃取仪的工作原理,以及如何通过自动化仪器实现固相萃取的自动化。另外,还介绍了自动固相萃取仪与其他自动化样品前处理设备的连接,以及智能机器人样品前处理平台,实现包括固态样品在内的样品前处理自动化。同时,还介绍了自动固相萃取仪与各种分析仪器连接的状况。通过这种连接,实现从样品前处理到分析的全自动化操作。在本章的最后部分,探讨了自动固相萃取仪在固相萃取方法优化中的作用。

从第 10 章至第 15 章,主要介绍固相萃取技术在各个领域的应用。为了方便实验室人员更好地了解本书所收录的固相萃取方法,在固相萃取应用部分介绍了相关目标化合物的理化性质,并尽可能提供这些化合物的理化参数,供读者参考。

在第 10 章中,按环境分析中常见的有毒有害物质分类进行讨论,所涉及的种类包括多环芳烃、酚类、多氯联苯和二噁英类、邻苯二甲酸酯类、有机农药类、全氟化合物、抗生素、激素类以及油类等污染物。由于许多实验室面对的往往不是单一污染物,而是多种污染物,同时萃取及检测多种污染物的方法就显得十分必要。因此,本章专门介绍了多残留检测中的固相萃取方法。极性化合物的水溶性很强,采用一般的萃取方法往往回收率较低,而固相萃取则可发挥优势,因此专门介绍了极性化合物的固相萃取方法。

近年来,食品安全已经成为影响人们正常生活的重要因素之一。从农药残留物到俗称"瘦肉精"的盐酸克伦特罗、苏丹红、孔雀石绿,再到所谓"蛋白精"的三聚氰胺,食品安全检测已经成为许多检测机构的重点工作。而且,待检测的样品数量急剧增加。鉴于固相萃取已经成为食品安全检测中主要的样品前处理手段之一,第11章重点介绍了固相萃取在食品分析中的应用,特别是多农残的固相萃取方法。包括瓜果、蔬菜、粮油中残留有机农药、毒素的萃取方法,烟草、茶叶、酒类中有害物质的萃取方法,以及水产品、可食用动物组织、奶类、蜂蜜中抗生素、激素的萃取方法。

鉴于固相萃取技术在司法检测中得到日益广泛的应用,在第12章中分类汇集了固相萃取在毒品、精神药物、毒鼠药以及爆炸残留物分析中的应用。司法毒物分析常常是大海捞针。一个未知样品送到检测实验室,分析人员就要检查该样品是否含有有毒有害物质。这就需要对样品进行系统的毒物筛查分析。为此,专门讨论了固相萃取在毒物筛查分析中的应用。

固相萃取应用的另一个重要领域是药物分析。第13章围绕中草药分离/分析、化学药物质量控制、抗体药物分析、药物代谢物动力学等专题对固相萃取的应用进行了介绍。在本章中还介绍了一些与固相萃取相关的新技术在药物分析中的应用。

随着LC-MS/MS技术在临床检测中发挥越来越大的作用,生物样品进行质谱检测前的样品处理也引起人们的关注。在新的修订版中专门增加了一个章节(第14章)介绍固相萃取技术在临床检测中的应用。

今天,固相萃取技术的应用已经远远超出了传统的分析领域。固相萃取在生命科学领域也同样发挥着积极的作用。为此,在第15章着重介绍了固相萃取在基因组学、转录组学、蛋白质组学、代谢组学和糖组学等领域的应用。

为了方便实验室工作人员解决固相萃取应用中的问题,在第16章对固相萃取应用中常见的问题和解决的方法进行了介绍。

第17章从固相萃取材料、固相萃取装置及固相萃取自动化以及涉及固相萃取技术的检测标准等方面对固相萃取未来的发展进行了展望。

本书的最后部分是一些固相萃取常用技术资料。由于许多实验室的工具书不全,将这些资料汇入本书以方便读者。

参 考 文 献

[1] 刘燕. 中国兽药杂志,2003,37(10):6

[2] Majors R E. LC-GC Intl,1991,4(2):10

[3] 王立,汪正范,牟世芬,等. 色谱分析样品处理. 北京:化学工业出版社,2001

[4] 江桂斌. 环境样品前处理技术. 北京:化学工业出版社,2004

[5] Majors R E. LC-GC Eur,2003,February:2

[6] Chen X H,Francke J P,de Zeeuw R A. Forensic Sci Rev,1992,4(2):148

[7] USA FDA. Pesticides Analytical Manual. 3rd ed. Vol. I,Section 304,1994

[8] Chiu M L,Lawi W,Snyder S T,et al. J Lab Auto,2010,15:233

[9] Bergeron A,Garofolo F. Bioanalysis,2013,5(19):2331

[10] Hewavitharana A,Tan S K,Shaw N. LC-GC North Am,2014,32(1):54

[11] Pawliszyn J. Solid Phase Microextraction—Therory and Practice. New York:John Wiley & Sons,1997

[12] Chen J,Pawliszyn J. Anal Chem,1995,67:2530

[13] 刘俊亭. 色谱,1997,15(2):118

第2章 固相萃取概述

2.1 固相萃取的概况

作为一项样品前处理技术,固相萃取(solid phase extraction,SPE)已经得到广泛的应用。如今,在互联网上通过搜索引擎搜索,很轻易就可以找到数以百万计与固相萃取相关的信息。据不完全统计,目前有至少50家公司在生产与固相萃取相关的产品。根据*LC-GC*杂志2003年发表的统计数据[1],在样品前处理中使用固相萃取的实验室数目与使用传统的液–液萃取(liquid-liquid extraction,LLE)的实验室数目相近。Stolker对1997~1999年发表的与兽药分析检测相关的200篇论文进行统计[2],结果表明使用手工及自动固相萃取作为前处理手段的占了47%,而使用溶剂萃取的则占31%。由此可见,固相萃取逐渐成为重要的样品前处理手段之一。在一些行业中,固相萃取已经成为主要的样品前处理手段。随着固相萃取技术在国内越来越流行,近年国内也不断涌现出新的生产固相萃取产品的公司。近年颁布实施的新的国家标准方法及行业标准方法,也越来越多地将固相萃取作为样品前处理的手段。例如,GB 23200.7—2016《食品安全国家标准 蜂蜜、果汁和果酒中497种农药及相关化学品残留量的测定 气相色谱–质谱法》[3]、GB 23200.13—2016《食品安全国家标准 茶叶中448种农药及相关化学品残留量的测定 液相色谱–质谱法》[4]、GB 23200.8—2016《食品安全国家标准 水果和蔬菜中500种农药及相关化学品残留量的测定 气相色谱–质谱法》[5]、GB 23200.113—2018《食品安全国家标准 植物源性食品中208种农药及其代谢物残留量的测定 气相色谱–质谱联用法》[6]、SN/T 4817—2017《进出口食用动物中克伦特罗、莱克多巴胺、沙丁胺醇残留量的测定 液相色谱–质谱/质谱法》[7]、商业部的行业标准NY/T 3412—2018《禽兽肉中地西泮的测定 高效液相色谱法》[8],等等。

2.1.1 什么是固相萃取

固相萃取是一种基于色谱分离的样品前处理方法。固相萃取包括固相(具有一定官能团的固体吸附剂)和液相(样品及溶剂)。液体样品在正压、负压或重力的作用下通过装有固体吸附剂的固相萃取装置(固相萃取柱、固相萃取膜、固相萃取吸嘴、固相萃取芯片等),由于固体吸附剂具有不同的官能团,能将液体样品特定的化合物吸附并保留在固相萃取柱上。根据使用固相萃取的目的,我们可以将固相萃取划分为两种模式。一种是经典的固相萃取模式,SPE 柱主要是用于吸附目标化合物,称之为目标化合物吸附模式固相萃取(targets adsorption mode SPE)。而另一种则是杂质吸附模式固相萃取(impurities adsorption mode SPE),即 SPE 柱主要用于吸附样品中的杂质。

在目标化合物吸附模式中,当样品通过 SPE 柱时,吸附剂的官能团与目标化合物发生作用,将目标化合物保留在柱子上,而通过 SPE 柱的样品基质则被排弃。为了降低分析中杂质对目标化合物的干扰,在对目标化合物洗脱之前,常常要用一定的溶剂对 SPE 柱进行洗涤。在尽可能不损失目标化合物的前提下,最大限度地除去这些干扰物。最后,用具有一定洗脱强度的溶剂将目标化合物从 SPE 柱洗脱出来,供下一步分析。如图 2-1 所示,这种模式通常包括五个步骤:①固相萃取柱的预处理(活化固相萃取柱);②样品过柱(添加样品并使其通过固相萃取柱);③洗涤(除去杂质);④干燥(除去水分);⑤洗脱(洗脱目标化合物)。

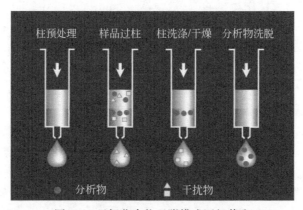

图 2-1　目标化合物吸附模式固相萃取

在杂质吸附模式中,样品过 SPE 柱时,杂质被柱填料吸附,而目标化合物则通过 SPE 柱,并被收集在容器中。这种模式也称为除杂质模式,常见于以正相材料为填料的情况中。例如,在用有机溶剂对固体样品进行萃取后,用正相 SPE 柱来吸附有机萃取液中的杂质。最近,人们开始研究在反相固相萃取中使用这种萃取模式。

我们在第 3 章中将对这两种萃取模式进行详细的讨论。

2.1.2　固相萃取的发展史

对于固相萃取,曾经有多种术语表达,例如,萃取色谱(extraction chromatography)、吸附阱(adsorption trapping)、液/固萃取(liquid/solid extraction)等。直到 1984 年 J. T. Baker 公司将其生产的萃取柱称为 solid phase extraction columns,"固相萃取"(solid phase extraction,SPE)才逐渐被接受为一个标准术语。

关于固相萃取的历史有多种说法,最早可以追溯到千年之前。有人提出最早的文献记录是在《圣经》中发现的[9]。就基本原理而论,固相萃取实际上就是柱层析。一直以来,层析柱多是手工装填,填料的来源、颗粒大小、表面积大小、装填的密度都难以控制。因此,用层析柱进行样品前处理的重现性很差,难以得到广泛的推广使用,更难以作为一种标准方法。从 1951 年起,人们就开始使用活性炭来吸附水中的有机物。但是由于活性炭的吸附力过强,有的被吸附的有机物难以脱附,回收率很低。固相萃取真正的发展可以分为三个阶段:1968 ~ 1977 年,1977 ~ 1989年,1989 年至今。

1968 年前后,就有人开始使用合成树脂(如苯乙烯–二乙烯基苯树脂)来装填萃取柱。固相萃取技术真正引起人们关注应该是从 20 世纪 70 年代开始。1970 年Fujimoto 等[10]用 Rohm & Haas 公司生产的 Amberlite XAD-2(交联聚苯乙烯–二乙烯基苯)分离尿液中的麻醉止痛药物,然后通过薄层色谱进行检测。1972 年Burnham 等[11]使用 XAD 树脂装填的柱子来富集水中痕量的有机污染物。他们用XAD-2 柱对 150 L 自来水中的污染物进行萃取,然后用 15 mL 乙醚进行洗脱,最后通过气–质联用仪(GC-MS)对经过浓缩的萃取物进行分析。在这个阶段,人们主要还是使用实验室自行装填的萃取柱。

1977 年,商品化的一次性预装填键合硅胶固相萃取装置在市场出现,大大加快了固相萃取技术的发展及应用。这主要归功于高效液相色谱柱填料技术的发展。在这个时期,高效液相色谱柱的生产厂家已经能够大量生产重现性较好的色谱填料,并装填重现性较好的高效液相色谱柱。这些生产技术被用于生产固相萃取装置,使得商品化的固相萃取装置具有较好的重现性。1978 年 Subden 等首次报道了使用商品化键合硅胶固相萃取柱[12]。这篇文章描述了使用 Waters 公司生产的 Sep-Pak 键合硅胶柱分离净化酒中的组胺(histamine),然后进行高效液相色谱分析的方法。各种键合硅胶固相萃取柱的出现,进一步加快了固相萃取技术的应用,特别是反相键合硅胶填料在固相萃取上的应用,使人们可以直接应用反相键合硅胶固相萃取柱萃取处理以水为基质的样品。因此,固相萃取技术迅速在环境保护、临床药物分析、医药工业等领域得以推广应用。在这个阶段,商品化的固相萃取装置的主要生产厂家有 Waters、J. T. Baker、Varian 等。而固相萃取装置以装填有键合硅胶的针筒型小柱最为常用。

1989 年以后,特别是 20 世纪 90 年代以来,各种新型的固相萃取材料不断地涌现,大大促进了固相萃取技术的应用。越来越多的实验室开始使用固相萃取作为样品前处理手段。虽然 20 世纪 60 年代就报道了采用有机聚合固相萃取材料,但有机聚合固相萃取材料的迅速发展并广为使用应该是在高交联聚苯乙烯–二乙烯基苯(polystyrene-divinylbenzene,PS-DVB)材料用于固相萃取之后。对 PS-DVB 进行各种改性,引入一些特殊的官能团,如磺酸基等,使得有机聚合固相萃取材料的应用范围可以与以硅胶为基质的固相萃取材料媲美。由于有机聚合固相萃取材料不受 pH 的限制,因此可以在全 pH 范围内使用。

为了提高固相萃取的选择性,20 世纪 90 年代人们开始关注免疫亲和固相萃取。将抗体键合在固相萃取填料上,以提高其选择性[13]。由于抗体必须在一定的环境下才能保持活性,这使得免疫亲和固相萃取受到一定的限制。为了解决这个问题,人们通过化学方法合成了与免疫亲和固相萃取材料性能相近的分子印迹聚合材料。1994 年 Sellergren[14] 首先将分子印迹聚合物(molecularly imprinted polymer, MIP)应用于在线富集尿液中的喷他脒(pentamidine)。将分子印迹材料用于固相萃取,简称为 MISPE。由于 MISPE 具有很高的选择性,因此引起了广泛的注意,许多实验室陆续发表了与 MISPE 相关的文章[15-20]。MIP Technologies 公司首先将 MISPE 柱商品化,推出了一系列 MISPE 柱。但是其成本相对较高,在一定程度上限制了 MISPE 柱的广泛应用。

另一类新型固相萃取材料是 20 世纪 80 年代出现的限进介质固相萃取(restricted access matrix SPE, RAM-SPE)材料。Hagestam 等[21]在 1985 年设计了内表面反相 RAM 材料,用于直接从血清和血浆中分离小分子药物。随后,出现了各种不同的 RAM-SPE 材料。

从第一根商品化的固相萃取柱投放市场,至今已经过去了 42 年,固相萃取技术作为样品前处理的一个重要手段依然在发挥着不可或缺的作用。近年来随着材料科学的发展,各种新型固相萃取材料也不断涌现,为固相萃取技术注入了新的生命力。例如,金属有机骨架(metal-organic framework, MOF)材料[22]、聚合物整体材料(monolith)[23]、上述两种材料的复合材料[24]、核酸适配体(aptamer)[25]、碳纳米管(carbon nanotube, CNT)[26]以及磁珠纳米材料(magnetic nanoparticle, m-NP)[27]等。

除了传统的固相萃取柱之外,随着实际应用的需要,不同规格的固相萃取装置也不断投放市场。例如,膜片型固相萃取材料及吸嘴型固相萃取材料等。

1989 年 3M 公司率先推出了膜片型固相萃取材料。这种固相萃取材料也称为固相萃取盘或固相萃取碟(SPE disc, SPE disk)。由于这种固相萃取膜片具有较大的表面积,所以特别适用于大体积样品的快速萃取。对于一个 500 mL 的水样来说,使用经典的固相萃取柱,处理一个样品大概需要 50 ~ 60 min。而固相萃取膜片则只需要十几分钟。

为了适应 LC/MS 对蛋白质分析的需要,20 世纪 90 年代末期,Millipore 公司首次将商品化的固相萃取吸嘴(Zip Tip)推向市场[28]。之后,多家公司推出了不同类型的固相萃取吸嘴。固相萃取吸嘴已经成为 MALDI-TOF-MS 对蛋白质分析中不可缺少的工具。

1989 年,Barker 等[29]首先提出了基质固相分散(matrix solid phase dispersion, MSPD)样品前处理的方法,将固体吸附剂与固体或半固体样品研磨混合后装入固相萃取柱后进行洗脱。2002 年,Anastassiades 等[30] 将分散固相萃取(dispersive solid phase extraction,d-SPE)应用于瓜果蔬菜的样品前处理,建立了 QuEChERS 样品前处理方法。现在固相萃取装置已经不再局限于固相萃取柱这种单一的形式,而是发展成为包括萃取柱、萃取膜、萃取吸嘴、萃取芯片、MSPD 及 d-SPE 等多元化的样品前处理技术。潘灿平等[31] 用多壁碳纳米管为基础的填料对 QuEChERS 的净化步骤进行了改进,大大简化了费时烦琐的 QuEChERS 净化过程。

近年来,固体支撑液-液萃取(SLE)被越来越广泛地应用在生物样品的前处理中[32]。

现在,固相萃取技术已经成为许多实验室必不可少的前处理手段,全世界实验室每年要消耗数以吨计的固相萃取材料。

2.1.3　固相萃取与液-液萃取的比较

在众多的样品前处理技术中,液-液萃取(LLE)是使用最广泛的方法之一。从 19 世纪开始,化学家就已经使用有机溶剂从水中萃取目标化合物[33]。这一古老的技术一直沿用至今。在许多实验室中,液-液萃取仍然是主要的样品前处理手段。液-液萃取包括两个难以相溶的液相。通常一相为水溶液,另一相为非水溶性或水溶性很差的有机溶剂。利用目标化合物在两个液相中不同的分配率达到对目标化合物的萃取分离。根据化学平衡,对于一个在给定条件下只以一种化学形式存在的化合物 A 来说,其在两相中的分配率 K_d 定义为

$$K_d = \frac{[A]_o}{[A]_w} = \frac{(M_A)_o / V_o}{(M_A)_w / V_w} \tag{2-1}$$

式中:$[A]_w$ 是达到平衡时化合物 A 在水相的浓度;$[A]_o$ 是达到平衡时化合物 A 在有机相中的浓度;$(M_A)_w$ 及 $(M_A)_o$ 分别是化合物 A 在水相及有机相中的质量;V_w 及 V_o 分别是水相及有机相的体积。

我们定义化合物 A 在有机相与水相中的质量比为 D,则式(2-1)就可以表示为

$$K_d = \frac{D V_w}{V_o} \tag{2-2}$$

即

$$D = \frac{K_d V_o}{V_w} \tag{2-3}$$

对于化合物 A 来说,在给定条件下(给定的水相及有机相),K_d 是一个常数。从式(2-3)很容易看出,当从水相将化合物 A 萃取到有机相时,要提高化合物 A 在有机相中的质量,就应该增加有机相的体积。

虽然液-液萃取至今依然广泛使用,但在实际操作中还是存在一些问题。例如,操作人员对液-液萃取的操作熟练程度对萃取结果有很大的影响。特别是在执

行以液-液萃取为样品前处理手段的标准检测方法时,由于操作人员掌握液-液萃取技能的差异,即便使用同样的分析仪器,最后得到的结果可能会相差很大。这直接妨碍了标准方法的推广与执行。液-液萃取面临的另外一个问题是大量使用有机溶剂。从式(2-3)可以看到,提高萃取效率的有效方法是增加萃取中有机溶剂的用量。为了提高回收率,经常采用同样的有机溶剂进行第二次、第三次萃取。然后合并几次的有机萃取溶液进行浓缩。有机溶剂的大量使用,一方面使得分析成本增加,另一方面不符合当今绿色环保的理念,也不利于操作人员的身体健康。萃取后的有机废液不能随便排放,对这些有机废液的处理也增加了分析成本。在对一些样品进行液-液萃取时,如果条件控制得不好,在将两相剧烈振荡混合后,两相无法完全分层。这时会在水相和有机相之间产生一层乳白色的水相和有机相的混合层。这种乳化层有时需要静置很长的时间才能分层,有时甚至不能分层。在这种情况下,存在于乳化层的目标化合物是无法分离出来的。如果弃去乳化层,目标化合物的回收率一定会下降。解决方法一般是破乳。例如,加入更多的有机溶剂或盐溶液。根据样品的基质不同,破乳操作有时成功,有时失败。在液-液萃取中与水相不混溶的常见有机溶剂只有十三种[34],因此,要选择性地萃取某种指定目标化合物是十分困难的。另外,用液-液萃取对极性大的有机物进行萃取,回收率往往较低。例如,对于乙酰甲胺磷等有机农药以及一些有机污染物的代谢产物等,由于这些化合物溶于水,采用液-液萃取很难得到满意的回收率[35,36]。众所周知,液-液萃取的手工操作是一个劳动强度大且费时的工作。为了提高效率,减轻劳动强度,提高样品前处理的效率,人们进行了许多尝试,希望实现液-液萃取的自动化。遗憾的是,至今还没有看到很成功的商品化的自动化液-液萃取仪器。其原因之一可能是仪器难以准确地将两相分开。如果发生了乳化,仪器更不知应该如何处理了。

相比之下,固相萃取正好弥补了液-液萃取的不足。这也是固相萃取技术能够迅速为人们所接受的主要原因之一。相对于液-液萃取,固相萃取的优势可以归纳为以下几点:

(1)对于一个给定的固相萃取方法,操作人员比较容易按照给定的方法控制实验条件得到重现的结果。这可能是包括国标在内的许多标准分析方法中越来越多地使用固相萃取的原因之一。

(2)在固相萃取中,使用的有机溶剂比经典的液-液萃取要少得多。有机溶剂主要用于固相萃取柱的预处理及目标化合物的洗脱。通常一个样品只需几毫升有机溶剂就可以了。这不但节省了成本,同时也减少了操作人员暴露在有机溶剂环境下的机会。

(3)在固相萃取中没有乳化问题。由于固相萃取是通过固态填料吸附液态样品中的目标化合物的一个物理过程,不会出现液-液萃取中的乳化现象。

(4)得益于高效液相色谱填料的迅速发展,目前固相萃取填料有许多不同的种类,可以选择性地分离萃取某类指定的目标化合物。例如,各种非极性、极性、离子交换、免疫亲和、分子印迹、限进介质填料等[37-42]。

(5)在现代仪器分析中,自动化是提高效率、规范样品前处理操作的重要手段。早年在国内市场主要是一些进口自动固相萃取系统,进入 2000 年后,国产自动固相萃取仪陆续投放市场。采用自动化的固相萃取系统不但可以将操作人员从烦琐的样品前处理工作中解放出来,提高工作效率,更加可以排除人为操作可能出现的操作错误及保证得到重现性良好的萃取结果。

Rood[43]曾经用液–液萃取及固相萃取对尿液中滥用药物进行萃取,并比较了采用这两种萃取方式得到的尿液萃取物对气相色谱毛细管柱的影响。实验表明,采用液–液萃取时,某些化合物,如速可眠药物的色谱峰响应在 300 次进样后明显减少,大约只有开始时的 27%。而采用固相萃取技术得到的萃取物在 300 次进样后,色谱峰响应几乎没有变化。甚至在 600 次进样后,其峰响应依然很好。由此可见,液–液萃取得到的尿液萃取物对气相色谱的毛细管柱造成的污染要比固相萃取大很多。这种污染主要来源于萃取物中的不挥发物质。

2.1.4　固相萃取与高效液相色谱的比较

固相萃取的前身就是柱层析技术。然而,人们在实践中发现,如果一篇文献中所提到的样品前处理采用的是柱层析的方法,要重复文献所提及的实验往往是十分困难的。其主要原因之一就是实验室自行装填的层析柱填料来源不一,装填的密度不一。当然得到的结果也就不同。这也是阻碍柱层析技术广泛应用的一个主要原因。固相萃取技术的发展在很大程度上是得益于高效液相色谱(HPLC)填料技术的发展,因此,固相萃取技术与高效液相色谱技术有许多相同之处。例如,两者都是通过液体中的目标化合物在固体填料上进行的吸附及脱附达到分离的目的。因此,人们常常可以通过目标化合物在高效液相色谱中的行为来预测其在固相萃取柱上的行为,并以此作为建立固相萃取方法的基础[44,45]。

但是,两者之间还是有许多不同之处。首先,两者的目的是不同的。在分析型HPLC 中,人们追求的是在尽可能短的时间里将混合物中的组分分离开。相邻的两个组分峰最好能够达到基线分离,也就是达到分离度 $\alpha \geqslant 1.2$。同时,要求色谱柱的柱效要高,以便得到尖锐的、符合高斯分布的色谱峰。这样无论是对组分进行定性分析,还是定量分析,准确性都很高。然而,在固相萃取中,人们关心的是将目标化合物从复杂的样品基质中分离出来;将干扰分析、对分析仪器造成损害的杂质尽可能地除去;将目标化合物浓缩到适当的浓度,以便分析仪器能够有效地进行定性、定量分析。

在分析型 HPLC 中,人们在不断追求具有更好分辨率、更高塔板数的色谱柱。

其中最有代表性的就是 Waters 公司 2004 年推出市场的超高压液相色谱（UPLC）[46]。其色谱柱填料颗粒一般都是规则球形的，直径从传统的 5 μm 减少至 1.7 μm，色谱柱压力从传统的 <41.37 MPa 增加到 >103.42 MPa。但 SPE 所使用的填料通常是不规则的，颗粒也比 HPLC 填料大很多，直径在 40 ~ 50 μm。经典的 SPE 柱的塔板数大多小于 50[47]。在 HPLC 中，样品进入色谱柱后首先在柱头聚集，随着流动相连续不断地进入，化合物在色谱柱上连续不断地在固相与液相之间分配以达到分离的目的，这个过程直到化合物流出色谱柱才停止。而化合物在 SPE 柱上的行为则不同，样品基质就是流动相。由于 SPE 柱的填料高度一般都很短，化合物在 SPE 柱上几乎没有分离，要么被吸附，要么随基质流过。因此，固相萃取是无法分别将混合物中的各组分分离开的。但在某种条件下，固相萃取可以将不同类别的混合物分离。例如，利用混合型 SPE 柱将弱酸性药物与弱碱性药物同时吸附，并用不同溶剂分别洗脱[48]。表 2-1 列出了 SPE 与 HPLC 主要的区别。

表 2-1　固相萃取与高效液相色谱的比较

	SPE	HPLC
填料颗粒	40 ~ 50 μm	3 ~ 5 μm(常规分析柱)
填料规格	不规则	规则球形
填料分离效率	低	高
塔板数	20 ~ 30	约10000
压力	低压	高压
目的	样品萃取/净化/浓缩	样品定性/定量分析

2.2　固相萃取的作用

2.2.1　分离

在对样品中的有机成分进行色谱分析时，特别是对半挥发性或难挥发性有机物分析时，一般都要求样品呈液态，如果不是液态就要通过一定的方法将其转为液态。这样才能进行仪器分析。例如，GC、GC-MS、HPLC 或 LC-MS 等分析，都要求样品是液体(顶空进样、固相微萃取进样及裂解进样除外)。各分析实验室面对的样品种类有所不同，常见的有食品(包括粮食及其相关产品、瓜果蔬菜及其相关产品、肉类及其相关产品、食用油类等)、烟草、茶叶、中草药、水(包括饮用水、水源水、废水等)、土壤、工业原料及其产品等。在上述样品中，除了我们感兴趣的目标化合物外，还有大量的其他成分。例如，当样品是水、血液或尿液时，人们需要将目标化合物从大量的样品基质中分离出来，并除去样品基质，同时将样品转化为仪器能够接受的形式之后才能进行仪器分析。相比于液-液萃取,固相萃取是一种很好的除去大量样品基质的工具,而且操作十分简单。在经典的固相萃取中,样品在外力作用下通过 SPE 柱时,目标化合物及部分杂质被吸附在 SPE 柱上,而大量的样品基质由于没有被吸附而流过 SPE 柱,并被弃去。固相萃取既适用于小体积样品中的目标化合物分离及基质去除(如生化样品常见的血液及尿液等[49-51]),也适用于对大体积样品中的目标化合物分离及基质去除(如水质、环境分析中常见的水样[52-54])。

2.2.2　净化

样品前处理的主要目的之一就是要除去样品中对仪器或分析有干扰的成分或杂质。在这方面,固相萃取是一个很好的手段。我们可以利用目标化合物与 SPE 柱上的官能团之间特殊的作用力来实现样品净化的目的。特别是当选用一些选择性很强的 SPE 柱时,其优点就更加明显。如通过离子交换柱、免疫亲和柱及分子印迹柱等对样品进行净化。随着液相色谱-串联质谱(LC-MS/MS)技术在新药研发及临床检测方面的应用,作为样品前处理手段之一的固相萃取技术也被广泛应用于各种生物样品的前处理。其主要作用是除去对 LC-MS/MS 分析产生干扰的蛋白质大分子及各种磷脂[55-57],以降低基质效应对串联质谱分析的干扰。

2.2.3　浓缩及转换溶剂

为了达到分析仪器的检测限的要求,往往需要对样品进行浓缩,并且需要将目标化合物转换至适合分析仪器使用的溶剂中。常见的是将以水为基质的样品转化为以有机溶剂为基质的样品。

最典型的例子是对饮用水中的痕量有毒有害物质的分析,例如,分析饮用水中的多环芳烃(PAHs)。根据国家城镇建设行业标准 CJ/T 141—2018[58],必须对城市自来水中七种致癌的多环芳烃进行监控。采用高效液相色谱分析时,这七种 PAHs 的最低检测质量浓度为 0.05 ~ 35.5 ng/L。由于这些致癌物质在饮用水中的含量很低,所以需要对很大体积的水样(500 ~ 1000 mL)进行萃取浓缩。如果用液-液萃取对 500 ~ 1000 mL 的样品进行萃取,所需有机溶剂的消耗量是十分大的。这样,一方面使得分析成本增加,另一方面萃取后还需要对有机相进行浓缩,以达到分析仪器的检测限。可见,采用液-液萃取对水中痕量有机物质的萃取既费时、费工、费经费,又不符合绿色环保的理念。与液-液萃取相反,固相萃取在对大体积水样的萃取中充分发挥了它的优越性。通过 SPE 柱或 SPE 膜片,我们很容易将大体积水样中的痕量 PAHs 保留在固相萃取填料上,然后再用少量有机溶剂,如四氢呋喃等,将其洗脱下来。如果四氢呋喃的用量为 2 mL,则通过固相萃取处理后的样品比原始样品浓缩了 250 倍(以 500 mL 样品计算)。在此过程中,水样中 PAHs 被转移到四氢呋喃中。

在利用固相萃取转换样品溶剂过程中,即便使用了两种相互不溶的液体,也不会出现液-液萃取中常见的乳化现象。因为在固相萃取过程中,是固相萃取填料固体分别与水相(如样品添加)及有机相(如洗脱溶液)作用,而没有发生液-液萃取中的有机相与水相的直接作用,所以在固相萃取中没有乳化的问题。

2.2.4　突发事件的样品前处理

对突发事件样品的检测要求是,样品前处理的速度要快。固相萃取被认为是较有潜力的样品前处理手段。高选择性的分子印迹固相萃取材料及混合型固相萃取材料分别作为专一的、快速的筛选分析样品前处理手段已经越来越引起人们的注意。前者对于有明确目标的样品能够有选择性地萃取分离某种或某类化合物;而后者主要用于对未知样品的系统萃取。

2.2.5　固相萃取技术的局限性

任何一种样品前处理方法都有其局限性,固相萃取技术也不例外。例如,对于固相萃取,样品必须呈液态或气态。只有液态或气态样品才能通过固相萃取柱。如果样品不是液态或气态,就必须通过一定的方法将目标化合物转移至液体中,然后才能够进行固相萃取。

由此可见,每种前处理方法都有一定的局限。所以,在实际工作中,一个样品在分析前常常需要应用两种或两种以上前处理技术对其进行处理。

参 考 文 献

[1] Majors R E. LC-GC Eur,2003,February:2
[2] Stolker A A. Residues of veterinary drugs in food. Proc Euroresidues IV Conf, Veldhoven, 2000:148
[3] GB 23200.7—2016. 食品安全国家标准 蜂蜜、果汁和果酒中 497 种农药及相关化学品残留量的测定 气相色谱-质谱法
[4] GB 23200.13—2016. 食品安全国家标准 茶叶中 448 种农药及相关化学品残留量的测定 液相色谱-质谱法
[5] GB23200.8—2016. 食品安全国家标准 水果和蔬菜中 500 种农药及相关化学品残留量的测定 气相色谱-质谱法
[6] GB 23200.113—2018. 食品安全国家标准 植物源性食品中 208 种农药及其代谢物残留量的测定 气相色谱-质谱联用法
[7] SN/T 4817—2017. 进出口食用动物中克伦特罗、莱克多巴胺、沙丁胺醇残留量的测定 液相色谱-质谱/质谱法
[8] NY/T 3412—2018. 禽兽肉中地西泮的测定 高效液相色谱法

［9］ Simpson N. Solid-Phase Extraction, Principles, Techniques, and Applications. New York: Marcel Dekker, 2000

［10］ Fujimoto J M, Wang R I H. Toxicol Appl Pharm, 1970, 16: 186

［11］ Burnham A K, Calder G V, Fritz J S, et al. Anal Chem, 1972, 44: 139

［12］ Subden R E, Brown R G, Noble A C. J Chromatogr, 1978, 166: 310

［13］ van Ginkel L A, Stephany R W, van Rossum H J, et al. TrAC, 1992, 11: 294

［14］ Sellergren B. Anal Chem, 1994, 66: 1578

［15］ Andersson L I, Paprica A, Arvidsson T. Chromatogr, 1997, 46(1-2): 57

［16］ Martin P, Wilson I D, Morgen D E, et al. Anal Commun, 1997, 34: 45

［17］ Muldoon M T, Stanker L H. Analy Chem, 1997, 69: 803

［18］ Stevenson D. Trans Anal Chem, 1999, 18(3): 154

［19］ Mullett W M, Lai E. Anal Chem, 1998, 70: 3636

［20］ 郭宇姝, 刘勤, 杨燕, 等. 分析化学, 2006, 34(3): 347

［21］ Hagestam I H, Pinkerton T C. Anal Chem, 1985, 57: 1757

［22］ Cui X Y, Gu Z Y, Jiang D Q, et al. Anal Chem, 2009, 81 (23): 9771

［23］ Xie S F, Svec F, Frechet J M. Chem Mater, 1998, 10 (12): 4072

［24］ Lin C L, Lirio S, Chen Y T, et al. Chem Eur J, 2014, 20 (12): 331

［25］ Romig T S, Bell C, Drolet D W. J Chromatogr B, 1999, 731(2): 275

［26］ Zhao P Y, Wang L, Zhou L, et al. J Chromatogr A, 2012, 1225: 17

［27］ González-Sálamo J, Herrera-Herrera A V, Fanali C, et al. LC-GC Eur, 2016, 29(4): 180

［28］ Majors R E, Shukla A. LC-GC North Am, 2005, 23(7): 646

［29］ Barker S A, Long A R, Short C R. J Chromatogr A, 1989, 475: 353

［30］ Anastassiades M, Lehotay S J, Stajnbaher D, et al. J AOAC Int, 2003, 86: 412

［31］ 潘灿平, 赵鹏跃. 一种农药残留的净化方法及其专用净化器: 中国, 201210586885.9, 2013

［32］ Majors R E. LC-GC North Am, 2009, 27(7): 52

［33］ Kolthoff I M, Sandell E B, Meehan E J, et al. Quantitative Chemical Analysis. 4th ed. New York: Macmillan, 1969: 335

［34］ Mitra S. Sample Preparation Techiques in Analytical Chemistry. New York: John Wiley & Sons, 2003

［35］ Barcelo D, Hennion M C. Determination of Pesticides and Their Degradation Products in Water. Amsterdam: Elsevier, 1997: 249

［36］ Chiron S, Alba A F, Barcelo D. Eniron Sci Tech, 1993, 27: 2352

［37］ Zief M, Kiser R. Solid Phase Extraction for Sample Preparation. Phillipsburg, NJ: J. T. Baker, 1988

［38］ Simpson N, van Horne K C. Sorbent Extraction Technology Handbook: Varian Sample Preparation Products. Harbor City, CA: Analytichem International Inc, 1985

［39］ Ensing K, Berggren C, Majors R E. LC-GC Eur, 2002 January: 2

［40］ Fleisher C T, Boos K S. American Lab, 2001 May: 20

［41］ Delaunay-Bertoncini N, Hennion M C. J Pharm Biomed Anal, 2004, 34(4): 717

［42］ Steiner F, Teunissen B, Morello R, et al. Dionex Application, LPN 1927-01 03/07, 2007

[43] Rood H D. Anal Chim Acta,1990,236:115

[44] Weidolf L O G,Henion J D. Anal Chem,1987,59:1980

[45] Casas M,Berrueta L A,Gallo B,et al. Chromatographia,1992,34(1/2):79

[46] Plumb R,Castro-Perez J,Granger J,et al. Rapid Commun Mass Spectrom,2004,18(19):2331

[47] Bouvier E S P. Waters Column,1994,V(1):1

[48] Chen X H,Wijsbeek J,Franke J P,et al. J Forensic Sci,1992,37(1):61

[49] Kolla P. J Forensic Sci,1991,36(5):1342

[50] Andresen B D,Alcaraz A,Grant P M. J Forensic Sci,2005:50(1):1

[51] Nielen M W F,Elliott C T,Boyd S A,et al. Rapid Commun Mass Spectrom,2003,17:1633

[52] Woffendin G,Hempstead H,Murphy J,et al. GCQ Technical Report,No. 9129,1998

[53] Urbe I,Ruana J. J Chromatogr A,1997,778:337

[54] 任晋,蒋可,徐晓白. 分析化学,2004,32(10):1273

[55] Taylor P J. Clin Biochem,2005,38:328

[56] Wang H X,Wang B,Zhou Y,et al. Anal Bionanal Chem,2014,406:8049

[57] Wang W,Qin S Z,Li L S,et al. Elimination of Matrix Effects Using Mixed-mode SPE Plate for High Throughput Analysis of Free Arachidonic Acid in Plasma by LC-MS/MS. Presented at MSACL 2015,San Diego,Mar 28-Apr 1,2015

[58] CJ/T 141—2018. 城镇供水水质标准检验方法

第 3 章　固相萃取基本原理与操作

在第 2 章中,我们将固相萃取与 HPLC 进行过比较。虽然两者的基本原理相似,但依然有许多明显的不同之处。从结构上看,HPLC 柱一般都较长,标准分析型 HPLC 柱长为 250 mm(柱床长度),而装填的填料颗粒都较小,多为 5 μm 左右或更小。而经典 SPE 柱的柱床高度,即装填在 SPE 柱中的填料高度则很短,一般在 10 ~ 20 mm。一些薄膜型高聚物 SPE 柱的柱床高度只有几毫米。SPE 柱填料的颗粒一般都比 HPLC 大许多,在 40 ~ 60 μm。由于这些基本因素的不同,化合物在两者中的色谱行为也有许多不相同之处。例如,在固相萃取中,化合物在 SPE 柱上的行为属于前沿色谱(frontal chromatography),也称为开关色谱(on-off chromatography),载样时,样品是连续不断地进入 SPE 柱,化合物被吸附。在这个过程中没有流动相,或者说样品基质就是流动相。在洗脱时,目标化合物随洗脱溶剂流出 SPE 柱;而不是像 HPLC 那样,样品是瞬间进入 HPLC 柱,并在柱头聚集,然后在流动相的作用下不断地进行脱附–吸附的循环,直至流出色谱柱。化合物在 SPE 柱上不能达到如同 HPLC 柱那种相邻组分的分离,因为 SPE 柱没有 HPLC 柱那么高的理论塔板数。但在一定的条件下,固相萃取能够实现按化合物类别进行分离。作为样品前处理的工具,SPE 柱必须要有足够大的保留值。只有保留值大才能处理比 HPLC 分析柱能够承受的体积大得多的样品。

固相萃取的操作看上去很简单,在目标化合物吸附模式中,经过 SPE 柱预处理、样品过柱、SPE 柱洗涤/干燥、目标化合物洗脱等几个步骤就可以完成。但是,要掌握好这项技术,就应该了解其基本原理,并将其应用在实际操作中。本章主要对固相萃取的基本原理及相关的因素进行讨论。

3.1　固相萃取吸附剂与目标化合物之间的作用机理

固相萃取装置主要是靠固相吸附剂上的官能团与目标化合物的官能团之间的作用力,将目标化合物保留在固相吸附剂上,而没有被保留的样品基质则通过固相萃取装置。这种作用力可分为非极性作用力、极性作用力、离子作用力、共价作用力及多种作用力等。了解固相萃取的作用机理对于建立、优化固相萃取方法,解决固相萃取中出现的问题都十分重要。

3.1.1　非极性作用力

对于键合硅胶及聚合物吸附剂而言,非极性作用力产生于固相萃取材料官能团上的碳氢键与目标化合物的碳氢键之间[1]。如图 3-1 所示,这种作用力是范德瓦耳斯力或散射力。固相萃取中的非极性作用过程类似于液-液萃取中分子从水相被萃取至有机相。所不同的是固相萃取中的有机相是键合硅胶或聚合材料等。非极性作用力在几种常见的作用力中最弱,一般在 1 ~ 5 kcal[①]/mol。由于有机分子或多或少都存在这种非极性结构,非极性作用力常常被用于从样品基质中吸附分离具有非极性结构的目标化合物。具有非极性性质的吸附剂在色谱中一般都称为反相(reversed phase)色谱吸附剂。因此,非极性固相萃取也称为反相萃取。由于非极性固相萃取吸附剂具有疏水性(hydrophobic),人们也常称这种材料为疏水型吸附剂。

图 3-1　固相萃取中非极性作用力示意图

常见的非极性固相萃取吸附剂是由十八个碳基连接在一起的烷烃基官能团,俗称为碳十八(C_{18})。由于 C_{18} 材料在液相色谱中广泛使用,人们对其性能也较为了解,因此,在固相萃取中也大量使用。除了 C_{18} 外,常见的非极性键合硅胶吸附剂还包括 C_8、C_6、C_4、C_2、CH(环己基)、PH(苯基)等。就直链烷烃官能团而言,其非极性作用力随着碳链的缩短而降低。

除了反相键合硅胶,具有非极性特性的固相萃取吸附剂还有以有机聚合物为基质的材料。其中最常见的是聚苯乙烯-二乙烯基苯(PS-DVB)树脂,在 4.3 节将对其进行详细的讨论。另外,还有以无机材料为基质的非极性固相萃取填料,如石墨炭黑(graphitized carbon black,GCB)和多孔石墨化碳(porous graphitic carbon,PGC)。值得指出的是,虽然这类吸附剂是作为非极性吸附剂来使用,但其作用机

---

① 1 cal＝4.184 J。

理与非极性键合硅胶及非极性有机聚合树脂很不相同[2]。另外,石墨碳类不但可
以用于萃取非极性化合物,也可以用于萃取极性化合物。石墨碳类吸附剂将在
4.2 节进行详细讨论。

通常,非极性的反相 SPE 柱较为适用于从极性基质中萃取分离非极性及中等
极性的目标化合物。非极性 SPE 吸附剂具有较好的通用性,所以比较适合用于同
时萃取多种不同化学性质的化合物。但这种以非极性为主的 SPE 装置的选择性比
较差。因此,对于生物、食品等成分较为复杂的样品,使用非极性固相萃取材料很
难得到较纯的萃取物。

对于通过非极性作用力吸附在非极性 SPE 柱上的目标化合物,可以用具有非
极性性质的溶剂洗脱,如氯仿、环己烷、乙酸乙酯等。只要溶剂的洗脱强度足以破
坏目标化合物与吸附剂非极性官能团之间的范德瓦耳斯力,就可以顺利地将目标
化合物从 SPE 柱上洗脱下来。即便是极性较强的甲醇,对于许多化合物来说也具
有足够的非极性作用力将其洗脱。有时单一溶剂不能把疏水性强的目标化合物完
全洗脱下来,则可考虑使用二氯甲烷∶乙酸乙酯(1∶1,体积比)。对于键合硅胶
反相吸附剂,必须考虑硅胶本身所具有的极性特性。因此,洗脱溶剂必须同时具有
破坏非极性作用力及一定程度的极性作用力。

3.1.2　极性作用力

极性作用力发生在许多固相萃取材料极性表面与样品中目标化合物的极性官
能团之间,如图 3-2 所示。常见的具有极性作用力的吸附剂在色谱中一般都称为
正相(normal phase)色谱吸附剂。因此,极性固相萃取也称为正相萃取。极性作用
力包括氢键、偶极-偶极相互作用、诱导力、π-π 相互作用等。极性作用力的强度比
非极性作用力要大,但比离子作用力的强度小,通常在 10 ~ 50 kcal/mol 的范围。
常见的极性官能团包括羟基、胺基、巯基、羰基、芳香环以及含氧、氮、硫、磷等杂原
子的基团。氢键是最显著的极性作用力。通常,在氢键形成过程中,羟基和胺类是

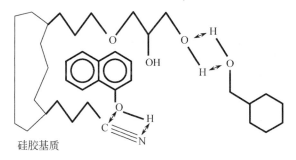

◀——▶ 偶极吸引力或氢键

图 3-2　固相萃取中极性作用力示意图

提供氢的,而接受氢的原子主要是电负性较大的氮、硫、氧原子。

非极性的基质环境有利于吸附剂和目标化合物之间的极性作用力,因为非极性溶剂没有能够与极性固相材料形成氢键的官能团。因此,在极性作用力的固相萃取中,样品的基质多为非极性的,如正己烷、二氯甲烷、菜油等[3]。而目标化合物多含有极性较大的官能团。由于极性环境会导致吸附剂和目标化合物之间的极性作用力被破坏,在正相萃取中一般要避免用水。水会在正相萃取材料的活性位置被牢固地吸附,使得目标化合物不能很好地被吸附。在固相萃取中,正相萃取大多作为一种样品净化手段来使用。例如,在对水、土壤、食品等进行溶剂萃取后,如果得到的萃取液依然含有许多对仪器分析有影响的杂质,就可以通过正相SPE柱吸附萃取液中的极性杂质,以达到净化的目的。正相SPE柱也被用于有机液体的萃取,如油类样品等。当用正相SPE柱以极性作用力来对样品进行萃取分离时,环境离子强度应该尽可能低,离子强度大也不利于吸附剂和分析物之间的极性作用力。

常见的极性固相萃取材料包括:硅胶、氧化铝、弗罗里硅土及含有氰基(CN)、氨基(NH$_2$)、二醇基(2OH)的键合硅胶。石墨炭黑及多孔石墨化碳的表面氧化学吸附及碳原子平面六角形结构产生的高电负性,也可用于对极性化合物的萃取。

值得指出的是,所有以键合硅胶为材料的固相萃取吸附剂,由于键合硅胶本身具有一定数量的没有键合的硅羟基 Si—OH(未封尾),所以都具有一定的极性特征。这种极性特征在非极性溶剂中最明显。

一般来说,碱性化合物在中等酸性的正相萃取柱上的保留能力较强,如硅胶、酸性氧化铝。而酸性化合物在碱性正相SPE柱上的保留能力较强,如碱性氧化铝。由于硅胶及氧化铝都具有吸水性,所以使用这类正相柱时,要特别注意防水。否则,水会大大减少其生成氢键的活性位置。由于碳水化合物、氨基化合物等极性特别强的化合物会很牢固地吸附在非键合正相萃取填料(如氧化铝、弗罗里硅土等)上而难以洗脱,遇到这种情况,可以改用键合硅胶正相柱,如氰丙基或氨丙基柱等。

在极性萃取中常用的洗脱溶剂有:甲醇、水、THF、异丙醇、乙酸、乙腈、丙酮、胺类、高离子强度缓冲液或这些溶液的混合液。从正相萃取柱上洗脱目标化合物的溶剂通常是根据洗脱溶剂的洗脱强度及极性来决定。表3-1给出了常用溶剂的洗脱强度(ε^0)及极性指数(P')。对于溶解在洗脱强度低于0.38的有机溶剂中的醛类、醇类及有机卤素化合物,可用硅胶将其吸附。因为这些洗脱强度低的溶剂对于上述化合物与硅胶之间的极性作用力没有竞争力。而这些化合物的洗脱则可选择洗脱强度大于0.6的溶剂,如甲醇等。

表 3-1　常用溶剂的理化参数[4]

溶剂	洗脱强度 ε^0（硅胶）	极性指数 P'	黏度（25 ℃）/cP	密度/（g/mL）	沸点/℃
正己烷	0.00	0.06	0.030	0.659	69
庚烷	0.00	0.20	0.40	0.684	98
环己烷	0.03	0.0	0.90	0.774	81
四氯化碳	0.14	1.60	0.90	1.594	77
甲苯	0.22	2.40	0.55	0.867	110
苯	0.27	3.00	0.60	0.879	80
无水乙醚	0.29	2.90	0.24	0.708	35
氯仿	0.31	4.40	0.53	1.483	61
二氯甲烷	0.32	3.40	0.41	1.327	40
四氢呋喃	0.35	4.20	0.46	0.881	66
丙酮	0.43	5.10	0.30	0.791	56
乙酸乙酯	0.45	4.30	0.43	0.900	77
乙腈	0.50	6.20	0.34	0.786	82
异丁醇	0.54	3.00	4.70	0.802	108
吡啶	0.55	5.30	0.88	0.980	115
异丙醇	0.63	4.30	1.90	0.785	82
甲醇	0.73	6.60	0.54	0.791	65
水	> 0.73	10.20	0.89	1.00	100
冰醋酸	> 0.73	6.20	1.10	1.049	118

3.1.3　离子作用力

如图 3-3 所示,离子作用力发生在带相反电荷的目标化合物与固相萃取吸附剂官能团之间。离子作用力强度为 50 ~ 200 kcal/mol,是三种作用力中最强的,也是三种作用力中选择性最好的。在离子交换固相萃取中,样品基质可以是极性的,如水溶液,也可以是非极性的有机溶液,但在实际应用中以水溶液较多,包括生物体液、江河湖海等自然水、废水等。对有机化合物而言,至少必须具备下列任意一种或以上的官能团才能通过离子作用力将其从样品溶液中分离出来:

(1)可生成阳离子的官能团(带正电荷);

(2)可生成阴离子的官能团(带负电荷)。

在这里我们用前缀“可生成”来表述这些化合物官能团是要强调这些化合物必须在一定的 pH 环境下才能呈离子化或中性化[5]。常见阳离子的官能团包括伯、仲、叔胺类。常见阴离子的官能团包括羧基、磺酸基、磷酸基等。要有效地利用

离子交换机理将目标化合物吸附在 SPE 柱上,必须满足以下两个条件:

(1)环境的 pH 必须使目标化合物和吸附剂带相反电荷;

(2)环境不能含有高浓度的带有和目标化合物相同电荷的竞争化合物。

图 3-3　固相萃取中离子作用力示意图

　　在实际操作中,为了满足第一个条件,确保 99% 以上的目标化合物及固相萃取吸附剂上的官能团能够呈离子或呈中性状态,应该根据目标化合物及固相萃取吸附剂官能团的 pK_a 来调节样品或 SPE 柱的 pH。对于一个可生成离子的化合物,pK_a 是该化合物 50% 呈离子状态,50% 呈中性状态时的 pH。

　　就弱酸性化合物 HA 而言,其在水中的解离平衡方程式为

$$HA \rightleftharpoons H^+ + A^- \tag{3-1}$$

根据 Henderson-Hasselbach 方程式,上述平衡方程式可以表示为

$$pH = pK_a + \lg \frac{[A^-]}{[HA]} \tag{3-2}$$

为了方便使用,将上述公式改写为

$$\frac{[A^-]}{[HA]} = 10^{\,pH-pK_a} \tag{3-3}$$

　　从式(3-3)可以看到,当 pH 与 pK_a 相同时,$[A^-]/[HA]$ 为 1。也就是说,这时 50% 的弱酸性化合物呈阴离子状态,另外 50% 呈中性状态。在该 pH 环境下,即便这些呈阴离子状态的化合物 100% 地被阴离子交换剂吸附,之后又 100% 地被洗脱,最高回收率也只能达到 50%。因为只有 50% 的弱酸性化合物呈离子状态,并被阴离子交换剂吸附。由此可见在离子交换固相萃取中,控制环境的 pH 十分重要。很明显,在用阴离子交换剂吸附弱酸性化合物时,应该尽可能使 $[A^-]/[HA]$ 趋近 ∞。理论上,当 $[A^-]/[HA]$ 之比等于 100 时,99% 的弱酸性化合物呈阴离子状态,可以被阴离子交换剂吸附。根据式(3-3),在进行阴离子固相萃取吸附时,要使弱酸性化合物 99% 离子化,样品基质的 pH 应该高于该化合物 pK_a 至少两个 pH 单位。反之,在对该弱酸性化合物进行洗脱时,应该将环境的 pH 调节至低于该化

合物 pK_a 至少两个 pH 单位。此时弱酸性化合物99%呈中性状态,用适当的溶剂就可以将其从阴离子交换柱上洗脱下来。

式(3-3)同样可以用于可生成阳离子官能团的弱碱性化合物。这时我们将弱碱性化合物看作共轭酸［HA⁺］,并将该公式改写为

$$\frac{[A]}{[HA^+]} = 10^{pH-pK_a} \tag{3-4}$$

与弱酸性化合物相反,在阳离子交换固相萃取中,要使弱碱性化合物99%解离为阳离子,式(3-4)中［A］/［HA⁺］应该等于1/100,即该弱碱性化合物所处的环境体系的 pH 应该低于该化合物 pK_a 至少两个 pH 单位。而在洗脱时,式(3-4)中的［A］/［HA⁺］应该等于100,也就是环境体系的 pH 应该高于该化合物的 pK_a 至少两个 pH 单位。此时99%的该化合物呈中性状态(共轭酸),用适当的溶剂就可以将其从阳离子交换柱上洗脱下来。

例如,用羧甲基弱阳离子交换(WCX)SPE 柱对猪肉或猪尿液中的盐酸克伦特罗进行萃取分离,SPE 柱填料的羧甲基官能团的 $pK_a=4.8$,盐酸克伦特罗的 $pK_a=9.6$。根据上述两个 pH 单位的原则,环境的 pH 至少应该调节到7.6。在此 pH 环境下,99%的盐酸克伦特罗呈阳离子状态,而 SPE 柱的羧甲基官能团则带负电荷。因此,可以将盐酸克伦特罗吸附。而在洗脱的时候,可在洗脱剂中加入碱,将洗脱环境的 pH 调节至高于其 pK_a 两个 pH 单位,即 pH≥11.6。在此环境下,盐酸克伦特罗与阳离子交换剂脱离,被洗脱溶剂从 SPE 柱洗脱出来。

由表3-2可以看到,环境 pH 对弱酸性及弱碱性化合物离子化程度的影响甚大。如果环境 pH 不符合要求,严重的会导致目标化合物无法按离子交换的萃取机理与离子交换剂进行作用。例如,弱酸性化合物在 pH 为 pK_a+2 环境下只有1%的该化合物呈阴离子状态。如果在此条件下用阴离子交换柱对该化合物进行萃取,回收率将<1%。同理,对于弱碱性化合物也是如此。

表3-2　环境 pH 对目标化合物离子化的影响

化合物种类	离子状态	pH=pK_a-2	pH=pK_a-1	pH=pK_a	pH=pK_a+1	pH=pK_a+2
弱酸性化合物	阴离子(−)	99%	91%	50%	9%	1%
弱碱性化合物	阳离子(+)	1%	9%	50%	91%	99%

由此可见,要有效地将离子化的目标化合物从样品基质中萃取出来,就必须了解离子交换剂官能团及目标该化合物的 pK_a,并以此决定吸附及洗脱时环境的 pH。在实际操作中,考虑到各种因素的影响,在调节 pH 时一般都大于目标化合物 pK_a 两个 pH 单位,以确保99%或以上的目标化合物能够被吸附或洗脱。许多弱酸性或弱碱性有机化合物的 pK_a 值在物理化学手册或文献中可以查到,如 *The Merck*

Index[6]。但是,由于种种原因,许多实验人员手中的工具书不足,查不到目标化合物的 pK_a,这就给实验带来一定的盲目性。对于药物分析人员,可以利用 U. S. National Library of Medicine 的 数 据 库 (https://www. nlm. nih. gov/portals/researchers. html)查找相关化合物的理化数据。如图 3-4 所示,登录该网站后,进入 Database/TOXNET 就可以查找相关化合物包括理化参数在内的许多数据。

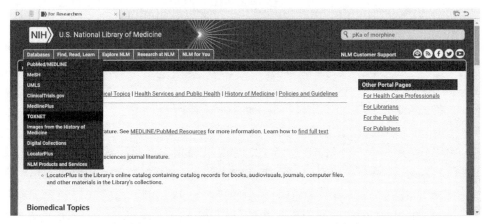

图 3-4　U. S. National Library of Medicine 网页

例如,我们查找吗啡的 pK_a 值,在"Search"栏中输入"pKa of morphine",就可以得到吗啡的相关数据,点击"Chemical/Physical Properties"就可以查询吗啡的 pK_a、lgK_{ow}、水中溶解度等数据(图 3-5)。

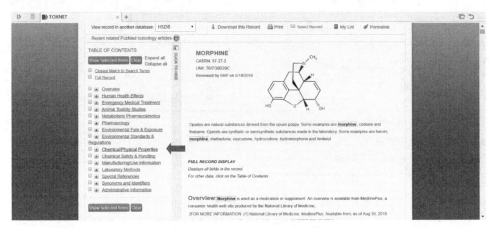

图 3-5　U. S. National Library of Medicine/TOXNET 关于吗啡相关信息的页面

如果实在找不到相关信息,可以参考附录二给出的部分常见官能团 pK_a 值来估计离子交换固相萃取中吸附及洗脱的 pH。由于 pK_a 受到诱导效应、场效应、共振效应、氢键、立体效应以及杂化作用等多种因素影响[7]，在使用附录二中官能团的 pK_a 值作为调节 pH 依据时，环境 pH 与 pK_a 的差值最好要大于两个 pH 单位。获得化合物 pK_a 值的另外一种方法就是通过建立 pK_a 的定量构效关系（quantitative structure-property relationship，QSPR）模型来计算化合物的 pK_a[8]。

固相萃取中常见的离子交换剂有以键合硅胶为基质的，也有以有机聚合物为基质的。离子交换剂分为阳离子交换剂和阴离子交换剂。根据离子作用力的强弱，又分为强阳离子交换剂（SCX）、弱阳离子交换剂（WCX）及强阴离子交换剂（SAX）、弱阴离子交换剂（WAX）。强离子交换剂的官能团是强酸或强碱基团，其离子交换官能团永远是带电荷的（正电荷或负电荷）。而弱离子交换剂的官能团多为弱酸或弱碱基团，其离子交换官能团带电与否与环境的 pH 有关。强阳离子交换剂主要含有苯磺酸基或丙磺酸基，在水溶液中总是带负电荷，能够与样品溶液中带正电荷的离子化合物发生作用。弱阳离子交换剂主要含有丙羧基，由于丙羧基的 pK_a 为 4.8，要使 99% 丙羧基带负电荷，环境 pH 应该大于 6.8。强阴离子交换剂主要含有季铵基，多以季铵盐的形式存在，在水溶液中总是带正电荷，能够与样品溶液中带负电荷的离子化合物发生作用。弱阴离子交换剂则以含有伯、仲、叔胺基的键合硅胶为主，这些官能团的 pK_a 在 10 左右。为了能够有效地将被吸附的离子化合物洗脱出来，对于含有强离子官能团的目标化合物一般选用弱离子交换柱；而对于含有弱离子官能团的目标化合物，则可选用强离子交换柱。表 3-3 给出了常见离子交换固相萃取填料的 pK_a 值。

表 3-3　常见离子交换固相萃取填料的官能团及其 pK_a

填料	官能团	pK_a
阴离子交换剂		
氨丙基（伯胺基）	—$(CH_2)_3NH_2$	9.8
乙二胺-N-丙基（仲胺基）	—$(CH_2)_3NH_2^+(CH_2)_2NH_2$	10.1、10.9
二乙基氨丙基（叔胺基）	—$(CH_2)_3NH^+(CH_2CH_3)_2$	10.6
三甲基氨丙基（季铵基）	—$(CH_2)_3NH^+(CH_3)_3$	总是离子状态
阳离子交换剂		
丙磺酸	—$(CH_2)_3SO_3H$	< 1
苯磺酸	—$C_6H_5SO_3H$	总是离子状态
羧酸	—CH_2COOH	4.8

在样品基质中与目标化合物带相同电荷的离子，也就是与离子交换填料的离子官能团带相反电荷的离子被称为抗衡离子（counter ion）。抗衡离子具有不同的选择性。对于离子交换剂的官能团而言，能够与其作用的抗衡离子的选择性比其

他抗衡离子的选择性高。在用离子交换剂吸附目标化合物时,与目标化合物竞争的抗衡离子的选择性越低越好。如果样品基质中的抗衡离子选择性强,就会造成与目标化合物竞争,使目标化合物不能很好地被保留在离子交换柱上。反之,在洗脱的时候,洗脱溶剂中若含有高选择性抗衡离子,则有利于将目标化合物与 SPE 柱的离子交换官能团分离。抗衡离子的选择性又称为选择序列。表 3-4 给出了常见离子的相对选择性。表中的数值越大,从离子交换柱上取代其他离子的能力越强。离子交换剂选择性的强弱取决于其官能团的性质。例如,对季铵(强阴离子交换剂)而言,柠檬酸根阴离子的取代能力就远高于乙酸根阴离子。因此,用乙酸根阴离子溶液处理的季铵吸附剂对目标化合物的吸附力远比用柠檬酸根阴离子溶液处理的季铵吸附剂强。反之,柠檬酸根阴离子溶液是一个好的洗脱剂。

表 3-4　离子的相对选择性

阳离子	选择性	阴离子	选择性
Ba^{2+}	8.7	苯磺酸根	500
Ag^+	7.6	柠檬酸根	220
Pb^{2+}	7.5	I^-	175
Hg^{2+}	7.2	CO_3^{2-}	110
Cu^{2+}	5.3	HSO_3^-	85
Sr^{2+}	4.9	ClO^-	74
Ca^{2+}	3.9	NO^-	65
Ni^{2+}	3.0	Br^-	50
Cd^{2+}	2.9	CN^-	28
Cu^+	2.9	HSO_4^-	27
Co^{2+}	2.8	BrO_3^-	27
Zn^{2+}	2.7	NO_2^-	24
Cs^{2+}	2.7	Cl^-	22
Rb^+	2.6	HCO_3^-	6.0
K^+	2.5	IO_3^-	5.5
Fe^{2+}	2.5	甲酸根	4.6
Mg^{2+}	2.5	乙酸根	3.2
Mn^{2+}	2.3	丙酸根	2.6
NH_4^+	1.9	F^-	1.6
Na^+	1.5	OH^-	1.0
H^+	1.0		
Li^+	0.8		

在应用离子作用力进行固相萃取时还必须考虑环境体系的离子强度和固相萃取填料的选择性。一般说来,低离子强度有利于分析物的吸附,高离子强度有利于目标化合物的脱附。样品的离子强度应该控制在<0.1 mol/L。对于高离子强度的样品,首先必须降低样品中的离子浓度。例如,尿液就是一个含有大量离子的复杂基质。在用离子交换 SPE 柱对尿样中的弱酸性或弱碱性化合物进行萃取时,首先必须降低尿样中的离子强度。最常见的方法是对样品进行稀释。

离子交换是一个定量的化学反应过程。离子交换剂吸附一定当量的离子化合物,就必须释放相等当量带同种电荷的离子。每克离子交换剂能够吸附的总离子当量就是该离子交换剂的当量容量。一般厂家或文献给出的容量值的单位为 meq/g。

以离子作用力为主的 SPE 柱主要的应用有:从水溶液(包括生物样品)中萃取能够生成阳离子或阴离子的有机化合物,对溶液进行除盐,从样品中除去离子化的杂质及干扰物等。

3.1.4　共价作用力

共价作用力发生在共价填料与目标化合物之间,共价键不容易被打断,但有的官能团形成的共价键在改变溶剂环境的条件下是可逆的[5],如苯硼酸基。在低 pH 条件下,苯硼酸基中的硼原子与三个不同的原子结合。当 pH 升至 8.5 时,硼酸基接受羟基。这时的几何结构使其可以通过两个氧原子与其他化合物形成共价键。含有二醇、二胺或胺醇基的化合物能够与其形成共价键。这种共价键在 pH 为 1.0 时被破坏,从而将目标化合物洗脱下来。相比上述三种作用力,共价作用力的选择性最强。但是,由于共价作用力的这种特殊性,在实际应用中较少采用。

3.1.5　多种作用力

在使用以键合硅胶为吸附剂的固相萃取装置时必须注意这种吸附剂除了主作用力之外,还存在副作用力。这主要是由于键合硅胶本身的硅羟基(Si—OH)在起作用。为了降低硅羟基的副作用,市面上许多商品化的固相萃取材料都进行了封尾(end-capping)处理。但是即便如此,键合硅胶依然保留了部分的硅羟基。由于硅羟基是强极性基团,在一定的环境下能够产生极性作用力。如果条件合适,还可以与具有阳离子官能团的化合物发生离子交换作用[9,10]。从表 3-5 可以看到,没有一种键合硅胶材料是只有单一作用力的。了解键合硅胶的这个特性,对于正确使用这类 SPE 柱很重要。因为多种作用力在一些情况下对萃取是不利的,应该尽量避免。为了降低硅羟基的影响,人们尝试用不同的硅羟基阻滞剂对反相硅胶材料进行处理。例如,在对 SPE 柱进行预处理时用缓冲溶液或在样品中加入缓冲溶液。有时血浆或尿液样品含有的组分也会阻滞硅羟基的作用。Doyle 等[11]的实验发现在用 Bond Elut C_{18} 反相硅胶柱对血浆和尿液中的碱性血管扩张——β-肾上腺素受体拮抗药进行萃取时,回收率很好。但是,当样品基质是水时,回收率降至27%。这可能是因为血浆或尿液样品含有的组分在一定程度上对硅羟基起到了阻滞作用。当使用 0.1%(体积分数)二丁基胺在样品添加前对 SPE 柱进行处理后,回收率有明显的改善。有时多种作用力对目标化合物的萃取是有利的,可以利用多种作用力来达到单一作用力无法完成的任务,这一点将在第 4 章中进行详细的讨论。

表 3-5　常见硅胶固相萃取柱与化合物之间的作用力[5]

官能团	非极性	极性	阴离子交换	阳离子交换
C_{18}	●	○		■
C_8	●	○		■
C_2	●	●		■
CH	●	○		■
PH	●	○		■
CN	●	●		■
2OH	●	●		■
SI		●		■
NH_2	○	●	●	■
PSA	○	●	●	■
DEA	○	●	●	■
SAX	○	○	●	■
CBA	○	○		●
PRS	○	○		●
SCX	●	○		●

注:●. 主作用力;○. 第二作用力;■. 活性硅羟基;C_{18}. 十八烷基(octadecyl);C_8. 辛基(octyl);C_2. 乙基(ethyl);CH. 环己基(cyclohexyl);PH. 苯基(phenyl);CN. 氰丙基(CN);2OH. 二醇基(diol);SI. 未键合硅羟基;NH_2. 氨丙基(aminopropyl);PSA. 乙二胺-N-丙基(ethylenediamine-N-propyl);DEA. 二乙基氨丙基(diethylaminopropyl);SAX. 三甲基氨丙基(trimethylaminopropyl);CBA. 羧甲基(carboxymethyl, hydrogen form);PRS. 丙磺酸基(sulfonylpropyl, sodium form);SCX. 苯磺酸基(benzenesulfonyl, hydrogen form)。

3.2　pH 对固相萃取的影响

在 3.1 节讨论离子作用力时,我们看到 pH 对固相萃取中的离子交换作用影响很大。实际上,无论是在对固相萃取材料的选择上,还是在实际操作中,pH 都是一个值得重视的参数。首先,在根据萃取机理选择固相萃取材料时,就必须考虑目标化合物和干扰杂质在不同 pH 条件下的状态。假设目标化合物具有可生成阳离子的官能团，而样品基质中含有大量的阳离子干扰物。如果采用阳离子交换柱对目标化合物进行萃取，最后的洗脱组分中可能会含有大量共洗脱的阳离子杂质。为了避免这些杂质的干扰，可以考虑根据目标化合物的 pK_a 调节样品的 pH 高于目标化合物 pK_a 两个 pH 单位，使目标化合物呈中性，然后采用非极性 SPE 柱进行萃取。由于目标化合物与非极性萃取填料之间是以非极性作用力结合的，所以可以通过水洗涤将阳离子杂质除去。由此可见，采用非极性键合硅胶作为固相萃取材料时，也必须注意控制样品及萃取环境的 pH。

由于商品化的键合硅胶 SPE 柱的封尾率最多在 70% 左右，还有 30% 的硅羟基存在。这些硅羟基在 pH > 2 的条件下都是带负电荷的。因此，当采用非极性键合硅胶柱对可生成阳离子的弱碱性化合物进行萃取时，必须要注意控制样品的 pH，保证目标化合物呈中性状态。如果这些弱碱性化合物所处的环境 pH 使其全部或部分呈阳离子状态进入 SPE 柱，与带负电荷的硅羟基中的—O⁻结合，按照正常的非极性洗脱方法是无法将目标化合物洗脱出来的，其结果必然是回收率降低。以2-萘胺(pK_a = 4.16)为例，为了保证该化合物以中性状态与非极性 SPE 柱作用，pH应该至少高于该化合物 pK_a 两个 pH 单位，即 pH ≥ 6.16。

就 C_{18} 而言，当化合物呈离子状态时，C_{18} 对于该化合物的容量因子会大大降低。因此，对于弱酸性化合物，也要注意控制 pH。例如，呈离子状态的酸性除草剂在 C_{18} 柱上基本不保留或很少保留。而在萃取前对样品溶液进行酸化，使其呈中性状态，就可以提高回收率[12]。如表 3-6 所示，当样品的 pH 从 7 调节至 2 时，7 种酸性除草剂在 C_{18} 柱上的回收率明显提高。其中最显著的是麦草畏和苯达松，回收率由 pH 为 7 时的 2% 和 6% 分别提高至 pH 为 2 时的 89% 和 100%。

表 3-6 酸性除草剂在不同 pH 条件下的回收率

（样品量 500 mL，浓度 0.5 μL/mL，C_{18} 柱，500 mg/6 mL）

化合物	pK_a	pH 2	pH 3	pH 7
麦草畏	1.94	89%	46%	2%
苯达松	3.2	100%	100%	6%
碘苯腈	3.96	98%	83%	31%
MCPP	3.07	104%	108%	27%
2,4-DB	4.8	98%	92%	38%
2,4,5-TP		100%	78%	10%
地乐消	5.0	72%	49%	30%

　　从下例中也可以看到 pH 对回收率的影响。用 C$_{18}$ 柱萃取炔己蚁胺（ethinamate）、甲乙哌啶酮（methylprylon）、异戊巴比妥（butalbital）、眠尔通（meprobamat）、导眠能（glutethimide），其中，样品一用 pH 4.5 的缓冲溶液稀释，洗涤溶液为 0.1mol/L 乙酸缓冲溶液（pH 4.5），洗脱溶剂为环己烷：乙酸乙酯（50：50，体积比）。而样品二的处理方法除了开始用 pH 6.0 的缓冲溶液稀释外，其余部分与样品一相同。比较图 3-6 和图 3-7 可以看到在 pH 6.0 的条件下萃取，炔己蚁胺的色谱峰明显降低。

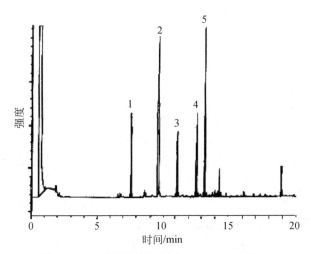

图 3-6　pH 对回收率的影响（pH 4.5，样品一）

洗脱溶剂：50：50 环己烷：乙酸乙酯。气相色谱峰：

1. 炔己蚁胺；2. 甲乙哌啶酮；3. 异戊巴比妥；4. 眠尔通；5. 导眠能

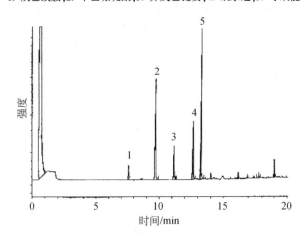

图 3-7　pH 对回收率的影响（pH 6.0，样品二）

洗脱溶剂：50：50 环己烷：乙酸乙酯。气相色谱峰：

1. 炔己蚁胺；2. 甲乙哌啶酮；3. 异戊巴比妥；4. 眠尔通；5. 导眠能

　　由于许多化合物同时具有多种官能团,在选择固相萃取机理时,应该根据目标化合物及干扰物的性质来考虑采用哪种萃取机理较为有利。如表 3-7 所示,2-萘胺是一个弱碱性化合物($pK_a = 4.16$),在一定的 pH 条件下还可以呈阳离子状态,同时该化合物具有疏水的非极性官能团及极性官能团。这时,就应该根据样品基质的具体情况来选择有利于将目标化合物与干扰物分离的萃取机理。如果样品基质中同时含有大量的非极性干扰杂质,就应该避免采用非极性的萃取机理,而将样品的 pH 调节到低于其 pK_a 两个 pH 单位,即 pH 2.16,并采用阳离子交换机理。反之,如果样品中同时含有大量的阳离子干扰杂质,则应该调节样品的 pH 至 6.16 (高于 pK_a 两个 pH 单位),采用非极性萃取机理较为有利。

表 3-7　同一化合物具有不同的官能团

官能团	目标化合物	萃取机理
疏水	萘环–NH_2	非极性
氢键	萘环–NH_2	极性
离子	萘环–NH_3^+	离子交换

3.3　样品基质对固相萃取的影响

　　由于目标化合物大多存在于样品基质中,所以必须考虑样品基质对目标化合物萃取的影响。在 3.1 节,我们主要讨论了固相萃取吸附剂与目标化合物之间的相互作用。然而,在固相萃取过程中,不仅存在固相萃取吸附剂与目标化合物之间的相互作用,同时,还存在固相萃取吸附剂与样品基质其他成分之间的相互作用以及样品基质中的其他成分与目标化合物之间的相互作用。在这三种相互作用中,只有第一种是我们需要的。而后两种都妨碍对目标化合物的萃取分离,应该防止或破坏。

　　样品基质中的其他成分都可能是目标化合物的干扰物。吸附剂与这些干扰物发生作用会导致部分吸附剂的活性位置被这些干扰物所占据,影响吸附剂对目标化合物的吸附。另外,如果这些被吸附剂保留的干扰物与目标化合物一起被洗脱出来,则可能干扰对目标化合物的分析,或者对分析仪器造成损害。

　　样品基质中的其他成分与目标化合物之间相互作用,可能导致目标化合物无法被固相萃取吸附剂保留,回收率下降。因此,在固相萃取中,掌握样品基质的性质的重要性不亚于目标化合物本身。样品基质对目标化合物在 SPE 柱上的保留的影响可以是多方面的。例如,样品基质的 pH、极性特征、离子强度等都可能阻碍 SPE 柱对目标化合物的萃取。通常这些影响可以通过对样品的稀释而得以明显降低。样品基质对固相萃取的影响还包括目标化合物吸附在样品基质中的颗粒上。通常在进行固相萃取前,样品中的颗粒可过滤除去。如果目标化合物被这些颗粒所吸附,则会随颗粒被过滤除去,导致回收率降低。为了减少这部分的损失,可以对滤渣进行溶剂萃取,或者采用加速溶剂萃取、超声波萃取、微波辅助萃取等手段回收被颗粒吸附的目标化合物。在对体内药物进行萃取时,还应该考虑目标化合物与体内蛋白质结合的可能性。目标化合物与蛋白质的结合,使其失去能够与固相萃取吸附剂官能团结合的有效官能团,因而无法被 SPE 柱保留。另外,由于蛋白质是大分子,无法进入填料颗粒的微孔内与填料官能团发生相互作用,而是无保留地随样品基质流过 SPE 柱。这势必造成目标化合物的损失。例如,药物在体内会与蛋白质结合[13],如果不先将其从蛋白质的结合中释放出来,固相萃取填料上的官能团无法将其吸附。有关样品基质对固相萃取影响的解决方法可参考第 6 章。

3.4　固相萃取中目标化合物的吸附与洗脱

经典的固相萃取是一种化合物被固相材料吸附,然后再从固相材料洗脱的过程。因此,吸附与洗脱是固相萃取所需要考虑的主要因素。就第 2 章所列举的第一种目标化合物吸附固相萃取模式而言,吸附是指将样品中的目标化合物从样品基质中萃取到固相萃取柱上。洗脱是指将已经与样品基质分离的目标化合物从固相萃取柱上洗脱下来。下面就一些与此相关的因素分别进行讨论。

3.4.1　容量因子在固相萃取中的意义

当一个液体样品通过反相 SPE 柱时,液体样品中的目标化合物被 SPE 柱吸附。该化合物在液相与固相之间的质量分配可以表示为

$$k = \frac{\text{化合物在固相的质量}}{\text{化合物在液相的质量}} \tag{3-5}$$

式中:k 是容量因子。k 值大,意味着化合物在 SPE 柱上保留多;k 值减小,则表示保留在 SPE 填料上的化合物减少。因此,在用 SPE 柱对样品中的目标化合物保留时,k 应该足够大,例如,k 大于 100。在这种条件下,当样品溶液通过 SPE 柱时,目标化合物被保留在 SPE 柱上,样品基质则不被保留而通过 SPE 柱。值得指出的是,这里讨论的容量因子是在理想情况下的。在实际操作中,如果样品溶液中的部分目标化合物与蛋白质等大分子结合在一起,或被样品中的颗粒所吸附,这些目标化合物是无法被保留在 SPE 柱上的。另外,并不是只有我们感兴趣的目标化合物

被保留在 SPE 柱上,可能还有一些对分析有干扰的杂质也同时被保留在 SPE 柱上。所以,在固相萃取操作过程中经常需要在对目标化合物洗脱之前对 SPE 柱进行洗涤,最大限度地将 k 值较小的杂质除去。

对于大体积水样进行萃取时,在不影响回收率的前提下,k 值越高,固相萃取柱(膜)能够承受的样品体积就越大。然而,对于生物样品,由于样品的体积一般较小,高 k 值并不十分重要。不过,目标化合物的 k 值高,有利于对共萃取的杂质进行洗涤。因为在这种情况下可以使用有机溶剂含量比例较高的洗涤溶液。

3.4.2 化合物在固相萃取装置上的保留程度

在第 2 章,我们在比较过 LLE 与 SPE 的区别时曾经讨论了化合物 A 在两相中的分配情况,并定义了化合物 A 在有机相及水相的质量比 D 为

$$D = \frac{K_d V_o}{V_w} \tag{3-6}$$

式中:K_d 为化合物 A 在两相中的分配率;V_w、V_o 分别是水相及有机相的体积。在进行一次萃取之后,残留在水相中的化合物 A 的含量为 f:

$$f = \frac{1}{D+1} \tag{3-7}$$

如果用相同体积的同种有机相对水相进行 n 次萃取,则水中化合物 A 的残留量为

$$f = \frac{1}{(D+1)^n} \tag{3-8}$$

很明显,对于化合物 A,f 值越小越好。式(3-8)也可用于固相萃取。假设在固相萃取中固相填料与液体样品的体积相同,化合物 A 在第一个塔板萃取率为 50%,则 $D = 50/50 = 1$。如果此时的 SPE 柱塔板数为 10,根据式(3-8)计算出残留在样品基质中的化合物 A 的含量为

$$f = \frac{1}{(1+1)^{10}} = 0.00097 \approx 0.1\% \tag{3-9}$$

也就是说,99.9% 的化合物 A 被保留在 SPE 柱上。如果在同一样品中除了目标化合物 A,还有杂质化合物 B,而杂质化合物 B 在第一个塔板萃取率为 1%。则此时 $D = 0.01$。经过上述 SPE 柱后,在排出的样品液体中的含量为

$$f = \frac{1}{1.01^{10}} = 0.9057 \approx 90.6\% \tag{3-10}$$

由于杂质化合物 B 在此条件下的 D 值很低,所以保留在 SPE 柱上的量就相对少,选择适当的溶剂就可以将这部分杂质除去。

3.4.3 穿透体积

在反相固相萃取中,对一个浓度很低的样品进行富集的时候,样品的穿透体积

(breakthrough volume,V_B)是一个十分重要的特征参数,因为在固相萃取中,人们希望目标化合物能够全部被保留在固相萃取装置上。通过对穿透体积的测定,可以确定某种吸附剂的 SPE 柱对于指定的目标化合物的吸附是否合适。穿透体积是通过图 3-8 所示的穿透曲线来确定的。当一个液体样品以一个恒定的低浓度和线速度进入 SPE 柱,样品中的化合物被定量地吸附在 SPE 柱上。这一过程一直持续到样品体积超出 SPE 柱吸附剂的柱容量为止。在此之后进入 SPE 柱的化合物将不能够被定量地吸附,而随样品基质流出 SPE 柱。很明显,不同的入口与出口浓度比会给出不同的穿透体积的定义。从较为符合实际需要的角度考虑,一般选择当出口处所检测到的化合物浓度为原样品浓度(入口浓度)1% 时的体积作为样品的穿透体积 V_B。图 3-8 显示穿透体积曲线是 S 型的。曲线中第二个拐点 V_C 表示 SPE 吸附剂达到饱和时的样品体积。也就是说,此时出口的浓度与入口的样品浓度相同。V_R 相当于色谱中的保留体积。根据前沿色谱理论[14],穿透体积与保留体积 V_R 的关系如下:

$$V_B = V_R - 2\sigma_v \tag{3-11}$$

式中:σ_v 是化合物在 SPE 柱轴向扩散的标准偏差。

$$\sigma_v = V_0(1+k)/\sqrt{N} \tag{3-12}$$

式中:V_0 是吸附剂颗粒间隙的体积,也称为死体积;k 是保留因子(容量因子);N 是塔板数。N 可以通过式(3-13)计算:

$$N = V_R(V_R - \sigma_v)/\sigma_v^2 \tag{3-13}$$

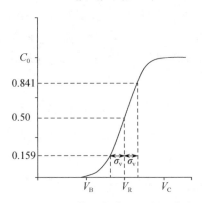

图 3-8　固相萃取中典型的穿透曲线

V_B. 穿透体积;V_R. 色谱洗脱体积;V_C. 通过 SPE 柱的最大上样体积;C_0. 样品中目标化合物的浓度

　　根据穿透体积理论,SPE 柱的穿透体积越大,能够处理的样品体积就越大。在固相萃取中,穿透体积相当于目标化合物没有明显损失情况下的最大许可通过 SPE 柱的样品体积。这意味着在不考虑其他因素(如不可逆吸附等)时,小于这个体积中的目标化合物将 100% 地被吸附。从式(3-11)和式(3-12)可以看到,SPE 柱的塔板数越大,σ_v 就越小,穿透体积也就越大。图 3-9 显示了穿透体积受塔板数影响的情况。比较从两根塔板数不同的 SPE 柱的穿透曲线,我们可以看到,两根 SPE柱的保留体积 V_R 都是约为 200 mL,但是塔板数 N 为 10 的 SPE 柱的穿透体积只有25 mL,而塔板数为 50 的 SPE 柱的穿透体积则高达 100 mL。这说明具有高塔板数的 SPE 柱比低塔板数的 SPE 柱能吸附更多的目标化合物。

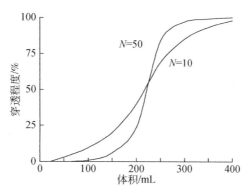

图 3-9　不同塔板数得到的穿透曲线图

　　塔板数也会影响被保留在 SPE 柱上的目标化合物的洗脱。塔板数越高,溶剂的洗脱效率越高,洗脱溶剂的用量就可以越少。因为塔板数越高,目标化合物在洗脱时的扩散就越小。

　　人们通常用 HPLC 中的高斯分布来描述固相萃取柱的容量与保留体积、理论塔板数之间的关系[15-17]。但是,这些描述并不十分符合低理论塔板数的情况。Lövkvist和 Jönsson[18] 比较了多种基于前沿色谱理论推导出的数学模型,认为式(3-11)不能十分准确地反映低塔板数的柱床的穿透体积,并提出了穿透体积的公式为

$$V_B = (a_0 + a_1/N^2 + a_2/N^2)^{-\frac{1}{2}}(1+k)V_0 \qquad (3\text{-}14)$$

式中:a_0、a_1、a_2 是表征穿透程度的系数,见表 3-8[19];N 是塔板数;k 是保留因子(容量因子);V_0 是填料颗粒间隙的体积。

表 3-8　Lövkvist 和 Jönsson 模型式(3-14)中的参数

穿透程度/%	系数		
	a_0	a_1	a_2
0.1	0.998	29.12	57.54
0.5	0.990	17.92	26.74
1.0	0.980	13.59	17.60
5.0	0.903	5.36	4.60
10.0	0.810	2.88	1.94

式(3-14)的意义在于,它指出了对于一个能够被吸附剂很好保留的化合物,即便是吸附剂柱床的理论塔板数很低,也可以有一个很大的穿透体积。这个结论已被 Mol 等[20] 所证明。式(3-11)较为适合 $N>4$ 的低塔板色谱柱,如 SPE 膜。如果 $N<4$,该公式偏差加大[21]。

应该指出的是,穿透体积对于处理大体积样品是十分重要的参数,但是对于小体积样品则并非基本参数。在对生物样品进行分析时,全血、血浆等生物体液通常只有几毫升,尿液最多也就 50 mL 左右。

3. 4. 4　穿透体积的测定与预测

固相萃取装置的穿透体积可以通过实验来测定。常用的测定方法有两种[22,23]。图 3-10 是以直接穿透法配置的测定系统。在直接测定法中,将含有目标化合物的样品液体以一个恒定的流速通过固相萃取装置,同时测定固相萃取装置出口处的目标化合物。在这个实验中,必须保证目标化合物的浓度不会使固相萃取装置超载。而且,检测器必须足够灵敏以监测穿透过程,但对样品溶液则应该十分不灵敏。为了使得出的穿透体积能更加接近实际样品在 SPE 柱上的行为,一般测定样品的浓度应该与实际萃取样品的浓度相接近。由于样品通过 SPE 装置的流速会影响穿透体积,实验的流速应该与实际固相萃取实验所用的流速相同。

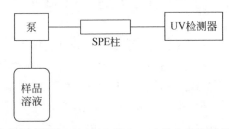

图 3-10　直接穿透法测定目标化合物在 SPE 柱上的穿透体积的实验装置

测定穿透体积的实验是十分费时的,而且精确评估穿透体积也是十分困难的。正因为如此,人们希望通过一些简单的实验来预测穿透体积。最常见的方法是用 HPLC 测定保留因子来预测固相萃取装置穿透体积。根据式(3-15)[24],由估计的固相萃取装置柱床填料间隙体积及所测定的 k 值,我们可以得到保留体积,根据保留体积就可以估计穿透体积。

$$V_R = V_0(1+k) \tag{3-15}$$

另外,根据估计的塔板数 N 及保留体积,利用式(3-14)可以计算出穿透体积。

在实际应用中通过 HPLC 测定化合物在 100% 水溶液中的 k 值十分困难。主要原因是保留时间太长,而且由于 SPE 柱柱效低,色谱峰很宽,难以检测。因此,一般采用外推法来测定化合物在 100% 水溶液中的 k 值,即 k_w。如图 3-11 所示,在外推法中,先测定化合物在不同比例的有机溶剂-水体系中的 k 值,然后将所得到的曲线外推至有机溶剂含量为零处就可以得到 k_w。

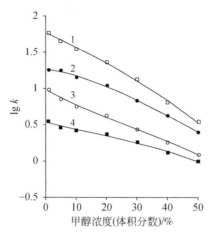

图 3-11　保留因子与流动相中甲醇浓度关系图

填料为键合氰丙基。1. 萘;2. 氯苯;3. 苯乙醇;4.2-苯基乙醇

必须指出,虽然在许多文献中都可以查到反相固相萃取材料的 $\lg K_w$,但是,由于不同厂商生产的填料在生产工艺上可能有很大的差异,文献值没有通用性。

假设一根 C_{18} SPE 柱的吸附剂质量为 100 mg,多孔率为 0.65,装填密度为 0.6 g/mL,V_0 为 0.12 mL/100 mg,塔板数为 20。根据外推法求得 $\lg k_w$ 为 4.9,即 k_w 为 91200。根据式(3-15)可以计算出 V_R:

$$V_R = 0.12 \times (1 + 91200) \approx 10944(mL)$$

也就是 V_R 大约为 11 L。

根据式(3-12),可以计算出 σ_v:

$$\sigma_v = 0.12 \times 91201/4.5 = 2.4(L)$$

根据式(3-11),可以计算出穿透体积 V_B 为

$$V_B \approx 11 - 4.8 = 6.2(L)$$

3.4.5　吸附剂体积

式(3-11)~式(3-14)告诉我们,虽然增加 k 值和 N 有利于目标化合物在 SPE 柱上的保留,但是在实际应用中我们必须将其他因素一起综合考虑。增加填料(柱床)体积,能够使得 V_B 增加。但在实际应用中柱床体积不能太大。因为柱床体积过大必然导致洗脱溶剂体积相应增加。这不符合洗脱溶剂应该尽可能少的原则,也不利于高通量样品处理。

3.4.6　吸附剂粒径

吸附剂的颗粒大小会影响样品通过 SPE 柱的柱压降。对于非在线 SPE,柱压降不宜过大。一个液体样品通过 SPE 柱的柱压降为

$$\Delta P/L = u\eta\Phi/d_{\rm p}^{2} \tag{3-16}$$

式中:ΔP 是压力降;L 是柱床长度;u 是样品通过 SPE 柱的线速度;η 是样品溶液的黏度(对水溶液 $\eta \approx 1 \times 10^{-3}$ N·s/m²;Φ 是流体抗阻参数(对于 SPE 柱及 SPE 膜一般为 10^{3});$d_{\rm p}$ 是填料颗粒粒径。

图 3-12 给出了 $\Delta P/L$ 与 $d_{\rm p}$ 的关系曲线。图中四条曲线的线速度分别为 0.11 mm/s(A)、0.22 mm/s(B)、0.43 mm/s(C)及 1.08 mm/s(D)。对于直径为 1 cm 的 SPE 柱而言,其相对的流速分别为 0.5 mL/min、1.0 mL/min、2.0 mL/min 及 5 mL/min。一根填料高度为 1 cm、直径为 1 cm 的 SPE 柱在非在线的情况下的压力降约为 91.19 kPa(0.9 atm,1 atm=1.01325×10⁵ Pa)。填料颗粒越小,塔板数越高。但是,颗粒越小,产生的柱压降越大。在实际操作中,柱压降限制了 SPE 柱填料颗粒粒径一般平均都在 40 μm 或以上,以便样品可以以较快的速度通过 SPE 柱。在上述条件下,如果样品流速为 1 mL/min,最佳的填料颗粒的粒径在 49 μm 左右。此时的最大压力降为 91.19 kPa。如果限制压力降为 91.19 kPa,要提高流速就应该加大填料颗粒的粒径。必须指出,如果 SPE 是与 HPLC 系统直接连接的在线萃取(on-line extraction),HPLC 系统的压力很高,上述压力降与填料颗粒粒径的关系就不适用了。

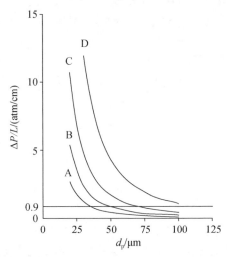

图 3-12　不同线速度下 $\Delta P/L$ 与平均颗粒粒径的关系图

线速度:A 为 0.11 mm/s,B 为 0.22 mm/s,C 为 0.43 mm/s,D 为 1.08 mm/s。

横线代表 1 cm 柱床高度时实际限制压力降 91.19 kPa(0.9 atm)

　　吸附剂颗粒粒径大小会影响液体流过 SPE 柱的行为。因此,人们十分关心吸附剂颗粒的平均粒径及颗粒粒径分布。多数 SPE 柱吸附剂颗粒的粒径在 40 ~ 60 μm 的范围。颗粒小于 40 μm 并不能提高萃取效率。颗粒大于 60 μm 虽然可以改善液体流过 SPE 柱的状态,但对于浓度较低的样品会出现回收率降低的情况。通常,生产厂商给出的粒径指标是指颗粒的平均粒径。在固相萃取中,颗粒粒径分布也是一个十分重要的考量因素。最理想的状态是所有颗粒的粒径相同,但是从经济角度考量十分不划算。因此,SPE 柱中的吸附剂颗粒粒径都是分布在一定的范围内的。即便厂家给出的颗粒粒径为 40 μm,实际的吸附剂颗粒粒径范围也可能为 5 ~ 100 μm。颗粒粒径的分布范围越窄,柱与柱之间的流速重现性就越好。图 3-13 显示了两个批号的硅胶颗粒粒径大小分布情况。其中硅胶 A 粒径分布为 30 ~ 90 μm,平均值为 60 μm,没有过小或过大的颗粒。而硅胶 B 粒径的平均值虽然为 50 μm,但粒径的分布太广,为 10 ~ 110 μm。过小的颗粒会造成隔片的堵塞,影响液体通过 SPE柱的流速,过大的颗粒会降低萃取的效率。因此,可以说批号 A 的 SPE 柱的质量比批号 B 好。

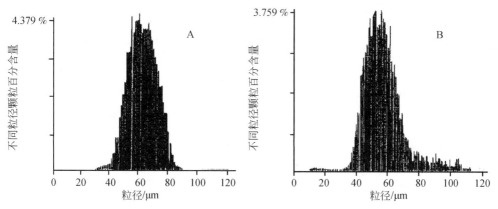

图 3-13　两批硅胶吸附剂颗粒分布

　　值得指出的是,装柱过程或装柱的工艺也会影响吸附剂颗粒粒径的实际分布,吸附剂原料的粒径分布并不一定等于成品 SPE 柱中吸附剂颗粒粒径的分布。图 3-14是用库尔特电子颗粒计数器对两个自动装柱机在装柱前及装柱后的填料进行分析得到的颗粒粒径分布图。其中,A-1 是一批吸附剂装柱前的颗粒分布,A-2 是该批吸附剂装柱后的颗粒分布。装柱前吸附剂的最小颗粒粒径为 4.639 μm,最大颗粒粒径为 144.4 μm,装柱后的颗粒分布依然在此范围内。比较图 A-1 和 A-2,可以看到装柱前后的粒径分布没有明显的变化。而另一台装柱机则不然,比较图中的 B-1和 B-2,可以看到虽然装柱前后两者的粒径分布范围依然相同,最小及最大颗粒粒径与装柱前相同,分别是 4.639 μm 和 144.4 μm,但 B-2 显示装柱后微细颗粒明显

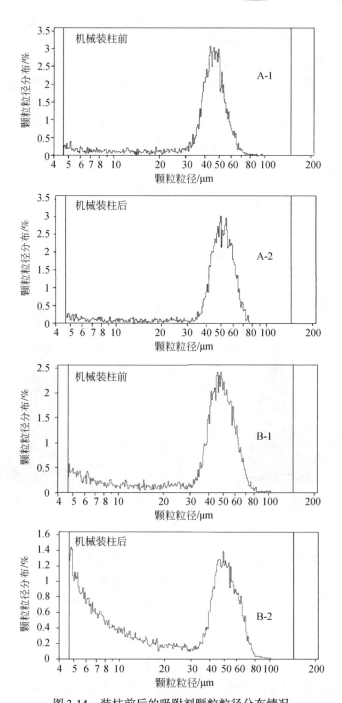

图3-14　装柱前后的吸附剂颗粒粒径分布情况

图中 A-1、B-1 为装柱前吸附剂原料的颗粒粒径分布图,A-2、B-2 为装柱后的吸附剂颗粒粒径分布图。

LC＝4. 639 μm;UC＝144. 4 μm(100. 0％)

增多。这是由装柱过程造成部分吸附剂颗粒的机械破损所致。颗粒的破损增加了吸附剂中微细颗粒比例,其结果必然导致液体通过 SPE 柱不够顺畅,并且会降低SPE 柱的重现性。

3.4.7　吸附剂装填密度

与大多数湿法高压装填的 HPLC 柱不同,SPE 柱采用的是干法常压装填。因此,其吸附剂的密度要比 HPLC 小很多。这也是 SPE 柱柱效低的原因之一。对于指定的吸附剂,其颗粒内部的平均间隙是不变的。但是,受到装填技术的影响,吸附剂装填的密度会有所不同。不同的装填密度导致 SPE 柱的总间隙,也就是式(3-12)中的 V_0 也会有所差异。很明显,吸附剂装填的密度会影响 SPE 柱的动力学性质。为了保证 SPE 柱的重现性,在 SPE 柱的生产过程中必须保持柱与柱之间,批号与批号之间吸附剂装填的密度尽可能一致。

3.4.8　流速

在固相萃取中,控制样品通过 SPE 柱的流速和从 SPE 柱上洗脱目标化合物的流速是两个十分重要的因素,因为 SPE 柱的塔板数受流速的影响。图 3-15 显示了理论塔板数与流速的关系[25]。两根 C_{18} SPE 柱的塔板数分别为 50 和 20。装填的吸附剂都约为 360 mg,柱床体积都约为 0.5 mL。很明显,塔板数随流速的增加而减少,而且塔板数越高,受流速的影响越大。由此可见,控制流速在固相萃取中是十分重要的。手工固相萃取中常用的真空萃取装置难以对流速进行准确的控制。而采用正压技术的自动化固相萃取系统则可以对液体经过 SPE 柱的流速进行控制。这也是自动化固相萃取系统能够改善固相萃取可靠性的一个原因。

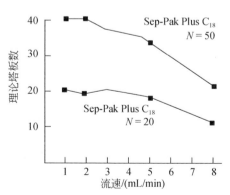

图 3-15　流速与理论塔板数关系图

流速增加,理论塔板数降低

由于穿透体积与塔板数有关,流速影响了塔板数,当然也影响了穿透体积。

图 3-16 给出了柱床直径为 1 cm 时,穿透体积与流动相线速度的关系曲线。其相应的流速为 1~40 mL/min。很显然,穿透体积随样品通过柱床的流速增加而迅速降低。换句话说,要得到大的穿透体积,就要降低样品通过柱床的流速。

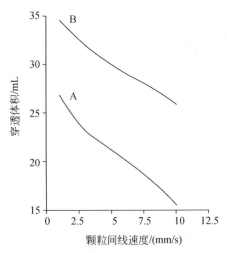

图 3-16　穿透体积与流动相穿过柱床的线速度之间的关系

A 为氰丙基键合硅胶柱,B 为轻载量 C_{18} 键合硅胶柱。柱床直径及高度分别为 1 cm,柱床颗粒

间隙体积为 0.42 mL,保留因子为 100

　　在保持固相萃取装置高度不变的前提下,要提高样品通过 SPE 装置的流速,最简便的方法就是扩大其直径,因为流速正比于直径的平方。这也是推出固相萃取膜的原因之一。

3.5　固相萃取基本模式

　　根据固相萃取使用的目的不同,常见的固相萃取模式主要为两种,其步骤视萃取机理及检测手段可多可少。第一种模式为目标化合物吸附模式,又称为经典的固相萃取模式。该模式是通过 SPE 柱对目标化合物进行吸附,然后洗脱。而第二种模式则是通过 SPE 柱对杂质进行吸附,目标化合物在 SPE 柱上不保留,故也称为吸附杂质模式或除杂模式。对于一些基质较为复杂的样品,可以将两种模式结合使用,即双柱萃取模式。

3.5.1　目标化合物吸附模式

　　目标化合物吸附模式的固相萃取是使用最多的一种固相萃取模式。通常可按图 3-17 分为五个步骤。

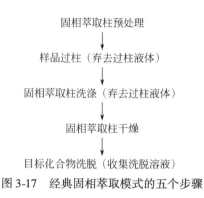

固相萃取柱预处理

↓

样品过柱（弃去过柱液体）

↓

固相萃取柱洗涤（弃去过柱液体）

↓

固相萃取柱干燥

↓

目标化合物洗脱（收集洗脱溶液）

图 3-17 经典固相萃取模式的五个步骤

我们以反相键合硅胶柱为例,说明上述每一个步骤的作用及一般的方法。

1. 固相萃取柱预处理

为了得到高回收率和良好的重现性,在向固相萃取柱添加样品之前,对萃取柱进行预处理十分重要。无论是自行装填的还是商品化的 SPE 柱,在使用之前都是多以干燥的状态存在的。以反相 C_{18} 柱为例,如图 3-18(a)所示,在干燥的状态下, C_{18} 的碳链是杂乱无序地覆盖在键合硅胶表面。如果这时就将以水为基质的样品溶液载入 C_{18} 柱,填料颗粒表面上的有机键合碳链周围就会被高极性水分子包围。这种极性的环境与 C_{18} 键合相完全不相容,这就如同试图将水与烃类混合一样,其结果是分为互不相溶的两相。吸附剂颗粒表面的键合有机官能团为了尽可能地避免暴露在强极性的环境中,会缩成一团,因而能够与目标化合物接触的作用表面大大减少,在这种状态下 C_{18} 官能团无法正常地发挥作用,必然导致无法对目标化合物进行有效的保留。另外,水的表面张力及黏度使得样品无法进入干燥 C_{18} 颗粒的微孔内,这也会减少对目标化合物的保留。

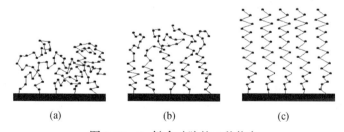

(a)   (b)   (c)

图 3-18 C_{18} 键合硅胶的三种状态

(a)没有预处理;(b)部分预处理;(c)完全预处理

如果用水溶性的极性有机溶剂对 C_{18} 柱进行预处理,情况会有所改善。甲醇是一种极性有机溶剂,其极性比直链烃强,但比水弱。如果 C_{18} 基团周围被甲醇包围,非极性的 C_{18} 基团缩为一团的趋势将会大为减小,如图 3-18(b)所示。在这种状态下,C_{18}链将比干燥状态张开得多一些,因此,与目标化合物作用的表面积也会增加。

使用一些极性比甲醇弱的有机溶剂,如乙腈、四氢呋喃等对 SPE 柱进行预处理,可以使 C_{18} 柱呈现的最好的作用状态是将碳链完全伸展开,如图 3-18(c)所示。在这种状态下,吸附剂颗粒能够与目标化合物作用的表面积最大,C_{18} 官能团与目标化合物之间能够达到最佳的相互作用,使得目标化合物在 SPE 柱上达到最大的保留。必须注意,由于样品是以水为主的体系,所使用的有机溶剂不但要能够使得固体填料上的有机碳链最大限度地伸展开,还必须具有水溶性。否则,即便是在有机溶剂的作用下,C_{18} 官能团的碳链完全张开了,当以水为基质的样品载入 SPE 柱后,C_{18} 官能团又会缩为一团,结果相当于没有进行预处理。除了上述有机溶剂之外,一些极性比甲醇弱的水溶性有机溶剂也是很好的反相硅胶柱的预处理溶剂,如丙酮、异丙醇等。

如果键合硅胶的有机官能团的极性增加,图 3-18(c)的状态就比 C_{18} 容易达到,如含有氰基、二醇基、氨基的键合硅胶吸附剂等。

正是因为反相硅胶柱的这种特性,在使用 SPE 柱时必须先对柱子进行活化、平衡。对于反相 SPE 柱而言,进行柱子预处理的主要目的是:①对 SPE 柱进行活化,展开碳氢链,增加和目标化合物作用的表面积。同时,对 SPE 柱进行清洗,除去 SPE 柱上吸附的对分析有影响的杂质。②对 SPE 柱进行平衡,以便接受样品。

反相 SPE 柱的一般预处理程序为:第一步,用甲醇或极性有机溶剂淋洗柱子。第二步,用水或缓冲溶液淋洗 SPE 柱,其作用一方面是除去多余的有机溶剂,因为甲醇等有机溶剂都是良好的洗脱剂,过多存在会使目标化合物在吸附过程中损失;另一方面是对 SPE 柱进行平衡,以便接受以水为主要基质的样品。因此,第二步可以看作 SPE 柱的基质转换。使用缓冲溶液主要是为了让萃取环境与样品的 pH 保持一致。如果选用的是离子交换柱,缓冲溶液的 pH 应该保证99%以上的目标化合物呈离子状态。缓冲溶液的浓度应控制在 10～50 mmol/L。有时为了确保 SPE 柱没有残留任何与待分析物相同或相似的干扰物,可以在进行上述预处理之前用洗脱溶剂对 SPE 柱进行清洗。

必须注意,已经预处理好的 SPE 柱在载入样品前必须保持湿润[13]。这点对于键合硅胶柱及非亲水性高聚物柱尤为重要,否则会出现回收率低、重现性差的结果。如果是手工操作,这一点尤其要注意。因为手工 SPE 操作常常采用真空负压同时对多个 SPE 柱进行操作,由于每根 SPE 柱所受的负压有差异,液体通过 SPE 柱的流速不同,稍不注意就会发生预处理好的 SPE 柱因预处理溶液被抽干而导致已经建立的平衡被破坏。在平衡遭到破坏的情况下继续进行样品的萃取,其回收率和重现性都将大打折扣。因此,如果在样品加入 SPE 柱之前发生了 SPE 柱流干的现象,要停止该 SPE 柱的操作,并重新对该柱进行平衡,然后再进行余下的步骤。

2. 样品过柱

样品过柱的主要目的是要将样品中的目标化合物定量地保留在 SPE 柱上,使其与未被保留的样品基质及干扰物分离。具体做法一般是将样品添加至 SPE 柱中,用正压、负压或重力使样品通过 SPE 柱。样品过柱的流速必须控制。流速慢虽然有利于对目标化合物的吸附,但流速过慢会增加整个萃取过程的时间,降低样品处理的通量。另外,过慢的流速还会增加杂质被吸附的机会,对目标化合物的检测分析不利。在样品过柱的过程中,样品基质及大量未被保留的杂质通过 SPE 柱被排弃掉,而目标化合物及部分杂质被保留在 SPE 柱上。SPE 柱的截面积越大,样品过柱的流速可以越快。

3. 固相萃取柱洗涤

为了减少分析时杂质对目标化合物的干扰,延长仪器的使用寿命,应该在不影响目标化合物回收率的前提下,尽可能地除去干扰物。在固相萃取中经常会通过对 SPE 柱的洗涤来达到这个目的。用适当的洗涤剂选择性地洗脱吸附力弱的杂质,目标化合物依然保留在 SPE 柱上。洗涤剂的选择取决于杂质的性质及最后的分析手段。不同的检测手段对样品的"干净"程度的要求也不同。

4. 固相萃取柱干燥

如果最后的洗脱剂为缓冲溶液或水溶性有机溶剂,而且分析手段为反相 HPLC,SPE 柱上的残留水对目标化合物的洗脱及分析影响不大。在这种情况下,可以省略 SPE 柱干燥的步骤。但是,当使用水溶性差的有机溶剂为洗脱剂或分析手段为 GC 或 GC-MS 时,SPE 柱的干燥就显得特别重要。水溶性差的有机溶剂作为目标化合物的洗脱溶剂时,水的存在会直接影响洗脱效率。而样品中过多水分的存在会对常用的 GC 分析柱造成致命性的损害。另一种需要对 SPE 柱进行干燥的情况是洗脱下来的组分需要浓缩至干或需要进行溶剂置换,过多的水分对浓缩干燥不利。

5. 目标化合物洗脱

目标化合物的洗脱在整个固相萃取过程中是至关重要的最后一步。为了最大限度地将目标化合物洗脱下来,必须选择适当的洗脱溶剂。选择洗脱溶剂时必须考虑以下几个原则:

(1)洗脱溶剂对目标化合物必须有足够的洗脱强度,以便以尽可能小的体积的用量将目标化合物洗脱下来。洗脱体积越小,所得到的洗脱组分中目标化合物的浓度就越高,无须浓缩或进行简单的浓缩就可以进行下一步的分析。这样,一方面可以缩短整个萃取时间;另一方面,也可以减少样品浓缩过程中的损失。

(2)洗脱溶剂必须有足够的选择性,理想的洗脱溶剂应该是能够选择性地将目标化合物从固相萃取柱上洗脱下来,而将保留能力强的杂质留在萃取柱上。如果样品基质复杂,干扰物多,为了选择性地洗脱目标化合物,洗脱溶剂的强度应该尽可能低。

(3)洗脱溶剂应该尽可能与分析检测仪器相适应,以方便下一步的分析。

在选择洗脱溶剂时,可以通过改变溶剂的极性指数、溶剂强度、溶剂选择性来达到最好的分离效果。

洗脱溶剂通过柱子的流速也必须控制。流速慢有利于目标化合物的洗脱。但流速过慢会增加萃取时间,降低样品前处理通量;同时,过慢的流速可能会造成洗脱馏分中杂质的增加,对检测分析不利。因此,洗脱溶剂的流速应该是在保证目标化合物回收率的前提下,尽可能地快。

3.5.2　杂质吸附模式

杂质吸附模式也有人称之为"逆向"固相萃取模式(reverse SPE)。注意,这里所说的"逆向"固相萃取模式是相对于经典固相萃取模式(目标化合物吸附模式)

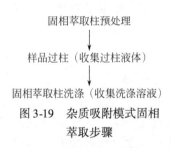

固相萃取柱预处理

样品过柱（收集过柱液体）

固相萃取柱洗涤（收集洗涤溶液）

图 3-19　杂质吸附模式固相萃取步骤

而言,不要与反相固相萃取(reverse phase SPE)相混淆。与目标化合物吸附模式不同,这种萃取模式的目的是要除去样品中的杂质,所以也称为除杂模式。在这种萃取模式中,目标化合物依然保留在样品基质中,而杂质则被 SPE 柱保留。杂质吸附固相萃取模式可分为图 3-19 所示的三个步骤。

(1)固相萃取柱预处理。

在这种萃取模式中,SPE 柱预处理的目的与上述方法基本相同。但使用的预处理溶剂则视所选用的萃取柱的不同而有所不同。反相柱中所使用的溶剂与上述模式相同,而正相柱使用的主要是非极性有机溶剂。

(2)样品过柱。

样品添加的方式与上述模式相同。但是在杂质吸附模式中,被 SPE 柱吸附的是杂质或干扰物,而目标化合物未被吸附,随样品基质通过 SPE 柱,并被收集。

(3)固相萃取柱洗涤。

在此模式中,洗涤的目的是将残留在 SPE 柱上的目标化合物洗脱下来,而杂质依然保留在 SPE 柱上。

杂质吸附模式在正相萃取中使用较多。一般是用非极性有机溶剂对样品进行萃取后,通过正相 SPE 柱对溶解于非极性有机溶剂的样品进行净化。在反相固相萃取中也会使用杂质吸附模式。例如,在双柱萃取时会使用这种模式。在双柱萃取中,常常会使用两根不同萃取机理的 SPE 柱。首先,将样品通过第一根 SPE 柱,这根 SPE 柱的主要功能是吸附样品中的杂质,而目标化合物与样品基质未被保留,通过 SPE 柱并被收集。所收集的馏分再按经典萃取模式通过第二根 SPE 柱进行萃取。

3.5.3　多维萃取模式

一些基质较为复杂的样品,通过上述一种模式进行固相萃取后,依然有较多的杂质干扰对目标化合物的分析,或者样品中的杂质干扰按照所选择的机理对目标化合物进行固相萃取。这时,可以考虑将上述两种萃取模式结合起来使用。

例如,我们可以先将样品按照杂质吸附模式进行萃取,以除去样品中的某一类杂质。当样品通过 SPE 柱时,被 SPE 柱吸附的是杂质,而目标化合物则随样品基质流过 SPE 柱,并被收集。由于 SPE 柱上可能残留少量目标化合物,需要对 SPE 柱进行洗涤,并将洗涤溶液收集到已过柱样品的容器中。洗涤液通常是与样品基质性质(pH、离子强度等)相同的液体,对于反相柱而言,洗涤溶液多为水或缓冲溶液。然后,对所收集的溶液按目标化合物吸附模式进行固相萃取,类似于 HPLC 中的二维色谱,通常两根 SPE 柱的萃取机理是不同的。例如,一根 SPE 柱是非极性反相柱,另一根是离子交换柱。

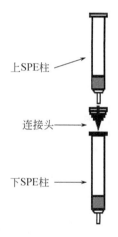

上SPE柱

连接头

下SPE柱

图 3-20　两根 SPE 柱串联对复杂样品进行固相萃取

这种双柱萃取模式实际上就是对样品进行两次固相萃取,因此所需的时间要比常规的单柱固相萃取长。为了节省时间,提高效率,我们也可以如图 3-20 所示,将两根 SPE 柱用连接头上下叠加,串联在一起使用。其中,上面的 SPE 柱用于吸附杂质,而下面的 SPE 柱则用于对目标化合物的保留。一些厂商根据双柱萃取的原理,生产了双层(dual-layer)填料的 SPE 柱。也就是在同一根 SPE 柱管中装填两种不同的填料,两种填料之间用筛板隔开。例如,在食品分析中常用的石墨炭黑/PSA 柱就是双层 SPE 柱,PSA 在下层,石墨炭黑在上层。其中石墨炭黑用于吸附样品中的干扰物,特别是极性干扰物,PSA 用于吸附目标化合物。

双柱叠加萃取的步骤如图 3-21 所示,与经典的固相萃取模式不同之处在于,在对目标化合物进行洗脱之前(也可以在完成对 SPE 柱洗涤之后),将两根串联的 SPE 柱分离,仅洗脱下面的 SPE 柱。

例如,对动物组织中盐酸克伦特罗检验的 NY/T 468—2001 方法中[26],就采用 C_{18} 柱和 SCX 柱串联,C_{18} 柱在上,SCX 柱在下。按正常的固相萃取方法进行操作,在完成 SPE 柱干燥步骤之后,将两根 SPE 柱分离,弃去 C_{18} 柱后,对 SCX 柱进行洗脱并收集洗脱溶液。

SPE柱预处理

↓

样品过柱

↓

SPE柱洗涤

↓

SPE柱干燥

↓

分离两根SPE柱，弃去上柱

↓

洗脱下柱目标物（收集洗脱溶液）

图 3-21　双柱叠加串联固相萃取模式

3.6　固相萃取操作

固相萃取的操作可以手工进行，也可以自动完成。关于固相萃取的自动化将在第 9 章中进行详细的介绍。在这里，我们主要介绍手工固相萃取的操作。

3.6.1　重力操作模式

通过重力使液体流过 SPE 柱。在不加任何外力的条件下，加入 SPE 柱内的液体靠重力流过 SPE 柱。由于没有外力辅助，液体流过 SPE 柱的流速相对较慢，因此整个萃取过程都采用这种模式会使萃取时间过长。这种模式通常可在对目标化合物洗脱时使用，以延长液体与目标化合物的作用时间，从而得到较好的回收率。

注射器

SPE柱

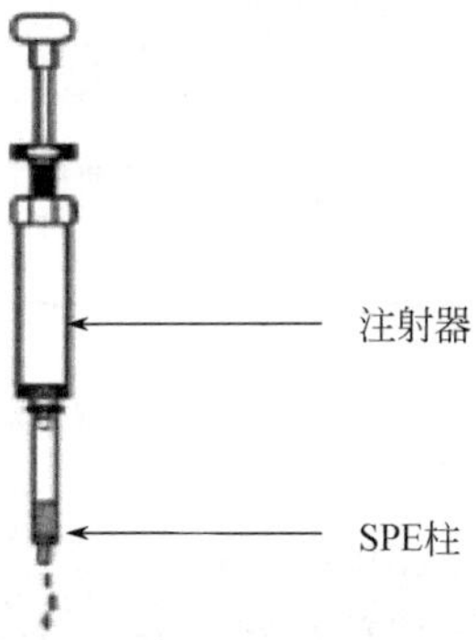

图 3-22　手工正压模式
固相萃取操作

3.6.2　手工正压操作模式

通过正压使液体流过 SPE 柱。如图 3-22 所示，为了提高工作效率，可以在 SPE 柱上方连接一根注射器，通过注射器的挤压产生的正压将液体压过 SPE 柱。由于手工对注射器的挤压力难以控制一致，液体通过 SPE 柱的流速也难以控制。

3.6.3　离心操作模式

通过离心力使液体流过 SPE 柱。如图 3-23 所示，将加入液体的 SPE 柱放入离心机内，利用离心力使液体通过 SPE 柱。这种模式的缺点是液体通过 SPE 柱的流速难以控制,只可用于小于 SPE 柱体积的小体积液体。如果液体体积大于柱体积,则要分多次将液体加入 SPE 柱,这样液体过柱就不是连续的,而是间断进行。不过,离心模式用于柱干燥除水还是十分有效的。

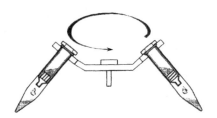

图 3-23　离心模式固相萃取操作

3.6.4　负压操作模式

通过负压固相萃取装置使液体流过 SPE 柱。手工负压模式是通过图 3-24 所示的固相萃取装置来实现的。将 SPE 柱插在装置面盖的小孔内,当对装置进行真空减压时,SPE 柱内的液体就会向下流动,并进入废液收集瓶。在对目标化合物洗脱之前,打开萃取装置面盖,将收集试管放入萃取装置,然后进行洗脱及收集。液体通过 SPE 柱的流速可以通过手工调节真空度来粗略控制,也可在 SPE 柱与萃取装置面盖之间加装控制开关来实现。这种装置可平行进行批量样品的处理,从而提高效率。但由于每根 SPE 柱所受的真空度有所差异,常会出现 SPE 柱之间的流速不同,稍不注意就会导致液体流干,造成回收率不稳。因此,操作时必须精力高度集中,尤其是柱预处理(活化)时要特别注意。另外,这种装置难以精确控制流速。

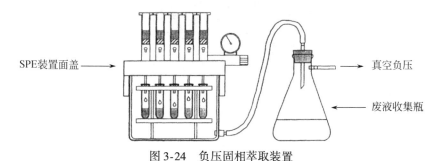

SPE装置面盖 ⟶　　　　　　　　　　　⟶ 真空负压

⟵ 废液收集瓶

图 3-24　负压固相萃取装置

3.6.5　正压操作模式

通过正压气体固相萃取装置使液体流过 SPE 柱。真空负压固相萃取装置最大的弊病之一是柱与柱之间的流速差异,以及较难精确控制流速。为了解决这个问题,近年出现了一些正压的手工固相萃取装置。例如,UCT、J2 Scientific、MC 等公司生产的正压固相萃取装置。图 3-25 为广州美森自动化有限公司设计的 MULTI-SPE M08 正压固相萃取装置(现由 Agela 公司生产)。下面我们以 MULTI-SPE M08 固相萃取装置为例来说明正压固相萃取的操作。如图 3-25 所示,该装置可平行进行 8 个样品的固相萃取,并可进行多种不同组合的固相萃取操作:单一 SPE 柱、双 SPE 柱叠加、单一 SPE 柱加大体积样品储液管、双 SPE 柱加储液管等。根据萃取模式的不同,SPE 管架及气路板的高度可以调节。外接气源通到每根 SPE 柱的顶端,当气路板与 SPE 柱支撑板密封锁死后,气体产生的正压将液体压过 SPE 柱。装置面板上有高低压压力表,可调节气体的流量。由于每个气孔的压力相同,该装置可以比其他手工装置更加精确地控制液体流速,提高固相萃取的重现性。气路板上有独立流量微调阀,可调节每个通道的流速。MULTI-SPE M08 配备必要的附件后可扩展应用于大体积水样的萃取。

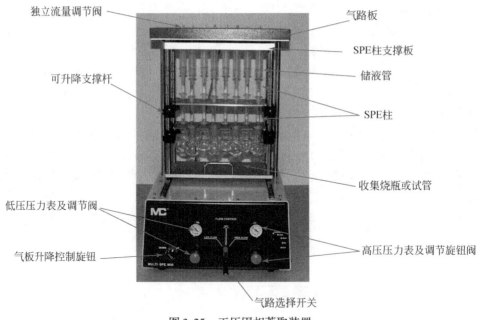

图 3-25　正压固相萃取装置

参 考 文 献

[1] Majors R E. LC-GC Int,1991,4:10

[2] Cuenu S,Hennion M C. J Chromatogr A,1996,725:57

[3] Tippins B J. Nature,1998,334(21):273

[4] Zief M,Kiser R. Solid Phase Extraction for Sample Preparation. J. T Baker,Lit. #8008 6/97-10M,

1997:46

[5] Simpson N, van Horne K C. Sorbent Extraction Technology Handbook: Varian Sample Preparation Products. 2nd ed. Harbor City CA: Analytichem International Inc, 1993

[6] O'Neil M J. The Merck Index. 14th ed. Whitehouse Station: Merck & Co, 2006

[7] 沈宏康. 有机酸碱. 北京:高等教育出版社, 1983

[8] 戴猷元, 秦炜, 张瑾. 溶剂萃取体系定量结构-性质关系. 北京:化学工业出版社, 2005

[9] Ruane R J, Wilson I D. J Pharm Biomed Anal, 1987, 5(7):723

[10] Law B, Weir S, Ward N A. J Pharm Biomed Anal, 1992, 10(2/3):167

[11] Doyle E, Pearce J C, Picot V S, et al. J Chromatogr, 1987, 411:325

[12] Pichon V. Analusis Magazine, 1998, 26(6):M91

[13] Chen X H, Franke J P, de Zeeuw R A. Forensic Sci Rev, 1992, 4(2):147

[14] Werkhoven-Goewie C E, Brinkman U A, Frei R W. Anal Chem, 1981, 53:2072

[15] Raymond A, Guiochon G. J Chromatogr Sci, 1975, 13:173

[16] Butler L D, Burke M F. J Chromatogr Sci, 1976, 14:117

[17] van de Straeteh D, van Langenhove D, Schamp N. J Chromatogr, 1985, 331:207

[18] Lövkvist P, Jönsson J A. Anal Chem, 1987 59:818

[19] Poole C F, Cunatilleka A D, Sethuraman R. J Chromatogr A, 2000, 885(1/2):17

[20] Mol H G J, Janssen H G, Cramers C A, et al. J Microcol, 1995, 7:247

[21] Mille K G, Poole C F. J. High Resolut. Chromatogr, 1994, 17:125

[22] Liske I. J Chromatogr A, 1993, 655:163

[23] Hennion M C, Pichon V. Environ Sci Technol, 1994:28:576A

[24] Gulencser A, Kiss G, Krivacsy Z, et al. J Chromatogr A, 1995, 693:217

[25] Bouvier E S P. Waters Column, 1994, V(1):1

[26] NY/T 468—2001. 动物组织中盐酸克伦特罗的测定 气相色谱-质谱法

第4章　固相萃取材料与规格

如前面章节所述,固相萃取(SPE)的原理在很大程度上与 LC 相同或类似,因此,LC 所用填料原则上都可以用于 SPE。正相填料主要基于吸附机理而实现分离,故 SPE 所用的正相填料也称为吸附剂;反相填料则是基于分配原理实现分离。为了统一,本章将 SPE 所用的萃取材料统称为填料。事实上,SPE 早期的发展,就是得益于 LC 已有的各种填料。1977 年商品化键合硅胶材料的引入,大大促进了SPE 技术的应用。虽然键合硅胶材料引入至今已经近半个世纪的历史了,但依然是使用最为广泛的 SPE 材料。几乎所有 SPE 装置生产厂家都提供键合硅胶材料的萃取柱,常规实验室使用最多的也是键合硅胶柱。当然,随着材料科学的发展,特别是新兴纳米材料的迅猛发展,人们也在探讨新材料在 SPE 中的应用,如碳纳米管和石墨烯、金属氧化物纳米材料、有机无机杂化纳米材料,金属有机骨架材料,等等,这些新材料在生命分析和环境分析等领域展现了良好的应用前景。本章将基于材料的性质集中讨论 SPE 的各种填料和规格。

4.1　键合硅胶固相萃取材料

4.1.1　键合硅胶的合成化学

无论是 LC 还是 SPE,键合硅胶填料的使用最为广泛。主要原因之一是人们经过多年研究,对 LC 所用填料的合成、性质都有较为深入的了解。高纯硅胶制备技术的成熟为键合填料的合成提供了基础,而硅胶表面的硅羟基(Si—OH)为各种键合相的制备提供了活性反应基团。

键合硅胶的合成方法有多种。使用最多的是利用氯或烷氧基硅烷与硅胶的化学反应进行合成:

$$\text{Si—OH} + \text{X—}\underset{\underset{R_2}{|}}{\overset{\overset{R_1}{|}}{\text{Si}}}\text{—R} \Longrightarrow \text{Si—O—}\underset{\underset{R_2}{|}}{\overset{\overset{R_1}{|}}{\text{Si}}}\text{—R} + \text{HX} \tag{4-1}$$

反应得到的键合硅胶含有一定量的残余硅羟基。这些硅羟基会影响键合硅胶的性质。所以,一般都会对键合硅胶进行封尾处理,如式(4-2)所示。通常是用三甲基氯硅烷(TMCS)或六甲基二硅烷(HMDS)等小分子硅烷进行硅烷化处理,以尽量减少残余硅羟基。但是,即便对键合硅胶进行了封尾处理,硅胶填料中依然残留一定数量的硅羟基。通常最大的封尾处理程度在 70% 左右。有的键合硅胶材料是有意不封尾,保留硅羟基,以用于对极性化合物或碱性化合物的萃取。

$$\text{Si—OH} + \text{Cl Si(CH}_3)_3 \longrightarrow \text{Si—O—Si(CH}_3)_3 \tag{4-2}$$

另一类键合反应是所谓的三官能团衍生化[式(4-3)]。由于有机硅与硅胶表面的键合点增多,这种键合硅胶经过封尾处理后,在酸性环境中的稳定性要比由单官能团衍生化反应得到的键合硅胶稳定。因此,若在较低 pH 环境下使用,最好选用这种由三官能团衍生化得到的键合硅胶填料。

$$\begin{matrix} \text{Si—OH} \\ \text{Si—OH} \end{matrix} + \begin{matrix} X \\ | \\ X—Si—R \\ | \\ CH_3 \end{matrix} = \begin{matrix} \text{Si—O} \\ \text{Si—O} \end{matrix} \diagdown Si—R + 2HX \tag{4-3}$$

在式(4-1)及式(4-3)中的有机硅分子中的 R 基可以是非极性的、极性的或离子交换官能团。由于官能团的不同,键合硅胶填料的性质也会有很大的区别。表 4-1 列出了固相萃取中常见的键合硅胶填料,表中填料的极性由上至下依次增大。

表 4-1　固相萃取中部分常见的改性键合硅胶填料

键合填料官能团	简称	官能团结构	极性
十八烷基,封尾(octadecyl,endcapped)	C_{18}	—Si—$C_{18}H_{37}$	强非极性
辛基(octyl)	C_8	—Si—C_8H_{17}	非极性
乙基(ethyl)	C_2	—Si—C_2H_5	微极性
环己基(cyclohexyl)	CH	—Si—⬡	微极性
苯基(phenyl)	PH	—Si—⬡	微极性
氰丙基(cyanopropyl)	CN	—Si—$CH_2CH_2CH_2CN$	极性
二醇基(diol)	2OH	—Si—$(CH_2)_3$—O—CH_2—CH—CH_2　OH　OH	极性
硅羟基(silanol)	Si-OH	—Si—OH	极性

键合填料官能团	简称	官能团结构	极性
羧甲基（carboxymethyl）	CBA	$-\mathrm{Si}-(\mathrm{CH_2})_2-\mathrm{C}\begin{smallmatrix}\mathrm{O}\\\\\mathrm{OH}\end{smallmatrix}$	弱阳离子交换剂
氨丙基（aminopropyl）	NH₂	$-(\mathrm{CH_2})_3-\mathrm{NH_2}$	弱阴离子交换剂
丙磺酸基（sulfonylpropyl）	PRS	$-\mathrm{Si}-(\mathrm{CH_2})_3-\mathrm{SO_3^-Na^+}$	强阳离子交换剂
乙二胺-N-丙基（ethylenediamine-N-propyl）	PSA	$-\mathrm{Si}-(\mathrm{CH_2})_3-\underset{\mathrm{H}}{\mathrm{N}}-(\mathrm{CH_2})_2-\mathrm{NH_2}$	强阴离子交换剂
丙基苯磺酸基（propylbenzenesulphonyl）	SCX	$-(\mathrm{CH_2})_3-\!\!\left\langle\!\!\bigcirc\!\!\right\rangle\!\!-\mathrm{SO_3^-H^+}$	强阳离子交换剂
三甲基氨丙基（trimetylaminopropyl）	SAX	$-(\mathrm{CH_2})_3-\mathrm{N^+}\overset{\mathrm{Cl^-}}{-}(\mathrm{CH_3})_3$	强阴离子交换剂

键合硅胶填料的基质是硅胶，一般在 pH 2～7 的范围内较为稳定，超出这个范围硅羟基会发生水解，特别是使用含水洗脱剂时。不过，由于硅胶 SPE 柱大多是一次性使用，短时间超出此 pH 范围对萃取影响不大。

4.1.2　常见键合硅胶填料的类型

1. C₁₈填料

C₁₈是目前使用最多的一种 SPE 填料，据统计[1]，在所有 SPE 应用中，C₁₈填料柱使用率占一半以上。C₁₈柱的主要官能团是十八烷基（octadecyl），其主作用力是非极性疏水相互作用，其次是极性和阳离子交换作用。在所有键合硅胶 SPE 填料中，C₁₈柱的非极性吸附能力最强。因此，强疏水性化合物被 C₁₈吸附后较难洗脱下来。C₁₈难以吸附极性非常强的分子，如碳水化合物（carbohydrate）。C₁₈一般被当作最没有选择性或通用型的填料。因为绝大多数有机分子或多或少含有非极性基团，故 C₁₈可以从水溶液中吸附这些有机化合物。C₁₈适合同时萃取分离不同结构的化合物。由于 C₁₈的选择性较低，与其他选择性高的填料相比，最终萃取物往往不是很"干净"。在蛋白质纯化中，C₁₈柱是优秀的除盐工具，因为样品中的盐在 C₁₈柱上没有保留。C₁₈的极性副作用力比其他键合硅胶 SPE 填料低许多，这主要是碳链较长的原因。

2. C₈填料

C₈填料的主要官能团是辛基（octyl）。其性质与 C₁₈十分相近，主作用力也是非极性疏水相互作用。但由于 C_8 的碳链没有 C_{18} 长,所以对非极性化合物的吸附能力没有 C_{18} 强。正因为如此,对于一些在 C_{18} 上吸附太强而难以洗脱的化合物,可以用 C_8 来萃取。因为 C_8 的碳链较短,不能覆盖硅胶的表面,其极性作用力比 C_{18} 要强。尽管如此,极性作用力依然不是 C_8 的主作用力。

3. C_2 填料

C_2 填料的官能团是乙基(ethyl)。其主作用力是非极性和极性相互作用,第二作用力是阳离子交换作用。因为 C_2 的碳链很短,硅胶上的残留硅羟基容易暴露在填料表面,从而导致 C_2 具有相当明显的极性特点。在实际应用中,如果目标化合物在 C_{18} 或 C_8 上吸附作用太强,可用 C_2 来取代。C_2 的极性作用力比 CN 略强。

4. CH 填料

CH 填料的主要官能团是环己基(cyclohexyl)。其主作用力是非极性相互作用,第二作用力是极性相互作用和阳离子交换作用。环己基是中等极性的 SPE 填料,对特定的化合物有相当的选择性。当作为非极性填料使用时,环己基的极性与 C_2 大致相同。在用 CH 柱从水溶液中萃取苯酚等极性化合物时,CH 填料表面的极性特性显得十分重要。由于环己基的这种选择性,当 C_{18}、C_8、C_2 不能选择性地萃取目标化合物时,可以考虑使用 CH 填料。

5. PH 填料

PH 填料的主要官能团是苯基(phenyl)。其主作用力是非极性相互作用,第二作用力是极性相互作用和阳离子交换作用。苯基萃取柱常用于非极性化合物的萃取,苯基极性与 C_8 相当。由于苯环上电子云的共轭作用,苯基与环己基相同,具有一定的选择性。

6. CN 填料

CN 填料的主要官能团是氰丙基(cyanopropyl)。其主作用力是非极性和极性相互作用,第二作用力是阳离子交换作用。氰丙基是常用的中等极性填料,在 LC 中 CN 填料既可作为反相固定相,也可作为正相固定相,主要取决于流动相的极性强弱。在 SPE 中,当目标化合物在 C_{18}、C_8 上的吸附不可逆时,改用 CN 填料较为有效。另外,当使用极性填料(如 SI 或 2OH 填料)发现目标化合物的吸附不可逆时,也可以用 CN 填料取代极性填料。

7. 2OH 填料

2OH 填料的主要官能团是二醇基(diol)。其主作用力是极性和非极性相互作用,第二作用力是阴离子交换作用。二醇基极性很强,特别适用于从非极性溶剂中萃取极性化合物。二醇基十分类似于未键合的 Si—OH,能够与某些化合物形成较强的氢键。与硅羟基类似,二醇基能够分离结构相似的化合物,如异构体。由于二醇基一般通过数个碳的碳氢链与硅胶键合,所以也有相当的非极性吸附功能,可用于从极性的尿液中萃取四氢大麻酚(THC)。

8. NH₂ 填料

NH₂填料的主要官能团是氨丙基(aminopropyl)。其主作用力是极性相互作用和阴离子交换作用,第二作用力是非极性相互作用和阳离子交换作用。在 LC 中 NH₂填料既可作为反相固定相,也可作为正相固定相,主要取决于流动相的极性强弱。NH₂填料具有多种官能团特征,使用时要特别注意溶剂/样品基液环境。NH₂极性较强,是强质子给予体,具有阴离子交换剂的功能,NH₂的离子交换容量为 1.1 meq/g。NH₂的 pK_a 值为 9.8,当体系 pH 低于 9.8 时,NH₂ 带正电。与 SAX 比较,NH₂属于弱阴离子交换剂。因此,要吸附强阴离子时,NH₂是十分理想的填料。例如,具有磺酸基的化合物在 SAX 柱上的吸附是不可逆的,最好选用 NH₂ 填料。虽然 NH₂也有非极性特征,能够从极性溶液中萃取非极性化合物,但极性特征常常起主导作用。与 2OH 及 Si—OH 一样,NH₂也适用于分离异构体。

9. PSA 填料

PSA 填料的主要官能团是乙二胺-N-丙基(ethylenediamine-N-propyl)。其主作用力是极性相互作用和阴离子交换作用,第二作用力是阳离子交换作用和非极性相互作用。PSA 的特征与 NH₂类似,是阴离子交换剂。PSA 有两个胺基,具有较高的离子交换容量(1.4 meq/g)。其 pK_a 较高,伯胺基为 10.1,仲胺基为 10.9。PSA 的阴离子交换能力比 NH₂要强。PSA 是一个很好的二元配位体,这使 PSA 填料成为很好的螯合材料。其多碳结构使得 PSA 的非极性作用力比 NH₂要强。因此,如果强极性化合物在 NH₂上吸附力太强,可以考虑用 PSA 代替。

10. DEA 填料

DEA 填料的主要官能团是二乙基氨丙基(diethylaminopropyl)。其主作用力是极性相互作用和阴离子交换作用,第二作用力是阳离子交换作用和非极性相互作用。类似于 PSA,DEA 也与 NH₂具有相似的特征,其 pK_a 值为 10.7。作为阴离子交换剂,其吸附容量相对较小(1.0 meq/g)。同时,官能团连接的碳链具有较高的非极性特征。DEA 的碳链使得其即便存在胺官能团,也还是具有中等的极性特征。DEA 的极性比 C₈强,但是比 C₂或 CN 弱。

11. SAX 填料

SAX 填料的主要官能团是三甲基氨丙基(trimethylaminopropyl)。其主作用力是阴离子交换作用,第二作用力是非极性和极性相互作用,以及阳离子交换作用。SAX 是最强的阴离子交换剂,其季铵官能团使得三甲基氨丙基总是带正电。由于官能团上的碳原子被胺遮蔽,SAX 的非离子作用力十分小。在非极性溶剂中 SAX

具有一些极性特征,但是由于胺的空间阻碍,以及季铵的性质,SAX 的极性作用力不能很好地形成氢键。由于 SAX 的强阴离子作用力,一般不用于吸附很强的阴离子,如磺酸根离子等,因为吸附后难以洗脱。由于 SAX 不能通过改变 pH 来使其中性化,洗脱可使用高选择性的反离子,或改变 pH 使被吸附的目标化合物呈中性。SAX 填料对于弱阴离子是很好的萃取填料,如羧酸类化合物。而这类化合物在弱阴离子交换剂上不能很好地被吸附。SAX 的吸附容量约为 0.7 meq/g。

12. CBA 填料

CBA 填料的主要官能团是羧甲基(carboxymethyl)。其主作用力是阳离子交换作用,第二作用力是非极性和极性相互作用。CBA 填料属于中等极性的填料。在实际应用中,CBA 呈极性还是非极性特征取决于环境的情况。CBA 一个十分有用的特征是其弱阳离子交换的性质,其吸附容量约为 0.35 meq/g。在有机化合物中,最常见的阳离子是胺类。胺类的 pK_a 一般都较高,在中性化时需要在较高的碱性条件下进行。正因为如此,胺类化合物一般较难从类似于 SCX 这种强阳离子交换剂上洗脱下来。另外,大多数阳离子并不像阴离子一样有很大范围的对离子(counter ion)选择性,这就限制了利用高选择性的对离子洗脱的可能性。由于 CBA 的 pK_a 值为 4.8,在出现上述问题时,采用 CBA 填料就能够很好地解决洗脱问题。在 pH 为 4.8 以上,CBA 带负电,可以吸附阳离子性质的目标化合物;当 pH 在 4.8 以下时,CBA 变为中性,这样被吸附的目标化合物就可以被洗脱下来。因此,在处理强阳离子时,CBA 是最好的阳离子交换剂。

13. PRS 填料

PRS 填料的主要官能团是丙磺酸基(sulfonylpropyl)。其主作用力是阳离子交换作用,第二作用力是极性和非极性相互作用。PRS 是极性非常强的阳离子交换剂,非极性作用力很弱,难以利用。在非极性溶剂中,PRS 填料具有极性及氢键作用力。PRS 的 pK_a 值非常低,一般阳离子必须用高离子强度的溶液洗脱或将目标化合物中性化才能将其洗脱。因此,PRS 填料只适用于弱阳离子的吸附,如吡啶类化合物。PRS 阳离子交换柱的吸附容量较 SCX 低,约为 0.25 meq/g。

14. SCX 填料

SCX 填料的官能团是丙基苯磺酸基(propylbenzenesulphonyl)。主作用力是阳离子交换作用和非极性相互作用,第二作用力是极性相互作用。SCX 是强阳离子交换剂,具有很低的 pK_a 值,其吸附容量约为 1 meq/g。SCX 的离子性质与 PRS 相近,二者的主要不同在于 SCX 填料表面的苯环具有较高的非离子作用能力。这种非离子特点在用离子交换机理从水相中萃取目标化合物时必须考虑。SCX 填料的双重特性对于既是阳离子,又有非离子特征的目标化合物特别有用。在用 SPE 柱吸附目标化合物后,可以用非极性溶剂及高离子强度的溶剂洗涤而不会造成目标化合物流失。可以用一种能够同时破坏非极性及离子作用力的溶剂洗脱目标化合物,如甲醇/盐酸。相比单一功能的填料,SCX 的这种双重特性在清除杂质时很有用。

4.1.3　键合硅胶固相萃取材料的相关参数

固相萃取中使用的键合硅胶填料多为粒径平均值为 40 μm 的不规则颗粒。与HPLC 柱的球形颗粒不同,为了得到最大的比表面积,增加与目标化合物的作用范围,SPE 填料多采用不规则的多孔键合硅胶。虽然许多生产厂家给出的颗粒粒径指标都是 40 μm,但这是一个平均值。一般颗粒的粒径在 30 ~ 60 μm 的范围。采用不规则颗粒的另外一个原因是成本因素。根据生产厂家的建议,SPE 柱都是一次性使用的。采用球形颗粒作为 SPE 柱的填料时成本过高。键合硅胶填料的平均比表面积为 500 m²/g,平均孔径为 60 Å。由于孔径的限制,分子量大于 20000 的化合物难以进入键合硅胶孔内。如果需要用 SPE 柱来分离大分子化合物,可以选用孔径较大的所谓大孔 SPE 填料,如 J. T. Baker 公司生产的大孔反相 SPE 柱,平均孔径为 275 Å。

各厂家生产的键合硅胶的含碳量不一样,但一般都不会超过 20%。Martin等[2] 对含碳量在 5% ~22% 的 C$_{18}$ 萃取柱进行了测试,发现含碳量在 15% 左右时的回收率最高。当含碳量在 18% ~22% 时,检测样品的回收率反而下降。这个结果解释了为什么商品化键合硅胶填料的平均含碳量多在 16% ~17% 之间。对于残留的硅羟基,有的进行了封尾处理,有的则没有。因此,在使用商品化的 SPE 柱前,应该了解清楚填料的性质。需要特别指出的是,由于每个厂家选用的键合硅胶原料不同,生产工艺各异,同一类 SPE 柱的性能可能会有很大的差异。例如,同样是 C$_{18}$柱,由于颗粒大小不同、孔径大小不同、含碳量不同、封尾的程度不同等原因,在相同的操作条件下得到的结果可能会有很大的不同。因此,如果要重复文献的结果,最好是采用同一厂家生产的 SPE 柱。否则,可能需要对文献提供的方法进行修正或改进。表 4-2 列出了部分主要厂商生产的键合硅胶 SPE 柱的主要参数。

表 4-2　主要厂商生产的键合硅胶固相萃取柱的主要参数

官能团	产品名	生产厂商	颗粒形状	平均粒径 /μm	孔径 /Å	比表面积 /(m²/g)	含碳量 /%	封尾
C$_{18}$	Cleanert ODS C$_{18}$	Agela	不规则	45	60	480		是
	Cleanert ODS C$_{18}$-N	Agela	不规则	45	60	480		否
	Zorbax C$_{18}$	Agilent	球形	50	80	—	11.1	否
	SampliQ C$_{18}$ EC	Agilent	不规则	50	80	—	25	是

续表

官能团	产品名	生产厂商	颗粒形状	平均粒径 /μm	孔径 /Å	比表面积 /(m²/g)	含碳量 /%	封尾
C_{18}	SampliQ C_{18}	Agilent	不规则	45	60	—	24	否
	Prevail 50 C_{18}	Alltech	不规则	50	60	—	11.0	是
	C_{18}	Alltech	不规则	50	60	—	6.0	是
	C_{18} 高流速	Alltech	不规则	100	60	—	8.0	是
	C_{18} 高容量	Alltech	不规则	50	60	—	17.0	是
	C_{18} 大孔	Alltech	不规则	50	150	—	14.0	是
	ISOLUTE C_{18}	Argonaut	不规则	50	60	—	—	否
	ISOLUTE C_{18}(CE)	Argonaut	不规则	50	60	—	—	是
	ISOLUTE MF C_{18}	Argonaut	不规则	50	60	—	—	是
	BAKERBOND C_{18}	J. T. Baker	不规则	40	60	—	17.2	是
	BAKERBOND C_{18} LightLoad	J. T. Baker	不规则	40	60	—	12.2	否
	BAKERBOND C_{18} PolarPlus	J. T. Baker	不规则	40	60	—	16~17	否
	Speedisk C_{18}	J. T. Baker	球形	10	60	—	—	—
	Speedisk C_{18} LightLoad	J. T. Baker	球形	10	60	—	—	—
	Speedisk C_{18} PolarPlus	J. T. Baker	球形	10	60	—	—	—
	STRATA C_{18}-E	Phenomenex	不规则	55	70	500	17.0	是
	STRATA C_{18}-U	Phenomenex	不规则	55	70	500	18.0	否
	STRATA C_{18}-T	Phenomenex	不规则	55	140	300	15.0	是
	Bond Elut C_{18}	Varian	不规则	40/120	60	500	17.4	是
	DSC-18	Supelco	不规则	50	70	480	18.0	是
	DSC-18Lt	Supelco	不规则	50	70	480	11.0	是
	LC-18	Supelco	不规则	40	60	—	—	是
	ENV-18	Supelco	—	40	60	—	—	是
	Bond Elut C_{18} EVW	Varian	不规则	40	500	80	6.0	是
	Bond Elut C_{18} INT	Varian	不规则	40	60	500	13.0	是
	Bond Elut C_{18} LO	Varian	不规则	40	60	500	11.8	是
	Bond Elut C_{18} OH	Varian	不规则	40/120	150	300	14.9	无

续表

官能团	产品名	生产厂商	颗粒形状	平均粒径/μm	孔径/Å	比表面积/(m²/g)	含碳量/%	封尾
C_{18}	CLEAN-UP C_{18}	UCT	不规则	5~20 25~40 40~60 125~210	—	—	21.70	是
	CLEAN-UP C_{18}	UCT	不规则	5~20 25~40 40~60 125~210	—	—	21.70	否
	CLEAN-UP RSV C_{18}	UCT	—	—	—	—	21.70	—
	Sep-Pak C_{18}	Waters	不规则	55~105	125	12	—	是
	Sep-Pak tC_{18}	Waters	不规则	35~55	125	17	—	是
C_8	Cleanert C_8	Agela	不规则	45	60	480	—	是
	Zorbax C_8	Agilent	球形	50	80	—	—	否
	SampliQ C_8	Agilent	不规则	45	60	—	—	否
	C_8 Extract-Clean	Alltech	不规则	50	60	—	4.5	是
	C_8 Extract-Clean HC	Alltech	不规则	50	60	—	8.5	是
	C_8 Ultra-Clean	Alltech	不规则	50	60	—	4.5	是
	ISOLUTE C_8	Argonaut	不规则	50	60	—	—	否
	ISOLUTE C_8(EC)	Argonaut	不规则	50	60	—	—	是
	BAKERBOND C_8	J. T. Baker	不规则	40	60	—	—	是
	BAKERBOND C_8 PolarPlus	J. T. Baker	不规则	40	60	—	—	否
	Speedisk C_8	J. T. Baker	—	10	60	—	—	—
	STRATA C_8	Phenomenex	不规则	55	70	500	10.5	是
	DSC-8	Supelco	不规则	50	70	480	9.0	是
	Bond Elut C_8	Varian	不规则	40/120	60	500	12.2	是
	CLEAN-UP C_8	UCT	—	5~20 25~40 40~60 125~210	—	—	11.10	是
	Sep-Pak C_8	Waters	不规则	37~55	125	—	9.0	是
C_4	Cleanert C_4	Agela	不规则	50	60	480		是

续表

官能团	产品名	生产厂商	颗粒形状	平均粒径/μm	孔径/Å	比表面积/(m²/g)	含碳量/%	封尾
C₄	ISOLUTE C₄	Argonaut	不规则	500	60	—	—	否
	BAKERBOND C₄大孔	J. T. Baker	不规则	—	—	—	—	—
	Speedisk C₄	J. T. Baker	—	—	60	—	—	—
	LC-4	Supelco	不规则	—	500	—	—	是
	CLEAN-UP C₄	UCT	—	5~20 25~40 40~60 125~210	—	—	8.50	是/否
C₂	SampliQ C₂	Agilent	不规则	45	60	—	—	否
	C₂ Extract-Clean	Alltech	不规则	50	60	—	5.5	是
	ISOLUTE C₂	Argonaut	不规则	50	60	—	—	否
	ISOLUTE C₂	Argonaut	不规则	50	60	—	—	是
	BAKERBOND C₂	J. T. Baker	不规则	—	—	—	21.70	—
	Speedisk C₂	J. T. Baker	—	—	60	—	—	—
	Bond Elut C₂	Varian	不规则	40/120	60	500	5.6	是
	Sep-Pak tC₂	Waters	不规则	37~55	125	—	2.7	是
CH	CH Extract-Clean	Alltech	不规则	50	60	—	3.5	是
	ISOLUTE CH(EC)	Argonaut	不规则	50	60	—	—	是
	CLEAN-UP CH	UCT	—	5~20 25~40 40~60 125~210	—	—	11.60	是/否
	Bond Elut CH	Varian	不规则	40/120	60	500	9.6	是
PH	SampliQ Phenyl	Agilent	不规则	45	60	—	—	否
	PH Extract-Clean	Alltech	不规则	50	60	—	3.8	是
	PH Maxi-Clean	Alltech	不规则	50	60	—	3.8	是
	ISOLUTE PH	Argonaut	不规则	50	60	—	—	否
	ISOLUTE PH	Argonaut	不规则	50	60	—	—	是
	BAKERBOND C₆H₅	J. T. Baker	不规则		—	—	—	—

官能团	产品名	生产厂商	颗粒形状	平均粒径 /μm	孔径 /Å	比表面积 /(m²/g)	含碳量 /%	封尾
PH	CLEAN-UP PH	UCT	—	5～20 25～40 40～60 125～210	—	—	11.6	是/否
	STRATA Phenyl	Phenomenex	—	55	70	500	10.5	是
	LC-PH	Supeloc	—	—	—	—	—	—
	Bong Elut PH	Varian	不规则	40/120	60	500	10.7	是
CN	Cleanert CN	Agela	不规则	45	60	480	—	否
	BAKERBOND CN	J. T. Baker	不规则	—		—	—	—
	Speedisk CN	J. T. Baker		—	60	—	—	—
	Bond Elut CN-E	Varian	不规则	40/120	60	500	8.1	是
	Bond Elut CN-U	Varian	不规则	40/120	60	500	7.8	否
	Extract-Clean CN	Alltech	不规则	50	60	—	6	是
	ISOLUTE CN	Argonaut	不规则	50	60	—	—	否
	ISOLUTE CN	Argonaut	不规则	50	60	—	—	是
	Sep-Pak	Waters	—	55～105	125	—	6.5	是
	SampliQ Cyano	Agilent	不规则	45	60	—	—	—
	Clean-Up CN	UCT	—	5～20 25～40 40～60 125～210	—	—	6.9	—
	LC-CN	Supelco	—	—	—	—	—	是
2OH	Cleanet Diol	Agela	不规则	45	60	480	—	否
	SampliQ Diol	Agilent	不规则	45	60	—	—	否
	Diol Extract-Clean	Alltech	不规则	50	60	—	4	否
	ISOLUTE DIOL	Argonaut	—	50	60	—	—	否
	BAKERBOND Diol	J. T. Baker	—	—	—	—	—	否
	Speedisk Diol	J. T. Baker	—	—	60	—	—	否
	LC-Diol	Supelco	—	—	—	—	—	否
	Bond Elut Diol	Varian	不规则	40	60	500	6.8	否
	Sep-Pak Diol	Waters	—	37～55	300	—	2	否
	Clean-Up Diol	UCT	—	—	—	—	8.0	否

续表

官能团	产品名	生产厂商	颗粒形状	平均粒径 /μm	孔径 /Å	比表面积 /(m²/g)	含碳量 /%	封尾
NH₂	Cleanert NH₂	Agela	不规则	45	60	480	—	否
	SampliQ NH₂	Agilent	不规则	45	60			否
	Extract Clean NH₂	Alltech	不规则	50	60		5	否
	ISOLUTE NH₂	Argonaut	不规则	50	60			否
	BAKERBOND NH₂	J. T. Baker	—	—	—	—	—	—
	Speedisk NH₂	J. T. Baker	—	—	60	—	—	—
	STRATA NH₂	Phenomenex	—	50	70	500	10. 0	否
	LC-NH₂	Supelco	—	—	—	—	—	—
	Bond Elut NH₂	Varian	不规则	40/120	60	500	6. 7	否
	Sep-Pak NH₂	Waters		55 ~ 105	125	—	3. 5	否
	Clean-Up NH₂	UCT	—	5 ~ 20	—	—	6. 65	否
				25 ~ 40				
				40 ~ 60				
				125 ~ 210				
PSA	Cleanert PSA	Agela	不规则	45	60	480	—	否
	Isolute PSA	Argonaut	不规则	50	60	—	—	否
	Chromabond PSA	MN	不规则	45	60	500	—	
	Clean-Up PSA	UCT	不规则	—	—	—	9. 7	否
	Bond Elut PSA	Varian	不规则	40/120	60	500	7. 5	否
DEA	Bond Elut DEA	Varian	不规则	40/120	60	500	8. 5	否
SAX	Cleanert SAX	Agela	不规则	45	60	480	—	否
	SampliQ Si-SAX	Agilent	不规则	45	60			否
	Isolute SAX	Argonaut	不规则	50	60			否
	DSC-SAX	Supecol	不规则	—	—	—	—	否
	Bond Elut SAX	Varian	不规则	40/120	60	—	7. 4	否
	Accell Plus QMA	Waters	—	37 ~ 55	300	—	6	否
CBA	Cleanert COOH	Agela	不规则	45	60	480	—	—
	Isolute CBA	Argonaut	不规则	50	60			否
	Speedisk CBA	J. T. Baker	不规则	—	—	—	—	—
	Chromabond PCA	MN	不规则	45	60	500	—	—

续表

官能团	产品名	生产厂商	颗粒形状	平均粒径/μm	孔径/Å	比表面积/(m²/g)	含碳量/%	封尾
CBA	Bond Elut CBA	Varian	不规则	40/120	120	—	7.4	否
PRS	Cleanert PRS	Agela	不规则	45	60	480		
	Isolute PRS	Argonaut	不规则	50	60			否
	Bond Elut PRS	Varian	不规则	40	60	500	1.7	否
SCX	Cleanert SCX	Agela	不规则	45	60	480	—	—
	SampliQ Si-SCX	Agilent	不规则	45	60	—	—	否
	Isolute SCX	Argonaut	不规则	50	60	—	—	否
	Chromabond SA	MN	不规则	45	60	500		
	DSC-SCX	Supecol	不规则	—	—	—		
	Bond Elut SCX	Varian	不规则	40/120	60	—	10.9	否

注:"—"表示无数据。

4.2 无机基质固相萃取材料

4.2.1 常见无机基质固相萃取材料

无机基质固相萃取材料主要是无机氧化物和石墨碳类无机物。无机氧化物有活性硅土、氧化铝、弗罗里硅土等。这些无机材料的共同特点是表面具有活性羟基,可以用于正相萃取。由于表面特殊的结构,石墨碳类是一种较为特殊的无机材料。

1. 活性硅土填料

活性硅胶是非键合的活性硅土(unbonded,activated silica,简称 SI);主作用力是极性相互作用,第二作用力是阴离子交换作用。SI 被认为是最强的极性填料,具有酸性。SI 的这种特性使得其可以吸附空气中的水分,因此必须注意在使用前确保干燥。由于 SI 的强极性,在使用 SI 填料进行极性吸附时一定不能使用极性溶剂(如水等)处理 SI 萃取小柱。如果需要在 SPE 柱预处理时使用极性溶剂,则应该改用 2OH 或 NH₂ 填料。在分离结构相似的化合物时,SI 是理想的填料。将目标化合物溶在非极性溶剂中,然后通过增加 THF 或乙酸乙酯来逐渐增加溶剂的极性,从而将结构相近的化合物分开。

2. 弗罗里硅土填柱

弗罗里硅土(florisil)也称为硅藻土,是由无定形的 SiO_2 组成,并含有少量 Fe_2

O₃、CaO、MgO、Al₂O₃及有机杂质,属于极性填料。它适用于从非极性的基液中萃取极性化合物(如胺类、羟基类及含杂原子或杂环化合物)。

3. 氧化铝(Al₂O₃)填料

氧化铝可以通过铝金属的中心与化合物羟基的氢形成氢键将化合物吸附,或通过离子交换将带有负电荷的化合物吸附。可以通过控制 pH 来控制氧化铝表面的吸附作用。

酸性氧化铝(Al-A)的 pH 约为 5,具有很高的活性。用酸洗氧化铝可以使得其吸附碱性化合物的能力下降。酸性氧化铝主要用于吸附极性化合物或具有阴离子官能团的化合物。

中性氧化铝(Al-N)的 pH 约为 6.5,具有很高的活性。中性氧化铝的表面能够通过铝原子中心与带有高负电荷的杂原子(杂环化合物)作用,如 N、O、P、S,也可以与富电的芳香族化合物作用。这种填料可以将胺类或芳香族化合物从水相或非水相基液中吸附。

碱性氧化铝(Al-B)的 pH 约为 8.5,具有很高的活性。用碱性溶液淋洗这种填料使得填料表面带负电。具有阳离子官能团的化合物可以通过碱性氧化铝表面的负电荷吸附。因此,碱性氧化铝主要用于吸附极性化合物或具有阳离子官能团的化合物。

4. 石墨炭黑

石墨炭黑(graphitized carbon black,GCB)是将炭黑在惰性气氛下加热到 2700 ~ 3000 ℃烘焙而成。我们以 ENVI-Carb 为例[3]来认识 GCB 填料。GCB 表面是由六个碳原子构成的平面六角形。平面六角形相互连接在一起,并且一层层地叠加在一起。这种六元环结构对平面芳香环结构以及具有六元环结构的分子具有很强的选择性。同时,对于含有烷烃链的非极性化合物也有很好的吸附能力。由于氧的化学吸附,GCB 表面结构上含有氧复合物,如对苯二酚、醌类、苯并吡喃及吡喃盐等。这些氧复合物的存在,使 GCB 表面带有一些正电荷,具有阴离子交换的功能。因此,可以用于萃取样品中的酸性化合物。Di Corcia 等[4]的研究表明,在 GCB 表面有类似于吡喃结构的化合物。如式(4-4)所示,这种含氧六元杂环化合物在与水接触后会转变为带正电荷的吡喃盐。GCB 表面这种带正电荷的化合物具有阴离子交换剂的特性。用酸性水溶液淋洗 GCB 填料有利于吡喃盐的生成,提高 GCB 的阴离子交换容量。从表4-3 可以看到,不同的预处理溶液对 GCB 的阴离子交换容量的影响很大。

$$(4-4)$$

表 4-3　不同溶液处理对 GCB 阴离子交换容量的影响($n=3$)

预处理溶液	容量/(meq/g)
无	0.89
TFA/CH$_2$Cl$_2$-MeOH	3.5
14 mL 水(pH 6)	3.1
7 mL 水(pH 2)	7.5
14 mL 水(pH 2)	7.4
7 mL 水(pH 1)	7.8
7 mL 水(pH 0)	7.8
7 mL 水(pH 1),然后用 NaBH$_4$	0.84

　　石墨炭黑属于疏水性填料,其结构特点使得石墨炭黑填料既适用于萃取非极性至中等极性的化合物,也可用于对极性化合物的萃取[5-7]。利用石墨炭黑本身存在的多种作用力,可以将酸性化合物与中性及碱性化合物分开。石墨炭黑 SPE 柱被大量使用在水中微量有害有机物的萃取。由于石墨炭黑化学性质稳定,所以可以在超出键合硅胶的 pH 范围使用。最早出现的商品化石墨炭黑 SPE 柱是 Supelco 公司生产的 Carbopack B、ENVI-Carb 及 Alltech 公司生产的 Carbograph 1。这些石墨炭黑柱都采用无孔颗粒,颗粒大小在 120 ~ 140 目。比表面积较低,一般在 100 m²/g。之后又生产了比表面积较大的 Carbograph 4[8]、Carbograph 5(210 m²/g)等。

　　5. 多孔石墨化碳

　　多孔石墨化碳(porous graphitic carbon,PGC)是由苯酚与醛类混合在多孔硅胶的表面及孔内,在 1000 ℃条件下进行聚合,然后再用氢氧化钠溶液(5 mol/L)处理,将硅胶溶解后,再经过 2000 ~ 2800 ℃高温石墨化而得到。PGC 具有平整的晶体表面,具有二维平面的石墨结构,碳原子以 sp² 杂化轨道和邻近的三个碳原子形成共价单键并排列成六边形平面网状结构,这些网状结构又连成互相平行的平面,构成片层结构(图 4-1)。片层之间是通过分子间作用力结合。PGC 表面因为碳原子的 sp² 杂化形成大范围的 π 电子云,并且具有很高的极性,既能够吸附非极性化合物,也可以吸附极性化合物。PGC 表面非常均一,在 PGC 表面还未发现存在于 GBC 表面的离子化官能团。PGC 平均比表面积为 120 m²/g。表面的孔径大小不一,平均为 25 nm,多孔率为 75%。PGC 可以经受 40 MPa 的压力,几何结构稳定,不会膨胀,也不会收缩。在常用的有机溶剂中很稳定,能够在任何 pH 条件下使用。商品化 PGC 填料的商品名为 Hypercarb。

　　虽然 PGC 属于反相 SPE 填料,但由于 PGC 特殊的表面结构,PGC 与目标化合物之间的作用与常规的键合硅胶反相填料及非极性的有机高聚物材料(PS-DVB)

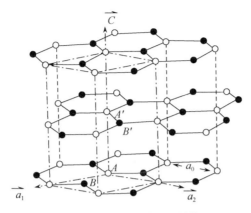

图 4-1　多孔石墨化碳原子结构图

不同。其大范围的范德瓦尔斯力及静电作用力使得 PGC 既可保留非极性化合物,又可保留极性化合物,而且特别适用于对水溶性的极性化合物的萃取[9-11]。

4.2.2　无机基质固相萃取材料的相关参数

由于硅胶、弗罗里硅土和氧化铝都属于正相 SPE 填料,对水特别敏感。水被这些材料吸附后就占据了材料的活性位置,使之部分或全部丧失对目标化合物的吸附能力。而石墨炭黑及多孔石墨化碳由于几何结构稳定,可在包括正相和反相萃取在内的任何条件下使用。表 4-4 给出了主要厂商生产的各种无机 SPE 柱及主要参数。

表 4-4　主要厂商生产的无机填料固相萃取柱及主要参数

官能团	产品名	生产厂商	颗粒尺寸/μm	孔径/Å	比表面积/(m²/g)
SI	Cleanert Silica	Agela	45	60	480
	SampliQ Silica	Agilent	—	—	—
	Silica Extract-Clean	Alltech	50	60	—
	Isolute SI	Argonaut	50	60	—
	Silica	J. T. Baker	—	—	—
	Strata Si-1	Phenomenex	—	—	—
	Pharma-Si	UCT	40 ~ 63	60	525
Al-A(pH 4.5)	Cleanert Alumina A	Agela	150	58	—
	SampliQ Alumina A	Agilent	50 ~ 200	—	—
	Alumina Extract Clean A	Alltech	130	100	—
	Isolute AL-A	Argonaut	50 ~ 200	—	—

续表

官能团	产品名	生产厂商	颗粒尺寸/μm	孔径/Å	比表面积/(m²/g)
Al-A(pH 4.5)	LC-Alumnina A	Supelco	—	—	—
Al-N(pH 7.5)	Cleanert Alumina N	Agela	150	58	—
	SampliQ Alumina N	Agilent	50~200	—	—
	Alumina Extract Clean N	Alltech	130	100	—
	Isolute AL-N	Argonaut	—	—	—
	LC-Alumnina N	Supelco	—	—	—
Al-B(pH 10)	Cleanert Alumina B	Agela	150	58	—
	Alumina Extract Clean B	Alltech	130	100	—
	SampliQ Alumina B	Agilent	50~200	—	—
	Isolute AL-B	Argonaut	50~200	—	—
	LC-Alumnina B	Supelco	—	—	—
florisil	Cleanert Florisil	Agela	75~150 150~250	80	291
	SampliQ Florisil PR	Agilent	—	—	—
	Florisil Extrac Clean	Alltech	75~150	60	—
	Isolute FL	Argonaut	150~250	—	—
	Strata Florisil	Phenomenex	—	—	—
	CUFLS	UCT	—	—	—
GCB	Cleanert PesiCarb	Agela	120~140	—	—
	SampliQ Carbon	Agilent	—	—	—
	Carbograph Extract Clean	Alltech	38~125	—	100
	ENVI-Carb	Supelco	100~400	无孔	100
	Clean-up CUCAR	UCT	120~140	无孔	—
PGC	HyperSep Hypercarb	Thermo	30	250	—

注:"—"表示无数据。

4.3　有机聚合物固相萃取材料

4.3.1　聚合物固相萃取材料概况

20 世纪 60 年代,美国罗门–哈斯公司(Rohm & Haas)生产了商品名为 Amberliter XAD-2 的交联聚苯乙烯(polystyrene, PS)树脂,树脂颗粒大小为 20~50 目,每个颗粒都是由很微小的颗粒黏合而成。这是最早用于 SPE 的高分子聚合材料。Riley 等[12]将 XAD-1 用于样品前处理,他们用自己装填的直径为 1 cm,填料高度为 7 cm 的 XAD-1 柱富集 1 L 海水中的污染物。随后又有一系列的聚合物树脂面世,如商品名为 Amberliter XAD-2、XAD-4 的高交联聚苯乙烯–二乙烯基苯(PS-DVB,也有的文献称之为 styrene-divinylbenzene,SDB,化学结构见图 4-2),商品名为 XAD-7、XAD-8 的乙烯–二甲基丙烯酸酯(ethylene-dimethacrylate)。XAD-2 使用较为广泛。目前,有多家厂商生产 PS-DVB SPE 填料。但是,各厂商生产的填料颗粒的比表面积不同。一般来说,比表面积越大,填料的容量就越大。从表 4-5 可以看到比表面积对回收率的影响。LiChrolut EN 的比表面积最大,其回收率也最高,Isolut ENV+次之,Porapak 比表面积最小,回收率也最低。Pichon 等[13]的实验发现 PS-DVB 填料的比表面积由 400 m^2/g 增加到 1000 m^2/g 时,吸附因子由 20 猛增至 100。PS-DVB 具有疏水的表面,属于非极性的 SPE 材料。由于 PS-DVB 苯环上的电子云能够与目标化合物的 π 键作用,PS-DVB 的吸附能力比 C_{18} 反相填料更强。许多实验数据表明 PS-DVB 对于非极性化合物的萃取回收率比 C_{18} 要高 [14,15]。Hennion、Pichon 都报道了聚合物填料对非极性化合物的吸附容量比疏水的 C_{18} 至少要高出 20 ~ 40 倍[16,17]。与键合硅胶填料比较,聚合物填料的耐酸碱性能要好很多,通常在 pH 1 ~ 14 的范围都是稳定的。由于 PS-DVB 没有键合硅胶存在的硅羟基,所以无须考虑硅羟基对萃取可能造成的影响。

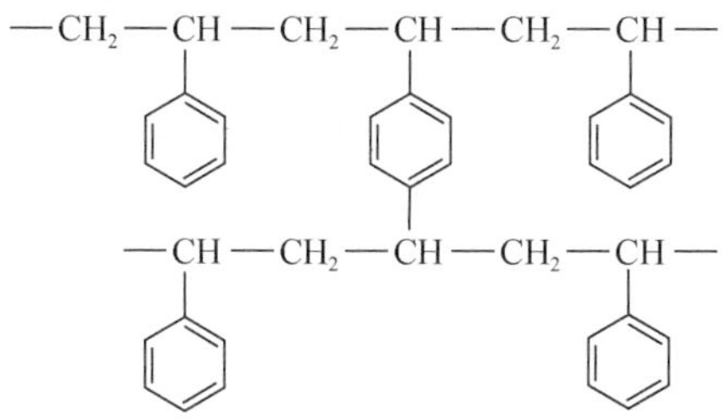

图 4-2　苯乙烯–二乙烯基苯结构

表 4-5　不同体积样品在 PS-DVB 柱上的回收率[17]

(酚类化合物浓度为 5 μg/L。商品柱为 LiChrolut EN、Isolut ENV+及 Porapak RDX)

化合物	样品体积/mL					
	LiChrolut EN,1200m^2/g		Isolut ENV+,1000 m^2/g		Porapak RDX,500 m^2/g	
	500	1000	500	1000	500	1000
儿茶酚	28	0	28	0	17	0
苯酚	79	79	64	59	51	40
4-硝基苯酚	89	87	75	74	55	354

续表

化合物	样品体积/mL					
	LiChrolut EN,1200m²/g		Isolut ENV+,1000 m²/g		Porapak RDX,500 m²/g	
	500	1000	500	1000	500	1000
4-甲基苯酚	93	91	65	60	40	26
2,4-二硝基苯酚	79	82	72	73	48	41
2-氯酚	84	84	79	60	38	29
2,4-二甲基苯酚	76	81	64	55	36	34
4-氯-3-甲基苯酚	86	86	72	65	50	37
2,4-二氯苯酚	80	86	67	62	53	44
2,4,6-三氯苯酚	104	92	85	84	60	55
五氯苯酚	89	87	81	65	47	40

近年来不断有新的高交联度的聚合树脂 SPE 材料投放市场,如 Envi-Chrom P、LiChrolut EN 及 Isolut EN 等。这些聚合树脂有很高的交联度,比表面积大,使得聚合物表面与目标化合物之间的 π-π 作用力增强,因而提高了目标化合物在 SPE 柱上的穿透体积。

4.3.2　改性聚合物固相萃取材料

除了常见的 PS-DVB 外,市售产品中还有许多含有不同极性官能团的化学改性聚合树脂的 SPE 填料,如含有乙酸基、羟甲基、苯甲酰基及邻羧基苯甲酰基、磺酸基、三甲胺基等。这些改性聚合树脂具有很好的亲水性,适合于萃取水中的极性化合物[18]。表 4-6 对比了改性聚合树脂与键合硅胶及反相 C18 填料对部分化合物萃取的结果。从回收率数据可见,改性聚合填料对极性有机化合物的萃取效果明显优于未改性的聚合材料及 C18 填料。

表 4-6　不同 SPE 填料萃取酚类及芳香环化合物的回收率[18]

(20 mL 水样,浓度为 5 mg/L)

化合物	回收率/%			
	C18	PS-DVB	PS-DVB-CH2OH	PS-DVB-COOH3
苯酚	6	91	94	100
p-甲酚	16	91	98	101
p-乙基苯酚	66	96	99	101
2-硝基苯酚(2-NP)	45	93	95	96

化合物	回收率/%			
	C_{18}	PS-DVB	PS-DVB-CH$_2$OH	PS-DVB-COOH$_3$
3-硝基苯酚	< 5	81	85	93
4-硝基苯酚	< 5	87	86	87
2,4-邻苯二甲酸二甲酯	71	95	97	100
4-*tert*-丁基苯酚	83	88	96	100
苯甲醚	78	91	94	98
苯胺	9	94	96	100
苯甲酰乙醇	10	92	98	99
硝基苯	54	92	96	100
2,4-二硝基氟苯	44	83	96	98
邻羟基苯乙酮	88	85	95	96
异戊基苯甲酸盐	84	72	89	95
二乙基邻苯二甲酸盐	90	87	96	100

　　图 4-3 是两种具有离子交换功能的改性聚合填料结构图。其中 A 含有磺酸基,是强阳离子交换剂;B 含有季铵,是强阴离子交换剂。因此,无论样品溶液的 pH 是多少,这两种官能团始终是以离子状态出现。图 4-4 则是含有弱离子交换官能团的改性聚合填料。其中 A 具有弱阳离子交换官能团—COOH;B 具有弱阴离子交换官能团—N⁺H(CH₃)₂Cl。在使用具有离子交换官能团的聚合物填料的 SPE 柱时,基本原则与键合硅胶为基质的离子交换填料相同,即同样要遵循两个 pH 单位的原则。

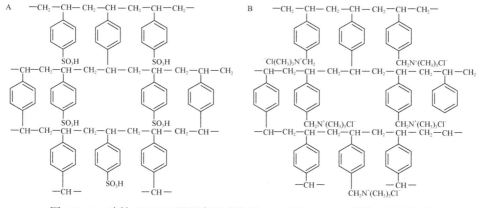

图 4-3　A. 改性 PS-DVB 强阳离子交换剂;B. 改性 PS-DVB 强阴离子交换剂

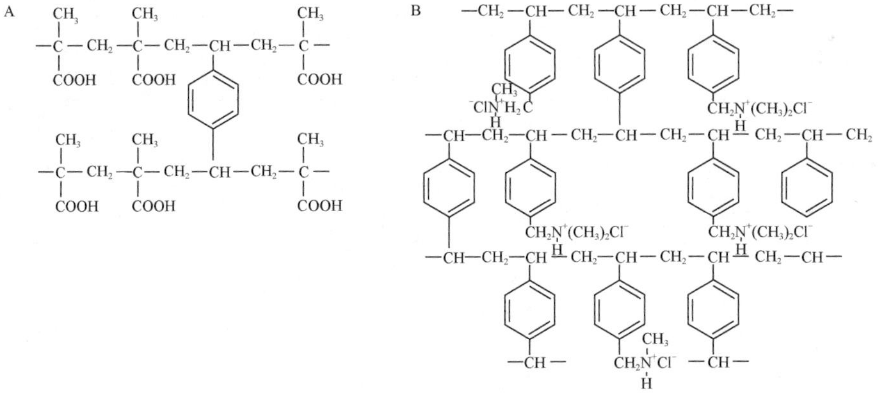

图 4-4　A. 改性 PS-DVB 弱阳离子交换剂；B. 改性 PS-DVB 弱阴离子交换剂

　　近年来,一种新的大孔聚合填料引起人们的兴趣,这就是二乙烯基苯-乙烯基吡咯烷酮(divinylbenzene-vinylpyrrolidone,DVB-VP)。由于二乙烯基苯属于亲脂性的官能团,具有反相填料的特性,而乙烯基吡咯烷酮属于亲水性的官能团,具备保留极性化合物的能力。这两种官能团按一定的比例键合在聚合物骨架上,使得 DVB-VP 的应用范围比反相键合硅胶填料更为广泛。

　　商品化的 DVB-VP 柱主要有 Waters 公司生产的 Oasis HLB、Porapak RDX。类似的还有 J. T. Baker 公司生产的 H_2O-Philic DVB、Phenomenex 公司生产的 Strata-X、Agela 公司生产的 Cleanert PEP 等。Oasis HLB 填料的结构如图 4-5 所示,填料的孔径在 80 Å 左右,比一般聚合物填料的孔径大,所以单位质量填料的比表面积也大,可达 831 m^2/g。填料的死体积在 1.4 mL/g 左右。填料颗粒的平均直径为 31.4 μm。Porapak RDX 的孔径更大,在 200 Å 左右,颗粒的直径为 125 ~ 150 μm。根据 Waters 公司提供的数据(图 4-6),Oasis HLB 具有比 C_{18} 反相键合硅胶填料高很多的容量[19]。

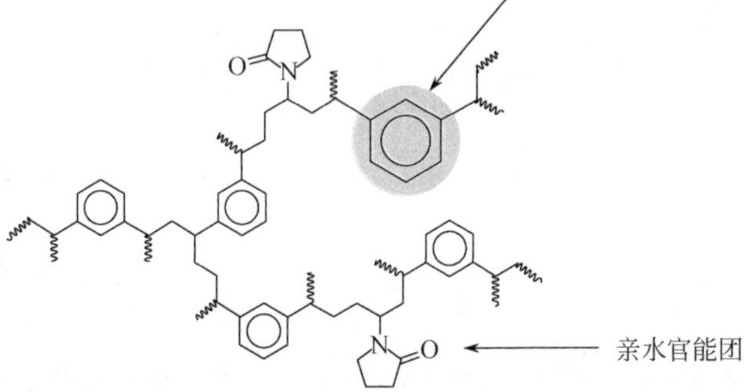

图 4-5　Oasis HLB 聚合物填料结构图

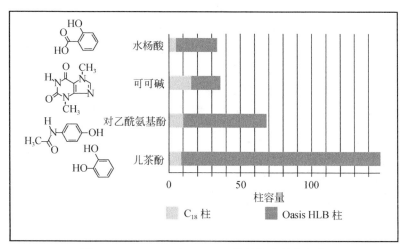

图 4-6   Oasis HLB 与 C$_{18}$ SPE 柱的柱容量的比较

在使用键合硅胶柱时,经过预处理的 SPE 柱在样品添加前必须保持湿润。如果控制不好,柱床干了,就会导致回收率下降及重现性变差。然而,由于 DVB-VP 具有亲水官能团,填料很容易充分湿润,即便是柱床干了,对回收率也没有明显影响。从图 4-7 可以看到,随着柱床干枯时间的增长,C$_{18}$ 柱对目标化合物的回收率显著下降。特别是在开始的 2 min 内回收率下降最为严重,当柱床干枯时间为 8 min 时,目标化合物的回收率降至 20% 以下。而 Oasis HLB 柱对目标化合物的回收率在柱床干枯时间长达 10 min 还是几乎没有变化。

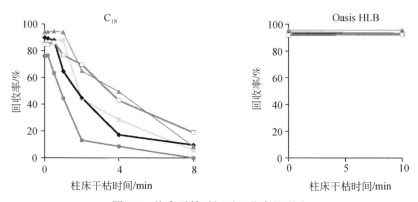

图 4-7   柱床干枯时间对回收率的影响

虽然与反相键合硅胶相比,高聚物树脂具有许多优越性,但是也必须注意其使用范围。例如,应该避免使用卤代烃类、四氢呋喃、芳香烃类及碳氟化合物作为溶剂,以避免聚合树脂发生溶胀。

　　2006 年 Varian 公司推出了 Bond Elut Plexa 系列的高聚物树脂萃取柱。这种萃取柱的高聚物填料颗粒表面具有亲水的羟基,使得生物样品容易通过。如图 4-8 所示,这种填料颗粒小孔内是疏水的,疏水性小分子化合物可以进入并被吸附在上面。由于颗粒表面具有很高的极性而且无氨基,蛋白质等大分子既不能被颗粒表面吸附,也不能进入颗粒的小孔,因此不能被保留在填料上。由于 Bond Elut Plexa 的这种特性,这种填料既可用于酸性化合物,也可用于碱性化合物。

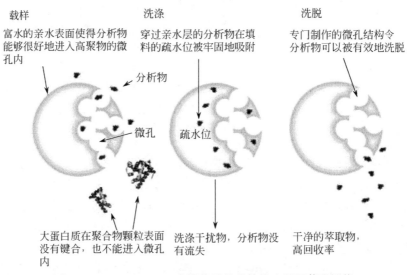

图 4-8　Bond Elut Plexa 高聚物的特殊结构改进了萃取性能

　　这种萃取柱特别适用于未知样品筛查分析中的样品前处理。表 4-7 给出了包括酸性药物唑吡坦在内的七种不同极性化合物的萃取结果。

表 4-7　Bond Elut Plexa 对七种不同极性、不同 pK_a 化合物的萃取结果

分析物	lgK_{ow}	pK_a	回收率/%	RSD($n=8$)/%
普鲁卡因酰胺	1.2	9.3	101	12
哮喘宁	1.3	10.3	100	10
阿替洛尔	1.3	9.6	108	11
甲氧乙心安	1.3	10.8	78	6
纳曲酮	1.8	9.2	98	20
雷尼替丁	1.9	8.2	72	8
唑吡坦	3.9	6.2	73	8

4.3.3　常见聚合物固相萃取材料相关参数

表 4-8 列出了主要市售聚合物类 SPE 柱的种类和填料的主要官能团及物理参数。

表 4-8　各厂商生产的聚合物固相萃取柱的主要参数

产品名	生产厂商	官能团	粒径 /μm	孔径 /Å	比表面积 /(m²/g)
Cleanert PS	Agela	PS-DVB	40/60	80	600
Cleanert PEP	Agela	PS-DVB/氨基	40/60	80	600
Cleanert PAX	Agela	PS-DVB/季铵基	60	80	600
Cleanert PCX	Agela	PS-DVB/磺酸基	60	80	600
Cleanert HXN	Agela	PS-DVB/氨基	40/60	80	600
SampliQ PS-DVB	Agilent	PS-DVB	75 ~ 160	—	—
SampliQ SCX	Agilent	苯磺酸基/DVB	—	—	—
SampliQ SAX	Agilent	季铵基/DVB	—	—	—
PRP-1	Hamilton	PS-DVB	5/10	75	415
Isolut ENV+	IST	PS-DVB	90	100	1000
Speedisk DVB	J. T. Baker	PS-DVB-EVB	—	150	700
H_2O-Philic SC-DVB(SO_3)	J. T. Baker	DVB/磺酸基	—	—	—
H_2O-Philic SA-DVB(N^+)	J. T. Baker	DVB/季铵基	—	—	—
H_2O-Phobic WA-DVB(NH_2)	J. T. Baker	DVB/氨基	—	—	—
Chromabond HR-P	Machery-Negel	PS-DVB	50 ~ 100		1200
LiChrolut EN	Merck	PS-DVB	40 ~ 120	80	1200
SDB-L	Phenomenex	SDB	100	260	500
Strata-X	Phenomenex	PS-DVB-NVP	33	85	800
Strata-X-C	Phenomenex	PS-DVB-NVP/苯磺酸基	33	85	800
Strata-X-CW	Phenomenex	PS-DVB-NVP/苯丙酸基	33	85	800
Strata-X-AW	Phenomenex	PS-DVB-NVP/乙二胺基	33	85	800
PLRPS	Polymer Labs	PS-DVB	15/60	100	550
Envi-Chrom P	Supelco	PS-DVB	80 ~ 160	110 ~ 175	900
Hysphere-1	Spark Holland	PS-DVB	5 ~ 20	—	>1000
Hysphere-1	Spark Holland	PS-DVB	75 ~ 160	—	600
CCX2	UCT	羧基/C_8	—	—	—

续表

产品名	生产厂商	官能团	粒径/μm	孔径/Å	比表面积/(m²/g)
PCX2	UCT	丙磺酸基/C$_8$	—	—	—
BCX2	UCT	苯磺酸基/C$_8$	—	—	—
NAX2	UCT	氨丙基/C$_8$	—	—	—
QAX2	UCT	季铵基/C$_8$	—	—	—
DBX	UCT	苯磺酸基/C$_{18}$	—	—	—
CNP2	UCT	氰丙基/C$_8$	—	—	—
CYH2	UCT	环己基/C$_8$	—	—	—
Bond Elut ENV	Varian	PS-DVB	125	450	500
Bond Elut PPL	Varian	改良 PS-DVB	125	300	700
Abselut	Varian	—	65 ~ 80	100	500 ~ 600
Bond Elut Plexa PCX	Varian	聚合物/强阳离子交换	50	—	—
Porapak RDX	Waters	PS-DVB-NVP	120	55	550
Oasis HLB	Waters	PS-DVB-NVP	30/60	80	810
Oasis MCX	Waters	PS-DVB-NVP/苯磺酸基	30/60	—	—
Oasis MAX	Waters	PS-DVB-NVP/季铵基	30/60	—	—

注:EVB. 乙基乙烯苯(ethylvinylbenzene);NVP. N-乙烯基吡咯烷酮(N-vinylpyrrolidone)。"—"表示无数据。

4.4　混合型固相萃取材料

4.4.1　混合型固相萃取材料的特点

在第3章我们谈到键合硅胶填料的萃取机理存在多种作用力,这种特性在一定的条件下对萃取结果有负面作用。然而,研究发现,只要条件控制得当,多种作用力对目标化合物的萃取是有利的。例如,在改良的 USEPA 方法 1664 中[20],采用未封尾的键合硅胶柱对废水中的矿物油和植物油进行萃取。非极性的矿物油通过辛烷基的非极性作用力被吸附,而极性的植物油则通过硅羟基的极性作用力被吸附。从这一角度看键合硅胶材料,我们可以将其看作混合型 SPE 材料。

由于多种作用力在分离复杂样品时具有一定的优势,人们进一步开发了具有两种或两种以上官能团的 SPE 填料,这就是混合型 SPE 填料。典型的如具有非极性官能团及阳离子交换官能团或非极性官能团及阴离子交换官能团的 SPE 填料。混合型 SPE 填料有以键合硅胶为基质的,也有以有机聚合物为基质的。例如,

Varian 公司生产的 Bond Elut Certify 含有 C_8 及 SCX 两种不同的官能团；Bond Elut Certify Ⅱ 含有 C_8 及 SAX 两种不同的官能团。类似的还有 J. T. Baker 公司生产的 Nacro-1 及 Nacro-2。不同萃取机理的官能团键合在有机聚合物的骨架上而形成以有机聚合物为基质的混合型 SPE 填料。例如，Waters 公司生产的 Oasis MCX 和 Oasis MAX，Agela 公司生产的 PCX 和 PAX 等。图 4-9(a) 为 Oasis MCX，具有非极性及强阳离子交换功能，图 4-9(b) 为 Oasis MAX，具有非极性及强阴离子交换功能。

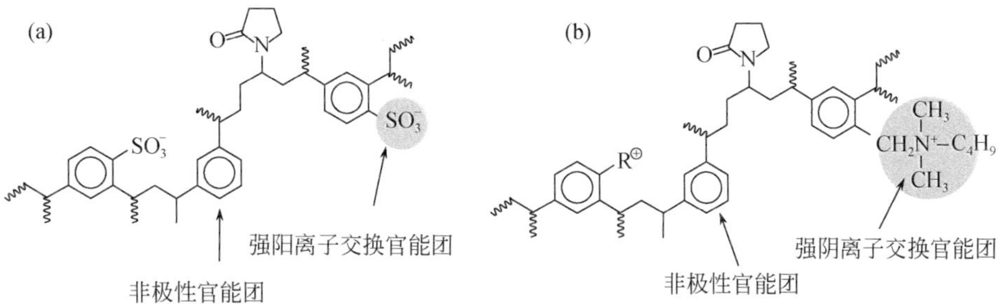

图 4-9　Waters 公司生产的 Oasis MCX(a) 及 Oasis MAX(b) 混合型 SPE 填料的结构

混合型 SPE 填料的多种作用力使其应用范围比单一官能团的 SPE 填料要广，而且可以用于一些单一官能团 SPE 柱难以解决的萃取问题。例如对目标化合物分类分离，利用 Bond Elut Certify 混合型 SPE 柱进行药物筛查分析的样品前处理，通过其非极性和阳离子交换官能团将酸性、中性和碱性药物一次性从生物体液中萃取出来，并将酸性药物、中性药物与碱性药物分离[21]。

混合型 SPE 柱的另一个用途就是利用其多种作用机理从复杂的样品基质中萃取分离目标化合物。例如，用 C_{18} 非极性/丙基苯磺酸混合型 SPE 柱从尿液中萃取分离可卡因的代谢物苯甲酰基芽子碱(benzolyecgonine)[22]。由于尿液中含有许多盐，直接用阳离子交换固相萃取，这些盐中的阳离子会与阳离子交换剂作用，使得苯甲酰基芽子碱无法被吸附。如果采用非极性固相萃取，尿液中的许多非极性干扰物又无法除去。因此，可以改用非极性/阳离子混合型 SPE 柱。首先，用磷酸钾缓冲溶液将尿液样品的 pH 调节至 7.5，如图 4-10 中第一步所示，在此 pH 条件下，苯甲酰基芽子碱的羧基呈负离子状态(该化合物羧基的 $pK_a<5$)，而叔氮原子没有带电。当尿液样品通过混合型 SPE 柱时，苯甲酰基芽子碱以非极性作用力与 C_{18} 基团作用而被保留在 SPE 柱上。此时，可以用去离子水洗涤 SPE 小柱，将包括尿素在内的所有游离状态盐除去。此时苯甲酰基芽子碱的羧基为钠盐或钾盐。第二步，用 0.1 mol/L 盐酸洗涤 SPE 柱。如图 4-10 中第二步所示，在盐酸的作用下，苯甲酰基芽子碱分子中羧基形成羧酸，而叔氮原子则质子化，并与丙基苯磺酸基通过阳离子交换作用结合。由于苯甲酰基芽子碱与 SPE 填料之间的非极性作用依然存在，故苯甲酰基芽子碱通过阳离子交换作用和非极性作用力保留在 SPE 柱上。第

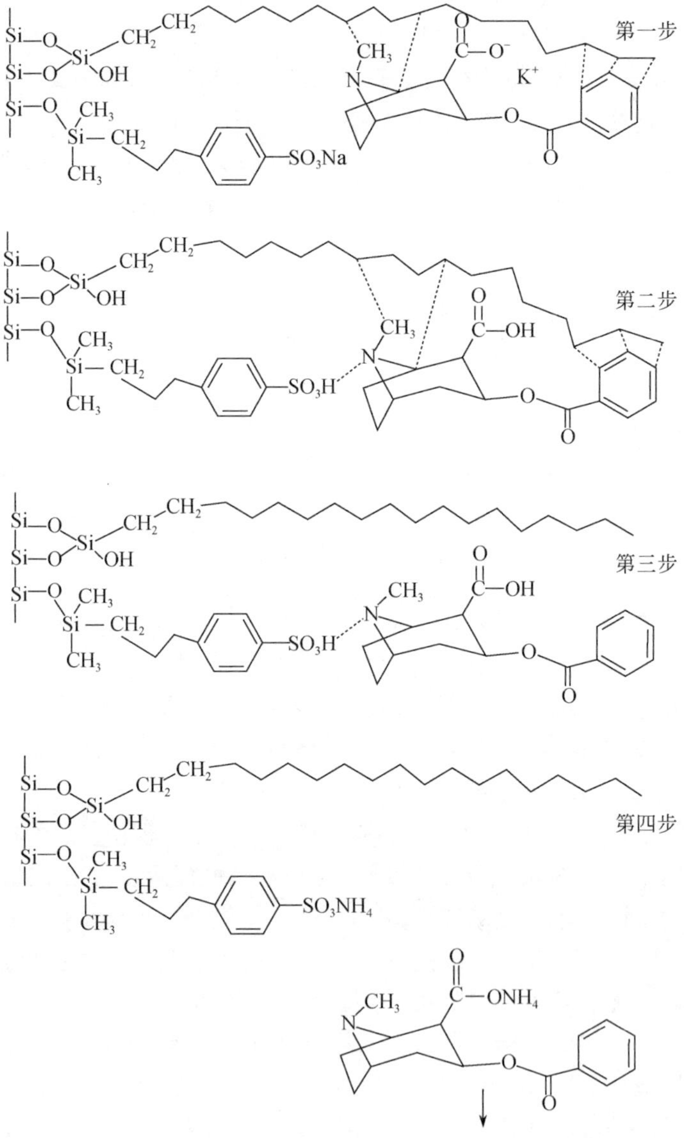

图 4-10　混合型 SPE 柱分离复杂样品基质中的目标化合物示意图

三步,用去离子水除去多余的盐酸,然后用甲醇洗涤清除非极性干扰物。由图 4-10
中第三步可见,甲醇破坏了苯甲酰基芽子碱与 C₁₈ 之间的相互作用,使之脱离 C₁₈,
而苯甲酰基芽子碱与丙基苯磺酸基之间的阳离子交换相互作用依然存在。因
此,苯甲酰基芽子碱依然被保留在 SPE 柱上。最后,用氨化有机溶剂淋洗 SPE
柱。在碱性条件下,苯甲酰基芽子碱与丙基苯磺酸基之间的阳离子交换相互作

用被破坏,苯甲酰基芽子碱脱离阳离子交换剂而被洗脱出来。这样一来,在萃取过程中,利用了混合型 SPE 柱不同官能团的特性,通过调节萃取过程的 pH,达到了在不损失目标化合物的前提下,分别清除样品基质中的离子型和非极性干扰物的目的。

表 4-9 给出了部分商品化混合型 SPE 柱的生产厂家、主要官能团和作用机理,在选择混合型 SPE 柱时,可以作为参考。

表 4-9　部分商品化混合型固相萃取柱

型号	生产厂家	基质	主要官能团	作用机理	封尾	含碳量/%
Cleanert C$_8$/SCX	Agela	硅胶	C$_8$/SCX	非极性/强阳离子交换	—	—
PesiCarb/NH$_2$	Agela	GCB/硅胶	GCB/NH$_2$	GCB/弱阴离子交换	—	—
Cleanert PCX	Agela	聚合物	苯/磺酸基	非极性/强阳离子交换	—	—
Cleanert PAX	Agela	聚合物	苯/季铵基	非极性/强阴离子交换	—	—
SampliQ C$_8$/Si-SCX	Agilent	键合硅胶	C$_8$/苯磺酸基	非极性/强阳离子交换	—	—
SampliQ SCX	Agilent	聚合物	改性二乙烯基苯/磺酸基	非极性/强阳离子交换	—	—
SampliQ SAX	Agilent	聚合物	改性二乙烯基苯/季铵基	非极性/强阴离子交换	—	—
SampliQ C$_8$/Si-SCX	Agilent	键合硅胶	C$_8$/SCX	非极性/强阴离子交换	—	—
ISOLUTE HCX	Argonaut	键合硅胶	C$_8$/磺酸基	非极性/强阳离子交换	—	—
ISOLUTE HCX-3	Argonaut	键合硅胶	C$_{18}$/磺酸基	非极性/强阳离子交换	—	—
ISOLUTE HCX-5	Argonaut	键合硅胶	C$_4$/磺酸基	非极性/强阳离子交换	—	—
ISOLUTE Confirm HAX	Argonaut	键合硅胶	C$_8$/季铵基	非极性/强阴离子交换	—	—
ISOLUTE Multimode	Argonaut	键合硅胶	C$_{18}$/磺酸基;季铵基	非极性/强阳离子交换/强阴离子交换	—	—
Narc-2	J. T. Baker	键合硅胶	C$_8$/磺酸基	非极性/强阳离子交换	—	—
Narc-1	J. T. Baker	键合硅胶	C$_8$/磺酸基	非极性/强阴离子交换	—	—
H$_2$O-Philic SC-DVB(SO$_3$)	J. T. Baker	聚合物	苯/磺酸基	非极性/强阳离子交换	—	—
H$_2$O-Philic SA-DVB(N$^+$)	J. T. Baker	聚合物	苯/季铵基	非极性/强阴离子交换	—	—
H$_2$O-Phobic WA-DVB(NH$_2$)	J. T. Baker	聚合物	苯/伯胺基	非极性/弱阴离子交换	—	—
Strata-X-C	Phenomenex	聚合物	苯/苯磺酸基	非极性/强阳离子交换	—	—
Strata-X-CW	Phenomenex	聚合物	苯/苯丙酸基	非极性/弱阳离子交换	—	—
Strata-X-AW	Phenomenex	聚合物	苯/乙二胺基	非极性/弱阴离子交换	—	—

型号	生产厂家	基质	主要官能团	作用机理	封尾	含碳量/%
CCX2	UCT	聚合物	C_8/羰基	非极性/弱阳离子交换	—	—
PCX2	UCT	聚合物	C_8/丙磺酸基	非极性/强阳离子交换	—	—
BCX2	UCT	聚合物	C_8/苯磺酸基	非极性/强阳离子交换	—	—
NAX2	UCT	聚合物	C_8/伯胺基	非极性/弱阴离子交换	—	—
QAX2	UCT	聚合物	C_8/季铵基	非极性/强阴离子交换	—	—
Clean Screen DAU	UCT	键合硅胶	C_{18}/苯磺酸基	非极性/强阳离子交换	—	—
Bond Elut Certify	Varian	键合硅胶	C_8/苯磺酸基	非极性/强阳离子交换	无	9.0
Bond Elut Certify Ⅱ	Varian	键合硅胶	C_8/苯/季铵基	非极性/强阴离子交换	无	8.6
AccuCAT	Varian	键合硅胶	磺酸基/季铵基	强阳离子交换/强阴离子交换	无	7.0
Abselut NEXUS	Varian	聚合物	—	—	—	—
Oasis MCX	Waters	聚合物	苯/苯磺酸基	非极性/强阳离子交换	—	—
Oasis MAX	Waters	聚合物	苯/季铵基	非极性/强阴离子交换	—	—

注:"—"表示无数据。

以有机聚合物为基质的混合型 SPE 填料,由于非极性官能团和离子交换官能团均键合在有机聚合物骨架上,故具有稳定性好及容量大的特点。Patel 等[23]对反相硅胶混合型 SPE 柱及 PS-DVB 混合型 SPE 柱的柱容量进行了比较,证实 PS-DVB 混合型 SPE 柱无论是非极性保留容量还是阳离子交换容量都比反相硅胶混合型 SPE 柱要高很多。在实验中以苯戊酮测试反相非极性保留容量,以去甲麻黄碱测试阳离子交换容量。如图 4-11 所示,对于苯戊酮,反相键合硅胶混合型填料的容量为 5.0 mg,而 PS-DVB 混合型填料的容量则达到 13 mg。对于去甲麻黄碱,反相键合硅胶混合型填料的容量为 1.0 mg,而 PS-DVB 混合型填料的容量则高达 6.0 mg。

4.4.2　双层填料固相萃取柱

除了上述混合型 SPE 填料外,还有一类具有两种作用机理的 SPE 柱。这种 SPE 柱将同一支小柱分为上下两层,各装填不同萃取机理的填料,并用 20 目的聚乙烯滤膜隔离开,如 Varian 公司生产的 SAX/PSA 柱和 FL/C_{18}柱等。虽然这种 SPE 柱也具有两种或两种以上的作用机理,但这两种作用机理并不能同时起作用。而是类似于双柱串联萃取,上层用于吸附杂质,下层用于吸附目标化合物。但在双柱串联萃取中,可以将上下柱分离,仅洗脱下柱,而在双层 SPE 柱中,由于两种填料装填在同一支 SPE 柱中,上层填料在吸附杂质后无法如前者一样与下层分离。因此,

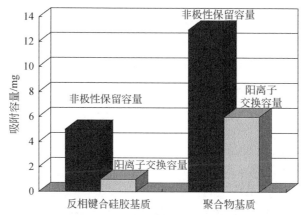

图 4-11　PS-DVB 填料与传统反相键合硅胶填料吸附容量的比较

在选择洗脱溶液时要小心,以避免将上层杂质共洗脱。Shimelis 等[24]将 PSA/石墨炭黑双层 SPE 柱应用于食品中二十多种理化性质不同的农药残留物的萃取。在此应用中,PSA 主要用于吸附包括脂肪酸在内的干扰物,而石墨炭黑则用于萃取样品中的农药残留物。结果发现,洗脱溶剂对吸附在 PSA 层的脂肪酸影响很大,如果洗脱溶剂选择不当,洗脱馏分中的干扰物就会增多,甚至影响 GC-MS 分析。因此,PSA/石墨炭黑 SPE 小柱较为适用于非脂肪类食品或低脂肪类食品。对于奶类、肉类等高脂肪类食品,必须注意样品中的脂肪酸含量不能大于 PSA 层的容量,否则过剩的脂肪酸就会随洗脱溶液流出,影响对目标化合物的分析。

4.5　新型固相萃取材料

4.5.1　免疫亲和固相萃取材料

免疫检测(immunoassay)是在样品分析中经常使用的一种快速、低成本、高灵敏度的分析手段。早在 1959 年美国科学家 Yalow 和 Berson 利用放射免疫分析(radio-immunoassay,RIA)法[25],开创了免疫检测技术的先河。此后,为了填补之前技术的短板,相继出现了酶联免疫吸附法(enzyme-linked immunosorbent assay,ELISA)[26]和基于时间分辨荧光的免疫分析技术(time-resolved fluoroimmunoassay)[27]。免疫检测技术广泛应用于临床快速诊断、食品中真菌毒素、农药残留和兽药残留的现场快速筛查方面[28-32]。然而,传统的免疫分析无法分离目标化合物和样品基质,易受基质干扰影响,所以无法对目标化合物进行准确的定量分析。与其相反,色谱技术是一个很好的分离手段。将免疫分析与色谱分离结合在一起,充分利用各自的优势得到免疫亲和色谱(immunoaffinity-chromatography),也称为亲和色谱。免疫亲和色谱已经广泛应用于临床诊断[33,34]、食品安全[35-37]及环境监测[38,39]等领域。

在传统的固相萃取中,将目标化合物从样品基质中萃取出来的主作用力是非极性作用力、极性作用力和离子作用力等非特异性结合方式。然而,这三种作用力的选择性都不高。为了提高固相萃取的选择性,人们用适当的方法将高特异性的抗体固定在固相载体上,制成免疫亲和吸附剂,处理过的样品提取液经过吸附剂时,溶液中的目标化合物因与抗体发生特异性的免疫亲和作用而被保留在固相吸附剂上,以达到萃取、净化和富集的作用,这就是免疫亲和固相萃取(immunoaffinity solid-phase extraction,IASPE)。基于分子识别机理的 IASPE,以高亲和性和高选择性的抗原–抗体作用使其可一步萃取和富集特定的目标化合物。免疫亲和萃取是目前样品净化富集应用最广泛的技术之一。但免疫亲和固相萃取柱由于抗体的存在,对甲醇、乙腈、酸等溶液的耐受性是有限的,同时免疫亲和固相萃取柱对目标化合物的吸附容量是一定的,所以在使用之前需对免疫亲和固相萃取柱进行性能评测。

图 4-12 显示了免疫亲和萃取的基本原理。首先将样品提取液载入具有抗体的 SPE 吸附柱上,目标化合物被保留在柱子上。然后用温和的洗涤溶液对萃取柱进行洗涤,除去基质分子及其他杂质。最后用有机溶剂或酸性缓冲溶液将目标化合物洗脱出来。同时,选择合适的、温和的洗脱溶剂将目标化合物洗脱下来还可防止抗体变性,达到重复使用成本较贵的免疫亲和固相萃取柱的目的。早期的 IASPE 主要用于分子量大于 1000 的大分子,20 世纪 90 年代发展到一些小分子的萃取。IASPE 在环境保护方面主要应用于水中低残留三嗪类除草剂、苯基脲类农药、多环芳烃(PAHs)等,以及空气中杂环芳香胺、二噁英等环境监测指标的萃取富集[40-45]。江桂斌[46]编著的《环境样品前处理技术》一书中对免疫亲和固相萃取技术有详细的叙述。IASPE 在食品安全方面主要应用于粮油及其制品中黄曲霉毒素、呕吐毒素、赭曲霉毒素 A 等真菌毒素[47,48],以及食品中除草剂、杀虫剂等农药残留,氯霉素、雌激素类固醇等兽药残留和贝类毒素的检测中[49-51]。同时,IASPE 在食品中 B 族维生素等营养成分的分析中也有应用[52-54]。除柱子载体形式外,王松雪等[55]利用超顺磁性微球作为新型载体,偶联抗体形成免疫亲和磁珠。免疫亲和磁珠既保留了超顺磁性,又不影响抗体的活性,同时具有很好的分散性,利用磁场变化可以实现免疫亲和磁珠在溶液中的聚集和分散,在复杂食品基质液中通过抗原–抗体特异性结合分离纯化目标化合物。其开发的真菌毒素免疫亲和磁珠及配套自动化处理装置和试剂盒,只需在试剂盒中加入样品提取液即可上机自动净化处理,减少了人为操作,进一步提高了样品前处理的效率。

4.5.2　分子印迹固相萃取材料

虽然 IASPE 填料有很好的选择性,但也有其局限性。一方面,低分子量的抗体

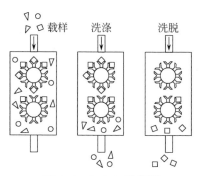

图 4-12 IASPE 示意图

萃取柱填料上固定有抗体(Y 型分子),目标化合物为正方形,圆形及三角形为杂质

较难获得;另一方面,设计及生产抗体是一个耗时而费钱的过程,成本往往较高。另外,环境的 pH、温度的变化及有机溶剂都会影响抗体的活性,进而影响分析灵敏度。为了克服这些不足,人们开始合成模仿抗体,也就是所谓的分子印迹聚合物(molecular imprinted polymer,MIP)。

分子印迹也被称为分子烙印,分子印迹聚合物常常被看作合成抗体,是一种具有分子识别性能的材料,其起源可以追溯到八十多年前。早在 1931 年 Polyakov[56]就证实了在缩聚反应前,通过硅酸与有机物吸附作用可以将分子的特征印迹在硅胶上。1949 年 Dickey[57,58]对分子印迹的这种特性进行了更深入的研究。Dickey在烷基有机染料存在的情况下对硅酸进行沉淀,发现当对水凝胶进行干燥并尽可能除去过剩的印迹试剂后,得到的干凝胶对凝胶化过程中加入的这种染料的吸附容量大大增加。同时,还发现通过这种处理后的硅胶对该染料天然选择性的吸附是可逆的。最早研究有机聚合物印迹特性的是 Takagishi 等和 Wulff 等[59]。从 1977 年起现代分子印迹技术在欧洲越来越引起人们的重视[60-62]。目前在分析、分离领域,分子印迹聚合物已经应用在许多方面,如高效液相色谱(HPLC)、毛细管电色谱、免疫测试及固相萃取等。近年有不少关于分子印迹的文章发表[63-66]。分子印迹聚合物的优点是可以选择性地吸附某种化合物或某类结构相似的化合物。在分析领域,由于人们面对的复杂样品越来越多,对样品前处理的速度和自动化的要求也随时增加。另外,有效地从复杂混合物中分离富集微量的目标化合物也使得人们要考虑新的样品前处理技术,其中一个新的技术就是分子印迹固相萃取技术。以分子印迹聚合物为填料的固相萃取就是分子印迹固相萃取(molecular imprinted solid-phase extraction,MISPE)。Sellergren[67]在 1994 年首先将分子印迹聚合物应用于在线富集尿液中的喷他脒(pentamidine)。随后陆续又有许多实验室发表了与 MISPE 相关的文章[68-73]。

MISPE 填料是一种稳定性很高的聚合物,一般都是通过共聚反应合成的。也就是说,分子印迹聚合物是通过两个以上的不同种类的单体聚合而成的共聚物。如图 4-13 所示,首先是将经过细心选择的功能单体与模板组合在一起,然后,在交联剂存在的条件下,这些单体与聚合材料进行聚合反应。最后,将模板除去,得到具有选择性官能团的三维立体结构的 MISPE 填料。最直接的模板分子就是待测目标化合物。这种具有空间位置"记忆"功能的固体材料是高交联的聚合物。由于分子印迹聚合物材料的印迹空穴对模板分子具有"记忆",故能够选择性地从复杂的样品基质中萃取相关的目标化合物。

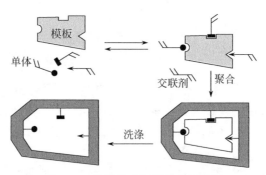

图 4-13　分子印迹材料合成示意图

　　合成分子印迹聚合物的方法有多种,如共价键法、金属离子配位法、半共价键法及非共价键法等。其中以非共价键法最为常见,因为这种方法既简单,又多样化。这几种方法主要的区别在于模板分子与功能单体的预组合方式。共价键法又称为预组织法(pre-organized approach),在该方法中,模板分子是通过化学反应以共价键与单体连接的,故模板–单体键合的均一性很好。单体与模板之间有很稳固的作用力,使得在共聚反应过程中单体的立体位置十分稳固,因而所得到的印迹位置也很准确,我们可以精确地知道模板与单体的化学计量比。然而,这种方法的缺点在于在完成共聚反应后必须通过化学切割的方法将模板分子除去。由于只有几类化合物符合化学切割的条件,能够用作单体的化合物数目有限。另外,如果这种 MIP 对目标化合物的保留也是通过共价键合,则共价 MIP 与目标分子键合的速度较慢,这也限制了共价键合 MIP 材料的应用。所谓的半共价键法是模板分子与单体在聚合反应前是通过共价键连接的,但在实际应用中,MIP 与目标化合物的作用则是通过非共价键而实现的。相对于共价键合 MIP 材料,半共价材料对目标化合物保留过程中所经历的键合速度要快许多。金属离子配位法是基于单体与金属离子形成的络合物。这种络合物再与模板分子预组合。非共价键合成 MIP 的方法具有更好的灵活性,可以根据需要键合各种官能团单体,因此这种方法使用得最为普遍。

　　如图 4-13 所示,合成 MIP 材料的三个主要步骤如下:

（1）模板分子与功能单体在聚合反应前生成复合物；

（2）在交联剂存在的环境下进行聚合反应；

（3）从聚合物中除去模板分子,得到 MIP 材料。

1. 聚合反应前复合物的生成

非共价键法又称为自组装法（self-assembly approach）。在该方法中,单体与模板是以自我组合的方式通过非共价作用力形成复合物。这就要求所选择的单体必须有能力与模板分子作用。例如,对于酸性模板分子而言,单体应该是一个碱性分子。在非共价键法中,最典型的作用力有离子作用力和氢键作用力。其他的作用力还包括离子对作用、π-π 相互作用、偶极 – 偶极相互作用、诱导力及电荷转移等[74]。表 4-10 给出了在氢键作用过程中常见的给体和受体官能团。作为分子识别材料,预聚合复合物的稳定性是十分重要的,这种稳定性取决于模板与单体之间作用力的强度。所选择的模板分子应该具有多个官能团,以便与多个单体进行作用。在 MISPE 中,模板和目标化合物官能团的数目对于 MISPE 的选择识别性是很重要的。增加分子的官能团能够提高 MISPE 的选择性。除了要考虑官能团外,立体空间因素也必须考虑,因为作用强度取决于模板与单体之间的距离及方向。在 MIP 合成过程中使用最多的功能单体是甲基丙烯酸（methacrylic acid,MAA）。另外,还有三氟甲基丙烯酸（trifluoromethyl acrylic acid,TFMAA）、4-乙烯基吡啶（4-vinylpyridine,4-VPY）、2-乙烯基吡啶（2-vinylpyridine,2-VPY）、丙烯酰胺（acryl amide,AAM）、2-羟乙基甲基丙烯酸酯（2-hydroxyethylmethacrylate,HEMA）（图 4-14）。

表 4-10　氢键形成的给体官能团和受体官能团

给体官能团	受体官能团
O—H	O =P
N+—H	O =S
N—H	O =C
S—H	N⫽ , N— , O—
C—H	S=
	苯环 π 电子云

MIP 材料的印迹空穴形状会影响填料的传质性能。目前在 MISPE 中,能够使用的模板——目标化合物的分子量上限在 1000 左右。一方面,这些分子必须能够自由地进出聚合物的空穴;另一方面,增加作用基团数目会减慢化合物从键合位置解吸的速度。

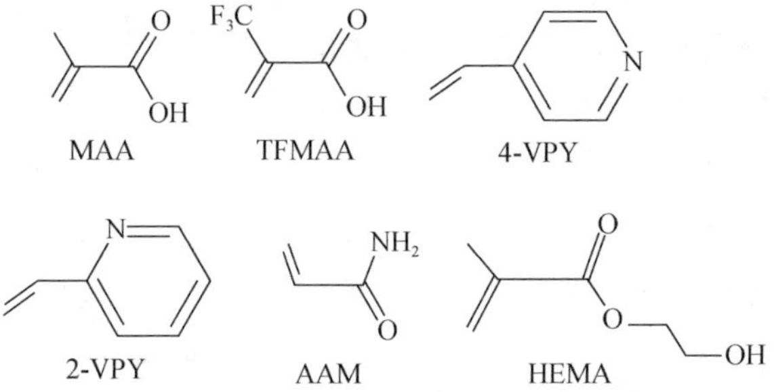

图 4-14　分子印迹材料合成中常用的单体

为了保护单体–模板的三维组合,往往需要加入大量的交联剂。交联剂的加入量一般都高于单体 80%。人们发现当交联剂的用量大于单体 50% 时就可以得到具有选择性的印迹材料,而且印迹材料的选择性随着交联剂的浓度增加而提高[75]。大量交联剂的存在也使得聚合材料形成大孔结构,并具有很高的机械稳定性。如图 4-15 所示,最常见的交联剂是 EDMA,此外还有 DVB 等。

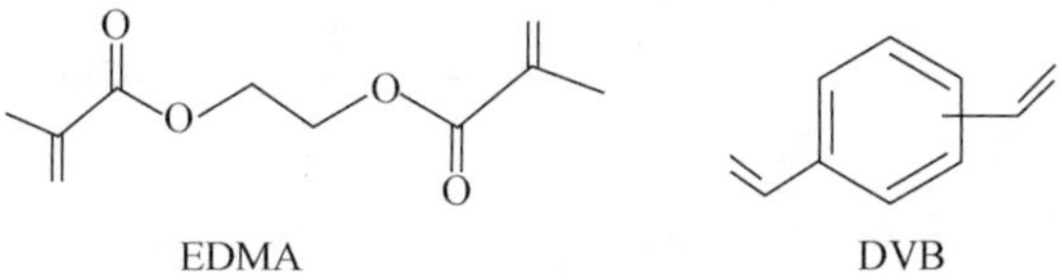

图 4-15　分子印迹聚合反应中常用的交联剂

在模板–单体复合物形成过程中还需要加入溶剂进行稀释。这些溶剂会影响材料的形态。由于溶剂的存在,在非共价法中一般得到的都是具有一定孔径范围及键合位置的非均匀材料[76]。稀释溶剂的选择还会影响预聚合复合物的稳定性。由于形成预聚合复合物的作用力主要是包括氢键在内的极性作用力,所选用的稀释剂应该是非极性的疏质子溶剂,以生成高选择性的印迹聚合物。

2. 聚合反应过程

聚合反应一般开始于自由基引发剂的热能或光化学分解。最常用的引发剂是偶氮腈类。例如,偶氮二异丁腈[2,2-azobis(methylpropionitrile),AIBN]及偶氮二异庚腈[2,2-azobis(2,4-dimethylvaleronitrile),ABDV]。在低温下 AIBN 的光化学引发聚合得到的 MIP 的选择性要高于热引发聚合得到的 MIP[77]。

3. 模板分子的清除

在聚合反应完成后,从聚合材料中除去模板分子是一个十分重要的步骤。由于模板分子可能会嵌入聚合物的深部,所以需要对合成产物进行高强度的洗涤。洗涤溶液必须足以打破预聚合作用力。人们在实验中发现即便是很仔细地进行洗涤,还会有残留模板存在,这将导致后续分析时定量误差增大。因此,必须考虑残留模板分子对分析应用的影响。这是 MIP 的一个缺陷,也是阻碍这一技术应用的主要原因。由此看来,最好尽量避免使用目标化合物作为模板分子,而应选择目标化合物的同类物或者结构类似物作为模板分子。然而,这又可能导致萃取选择性下降。

目前,许多文献报道的 MIP-SPE 柱都是由实验室自行合成的,因此其应用范围受到很大的限制。当然,已经有一些市售 MIP-SPE 柱,这将促进 MIP-SPE 在样品前处理方面的应用。例如,瑞典 MIP Technologies 公司就推出了一系列 MIP-SPE 柱。表 4-11 列出了商品化 MIP-SPE 柱的生产厂家及其主要产品。

表 4-11　部分商品化 MIP-SPE 柱

生产厂商	产品名称	主要应用
MIP Technologies	SupelMIP Clenbuterol	分离保泰松
	SupelMIP Beta-agonist	分离 β-激动剂
	SupelMIP NNAL	分离烟草中亚硝胺代谢物
	SupelMIP Riboflavin	分离水样中维生素 B_2
	SupelMIP Triazine 10	分离水/土壤中三嗪类化合物及代谢物
	SupelMIP Chloramphenicol	分离生物样品中氯霉素
	SupelMIP Beta-agonist	分离 β-受体阻滞药
	SupelMIP TSNAs	分离烟草中四种亚硝胺
	SupelMIP Full Beta Receptor	分离 β-激动剂及 β-受体阻滞药
	SupelMIP Amphetamines	分离生物样品中苯丙胺类及其代谢物
	SupelMIP Fluoroquinolones	分离氟喹诺酮类
POLY Intell	AFFINMIP GSH	分离谷胱甘肽
	AFFINMIP Tamoxifen	分离他莫西芬(雌性激素)

4.5.3　限进介质固相萃取材料

在对生物样品进行分析前处理时,样品中的蛋白质、腐殖酸等生物大分子往往会对小分子目标化合物的分析造成干扰。为了解决这个问题,人们研究、开发了限进介质材料(restricted-access material,RAM)。这种材料也被用于固相萃取,即限进介质固相萃取(RAM-SPE)。这种材料与经典的 SPE 材料的不同之处在于 RAM-SPE 材料除了具有用于吸附目标化合物的官能团外,在材料的外表面进行亲水性修饰,具有阻挡干扰大分子的作用,同时又使得大分子蛋白质不会发生不可逆的变性,避免了因变性蛋白质堵塞 SPE 填料微孔而造成分离效率降低。RAM 材料有以下几个特征：

（1）具有特定的排阻屏障。物理排阻屏障,通过微孔直径对大分子进行排阻。化学排阻屏障,通过化学合成的聚合物网状结构对大分子进行排阻。

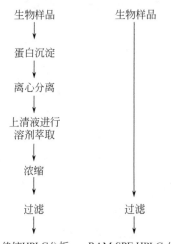

图 4-16　生物样品的在线 RAM-SPE
处理及 HPLC 分析与传统前处理步骤及
HPLC 分析的比较

（2）具有生物兼容的外表层。对样品中的生物大分子不会产生不可逆的相互作用。

（3）具有吸附功能的内表层。填料颗粒微孔内表面有反相或离子交换官能团,能够与进入微孔的小分子化合物相互作用。

目前,RAM-SPE 主要用于在线 HPLC 分析。通过 RAM-SPE 预柱对样品中的小分子目标化合物进行富集,并除去样品中的大分子,然后通过阀切换技术将 RAM-SPE 柱吸附的目标化合物洗脱下来,并直接进入 HPLC 系统进行分析。也有直接装填 RAM 材料的 HPLC 柱用于样品直接分析。由图 4-16 可见,与传统的生物样品前处理相比,在线 RAM-SPE 的应用大大简化了样品前处理的操作,缩短了样品前处理的时间,从而提高了整个样品分析的效率。虽然在线 RAM-SPE 可以除去样品中的生物大分子,简化样品前处理操作,但还是有一定的局限性。例如,在线 RAM-SPE 只适用于低浓度样品;适用 pH 范围有限。

1. 双模式 RAM 材料

双模式 RAM 具有排阻色谱及反相色谱的功能,也称为内表面反相（internal surface revered phase,ISRP）材料。

如图 4-17 所示,多孔硅胶的孔径在 80 Å 左右,反相官能团主要分布在其孔内,而填料颗粒的外表面则涂布有极性基团。当生物样品通过 RAM-SPE 柱时,由于蛋白质等大分子干扰物既不能进入填料的微孔内,又不与填料颗粒表面的极性官能团作用,所以在 RAM-SPE 小柱上没有保留。而目标化合物则由于体积小,可以进入填料的微孔内被反相官能团吸附。这样就可以除去干扰大分子。Haginaka[78]应用这种 RAM 材料分离了血清、血浆及全血中的药物。

2. 半透表面 RAM 材料

类似于 ISRP 材料,半透表面（semipermeable surface,SPS）RAM 材料具有亲水的外层和疏水的内层。半透表面 RAM 材料的排阻作用不是基于分子大小,而是基于亲水性的聚合物网络。如图 4-18 所示,半透表面 RAM 材料的内层是反相官能

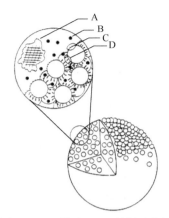

图 4-17　双模式 RAM 材料示意图

A. 蛋白质;B. 目标化合物(药物);C. 丙基甘油(glycerylpropyl)键合外层;D. 反相疏水内层

团,如 C₈等,而外层则是由亲水性的聚合物构成的网状结构。小分子目标化合物可以与填料表面形成氢键或进入孔内与反相官能团作用。而蛋白质、腐殖酸等大分子则被填料表面的聚乙二醇网状结构排阻,不能进入填料的微孔内,从而达到除去大分子的目的。采用 SPS 的好处是可以控制填料表面的密度及性质。

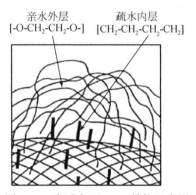

图 4-18　半透表面 RAM 结构示意图

3. 屏蔽疏水 RAM 材料

屏蔽疏水材料(shielded hydrophobic material,SHM)的外层和内层都具有疏水部分,如图 4-19 所示,疏水部分是镶嵌在亲水表面的。与半透表面材料不同,这类RAM 材料无论是颗粒表面还是内孔表面都是由这种镶嵌有疏水基团的聚合物网状结构所覆盖。亲水的聚合物网状结构对亲油基具有屏蔽作用,而小分子目标化合物则可以在屏蔽网状结构中自由扩散,并与疏水性官能团作用被保留在材料上。

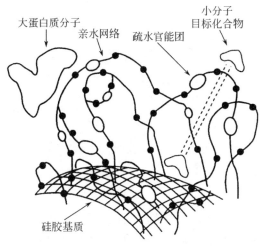

大蛋白质分子

亲水网络　疏水官能团

小分子
目标化合物

硅胶基质

图 4-19　屏蔽疏水 RAM 材料示意图

4.5.4　金属有机骨架材料

1. 概述

金属有机骨架(MOF)材料又称多孔配位聚合物,是一类新兴的有机无机杂化多孔材料。MOF 是由金属离子簇和有机配体通过配位作用自组装形成的无限网状骨架材料。它是一种介于有机高分子材料和无机沸石材料之间的新型多孔材料,既具有有机高分子材料的可修饰性,又具有无机沸石材料的稳定性,图 4-20 所示是以 MOF-5 为例的 MOF 结构示意图[79]。由于金属离子种类繁多,从 Li[80] 到 U[81] 均可以作为金属离子节点,有机配体种类更多,从有机小分子到多肽等生物大分子[82] 均有报道,金属离子与有机配体的配位方式和空间结构更加多样,这就导致了 MOF 材料及其性质的多样性。

MOF 这个词最早可以追溯到 1995 年 Yaghi 等的开创性工作[83],他们当时合成了基于 Cu^{2+} 和 4,4′-联吡啶的新材料。到 Chui 等[84] 报道 HKUST-1 之后,MOF 材料便引起了学术界的广泛关注。在各种各样的 MOF 材料中,比较有代表性的是两大家族:一是基于羧酸配体的材料,二是基于唑类配体的材料。

基于羧酸配体的 MOF 材料中又有三个代表性的系列:一是 Férey 等报道的 MIL 系列的材料,比较有代表性的是 MIL-47[85]、MIL-53[86]、MIL-68[87]、MIL-71[88]、MIL-79[89]、MIL-85[90]、MIL-100[91]、MIL-101[92] 等;二是 Yaghi 等报道的 MOF 系列的材料,比较有代表性的是 MOF-5[83]、MOF-74[93]、MOF-177、MOF-199[84]、MOF-210[94] 等;三是 Lillerud 等报道的 UIO 系列,比较有代表性的是 UIO-66、UIO-67 和 UIO-68[95]。基于唑类配体的材料中,最具代表性的是 ZIF 系列材料[96],典型材料

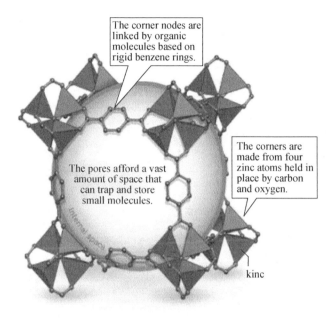

图 4-20　MOF-5 结构示意图[79]

结构如图 4-21 所示。这类材料是具有四面体配位能力的 Zn^{2+} 和 Co^{2+} 与咪唑类配体形成的多孔材料,该系列材料具有沸石材料的拓扑结构,因此称为沸石咪唑框架,其中尤以 ZIF-8 和 ZIF-7 著名。

MOF 经过二十多年的发展取得了四个重要的发现[97]:第一,次级结构基元 (SBU) 的发现为构建具有更加稳定的空间几何结构 MOF 提供了方向;第二,同构原则(isoreticular principle)的发现为设计具有相同拓扑结构、孔隙度更大的 IRMOF 材料提供了指导;第三,后合成修饰(PSM)方法为功能化材料提供了有力的手段;第四,多配体 MOF 为更加复杂的材料孔洞设计提供了新的途径。

尽管 MOF 材料的种类数以万计,但这些具有不同空间结构的材料都有相同的特点:孔隙度高,比表面积大,密度小,孔道结构规整,孔道表面可修饰,空间结构多样,化学稳定性和热稳定性高等。这些优点使其在包括样品处理和色谱分离[98]、储氢和甲烷等[99]、生物医药[100]、化学传感[101]、CO_2 捕集[102]、工业催化[103,104] 等领域都有广泛的应用[105]。

2. MOF 的合成方法

MOF 材料的优点之一就是合成方法简单,一步水热反应就能得到。通常将金属盐和有机配体溶于合适的溶剂中,溶解混匀后置于水热釜在一定温度下反应一段时间就能得到各种 MOF 材料的小晶体。水热合成条件不仅可以影响 MOF 材料的尺寸形貌[106],也能影响材料的空间结构。例如,$Zn(NO_3)_2 \cdot 4H_2O$ 和 H_3BTC(均

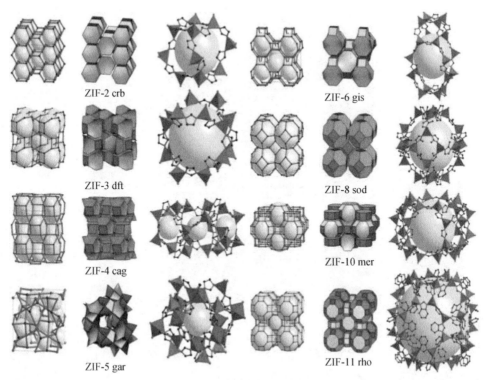

图 4-21　ZIF 系列材料结构示意图[96]

苯三酸)在同样的反应时间和温度条件下,不同的 pH 下可以诱导合成四种完全不同拓扑结构的 MOF 材料[107];同样地,反应物 $Cr(NO_3)_3$ 和 H_2BDC(对苯二甲酸)在 220 ℃反应 3 d 得到的是 MIL-53[108],反应 8 h 得到的却是 MIL-101[92],后者的 Langmuir 比表面积是前者的 3 倍多。因此,在 MOF 合成过程中要严格控制反应条件,否则就有可能得到几种不同拓扑结构的 MOF 混合物,甚至能得到不同拓扑结构穿插的混晶,这样就会影响材料的性能。为解决此问题,Shekhah 等开发了液相外延生长的方法[109]。与传统的金属离子和有机配体一锅煮不同,在此方法中两种原料分开分别与基底进行反应,通过控制反应的循环数,可以有效地控制 MOF 膜的厚度。这种通过原始结晶核诱导晶体生长的方法得到的 MOF 材料均为一种晶型,有效地避免了晶格穿插现象。同时,实验在室温下进行,使得很多在高温水热反应中不稳定的配体也可用于材料合成。

　　MOF 材料本身都是很小的晶体颗粒,富集之后离心分离比较烦琐。为了实现材料的有效固定和重复利用,通常需要将材料固定在一定的基底上得到复合材料。固定的方法有多种,常用的有一锅煮法[110]、化学键合法[111]、物理黏合法[112]、层层生长法[113,114]等。其中,一锅煮法虽然简单,但得到的复合材料不均一,甚至有独立成核的 MOF 单晶,因此需要额外的纯化手段来分离纯相的 MOF。化学键合法得到的复合材料结合比较紧密,能保证 MOF 材料的原始形貌,但是固体颗粒之间的化学反应效率不高是一个制约因素,同时 MOF 材料颗粒不均一也能导致复合材料的重现性差。物理黏合方法简单易于操作,但是额外使用的黏合剂的稳定性对复合材料的性质也有潜在的影响。层层生长的方法虽然步骤比较烦琐,但是可以有效地控制材料的厚度,得到规整的形貌,因此应用比较广泛。目前报道较多的是HKUST-1 和 MIL-100 两种 MOF 材料。这两种材料性质优良,且比较容易生长,使用的基底也多种多样,既有无机金属材料,也有有机高分子材料,但是各种基底在使用之前都要进行表面修饰,为后续的材料生长提供晶核。

3. MOF 材料在固相萃取中的应用

超大的比表面积(通常为 1000 ~ 10000 m²/g[115])是 MOF 材料的天然优势,因此它们是一类非常有潜力的样品前处理材料。另外,它们的孔径尺寸差异很大,因此既能用于富集小的金属离子[116],也可以富集大的蛋白质分子[117]。目前,已经有了相当多的报道将各种不同的 MOF 材料用于不同物质的萃取和富集,具体应用见表 4-12,表中所列的样品前处理方法不局限于传统意义上的固相萃取,还包括作为固相萃取特例的固相微萃取(SPME),以及磁性固相萃取[118]。

表 4-12 MOF 材料在样品前处理中的应用

材料	金属元素	目标分析物	样品基质	检测方法	参考文献
MOF-199/GO	Cu	农药	水	GC-ECD	[119]
Fe₃O₄/IRMOF-3	Zn	铜	水	AAS	[116]
IRMOF-74	Zn,Mg	蛋白质	—	UV-Vis	[117]
MOF-199	Cu	苯系物	空气	GC-FID	[120]
ZIF-8	Zn	多环芳烃	水	GC-MS	[121]
MIL-53	Al	多环芳烃	水	GC-MS	[122]
MOF-5	Zn	多环芳烃	水	HPLC-FLD	[123]
MAX-F8	Zn	挥发性有机物	水	GC-MS	[124]
Fe₃O₄@SiO₂-MIL-101	Cr	多环芳烃	水	HPLC-UV	[125]
Fe₃O₄/MOF-5	Zn	多环芳烃	水	GC-MS	[126]
MIL-88B	Fe	多氯联苯	河水	GC-MS	[127]
ZIF-8	Zn	烷烃	人血清	GC-MS	[128]
MOF-199/CNTs	Cu	乙烯	水果	GC-FID	[129]
MIL-100(Fe)	Fe	肌酸酐	尿液	HPLC-UV	[130]
ZIF-8	Zn	苯并三唑	水	HPLC-UV	[131]

续表

材料	金属元素	目标分析物	样品基质	检测方法	参考文献
ZIF-8	Zn	酸性药物	水	GC-MS	[132]
UIO-66	Zr	苯酚	水	GC-FID	[133]
$Fe_3O_4@SiO_2$-MOF-177	Zn	苯酚	水	GC-MS	[134]
UIO-68	Zr	铀	水	ICP-MS	[135]
$Fe_3O_4/Cu_3(BTC)_2$-H_2Dz	Cu	铅	奶粉、水	ETAAS	[136]
MIL-53,MIL-100,MIL-101	Al,Cr	BSA 酶解液	人血清	MALDI-TOF-MS	[137]
$[Er_2(PDA)_3(H_2O)]\cdot 2H_2O$	Er	磷酸化肽	蛋白	MALDI-TOF-MS	[138]
MIL-101(Cr)-NH_2	Cr	糖肽	人血清	MALDI-TOF-MS	[139]
GO-La(BTC)$(H_2O)_6$	La	血红蛋白	人类全血	SDS-PAGE	[140]
MIL-101(Cr)	Cr	三嗪类农药残留	水	DART-MS	[141]

注:ECD. 电子捕获检测器;FID. 火焰离子化检测器;ETAAS. 电热原子化原子吸收光谱法;SDS-PAGE. 十二烷基硫酸钠-聚丙烯酰胺凝胶电泳;DART-MS. 实时直接分析质谱。

率先将 MOF 材料用于固相萃取的是 Gu 等[120]。他们通过水热反应将 MOF-199 材料原位生长于腐蚀过的不锈钢丝表面,将其制作成了一种 SPME 纤维,如图 4-22(a)所示。这种材料对多环芳烃有很好的富集能力,苯的富集系数为 19613,对二甲苯为 110860。如此好的富集效果主要归因于三种相互作用:首先是 MOF 材料的比表面积超大,其次是 MOF 中的芳香环与待富集的芳香化合物有很强的 π-π 相互作用,最后是带负电荷的待分析物与 MOF-199 的路易斯酸性位点的 p-π 相互作用。这些相互作用在 ZIF-8[121]、MIL-53[图 4-22(b)][122]、MOF-5[123] 和 MAF-X8[124]等 MOF 材料与多环芳烃作用中得到进一步证实。

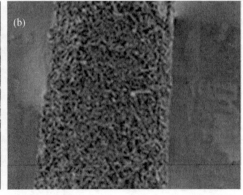

图 4-22　MOF 萃取纤维

(a)MOF-199[120];(b)MIL-53[122]

为了实现 MOF 类材料的重复利用,采用磁性复合材料是一个很好的办法。Huo 等[125]开发了一种简单的物理磁化 MOF 的方法:将 MIL-101 与硅胶包覆的 Fe_3O_4 磁球混合进行超声处理,在静电作用下就会得到一种磁化的 MIL-101 复合材料。由于静电作用比较弱,这种物理磁化方法受溶液条件影响明显,材料磁化效果不很理想。Li 等[126]则开发了一种化学方法将 Fe_3O_4 键合到 MOF-5 晶体表面,增强复合材料的稳定性,如图 4-23(a)所示。这种复合材料用于多环芳烃和多氯联苯化合物的富集,均有很好的富集效果[127]。

 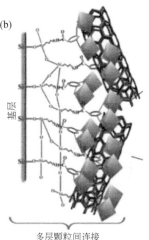

图 4-23 MOF 复合材料

(a)Fe_3O_4[126];(b)MWCNTs[140]

MOF 材料对于芳香化合物的亲和力主要是基于 π-π 相互作用,对于非极性脂肪族化合物则主要基于分子筛效应。由于 MOF 材料的孔道都很规整,其亲和力主要源于目标化合物的尺寸和支链结构[142]。因此,每一种 MOF 材料能够选择性地吸附特定尺寸的目标化合物。Chang 等[128]通过沉积的方法制备了一种 ZIF-8 包裹的 SPME 纤维,用于支链烷烃的富集。Zhang 等[139]制作了一种 MOF-199 与多壁碳纳米管(MWCNTs)的复合材料[图 4-23(b)]来富集植物激素乙烯。

分子筛效应和 π-π 相互作用均源自 MOF 材料中的有机配体,然而其金属节点自身的配位不饱和位点(CUS)也能与很多极性化合物发生很强的相互作用。Zhao 等[119]用 MOF-199/氧化石墨烯(GO)涂覆的纤维来萃取有机氯杀虫剂,其富集效果比商品化的聚二乙基硅烷、二乙烯基苯更好,也比单独使用 MOF 或者 GO 好。原因是杀虫剂中的氯原子与 MOF 中的配位不饱和位点的配位作用。基于强的配位作用,Yang 等[130]利用 MIL-100(Fe)来高效吸附尿液中的肌酸酐,其中的配位作用也在 XPS 光谱中得到证实。

如上所述,分子间的多种作用对富集效果有影响。ZIF-8 对苯并三唑类化合物的强亲和力主要是基于疏水相互作用、π-π 相互作用和配位作用[131],而对布洛芬、萘普生、酪洛芬的富集离不开酸碱相互作用[132]。氢键相互作用和 π-π 相互作用则是 UIO-66[133]和 MOF-177[134]富集水样中苯酚的主要亲和力。

MOF 材料不仅能用于有机小分子的萃取,还能用于金属离子和生物大分子的萃取。Carboni 等[135]就将 UIO-68 用于水样中铀的提取,Wang 等则用 $Fe_3O_4/Cu_3(BTC)_2$-H_2Dz来萃取富集铅[136],同时用 IRMOF-3 来萃取富集铜[116]。

不同 MOF 材料的孔径差异很大,故对一些生物大分子有筛分作用。Gu 等[137]用 MIL-53、MIL-100 和 MIL-101 来富集牛血清白蛋白酶解液,发现大孔径的材料更倾向于富集分子量大的多肽。Messner 等[138]借助 MOF 表面裸露的 Er(Ⅲ)的配位不饱和位点实现了对磷酸化肽的选择性富集,而 Zhao 等[119]则用 Fe_3O_4磁球表面生长 HKUST-1 的方法得到的复合材料,实现了对人肌红蛋白和牛血清白蛋白酶解液的高效萃取。同时,由于亲水相互作用,MIL-101(Cr)-NH_2对糖肽有很好的富集效果[139]。GO 和 La(BTC)(H_2O)_6复合材料被成功用于选择性分离血红蛋白[140],这种吸附驱动力主要是基于疏水相互作用和 π-π 相互作用。

大的比表面积和纳米级孔道使 MOF 材料成为样品前处理非常有潜力的一种吸附剂,但也有类似于其他 SPE 材料的局限性,即吸附选择性并不总是令人满意,因为有各种非特异性吸附带来的干扰。为此,人们采用化学修饰方法对 MOF 材料的表面进行功能化处理,以提高其萃取选择性。

4. 功能化 MOF 材料

功能化材料是当今材料科学的一大发展趋势,特别在生命科学和临床医学研究领域,对目标化合物的捕获与富集是实现分离检测及临床诊断的关键问题。就功能材料的设计方法而言,通常通过改变材料的物理化学特性来实现或增强相应的功能,常用的设计思路有:第一,通过改变材料的形貌或尺寸来增强其功能。例如,具有中空球形形貌的吸附剂在质量扩散与传输等方面具有更多优势[143,144],而磁性颗粒的尺寸严重影响其对砷离子的吸附,通过调节材料的尺寸可以获得砷离子的最大吸附量[145]。第二,通过掺杂等方法制备复合材料,拓展其功能。例如,一种稀土掺杂的纳米棒可作为双功能材料,同时用于细胞成像以及药物递送[146]。第三,通过修饰相应的官能团或功能分子实现特定功能。例如,通过具有衍生活性的—OH、—COOH、氨基、疏基、叠氮化物、炔烃等共价偶联生物分子,经修饰后的材料可用于蛋白分子的识别与吸附、细胞识别、细胞黏附以及药物递送等领域。具体到功能化 MOF 材料在样品前处理方面的应用,目前还不太成熟,这里介绍几个实验室研究的例子。

循环肿瘤细胞(CTC)是因自发或诊疗操作而从实体肿瘤病灶脱落进入外周血

的各类肿瘤细胞的统称,大部分 CTC 在进入外周血后发生凋亡或被吞噬,少数能够进一步发展成为转移病灶[147]。CTC 可反映原发肿瘤的特征和肿瘤发展阶段[148],在癌症诊断、药物筛选和临床治疗中起着重要的作用,对于了解肿瘤转移的机制和提供原发癌的预后信息具有重要意义。然而,CTC 的检测通常面临巨大的挑战。在外周血中,CTC 的数量极少,通常只有数百个 CTC 与 10^9 个血细胞共存[149]。最新研究发现,CTC 具有显著的异质性,这使得 CTC 的分析更加复杂[150]。因此,针对 CTC 的分析,需要开发高特异性的肿瘤细胞识别和捕获材料及检测方法[144,151,152]。为此,人们制备了 ZnO 基底,然后在其上原位生长具有未配位羧基的 MOF 材料。再通过链霉亲和素和生物素之间的相互作用,在 N-(3-二甲氨基丙基)-N-乙基碳化二亚胺盐酸盐以及 N-羟基磺酸基琥珀酰亚胺的活化下,通过肽键键合,将生物素化的 EpCAM 抗体共价修饰在 MOF 材料表面。这样就通过与上皮肿瘤细胞表面过表达的 EpCAM 抗原相互作用,实现了血液中 CTC 的特异性识别和捕获。被捕获后的 CTC 可以通过环境扫描电子显微镜(ESEM)、共聚焦荧光显微镜等方式进行观察以及计数。在此基础上建立了上皮肿瘤细胞的快速高效检测方法[153]。此外,卟啉修饰的 MOF 可以用于水中高效富集二价铜离子[154],半胱氨酸功能化的 MOF 能够从细胞裂解液中选择性萃取富集糖肽[155]。

　　还有一类手性 MOF 材料可以选择性地萃取旋光异构体[156,157]。手性化合物的对映异构体,尤其是手性药物,往往具有不同的药物活性、作用机理、代谢途径和毒理作用[158,159]。手性化合物在非手性环境中,具有基本相同的物理和化学性质,这使得手性化合物的分离一直是分析化学的挑战。为了获得单一对映异构体纯度的化合物,人们建立了多种分离和检测方法[160,161],但如何开发新的手性分离介质,提高手性分离效率和适用范围,依然是该领域的一个研究热点[162]。得益于手性 MOF 合成方法的发展,目前手性 MOF 在手性分离方面的研究也日渐深入。例如,手性 MOF 可直接用于选择性吸附外消旋溶液中的对映异构体[163-165];可将手性 MOF 涂覆于 8 mm 内径的玻璃管表面,并制备成长度约 33 cm 的色谱柱[166];可将 MOF 作为 HPLC 填料[167-169];可制备手性 MOF 涂层的毛细管 GC 柱[170];可搭建以手性 MOF 为分离基质的手性膜分离装置[171]等。Chang 等[172]采用一锅煮的方式,制备了磁性材料和手性 MOF 材料的复合材料 $Fe_3O_4@SiO_2$-MOF。采用此多孔磁性复合材料作为吸附剂,可利用外部磁场实现材料与本体溶液的快速分离(参见4.6.6 节)。研究表明,$Fe_3O_4@SiO_2$-MOF 复合材料对甲基苯基亚砜具有较高的选择性吸附能力,其对映体过量(ee)值可高达 82.5%。整个手性选择性吸附过程可以见图 4-24[172]。此外,三维手性 MOF 材料还可以用于从生物样品中萃取和富集磷酸化肽[173]。

4.5.5　聚合物整体材料

　　整体材料(monolith)本身有很多通孔,传质速度快,可以在较低的柱压下实现

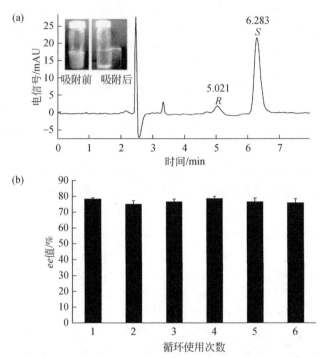

图 4-24　（a）优化条件下 $Fe_3O_4@SiO_2$-MOFs 复合材料的手性选择性吸附效果的色谱评价图，S 异构体显著减少；（b）$Fe_3O_4@SiO_2$-MOFs 复合材料重复使用 6 次的 ee 值[172]

高速分离，被誉为继多聚糖、交联与涂渍、单分散之后的第四代色谱固定相[174]。依据聚合材料不同，整体材料通常分为有机聚合物类、无机硅胶类和杂化整体材料三大类。硅胶整体柱材料最早由 Nakanishi 等用于色谱分离领域[175]，它通常用烷氧基硅烷或者聚环氧乙烷作为单体，通过溶胶凝胶法发生水解和聚合得到。Hjerten 等用含有不饱和键的聚合单体，加以适当的交联剂、致孔剂、引发剂作为预聚液，放入合适的容器中，用紫外线、加热或者自由基的方式引发原位聚合反应得到聚合物整体材料，并最早制成有机聚合物整体柱应用于色谱分离领域[176]。硅胶整体柱的优势在于孔隙度更高，柱压更低；有机聚合物整体柱则取材广泛、生物兼容性好、可进行后续化学修饰、pH 耐受范围宽、材料更稳定，因此应用更加广泛。在样品前处理领域，有机聚合物整体材料也用于固相萃取。

　　有机聚合物整体材料的预聚液中通常含有合适比例的单体、交联剂、致孔剂和引发剂，不同比例预聚液通常会得到通透性不同、性质迥异的整体材料。单体通常带有一些官能团，还可以通过后修饰的方法引入特定基团，提高材料的亲和力和特异性。交联剂含有多个聚合位点，能够与多种单体发生聚合反应，增加交联剂含量通常会降低孔道的尺寸，降低材料的通透性，但是会增加材料的比表面积。致孔剂对材料的多孔结构起决定性影响,其种类和比例与单体和交联剂的种类息息相关。不过,整体材料的制备目前还没有一个完整的指导理论[177]。有机聚合物整体材料是通过原位聚合的方法合成的,因此可以针对不同的使用环境聚合成各种各样的形貌,同时也产生了各种各样的萃取形式,如聚合物整体材料微萃取(polymer monolith microextraction,PMME)、管内固相萃取(in-tube SPE)、纤维固相萃取(fiber SPE)、移液管吸嘴固相萃取(pipet-tip SPE)、磁子固相萃取(MSPE)、离心柱固相萃取(spin columns SPE)、搅拌棒吸附萃取(SBSE)等多种形式[178]。

根据骨架材料的不同,聚合物整体材料主要包含三大类:聚甲基丙烯酸酯类、聚丙烯酰胺类和聚苯乙烯类。聚甲基丙烯酸酯类单体主要有甲基丙烯酸(MAA)、甲基丙烯酸缩水甘油酯(GMA)、甲基丙烯酸丁酯(BMA)等。交联剂通常为乙二醇二甲基丙烯酸酯(EDMA),致孔剂有甲醇、丙醇、1,4-丁二醇、环己醇、聚乙二醇等。引发剂通常为偶氮二异丁腈(AIBN),添加比例通常为1%(质量分数)[179]。预聚液在经过脱气超声分散之后,通过水浴加热到55~80℃引发自由基聚合。聚甲基丙烯酸酯类整体材料的单体种类最为丰富,孔道性质多样,因此是应用最为广泛的聚合物整体材料。聚丙烯酰胺类整体材料的单体主要为丙烯酰胺、N-三羟甲基甲基丙烯酰胺(NAT)、N-异丙基丙烯酰胺等。交联剂为亚甲基双丙烯酰胺等,致孔剂有甲醇、聚乙二醇、戊醇、十二醇等,水溶性的过硫酸铵常被用作引发剂[180]。聚丙烯酰胺是典型的水相聚合体系,单体溶于水,因而具有良好的生物相容性,适于生物大分子分离,但机械强度较差。聚苯乙烯类整体材料的单体比较单一,仅为苯乙烯(PS)、乙烯基苄氯(VBC),交联剂为二乙烯基苯(DVB),引发剂为AIBN,致孔剂为甲醇、乙醇、丙醇、甲苯等。聚苯乙烯类整体材料出现较早,制备方法也比较成熟。由于其本身具有苯环结构,具有很强的疏水性[181]。

有机整体材料具有比表面积大、易于制备、形貌可控、易于修饰、生物兼容性好等优点,因此非常适合作为固相萃取材料。1998年就有人将有机整体材料用于固相萃取,当时用80%的二乙烯基苯作为唯一的聚合单体,十二醇和甲苯作为致孔剂,在20mm长的PEEK(聚醚醚酮)管内通过原位聚合得到整体材料[181]。这种材料的比表面积达到了400 m^2/g,对苯酚类物质有很好的富集效果。

PMME是将poly(MAA-co-EGDMA)整体材料聚合在一段0.53mm内径的石英毛细管内,再将该毛细管通过针头塑料基座连接到注射器上,如图4-25(a)所示[182]。注射器抽取样品的时候可以实现样品富集,再用适当的溶剂洗脱即可。整体材料本身就具有一定的富集能力,在此基础上引入其他功能材料制备复合材料更能提高它的富集效果。Wang等[183]就将单壁碳纳米管掺杂入其中制备了基于poly(MAA-co-EDMA-SWCNT)的萃取装置,单壁碳纳米管的加入使得对五种三嗪类农药的富集效率提高了2~4倍。

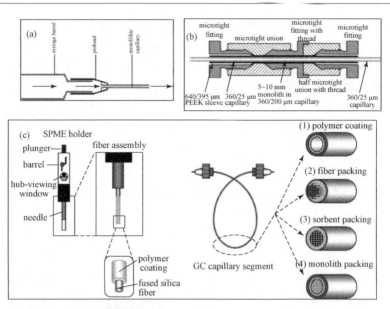

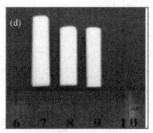
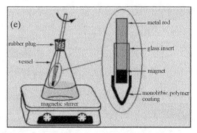

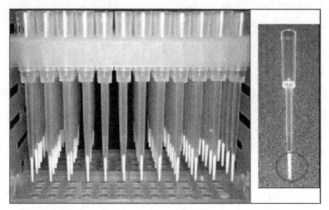

图 4-25　各种基于聚合物整体材料的萃取方式

(a)聚合物整体材料微萃取[160];(b)管内 SPE[165];(c)纤维 SPE[169];
(d)磁子 SPE[171];(e)搅拌棒吸附萃取[172];(f)移液管吸嘴 SPE[173]

管内 SPE 通常是将整体材料聚合在熔融石英毛细管内,这种萃取方式的优势在于可以实现与色谱技术的在线联用,进而建立自动化高通量的分析方法[184]。Schley 等[185]用 poly(PS-*co*-DVB)材料制备了串级的 10 mm 长捕集柱和 60 mm 长分离柱,如图 4-25(b)所示,并与 HPLC 联用分析。由于前段整体柱的富集作用,9种多肽的色谱峰变窄了 11% ~ 20%,提高了色谱分离效率。这种在线富集的方法也可以实现与毛细管电泳(CE)的联用[186-188],因为 CE 的样品消耗量低,加上有机整体材料的富集,所以这种在线联用方法特别适合于痕量化合物的分析。

纤维 SPE 通常是将整体材料聚合在石英纤维或者金属丝的外壁,形成薄薄的一层萃取膜,然后用于样品富集。Djozan 等就将 poly(MAA-*co*-EGDMA)材料聚合在 4 cm 长的玻璃棒外表面,如图 4-25(c)所示,这样就克服了整体材料机械强度不高的问题,经过顶空固相萃取之后,将萃取棒插入气相色谱仪进样口经热解析即可进样分析[189]。

SBSE 是由 Baltussen 等[190]设计的一种萃取方式,通常是将萃取材料涂覆在磁子的表面,然后放入样品中,在磁场的作用下,磁子一边转动一边富集样品。Huang 等[191]将 poly(MAOE-*co*-EDMA)整体材料原位聚合在磁子的表面制备了新的 SBSE 装置,如图 4-25(d)所示。预聚液先灌入 5 mm 内径的玻璃管内,然后将磁子垂直放入,避免接触外壁玻璃,由于预聚液黏度大,磁子就被包裹在其中,一直到反应结束。

SRSE 则是由 SBSE 改进而来,Luo 等[192]将磁子放入一个玻璃套中,在玻璃套的外壁一端原位聚合 poly(AMPS-*co*-OCMA-*co*-EDMA)整体材料,另外一段则连接金属搅拌棒,如图 4-25(e)所示。这样设计可以使整体材料悬空在溶液中,避免了其与容器的碰撞损伤,延长了其使用寿命,至少可以重复使用 60 次。

移液管吸嘴 SPE 的流程类似于传统的 SPE 柱萃取,吸附剂要经过洗涤活化、上样、洗脱等步骤。这种萃取装置可以批量制备和使用,适合于大量样品的高通量分析。Altun 等[193]就批量制备了 96 只 poly(MAA-*co*-EGDMA)萃取头,如图 4-25(f)所示,并将其用于血样中四种药物的富集检测。由于材料通孔孔径大,所以样品洗脱的速度比较快,2 ~ 4 min 即可完成富集。

4.5.6　聚合物整体材料与金属有机骨架材料的复合材料

聚合物整体材料具有较高的机械强度、优良的热稳定性和化学稳定性,在固相萃取等样品前处理领域有着比较广泛的应用。虽然材料本身孔道多,但其比表面积并不是很大,这一点对固相萃取容量有一定的限制。考虑到聚合物整体材料聚合形貌的多样性,同时可以作为复合材料的优良化学基底,故将其与 MOF 材料结合起来,可以制备性能更优良的复合材料[194-196]。MOF 材料比整体材料有更好的化学稳定性和热稳定性,超大的比表面积可以提供非常高的萃取容量,但是机械强度低、固体呈粉末状难以固定化的缺点可以由聚合物整体材料弥补。复合材料结合了二者的优点,作为固相萃取填料可以获得更好的萃取效果。

制备聚合物整体材料与 MOF 材料的复合材料的方法有两种,即一步聚合法和层层生长法。一步聚合法是将合成的 MOF 材料粉末直接掺入整体材料的预聚液中,超声混合均匀后通过一步聚合的方法得到[197-201]。这种策略的优势是制备方法简单,材料适应范围广,所有的 MOF 材料和整体材料都可以任意组合,缺点则是聚合后的复合材料可能不均匀。因为聚合过程中 MOF 材料的晶体会发生聚沉[200],因此需要对材料形貌进行预处理,同时对聚合条件进行优化。层层生长法则是先制备好聚合物整体材料,然后使用金属离子和有机配体溶液依次浸润整体材料表面进行层层生长[201]。这个策略的优势是,生长的 MOF 材料均在表面,可以充分利用其巨大的比表面积,同时复合材料形貌均一可控;缺点就是步骤烦琐,同时整体材料表面必须要亲水,否则需要额外的修饰,另外,可以如此生长的 MOF 材料种类有限。

复合材料合成后,就可以用于固相萃取等样品处理领域。Lin 等[202]通过一步聚合的方法制备了 MIL-101(Cr)、MIL-100(Cr)、MIL-100(Fe)、MIL-100(Al)、UIO-66(Zr)和 MIL-88B(Cr)六种 MOF 材料和 poly(BMA-*co*-EDMA)的复合材料,具体流程如图 4-26 所示,并用其作为固相萃取材料富集盘尼西林样品。研究证明,基于 MIL-101(Cr)的复合材料,萃取容量最高,样品回收率最好。同样采用一步聚合法,Lyu 等[203]将 MIL-53(Al)聚合在 poly(BMA-*co*-EDMA)整体材料中制成聚合物整体微萃取(PMME)材料,并用于水样中非甾类消炎药的富集检测。复合材料的

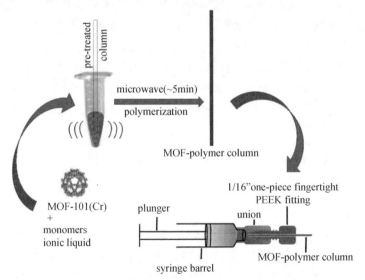

图 4-26　有机整体材料与 MOF 的复合材料合成示意图[202]

比表面积为 107. 6 m²/g,比 poly(BMA-co-EDMA)高接近十倍,并且重复使用 120 次后,富集能力没有明显的降低。同样,Lin 等[202]也用 MIL-53(Al)和 poly(BMA-co-EDMA)复合材料实现了对盘尼西林类药物的高效富集。因为一步聚合法操作简单,所以应用较多。Saeed 等[204]则采用了层层生长的方法在 poly(PS-co-DVB-co-MAA)表面生长 MIL-100(Fe)材料,经过 30 个循环的连续生长制备了复合材料,并将其用于酪蛋白酶解液中磷酸化肽的富集。

4.5.7　核酸适配体固相萃取

核酸适配体(aptamer)是利用体外筛选技术——指数富集的配体系统进化技术(SELEX)[205],从核酸分子文库中得到的寡核苷酸片段,可以是 DNA 或 RNA。核酸适配体可通过分子内的相互作用形成多种三维空间结构,包括发夹、凸环、假结和 G 四联体结构等。依据这种三维结构,核酸适配体可以与目标物质,包括金属离子[206]、小分子化合物[207]、蛋白质[208],甚至细胞[209]发生特异性结合,因此,核酸适配体又被称为“化学抗体”。不过,与抗体不同的是,核酸适配体可以通过化学方法合成(这一点类似于 MIP 材料),然后通过 SELEX 方法筛选得到。尽管目前市售的核酸适配体种类有限,且对目标物质的特异性识别能力常常不及抗体,但在很多分析领域已经展示出应用优势,在生物化学分析领域有广泛的应用前景[210]。

在 SPE 应用中,一般是将核酸适配体修饰在其他填料表面,制成功能化 SPE 材料。近年来人们已开发了很多基于核酸适配体的 SPE 方法,萃取对象包括复杂品中小分子,如人血浆中腺苷[211]、可卡因[212,213]及四环素[214]。特别是对赭曲霉素 A[215]的萃取,包括小麦提取物[216]、姜粉提取物[217]和红酒[218]等样品中的赭曲霉素。将核酸适配体固定在 MOF 材料表面,制成萃取纤维,可对鱼肉样品中的多氯联苯进行选择性萃取富集,结合 GC-MS 进行检测,检出限可达 3 ng/L[219]。基于核酸适配体的 SPE 柱萃取样品中的大分子也有报道。例如,培养基中 L-selectin 蛋白质的萃取[220],血液中 β1 受体的清除[221],大肠杆菌溶解产物中组氨酸标记蛋白的净化[222],血清[223,224]、血浆[225]以及血液[75]中凝血酶的萃取等。

核酸适配体 SPE 技术的关键是材料的制备,涉及基体材料的选择和活化、适配体的修饰及其在基体表面的键合。选择合适的基体材料是第一步,具体要求是,基体材料需具备化学和生物惰性,以便在 SPE 操作中不与被分析物或样品基质发生化学反应;有较好的酸碱及有机溶剂耐受度,这样可以在较大范围内选择上样和洗脱溶剂;有好的机械强度及均一的粒径和形态;材料表面具有易活化的基团,有利于核酸适配体的键合;有亲水的表面,可有效减小非特异性吸附。目前常用的基体材料有硅胶、琼脂糖、凝胶、聚苯乙烯、MOF 等。

将核酸适配体键合在基体材料表面时,在核酸适配体与基体材料之间要有一定的间隔连接体,间隔链的性质和长短会明显影响核酸适配体在材料表面的键合密度,进而影响 SPE 小柱的吸附容量和选择性。长的间隔链会降低核酸适配体在材料表面的键合密度,同时核酸适配体在空间上更易接近目标被分析物,从而提高萃取效率,但吸附容量会有所下降。

共价键合是固定核酸适配体的常用方法。首先将不同的官能团(如氨基、巯基、羧基等)引入核酸适配体的一端,然后将其与基体材料表面的某些官能团发生化学反应,从而将核酸适配体固定在材料表面。氨基修饰的核酸适配体是最常用的[226],点击化学方法也有很多报道[210,227]。

核酸适配体在基体材料表面的固定也可采用非共价键的方式,常用的是经典的生物素-链霉亲和素或生物素-亲和素桥连的方法。该方法操作简单,且可以维持材料表面的生物相容性,最大限度地保持核酸适配体的结合能力,已被广泛用于包括 SPE 在内的分离材料制备中。具体来说就是将生物素修饰的核酸适配体与链霉亲和素或亲和素包被的基体材料混合。这种方法的缺点是重复利用率低、材料的寿命短,尤其当使用有机基体材料或者高比例有机溶剂作洗脱溶剂时,会影响生物素与链霉亲和素之间的作用力[218]。

核酸适配体 SPE 柱有多种形式,包括填充柱[207,218,220,226]、空心柱[228]、整体柱[229,230]以及纤维[219]等。填充柱就是将固定有核酸适配体的材料装填在一定规格的柱管中,获得比较高的核酸适配体固定密度,并且具有较高的吸附容量,但可能存在传质速度慢以及容易堵塞等缺陷。空心柱也称为开管柱,是采用共价固定的方式将核酸适配体固定在毛细管内壁。与填充柱相比,空心柱的核酸适配体接枝量不高,故萃取效率有限。另外,空心柱管内壁的比表面积不大导致上样量有限,这也限制了其应用。近年来,核酸适配体修饰的整体材料发展很快,因其具有大的孔容量和比表面积,以及良好的渗透性和快的传质速度,可以获得显著优于填充柱或空心柱的萃取效率[231]。例如,将生物素修饰的核酸适配体固定到整体材料表面,可以有效捕获细胞色素 c 和凝血酶等蛋白质[231,232]。此外,核酸适配体修饰的萃取材料也广泛用于 SPME[233],此处不再赘述,感兴趣的读者可以参考有关文献[234]。

4.6　固相萃取装置与规格

4.6.1　固相萃取柱

固相萃取柱是最为经典的固相萃取装置。目前市场上流行的绝大多数产品都是针筒状 SPE 柱,如图 4-27(a)所示。常见的 SPE 柱是以聚乙烯或玻璃为材料的注射针筒型装置,针筒内装有一定量的填料,填料上下装有两片以聚丙烯或玻璃纤维为材料的滤片,将填料固定。针筒外形均为直筒型,上部敞开,便于加入样品或溶剂,同时可以用注射器推杆加压。这种 SPE 柱既可用手工操作,也可用于自动化操作。为了方便手工操作,一些厂商生产了大容量 SPE 柱[图 4-27(b)],可以一次性加入体积较大的样品(15～20 mL)。另外还有一种 SPE 柱的填料及滤片部分的尺寸与经典的 SPE 柱相同,但其承受液体的部分则是漏斗型的,以便一次性载入更多的液体样品。前者在手工及自动 SPE 柱中都能使用,后者由于外形不规范,多用于手工 SPE 操作。根据填料上部的空间体积的大小,商品化的 SPE 柱有 1 mL、3 mL、6 mL 的规格,也有 8 mL、12 mL,甚至更大尺寸的 SPE 柱。通用型的多为 1 mL、3 mL 及 6 mL 的 SPE 柱。而 8 mL 以上的 SPE 柱主要用于一些比较特殊的场合。另外一种常见的手工 SPE 柱是其上下两端都是直径很小的管状开口。这种萃取柱也称为 SPE 筒(SPE cartridges)。这种萃取装置需要与针筒连接使用,一般用于简易的手工操作。

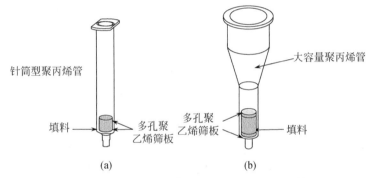

图 4-27　(a)针筒型固相萃取柱;(b)大容量固相萃取柱

经典 SPE 柱中所装填的填料可以是键合硅胶、硅藻土、氧化铝、聚合物、碳基材料等。由于许多样品含有颗粒,如地表水等,在进行萃取操作时可能会造成 SPE 柱的堵塞。为解决此问题,一些公司对 SPE 柱进行了改进,例如,Varian 公司生产的 Bond-Elut Envireluts 是在 SPE 柱上加入硅藻土,IST 公司则在 SPE 柱上增加厚纤维滤片。

4.6.2　固相萃取膜(盘)

固相萃取膜,也称为固相萃取盘,英文是 SPE disk。1989 年美国 3M 公司生产了一种新的薄膜型 SPE 材料[1]。这种膜片状 SPE 材料是以聚四氟乙烯(PTFE)纤维薄膜为骨架,纤维之间载有以键合硅胶为基质或以聚苯乙烯-二乙烯基苯(PS-DVB)为基质的 SPE 填料颗粒。这种 SPE 膜的商品名为 Empore。萃取膜中 90% 是 SPE 填料,10% 是 PTFE。由于填料的颗粒很小,颗粒在膜片中是聚集在一起的。薄膜的大小尺寸不同,厚度约小于 1 mm。由图 4-28 可以看到以键合硅胶为填料的薄膜型 SPE 材料结构。萃取膜有两种,一种称为标准密度型,填料的平均粒径为 40 μm,平均孔径为 2.5 μm,厚度约为 0.7 mm。直径为 90 mm 的 SPE 膜含有约 2000 mg 键合硅胶颗粒,直径 47 mm 的膜片含有约 500 mg 键合硅胶颗粒。以 PS-DVB 为填料的 SPE 膜的填料含量大约是相同尺寸键合硅胶填料的一半。由于颗粒之间的间隙很小,所以当液体以高流速通过萃取膜时也不会出现经典 SPE 柱上出现的沟渠现象。对于直径为 47 mm 的萃取膜,流速可以达到 200 mL/min。这显著提高了大体积水样的萃取效率。

图 4-28　在电子显微镜下看到的不规则键合硅胶颗粒

另一类 SPE 膜的填料为高密度萃取膜。这种萃取膜的颗粒较小,一般在 8 ~ 12 μm,膜的厚度为 0.5 mm。从图 4-29 可见,这种萃取膜的填料是球形颗粒。由于颗粒小,密度大,所以许可的最大流速比标准密度萃取膜要低。高密度萃取膜的最大优点是样品通过萃取膜时,被分析物能够充分地与萃取填料作用,从而有效地被保留在萃取膜上。

图 4-29　在电子显微镜下看到的球状 PS-DVB 颗粒

　　美国 J. T. Baker 公司生产的 Speedisk 也是 SPE 膜片,所不同的是这种 SPE 膜片采用 Teflon 材料,并且与玻璃纤维一起预装在一个托杯中(图 4-30)。由于在 SPE 膜片上有一层玻璃纤维,对水样中的颗粒起到过滤作用,因此,更加适用于对含有大量颗粒的污水样品的处理。表 4-13 给出了部分商品化 SPE 膜的参数。

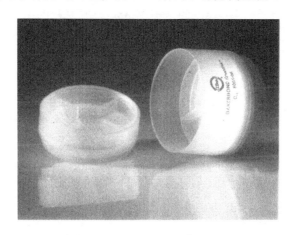

图 4-30　Speedisk 固相萃取装置

表 4-13　常见商品化固相萃取膜种类与规格

官能团	生产厂商	填料种类	封尾	颗粒形状	pH 范围	粒径 /μm	孔径 /Å	有机成分含量/%	比表面积 /(m²/g)
C_{18}, C_{18} FF	3M	硅胶	是	不规则	2~12	12,45	60	22.5	—
C_8	3M	硅胶	是	不规则	2~12	12	60	15.5	—
SDB-XC 苯环/碳链	3M	SDB	—	球形	1~14	16	80	100	450
SDB-RPS 苯环/碳链/苯磺酸基	3M	SDB	—	球形	1~14	16	80	100	450
Cation-SR 苯磺酸基	3M	SDB	—	球形	1~14	16	80	100	350
Aion-SR 季铵	3M	SDB	—	球形	1~14	16	80	100	350
螯合树脂[亚氨基]双乙酸盐	3M	SDB	—	球形	1~14	8	—	—	—
活性炭	3M	C	—	不规则		10		—	>1100
C_{18}(Speedisk C_{18})	J. T. Baker	硅胶	—	不规则		10	60	—	—
C_{18}(Speedisk C_{18}XF)	J. T. Baker	硅胶	—	不规则		10	60	—	—
C_8(Speedisk C_8)	J. T. Baker	硅胶	—	不规则		10	60	—	—
SAX(Speedisck SAX)	J. T. Baker	DVB	—	球形		10	150	—	—
DVB(Speedisk DVB)	J. T. Baker	DVB	—	球形		10	150	—	—
C_8/Si—OH(Speedisk Oil&Grease)	J. T. Baker	硅胶/C_8	无	不规则		10	60	—	—

注:"—"表示无数据。

4.6.3　膜片型固相萃取柱

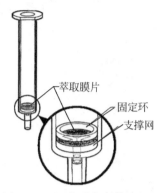

萃取膜片
固定环
支撑网

图 4-31　3M 公司生产的 Empore
薄膜型萃取柱结构

膜片型 SPE 柱的外形与经典的 SPE 柱相同,但柱内两滤片之间装填的是膜片型聚合物填料。比较典型的是美国 3M 公司生产的 Empore 高效萃取柱,见图 4-31。他们通过专利技术将 SPE 填料颗粒载入膜片中。这种膜片厚度约为 0.5 mm,膜片材料为 PTFE 纤维,并载有很小的色谱填料颗粒(直径约 12 μm)。在这种特殊的膜片中,填料颗粒的质量约为膜片总质量的 90%,PTFE 约为 10%。这种设计可以改善传质动力学,消除沟渠效应,因而可以在不影响回收率的情况下加快液体过柱的流速。

除了 3M 公司生产的 Empore 外,还有美国 J. T. Baker 公司生产的 Speedisk 及美国 Ansys 公司生产的 SPEC 薄膜型萃取柱。类似于传统的 SPE 柱,薄膜型 SPE 柱的填料也分为硅胶基颗粒及聚合物基颗粒。与传统 SPE 柱比较,薄膜型 SPE 柱有几个显著的优点。

1. 样品浓缩倍数高

采用经典的 SPE 柱,洗脱溶剂的体积对于 1 mL SPE 柱(100 mg)来说一般是 0.5~1 mL;对于 3 mL SPE 柱(500 mg)是 1~1.5 mL;对于 6 mL SPE 柱(1 g)为 2~3 mL。而使用薄膜型 SPE 小柱时的洗脱溶剂体积分别约为 150 μL(1 mL 柱)、300 μL(3 mL 柱)、500 μL(6 mL 柱)。在载样量相同的情况下,使用薄膜型 SPE 柱由于最后的洗脱溶剂体积减小,样品的浓缩倍数比经典 SPE 柱提高了 5 倍,这对于提高后续检测灵敏度很有帮助。

2. 减小样品体积

在痕量分析中,为了得到足够的分析物浓度以满足检测灵敏度的要求,往往需要萃取大体积的样品。例如水中农药残留物的分析,经常需要使用 250~1000 mL 的样品,有时甚至需要更大体积的样品量。大体积的样品往往会给固相萃取带来负面影响。首先,样品体积越大,通过 SPE 柱就越费时;其次,大体积的样品通过 SPE 柱往往会改变 SPE 柱的吸附性能,导致痕量被分析物不能完全被 SPE 柱吸附。解决这个问题最好的方法是采用薄膜型 SPE 柱或 SPE 膜片。由于使用薄膜型 SPE 柱所需的洗脱溶剂体积小,样品浓缩倍数高,故在保证相同检测灵敏度的条件下可以减小样品的体积。

以水中三氮杂苯的检测为例。用吉尔森 ASPEC XLi 固相萃取仪配合程序升温

进样器(PTV)及气相色谱–质谱(GC-MS)检测。使用薄膜型 SPE 柱,样品量为
25 mL。样品以 50 mL/min 的速度通过 SPE 柱的时间为 30 s。

在表 4-14 中,我们比较了薄膜型 SPE 柱与经典 SPE 柱。可以看到,薄膜型
SPE 柱从需要的样品体积到所用的溶剂体积都小于经典 SPE 柱。

表 4-14　经典固相萃取柱与薄膜型固相萃取柱的比较

	经典 SPE 柱	薄膜型 SPE 柱
水样浓度	0.1 μg/L	0.1 μg/L
样品体积	1000 mL	25 mL
SPE 柱	1 g C_{18} 柱(6 mL)	10 mm C_{18} 薄膜型柱(6 mL)
洗脱溶剂体积	10 mL	0.5 mL
浓缩挥干/再溶解	需要	无须
最终体积	1 mL	0.5 mL
最终浓度	100 ng/mL	5 ng/mL
进样体积	2 μL	40 μL
进样量	200 pg	200 pg

3. 用 HPLC 流动相洗脱避免浓缩步骤

当使用反相 SPE 柱时,一般做法是用有机溶剂洗脱被分析物,然后进行浓缩/
再溶解进样分析。使用薄膜型 SPE 柱则可以直接用小体积的 HPLC 流动相来洗
脱,这样就可以直接在线进行 HPLC 分析,无须浓缩,从而有效防止热不稳定被分
析物的损失。

4.6.4　固相萃取板

固相萃取板实际上是多个相同规格的 SPE 柱的阵列组合。为了适应高通量样
品前处理的需要,将单一的 SPE 柱集合成与 96 孔酶标板相匹配的 96 孔 SPE 板。
如图 4-32 所示,每一个孔相当于一根 SPE 柱。与单一的 SPE 柱相同,SPE 板可以
有不同的填料,但每块 SPE 板中各孔的填料是相同的。这种阵列型 SPE 板更便于
自动化操作,主要用于新药开发以及临床药物分析中大量样品的纯化及前处理。

与 96 孔 SPE 板相对应的有不少自动化或半自动化 SPE 仪器,一次可以处理
8 ~ 96 个样品,详细内容可参阅第 9 章 9.5 节。

4.6.5　固相萃取吸嘴

随着分析仪器检测灵敏度的提高,样品的用量也趋于减少。在蛋白质组学的
研究中,一个挑战就是在数以万计的蛋白质存在的环境中确定具有生物功能分子

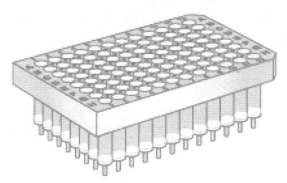

图 4-32　96 孔 SPE 板

的结构。为此,人们需要一种快速、精确的蛋白质、多肽鉴定方法。质谱(MS)技术在生命科学领域中的应用,使得人们可以鉴定多肽和蛋白质的结构。通过 MS 分析,人们可以快速准确地分析浓度<100 fmol/μL 酶解多肽。用基质辅助激光解吸离子化飞行时间质谱(matrix assisted laser desorption/ionization-time of flight MS, MALDI-TOF MS)分析蛋白质时,样品用量往往小于 2 μL。由于 MS 或 MS/MS 分析具有速度快、检测灵敏度高、样品用量小的特点,必须要有与之相适应的样品前处理手段。因此,样品前处理或者微量样品纯化已经成为蛋白质组学分析中必不可少的手段。正是因为如此,SPE 技术被迅速地应用于生命科学领域的样品前处理(详细内容可参阅本书第 15 章)。其中,使用较多的是 SPE 吸嘴(SPE tips)。此外,SPE 吸嘴还被应用于微量血液、血浆及尿液中的药物检测。SPE 吸嘴是以一次性移液吸嘴为填料承载体,吸嘴内装填有 SPE 填料。商品化的 SPE 吸嘴主要有两种形式。最常见的是在传统移液吸嘴尖部填充有 SPE 填料,如图 4-33 所示,这种吸嘴以美国 Millipore 公司生产的 Zip Tip 最具有代表性。10 μL SPE 吸嘴的尖部装填有 0.55 μL 左右的 SPE 填料。填料一般为粒径 15 μm,孔径 200 Å 的球形硅胶颗粒。目前最大的 SPE 吸嘴是 100 μL,如 Varian 公司生产的 100 μL OMIX SPE 吸嘴及 Harvard Apparatus 公司生产的 100 μL PrepTip SPE 吸嘴。

图 4-34(a)是用聚合物黏合在吸嘴内壁上的填料床垂直截面的扫描电子显微镜图。可以看到填料床有许多 120～150 μm 的沟道,使得液体可以顺利地在填料床中双向移动。常用的填料有 C_{18}、C_4、强阳离子交换剂(SCX)、金属螯合物(MC)等。在蛋白质组学分析中,C_{18}/C_4 主要用于除盐、浓缩多肽及蛋白质,以及对多肽混合物进行分组等。SCX 主要用于除去表面活性剂并对多肽、蛋白质进行浓缩。MC 则用于富集磷酸化肽。图 4-34(b)是其横截面图,可以看到通过聚合物黏合在一起的 15 μm 球形颗粒之间有许多大孔沟道。图 4-34(c)是一个放大图,聚合黏合剂构成了纵横交错的网状骨架。骨架上黏合球形硅胶颗粒。这种三维网状结构保证了样品能够在高流速下依然被填料吸附。

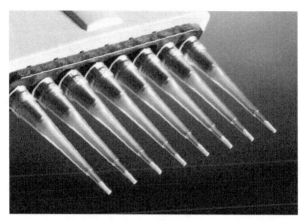

图 4-33　美国 Millipore 公司生产的 Zip Tip SPE 吸嘴

图 4-34　Zip Tip SPE 吸嘴填料的扫描电子显微镜图
（a）标准 SPE 吸嘴的垂直截面；（b）标准 SPE 吸嘴横截面图；（c）标准 SPE 吸嘴填料
在高放大倍数下观察到的聚合黏合剂形成的三维网状结构

　　另一类 SPE 吸嘴是将 SPE 材料涂布在吸嘴的内壁上，如美国 Harvard Apparatus 公司生产的 PrepTip。如图 4-35 所示，吸嘴的内壁涂布了一层惰性黏合剂，通过黏合剂将 SPE 材料固定在吸嘴的内壁上。这种 SPE 吸嘴最大的特点是保持了吸嘴尖端的敞开，液体可以在没有阻力的状态下被吸入或排出。目前产品所用填料主要有 C_4、C_8、C_{18} 及疏水性聚合物。

　　由于 SPE 吸嘴操作简单，便于自动化，所以日益广泛地应用于蛋白质组学的结构分析中。填料的种类也在不断增多。根据 Majors 等[235] 的归纳，主要有以下种类。

1. 反相填料 SPE 吸嘴

　　最常见的反相填料是 C_{18} 键合硅胶。此外，还有 C_8、C_4、C_2 及苯基键合填料等。这类 SPE 吸嘴主要用于水溶液中蛋白质的吸附。而样品中大量的盐则可以通过去

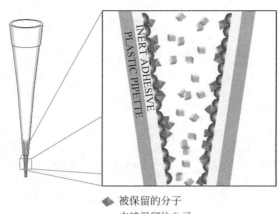

図 4-35　美国 Harvard Apparatus 生产的 PrepTip SPE 吸嘴示意图

离子水洗除。最后可以用有机溶剂/水混合液将蛋白质从 SPE 吸嘴上洗脱。与传统的键合硅胶 SPE 柱一样,这种反相填料 SPE 吸嘴的适用 pH 范围在 2 ~ 8 之间。如果样品 pH 超出此范围,可以使用以高聚物为填料的 SPE 吸嘴。有一些亲水性较强的多肽,如多磷酸化肽、糖肽及硫肽等,在反相填料上的吸附不好,可以使用多孔石墨化碳 SPE 吸嘴。多孔石墨化碳既可以吸附亲水性蛋白质,又可吸附疏水性蛋白质。另外,还可以使用 C_{18} 与多孔石墨化碳混合型 SPE 吸嘴[236]。

2. 亲水性填料 SPE 吸嘴

亲水性填料主要有硅胶及双醇基键合硅胶。在亲水性萃取过程中,一般使用 50% ~ 90%(体积比)有机溶剂水溶液溶解样品。由于盐类在这种条件下不会被保留,所以可以将盐类与蛋白质或多肽分离。最后可以用 10 mmol/L 挥发性酸将蛋白质及多肽洗脱。

3. 离子交换 SPE 吸嘴

常见的有强阳离子交换(SCX)SPE 吸嘴。由于蛋白质及多肽都具有酸、碱官能团而带电荷,可以应用离子交换原理进行分离纯化。

4. 金属螯合萃取吸嘴

金属螯合 SPE 吸嘴有多种。例如,以 Fe(Ⅲ)、Ga(Ⅲ)为金属的螯合物可用于磷酸化肽的分离富集。此外,还有 TiO_2、ZrO_2 及 Ni(Ⅱ)等。

5. 透析与色谱相结合的 SPE 吸嘴

这种 SPE 吸嘴是将色谱填料装填在毛细管状透析管中,然后将此透析管固定在吸嘴的尖部。应用这种特殊的萃取吸嘴可以通过两种机理对微升级的样品进行分离纯化。透析管可以截住分子量大于 10000 的分子,分子量较小的 DNA、蛋白质可以扩散通过透析膜进入微透析管内并被管内的色谱填料保留。未被吸附的组分可以通过洗涤除去。更换适当的溶剂可以将被填料吸附的组分洗脱并扩散至微透析管外,从而达到分离纯化的目的。这种萃取吸嘴一方面可以除去大分子,另一方面可以除去未被填料吸附的小分子。

　　除了上述几种常见的 SPE 吸嘴外,人们开发研究了亲和萃取 SPE 吸嘴、酶分离 SPE 吸嘴等。表 4-15 汇集了目前市售 SPE 吸嘴的品牌和相关参数。

表 4-15　部分商品化 10 μL 固相萃取吸嘴

商品名	生产厂商	官能团	颗粒形状	粒径/μm	孔径/Å	填料体积/μL	容量/μg
Zip Tip	Millipore	C_{18}	球形	15	200	0.2 ~ 0.6	1.0 ~ 5.0
		C_4	球形	15	300	0.6	0.5 ~ 3.3
		SCX	球形	15	—	0.6	—
		金属螯合物	—	—	—	0.6	—
OMIX	Varina	C_{18} MB	玻璃纤维支持整体硅胶	—		0.5	5
		C_{18}	玻璃纤维支持整体硅胶			1.0	8
		SCX	玻璃纤维支持整体硅胶				0.024 (meq/g)
NuTip	Glygen	ZrO_2	—	—	—	—	—
		ZrO_2+石墨化碳	—	—	—	—	—
		ZrO_2+石灰石	—	—	—	—	—
		ZrO_2+石灰石+石墨化碳	—	—	—	—	—
		TiO_2	—	—	—	—	—
		TiO_2+石灰石	—	—	—	—	—
		TiO_2+石墨化碳	—	—	—	—	—
		TiO_2+石灰石+石墨化碳	—	—	—	—	—
TopTip	Glygen	ZrO_2	—	—	—	—	—
		ZrO_2+石墨化碳	—	—	—	—	—
		ZrO_2+石灰石	—	—	—	—	—
		ZrO_2+石灰石+石墨化碳	—	—	—	—	—
		TiO_2	—	—	—	—	—

续表

商品名	生产厂商	官能团	颗粒形状	粒径/μm	孔径/Å	填料体积/μL	容量/μg
TopTip	Glygen	TiO$_2$+石灰石	—	—	—	—	—
		TiO$_2$+石墨化碳	—	—	—	—	—
		TiO$_2$+石灰石+石墨化碳	—	—	—	—	—
PrepTip	Harvard	C$_4$	—	—	—	—	—
	Apparatus	C$_8$	—	—	—	—	—
		C$_{18}$	—	—	—	—	—
		疏水聚合物	—	—	—	—	—
		SI	—	—	—	—	—
		NH$_2$	—	—	—	—	—
		CN	—	—	—	—	—
		WAX	—	—	—	—	—
		WCX	—	—	—	—	—
		SCX	—	—	—	—	—
		IMAC	—	—	—	—	—
Supel-Tip	Supelco	GCB	—	50~60	175	—	10 μg
		C$_{18}$	—	50~60	200	—	—
		TiO$_2$-Si	—	50~60	300	—	—
		ZrO$_2$	—	50~60	300	—	—

注:"—"表示无数据。

4.6.6 磁性固相萃取

磁性固相萃取(magnetic solid-phase extraction,MSPE),即利用磁性材料或磁性功能化的材料作为吸附剂对目标化合物进行萃取,并利用外部磁场进行分离的技术[237]。如图4-36所示,磁性固相萃取中,一般将磁性材料直接添加至样品的溶液或者悬浮液中,在超声、搅拌等方式的辅助下使磁性材料充分分散并与目标化合物作用,然后通过外加磁场将吸附了目标化合物的磁性材料与溶液分离,弃去溶液部分;还可以用类似传统SPE的操作,用清洗溶剂去除吸附剂中的杂质,再选择合适的溶剂将被吸附的目标化合物解吸,进行检测即可。一般来说,磁性材料可继续重复使用[238]。该技术具有操作简单、省时快速、无须离心过滤等优点,近年来受到了越来越多的关注。已有多种多样的磁性材料在手性分离[239]、药物释放[240]、酶固定化[241]以及环境污染物的富集和检测[238]等方面得到了广泛的应用。

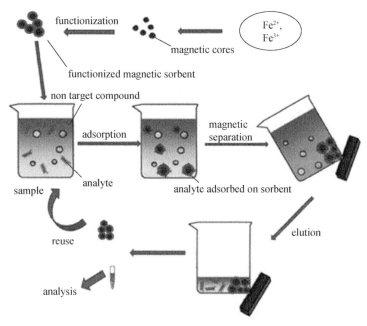

图 4-36 MSPE 流程示意图[237]

最常用的磁性材料是基于铁的氧化物材料,如 Fe_3O_4、γ-Fe_2O_3 等。磁性材料的萃取效果受多个因素的影响[238]:①材料的磁性:一般要求磁性材料是超顺磁的且具有较大的磁饱和值,以便于采用外加磁场实现后续的磁分离;②材料的粒径:一般多为纳米级,以提供较大的比表面积、吸附容量和较高的吸附平衡速率;③材料的特异性:一般需要在磁性材料上修饰特定的官能团以提高对目标化合物的特异性吸附,并尽可能地排除非特异性吸附;④材料的重复利用性:一般要求材料结构稳定,在合适的溶剂条件下可对目标化合物进行可逆吸附和解吸,便于后续的重复使用。

纳米尺寸的铁氧化物材料易聚沉,尤其是在处理含有复杂基质的实际样品时。因此,一般通过合理的修饰,提高磁性材料的稳定性[237]。目前常用的修饰策略主要有两种:①无机材料包覆,如常见的 SiO_2、碳纳米管和石墨烯等;②有机材料修饰,如正十八烷基硅烷、表面活性剂以及有机聚合物等。

4.7 固相萃取装置的容量

固相萃取装置的容量(capacity)是指萃取填料能够吸附或保留化合物的量,通常以质量计,即每百毫克填料能保留化合物的毫克量,以 mg/100 mg 表示。如果以

C_{sp}来表示 SPE 柱容量,则有

$$C_{sp} = \frac{保留化合物量(mg)}{萃取填料质量(100\ mg)} \tag{4-5}$$

对于一个给定的 SPE 柱,能够保留化合物的总量为

$$C_{total} = C_{sp} \times 萃取装置中的填料总质量 \tag{4-6}$$

对于以硅胶为基质的 SPE 填料,其容量一般在 1~5 mg/100 mg,也就是填料质量的1%~5%。键合硅胶离子交换填料的容量以 meq/g 填料表示。一般为 0.5~1.5 meq/g。

虽然在许多样品中目标化合物的含量往往很低,不会超过 SPE 装置的容量。但是,很多样品除了含有目标化合物外,还有许多其他化合物,即所谓杂质。因此,在考虑萃取柱容量的时候,必须考虑目标化合物和可能被保留的杂质总量。也就是说,目标化合物加上可能被保留的杂质的总量要小于柱容量。否则,将会有部分目标化合物在萃取过程中随样品基质流失。因此,对目标化合物而言,SPE 装置实际容量 C_{act}为

$$C_{act} = \frac{保留化合物量(mg) - 保留杂质量(mg)}{萃取装置中的填料总质量(mg)} \tag{4-7}$$

4.8　固相萃取柱的再生

虽然生产厂家一般建议 SPE 柱只能一次性使用,但为了降低成本,许多实验室都希望能够对用过的 SPE 柱进行处理后多次使用。这个出发点很好,然而,对 SPE 柱的重复使用必须慎重。

如果希望重复使用 SPE 柱,必须对其进行再生处理。在处理之前,应该对再生的成本进行评估,因为再生处理需要消耗溶剂,花费时间。如果再生需要消耗很多溶剂和时间,成本比购买新 SPE 柱还要高,就没有必要进行这种再生处理。另外,SPE 柱能否再生后重复使用,在很大程度上取决于样品基质的复杂程度。样品基质越复杂,在 SPE 柱上残留的越多,重复使用的可能性就越小。如果样品基质中含有大量的蛋白质、脂类、腐殖质类成分,而且部分样品基质成分在完成萃取后依然稳固地保留在 SPE 柱上,对 SPE 柱的再生就较为困难。对于硅胶基质填料 SPE 柱,还要考虑萃取过程中使用的 pH 条件。如果萃取中使用的溶液酸碱度超出了硅胶基质的安全范围,势必造成部分硅胶水解,影响其萃取性能。硅胶水解程度越大,SPE 柱再生重新使用的机会就越小。

对再生处理后的 SPE 柱必须进行性能评价。首先是对本底进行评价:用空白样品对再生 SPE 柱按照正常的萃取程序进行操作,收集洗脱馏分,并对其进行检测。如果洗脱馏分中出现可能干扰目标化合物分析的杂质峰,就表明再生程序不

合适,需要修改。例如,增加再生溶剂体积或更改再生溶剂性质。如果再生 SPE 柱通过了本底评价,就要进行目标化合物残留的评价,以确保经过再生的 SPE 柱没有目标化合物残留,或其残留量对目标化合物的分析没有影响。否则,要么是修改再生方法,要么就是放弃对 SPE 柱的再生。

笔者曾经对 Varian 公司的 Bond Elut Certify SPE 柱重复使用的可能性进行过一些探讨,样品是血浆,采用 3 mL SPE 柱。在完成一次固相萃取操作后,立即对其进行再生处理[242]。步骤如下:

(1) 用 2 mL 甲醇及 4 mL HCl(1%,体积分数)洗涤使用过的 SPE 柱;

(2) 对萃取柱进行真空干燥(36.75 cmHg①,2 min),除去填料中的水分;

(3) 用 10 mL 去离子水洗涤萃取柱;

(4) 对萃取柱进行真空干燥(36.75 cmHg,2 min),除去填料中的水分;

(5) 用 2 mL 甲醇洗涤萃取柱;

(6) 对萃取柱进行真空干燥(36.75 cmHg,2 min),除去填料中的水分;

(7) 将处理好的萃取柱两头用封口膜密封保存。

Bond Elut Certify SPE 柱是以硅胶为基质的混合型 SPE 柱,具有 C_8 及苯磺酸基官能团。由于萃取过程和再生过程中不断使用酸碱,这对硅胶会有一定的水解作用。从图 4-37 可以看到,回收率随使用次数的增加而降低,特别是苯巴比妥、环己巴比妥及甲哌卡因。因此,Bond Elut Certify SPE 柱在这种条件下的使用次数不宜超过四次。对 SPE 柱的再生处理,最好是在第一次使用完后马上进行处理。再生处理后的 SPE 柱如果不是马上使用,应该用封口膜将其两头的开口密封,或放置在密封的容器内保存。笔者曾经对再生处理的 SPE 柱密封存放六个月后使用,依然可以得到满意的回收率[242]。

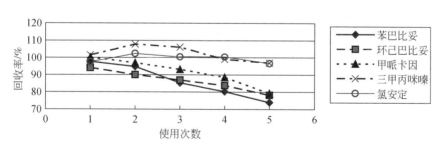

图 4-37　再生 Bond Elut Certify SPE 柱的回收率

样品为添加标样的血浆。图中横坐标 0~6 为 SPE 柱的使用次数,其中 1 为新 SPE 柱,

2 为第一次再生后的萃取结果,3 为第二次再生后的萃取结果,以此类推

———————————

① 1 cmHg=1.333 kPa。

C_{18} SPE 柱的再生可以参考以下步骤进行,每步溶剂用量至少为柱体积的十倍:

(1)SPE 程序中所用的洗脱溶剂;

(2)甲醇;

(3)水;

(4)乙腈;

(5)乙腈/异丙醇(75∶25,体积比);

(6)异丙醇;

(7)二氯甲烷;

(8)正己烷。

由于二氯甲烷、正己烷水溶性差,在使用前应该先用异丙醇作为过渡溶液对 SPE 柱淋洗,否则,水溶性差的有机溶剂不能正常发挥作用。

也有人报道 SPE 柱可重复使用 10 次[243]。新型的薄膜型 SPE 柱的再生相对容易,反复使用的次数也会多一些。Patel 等[244]报道了对交联乙烯吡啶聚合物 SPE 柱 Polysorb MP-2 进行再生,重复使用的结果发现,这种聚合物萃取柱在经过 2 mL 0.5 mol/L NaOH、5 mL H_2O 及 2 mL 乙腈再生后可以重复使用 10 次。

参 考 文 献

[1] Majors R E. LC-GC Eur,2003,Feb:2

[2] Martin M P,Morgan E D,Wilson I. Anal Chem,1997,69:2972

[3] Supelco. Bulletin 910. 1998:1

[4] Di Corcia A,Marches S,Samperi R. J Chromatogr A,1993,642:163

[5] Altenbach B,Giger W. Anal Chem,1995,67:2325

[6] Di Corcia A,Marcomini A. Environ Sci Technol,1992,26:66

[7] Ascenzo G D,Gentili A,Marchese S,et al. Chromatographia,1998,48:497

[8] Crescenzi C,Di Corcia A,Marcomini A,et al. Anal Chem,1995,67:1797

[9] Coquart V,Hennion M C. J Chromatogr A,1992,600:195

[10] Hennion M C,Coquart V,Guenu S,et al. J Chromatogr A,1995,712:287

[11] Hennion M C,Coquart V. J Chromatogr,1993,642:211

[12] Riley J P,Taylor D. Anal Chim Acta,1969,46:307

[13] Pichon V,Cau-Dit-Coumes C,Chen L,et al. J Chromatogr A,1996,737:25

[14] Puig D,Barcelo D. Chromatographia,1995,40:435

[15] Albanis T A,Hela G D,Sakellarides T M,et al. J Chromatogr A,1998,832:59

[16] Hennion M C,Pichon V. Environ Sci Tech,1994,28:576A

[17] Pichon V. J Chromatogr A,2000,885:195

[18] Masqué N,Marcé R M,Borrull F. Trends Anal Chem,1998,17:384

［19］ Waters. Oasis Sample Extraction Products

［20］ Raisglid M,Burke M F. American Lab,2000,May:29

［21］ Chen X H,Wijsbeek J,Franke J P,et al. J Forensic Sci,1992,37(1):16

［22］ Thurman E M,Mills M S. Solid-Phase Extraction:Princeples and Practice. Mew York:John Wiley &Sons,1998:200

［23］ Patel R M,Jagodzinski J J,Benson J R,et al. LC-GC Int,1990,3(11):49

［24］ Shimelis O,Yang Y,Stenerson K,et al. J Chromatogr A,2007,1165:18

［25］ Yalow R S,Berson S A. J Clin Invest,1960,39(7):1157

［26］ Engvall E,Perlmann P. Immunochemistry,1971,8(9):871

［27］ Meurman O H,Hemmilä I A,Lövgren T N,Halonen P E. J Clin Micorobiol,1982,16(5):920

［28］ 程云,郑宇,陈昊,等. 中华微生物学和免疫学杂志,2003,23(5):325

［29］ 仲德昌. 进出口食品中农兽药残留实用检测方法. 北京:中国标准出版社,2004:311

［30］ 王晶,王林,黄晓蓉. 食品安全快速检测技术. 北京:化学工业出版社,2002

［31］ Tang X,Li P,Zhang Z,et al. Food Control,2017,80:333

［32］ Kong D,Liu L,Song S,et al. Nanoscale,2016,8(9):5245

［33］ One T,Kawamura M,Arao S,et al. Immuno Meth,2003,272:211

［34］ Thomas D H,Beck-Westermeyer M,Hage D S. Anal Chem,1994,66:3823

［35］ Usleber E,Dietrich R,Burk C,et al. J AOAC Int,2001,84:1649

［36］ Crooks S R H,Elliot C T,Thompson C S,et al. J Chromatogr B,1997,690:161

［37］ Zimmerli B,Dick R. J Chromatogr B,1995,666:85

［38］ Vanderlaan M,Hwang M,Djanegara T. Environ Health Perspect,1993,99:285

［39］ Dragsted L O,Grivas S,Frandsen H,et al. Carcinogenesis,1995,16:2795

［40］ Shelver W L,Huwe J K,Liq J. Chromatogr Relat Technol,1999,22:813

［41］ Pichon V,Chen L,Hennion M C,et al. Anal Chem,1995,57:2451

［42］ Pichon V,Chen L,Hennion M C. Anal Chem,1995,311:429

［43］ Shahtaheri S J,Katmeh M F,Kwasowski P,et al. J Chromatogr A,1995,697:131

［44］ Shahtaheri S J,Katmeh M F,Kwasowski P,et al. Chromatographia,1998,47:453

［45］ Pichon V,Bouzige M,Hennion M C. Anal Chem Acta,1998,376:21

［46］ 江桂斌. 环境样品前处理技术. 北京:化学工业出版社,2004

［47］ 李丽,叶金,辛媛媛,等. 食品安全质量检测学报. 2018,9:5601

［48］ Sangare-Tigori B,Moukha S,Kouadio J H,et al. Toxicon,2006,47:894

［49］ Holtzapple C K,Buckley S A,Stanker L H. J Chromatogr B,2001,754:1

［50］ Eskola M,Kokkonen M,Rizzo A. J Agric Food Chem,2002,50:41

［51］ Shelver W L,Huwe J K. Liq J Chromatogr Relat Technol,1999,22:813

［52］ Heudi O,Kilinc T,Fontannaz P,et al. J Chromatogr A,2006,1101:63

［53］ Campos-Gimenez E,Fontannaz P,Trisconi M J,et al. J AOAC Int,2008,91:786

［54］ FAPAS,UK. Vitamins in powdered baby food. FAPAS Proficiency Test Report 2150,2008:1

［55］ Ye J,Xuan Z H,Zhang B,et al. Food Control,2019,104:57

［56］ Polyakov M V. Zh Fiz Khimil,1931,2:799

［57］ Dickey F H. Proc Nat Acad Sci,1949,35:227

［58］ DickeyF H. J Phys Chem,1955,59:695

［59］ Wulff G,Grobe E,Vesper W,et al. Macromol Chem,1977,178:2817

［60］ Wulff G,Gross T,Schönfeld R. Angew Chem,1995,18:1962

［61］ Ramström O,Ye L,Mosbach K. Chem & Biol,1996,3:471

［62］ Andersson L I. J Chromtoagr B,2000,739:163

［63］ Andersson L I. J Chromatogr B,2000,745:3

［64］ Baggiani C,Giovannoli C,Anfossi L,et al. J Chromatogr A,2001,938:35

［65］ Ensing K,Berggren C,Majors R E. LC-GC Eur,2002,Jan,2

［66］ Chapuis F,Pichon V,Hennion M C. LC-GC Eur,2004,17(7):408

［67］ Sellergren B. Anal Chem,1994,66:1578

［68］ Andersson L I,Paprica A,Arvidsson T. Chromatogr,1997,46(1/2):57

［69］ Martin P I,Wilson I D,Morgen D E,et al. Anal Commun,1997,34:45

［70］ Muldoon M T,Stanker L H. Analy Chem,1997,69:803

［71］ Stevenson D. Trans Anan Chem,1999,18(3):154

［72］ Mullett W M,Lai E. Anal Chem,1998,70:3636

［73］ 郭宇姝,刘勤,杨燕,等. 分析化学,2006,34(3):347

［74］ Allender C J,Brain K R,Heard C M. Med Chem,1999,36:235

［75］ Wulff G. Angew Chem Int Ed,1995,34:1812

［76］ Cormack P A G,Elorza Zurutuza A. J Chromatogr B,2004,804:173

［77］ Sellergren B,Shea K J. J Chromatogr A,1993,635:31

［78］ Haginaka J. Trends Anal Chem,1991,10:17

［79］ Peplow M. Nature,2015,520 (7546):148

［80］ Kim T K,Lee J H,Moon D,et al. Inorg Chem,2013,52:589

［81］ Falaise C,Volkringer C,Vigier J F,et al. Chem Eur J,2013,19:5324

［82］ Mantion A,Massuger L,Rabu P,et al. J Am Chem Soc,2008,130:2517

［83］ Yaghi O M,Li H L. J Am Chem Soc,1995,117 (41):10401

［84］ Chui S S Y,Lo S M F,Charmant J P H,et al. Science,1999,283 (5405):1148

［85］ Barthelet K,Marrot J,Riou D,et al. Angew Chem Int Ed,2002,41 (2):281

［86］ Millange F,Serre C,Férey G. Chem Commun,2002,(8):822

［87］ Barthelet K,Marrot J,Férey G,et al. Chem Commun,2004,(5):520

［88］ Barthelet K,Adil K,Millange F,et al. J Mater Chem,2003,13 (9):2208

［89］ Serre C,Pelle F,Gardant N,et al. Chem Mater,2004,16 (7):1177

［90］ Serre C,Millange F,Surble S,et al. Chem Mater,2004,16 (14):2706

［91］ Marquez A G,Demessence A,Platero-Prats A E,et al. Eur J Inorg Chem,2012,(32):5165

［92］ Férey G,Mellot-Draznieks C,Serre C,et al. Science,2005,309 (5743):2040

［93］ Tranchemontagne D J,Hunt J R,Yaghi O M. Tetrahedron,2008,64 (36):8553

［94］ Furukawa H,Ko N,Go Y B,et al. Science,2010,329 (5990):424

［95］ Cavka J H,Jakobsen S,Olsbye U,et al. J Am Chem Soc,2008,130 (42):13850

［96］ Park K S,Ni Z,Cote A P,et al. Proc Natl Acad Sci,2006,103 (27):10186

［97］ Furukawa H,Cordova K E,O'Keeffe M,et al. Science,2013,341 (6149):974

［98］ Gu Z Y,Yang C X,Chang N,et al. Acc Chem Res,2012,45 (5):734

［99］ Suh M P,Park H J,Prasad T K,et al. Chem Rev,2011,112 (2):782

［100］ Horcajada P,Gref R,Baati T,et al. Chem Rev,2011,112 (2):1232

［101］ Kreno L E,Leong K,Farha O K,et al. Chem Rev,2011,112 (2):1105

［102］ Sumida K,Rogow D L,Mason J A,et al. Chem Rev,2011,112 (2):724

［103］ Czaja A U,Trukhan N,Mueller U. Chem Soc Rev,2009,38 (5):1284

［104］ Lee J,Farha O K,Roberts J,et al. Chem Soc Rev,2009,38 (5):1450

［105］ Bétard A,Fischer R A. Chem Rev,2011,112 (2):1055

［106］ Jiang D,Burrows A D,Edler K J. Cryst Eng Comm,2011,13 (23):6916

［107］ Wang H N,Yang G S,Wang X L,et al. Dalton Trans,2013,42 (18):6294

［108］ Guillou N,Walten R I,Millange F. Cryst Mater,2010,225(12):552

［109］ Shekhah O,Wang H,Paradinas M,et al. Nat Mater,2009,8 (6):481

［110］ Li Q L,Wang X,Chen X F,et al. J Chromatogr A,2015,1415:11

［111］ Yu L Q,Yan X P. Chem Commun,2013,49 (21):2142

［112］ Xie L,Liu S,Han Z,et al. Anal Chim Acta,2015,853:303

［113］ Shekhah O,Wang H,Kowarik S,et al. J Am Chem Soc,2007,129 (49):15118

［114］ Shekhah O,Wang H,Zacher D,et al. Angew Chem Int Edit,2009,48 (27):5038

［115］ Furukawa H,Cordova K E,O'Keeffe M,et al. Science,2013,341 (6149):1230444

［116］ Wang Y,Xie J,Wu Y,et al. Microchim Acta,2014,181 (9/10):949

［117］ Hexiang D,Grunder S,Cordova K E,et al. Science,2012,336 (6084):1018

［118］ Ke F,Qiu L G,Yuan Y P,et al. Mater Chem,2012,22 (19):9497

［119］ Zhao M,Deng C,Zhang X,et al. Proteomics,2013,13 (23/24):3387

［120］ Cui X Y,Gu Z Y,Jiang D Q,et al. Anal Chem,2009,81 (23):9771

［121］ Ge D,Lee H K. J Chromatogr A,2011,1218 (47):8490

［122］ Chen X F,Zang H,Wang X,et al. Analyst,2012,137 (22):5411

［123］ Yang S,Chen C,Yan Z,et al. J Sep Sci,2013,36 (7):1283

［124］ He C T,Tian J Y,Liu S Y,et al. Chem Sci,2013,4 (1):351

［125］ Huo S H,Yan X P. Analyst,2012,137 (15):3445

［126］ Hu Y,Huang Z,Liao J,et al. Anal Chem,2013,85 (14):6885

［127］ Wu Y Y,Yang C X,Yan X P. J Chromatogr A,2014,1334:1

［128］ Chang N,Gu Z Y,Wang H F,et al. Anal Chem,2011,83 (18):7094

［129］ Zhang Z,Huang Y,Ding W,et al. Anal Chem,2014,86 (7):3533

［130］ Yang C X,Liu C,Cao Y M,et al. RSC Adv,2014,4 (77):40824

［131］ Jiang J Q,Yang C X,Yan X P. ACS Appl Mater Inter,2013,5 (19):9837

[132] Ge D,Lee H K. J Chromatogr A,2012,1257:19

[133] Shang H B,Yang C X,Yan X P. J Chromatogr A,2014,1357:165

[134] Wang G H,Lei Y Q,Song H C. Anal Methods,2014,6 (19):7842

[135] Carboni M,Abney C W,Liu S,et al. Chem Sci,2013,4 (6):2396

[136] Wang Y,Xie J,Wu Y,et al. J Mater Chem A,2013,1 (31):8782

[137] Gu Z Y,Chen Y J,Jiang J Q,et al. Chem Commun,2011,47 (16):4787

[138] Messner C B,Mirza M R,Rainer M,et al. Anal Methods,2013,5 (9):2379

[139] Zhang Y W,Li Z,Zhao Q,et al. Chem Commun,2014,50 (78):11504

[140] Liu J W,Zhang Y,Chen X W,et al. ACS Appl Mater Inter,2014,6 (13):10196

[141] Li X J,Xing J W,Chang C L,et al. J Sep Sci,2014,37:1489

[142] Herm Z R,Wiers B M,Mason J A,et al. Science,2013,340 (6135):960

[143] Fu J,Chen Z,Wang M,et al. Chem Eng J,2015,259:53

[144] Guo L,Zhang L,Zhang J,et al. Chem Commun,2009,40:6071

[145] Yean S,Cong L,Yavuz C,et al. J Mater Res,2005,20(12):3255

[146] Chen F,Huang P,Zhu Y J,et al. Biomaterials,2011,32(34):9031

[147] Kaiser J. Science,2010,26:1072

[148] Tang M,Wen C Y,Wu L L,et al. Lab Chip,2016,16(7):1214

[149] Steeg P S. Nat Med,2006,12(8):895

[150] Kwak B,Lee J,Lee D,et al. Biosens Bioelectron,2017,88:153

[151] Sarioglu A F,Aceto N,Kojic N,et al. Nat Methods,2015,12:685

[152] Lucena M A,Oliveira M F,Arouca A M,T et al. ACS Appl Mater Inter,2017,9(5):4684

[153] Qi X Y,Chang Z Y,Zhang D,et al. Chem Mater,2017,29 (19):8052

[154] Li L N,Shen S S,Lin R Y,et al. Chem Commun,2017,53:9986

[155] Ma W,Xu L N,Li X J,et al. ACS Appl Mater Inter,2017,9:19562

[156] Li X J,Chang C L,Wang X,et al. Electrophoresis,2014,35:2733

[157] 祁晓月,李先江,白玉,等. 色谱,2016,34:10

[158] Ching C B,Zhang J H,Sui J J,et al. Proteomics,2010,10:888

[159] Schwaninger A E,Meyer M R,Maurer H H. J Chromatogr A,2012,1269:122

[160] Liu K,Zhong D F,Chen X Y. Bioanalysis,2009,1:561

[161] Mikus P,Marakova K. Electrophoresis,2009,30:2773

[162] Chang C L,Wang X,Bai Y,et al. Trends Anal Chem,2012,39:195

[163] Li G,Yu W B,Cui Y. J Am Chem Soc,2008,130:4582

[164] Vaidhyanathan R,Bradshaw D,Rebilly J N,et al. Angew Chem Int Edit,2006,45:6495

[165] Liu Y,Xuan W M,Cui Y. Adv Mater,2010,22:4112

[166] Nuzhdin A L,Dybtsev D N,Bryliakov K P,et al. J Am Chem Soc,2007,129:12958

[167] Tanaka K,Muraoka T,Hirayama D,et al. Chem Commun,2012,48:8577

[168] Kuang X,Ma Y,Su H,et al. Anal Chem,2014,86:1277

[169] Nickerl G,Henschel A,Grunker R,et al. Chem Ing Tech,2011,83:90

［170］Xie S M,Zhang Z J,Wang Z Y,et al. J Am Chem Soc,2011,133:11892

［171］Wang W J,Dong X L,Nan J P,et al. Chem Commun,2012,48:7022

［172］Chang C L,Qi X Y,Zhang J W,et al. Chem Commun,2015,51:3566

［173］Qi X Y,Chang C L,Xu X Y,et al. J Chromatogr A,2016,1468:49

［174］Iberer G,Hahn R,Jungbauer A. LC-GC North Am,1999,17 (11):998

［175］Nakanishi K,Minakuchi H,Soga N,et al. J Sol-Gel Sci Technol,1997,8 (1/3):547

［176］Hjerten S,Liao J L,Zhang R. J Chromatogr,1989,473 (1):273

［177］Svec F. J Chromatogr A,2010,1217 (6):902

［178］Namera A,Nakamoto A,Saito T,et al. J Sep Sci,2011,34 (8):901

［179］lakh E G,Tennikova T B. J Sep Sci,2007,30 (17):2801

［180］Dario Arrua R,Serrano D,Pastrana G,et al. J Polym Sci Pol Chem,2006,44 (22):6616

［181］Xie S F,Svec F,Frechet J M J. Chem Mater,1998,10 (12):4072

［182］Zhang M,Wei F,Zhang Y F,et al. J Chromatogr A,2006,1102 (1/2):294

［183］Wang X,Li X,Li Z,et al. Anal Chem,2014,86 (10):4739-4747

［184］Rogeberg M,Malerod H,Roberg-Larsen H,et al. J Pharm Biomed Anal,2014,87:120

［185］Schley C,Swart R,Huber C G. J Chromatogr A,2006,1136 (2):210

［186］Thabano J R E,Breadmore M C,Hutchinson J P,et al. J Chromatogr A,2007,1175 (1):117

［187］Schaller D,Hilder E F,Haddad P R. Anal Chim Acta,2006,556 (1):104

［188］Hutchinson J P,Macka M,Avdalovic N,et al. J Chromatogr A,2006,1106 (1/2):43

［189］Djozan D,Baheri T. J Chromatogr A,2007,1166 (1/2):16

［190］Baltussen E,Sandra P,David F,et al. J Microcolumn Sep,1999,11 (10):737

［191］Huang X,Yuan D. J Chromatogr A,2007,1154 (1/2):152

［192］Luo Y B,Ma Q,Feng Y Q. J Chromatogr A,2010,1217 (22):3583

［193］Altun Z,Skoglund C,Abdel-Rehim M. J Chromatogr A,2010,1217 (16):2581

［194］Urban J. J Sep Sci,2016,39 (1):51

［195］Svec F,Lv Y. Anal Chem,2015,87 (1):250

［196］Fu Y,Yan X. Prog Chem,2013,25 (2/3):221

［197］Fu Y Y,Yang C X,Yan X P. Chem Commun,2013,49 (64):7162

［198］Huang H Y,Lin C L,Wu C Y,et al. Anal Chim Acta,2013,779:96

［199］Li L M,Yang F,Wang H F,et al. J Chromatogr A,2013,1316:97

［200］Yang S,Ye F,Lv Q,et al. J Chromatogr A,2014,1360:143

［201］Yusuf K,Badjah-Hadj-Ahmed A Y,Aqel A,et al. J Chromatogr A,2015,1406:299

［202］Lin C L,Lirio S,Chen Y T,et al. Chem Eur J,2014,20 (12):3317

［203］Lyu D Y,Yang C X,Yan X P. J Chromatogr A,2015,1393:1

［204］Saeed A,Maya F,Xiao D J,et al. Adv Funct Mater,2014,24 (37):5790

［205］Sun H G,Zu Y L. Molecules,2015,20(7):11959

［206］Wang S E,Si S H. Anal Methods,2013,5(12):2947

［207］de Girolamo A,McKeague M,Miller J D,et al. Food Chem,2011,127(3):1378

[208] Du F,Alam M N,Pawliszyn J. Anal Chim Acta,2014,845:45

[209] McGinely N L,Plumb J A,Wheate N J. J Inorg Biochem,2013,128:124

[210] Marechal A,Jarrosson F,Randon J,et al. J Chromatogr A,2015,1406:109

[211] Guo X,Ye T T,Liu L Y,et al. J Sep Sci,2016,39(8):1533

[212] Hu X G,Mu L,Zhou Q X,et al. Environ Sci Technol,2011,45(11):4890

[213] Gulbakan B,Yasun E,Shukoor M I,et al. J Am Hem Soc,2010,132(49):17408

[214] Aslipashaki S N,Khayamian T,Hashemian Z. J Chromatogr B,2013,925:26

[215] Rhouati A,Paniel N,Meraihi Z,et al. Food Control,2011,22(11):1790

[216] Ali W H,Pichon V. Anal Bioanal Chem,2014,406(4):1233

[217] Yang X H,Kong W J,Hu Y C,et al. J Sep Sci,2014,37 (7):853

[218] Chapuis-Hugon F,du Boisbaudry A,Madru B,et al. Anal Bioanal Chem,2011,400(5):1199

[219] Lin S C,Gan N,Zhang J B,et al. Talanta,2016,149:266

[220] Romig T S,Bell C,Drolet D W. J Chromatogr B,1999,731(2):275

[221] Wallukat G,Haberland A,Berg S,et al. Circ J,2012,76(10):2449

[222] Kokpinar O,Walter J G,Shoham Y,et al. Biotechnol Bioeng,2011,108(10):2371

[223] Zhao Q,Wang X F. Biosens Bioelectron,2012,34(1):232

[224] Zhao Q,Li X F,Le X C. Anal Chem,2011,83(24):9234

[225] Dick L W,McGown L B. Anal Chem,2004,76(11):3037

[226] Madru B,Chapuis-Hugon F,Pichon V. Talanta,2011,85(1):616

[227] Jiang H P,Zhu J X,Peng C,et al. Analyst,2014,139(19):4940

[228] Connor A C,McGown L B. J Chromatogr A,2006,1111:115

[229] Brothier F,Pichon V. Anal Bioanal Chem,2014,406(30):7875

[230] Huy G D,Jin N,Yin B C,et al. Bioprocess Biosyst Eng,2011,34(2):189

[231] Zhao Q,Li X F,Le X C. Anal Chem,2008,80(10):3915

[232] Zhao Q,Li X F,Shao Y H,et al. Anal Chem,2008,80(19):7586

[233] Mu L,Hu X G,Wen J P,et al. J Chromatogr A,2013,1279:7

[234] 王薇薇,刘素琴,薛芸,等. 色谱,2017,35(1):99

[235] Majors R E,Shukla A. LC-GC North Am,2005,23(7):646

[236] Shukla A K,Shukla M M,Stover E D. et al. American Biotech Lab,2003,October:36

[237] Xie L J,Jiang R F,Zhu F,et al. Anal Bioanal Chem,2014,406:377

[238] Chen L G,Wang T,Tong J. Trends Anal Chem,2011,30:1095

[238] Choi H J,Hyun M H. Chem Commun,2009,40:6454

[240] Ke F,Yuan Y P,Qiu L G,et al. J Mater Chem,2011,21:3843

[241] Nomura A,Shin S,Mehdi O O,et al. Anal Chem,2004,76:5498

[242] Chen X H,Franke J P,Wijsbeek J,et al. J Chromatogr,1993,619:137

[243] Langendijk P N J,Smith P C,Hasegawa J,et al. J Chromatogr,1984,307:371

[244] Patel R M,Benson J R,Hometchko D,et al. Int Lab,1990,April:38

第5章 固相萃取方法的建立与优化

5.1 建立固相萃取方法

建立一个固相萃取方法,最简单的途径是从已发表的文献或 SPE 柱生产厂商提供的资料中查找。但是,由于面对的样品基质可能有所不同,甚至目标化合物也不同,文献所提供的方法不一定合适。这样,就需要自行建立固相萃取方法。另外,文献提供的方法不一定就是最优化的方法。因此,需要对这些方法中的萃取参数进行优化。在这一章中,我们从收集相关数据开始,对固相萃取方法的建立及优化进行讨论。

建立固相萃取方法可以分为三个步骤完成:

(1)汇集相关信息;

(2)建立初步的固相萃取方法;

(3)对方法中的参数进行优化。

5.1.1 汇集相关信息

建立固相萃取方法的第一步就是汇集所有能够得到的相关信息。这些信息是我们建立固相萃取方法的主要依据,因此十分重要。可以通过查阅文献、互联网搜索等手段将一切相关的信息汇集在一起。例如,目标化合物的结构、理化性质、样品基质以及样品基质中杂质的特性等。为了方便信息的汇集,填写《建立固相萃取方法信息汇集表》是一个有效的方法,见表 5-1。在表 5-1 中,我们将相关的信息分为三大类:目标化合物、样品基质和分析方法。

表 5-1 中 1~15 项属于目标化合物的信息。首先是填写目标化合物的中/英文名称。由于国内许多实验室中化合物的物理化学手册不全,可以根据目标化合物的中/英文名称在互联网上搜索到目标化合物的许多相关理化数据。由于许多化合物有不同的商品名,最好是根据 CAS(Chemical Abstracts Service,化学文摘服务社)编号确定目标化合物,避免与其他化合物混淆。*The Merck Index*[1]是一本十分有用的物理化学手册,从中可以查到许多化合物的相关理化数据。画出目标化合物的结构,这样能够清晰地了解目标化合物的官能团,这对于选择 SPE 柱萃取机理至关重要。由于许多化合物同时含有多个不同性质的官能团,因此,最好将所有官能团一一列出,以便根据具体情况选择对目标化合物萃取最有利的官能团。

对于在一定环境下可以生成阳离子或阴离子的化合物，pK_a是一个重要的参数。正如在第 3 章 3.2 节中已经讨论过的，我们可以根据目标化合物的 pK_a 调节环境的 pH，使得目标化合物的离子官能团或填料离子官能团带电荷或呈中性，从而达到在 SPE 柱上保留或洗脱的目的。

另外，目标化合物在水中的溶解度会影响萃取机理的选择。水溶性很高的有机化合物的极性往往也很高，如有机农药甲胺磷等。因此，用非极性的 C_{18} 或 C_8 萃取柱对水中残留的甲胺磷进行萃取，其回收率将会很低。对于水溶性很低的目标化合物，其在水中的溶解度也提示了这些化合物在水中的最大浓度，这对于确定需要的样品体积有一定的参考价值。

可以溶解目标化合物的溶剂提示了这些溶剂可以作为洗脱溶剂使用。了解目标化合物在样品中的大概浓度，结合检测方法的检测限，我们可以确定固相萃取所需要的样品体积。在食品安全检测及环境保护、城市供水监测中，政府对所监测的有毒、有害物质一般都规定了允许的最高含量。因此，可以根据政府规定的最高含量设定检测下限，并根据这一检测下限计算出样品的用量。

在选择萃取环境的 pH 及洗脱溶剂的 pH 时，必须考虑目标化合物的酸碱稳定性。特别是选用离子交换萃取机理时，一般都要调节样品及萃取/洗脱时的 pH。如果目标化合物在某一 pH 范围内不稳定，就必须避免在此 pH 范围内进行萃取。

目标化合物对热是否稳定，是否易挥发，这些问题都应该逐一了解清楚，以便决定萃取后的样品采用何种方法进行浓缩。如果萃取得到的目标化合物必须经过衍生化反应后才可进行检测，就要考虑溶解目标化合物的溶剂。

表 5-1 中第 16～19 项是样品基质相关信息，这些信息直接关系到选择何种固相萃取机理。例如，样品基质是以水为主体时，通常会考虑选用反相柱或离子交换柱进行萃取；如果样品基质是非极性有机液体，则可以考虑选用正相柱进行萃取。

另外，还要考虑样品基质的 pH，该 pH 应该符合所选择萃取机理正常作用时的 pH。如果选用离子交换作为目标化合物的萃取机理，就必须考虑样品的离子浓度。正如在第 3 章 3.2 节所讨论的，采用离子交换柱时，环境的离子浓度低有利于目标化合物与填料的离子官能团之间的相互作用。如果样品的离子浓度过高，必然影响目标化合物在离子交换柱上的保留。

由于我们分析的样品一般都是混合物，除了目标化合物外，还有许多干扰物。了解样品中存在的干扰物可以帮助我们更有效地萃取目标化合物，并尽可能在萃取中除去这些干扰物。一个很明显的例子就是对生物体液（尿液、血液等）中的药物进行萃取。由于这些样品中含有大量蛋白质，有的药物及其代谢物还与蛋白质结合在一起。因此，在进行固相萃取之前，必须选用适当的方法将与蛋白质结合在一起的药物及其代谢物释放出来，并除去蛋白质。

表 5-1 中第 20～26 项是分析方法的相关信息。对目标化合物的分析采用何

种方法在很大程度上会影响洗脱溶剂的选择。例如,某些药物的分析采用的是 HPLC 或 LC-MS,就可以考虑用 HPLC 的流动相为洗脱溶剂,这样就可以省去采用有机溶剂洗脱后,对收集的有机液体进行浓缩挥干及转换溶剂的步骤。若检测方法是 GC 或 GC-MS,一般就不会考虑采用含水溶液作为洗脱溶剂。另外,不同的检测器对干扰物的响应也不同。例如,在 HPLC-UV 分析时,如果干扰物在目标化合物附近出现色谱峰,可能对目标化合物的分析造成影响。但同样的干扰物在进行 GC-NPD(气相色谱–氮磷检测器)分析时,可能就不会造成干扰。因此,对于目标化合物的检测分析而言,干扰物是相对于检测手段而言的。

表 5-1　建立固相萃取方法信息汇集表

单位:_____　　　　姓名:_____

地址:_____　　　　邮编:_____

电话:_____　传真:_____　电子邮箱:_____

目标化合物

1. 中文名称:
   英文名称:
2. 目标化合物 CAS 编号

3. 目标化合物在 *The Merck Index* 中的编号

4. 目标化合物的结构

5. 目标化合物主要官能团

6. 目标化合物 pK_a/lg K_{ow}　　　　　7. 目标化合物在水中的溶解度

8. 可溶解目标化合物的溶剂及溶解度　　　9. 目标化合物在样品中的大概浓度

10. 官方许可的最大浓度　　　　　　　11. 估计的样品体积

12. 目标化合物在什么 pH 下不稳定?　　13. 目标化合物在什么温度下不稳定?

14. 目标化合物是否易挥发?　　　　　　15. 是否需要衍生化反应,如何衍生化?

样品基质

16. 样品基质的描述　　　　　　　　　17. 样品基质的 pH

18. 样品基质的离子强度(mol/L)　　　　　19. 样品基质中主要干扰物及其他成分

分析方法

20. 检测仪器(GC/GC-MS/HPLC/LC-MS)　　　21. 检测仪器要求目标化合物达到的浓度

22. 如果采用HPLC分析,色谱柱填料是什么?　　23. HPLC的流动相

24. 是否采用梯度? 如果是,请注明梯度程序

25. 溶解标准样品的溶剂是什么?　　　　　26. 内标物

5.1.2　建立初步的固相萃取方法

在汇集了相关的信息之后,我们就可以根据这些信息建立一种初步的固相萃取方法了。为了方便方法的建立,我们最好还是利用填表的方式对固相萃取参数逐一进行确定。下面我们通过填写表5-2来说明建立初步的固相萃取方法的步骤。

表5-2　建立初步的固相萃取方法参数表[2]

样品名称 _____

分析物名称 _____

样品体积(质量) _____ mL(g)

SPE 填料量 _____ mg 　SPE 柱容量 _____ mL

测试的 SPE 柱　1) _____ 2) _____ 3) _____ 4) _____

1. 样品预处理

2. 柱预处理使用 _____ mL 的溶剂 _____ 流速 _____ mL/min

3. 平衡柱使用 _____ mL 的溶剂 _____ 流速 _____ mL/min

4. 样品添加流速 _____ mL /min

5. 洗涤溶剂使用 _____ mL 的溶液 _____ 流速 _____ mL/min

　 干燥时间 _____ min

6. 洗脱使用 _____ mL 的溶液 _____ 流速 _____ mL/min

1. 样品信息

在表5-2中,首先要填写样品名称,即回答样品的基质是什么,如自来水、废水、血液、尿液、蔬菜、水果、肉类、鱼虾等。样品名称提示了固相萃取前样品前处理的方法。接着就是填写分析物的名称。

2. 样品用量

接下来,我们要回答的第一个问题就是需要多少样品。对于液体样品而言,我

们要确定需要使用多少体积的样品;对固体样品而言,则需要确定样品的质量。在环保或食品安全检测中,政府通常会给出有害物质的最高许可含量,我们可以根据这个数据及检测手段来确定样品的用量。假设某一目标化合物在水中的最高许可含量为 3 μg/L,为了保险起见,我们将检测到该化合物的最低浓度设定为低于最高许可含量的 1/60,即 0.05 μg/L。如果检测手段是 GC-MS,进样量为 2 μL,仪器对该化合物的检测下限为 100 pg。为了保证 GC-MS 的自动进样器能够正常工作,需要 100 μL 处理好的样品。因此,目标化合物的含量应该是 100 pg 的 50 倍(100 μL/ 2 μL = 50),即 5000 pg(=5 ng)。由此,我们可以计算出需要样品的体积 X 为

$$X = 5 \text{ ng} \times \text{L}/0.05 \text{ μg}$$
$$= 5 \text{ ng} \times 1000 \text{ mL}/50 \text{ ng}$$
$$= 100 \text{ mL}$$

根据以上计算,我们可以决定使用 100 mL 样品来进行固相萃取。萃取得到的洗脱馏分需要浓缩至 100 μL。

表 5-3 给出了 GC 及 HPLC 检测时初始样品的参考体积。

表 5-3　固相萃取所需样品大致体积

检测方法	目标化合物大致溶解度	样品体积/mL	萃取物最终体积/mL	固相萃取柱规格
GC	1 ~ 5 μg/L	500 ~ 1000	3 ~ 6	6 mL,500 mg 或 1 g
	5 ~ 50 μg/L	50 ~ 500	2 ~ 4	6 mL,500 mg
	50 ~ 500 μg/L	5 ~ 50	0.5 ~ 2	1 mL 或 3 mL,100 mg 或 200 mg
HPLC	50 ~ 250 μg/L	500 ~ 1000	3 ~ 6	6 mL,500 mg 或 1 g
	0.25 ~ 2 mg/L	50 ~ 100	3 ~ 6	6 mL,500 mg 或 1 g
	2 ~ 10 mg/L	2 ~ 10	0.5 ~ 2	1 mL 或 3 mL,100 mg 或 200 mg

3. 固相萃取柱的选择

在确定了样品用量之后,我们就可以根据掌握的信息选择适当的 SPE 柱了。SPE 柱的选择包括两层含义:选择固相萃取机理及选择 SPE 柱的规格(填料量)。根据表 5-1 所汇集的信息及图 5-1 所列出的原则,我们可以初步确定萃取机理。

由图 5-1 可见,如果样品基质是非极性有机溶剂,通常都选择极性柱。如果极性柱无法达到预期的效果,可以将样品中的有机溶剂挥干,然后将残留物溶解于水溶液中,按水溶液样品进行处理。如果样品基质是极性有机溶剂,如甲醇、乙腈、丙酮等,则可以用去离子水按一定比例稀释后,按照水溶液样品进行处理。也可以将有机溶剂浓缩挥发后,加入水溶解,按水溶液样品处理。对于水溶液为基质的样品,首先要确定目标化合物是否可以离子化。如果目标化合物在水溶液中呈中性状态,可以考虑选用疏水的非极性填料。如果目标化合物可以离子化,必须考虑主要的干扰物是呈离子状态的还是呈中性状态。如果呈中性状态,应该选用离子交

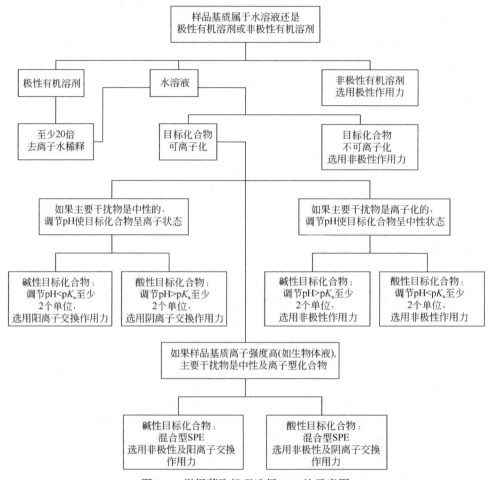

图 5-1　根据萃取机理选择 SPE 柱示意图

换机理的离子交换柱。反之,如果干扰物与目标化合物呈相同的离子状态,在离子交换柱上不易分离,就应该考虑选择疏水的非极性填料。

在由图 5-1 确定了萃取机理后,便可以根据表 5-4 来选择使用适当的 SPE 柱。由于属于同一萃取机理的吸附剂往往多于一种,在确定了固相萃取机理之后,需要通过实验来确定究竟是哪种填料最为合适。当然,我们可以根据目标化合物的性质进一步缩小填料的选择范围。例如,如果目标化合物是一个非极性很强的化合物,就可以考虑选用中等或弱强度的非极性填料,而不选用强非极性的 C_{18};如果目标化合物含有强离子交换官能团,就可以考虑选用弱离子交换剂,而避免用强离子交换剂。

表 5-4　固相萃取填料选择参考指引

萃取机理	考虑因素	可选择的填料种类△
非极性作用	目标化合物:低分子量(<250)或弱非极性物	C_2、C_8、C_{18}
	目标化合物:高分子量(>250)或强非极性物	C_2、C_4、C_6、PH、C_8
	多种中性目标化合物具有不同极性	C_4、C_6、C_8、CH 叠加(如 C_2/C_{18})
极性作用	目标化合物为极性	氧化铝、硅藻土、SI、NH_2、CN、二醇
	目标化合物为非极性或中等极性◇	氧化铝、硅藻土、SI、NH_2、CN、二醇
阳离子交换作用	目标化合物永久带正电荷(如季铵)	CBA、SI、C_2^*
	目标化合物 pK_a 范围 5~10	SCX、PRS#、CBA、C_2^*
	1. 目标化合物 pK_a 范围 5~10 2. 同时存在碱性及中性目标化合物 3. 样品基质脏,要求得到很干净的萃取物	HCX
阴离子交换作用	目标化合物永久带负电荷	NH_2
	目标化合物 pK_a 范围 2~6	SAX、NH_2
	1. 目标化合物 pK_a 范围 2~6 2. 同时存在碱性、酸性及中性目标化合物 3. 样品基质脏,要求得到很干净的萃取物	HAX

注:△许多硅胶填料有封尾(硅烷化)和未封尾(未硅烷化)之分。一般首先采用封尾的填料进行方法开发,以减少第二作用力可能引起的干扰。

◇ 采用杂质吸附模式。

PRS 可用于代替 SCX 以减少作为第二作用力的疏水作用力影响。PRS 可使用缓冲溶液和不含有机溶剂的液体洗脱。这只能用于没有离子作用干扰的情况下。

* 由于 C_2 具有硅羟基,在这里作为阳离子交换剂使用。

许多已发表的文献中都使用反相键合硅胶 SPE 柱。其原因之一是人们在 HPLC 中大量使用反相 C_{18} 柱,并积累了许多的数据与经验。但是,如何判断究竟反相键合硅胶柱是否适用于你要分析的目标化合物呢?我们可以根据该化合物的辛醇–水分配系数 K_{ow} 来判断。K_{ow} 是有机化合物在辛醇和水两相中平衡浓度之比,反映了有机化合物的亲脂性/亲水性的大小。由于 K_{ow} 的范围在 10^{-4} ~ 10^8,至少相差 12 个数量级,为了方便,一般用 $\lg K_{ow}$ 来表示,也称为 $\lg P$(疏水常数)。化合物的 $\lg K_{ow}$ 可以通过实验测定。例如,王琪全等曾对 6 种测定农药 $\lg K_{ow}$ 的方法进行了参数比较[3]。美国环境保护署(EPA)提供了测定 K_{ow} 的详细方法[4]。但是,对于许多常规化学检验实验室而言,采用实验的方法来测定日常分析中遇到的众多化合物的 $\lg K_{ow}$,由于工作量大,在实际固相萃取方法建立过程中难以实现。$\lg K_{ow}$ 在许多化学文献中可以查到。对于没有文献数据的化合物,可以根据化合物所含有的原子及碎片,根据式(5-1)进行估算:

$$\lg K_{ow} = \sum_i f_i + \sum_j f_j \tag{5-1}$$

式中：f_i是化合物的原子团单元，如—CH_3、—NH—、—O—等；f_j是化合物的原子排列及分子内的相互作用力对 $\lg K_{ow}$ 的贡献，包括不饱和键、多重卤化、分子内—H 及—H 极性。具体的计算方法请参考 *Handbook of Chemical Properties Estimation Method*[5]。较为便捷的方法是通过 Syracuse Research Corporation 提供的 LOGKOW（KOWWIN）程序进行估算[6]。在数据缺乏的情况下，可以根据以下几个规律来判断化合物的 $\lg K_{ow}$ 趋势：在化合物结构中，双键越多，$\lg K_{ow}$ 越低；碳链、环、支链越多，$\lg K_{ow}$ 越低；卤素原子越多，$\lg K_{ow}$ 越高；—H 越多，$\lg K_{ow}$ 越高；—H、—O—、—NH_2 相互临近增加 $\lg K_{ow}$。化合物的 $\lg K_{ow}$ 越小，极性越强，水溶性也就越强。

　　如图 5-2 所示，在选择固相萃取材料时，我们还可以根据目标化合物的疏水性参数 $\lg K_{ow}$ 来判断化合物的极性，并以此作为选择固相萃取材料的依据。一般来说，$\lg K_{ow}$ 大于 3 属于非极性化合物，可选用 C_{18} 或 C_8 等非极性固相萃取材料，C_{18} 柱较为适用于 $\lg K_{ow}$ 在 2.5～3 之间的化合物。$\lg K_{ow}$ 小于 2 的化合物不适宜用 C_{18} 柱按照疏水非极性作用机理进行萃取。例如，异丙基阿特拉津和苯酚的 $\lg K_{ow}$ 分别是 1.2 和 1.5。使用 450 mg 的 C_{18} 萃取膜片对 500 mL 水样萃取，它们的回收率都低于 20%[7]。$\lg K_{ow}$ 在 1～3 之间属于中等极性化合物，可选用非极性的高聚物固相萃取材料或 C_2 等。$\lg K_{ow}$ 小于 1 属于极性化合物，可选用高交联度的非极性固相萃取材料。如果 $\lg K_{ow}$ 低于 0，说明该化合物易溶于水，而不易溶于有机溶剂。对于高极性和溶于水的化合物可选用多孔石墨化碳（PGC）或石墨炭黑（GCB）。当具有永久偶极矩的极性化合物接近 PGC 表面时，会诱导 PGC 可极化的表面产生偶极矩，因此，可以通过偶极-偶极相互作用将带有羟基、羧基及氨基的极性化合物保留在 PGC 表面。通常，如果目标化合物在水中的溶解度小于 1000 mg/L，可以使用 C_{18} 等反相 SPE 柱；如果溶解度大于 1000 mg/L，则应该考虑采用石墨化碳或聚苯乙烯-二乙烯基苯之类的高聚物 SPE 柱。

　　在选定 SPE 柱种类后，我们要确定 SPE 柱的规格，即 SPE 柱的填料量。目前，商品化的 SPE 柱填料量多为 100 mg、200 mg、300 mg、500 mg、1000 mg 等。膜片型 SPE 柱的填料量比传统 SPE 柱要低，常见的有 20 mg、30 mg、50 mg、100 mg 等。就其尺寸而言，常见的 SPE 柱有 1 mL、3 mL 及 6 mL。也有 8 mL、10 mL，甚至更大的 SPE 柱，但这些大体积的 SPE 柱在实际应用中并不常用。

　　选择 SPE 柱规格的原则是，首先要保证 SPE 柱的填料有足够的容量将目标化合物 100% 地保留在柱子上。同时，填料也不易过多。填料越多，对目标化合物有效洗脱的溶剂用量也越大。因此，在选择 SPE 柱的规格时，必须考虑 SPE 柱容量。柱容量是指单位质量的填料以主要作用力保留化合物的质量。键合硅胶柱的容量一般在 1%～5%。以 100 mg 填料的 SPE 柱为例，其最大容量一般不超过 5 mg。

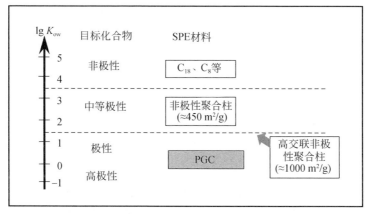

图 5-2　根据 lg K_{ow} 选择固相萃取材料示意图

离子交换剂的柱容量在 0.5~1.5 meq/g。值得指出的是,由于我们面对的多为混合物,除了目标化合物外,还有许多干扰物。所以,在选择柱子规格时,必须以目标化合物及在萃取条件下可能被吸附的干扰物总量来考虑,而不能仅仅考虑目标化合物。否则,即便目标化合物没有超过柱容量,但是 SPE 柱在保留目标化合物的同时也会保留部分干扰物,由于两者的总量已经超过了柱容量,其结果必然是部分目标化合物不能被保留在 SPE 柱上。因此,为了保险起见,建议柱容量最好高于估计目标化合物含量的两倍。

4. 预处理溶剂及参数的选择

根据表 5-2,我们要决定对 SPE 柱进行预处理及平衡使用的溶剂及其用量和流速。对于反相柱或离子交换柱而言,通常可用甲醇或极性有机溶剂作为柱子预处理溶液,水或缓冲溶液作为平衡溶液。正相柱的预处理通常可用洗脱溶剂或非极性有机溶剂。对预处理及平衡溶液过柱的流速要求不是十分苛刻,只要能够保证官能团的碳链有效地伸展开,填料达到接受样品的平衡状态就可以了。表 5-5给出了反相固相萃取柱预处理溶液过柱的参考流速。

表 5-5　反相固相萃取柱预处理溶液过柱参考流速

填料种类	填料质量/mg	预处理及平衡溶液体积/mL	预处理及平衡溶液流速/(mL/min)
反相键合硅胶	25	0.1~1	0.25~2
	50	0.25~1	0.5~2
	100	0.5~2	1~4
	130	1~2	2~4
	200	1~2	2~4
	500	3~5	6~10
	1000	5~10	10~20

5. 样品过柱流速的选择

接下来就是要确定样品通过 SPE 柱的流速是多少。样品过柱的流速与 SPE 柱中填料的颗粒的大小及尺寸分布、填料的装填密度、目标化合物与样品基质的结合程度、样品的黏度等条件有关。对于 100 mg 填料的反相硅胶柱,流速一般控制在 2 ~ 10 mL/min。对于以离子交换为作用机理的萃取,由于其相互作用所需的能量比非极性作用力要大,样品通过 SPE 柱的速度应该适当降低,以保证目标化合物有足够的时间与 SPE 柱填料的离子交换官能团发生作用,一般控制在 1.5 ~ 5 mL/min。表 5-6 中的流速可以作为参考。

表 5-6　样品通过不同尺寸固相萃取柱的参考流速

目标化合物种类	填料类型	萃取柱储液空间/mL	加样流速/(mL/min)
中性	疏水性(如 C_2,C_8,C_{18})	1	2 ~ 10
		3	3 ~ 15
		6	5 ~ 20
阳离子或阴离子	阳离子或阴离子	1	0.5 ~ 2
		3	1 ~ 5
		6	3 ~ 35

6. 洗涤及干燥参数的选择

表 5-2 中的第 5 项是洗涤溶剂参数及柱子干燥参数。我们要确定使用什么溶剂来除去干扰杂质,其用量及流速是多少。

如果目标化合物是中性化合物,而选用的是疏水性的非极性填料(如 C_4、C_8、C_{18}等),可以用水或柱平衡所使用的缓冲溶液洗涤。如果分析物在固相萃取柱上的吸附力很强,可以在洗涤溶剂中加入水溶性的有机溶剂以增强洗涤效果。如果发现回收率降低,收集此组分,检测是否有目标化合物在这一步被洗脱。如果可离子化的目标化合物已经通过调节 pH 使之中性化并通过疏水作用力被 SPE 柱吸附,就必须注意洗涤时保持同样的 pH,以避免因 pH 改变而造成目标化合物在洗涤步骤中的损失。

如果目标化合物是阴离子或阳离子(如使用 SAX、PSA、NH_2、SCX、CBA 及 PRS 等离子交换柱萃取时),可以用柱平衡所使用的缓冲溶液进行洗涤。对于带单电荷的分析物,缓冲溶液的离子强度不要超过 50 mmol/L。对于带双电荷的分析物,缓冲溶液的离子强度不要超过 10 mmol/L。表 5-7 列出了硅胶填料所需洗涤溶剂的体积及流速。

表 5-7　硅胶填料所需洗涤溶剂的体积及流速

填料质量/mg	洗涤溶剂体积/mL	洗涤溶剂流速/(mL/min)
25	0.1 ~ 1	0.1 ~ 1
50	0.25 ~ 1	0.25 ~ 1
100	0.5 ~ 2	0.5 ~ 2
130	1 ~ 2	1 ~ 2
200	1 ~ 2	1 ~ 2
500	3 ~ 5	3 ~ 5
1000	5 ~ 10	5 ~ 20

在一定的环境下,水分的存在对于目标化合物的洗脱以及随后的分析会造成影响。因此,在对目标化合物洗脱之前必须对 SPE 柱进行干燥。干燥的方法多为采用正压或者负压。正压一般是以一定压力的空气或氮气由 SPE 柱的上方对填料中的水分进行吹赶;负压则是在萃取柱的下方给予一定的真空,使得残留的水分从 SPE 柱排除。有时,为了更好地清除残留的水分,可以使用很少量的极性有机溶剂,如 50 μL 的甲醇[8]。表 5-8 是不同 SPE 柱最大的含水量及所需的干燥时间。如果目标化合物较易挥发,就要注意控制正压/负压除水的时间,防止目标化合物在干燥过程中损失。

表 5-8　不同填料的萃取柱的死体积及所需的干燥时间*

填料种类	填料质量/mg	大约死体积/mL	除去水的大约体积/mL	干燥时间/min
C_{18}	1000	1.2	0.4	15
	500	0.6	0.2	10
	100	0.12	0.04	4
	50	0.06	0.02	2
	25	0.03	0.01	1
C_8	1000	1.3	0.5	20
	500	0.65	0.25	15
	100	0.13	0.05	6
	50	0.07	0.03	4
	25	0.03	0.01	3
C_2 及极性填料	1000	1.4	0.6	30
	500	0.7	0.3	20
	100	0.14	0.06	9
	50	0.07	0.03	6
	25	0.04	0.02	4

* 测试条件:干燥时间的测定是在 49 cmHg 真空或 4 L/min 气体流速条件下测定的。

7. 洗脱溶剂及参数的选择

表 5-2 中最后一项要初步确定的就是与目标化合物洗脱相关的参数,包括洗脱溶剂、其体积及流速。洗脱溶剂对目标化合物应该有很好的溶解度,而且应该可以破坏目标化合物与填料之间的主作用力及副作用力。无论使用的是单一溶剂还是混合溶剂,所选用的溶剂应该同时能够具有多种作用力,以便有效地将目标化合物从 SPE 柱上洗脱下来。另外,洗脱溶剂最好能够与检测技术相匹配,这样可以简化仪器进样前的样品处理。例如,对于极性化合物,通常会采用 HPLC 作为检测手段的样品,首先要考虑是否可以用 HPLC 的流动相作为洗脱溶剂,如甲醇、乙腈等。对于非极性化合物,通常采用 GC 或 GC-MS 作为检测手段,则应该首先考虑选择易挥发的非极性溶剂,如乙酸乙酯、氯仿、正己烷等。如果洗脱溶剂与检测手段不匹配,就要在完成洗脱后,将收集的组分转换到与检测技术相匹配的溶液中。根据固相萃取的机理不同,洗脱溶剂的选择也有所不同。

1)反相固相萃取洗脱溶剂的选择

根据表 5-1 所列出目标化合物的相关参数,如溶解度、结构、官能团及 pK_a 等,可以对洗脱溶剂进行初步的选择。目标化合物的溶解度是选择洗脱溶剂的重要指标之一。在反相固相萃取中,一般首选对目标化合物溶解度高的有机溶剂作为洗脱溶剂。根据目标化合物的结构及官能团,依据相似相溶的原理,可以选择极性相似的洗脱溶剂。表 5-9 列出了一些反相固相萃取中常用的洗脱溶剂。

表 5-9　反相固相萃取中常用的洗脱溶剂

目标化合物	洗脱溶剂
非极性	1. 正己烷
	2. 二氯甲烷
疏水,有一些极性特征	1. 丙酮/乙酸乙酯(3∶1,体积比)
	2. THF
	3. 甲醇、丙酮、乙腈
两性(中性–酸性)[a]	1. 酸性甲醇[b]
	2. 酸性乙酸乙酯[b]
两性(中性–碱性)[a]	1. 甲醇/10%(体积分数)NH₄OH
	2. 甲醇/2%(体积分数)四乙胺

注:a. 两性化合物指该化合物在一定的 pH 环境下可以呈中性、酸性或碱性;
　　b. 1%(体积分数)乙酸或1%(体积分数)三氟乙酸。

表 5-10 列出了在固相萃取中常用的溶剂极性序列及其与水溶解性。由表 5-10 可见,对于强非极性 SPE 柱,在洗脱时应该选用非极性强的溶剂;对于弱非极性 SPE 柱则应该选用非极性弱的溶剂。甲醇虽然属于强极性的溶剂,但大量的实验

数据证明甲醇足以破坏目标化合物与固相萃取填料的非极性官能团之间的非极性作用力,将目标化合物洗脱出来[9-11]。

表 5-10　SPE 常用溶剂特征表

极性大小			溶剂	水混溶性
非极性	强反相	弱正相	正己烷	否
			异辛烷	否
			四氯化碳	否
			氯仿	否
			二氯甲烷	否
			四氢呋喃	是
			乙醚	否
			乙酸乙酯	极少
			丙酮	是
			乙腈	是
			异丙醇	是
			甲醇	是
			水	是
极性	弱反相	强正相	乙酸	是

从理论上考察洗脱溶剂的选择可以从溶剂的极性指数(polarity indices, P')、溶剂的选择性及洗脱强度(eluotropic strength, ε^0)入手。

溶剂的极性指数(P')越大,对极性化合物的溶解能力越强。溶剂的选择性是指溶剂选择性地溶解某一化合物的能力。Snyder[12]将色谱常用的 71 种溶剂按照其质子给予、质子接受及色散作用力的大小归为八类。表 5-11 列出了这八类溶剂的分类。

表 5-11　溶剂选择性分类表

分类	溶剂
I	脂肪醚类、三烷基胺类、四甲基胍
II	脂肪醚类
III	吡啶类、四氢呋喃、胺类(酸性的乙酰胺除外)
IV	乙二醇类、乙二醇醚类、苯甲醇、乙酰胺、乙酸
V	二氯甲烷、氯乙烯、磷酸三(邻甲苯酯)
VIa	烷基卤化物、酮类、酯类、腈类、亚砜类、砜类、苯胺类、二氧杂环乙烷
VIb	硝基化合物、碳酸丙烯酯、苯基烷基醚类、芳香烃类
VII	卤苯、二苯基醚
VIII	氟烷醇类、m-甲酚、氯仿、水

　　如表5-12所示,归属于同一类的溶剂其选择性相近,但极性不同,因此,在实际应用中我们可以根据溶剂的选择性和极性来选择固相萃取的洗脱溶剂。例如,乙酸乙酯属于第Ⅵa类溶剂,如果在实验中发现使用该溶剂作为洗脱溶剂的回收率不理想,而需要更换溶剂时,可以尝试改用同属第Ⅵa类,但极性不同的丙酮、乙腈等。反之,如果使用乙酸乙酯作为洗脱溶剂时发现其回收率较好,但杂质较多,则可考虑选用极性相近,但选择性不同的溶剂,如异丙醇(Ⅱ类)和氯仿(Ⅷ类)。

表 5-12　固相萃取常用溶剂的极性指数和选择性

溶剂	P'	选择性分类
正己烷	0.0	
环己烷	0.0	
四氯化碳	1.0	Ⅵb
二丁基醚	1.7	Ⅰ
二异丙醚	2.2	Ⅰ
甲苯	2.3	Ⅵb
氯苯	2.7	Ⅶ
二乙醚	2.9	Ⅰ
苯	3.0	Ⅵb
辛醇	3.2	Ⅱ
氟苯	3.3	Ⅶ
二氯甲烷	3.4	Ⅴ
异戊醇	3.6	Ⅱ
正丁醇	3.9	Ⅱ
四氢呋喃	4.2	Ⅲ
乙酸乙酯	4.3	Ⅵa
异丙醇	4.3	Ⅱ
氯仿	4.4	Ⅷ
环己酮	4.5	Ⅵa
二噁茂烷	4.8	Ⅵa
乙醇	5.2	Ⅱ
吡啶	5.3	Ⅲ
丙酮	5.4	Ⅵa
苯甲醇	5.5	Ⅳ
碳酸丙烯酯	6.0	Ⅵb

续表

溶剂	P'	选择性分类
乙酸	6.2	IV
乙腈	6.2	VIa
二甲基亚砜	6.5	VIa
甲醇	6.6	II
甲酰胺	7.3	VIII
水	9	VIII

　　在实际应用中,为了得到更好的洗脱效果,经常会使用两种或两种以上的混合溶剂。混合溶剂的极性指数可以根据式(5-2)计算。

$$P' = \Phi_a P_a + \Phi_b P_b \qquad (5-2)$$

式中:Φ_a 及 Φ_b 分别是溶剂 A 与溶剂 B 在混合溶剂体系中所占比例;P_a 及 P_b 分别是溶剂 A 与溶剂 B 的极性指数。

　　溶剂的洗脱强度(ε^0)是选择洗脱溶剂时的另外一个参考因素。洗脱强度是指溶剂从给定固定相上洗脱目标化合物的能力,它是单位面积溶剂的吸附能[13]。在固相萃取中,一个洗脱溶剂体系对目标化合物能够达到好的回收率,但同时又有许多干扰杂质被洗脱出来。解决这个问题的一个方法就是选择与该洗脱溶剂体系的洗脱强度相近的其他洗脱溶剂体系。表 5-13 列出了常见洗脱溶剂体系的洗脱强度。

表 5-13　部分溶剂的洗脱强度

溶剂	洗脱强度 ε^0(硅胶)
正己烷	0
戊烷	0
戊烷/2-氯丙烷(90∶10,体积比)	0.05
戊烷/2-氯丙烷(75∶25,体积比)	0.10
四氯化碳	0.14
戊烷/2-氯丙烷(52∶48,体积比)	0.15
戊烷/2-氯丙烷(22∶78,体积比)	0.20
戊烷/二氯甲烷(76∶24,体积比)	0.20
戊烷/乙醚(80∶20,体积比)	0.20
甲苯	0.22
戊烷/氯仿(56∶44,体积比)	0.25
戊烷/乙醚(67∶33,体积比)	0.25

溶剂	洗脱强度 ε^0(硅胶)
苯	0.27
无水乙醚	0.29
戊烷/乙腈(92∶8,体积比)	0.30
戊烷/二氯甲烷(22∶78,体积比)	0.30
2-氯丙烷/氯仿(50∶50,体积比)	0.30
氯仿	0.31
二氯甲烷	0.32
四氢呋喃	0.35
二氯甲烷/乙腈(93∶7,体积比)	0.39
甲基乙基酮	0.40
丙酮	0.43
乙酸乙酯	0.45
二乙醚/乙腈(80∶20,体积比)	0.45
乙腈	0.50
二氯甲烷/甲醇(97∶3,体积比)	0.50
二氯甲烷/甲醇(93∶7,体积比)	0.55
吡啶	0.55
二氯甲烷/甲醇(86∶14,体积比)	0.60
乙腈/甲醇(88∶12,体积比)	0.60
异丙醇	0.63
乙醚/甲醇(81∶19,体积比)	0.65
二氯甲烷/甲醇(40∶60,体积比)	0.70
乙醚/甲醇(58∶42,体积比)	0.70
甲醇	>0.73
冰醋酸	>0.73
水	>0.73

2)离子交换固相萃取柱洗脱溶剂的选择

对于阴离子交换柱,满足下列任何一种条件都能够将阴离子化合物从阴离子交换柱上洗脱下来。

(1)洗脱溶剂的 pH 高于填料的阴离子交换官能团的 pK_a 两个 pH 单位。这样可以使该官能团呈中性,将目标化合物释放出来。

(2)洗脱溶剂的 pH 低于目标化合物 pK_a 两个 pH 单位。在此条件下,目标化合物呈中性状态,与填料阴离子交换官能团分离,被洗脱溶剂洗脱出来。

(3)洗脱溶剂为高阴离子强度(>0.1 mol/L)的缓冲溶液。高阴离子浓度会导致阴离子与目标化合物产生竞争,将目标化合物释放出来。

(4)洗脱溶剂含有高选择性的阴离子。由于这些阴离子对填料阴离子交换官能团具有很高的吸引力,可以将目标化合物从阴离子交换柱上交换出来,从而达到洗脱分离的目的。

(5)上述几种方法的结合使用也可以达到洗脱阴离子目标化合物的目的。

对于阳离子交换柱而言,洗脱溶剂的选择原则与阴离子交换柱刚好相反。

(1)洗脱溶剂的 pH 低于填料的阳离子交换官能团 pK_a 两个 pH 单位。这样就可以使该官能团呈中性,将目标化合物释放出来。

(2)洗脱溶剂的 pH 高于目标化合物 pK_a 两个 pH 单位。在此条件下,目标化合物呈中性状态,与填料阳离子官能团分离,被洗脱溶剂洗脱出来。常常可以在甲醇中加入氢氧化钠、氢氧化钾或氨水来实现 pH 的调节及目标化合物的洗脱。如果需要降低洗脱馏分中水的含量,则可以在有机溶剂中加入 1%～2%(体积分数)的有机胺来实现这种洗脱。

(3)洗脱溶剂为高阳离子强度(>0.1 mol/L)的缓冲溶液。高阳离子浓度会导致阴阳离子与目标化合物产生竞争,将目标化合物释放出来。

(4)洗脱溶剂含有高选择性的阳离子。由于这些阳离子对填料阳离子交换官能团具有很高的吸引力,可以将目标化合物从阳离子交换柱上交换出来,从而达到洗脱分离的目的。

(5)上述几种方法的结合使用也可以达到洗脱阳离子目标化合物的目的。

在对有机化合物分析中,高离子浓度的溶液往往会对分析检测仪器造成损害,所以,通过增加洗脱溶剂的离子强度达到洗脱目标化合物的方法并不常用。如果检测仪器是 HPLC 或 LC-MS,可以使用符合上述 pH 条件的缓冲溶液作为洗脱溶剂。如果检测仪器是 GC 或 GC-MS,一般都是使用酸性(用于阴离子柱洗脱)或碱性(用于阳离子柱洗脱)有机溶剂作为洗脱溶剂。同时,所选用的有机溶剂必须对目标化合物有很好的溶解度。

3)正相固相萃取柱洗脱溶剂的选择

在正相固相萃取柱中,洗脱溶剂的选择可以根据溶剂的洗脱强度(ε^0)来考虑。对于正相硅胶柱,通常选用洗脱强度大的溶剂。由表 5-13 可见常用的洗脱溶剂包括甲醇、四氢呋喃、异丙醇、乙腈、丙酮等。但是对于键合在硅胶或氧化铝上的强极性化合物,如碳水化合物、氨基化合物等,即便使用高洗脱强度的溶剂也无法打破目标化合物与填料之间的作用力。在这种情况下,就应该选用相对较弱的正相固相萃取柱,如氰丙基和氨丙基柱等。

选择洗脱溶剂的一个既简单,又有效的方法是将目标化合物的标准样品溶解在选定的洗脱溶剂中。按照正常的方法对固相萃取柱进行预处理和洗涤(干燥)处理,然后,将上述含有标准样品的洗脱溶剂通过固相萃取柱,并用空白的洗脱溶剂进行洗脱。合并上述两部分洗脱溶液,并测定其回收率。如果回收率>85%,就可以认为该溶剂可以作为初步的洗脱溶剂。

在选择洗脱溶剂时,除了要达到基本回收率的要求外,还要考虑洗脱溶剂的选择性。理想的洗脱溶剂应该尽可能地只洗脱目标化合物,而将吸附较强的杂质保留在 SPE 柱上。

4)洗脱溶剂的体积与流速

初步选定洗脱溶剂后,就要选择适当的溶剂用量及洗脱速度。洗脱溶剂的用量取决于 SPE 柱中吸附剂的用量及 SPE 柱填料的死体积(V_0)。用量一般应该不少于两倍的死体积($2V_0$)。为了保险起见,可以使用 $4V_0 \sim 10V_0$ 体积的洗脱溶剂。对于填料颗粒在 $60\mu m$ 的 SPE 柱,每百毫克填料的 V_0 在 120 μL 左右。例如,一根 500 mg 填料的 SPE 柱,死体积为 $V_0 = 120$ μL×5 = 0.6 mL。如果洗脱时的 k 为 2 ~ 3,根据式(3-12)可以得到洗脱体积为 $V_R = 0.6$ mL×(1 + 3) = 2.4 mL。为了确保 100% 的回收率,洗脱体积为 $2V_R$ 较为合适,也就是 5 mL 左右。

必须指出的是,洗脱溶剂的体积不易过大。否则,一方面增加了共洗脱干扰杂质的机会,另一方面,降低了最终馏分的浓度。洗脱溶剂通过萃取柱的流速取决于目标化合物与 SPE 柱填料官能团之间作用力的大小。根据第 3 章所列出的数据,固相萃取中常见的作用力大小顺序为:非极性作用力<极性作用力<离子作用力。因此,洗脱流速大小顺序为:非极性作用力>极性作用力>离子作用力。表 5-14 列出了不同规格硅胶萃取柱的洗脱溶剂体积及流速的参考值。

表 5-14　硅胶填料所需洗脱溶液的体积及流速

填料种类	填料质量/mg	洗脱溶剂体积/mL	洗脱溶剂流速/(mL/min)
	25	0.1 ~ 0.5	0.05 ~ 0.2
	50	0.25 ~ 1	0.1 ~ 0.05
	100	0.5 ~ 2	0.25 ~ 1
硅胶填料	130	1 ~ 2	0.5 ~ 1
	200	1 ~ 2	0.5 ~ 1
	500	2 ~ 4	1 ~ 2
	1000	3 ~ 6	1.5 ~ 3

5.2　固相萃取方法的优化

5.2.1　查找回收率偏低的原因

在确定了表5-2中的所有参数后,初步的固相萃取方法就建立起来了。接着就要应用这些参数对初步建立的固相萃取方法进行测试并对这些参数进行优化。测试过程可分为两步:第一步是用添加已知浓度的目标化合物的水或缓冲溶液对方法进行测试,第二步是将已知浓度的目标化合物添加到与实际样品基质相同(严格地说应该是相近的)的空白样品中,如尿液、血液、食品、土壤、废水等。然后再重复进行与第一步相同的测试。

在第一步的测试中主要是考察初步建立的方法的回收率是否能够达到要求。如果回收率偏低,就必须找出原因,并对初步的 SPE 方法进行修正。在回收率偏低时,我们要回答以下问题:

(1)在样品处理过程中是否有浓缩,如果有,目标化合物在浓缩过程中是否有损失?

(2)承载样品的容器是否会对目标化合物产生吸附?

(3)样品过柱时目标化合物是否按照设计方案保留在 SPE 柱上? 萃取机理是否正确? pH 是否合适? 柱容量是否合适? 流速是否过快?

(4)洗脱条件是否合适?

(5)洗涤条件是否合适?

下面我们就这些问题逐一地进行分析。造成回收率低的主要因素有两类:第一类因素与固相萃取本身无关,如目标化合物不稳定,由于分解或挥发造成损失。例如,甲基安非他明在浓缩过程中容易挥发,因此在对萃取馏分进行浓缩时,不能将溶剂挥干,否则甲基安非他明的回收率就会明显降低[8]。另外,最好用洗脱溶剂作为标准样品的溶解溶剂来对分析仪器进行校正,以减少分析误差。目标化合物在样品容器内壁吸附也可能造成目标化合物损失。第二类因素与固相萃取有关。而与固相萃取有关的因素又可分为两种:一种是目标化合物没有按照设计的方案保留在 SPE 柱上。导致这种结果的原因可能是保留条件不合适,部分目标化合物在样品过柱时,随样品基质一起通过 SPE 柱;也可能是洗涤条件不合适,在洗涤过程中有部分目标化合物随杂质一起被洗出。另一种是洗脱条件不合适,有部分目标化合物在完成洗脱步骤后依然保留在 SPE 柱上。在实际操作中可以采用排除法将造成回收率偏低的可能因素一个一个地排除,最后找出真正的原因。

要查找与固相萃取技术有关的回收率偏低影响因素,就要先验证固相萃取方法所采用的萃取机理是否合适。如果目标化合物与 SPE 柱之间完全或部分不是按照设计的萃取机理进行作用,当然不能指望得到满意的回收率。解决的方法就是根据目标化合物的性质重新选择合适萃取机理的 SPE 柱。需要考虑的另外一个十分重要的因素就是 pH 是否合适。如果萃取环境的 pH 不符合要求,会导致目标化合物不能按照设计方案将目标化合物保留在萃取柱上。如果是这个原因,就要调节样品的 pH。采用非极性萃取机理时,要调节 pH 使目标化合物呈中性状态。采用离子交换萃取机理时,要调节 pH 使目标化合物 99% 以上呈与离子交换填料带相反电荷的离子状态。在样品添加过程中造成回收率偏低的可能性还有:目标化合物在 SPE 柱上的吸附作用过强,以致所选用的洗脱溶剂不能有效地将其洗脱。这个问题将在下面考虑洗脱溶剂时进行探讨。如果萃取机理正确,但回收率依然偏低,就要考虑柱容量是否足够,是否发生了柱穿透。观察是否发生柱穿透的一个简单方法就是将两根相同填料的 SPE 柱串在一起,然后按照正常的萃取步骤进行操作,最后将两根 SPE 柱分开洗脱。如果在下面的 SPE 柱的洗脱馏分中发现了目标化合物,就说明在样品添加过程中发生了柱穿透。导致柱穿透的可能原因是上样量超过了柱容量,当 SPE 柱达到了饱和,继续添加的目标化合物就无法被 SPE 柱保留。解决方法是改用更大容量的 SPE 柱或减少样品量。另一个可能因素是样品基质本身的洗脱强度太强,以致目标化合物在样品过柱时不能被有效地保留。对于这个问题,可以用洗脱强度较弱的溶剂稀释样品解决这个问题,也可以改用保留能力更强的吸附剂。

　　洗脱条件的选择将直接影响目标化合物的回收率。洗脱条件包括洗脱溶剂的性质、体积、流速、pH 等,其中溶剂的性质和 pH 最为重要。

　　验证所选择的洗脱溶剂是否合适,最直接的方法是用该溶剂(与洗脱时的体积、pH 相同)溶解目标化合物。然后按照初步建立的 SPE 方法操作:柱子预处理、样品添加(加入空白水)、柱子洗涤、干燥。在进行洗脱时将添加了目标化合物的洗脱溶剂按照原定的流速通过 SPE 柱,并测定回收率。如果回收率偏低,说明洗脱条件不合适。这时,要检查洗脱过程的 pH 是否符合设定的萃取机理。如果 pH 不合适,就可能无法按照设计的萃取模式进行洗脱,就会出现回收率偏低的结果。在用离子交换柱进行固相萃取时,要特别注意洗脱时的 pH 是否满足将 99% 以上被离子交换剂吸附的目标化合物释放出来的条件。然后,就是要检查所使用的洗脱溶剂的洗脱强度是否足够将目标化合物从柱子中洗脱出来。如图 5-3 所示,为了方便起见,我们将初步方法中的洗脱溶剂称为洗脱溶剂 1。在实际操作中,可以在洗脱溶剂 1 淋洗之后,再用强度比洗脱溶剂 1 强的溶剂(称为洗脱溶剂 2)对萃取柱进行淋洗,并单独收集这一组分进行检测。如果在洗脱溶剂 2 的组分中检测到目标化合物,就说明洗脱溶剂 1 强度不够,需要更换洗脱强度更强的溶剂。如果回收率依然偏低,就要考虑萃取柱的吸附力是否过强。可以改用吸附力相对较弱的萃取柱重新进行整个萃取程序操作。

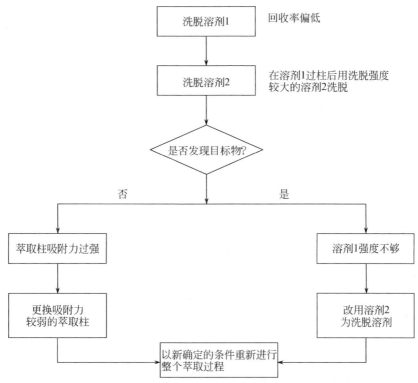

图 5-3　回收率偏低时,检查洗脱步骤的流程示意图

　　在排除了溶剂因素后,回收率依然偏低,就要回过头来考虑目标化合物在 SPE 柱的洗涤过程中是否有损失。洗涤溶剂选择的不恰当也会导致目标化合物损失。由表 5-15 可见当用含有 5% 甲醇的水溶液对 C_{18} 萃取柱进行洗涤时,相对保留较弱的化合物如 1,7-二甲基黄嘌呤和茶碱的回收率与纯水作为洗涤溶剂比较有明显的降低。

表 5-15　洗涤溶剂对回收率的影响(C_{18} 萃取柱)

化合物	浓度/(μg/mL)	5%(体积分数)甲醇水溶液	纯水
可可碱	0.5	87	99
1,7-二甲基黄嘌呤	0.5	67	92
茶碱	0.5	75	106
咖啡因	0.5	92	105

　　验证目标化合物是否在洗涤过程中受到损失的方法有三种。一种方法是按原设计的萃取方法重新再做一次萃取,但略去洗涤步骤,直接进入洗脱步骤。如果回

收率明显提高了,就说明洗涤溶剂不合适。如果干扰物对目标化合物的检测有影响,例如,干扰物与目标化合物的色谱峰部分或全部重叠,这种方法就不宜使用。另一种方法是在洗涤过程中收集过柱的洗涤溶液,用适当的方法对所收集的洗涤溶液进行萃取,并检测是否含有目标化合物。如果得到的结果是阳性的,说明洗涤溶剂的洗脱强度过强或 SPE 柱的吸附力过弱。第三种方法是采用双 SPE 柱串联的方法。将两根相同的 SPE 柱上下串联在一起,按照原来的方法进行 SPE 柱预处理、样品添加、柱洗涤及干燥。在洗脱前将上下两根 SPE 柱分离,分别进行洗脱。如果在下面 SPE 柱的洗脱馏分中发现目标化合物,就说明洗涤溶剂强度过大,部分目标化合物在洗涤过程中未能保留在 SPE 柱上。一旦确定回收率的损失是由洗涤过程产生的,就要对洗涤溶剂进行调整,降低其洗脱强度,也可以改用保留能力更大的 SPE 柱。

如果测试结果表明回收率达到预期的要求,就可以进入第二步的测试。在第二步的测试中,是将已知浓度的目标化合物添加到空白的样品基质中,充分地搅匀,并放置一段时间,使其尽量接近真实样品的状态。然后再重复上述萃取实验。如果回收率达到预期的要求,就完成了初步的固相萃取方法建立。如果在第一步的测试得到满意的回收率,而在进行第二步测试时回收率有明显的降低,就应该重点考虑固相萃取前的样品处理方法是否妥当,目标化合物是否呈游离状态等因素。对于生物样品,如果目标化合物与样品中的蛋白质结合在一起,就无法被 SPE 柱吸附。有关固相萃取前的样品处理将在第 6 章中进行详细讨论。对于以离子交换为机理的固相萃取,还应该考虑样品基质的离子浓度。如果离子浓度,特别是与目标化合物带相同电荷的干扰离子浓度过高,势必会影响离子型目标化合物在离子交换柱上的保留。最简单的解决方法就是用去离子水或缓冲溶液对样品进行稀释。

另外,需要考虑的问题还包括柱容量是否足够吸附样品中的目标化合物以及能按相同机理被 SPE 柱吸附的其他组分(杂质/干扰物)。如果目标化合物和样品基质中可能被保留的其他组分的总量超过了柱容量,必然有一部分目标化合物在样品添加过程中没有被萃取柱保留,使回收率降低。这个问题可以通过增加萃取柱的容量得以解决,也可以在萃取之前采用其他方法尽可能多地除去样品中的杂质。在达到预期回收率的前提下,尽可能将样品中的杂质除去是方法优化中的另外一个主要任务。

在方法优化过程中,为了减少重复实验,最好能够分别收集每一个通过 SPE 柱的组分,以便在发现萃取结果不理想时,及时对每个组分进行分析并查找原因。

5.2.2　优化固相萃取的流速

在固相萃取的 SPE 柱预处理、样品过柱、SPE 柱洗涤/干燥、目标化合物洗脱这几个步骤中,每个步骤都涉及流速问题。其中,对萃取结果影响最大的是样品过柱的流速和洗脱溶剂过柱的流速。

样品过柱的流速不能过快,应该保证目标化合物有足够的时间与吸附剂官能团之间充分地发生作用,使目标化合物被保留在 SPE 柱上。然而,并不是流速越慢越好。流速慢虽然可以增加目标化合物与吸附剂官能团之间的作用,但同时也给样品中的杂质更多的机会保留在 SPE 柱上。另外,流速过慢会导致整个固相萃取时间增加,降低效率。因此,我们需要找到流速的临界点,超过这个临界点,回收率就会明显地降低。例如,我们要求达到 90% 的回收率,那么以此时的流速为基点,开始增加流速,直到回收率开始降低。回收率开始降低时的流速就是临界点流速。也就是说,只要样品过柱的流速不超过临界点,回收率就不会受到明显影响。换句话说,只要不明显影响回收率,样品过柱的流速越快越好。

对于洗脱溶剂过柱的流速,也应该遵循同样的原则。在不影响回收率的前提下,越快越好。

5.2.3　优化溶剂体积

这里主要是指洗涤溶剂的体积和洗脱溶剂的体积。对于洗涤溶剂体积,应该遵循在保证最大限度地洗脱干扰杂质的前提下,体积越小越好的原则。而洗脱溶剂的体积,则应该遵循在保证回收率的前提下,体积越小越好的原则。因为在固相萃取过程中所用溶剂的体积越小,过柱花费的时间就越短,效率也就越高。

5.3　放射性标记物在优化固相萃取方法中的应用

5.3.1　放射性同位素示踪的特点

同位素为相同化学元素的原子,由于在原子核中存在不同的中子数而具有不同的质量,有轻、重同位素之分。根据物理特性,又将同位素分为放射性和稳定性两种形式。放射性同位素(radioactive isotope),如 ^{3}H、^{14}C 经历着自身的衰变过程,并放射出辐射能,是不稳定的,具有物理半衰期。常用的同位素有 ^{32}P、^{3}H、^{14}C、^{35}S 等。

放射性同位素一个重要的应用就是同位素示踪。同位素示踪法(isotopic tracer method)是将放射性核素作为示踪剂对研究对象进行标记的微量分析方法,示踪实验的创建者是诺贝尔化学奖获得者 Hevesy[14]。Hevesy 于 1923 年首先用天然放射性 ^{212}Pb 研究铅盐在豆科植物内的分布和转移。同位素示踪所利用的放射性核素及它们的化合物,与自然界存在的相应的普通元素及其化合物之间的化学性质和生物学性质是相同的,只是具有不同的核物理性质。因此,可以用同位素作为一种标记,制成含有同位素的标记化合物(如标记食物、药物和代谢物质等)代替相应的非标记化合物。利用放射性同位素不断地放出特征射线的核物理性质,就可以用核探测器随时追踪它在体内或体外的位置、数量及其转变等。用放射性同位素作为示踪剂具有几个明显的特点:

(1)灵敏度高,可测到 $10^{-14} \sim 10^{-18}$ g 水平,即可以从 10^{15} 个非放射性原子中检出一个放射性原子。它比目前敏感的质量分析天平还要敏感 $10^7 \sim 10^8$ 倍,而迄今最准确的化学分析法很难测定到 10^{-12} g 水平。

(2)测量方法简便易行,放射性测定不受其他非放射性物质的干扰,可以省略许多复杂的物质分离步骤,体内示踪时,可以利用某些放射性同位素释放出穿透力强的 γ 射线,在体外测量而获得结果,这就大大简化了实验过程,做到非破坏性分析。随着液体闪烁计数的发展,^{14}C 和 ^{3}H 等发射软 β 射线的放射性同位素在医学、药物动力学及生物学实验中得到越来越广泛的应用。

(3)能准确地定量定位,放射性同位素示踪法能准确定量地测定药物母体及其代谢物质的转移和转变,可以确定放射性示踪剂在研究体系中的定量分布。

5.3.2 放射性同位素示踪优化固相萃取方法

Anderson 等[15]在研究癌症化学治疗过程中的磷脂酰肌醇循环过程中产生的包括 IP1、IP2、IP3 在内的多种肌醇磷酸中,应用 ^{3}H-IP 为标记物来分离癌细胞中的多种肌醇磷酸,建立固相萃取方法并确定在 SAX 阴离子交换柱上分步洗脱的条件。Rudaz 等[16]通过检测 ^{125}I-美沙酮标记物来评估碱性药物在固相萃取过程中的行为。

在建立固相萃取方法和方法优化过程中,我们一直关注的问题是:目标化合物在哪里? 目标化合物是否按照我们设计的方案被有效地分离出来,是否在萃取过程中流失了? 如果是流失了,是在哪一个环节流失的? 只有找出流失环节才能对方法进行改进和优化。在 5.2 节,我们讨论了对固相萃取方法进行优化的常规方法。下面介绍一下放射性同位素示踪在固相萃取方法优化中的应用。

笔者及其同事曾在建立血中吗啡固相萃取方法的过程中,利用 ^{3}H 标记吗啡作为示踪物监测其在整个固相萃取过程中的轨迹,并根据其轨迹改进固相萃取方法,在较短的时间内完成了血中吗啡固相萃取方法的建立及优化工作[17]。

在对血样中的吗啡进行固相萃取前,必须对样品进行适当的处理,以使血样中的吗啡呈自由状态,并除去可能造成 SPE 柱堵塞的蛋白质、细胞碎片等大分子。为了比较硫酸锌-甲醇、乙腈、甲醇蛋白质沉淀法及超声波破碎/离心法等四种血样预处理方法,我们在血样中添加了不同浓度的吗啡及少量的 ^{3}H-吗啡(0.09 ng/mL)。对经过上述四种方法处理的血样进行固相萃取,然后用液体闪烁计数仪测定洗脱馏分中的放射性活度(每分钟衰变次数,dpm)并计算回收率。在四种样品前处理方法中,前三种都属于蛋白质沉淀法。实验结果表明回收率在 10.8% ~ 31.3% 之间,这主要是吗啡与蛋白质共沉淀所造成的。而超声波破碎/离心法的回收率为74%,所以选定为全血样品的预处理方法。

Varian 公司推荐固相萃取方法[18]:

柱预处理:2 mL 甲醇,2 mL 磷酸缓冲溶液(pH 6.0)。

样品添加:将处理好的血样过柱(Bond Elut Certify,3 mL/200 mg),流速约1.5 mL/min。

柱洗涤:2 mL 去离子水,1 mL 乙酸缓冲溶液(pH4.0,0.1 mol/L),2 mL 甲醇。

柱干燥:真空干燥 2 min。

目标化合物洗脱:2 mL 2%(体积分数)氨水-二氯甲烷/异丙醇(80:20,体积比),流速 0.5 mL/min。

但按此方法对添加标样的缓冲溶液进行萃取,结果发现回收率只有56.8%。为了找出回收率偏低的原因,我们在样品中加入了³H-吗啡作为示踪标记物,然后在 Varian 方法中的目标化合物洗脱步骤之后又增加了以下四步洗脱:

2 mL 2%(体积分数)氨水-二氯甲烷/异丙醇(80:20,体积比),流速约0.5 mL/min。

2 mL 2%(体积分数)氨水-二氯甲烷/异丙醇(80:20,体积比),流速约0.5 mL/min。

2 mL 2%(体积分数)氨水-甲醇,流速约0.5 mL/min。

2 mL 2%(体积分数)氨水-甲醇,流速约0.5 mL/min。

收集上述每一步流过 SPE 柱的组分,用液体闪烁计数仪检测这些组分中的放射性活度(dpm)并计算回收。由图 5-4 的结果可以看到该萃取方法至少存在两个问题需要优化。首先,在样品过柱过程中7.4%的³H-吗啡没有被萃取柱保留。这说明样品过柱的条件不是最适合的。由于吗啡是两性化合物,pH 对其状态影响很大,所以应该从 pH 入手解决在样品添加步骤中吗啡流失的问题。柱洗涤步骤损失的目标化合物为1.6%,这个损失并不重要,可以接受。在洗脱过程中,用 2 mL 2% 氨水-二氯甲烷/异丙醇对萃取柱洗脱三次的回收率为71.2%(E1+E2+E3)。在此之后用2% 氨水-甲醇洗脱,依然得到10% 的回收率(E4+E5)。这说明2% 氨水-二氯甲烷/异丙醇对吗啡的洗脱强度不够,应该选用洗脱强度更大的溶剂。根据上述判断,我们测试了不同 pH 对样品添加步骤的影响,并改用洗脱强度较大的2% 氨水-甲醇作为洗脱溶剂。

从图 5-5 可以看到,将样品及萃取柱预处理溶液的 pH 调节至 pH 3.3 时,样品添加过程中³H-吗啡的损失从7.4% 降至3% 左右。而在 pH 3.3 的环境下对SPE 柱进行洗涤,³H-吗啡的损失可以忽略不计。将洗涤溶液改为2%(体积分数)氨水-甲醇后,2 mL 的洗脱溶剂的洗脱回收率大于90%。根据上述实验结果,我们得出优化后的萃取方法如下:

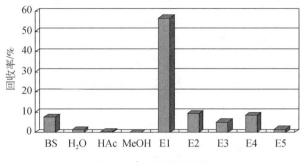

图 5-4　　³H-吗啡回收率

样品为添加 925 Bq/mL ³H-吗啡和 401.3 ng/mL 吗啡的磷酸缓冲溶液(pH 6.0)。BS 为缓冲溶液样品组分;
H₂O 为洗涤水组分;HAc 为洗涤乙酸缓冲溶液组分;MeOH 为洗涤甲醇组分;E1 为第一次氨水−二氯甲烷/
异丙醇洗脱组分;E2 为第二次氨水−二氯甲烷/异丙醇洗脱组分;E3 为第三次氨水−二氯甲烷/异丙醇洗脱
组分;E4 为第一次氨水−甲醇洗脱组分;E5 为第二次氨水−甲醇洗脱组分

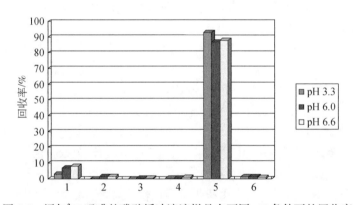

图 5-5　　添加 ³H-吗啡的磷酸缓冲溶液样品在不同 pH 条件下的回收率

吗啡浓度为 401.3 ng/mL,³H-吗啡为 925 Bq/mL。图中纵坐标为各组分回收率。组分 1 为缓冲溶液样品组
分;2 为洗涤缓冲溶液,pH 3.3;3 为 0.5 mL 洗涤乙酸,pH 3.3;4 为 1 mL 洗涤甲醇;5 为第一次 2 mL 2% 氨
水−甲醇洗脱液;6 为第二次 2 mL 2% 氨水−甲醇洗脱液

　　样品预处理:取血样 1 mL 超声波振荡 15 min 后加入 6 mL 0.1 mol/L 磷酸缓冲溶液(pH 3.3),涡旋振荡 30 s。然后在 1500 r/min 离心 15 min。取上清液供检。

　　柱预处理:2 mL 甲醇,2 mL 磷酸缓冲溶液(pH 3.3)。

　　样品添加:将处理好的血样过柱(Bond Elut Certify,3 mL/200 mg),流速约 1.5 mL/min。

　　柱洗涤:2 mL 去离子水,1 mL 磷酸缓冲溶液(pH 3.3,0.1 mol/L),2 mL 甲醇。

　　柱干燥:真空干燥 2 min。

　　目标化合物洗脱:2 mL 2%(体积分数)氨水−甲醇,流速约 0.5 mL/min。

通过对血样中的^{3}H-吗啡进行萃取,并测定固相萃取过程中每一步的过柱组分,我们能够很明确地知道目标化合物在萃取过程中的哪一个步骤损失了,并针对性地对原有的方法进行优化。由于无需对收集的组分进行任何特别的萃取,直接用液体闪烁计数仪检测所收集的固相萃取过程中的每一个组分的放射性强度,整个查找问题的过程十分简便、快速。由此可见,对于有条件的实验室,使用放射性标记物查找回收率偏低的原因,优化固相萃取参数是一个有效的方法。

5.4　应用统计学及相关实验设计软件优化固相萃取方法

一个固相萃取方法从建立到优化往往需要进行许多实验。在传统的实验方法优化过程中,为了观察每个参数(因子)对实验结果的影响,一般每次实验只改变一个因子。由此得到的实验结果并没有考虑这些因子之间的交互作用。假设我们已经确定了固相萃取柱、洗涤溶液及洗脱溶液。接下来我们要考虑的是样品过柱的流速(A)应该是多少? 洗涤溶液的体积(B)、流速(C)应该是多少? 洗脱溶液的体积(D)、流速(E)应该是多少? 这些因素会影响目标化合物的回收率及样品中杂质的多寡。从统计学的角度考虑,如果我们在 A、B、C、D、E 这五个因子中各选低、中、高三个数量,就需要做 3^5 个实验,也就是 243 个实验。完成如此大量的实验,对于承担大量检验任务的实验室而言不太现实。为了减少实验次数及费用,人们开始借助统计学以及相关的计算机软件来对实验方法及条件进行设计和优化。这些软件称为实验设计(design of experiment,DOE)软件。目前在市面上有多种实验设计软件。例如,CAMO 软件公司的 Unscrambler 软件、StatSoft 公司的实验统计学设计(statistica design of experiments)软件及 Start-Easy 公司的 Design-Expert 软件等。

Iriarte 等[19]曾经应用 DOE 软件设计了血浆中抗高血压药物缬沙坦(valsartan)及其代谢产物的固相萃取及液相色谱分析方法,并对方法中的参数进行了优化。为了减少实验次数,在方法设计中根据一次改变一个变量(one variable at a time,OVAT)的传统方法将部分实验参数固定。然后,应用部分因子设计法(fractional factorial design,FFD)找出对实验结果有重要影响的变量,最后应用中心组合设计法(central composite design,CCD)对选定的实验条件进行优化。经过优化的固相萃取程序如下:

样品前处理:1 mL 添加缬沙坦及戊酰-4-羟基缬沙坦标样的血浆加入 1 mL 0.5 mol/L 磷酸。振荡混合后在 4 ℃,10000 r/min 离心 5 min。

SPE 柱:C$_8$非极性柱。

萃取柱预处理:2 mL甲醇,1 mL磷酸缓冲溶液(60 mmol/L,pH 2)。

样品过柱:将处理好的血浆上清液过柱。

SPE柱洗涤:1 mL甲醇/磷酸缓冲溶液(40∶60,体积比)。

SPE柱干燥:真空干燥8 min。

收集试管处理:在洗脱前将0.2 mL乙二醇表面活性溶液加入试管,以防止试管内壁对化合物的吸附。

化合物洗脱:0.5 mL二乙醚。

化合物浓缩:在氮气气氛下,60 ℃将洗脱物挥干。残渣溶解于100 μL HPLC流动相中,过滤后供检。

表5-16给出了应用优化固相萃取程序对三种浓度的缬沙坦及其代谢物戊酰-4-羟基缬沙坦(简称缬沙坦-M1)进行萃取的回收率。

表5-16　由经过优化的固相萃取法对血浆中缬沙坦及其代谢物
戊酰-4-羟基缬沙坦萃取的回收率($n=6$)

缬沙坦浓度/(μg/L)	回收率/%	RSD/%	缬沙坦-M1浓度/(μg/L)	回收率/%	RSD/%
100	98.0	1.6	100	94.6	3.1
1000	109.1	0.6	450	108.9	1.4
3000	106.7	0.3	1000	108.8	1.2

廖艳等[20]借助均匀设计法及计算机回归建模优化技术对水中5种邻苯二甲酸酯类环境激素的固相萃取条件进行了设计及优化,得到较好的萃取结果。该方法的基本原理如下:

(1)筛选多个实验影响因素时,先用能使实验点在整个实验范围内均衡分散的均匀设计法安排实验点。

(2)根据实验结果,利用多项式拟合技术(SPSS软件)建立各影响因素与目标值之间的数学回归模型。

(3)根据所建立的数学模型,推导最佳实验条件。

(4)用所推导的实验条件进行进一步实验,验证数学推导结果与实际实验的吻合度。

由于洗脱溶剂(不同比例正己烷–丙酮混合溶液)配比、洗脱溶剂体积、洗脱流速及样品过柱流速对回收率产生主要影响,因此,他们按照均匀设计法设计了十四次实验,实验参数取值及所得到五种邻苯二甲酸酯类化合物的峰面积平均值列于表5-17。

表 5-17　均匀设计实验参数及结果

实验数目	正己烷/丙酮体积比	洗脱溶剂体积/mL	洗脱流速/(mL/min)	样品流速/(mL/min)	峰面积/(×10⁷)				
					DMP	DBP	BBP	DEHP	DOP
1	0.5∶1	1.0	0.5	11	69.24	80.85	73.2	65.14	62.1
2	1∶1	5.0	6.0	12	11.58	85.36	92.6	59.96	94.7
3	3∶1	0.5	1.5	7	83.86	87.99	99.3	27.60	27.4
4	5∶1	3.0	0.5	6	54.60	92.03	96.6	80.46	84.8
5	10∶1	0.1	8.0	16	2.46	21.81	9.52	17.36	10.1
6	10∶1	1.0	0.5	11	74.30	90.50	89.6	76.19	75.1
7	15∶1	0.3	1.0	18	55.11	84.01	6.40	18.26	21.0
8	20∶1	6.0	10.0	8	35.79	94.95	79.5	70.56	70.7
9	22∶1	0.1	0.1	11	3.84	13.70	3.12	9.52	20.3
10	25∶1	4.0	2.0	14	74.79	98.90	97.2	75.14	81.8
11	30∶1	2.0	0.1	4	55.71	104.3	97.4	65.00	89.3
12	30∶1	1.0	0.5	11	75.71	97.62	101	84.33	86.7
13	35∶1	0.5	4.0	2	19.29	64.87	98.1	9.80	16.6
14	40∶1	1.0	0.3	10	93.87	100.3	99.4	63.79	90.8

注:DMP. 邻苯二甲酸二甲酯;DBP. 邻苯二甲酸二丁酯;BBP. 邻苯二甲酸丁基苄基酯;DEHP. 邻苯二甲酸二(2-乙基己基)酯;DOP. 邻苯二甲酸二辛酯。

　　根据表 5-17 的实验数据,利用计算机回归技术得到 5 种邻苯二甲酸酯类化合物的峰面积与洗脱溶剂配比、洗脱体积、洗脱流速、样品过柱流速之间的三次回归数学模型。通过绘制影响曲线分别得到每种化合物的最佳固相萃取条件,综合考虑并通过实验证实,最后确定同时萃取五种邻苯二甲酸酯类化合物的四个固相萃取参数为:正己烷/丙酮混合溶液体积比 30∶1,洗脱溶剂体积 2 mL,洗脱流速 4 mL/min,样品过柱流速 8 mL/min。由此得到优化后的固相萃取方法如下:

　　SPE 柱:AccuBOND C₁₈非极性柱,100 mg/1 mL,Agilent 公司。

　　柱预处理:2 mL 正己烷,2 mL 甲醇,2 mL 二次蒸馏水。

　　样品过柱:100 mL 鱼塘水过柱,流速 8 mL/min。

　　SPE 柱洗涤:2 mL 二次蒸馏水。

　　SPE 柱干燥:真空 10 min。

　　目标化合物洗脱:2 mL 正己烷/丙酮(30∶1,体积比),流速 4 mL/min。

　　浓缩定容:氮气气氛下干燥,1 mL 正己烷定容后 GC-ECD 分析。

应用该优化固相萃取方法对水中 5 种邻苯二甲酸酯类化合物进行萃取,结果见表5-18。

表5-18　5 种邻苯二甲酸酯类化合物回收率

目标化合物	添加量/(μg/L)	回收率/%	RSD/%
DMP	10.0	77.0	7.9
	100	82.3	4.1
DBP	10.0	104.0	6.6
	100	105.8	2.5
BBP	10.0	88.0	4.6
	100	116.9	4.7
DEHP	10.0	69.0	9.5
	100	82.0	6.9
DOP	10.0	92.0	4.4
	100	100.9	3.3

参 考 文 献

[1] O'Neil M J. The Merck Index. 14th ed. Whitehouse Station:Merck & Co,2006

[2] Argonaut document:Step by step guide to SPE method development,2002

[3] 王琪全,刘维屏,李克斌. 环境污染与防治,1997,19(6):23

[4] Ellington J J,Floyd T L. EPA Environmental Research Brief. 1995,EPA/600/S-96-0051995,August

[5] Lyman W J,Reehl W F,Rosenblat D H. Handbook of Chemical Properties Estimation Method. New York:McGraw Hill,1982

[6] Meylan W M,Howard P H. J Pharm Sci,1995,84:83

[7] Pichon V. Analusis Magazine,1998,26(6):91

[8] Chen X H,Wijsbeek J,Franke J P,et al. Forensic Sci,1992,37(1):61

[9] Vidal J L M,Vega A B,Frenich A,et al. Anal Bioanal Chem,2004,379:125

[10] J. T. Baker Application Note,EN-013,2000

[11] Lindsey M E,Meyer M,Thurman E M. Anal Chem,2001,73:4640

[12] Snyder L R. J Chromatogr,1974,92:223

[13] Snyder L R,Kirkland J J. Introduction to Modern Liquid Chromatography. 2nd. New York:John Wiley & Sons,1979:365

[14] van Houten J. J Chem Edu,2002,79(3):301

[15] Anderson L,Cummings J,Smyth J F. J Chromatogr,1992,574:150

[16] Rudaz S,Haerdi W,Veuthey J L. Chromatographia,1997,44(5/6):284

[17] Chen X H,A. Hommerson L C,Zweipfenning P G M,et al. J Forensic Sci,1993,38(3):668

［18］Varian Sample Preparation Products Application Note：Extraction of Opiates from Blood Using Bond Elut Certify. Feb,1990

［19］Iriarte G,Ferreirós N,Ibarrondo I,et al. J Sep Sci,2006,29(15):2265

［20］廖艳,余煜棉,赖子尼. 计算机与应用化学,2007,24(4):551

第 6 章　固相萃取前的样品处理

6.1　固相萃取前样品处理的重要性

固相萃取虽然已经成为一个被广泛应用的样品前处理技术,但是这项技术也有局限性。其中之一就是要求样品必须是液态或气态。固相萃取技术是基于固态(SPE 吸附剂)与液态或气态样品之间的相互作用力而实现将目标化合物从样品基质中分离出来的目的。因此,如果样品是固态或半固态,必须将其转化为液态之后才能用固相萃取技术进行处理。即便是液态样品,在许多情况下都是需要进行一定的处理后方可载入固相萃取柱。从这个意义上说,固相萃取技术能否成功应用,样品的预处理是否妥当十分重要。固相萃取前的样品预处理的主要目的可以归纳为三点:

(1)将目标化合物溶解在适当的液体中;

(2)通过预处理使目标化合物呈能够按照设计机理被固相萃取柱保留的游离状态;

(3)调节液体样品的 pH、离子强度和黏度。

在建立固相萃取方法的过程中,样品基质的性质与目标化合物同样重要。样品基质的性质往往会直接影响萃取机理的选择,影响目标化合物在 SPE 柱的保留。样品基质的 pH、极性或非极性特征、离子强度等都会对目标化合物在 SPE 柱的保留产生影响。因此,在应用固相萃取技术进行样品前处理时,必须把样品基质的因素考虑在内。例如,从海水、玉米油及黄豆这三种不同的样品基质中萃取阿特拉津。根据阿特拉津的结构、溶解性、酸碱性及 $\lg K_{ow}$,我们可以采用非极性、极性或离子交换的萃取机理。但是,究竟应该采用哪种萃取机理,就要对样品基质进行分析。阿特拉津是弱碱性化合物,pK_a 为 1.7,在 26 ℃ 的纯水中溶解度为 34.7 mg/L。可以预期,其在海水中的溶解度大大低于纯水。因此,固相萃取所需海水样品的体积也较大。由于海水中含有大量的无机盐离子,采用离子交换机理萃取海水样品中的阿特拉津在操作上十分困难。海水样品中含有大量的水,属于极性基质,正相极性萃取机理也不适用,而阿特拉津 $\lg K_{ow}$ 为 2.6,属于中等极性化合物,可以用非极性萃取机理进行萃取。而玉米油属于非极性的基质,采用极性萃取机理较为合适。黄豆是固体,不能直接应用固相萃取,因此必须将其粉碎匀浆,使阿特拉津溶解于溶剂中。鉴于阿特拉津的弱碱性,可以采用强阳离子交换剂进行萃取。三种不同基质中阿特拉津的固相萃取机理的选择列于表 6-1 中。

表 6-1　三种不同样品基质中阿特拉津的固相萃取方法的比较

应用	固相萃取方法
海水中的阿特拉津 采用非极性萃取(C_{18},100 mg)	1. 甲醇、水进行 SPE 柱预处理 2. 20 mL 海水样品过 SPE 柱 3. 2 mL 水洗涤 4. 1 mL 甲醇洗脱
玉米油中的阿特拉津 采用极性萃取(2OH,100 mg)	1. 将玉米油用环己烷按 1∶10 体积比稀释 2. 环己烷进行 SPE 柱预处理 3. 稀释样品过 SPE 柱 4. 1 mL 环己烷洗涤 5. 1 mL 甲醇洗脱
黄豆中的阿特拉津 采用强阳离子交换萃取 (SCX,100 mg)	1. 用乙腈将黄豆匀浆,过滤 2. 滤液用 1%(体积分数)乙酸水溶液按 5∶1 体积比稀释 3. 稀释样品过 SPE 柱 4. 1 mL 1%(体积分数)乙酸水溶液、1 mL 乙腈、1 mL 0.1 mol/L K_2HPO_4 洗涤 5. 1 mL 乙腈/0.1 mol/L K_2HPO_4(1∶1,体积比)洗脱

6.2　液体样品的预处理

6.2.1　水样的预处理

相对于生物样品而言,水样的成分较为简单。在实际工作中经常遇到的水样包括自来水、江、河、湖、海水、水库水、地下水及废水等。江、河、湖、海水和水库水统称为地表水,地表水中含有悬浮物质、胶体物质、溶解物质。地表水和地下水也称为天然水体。

对于自来水,主要监测有机有毒有害物质,包括多环芳烃(PAHs)、多氯联苯(PCB)、酚类、农药残留、半挥发性有机物等。由于自来水是经过净化处理的,有毒有害有机物的含量往往很低。例如,根据我国的城市供水标准(CJ/T 206—2005),自来水中多环芳烃的限量为 0.002 mg/L、环氧氯丙烷的限量为 0.004 mg/L。由于目标化合物的浓度较低,样品的用量往往需要几百毫升,甚至 1~2 L。如此大量的水样通过固相萃取材料,会使得已经预处理好的 SPE 柱表面伸展开的碳链萎缩,有效萃取表面积减少,降低萃取效能。因此,对于这类样品,往外需要加入 1%~5% 的水溶性有机溶剂,如甲醇或异丙醇等,混合均匀后才载入 SPE 柱[1,2]。

相对于自来水,有毒有害物质在江、河、湖等地表水中的含量往往较高。这些污染物主要来源于工业废水、城市废水及农药的使用。必须注意,这类地表水中含有许多天然有机物(natural organic matter, NOM),NOM 包括颗粒、凝胶物及溶解物,一些目标化合物会吸附在这些 NOM 上面,导致分析结果偏低。Jeanneau 等[3]以腐殖酸为可溶性 NOM 的代表物,研究了可溶性 NOM 对 PAHs 等化合物萃取的影响。结果表明,样品中可溶性有机大分子化合物的存在会导致 PAHs 的固相萃取回收率整体降低。其中二环或三环 PAHs 的回收率降低 15% ~ 26%,而多环大分子 PAHs 的回收率的降低程度可达 33% ~ 76%。Jeanneau 等同时还研究了凝胶状和颗粒状 NOM 对小分子目标化合物的吸附情况,结果表明凝胶状和颗粒状NOM 对小分子化合物同样具有吸附作用,而这种吸附对于多于三环的 PAHs 更为显著。图 6-1 是不同状态的 NOM 对有机小分子的吸附情况。为了降低 NOM 对水中目标化合物的吸附,人们尝试在水样中加入表面活性剂。Li 等[4]在水样中加入表面活性剂溴化十六烷基三甲基铵,以降低 NOM 的负面吸附效应。但是由于溴化十六烷基三甲基铵本身对环境有害,建议用异丙醇等其他更为安全的表面活性剂取代。异丙醇的加入既可以降低 NOM 对目标化合物的吸附,又对固相萃取装置起到平衡作用。地表水中悬浮物和颗粒还会造成萃取装置的堵塞,严重的可导致样品无法过柱。因此,在进行固相萃取前应该将这些物质除去。最简单的方法就是过滤。虽然在样品中加入异丙醇等表面活性剂可以降低 NOM 对目标化合物的吸附,但并不能确保能够将目标化合物完全释放出来。因此,应该对过滤得到的残渣进行溶剂萃取并进行检测。过滤水样的检测值加上这部分过滤残渣的检测值才是目标化合物在原始水样中的总含量。

　　海水是比较特殊的水样。海水中除了含有颗粒及悬浮物外,还含有大量的钠、镁、钙、钾和锶等阳离子及氯离子、硫酸根、碳酸氢根(包括碳酸根)、溴离子和氟离子等阴离子。海水样品除了应该过滤外,就是要注意样品中存在大量的无机盐。为了降低这些无机盐对目标化合物萃取的干扰,应该对样品进行稀释。

　　有时,鱼塘水也是检测的对象。例如,鱼塘中的鱼发生非正常的大量死亡,有人为投毒的嫌疑,相关部门就要对鱼塘水进行检验。由于鱼塘水中含有许多悬浮颗粒和微生物,在进行固相萃取之前一般需要对样品进行过滤。如果可疑的投毒物含量较低,需要样品的体积达到上百毫升以上,应该注意在样品中加入 1% ~5% 的甲醇或异丙醇。

　　废水可以说是水体系中最为复杂的水体。由于污染源的不同,废水的成分也大不相同。废水又可分为城市废水和工业废水。对于废水的处理,必须根据废水的成分和监测项目来决定固相萃取前的预处理方法。常用的方法有 pH 调节、过滤、稀释等。

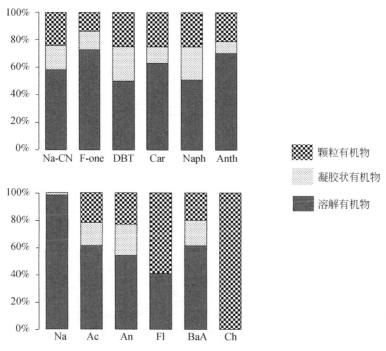

图 6-1　部分有机小分子在 NOM 上吸附比例

Na-CN. 萘腈;F-one. 芴酮;DBT. 硫芴;Car. 咔唑;Naph. 萘并吡啶酮;Anth. 蒽醌;

Na. 萘;Ac. 苊烯;An. 蒽;Fl. 荧蒽;BaA. 苯并[a]蒽;Ch. 䓛

6.2.2　蜂蜜的预处理

　　蜂蜜是一种黏度较大的液体,一般需要进行稀释,否则无法通过固相萃取柱。在具体处理时,要根据萃取机理采取不同的预处理方法。表 6-2 列举了部分蜂蜜样品在固相萃取前的预处理方法。

表 6-2　部分蜂蜜样品固相萃取前的预处理方法

目标化合物	固相萃取柱	预处理方法	检测方法	参考文献
磺胺类	Bakerbond C$_8$	2.5 g 蜂蜜 用 12.5 mL 的 0.1mol/L 乙酸缓冲溶液(pH 5.0)稀释,超声波水浴中振荡 15 min	HPLC/FRD	[5]
氯霉素	Bakerbond C$_8$	20 g 蜂蜜溶解于 20 mL Mcllvaine/EDTA 缓冲溶液	HPLC/FRD	[6]

续表

目标化合物	固相萃取柱	预处理方法	检测方法	参考文献
土霉素、四环素、金霉素、强力霉素	Oasis HLB	6 g 蜂蜜溶于 30 mL Na₂EDTA-Mcllvaine 缓冲溶液	LC-MS/MS	[7]
多种农药残留物	Isolute ENV+	12 g 蜂蜜用 40 mL 甲醇-水溶液(70∶30,体积比)混合均匀	GC-ECD	[8]
硝基呋喃	Oasis HLB	2 g 蜂蜜用 5 mL 0.12 mol/L HCl 稀释	LC-MS/MS	[9]
抗菌剂类	Chromabond C_{18}	2.5 g 蜂蜜用五倍的 0.1 mol/L 乙酸钠缓冲溶液(pH 5.0)溶解	EIA	[10]
硝酸根、磷酸根、草酸根、硫酸根	Accell Plus QMA 阴离子交换	用水按 1∶10 体积比稀释	LC-CDD	[11]

注:FRD. 荧光探测器;EIA. 酶免疫测定;CDD. 电导检测器。

6.2.3　奶类的预处理

　　奶类样品一般可用缓冲溶液或水稀释。奶类样品除了含有 90% 左右的水外,还含有 1%～4% 的蛋白质、3%～7% 的脂肪、4%～7% 的乳糖及 0.2%～0.8% 的矿物质。如果遇到蛋白质干扰,可在固相萃取前进行除蛋白质处理[12]。例如,蔡志斌等[13]在用 HPLC 分析牛奶中的四环素等抗生素时,样品用 Mcllvaine 缓冲溶液提取,硫酸锌–亚铁氰化钾体系沉淀蛋白质后,再经超声波处理,然后进行固相萃取。表 6-3 列举了部分奶样固相萃取前的样品预处理方法。

表 6-3　部分奶样固相萃取前的预处理方法

目标化合物	固相萃取柱	预处理方法	检测方法	参考文献
青霉素类	C_{18}	5 mL 奶样加入 10 mL 乙腈混合,离心,重复一次,合并上清液。40 ℃在 KD 浓缩器中浓缩至 2 mL	LC-MS	[14]
四环素类	Bakerbond C_{18}	20 mL 牛奶加入 20 mL EDTA 缓冲溶液,水浴 60 ℃至牛乳凝固,3000 r/min 离心 10 min。上清液用 0.45 μm 滤膜过滤	HPLC-UV	[15]
碱性药物	Bakerbond CN 或 C_{18}	1 mL 人乳加入 3 mL 乙腈,离心后将上清液加热浓缩至约 750 μL,然后加入 1 mL 水,混合	HPLC-UV	[16]
三聚氰胺	混合型阳离子交换	1 g 样品加入 8 mL 三氯乙酸,2 mL 乙腈,超声波萃取 10 min,振荡 10 min,4000 r/min 离心 10 min,上清液过滤*	LC-MS/MS	[17]

　　* 使用 HPLC 或 GC-MS 时的样品用量增加,所用试剂也需相应增加。

6.2.4　酒类的预处理

红酒中含有上千种化合物,包括水(85% ~ 90%)、乙醇(7% ~ 10%)、丙三醇(3% ~ 10%)、苹果酸(1% ~ 10%)、乳酸(1% ~ 5%)、琥珀酸(0.5% ~ 1.5%)、降解糖(0.5% ~ 5%)、钾盐(0.7% ~ 2%)、酚类(0.1% ~ %)及含氮化合物(2% ~ 4%)、维生素、色素、酶等。酒类样品由于含有一定量的乙醇,在进行固相萃取之前应该用水或缓冲溶液对样品进行稀释。每种酒中乙醇的含量各有不同,稀释的倍数也有所不同。稀释后的样品中乙醇的含量应该在 1% ~ 5%。Soleas 等[18] 对红酒中的 17 种农药残留物进行固相萃取及分析。舒友琴等[19] 用固相萃取法分离酒中的白藜芦醇及其糖苷异构体。

6.2.5　食用油的预处理

食用油通常都是非极性的液体,黏度较大,需用非极性的有机溶剂进行稀释。

6.2.6　尿液的预处理

尿液中 95% 左右是水,5% 左右是溶于水的化合物,主要包括尿素、尿酸、肌氨酸酐、氯化钠以及其他 100 多种低含量化合物。这些低含量化合物包括有机物,如碳水化合物、酶、脂肪酸、荷尔蒙、色素以及糖基化蛋白质等;还有无机物,如钾、镁、钙、氨、硫酸根、磷酸根等。表 6-4 列出了正常人尿液的主要成分及含量。尿液的物理及化学组成因食物的不同、体重的不同、食物代谢的速度等因素而变化很大。新采集的尿液通常是清澈的。随着放置时间增加,尿液会变得浑浊、出现絮状沉淀物。

表 6-4　人体尿液的主要性质及成分

性质	正常范围
pH	4.8 ~ 7.4
黏度/cP	0.010 ~ 0.013
含氮化合物/(mg/100 mL)	
尿素	20 ~ 35
尿酸	0.1 ~ 2.0
氨	~ 0.8
肌氨酸酐	1 ~ 1.5
自由氨基酸	~ 0.5

续表

性质	正常范围
总氨基酸	~1.1
其他有机化合物/（mg/100 mL）	
马尿酸	~0.7
总糖	0.5~1.5
脂质	0
自由脂肪酸	0.8~0.9
柠檬酸盐	0.15~0.3
色素	0.01~0.13
无机化合物/（mg/100 mL）	
氯化物	6.0~9.0
磷酸根	1.0~5.0
重碳酸根	0~3.0
硫酸根	1.4~3.3
钠	4.0~6.0
钾	2.5~3.5
钙	0.01~0.3
镁	0.17~0.28

尿液是许多实验室经常遇到的样品，包括动物尿液和人的尿液。例如，在对动物源食品检测中的动物尿液、兴奋剂检测中的运动员尿液、临床药物分析中患者的尿液、司法检验中嫌疑人的尿液等。许多药物进入体内经过肝脏代谢才由肾脏排出体外。代谢转化包括羟基化作用、氧化作用、去烷基化作用等。

由表6-4可见尿液中含有大量的盐，一般都需要用至少等体积的水或缓冲溶液进行稀释[20-23]。对于离子交换固相萃取，这一点尤为重要。如果目标化合物在体内代谢过程中与葡萄糖苷酸或硫酸根形成共轭状态，就需要通过水解的方法将其释放出来，如尿液中的THC-COOH[24]、苯二氮䓬类[25,26]、β-兴奋剂[27]等。水解的方法主要有酸水解、碱水解和酶水解。酶水解通常较为烦琐，但是酶水解的好处是只切割对酶有活性的部分。因此，与酸水解和碱水解比较，酶水解可以得到更干净的萃取物。表6-5列举了部分尿液样品前处理的方法。

表 6-5　部分尿液样品前处理方法

目标化合物	固相萃取柱	预处理方法	检测方法	参考文献
三嗪类除草剂	Sep-Pak C_{18}	1 mL 尿液用 4 mL 水稀释	GC/NPD	[28]
酸性化合物	Isolute SAX	尿液用乙酸铵(pH 7,50 mmol/L)1∶2(体积比)稀释	HPLC/UV	[29]
药物	Bond Elut Certify	3 mL 尿液加入 3 mL 磷酸缓冲溶液(pH 6.0,0.4 mol/L)	HPLC/DAD	[30]
违禁药物	Clean Screen DAU	5 mL 马尿加入 2 mL 乙酸缓冲溶液(pH 5.1,0.1 mol/L),1 mL β-葡萄糖苷酸酶,60 ℃ 酶解 2 h	GC-MS	[31]
β-兴奋剂	Bakerbond C_{18}	牛尿液加 Suc d'Helix Pomatia,50 ℃酶解 2 h	HPLC/RRA	[32]
四氢大麻酚	Baker Narc-1	3 mL 尿液加入 300 μL 10 mol/L KOH,2 mL 水,60 ℃酶解 15min。冷却后加入 350 μL 乙酸(96%,体积分数)	HPLC/DAD GC-MS	[33]
管制药物	SPEC. PLUS C_{18}	2 mL 尿液加入 2 mL 磷酸缓冲溶液(pH 5.0),混合,离心	GC/FID	[34]
管制药物	Bond Elut Certify	2.5 mL 尿液中加入 2 mL β-葡萄糖苷酸酶,调节 pH 至 4~4.5,60 ℃酶解 2 h	GC/NPD GC-MS	[35]

1. **尿液的酸水解方法[36]**

(1)在试管中加入 5 mL 尿液、内标物和 500 μL 浓盐酸,振荡混合。

(2)将试管放入沸水浴中加热 20 min。

(3)冷却后离心,除去沉淀物。

(4)加入 1 mL 7.4 mol/L NH_4OH,振荡混合。

(5)用 1~3 mL 缓冲溶液调节样品的 pH。

酸水解主要用于碱性共轭物的水解。如果是酸性共轭物,如四氢大麻酚共轭物等,则应该用碱水解。在碱水解法中可以用氢氧化钾或氢氧化钠取代盐酸。

2. **尿液的酶水解方法**

(1)在试管中加入 5 mL 尿液、内标物和 2 mL β-葡萄糖苷酸酶溶液。β-葡萄糖苷酸酶溶液是每毫升 1.0 mol/L 乙酸缓冲溶液(pH 5.0)中含 5000 FU 单位的 β-葡萄糖苷酸酶。建议使用由 *Patella vulgata* 得到的 β-葡萄糖苷酸酶。

(2)60~65 ℃酶解 2 h。

(3)对冷却后的样品离心 10 min,除去沉淀物。

(4)加入约 700 μL 1.0 mol/L NaOH 将 pH 调节为 6.0±0.5。

6.2.7　血液的预处理

　　与尿液样品相似,血液样品也是许多实验室经常遇到的生物样品。根据工作性质的不同,各实验室需要分析的血液样品也不同,有的是全血,也有的是血浆或血清,在司法检验中还经常遇到腐败血样。

　　正常的血样中大约含 45% 红细胞、54% 血浆、1% 血小板及白细胞。在全血中加入抗凝剂并使其分层,就得到血浆。血浆含有大约 91.5% 水、8.5% 水溶性物质。这些水溶性物质包括蛋白质(7.0 ~ 7.5 g/100 mL)、葡萄糖、氨基酸、油脂、胆固醇、电解质及一些含氮化合物。血清是去除纤维蛋白原后的无形成分,即全血凝结后流出的清澈液体,颜色微黄,透亮。其基本成分是水,并含有蛋白质、脂肪、糖、无机盐、维生素等营养成分以及人体代谢产物。全血中的蛋白质比血浆、血清要高很多,主要是血红素。表 6-6 列出了人血中的主要成分。

表 6-6　人体血液主要性质及成分

性质	正常范围	
	全血	血浆/血清
pH		7.3 ~ 7.4
黏度/cP	3.5 ~ 5.4	血浆 1.9 ~ 2.3
		血清 1.6 ~ 2.2
固体	18% ~ 25%	8.5% ~ 10 %
含氮化合物/(mg/100 mL)		
尿素	15 ~ 40	10 ~ 40
尿酸	0.3 ~ 4.0	2.6 ~ 7.0
肌氨酸	2.9 ~ 4.0	0.7 ~ 1.3
肌氨酸酐	1.2 ~ 1.5	0.7 ~ 1.29
自由氨基酸	—	35 ~ 65
总氨基酸	—	5800 ~ 8000
葡萄糖苷酸	28 ~ 52	0
其他有机化合物/(mg/100 mL)		
多聚糖	—	73 ~ 140
葡萄糖胺	—	50 ~ 90
葡萄糖	75 ~ 92	61 ~ 130
葡萄糖醛酸	4.1 ~ 9.3	0.4 ~ 1.4
酮体	1.0 ~ 3.0	3.0 ~ 8.0

性质	正常范围	
	全血	血浆/血清
脂肪	0.2 ~ 2.0	0.45 ~ 1.2
自由脂肪酸	0.29 ~ 0.42	0.19 ~ 0.64
胆固醇	100 ~ 250	100 ~ 350
酚类	2.0 ~ 8.0	1.0 ~ 2.0
胆汁酸	2.5 ~ 6.0	5.0 ~ 12.0
乳酸盐	5.0 ~ 35	6.1 ~ 17.0
柠檬酸	1.3 ~ 2.5	1.6 ~ 3.2
类固醇	—	120 ~ 320
无机化合物/(mg/100 mL)		
氯	280 ~ 320	340 ~ 380
磷酸根	6.0 ~ 15.0	~ 12
重碳酸根	—	~ 120
硫酸根	0.8 ~ 2.0	1.5 ~ 3.0
钠	170 ~ 230	325 ~ 330
钾	150 ~ 250	18 ~ 22
钙	5 ~ 11	9 ~ 11
镁	2.0 ~ 4.0	1.6 ~ 2.2
铁络合物	45 ~ 55	0.06 ~ 0.22

　　对于血清、血浆样品,一般用适当的缓冲溶液稀释,离心处理就可以了。如果在实验中发现用添加标准目标化合物的水溶液或缓冲溶液得到的回收率高,而添加标准目标化合物的生物体液的回收率明显降低,也应该考虑目标化合物与蛋白质键合的问题。如果目标化合物与血液样品中的蛋白质键合在一起,当样品通过SPE柱时,与蛋白质键合的目标化合物是无法被保留在SPE柱上的。蛋白质最显著的特点是溶解性低,分子量大,对 pH 敏感,呈球形状态。目前常用的固相萃取填料颗粒的孔径在 60 ~ 100 Å,分子量在 15000 ~ 20000 范围的蛋白质对于固相萃取填料颗粒的微孔而言,显然是体积太大,无法进入填料颗粒的微孔内。由于蛋白质多呈球形状态,表面的活性官能团很少,因此,与蛋白质键合的目标化合物会随着蛋白质无保留地通过 SPE 柱,这种现象在使用 C_{18} 这类非极性材料时尤为显著。因此,对于血液样品,都应该考虑目标化合物是呈游离状态还是与样品中的蛋白质结合在一起,特别是全血样品,这一点尤为重要。全血中存在具有化学活性的血红细胞,许多药物及天然产物都会进入血红细胞以致无法被 SPE 柱吸附。由于目标

化合物处在与蛋白质结合的状态下是无法按照设计的固相萃取机理与填料官能团发生作用的,所以在进行固相萃取之前必须破坏血红细胞,将目标化合物释放出来。常见的方法有超声波振荡、添加有机溶剂、用缓冲溶液稀释等[37]。必须注意,如果在对血样进行预处理的过程中进行过滤或离心,要确保目标化合物已经被释放出来,呈游离状态。否则,与蛋白质结合在一起的目标化合物会在过滤/离心过程中随蛋白质一起损失。以下是血液样品的几种常见的前处理方法。

1. 渗透破坏法(osmotic breakdown)

(1)1 mL 全血、血浆或血清中加入内标物和 4 mL 蒸馏水。

(2)振荡混合,然后放置 5 min。

(3)670 g 离心 10 min,除去沉淀物。

(4)用缓冲溶液调节清液的 pH。

2. 蛋白质沉淀法

(1)一份血浆加入两份极性有机溶剂(甲醇或乙腈)。

(2)混合均匀并放置 5 min。

(3)振荡样品并离心。

(4)采集悬清液并用缓冲溶液调节 pH。

注意:由于所加入的有机溶剂洗脱强度大,在进行固相萃取之前必须用缓冲溶液稀释。乙腈被认为是破坏蛋白质键合最有效的有机溶剂。

3. 酸破坏法

(1)强酸可以破坏蛋白质及其结构。常用的酸有乙酸、高氯酸、三氯乙酸。

(2)1 mL 血浆或血清中加入 50 μL 的 0.1 ~ 1.0 mol/L 高氯酸或乙酸或 10% 三氯乙酸。

(3)混合后放置 5 ~ 10 min。

(4)振荡并离心(670 g,5 ~ 10 min)。

(5)取上层清液用缓冲溶液调节 pH。

4. 无机盐沉淀法

(1)按 1∶1 体积比向血液样品中加入 10% ~ 20%(体积分数)的硫酸铵及硫酸锌溶液。

(2)混合静置 5 ~ 10 min。

(3)振荡并离心(670 g,5 ~ 10 min)。

(4)取上层清液用缓冲溶液调节 pH。

5. 超声波法

(1)在室温下将血液样品放入超声波水浴中振荡 15 min。

（2）加入适量的缓冲溶液调节样品的 pH,并振荡混合。

（3）670 g 离心 15 min。

（4）取上层清液做固相萃取。

由于环境条件的变化,蛋白质很容易发生变性,造成 SPE 柱的阻塞。解决这个问题的方法之一就是将蛋白质除去。笔者在研究固相萃取及其在系统毒物分析中的应用时曾经对除蛋白质的方法进行过总结[38]。表 6-7 列举了部分常见的沉淀除蛋白质法[39]。

表 6-7　蛋白质沉淀法中使用的沉淀剂[39]

蛋白质沉淀剂	沉淀 pH	沉淀剂体积*/mL
三氯乙酸(10%,体积分数)	1.4~2	0.2
高氯酸(6%,体积分数)	<1.5	0.4
钨酸	2.2~3.9	0.6
偏磷酸(5%,体积分数)	1.6~2.7	0.6
硫酸铜–钨酸钠	5.7~7.3	1.5
硫酸锌–氢氧化钠	6.5~7.5	2.0
硫酸锌–氢氧化钡	6.6~8.3	2.0
饱和硫酸铵	7.0~7.7	2.0
乙腈	8.5~9.5	1.5
丙酮	9~10	1.5
乙醇	9~10	2.0
甲醇	8.5~9.5	2.0

* 此为 0.5 mL 样品中沉淀 98% 的蛋白质所需沉淀剂的体积。

蛋白质沉淀法虽然广泛使用,但并不是一个好方法。主要的原因是在操作过程中容易引起目标化合物的共沉淀,在操作过程中必须十分小心。例如,沉淀剂的加入不要过快。笔者比较过用硫酸锌–甲醇、乙腈及甲醇沉淀法处理全血样品,然后用固相萃取法对上层清液中的苯巴比妥、环己巴比妥、甲哌卡因及三甲丙咪嗪进行萃取及分析。四种药物的回收率在 40%~79%。回收率偏低的主要原因是药物与蛋白质的共沉淀,以及与蛋白质结合的药物没有释放出来[40]。

6.3　固体及半固体样品预处理

与液体样品不同,固体样品通常需要经过破碎之后用有机溶剂或缓冲溶液对样品中的目标化合物进行萃取。传统的萃取方法是索氏萃取(Soxhet extraction)。该方法是通过对溶剂的加热回流来对固体样品中的目标化合物进行萃取。该方法萃取效率较高,但是往往需要很长的萃取时间,有的需要24 h。随着科学技术的发展,新的萃取技术也越来越多,例如,超声波萃取(ultrasonic extraction,UE)、高压流体萃取(high pressurized fluid extraction,HPFE)、微波辅助萃取(microwave-assisted extraction,MAE)、超临界流体萃取(super-critical fluid extraction,SFE)等。高压流体萃取和微波辅助萃取是近年兴起的固体样品萃取技术,其特点是萃取速度快,一般几分钟到十几分钟就可以处理一个样品,而且可以实现自动化。但在使用这两种萃取技术时,必须确保目标化合物在选定的萃取条件下不会发生降解和损失。否则,就要采用其他萃取手段。超临界流体萃取采用二氧化碳作为萃取媒介,控制温度和压力使二氧化碳呈超临界流体状态。但是由于超临界流体萃取的效率受萃取管的几何形状影响很大,加上超临界萃取仪的价格较高,目前在分析领域应用并不广泛。这些新的萃取技术实际上都是常规溶剂萃取的改进,即通过外加的能量(如加压、加温、微波等)加快溶剂对固体样品的渗透及对目标化合物的溶解,使得萃取溶剂能够更快、更有效地将目标化合物从固体样品中萃取出来。例如,高压流体萃取是在100~200 ℃、<20 MPa的环境下对固体样品进行萃取。由于上述萃取技术使用的溶剂选择性较差,特别是在外加能量的存在下,溶剂的萃取能力比在常温常压下要高很多。因此,许多在常温常压下难以溶出的物质在外加能量的促进下也被萃取出来。由此可见,采用上述萃取技术得到的萃取物的成分比常规溶剂萃取要复杂得多,因此,往往需要进一步的净化。对于固体样品,固相萃取技术主要起到对样品净化的作用。

6.3.1　含脂肪和油的固体样品的预处理

脂肪、油存在于许多食品之中,如肉类、薯片、巧克力及糕点等。由于油脂能够溶解于非极性的有机溶剂,所以可以用正己烷、二氯甲烷等将其溶解。用非极性有机溶剂进行萃取后,可以用正相萃取柱对萃取液进行净化。非极性的油脂在正相萃取柱上没有保留,会随着萃取液通过正相萃取柱,而目标化合物则保留在柱子上。

6.3.2　水果及蔬菜的预处理

水果、蔬菜多属于含有大量水分的固体。水果中一般含水量在70%~90%之间。此外,还含有蔗糖、葡萄糖、果糖、多糖、苹果酸、柠檬酸、酒石酸、纤维素、单宁、维生素、胡萝卜素、芳香族化合物、钙、铁和磷等。蔬菜中的水分含量在65%~96%左右,另外还含有纤维素、维生素、叶绿素、类胡萝卜素和花青素、镁、钙、铁、磷等。水果、蔬菜样品主要采取溶剂萃取。一般是用极性有机溶剂萃取,包括丙酮、乙腈等,有时也用乙酸乙酯。表6-8比较了这三种溶剂的利弊。在实际应用中,丙酮和乙腈用得较多。Luke等[41]采用丙酮作为萃取溶剂,该方法被美国FDA[42]作为农

药残留分析标准方法中的样品预处理方法。基本方法是:称取 50 g 样品,加入
100 mL 丙酮匀浆,然后用滤纸过滤。接下来是用二氯甲烷/石油醚(1∶1,体积比)
萃取。但如果采用固相萃取就无须进行液–液萃取了。加拿大 PMRA 方法[43]中采
用乙腈作为匀浆萃取溶剂,并在匀浆后加入 5 g 氯化钠,振荡,静置分层。取上层
清液加入 4 g 无水硫酸镁振荡后过滤。在 GB 23200.8—2016 标准方法[44]中水果、
蔬菜的前处理方法如下:称取 20 g 样品,加入 40 mL 乙腈,15000 r/min 高速匀浆
1 min,然后加入 5 g 氯化钠,再匀浆 1 min,在 3000 r/min 离心 5 min。

表 6-8　几种萃取有机溶剂的比较

指标	乙酸乙酯	丙酮	乙腈
高回收率	+++	+++	+++
避免脂肪	+	++	+++
避免蛋白质	+++	++	++
避免糖类	+++	+	++
容易除水	+++	+	++
容易浓缩	+	++	+
适用于 SPE	+	+	++
适用于 GC	+++	+	+
费用低	+++	+++	++
毒性低	+++	+++	++

注:“+”越多表示越符合指标。

在用有机溶剂对水果和蔬菜萃取时,最好加入一定量的无机盐,如氯化钠或硫
酸镁。无机盐有助于目标化合物的析出,这样既可以防止乳化,又可以加快有机溶
剂与水分层,这就是所谓的盐析效应。根据美国 FDA 及农业部实验室的分析结果
(表 6-9),对于甲胺磷、乙酰甲胺磷和氧乐果这些强极性农药,在用乙腈萃取时加
入 4~6 g 的硫酸镁的效果比氯化钠要好。

表 6-9　氯化钠和硫酸镁的盐析效应比较

MgSO$_4$/g	NaCl/g	甲胺磷回收率/%	乙酰甲胺磷回收率/%	氧乐果回收率/%
0	1	41	44	44
0	2	43	43	45
0	3	53	53	64
2	0	79	97	96
4	0	98	102	103
6	0	94	99	106

续表

MgSO₄/g	NaCl/g	甲胺磷回收率/%	乙酰甲胺磷回收率/%	氧乐果回收率/%
1	2	51	57	67
3	2	79	88	92
5	2	88	85	88

6.3.3　含硫蔬菜的预处理

含硫蔬菜包括韭菜、葱、大蒜、蒜薹、洋葱等。这类蔬菜含有许多有机硫化物,并具有特殊的气味。例如,韭菜中含有多种硫醚类化合物,大蒜中含有丙烯基三硫醚等。这些有机硫化物遇到空气会被氧化,对有机磷及有机氯农药的测定产生严重的干扰。王建华等[45]采用微波灭活的方法较为有效地解决了有机硫化物的干扰问题。具体做法是:将洋葱切成 4 cm×4 cm 的小块,韭菜、葱切成 2 cm 小段,大蒜瓣成小瓣。称取 20 g 置于 150 mL 三角瓶中,630 W 微波炉中(设定在中高火挡)处理 40 s。然后加入 50 mL 乙腈匀浆 2 min。将样品过滤至 100 mL 具塞量筒中(量筒预先加入 5 mL pH 7.5 磷酸缓冲溶液及 5 g NaCl),剧烈振荡 2 min,静置 10 min。取 25 mL 上层清液(相当于 10 g 样品)于 100 mL 圆底烧瓶,加入 20 μL 正十五烷,40 ℃氮气下蒸发至<1 mL。加入 3 mL 丙酮/正己烷(3∶7,体积比)溶解。萃取有机磷、有机氯、拟除虫菊酯等农药,用 PSA 柱净化。

6.3.4　植物的预处理

除了水果蔬菜之外,常见的相关植物样品还有茶叶、烟叶、中草药等。

在对茶叶中的有机农药残留进行检测时,可在经研磨的茶叶中加入水和盐,然后用有机溶剂萃取。例如,张莹等[46]在对茶叶中多种有机磷农药残留检测时,在固相萃取之前,先在 0.50 g 茶叶样品中加入 2.0 mL 蒸馏水,然后加无水硫酸钠至饱和,混合均匀后用 2 mL 乙酸乙酯萃取。离心后取上层清液。残渣用 2 mL 乙酸乙酯/正己烷(1∶1,体积比)再萃取一次,合并萃取液。

从健康安全的角度看,烟草中的含氮化合物、多酚及有机农药残留都是要检测的目标。在检测之前必须进行萃取及净化。例如,烟叶中的尼古丁在固相萃取之前可以用乙酸、甲醇、水的混合溶液浸泡提取[47]。烟草中的植物多酚可以通过甲醇−水加热回流萃取,然后用 C_{18} 柱净化[48]。

对中草药的萃取可采用溶剂提取、索氏萃取、高压流体萃取、超临界流体萃取[49]、超声波萃取[50]等。例如,杨亚玲等[51]在测定鱼腥草中的黄酮时采用了水提法和索氏萃取法对鱼腥草中的黄酮进行萃取,用 C_{18} 固相萃取柱脱脂。汤丹瑜等[52]报道了采用超声波萃取,C_{18} 固相萃取净化测定冬虫夏草中甘露醇的方法。

6.3.5　果仁的预处理

果仁类食品主要有豆类、花生等。这类食品通常是加入溶剂后粉碎匀浆。由于这类样品中含有一定量的蛋白质,必要时需做除蛋白质处理。

6.3.6　谷物的预处理

在国标 GB 23200.9—2016 中采用的是加速溶剂萃取,然后用 Eniv-18 固相萃取柱净化[53]。具体操作如下:10 g 经粉碎的样品与 10 g 硅藻土混合,移入加速溶剂萃取仪的 34 mL 萃取池中,在 10.34 MPa 压力,80 ℃条件下加热 5 min,静态萃取 3 min,循环两次,然后用 20.4 mL 乙腈冲洗萃取池,并用氮气吹扫 100 s。初建等[54]在对稻米中有机磷农药进行萃取时,采用了水浸泡、丙酮溶剂萃取,然后用 C_{18} 固相萃取净化,47 种有机磷农药的回收率在 73% ~126%之间。对于脂肪含量较大的糙米,可以采用 GPC-SPE 的方法对样品净化[55]。先用 GPC 将脂类除去,然后用固相萃取将小分子干扰物除去。

6.3.7　生物组织的预处理

生物组织样品的预处理对于有效地萃取目标化合物十分重要。首先,生物组织中有大量不溶于水及有机溶剂的蛋白质等组分,在分析前必须除去。另外,由于目标化合物及其代谢物在生物组织中可能会与蛋白质生成共轭物,必须通过适当的方法将这些化合物从蛋白质大分子中释放出来。一般都是将生物组织样品粉碎匀浆,然后再用适当的方法将目标化合物萃取出来。常用的方法有蛋白质沉淀、强酸水解、酶水解、超声波萃取、加速溶剂萃取及微波辅助萃取等[56]。对于生物组织样品,固相萃取往往不是一个萃取手段,而是一个净化手段。

1. 动物组织的预处理

动物组织是动物源食品检测中的主要样品。根据目标化合物的性质及其在动物体内的作用及代谢过程,可采取不同的预处理方法。即便是对于同类化合物,样品预处理的方法也有多种,如酶水解法、蛋白质沉淀法、有机溶剂萃取法、超声波萃取法、加速溶剂萃取法等。

在对猪肉中的 β-兴奋剂类药物(克伦特罗)的检测中,国标 GB/T 5009.192—2003 方法[57]采用的是高氯酸沉淀,超声加热,然后用异丙醇/乙酸乙酯(40∶60,体积比)萃取,固相萃取净化;而也有使用 β-葡萄糖苷酸酶水解的方法对样品进行酶水解,然后再用固相萃取对水解样品净化。孔莹等[58]报道了 β-葡萄糖苷酸酶对猪肉样品进行酶水解的方法。具体做法是:取 5 g 绞碎的猪肉样品,加入 50 μL β-葡萄糖苷酸酶,涡动混匀。加入 10 mL 20 mmol/L 乙酸胺缓冲溶液,涡动混匀,37 ℃

孵育 10 h。12000 r/min 离心 5 min,取上层清液用固相萃取柱净化。

对于瘦牛肉、猪肉、鸡肉、罗非鱼可除去皮及油脂部分。将样品切成 2 cm×2 cm 小块,然后用搅肉机高速粉碎 20～30 s,4 次。将 5 g 粉碎好的组织样品放入 50 mL 离心管中,加入 20 mL 0.01 mol/L 磷酸缓冲溶液(pH 4.5),在 10000 r/min 匀浆 90 s。然后在 4500 r/min 离心 10 min。将上层清液转移到另一个 50 mL 离心管中。在原来的试管中再加入 20 mL 磷酸缓冲溶液匀浆 90 s,离心后将清液与第一次得到的清液合并。用玻璃棉对清液进行过滤。在滤液中加入 1 mL 75%(体积分数)三氯乙酸溶液,振荡 30 s。4500 r/min 离心 20 min,上层清液用玻璃棉过滤。最后通过 SPE 柱对离心得到的清液进行净化。

王建华等[59]在分析动物组织中的硝基咪唑残留时采用的方法是:2 g 肉类样品加入 5 g 无水硫酸钠、25 mL 乙腈于 50 mL 离心管中匀浆 1.5 min。3000 r/min 离心 5 min。上层清液用 10 g 无水硫酸钠漏斗过滤,收集滤液。再用 25 mL 乙腈重复上述步骤。合并滤液,加入 5 mL 乙酸,混合均匀。

在对动物组织中的恩诺沙星和环丙沙星残留量的检测中,林黎明等[60]采用了匀浆、超声波萃取的方法:2 g 样品加入 20 mL 1%(体积分数)乙酸的乙醇溶液,匀浆 1 min 后放入超声波池中萃取 3 min。4500 r/min 离心 5 min。残渣用 20 mL 1%(体积分数)乙酸乙醇溶液再萃取一次。合并上层清液。

蛋白质沉淀法在动物组织样品萃取中也经常使用。例如,在对高蛋白质含量的样品中的四环素残留物萃取时,首先在 2 g 样品中加入 20 mL EDTA-Mcllvaine 缓冲溶液(4 ℃)和 3 mL 环己烷/二氯甲烷(1:3,体积比)匀浆,在 4 ℃ 2400 r/min 离心 30 min,收集上清液。再用 10 mL EDTA-Mcllvaine 缓冲溶液重复上述操作,合并上层清液。缓慢将相当于 10% 上层清液体积的三氯乙酸溶液加入上层清液中,搅拌 1 min。然后将上层清液放在冰床上 15 min 后过滤。

2. 人体组织的预处理

在医药研究和法庭科学检验中经常遇到人体组织样品。对于这类样品的预处理一般比血液、尿液更加困难及烦琐,通常在萃取前要先将组织破坏,使目标化合物及其代谢物释放出来之后才能用适当的仪器进行分析检测。传统的方法有蛋白质水解和蛋白质沉淀,或者将这两种方法结合使用。水解蛋白质法是在匀浆的组织液中加入强酸或强碱,然后加热到 90 ℃ 以上。钨酸是较为古老的且广为使用的蛋白质沉淀剂,较适合用于生物组织中的某些碱性药物[61]。用饱和盐酸进行蛋白质水解也是常见的破坏蛋白质组织的方法。该方法是在匀浆组织样品液中加入 5 mol/L 的盐酸,保持 110 ℃ 24 h 或更长时间。但是这种方法对于某些强碱性药物,如三环抗抑郁药、吩噻嗪类、马钱子等,回收率不理想[62]。

在高温下用强酸破坏生物组织的缺点是可能会造成某些药物的降解,如苯二氮䓫类药物在这种条件下极易降解。为了解决这个问题,Osselton 等[63-65]最早采用枯草杆菌蛋白酶(subtilisin)Carlsberg 来释放生物组织中与蛋白质结合的目标化合物。Carlsberg 可以在 pH 7~11 的范围内有效地断裂蛋白质大分子中的大部分键。在 50~60 ℃环境下其酶解能力最强。

　　肝组织的 Carlsberg 酶解是取 10 g 组织,用 25 mL Tris 缓冲溶液(pH 10.5)匀浆,然后加入 10 mg Carlsberg,在 50~60 ℃搅拌水解 1 h。除了 Carlsberg 之外,结晶枯草杆菌蛋白酶(subtilisin-A)、木瓜蛋白酶(papain)、中性蛋白酶(neutrase)、胰蛋白酶(trypsin)、蛋白酶(protease)水解酶也被用于生物组织的蛋白质酶解[66,67]。Sharnkar 等比较了几种生物组织水解法对肝组织中的八种碱性药物的水解效果,发现采用酶水解法比酸水解和经典的 Stas-Otto 法的回收率要高许多(表 6-10)。但是,酶水解法对具有酰胺结构的目标化合物可能会产生分解[68]。

表 6-10　几种生物组织样品预处理法对肝组织中的药物萃取的回收率(%)比较

药物	木瓜蛋白酶	枯草杆菌蛋白酶	酸水解	Stas-Otto 法
利眠宁	96	60	56	47
氯丙嗪	76	67	47	38
安定	90	80	66	41
苯海拉明	67	57	39	0
丙咪嗪	78	82	54	34
硝基安定	80	74	52	49
去甲羟基安定	92	85	73	64
异丙嗪	88	61	44	32

　　在我国的刑事技术检验实验室中也使用 β-葡萄糖苷酸酶作为生物脏器的水解酶[69]。具体方法是在 5 g 肝组织中加入 5 mL 磷酸缓冲溶液(pH 4.5~4.8)匀浆后加入 800~1000 单位的 β-葡萄糖苷酸酶,37~56 ℃水浴中孵化 1.5~12 h,冷却后用碳酸钠固体调节至 pH 9 左右。

6.3.8　土壤/沉积物的预处理

　　土壤是一种含有固体、液体和气体的复合物。这三者的含量因地区和气候有很大的差异。通常,土壤的组成可以分为无机成分和有机成分。无机成分主要是矿物质。矿物质是一种具有一定物理、化学及结晶特性的自然无机物。土壤中的矿物质主要有石英(SiO_2)、铝硅酸盐、高岭土、蒙脱土及蛭石等。其中铝硅酸盐黏土矿物质通常带有负电荷,因而具有较强的吸附阳离子的能力。这些矿物质晶体中的离子之间的同晶置换所产生的负电荷是相对稳定的,所以称为永久负电荷。

除此之外,高岭土晶体层一面的羟基在一定条件下被电离,放出 H[+],使晶体表面带负电。由于这种负电荷受 pH 的影响,所以也称为可变负电荷。这种负电荷吸附阳离子的能力较弱。在我国,北方土壤以永久负电荷为主,南方土壤由于 pH 低,可变负电荷比例较大。有机成分又称为腐殖土。腐殖土在矿石土壤表面的含量在0.5% ~ 5%,在有机土壤中的含量可高达 100%。腐殖土具有很高的比表面积(可高达 800 ~ 900 m^2/g)及阳离子交换容量(150 ~ 200 mol/kg)[70]。由于腐殖土的这些特性,腐殖土成为土壤中有机污染物、重金属及植物营养成分的主要吸附剂。腐殖土可以被进一步划分为非腐殖的和腐殖的两类。非腐殖的物质包括碳氢化合物、蛋白质、脂肪、石蜡等,这些化合物具有比较清晰的物理化学性质。由于这些物质受到土壤中的微生物的攻击,它们在土壤中只是暂时存在。腐殖性的物质有腐殖酸、富里酸、腐黑酸等。这些物质具有相对较高的分子量,有颜色。腐殖酸呈黑色,不溶于稀酸,可以通过溶剂从土壤中萃取出来。在对腐殖酸进行酸化萃取后,富里酸依然保留在溶液中。腐黑酸是腐殖物中不溶于碱性溶液的部分。

　　与固态生物组织类似,对土壤和沉积物的固相萃取也要求将目标化合物从这些基质中释放出来。索氏萃取、高压流体萃取、微波辅助萃取、超临界流体萃取、超声波萃取、用萃取缓冲溶液匀浆等都是常用的土壤、沉积物萃取的方法[71]。这些方法多数都属于液–固萃取,有许多已经得到政府或国际机构的认可(表 6-11)。由于在萃取过程中往往需要加温或加压,萃取液能够更加有效地渗透固体颗粒,所以得到的萃取物往往是混合物。萃取液中除了目标化合物之外,还有大量在萃取条件下被共萃取出来的杂质。因此,得到的萃取液往往需要进一步的净化,固相萃取就是一种常用的净化手段。

表 6-11　从固体样品中萃取半挥发性化合物的标准方法

萃取技术	目标化合物	标准方法
索氏萃取	半挥发及难挥发有机化合物	EPA 3540C
	可可产品中脂肪	AOAC 963.15
自动索氏萃取	半挥发及难挥发有机化合物	EPA 3541
高压流体萃取	半挥发及难挥发有机化合物	EPA 3545A
微波辅助萃取	半挥发及难挥发有机化合物	EPA3546
	总石油烃有机化合物	ASTM D-5765、ASTM D-6010
	肉类家禽中的脂肪	AOAC 991.36
超声波萃取	半挥发及难挥发有机化合物	EPA 3550C
超临界流体萃取	半挥发及难挥发有机化合物	EPA 3560
	PAHs、PCBs、有机氯农药	EPA 3561、EPA 3562

参 考 文 献

［1］ CJ/T 147-2001. 城市供水 多环芳烃的测定 液相色谱法

［2］ CJ/T 146-2001. 城市供水 酚类化合物的测定 液相色谱法

［3］ Jeanneau L, Faure P, Jardé E. J Chromatogr A, 2007, 1173:1

［4］ Li N, Lee H K. J Chromatogr A, 2001, 921:255

［5］ Posyniak A, Śniegocki T, Żmudzki J. Bull Vet Inst Pulawy, 2002, 46:111

［6］ Quintana-Rizzo J, Salter R, Saul S. APICATA, 2003, 38:218

［7］ GB/T 18932.23—2003. 蜂蜜中土霉素、四环素、金霉素、强力霉素残留量的测定方法 液相
色谱-串连质谱法

［8］ Jansson C. J AOAC Int, 2000, 83(3):714

［9］ Jenkins M K, Young M S. Laboratory Equipment, 2005, May:14

［10］ Heering W. Analyst, 1998, 123:2759

［11］ Nozal M J, Bernal J L, Diego J C, et al. J Chromatogr A, 2000, 881:629

［12］ 公安部物证鉴定中心. 第二届全国毒品检验技术交流会论文集. 北京:群众出版社, 2005

［13］ 蔡志斌, 张英, 刘丽. 中国卫生检验杂志, 2007, 17(2):270

［14］ 王秉栋. 食品卫生检验手册. 上海:上海科学技术出版社, 2003:107

［15］ 王秉栋. 食品卫生检验手册. 上海:上海科学技术出版社, 2003:135

［16］ Moors M, Massart D L. J Pharm & Biomed Anal, 1991, 9(2):129

［17］ GB/T 2238—2008. 原料乳与乳制品中三聚氰胺的检测方法

［18］ Soleas G J, Yan J, Hom K, et al. J Chromatogr A, 2000, 882:205

［19］ 舒友琴, 陈敏, 何计国, 等. 色谱, 2005, 23(1):88

［20］ Merck Application Note:030

［21］ Zief M, Kiser R. Solid-phase Extraction for Sample Preparation. Phillipsburg, NJ:J. T. Baker, 1988

［22］ Chen X H, Wijsbeek J, Franke J P, et al. J Forensic Sci, 1992, 37:61

［23］ Elahi N. J Anal Toxicol, 1980, 4:26

［24］ Dixit V, Dixit V M. J Liq Chromatogr, 1990, 13:3313

［25］ Suzuki O, Seno H, Kumazawa T. J Forensic Sci, 1988, 33:1249

［26］ Miki A, Tatsuno M, Katagi M, et al. J Anal Tocixcol, 2002, 26:87

［27］ Leung G N W, Cheng R C W, Cheung I F H, et al. Anal Sci, 2001, 17(supplement):i181

［28］ Delbeke F T, Debackere M, Desmet N, et al. J Pharm Biomed Anal, 1988, 23:377

［29］ Kumazawa T, Sato K, Seno H, et al. Forensic Sci Int, 1992, 54:159

［30］ Boland D M, Burke M F, Mitchell T, et al. J Anal Toxicol, 2001, 23:602

［31］ Lai C K, Lee T, Au K M, et al. Clin Chem, 1997, 43:2

［32］ Singh A K, Ashraf M, Granley K, et al. J Chromatogr, 1989, 473:215

［33］ Arts C J M, van Baak M J, Haenen G R M M, et al. Unpublished article

［34］ Langen M G J, de Bijl G A, Egberts A C G. J Anal Toxicol, 2000, 24:433

［35］ de Zeeuw R A, Wijsbeek J, Franke J P. J Anal Toxicol, 2000, 24:97

［36］Sorinao T,Jurado C,Menendez M,et al. J Anal Toxicol,2001,25:137

［37］Simpson N,van Horne K C. Sorbent Extraction Technology Handbook:Varian Sample Preparation Products. 2ed. Harbor City,CA:Analytichem International Inc,1993

［38］Chen X H,Franke J P,de Zeeuw R A. Principle of solid-phase extraction// Liu R H,Goldberger B A. Handbook of Workplace Drug Testing. Washington,DC:AACC Press,1995:1

［39］Blanchard J. J Chromatogr,1981,226:45

［40］Chen X H,Wijsbeek J,Franke J P,et al. J Anal Toxicol,1992:16(6):351

［41］Luke M,Froberg J E,Masumoto H T. J Assoc Off Anal Chem,1975,58:1020

［42］Makovi C M,McMahon M. Pesticide Analytical Manual. Vol Ⅰ. 3rd ed. Washington,DC:U. S. Food and Drug Administration,1999

［43］Fillion J,Sauve F,Selwyn J. J AOAC Int,2000,83:698

［44］GB 23200. 8—2016. 食品安全国家标准 水果和蔬菜中 500 种农药及相关化学品残留量的测定 气相色谱–质谱法

［45］王建华,张艺兵,汤志旭,等. 分析测试学报,2005,24(1):100

［46］张莹,黄志强,李拥军,等. 茶叶中多种有机磷农药残留量检验方法//国家质量监督检验检疫总局进出口食品安全局. 进出口食品化妆品检验检疫试用方法汇编,2003:173

［47］SensIR Technologies. Application Brief,AB030,2000

［48］张甜,董学畅,吴方平,等. 分析化学,2005,3:359

［49］Modey W K,Mulhollan D D,Raynor M W. Phytochem Anal,1996,7:1

［50］Bright F V,McNally M E P. Supercritical Fluid Technology:Theoretical and Applied Approaches in Analytical Society. Washington,DC:American Chemical Society,1992

［51］杨亚玲,周强,刘东辉,等. 云南大学学报(自然科学版),2006,28(2):157

［52］汤丹瑜,胡秋芬,杨光宇,等. 理化检验(化学分册),2003,39(10):585

［53］GB 23200. 9—2016. 食品安全国家标准 粮谷中 475 种农药及相关化学品残留量的测定 气相色谱法

［54］初建,翁愫慎,李国钦. J Food & Drug Anal,2000,8(1):63

［55］李樱,储晓刚,仲维科,等. 分析化学,2004,32(10):1325

［56］Yu C,Chen L H. LC-GC Eur,2004,February:2

［57］GB/T 5009. 192—2003. 动物性食品中克伦特罗残留量的检测

［58］孔莹,邱月明,李鹏,等. 分析测试学报,2006,25(20):63

［59］王建华,林黎明,王曼霞. 动物组织中硝基咪唑残留量检测方法//国家质量监督检验检疫总局进出口食品安全局. 进出口食品化妆品检验检疫试用方法汇编,2003:49

［60］林黎明,王曼霞,王建华,等. 动物组织中硝基咪唑恩诺沙星和环丙沙星残留量检测方法//国家质量监督检验检疫总局进出口食品安全局. 进出口食品化妆品检验检疫试用方法汇编,2003:62

［61］Reid E. Analyst,1976,101:1

［62］Stevens H M,Owen P,Bunker V W. J Forensic Sci Soc,1977,17:169

［63］Osselton M D,Shaw I C,Stevens R M. Analyst,1978,105:1160

［64］ Osselton M D. J Forensic Sci Soc,1977,17:189

［65］ Osseltom M D,Hammond M D,Twichett P J. J Pharm Pharmac,1977,29:446

［66］ Shankar V,Damodran C,Sekhara P C. J Anal Toxicol,1987,11:164

［67］ Chen X H. Mixed-mode solid-phase extraction for the screening of drugs in systematic toxicological analysis. Groningen:State University of Groningen,1993:65

［68］ Hammond M D,Moffat A C. J Forensic Sci Soc,1982,22:293

［69］ 张新威. 中国刑事科学技术大全:毒品和毒物检验. 北京:中国人民公安大学出版社,2003

［70］ Sparks D L. Environmental Soil Chemistry. New York:Academic Press,Inc,1995

［71］ Dean J R. Extraction Methods for Environmental Analysis. Chichester:John Wiley & Sons,1998

第7章　基质固相分散萃取与分散固相萃取

7.1　基质固相分散萃取方法和基本原理

在固相萃取中,通常要求样品是流动性液体。如果样品的黏度大或者样品中存在许多颗粒状物质,就不能直接采用常规的固相萃取装置对样品进行前处理。在这种情况下,要对样品进行适当的稀释、过滤后才能进行正常的固相萃取操作。

为了加快并简化样品前处理的过程,提高样品前处理的效率,Barker 等[1] 在1989 年首次提出了基质固相分散(matrix solid phase dispersion,MSPD),并将其应用于哺乳动物组织中目标化合物的萃取。如图 7-1 所示,与经典的固相萃取装置不同,MSPD 萃取是将样品与固相吸附剂(C$_{18}$、硅胶等)一起研磨之后,使样品成为微小的颗粒并分散在固相吸附剂表面。然后将此混合物装入空的 SPE 柱或注射针筒(可使用底部有筛板的空 SPE 柱);也可使用弗罗里硅土 SPE 柱,MSPD 混合物填入后通常要在顶部加上筛板以减小空间及防止产生渠道效应,最后用适当的溶剂将目标化合物洗脱下来。

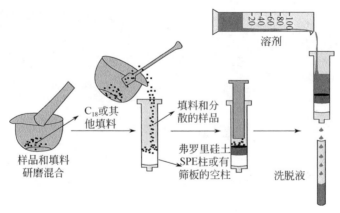

图 7-1　MSPD 萃取操作示意图[2]

MSPD 萃取技术的主要优点有:适用于固体、半固体及黏稠样品的萃取;萃取溶剂与目标化合物的接触面增大,有利于目标化合物的萃取;溶剂完全渗入样品基质中,提高了萃取效率;使用的萃取溶剂比传统的 LLE 减少约 95%,而且所需样品量小,萃取速度也比 LLE 快约 90%。

MSPD 萃取方法已经被广泛应用于多种固体、半固体及黏稠样品的萃取。表 7-1 列出了 MSPD 萃取技术在食品及环境分析中的部分应用。

表 7-1　MSPD 萃取技术在食品及环境分析中的应用

样品	目标化合物	MSPD 吸附剂	参考文献
柑橘	各种农药	C_8	[3]
橘子、葡萄、洋葱、番茄	氨基甲酸酯类农药	C_{18}、C_8、氰基、氨基、苯基	[4]
奶	有机氯、有机磷农药	C_{18}	[5]
奶	兽药	C_{18}	[6]
保健食品	维生素 K_1	C_{18}	[7]
肉、奶、奶酪	四环素	C_{18}	[8]
鱼	表面活性剂	C_{18}	[9]
鱼	三嗪类农药	C_{18}	[10]
牛脂肪	含氯农药	C_{18}	[11]
肝脏	β-受体激动剂	C_8 / C_{18}	[12]
肝脏	克伦特罗	C_{18}	[13]
鸡肉	磺胺类药物	C_{18}	[14]
鸡蛋	呋喃唑酮类	C_{18}	[15]
鸡蛋	苏丹红	硅胶	[16]
番茄	除草剂	氨基硅胶	[17]
药用植物	农药	弗罗里硅土	[18]
水果绿茶	酚类化合物	硅胶	[19]
苹果汁	有机磷农药	C_{18}	[20]
土壤	甲氰菊酯	弗罗里硅土	[21]

经典的 MSPD 萃取方式是将 2 g 固体吸附剂放入无孔的玻璃、铝或玛瑙研钵中,并将 0.5 g 或 0.5 mL 样品倒在载体上面。然后用研磨棒进行温和的研磨,经 30~45 s,样品基本分散在载体表面。将研磨好的样品/吸附剂转移至有塞片或滤纸的空 SPE 柱或玻璃注射针筒中,也可以根据需要将样品/吸附剂转移至装有吸附剂的 SPE 柱(如弗罗里硅土 SPE 柱)中。弗罗里硅土 SPE 柱的作用是吸附 MSPD 共流出干扰物以达到样品净化的目的。也可以将 MSPD 柱叠加在 SPE 净化柱之上进行洗脱。干燥的弗罗里硅土不但可以对 MSPD 洗脱物进行净化,还可以除去洗脱物中的水分。通常每种洗涤或洗脱溶剂的用量为 8 mL。洗脱可以利用重力进行,为了提高样品处理的通量,也可以加以真空或正压。洗脱通常是用不同的溶剂按一定的顺序进行,可以按照溶剂的极性大小,由低极性至高极性顺序洗脱,分别

收集每个溶剂组分。例如,按照正己烷、二氯甲烷、乙酸乙酯、乙腈、甲醇、水的顺序洗脱。为了减少杂质对目标化合物的干扰,有时也需要对萃取柱进行洗涤或对萃取物进行进一步的净化。

我们以 C_{18} 键合硅胶为例来看一下 MSPD 的萃取过程。C_{18} 固相吸附剂是作为研磨剂加入到固态或黏稠样品中,通过研磨的剪切力将样品的结构破坏。C_{18} 键合有机相起到了溶剂的作用,将样品组分溶解并分散在固相载体表面。通过扫描电子显微镜可以看到基质固相分散的效果[22]。图 7-2(a)是 C_{18} 载体颗粒,可以清楚地看到不规则键合硅胶具有多棱角的锋利边缘,在进行研磨时可以对固体样品进行剪切。图 7-2(b)是用未键合硅胶研磨后的肝脏样品。可以看到,虽然样品组织已经被剪切成许多小碎片,但细胞成分并没有被破坏。而图 7-2(c)和图 7-2(d)则是肝脏样品经过与 C_{18} 键合硅胶载体一起研磨后的扫描电子显微镜照片。可以看到样品完全被破碎[图 7-2(c)],并且样品基质分散在载体表面[图 7-2(d)]。

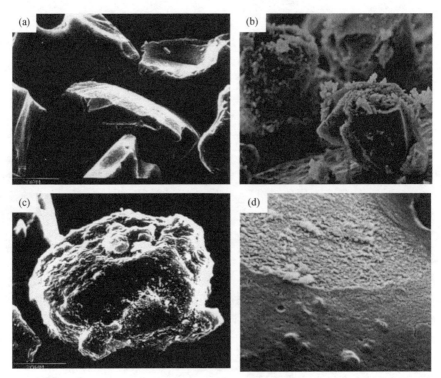

图 7-2　MSPD 扫描电子显微镜照片

分辨率为 20 μm。(a)C_{18} 载体颗粒;(b)未键合硅胶颗粒与牛肝脏组织一起研磨;
(c)载体颗粒与牛肝脏组织一起研磨;(d)(c)的局部放大(分辨率为 2 μm)

为了更好地解释 MSPD 的过程,我们假定一个 MSPD 的模式。如图 7-3 所示,样品中的各组分是按其极性分布的,非极性组分分散在吸附剂的非极性相,而极性组分和水分子则与 C_{18} 吸附剂表面的硅羟基作用。扫描电子显微镜照片显示当样品与固相填料的比例为 1 : 4(质量比)时,样品相当均匀地分散在固相填料表面约 100 Å 厚的层面上。也就是说,这时的样品已经变为"固相填料"的一部分,可以十分方便地装柱并进行洗脱。

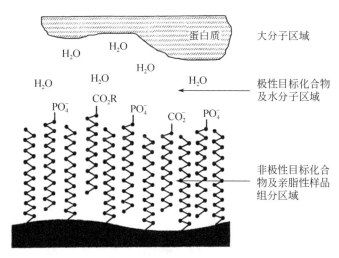

图 7-3　样品分散在 C_{18} 表面的极性及非极性区域的假定模式

虽然 MSPD 使用的吸附剂与固相萃取吸附剂相同,但其分离机理与经典的固相萃取有显著的不同。首先,在固相萃取中要求样品必须是流体状液体样品,而 MSPD 萃取是直接针对半固体或黏稠液体样品的;另外,固相萃取中与吸附剂作用的样品组分和采用 MSPD 方式分散在吸附剂表面的样品基质有很大的不同。在 MSPD 中对加入吸附剂的样品进行研磨是将常规的样品液化、匀化、组织细胞裂解、提取、净化的过程一次完成,避免了传统样品前处理过程中沉淀、离心、过滤等过程造成目标化合物的损失。在 MSPD 中,样品各组分、目标化合物与载体之间的相互作用可以归纳为以下几种,而且这几种作用力在 MSPD 中是同时发生的。

(1)目标化合物与固相载体之间作用;

(2)目标化合物与载体键合相之间作用;

(3)目标化合物与分散样品组分之间作用;

(4)其他样品组分与吸附剂之间作用;

(5)其他样品组分与吸附剂键合相之间作用;

(6)洗脱溶剂与上述所有成分之间作用。

7.2　影响基质固相分散萃取的因素

7.2.1　载体对基质固相分散萃取的影响

与固相萃取类似,在 MSPD 萃取中,吸附剂的理化性质会影响对目标化合物及样品组分的吸附与洗脱。Barker[22] 的研究表明,吸附剂颗粒的孔径对 MSPD 萃取影响不大,根据实验,通常吸附剂颗粒的孔径在 60 Å 左右即可。载体粒径小于 20 μm 会降低液体流速,增加操作时间,通常吸附剂粒径在 40 ~ 100 μm 较为合适。从经济角度出发,这种大颗粒吸附剂的价格也相对较低。

吸附剂的化学性质对 MSPD 萃取效率影响很大。Kristenson 等[23] 比较了键合硅胶与硅胶对水果中农药的萃取结果,发现硅胶的萃取效率比键合硅胶要差很多。图 7-4 给出了三种载体 MSPD 萃取橘子中添加农药的结果,可以看到采用硅胶时,极性大的化合物回收率几乎为零,而中等极性的化合物的回收率为 10% ~ 20%。由此可见,硅胶不适用于极性化合物的 MSPD。

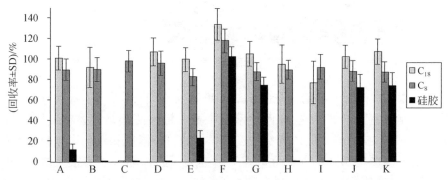

图 7-4　不同 MSPD 载体对橘子中添加农药(0.5 mg/kg)萃取回收率

A. 二嗪磷;B. 甲基对硫磷;C. 杀螟硫磷;D. 马拉硫磷;E. 倍硫磷;F. 毒死蜱;
G. 溴硫磷;H. 杀扑磷;I. 保棉磷;J. 顺式氯菊酯;K. 反式氯菊酯

键合硅胶吸附剂的键合相对 MSPD 也有很大的影响。键合相的碳链越长,极性越小,亲脂性越强,用于亲脂性的目标化合物分离。含有氰基、氨基的键合相极性较大,用于极性大的目标化合物萃取。由表 7-1 可以看到,大部分的 MSPD 方法都是采用键合硅胶作为吸附剂。由于键合硅胶的表面和微孔内有一定量的硅羟基,这些硅羟基吸收样品中的水分,起到了对样品进行干燥的作用,同时,使样品更加均匀地分散在吸附剂表面。这点在 MSPD 中十分重要,否则研磨后的样品装入空 SPE 柱或玻璃注射管后,对目标化合物的洗脱将会变得十分困难。硅羟基的另外一个作用是吸附样品中的极性干扰物,起到除杂的作用。实践表明,未封尾的键合硅胶用于 MSPD 可以得到很好的结果[22]。通常样品/载体比例为 1∶4(质量比)时,经过研磨的样品可以很好地分散在吸附剂表面。但有时也要根据目标化合物的化学性质及样品基质的性质对该比例进行调整。对于弱极性化合物,可选择弱极性吸附剂,如 C_{18} 或 C_8;而极性化合物则可选择极性吸附剂,如含氰基、氨基键合相的吸附剂。van Poucke 等[24]的研究报告表明,减少 C_{18} 吸附剂的用量会导致回收率降低。也有人尝试使用高聚物作为吸附剂,如丙烯聚合物 XAD-7HP。

7.2.2　样品基质对基质固相分散萃取的影响

样品基质经过研磨分散在吸附剂表面,形成新的层析相。显而易见,由于不同的样品基质所含组分的种类、状态和含量都不同,所形成的新层析相的组成和状态也有所不同,而不同的层析相对相同的目标化合物的影响也不同。例如,鸡肉和橘子具有两种完全不同的样品基质,前者是动物组织,含有大量的蛋白质、脂类等成分;后者是植物果实,含有大量的纤维、水及维生素 C、尼克酸、类黄酮、单萜、香豆素、类胡萝卜素、类丙醇、吖啶酮、甘油糖脂等成分。另外,MSPD 的样品是分散在柱子所有的填充部分。很明显,样品基质对 MSPD 萃取的影响很大。

与经典 SPE 不同,在 MSPD 中,吸附与洗脱主要不是取决于吸附剂,而是分散的样品。在 MSPD 萃取中,吸附剂已经降为次要因素。也就是说,萃取的结果在很大程度上与 MSPD 所形成的新层析相的性质有关。Reimer 等[25]的实验结果证明了这一点。在 Reimer 等的实验中,两实验员进行相同的实验,对三文鱼中的五种磺胺类药物进行 MSPD 萃取,所不同的是实验员 A 使用的研磨棒比实验员 B 的要大、要重,研磨时用的力量也大。结果发现实验员 A 对药物的回收率(70%)比实验员 B 的(50%)要高,而且实验员 A 所得到的萃取物中的油脂比实验员 B 的要少。由此可见,研磨的力度会影响样品基质分散的程度,样品基质分散得好,回收率就高,反之,回收率就会降低。

在 MSPD 中,由于样品基质经过研磨后成为吸附剂的一部分,改变样品基质的状态就会改变 MSPD 的结果。如果在样品中加入一些试剂,如抗氧化剂、螯合剂、酸、碱等,然后再与载体一起研磨。这势必导致目标化合物与样品基质以及吸附剂间的相互作用的改变,从而影响目标化合物的洗脱。

7.2.3　洗脱溶剂对基质固相分散萃取的影响

与经典固相萃取不同,在 MSPD 中,由于样品基质成为吸附剂的一部分,洗脱溶剂在对目标化合物洗脱的过程中,不可避免地要与样品基质作用。也就是说,洗脱组分中很可能含有某些样品基质组分。根据 Hines 等的实验[26],当用 C_{18} 与肝脏样品进行研磨后装柱洗脱,正己烷洗脱 98% 的甘油三酸酯,二氯甲烷洗脱 98% 的磷脂和甾酮,乙腈洗脱糖类和多羟基类化合物,水洗脱磷酸糖类化合物。溶剂对于蛋白质的洗脱强度是:甲醇>水>乙腈>乙酸乙酯。由此可见,如果我们选用这些溶剂作为洗脱溶剂,所得到的洗脱组分中势必含有这些基质组分。因此,在 MSPD 洗脱中,我们选择的洗脱溶剂应该在尽可能保留样品基质组分的前提下,最大限度地洗脱目标化合物。在许多情况下我们必须在回收率和洗脱组分的纯度之间寻找一个平衡点。这个平衡点就是在可以接受的回收率的前提下,尽可能减少样品基质组分的共洗脱。如果共洗脱杂质干扰对目标化合物的检测,就要使用其他净化手段对 MSPD 萃取物进行净化处理,如使用固相萃取除去杂质。

任何样品前处理方法都不是十全十美的,MSPD 萃取也是如此。虽然 MSPD 具有一定的优点,但是该萃取技术不容易实现自动化。如果处理的样品数量多,手工操作的工作量将会很大。虽然经过 MSPD 萃取的样品可以直接进入仪器分析,但有时也需要进行进一步的净化,特别是对于脂肪含量较高的样品。

7.3　基质固相分散萃取在食品及环境分析中的应用

7.3.1　在水果、蔬菜和果蔬汁中的应用

MSPD 广泛地应用于水果、蔬菜及其汁液制品中农药残留的检测。

1. 基质固相分散萃取结合液相色谱–质谱联用测定水果和蔬菜中的氨基甲酸酯类农药[4]

样品处理:称取 0.5 g 样品(柑橘、葡萄、洋葱、番茄)和 0.5 g 吸附剂于玻璃研钵中,用玻璃杵轻轻研磨 5 min,使样品与填料均匀混合。将混合物装入玻璃柱中(100 mm×9 mm,I. D.),用 10 mL 二氯甲烷/乙腈(60∶40,体积比)溶液洗脱,洗脱液用氮气吹干仪浓缩至 0.5 mL,进样测定。

吸附剂:二氧化硅键合 C_{18}、C_8、氰基、氨基、苯基。

检测:LC-ES-MS、LC-APCI-MS。

该方法检测了柑橘、葡萄、洋葱和番茄中的 13 种氨基甲酸酯类农药,其中,C_8 的平均回收率为 64% ~ 106% ,RSD 为 5% ~ 15% ,平均检出限为 0.001 ~ 0.01 mg/kg,是欧盟规定的最大残留限量(MRLs)的 1/100 ~ 1/10。回收率结果见表 7-2。

表 7-2　13 种氨基甲酸酯类农药在 4 种蔬菜和水果上的添加回收率(1 mg/kg)

农药	回收率/% (max-min)				
	C_8	C_{18}	苯基	氨基	氰基
杀线威	62(76-49)	55(66-48)	46(49-42)	47(49-44)	50(54-45)
甲硫威	90(94-77)	64(78-54)	72(74-71)	76(81-73)	82(95-73)
残杀威	89(92-77)	73(77-60)	71(73-68)	80(82-78)	80(90-73)

农药	回收率/% (max-min)				
	C_8	C_{18}	苯基	氨基	氰基
克百威	83(85-74)	73(87-61)	65(67-61)	61(69-56)	76(83-67)
甲萘威	65(77-64)	66(75-47)	42(52-31)	43(45-42)	59(63-56)
杀虫丹	77(84-71)	51(64-43)	46(50-40)	49(59-47)	58(63-54)
异丙威	60(66-53)	59(65-52)	58(63-52)	55(62-51)	64(69-58)
乙霉威	67(69-62)	71(84-68)	51(56-48)	58(63-55)	63(67-58)
仲丁威	74(76-67)	61(67-59)	57(64-53)	64(70-58)	68(74-62)
甲硫威	72(87-67)	71(76-67)	61(68-51)	66(71-65)	76(81-66)
苯氧威	67(70-63)	64(74-53)	48(54-44)	55(58-52)	65(69-62)
杀草丹	103(111-90)	98(105-87)	102(105-98)	104(106-88)	92(104-65)
抗蚜威	89(92-77)	72(74-62)	59(51-66)	69(74-61)	73(83-67)
平均值	77	67	59	64	70

2. 基质固相分散-气相色谱法检测苹果浓缩汁中的 5 种有机磷农药的残留[20]

C_{18} 填料预处理:填料使用前进行活化处理,方法为称取 22 g C_{18} 填料装入 50 mL 玻璃注射器内,分别用 2 倍柱体积的正己烷、二氯甲烷和甲醇依次洗涤,真空干燥,储存在试剂瓶内备用。

洗脱溶剂:用正己烷、乙酸乙酯和丙酮配制成体积比分别为 1∶5∶4(体积比)、1∶4∶5(体积比)、1∶3∶6(体积比)的混合溶液各 50 mL。

样品处理:称取 2.00 g C_{18} 填料放入玻璃研钵内,加入 0.50 g 果汁或经组织匀浆后的苹果,充分研磨,使待测样品均匀分散在 C_{18} 中,待装柱。取 10 mL 玻璃注射器,下端放一滤纸片,一次加入 0.4 g 无水硫酸钠、上述混合样品及 0.5 g 无水硫酸钠,上端再放一滤纸片,用活塞适度压实样品;取出活塞,加入 10 mL 正己烷,淋洗除去色素,弃去,抽干;用洗脱溶剂各 3 mL 洗脱,用心形瓶接收,40 ℃旋转蒸发至近干,压缩空气吹干;用 0.5 mL 丙酮溶解,待测。

检测:GC。

作者建立了苹果浓缩汁中 5 种有机磷农药(敌敌畏、甲胺磷、氧化乐果、马拉硫磷、对硫磷)残留的 MSPD-GC 多残留分析方法。回收率为 84.3% ~ 103.5%,RSD 为 1.4% ~ 9.9%,最低检出限为 0.007 ~ 0.025 mg/kg。C_{18} 填料与样品的比例一般为(3 ~ 4)∶1(质量比),在本实验中,当 C_{18} 与样品的比例为 3∶1(质量比)时为半固态(较黏稠),而 4∶1(质量比)时为粉末态。粉末态的填料样品转移方便,易于装柱,填料柱厚度均匀;而半固态或黏稠状的填料不利于装柱。C_{18} 填料与样品用量比例的选择见表 7-3。

表 7-3　C₁₈ 填料与样品用量比例的选择

C₁₈ : 样品	形态	农药	回收率/%	C₁₈ : 样品	形态	农药	回收率/%
3 : 1	半固态	敌敌畏	31.6	4 : 1	粉末态	敌敌畏	52.2
		甲胺磷	36.9			甲胺磷	60.1
		氧化乐果	39.9			氧化乐果	62.5
		马拉硫磷	45.1			马拉硫磷	71.0
		对硫磷	40.0			对硫磷	70.2

7.3.2　在动物组织中的应用

MSPD 最早就是 Barker 等[1]在检测哺乳动物组织中农药、驱虫剂和抗生素残留时所发明的一种全新的前处理技术,接着他们继续研究用 MSPD 方法从牛脂中萃取和净化 9 种杀虫剂,以 C₁₈ 为分散剂,以弗罗里硅土为净化填料,用乙腈洗脱,平均回收率为 85% ~ 102%[11]。目前,动物肌肉组织、肾脏、海产品、水产品、牛奶、蜂蜜、鸡蛋、昆虫等基质中的农药都可以用 MSPD 方法来进行前处理。

1. 基质固相分散-高效液相色谱法检测鸡肉中的磺胺类药物残留[14]

样品处理:称取 0.5 g 鸡肉样品和 2 g 氧化铝 N-S 于陶瓷研钵中,用研磨棒轻轻研磨,使样品与填料均匀混合。将混合物装入 15 mL 注射器中,下端放一滤纸片。用 10 mL 70%(体积分数)乙醇水溶液洗脱,洗脱液旋转蒸发至近干,用 1 mL 流动相溶解,待测。

吸附剂:6 种极性材料(4 种氧化铝、硅胶、弗罗里硅土),1 种非极性材料(C₁₈)。

检测:HPLC。

该方法检测了鸡肉中的 6 种磺胺类药物,比较了 6 种吸附材料的效果,结果显示采用中性氧化铝为 MSPD 的吸附剂时,6 种磺胺类药物的回收率和 RSD 的结果最好,回收率在 87.6% 以上,RSD 在 0.5% ~ 8.6% 之间。色谱图见图 7-5。

2. 高效液相色谱法测定鸡蛋中呋喃唑酮的残留量[15]

C₁₈ 填料预处理:使用前进行活化处理,方法为称取 100 g C₁₈ 填料装在层析柱中,用 100 mL 甲醇分多次淋洗后倒入烧杯中风干待用。

样品处理:称取 3.0 g C₁₈ 填料和 1.0 g 鸡蛋放入研钵内,研匀,在通风橱中放置 1 h 左右晾干后装柱。用 15 mL 正己烷淋洗柱子,弃去淋洗液,再用 15 mL 乙酸乙酯洗脱柱子,真空抽干,收集洗脱液并用氮气吹干。

净化:依次用 15 mL 乙酸乙酯和 5 mL 正己烷活化硅胶柱。用 100 μL 二氯甲

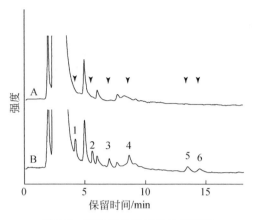

图 7-5 鸡肉样品的 HPLC 色谱图

A. 空白鸡肉组织;B. 鸡肉组织添加样品(0.1 ppm)。1. 磺胺嘧啶;2. 磺胺二甲嘧啶;3. 磺胺间甲氧嘧啶;
4. 磺胺甲噁唑;5. 磺胺二甲氧嘧啶;6. 磺胺喹噁啉

烷/正己烷(50∶50,体积比)将上述浓缩残渣溶解并定量转移到硅胶柱上。用 5 mL 二氯甲烷/正己烷混合液淋洗硅胶柱,弃去淋洗液;用 5 mL 乙酸乙酯洗脱,真空抽干,收集洗脱液,用氮气吹干洗脱液,残渣用 0.5 mL 乙腈微热溶解,待测。

检测:HPLC。

该方法采用 MSPD 和 SPE 相结合,对鸡蛋中呋喃唑酮残留进行了提取和净化,建立了 HPLC 法检测鸡蛋中呋喃唑酮残留量的方法。鸡蛋样品经过 MSPD 萃取后,仍然含有较多的脂类成分,需用 SPE 硅胶柱进一步净化。呋喃唑酮的加标量为 8~500 ng,鸡蛋中呋喃唑酮的平均回收率都在80%以上,相对标准偏差都在10%以内,该方法的检出限为 10 μg/kg。回收率结果见表7-4。

表 7-4 呋喃唑酮在鸡蛋样品中的回收率($n=5$)

加入量/ng	平均回收率/%	相对标准偏差/%
8	80.2	9.47
10	86.3	9.18
20	91.1	4.33
200	91.6	3.45
500	94.3	1.97

7.3.3 在谷物和饲料中的应用

1. 基质固相分散-高效液相色谱法测定小麦籽粒中吡虫啉和啶虫脒残留[27]

基质固相分散小柱的制备:称取 0.50 g 小麦粉放入玻璃研钵中,加入 0.5 mL

去离子水溶胀 5 min。依次加入 1 g 无水硫酸钠、1 g C₁₈ 键合硅胶,充分研磨 5 min。取 1 只 10 mL 注射器,底部垫圆形滤纸片,将混合物装入注射器内,顶部再加一圆形滤纸片防止基质流失,最后用注射器活塞压实制得基质柱。

样品的洗脱:用 12 mL 乙腈分 3 次洗涤研钵并转入基质柱内,收集洗脱液 10 mL,用氮气吹干仪浓缩至少于 0.5 mL,用乙腈定容至 0.5 mL,待测。

吸附剂:C₁₈ 键合硅胶,粒径 60~75 μm。

检测:HPLC。

建立了以 C₁₈ 键合硅胶作为固相分散剂,高效液相色谱法同时测定小麦籽粒中吡虫啉和啶虫脒残留的分析方法。将 C₁₈ 键合硅胶与样品一起研磨均匀制成基质固相分散颗粒,用乙腈淋洗,浓缩后用 HPLC 检测。结果表明,在 0.05 mg/kg、0.1 mg/kg、0.5 mg/kg 水平时,吡虫啉和啶虫脒的添加回收率分别在 88.5%~98.4% 和 93.2%~98.9% 之间,相对标准偏差分别在 2.0%~3.8% 和 3.6%~9.8% 之间,仪器最低检出量分别为 0.1 ng 和 0.4 ng,方法最小检出浓度分别为 0.04 mg/kg 和 0.1 mg/kg。该方法简便、快速、溶剂消耗少,满足农药残留分析要求。

2. 基质固相分散-气相色谱-质谱联用法检测渔业样品中的氯化物和溴化物[28]

样品处理:称取 1.5 g 样品和 1 g C₁₈ 于玻璃研钵中,用研磨棒轻轻研磨,使样品与填料均匀混合。注射器柱管(从下往上)依次装入 2 g 酸化的二氧化硅、1.5 g 氧化铝、混合物。用 30 mL 正己烷洗脱,洗脱液用氮气吹干仪吹干后用 200 μL 正己烷溶解,待测。

吸附剂:C₁₈。

检测:GC-ECD、GC-MS/MS。

建立了渔业饲料中的 15 种多溴联苯醚、多氯联苯、多溴联苯的检测方法,以 MSPD 作为前处理方法,C₁₈ 为吸附剂,正己烷为洗脱剂,用 GC-ECD 和 GC-MS/MS 检测。并且对 5 个鱼饲料样品和人工养殖的扇贝、蛤和贻贝样品进行检测,检测结果如表 7-5 所示。

表 7-5　多卤化物在渔业饲料和人工养殖的水产品中的残留量(n=3)

化合物	样品 1 (饲料)	样品 2 (饲料)	样品 3 (饲料)	样品 4 (饲料)	样品 5 (饲料)	样品 6 (扇贝)	样品 7 (蛤)	样品 8 (贻贝)
PCB-10	n.d.	n.d.	n.d.	1.0	n.d.	n.d.	0.2	0.1
γ-BHC	n.d.	n.d.	n.d.	n.d.	n.d.	n.d.	5.2	9.4
PCB-28	n.d.	1.0	n.d.	2.4	n.d.	n.d.	3.8	2.6
PCB-52	0.2	0.6	n.d.	10.2	0.9	5.1	11.4	16.2

化合物	样品 1 （饲料）	样品 2 （饲料）	样品 3 （饲料）	样品 4 （饲料）	样品 5 （饲料）	样品 6 （扇贝）	样品 7 （蛤）	样品 8 （贻贝）
PCB-153	5.1	3.1	1.2	3.4	2.4	4.2	10.9	22.3
4,4′-DDT	n.d.	n.d.	0.9	1.8	1.5	3.7	166.6	28.6
PCB-138	3.1	2.5	1.0	3.2	1.7	2.4	7.3	13.5
PCB-180	1.6	1.1	0.4	1.0	n.d.	0.6	1.5	1.1
PBDE-47	n.d.	n.d.	n.d.	1.3	n.d.	n.d.	n.d.	n.d.

注：n.d. 表示未检出。

7.3.4　在其他样品中的应用

　　MSPD 还应用于茶叶、药材、土壤等基质中的农药及其他化学物质的残留检测。

　　1. 基质固相分散-LC-MS/MS 检测茶叶中的 16 种农药残留[29]

　　净化柱的准备：取 25 mL 的柱管，底部垫一层滤纸片，将 50 mg GCB 和 450 mg 石英砂混合均匀后装入，然后将 1.0 g PSA 和 1.5 g 石英砂混合后装入，再加入 750 mg PVPP，在顶部再加一层滤纸片。

　　样品处理：茶叶粉碎后过 40 目筛，称取 0.5 g 茶叶样品于研钵中，加入 100 μL 内标，待溶剂挥发后（1 h 左右），加入 0.75 g C_{18} 和 0.75 g 弗罗里硅土，用研磨棒轻轻研磨，使样品与填料均匀混合。将混合物装入净化柱中，用 20 mL 乙腈分 3 次洗涤研钵和研磨棒，洗涤液转入净化柱内。收集洗脱液，用氮气吹干仪浓缩至干，用 1.0 mL 初始流动相复溶，待测。

　　吸附剂：C_{18} 和弗罗里硅土。

　　检测：LC-MS/MS。

　　将 MSPD 与 SPE 结合，建立了茶叶中的 16 种农药（5 种氨基甲酸酯类农药、4 种有机磷类农药、7 种拟除虫菊酯类农药）的多残留检测方法，使提取和净化等步骤一次完成。MSPD 采用不同吸附剂的添加回收结果见图 7-6。从图中可以看出，当弗罗里硅土和 C_{18} 的比例为 1∶1（质量比）时，16 种农药的回收较好。

　　该方法的回收率为 87.7%～99.6%，RSD 值为 0.2%～9.6%。对 8 个实际样品进行检测，结果表明样品中的农药检出量均小于欧盟规定的最大残留限量。

　　2. 中草药中有机磷农药多残留的同时测定[30]

　　中草药：金银花、三七、枸杞。

　　吸附剂：取 250 g 弗罗里硅土置于 2000 mL 圆底烧瓶，加 700 mL 蒸馏水，回流 1 h，倒出上面水层，添加新蒸馏水继续回流，如此重复 3 次，滤去蒸馏水，置 130 ℃

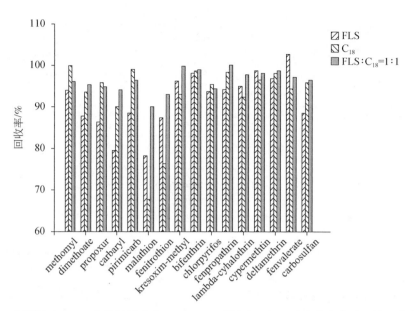

图 7-6　弗罗里硅土、C_{18} 和弗罗里硅土/C_{18}（1∶1,质量比）对 16 种农药在茶叶上的回收率比较

干燥,再置 600 ℃烘烤 2 h,放入干燥器备用;混合吸附剂为活性炭/Celite 545(1∶2,质量比)。

样品处理:

(1)金银花:取 2 g 充分研碎的金银花干样,加 3 g 弗罗里硅土在研钵中充分研磨均匀。层析柱下端塞少量脱脂棉后加入 0.9 g 混合吸附剂,用 5 mL 丙酮预洗,装入样品混合物,轻轻敲实,加盖 0.5 cm 厚的无水硫酸钠,以 10 mL 乙酸乙酯分数次洗涤研钵和研磨棒,洗涤液转入层析柱内,依次用 50 mL 乙酸乙酯和 10 mL 20%(体积分数)丙酮/乙酸乙酯洗脱。收集洗脱液,经减压浓缩,定容至 2 mL 待测。

(2)三七:取三七粉 2 g,加 3 mL 去离子水,使其吸湿 1 h 后,加入 5 g 弗罗里硅土,充分研磨使之成为半干、均匀、半流动性的混合物。层析柱下端依次装入脱脂棉、2 cm 无水硫酸钠、0.6 g 混合吸附剂,用 5 mL 丙酮预洗,装入样品混合物,加盖 0.5 cm 厚的无水硫酸钠,以 10 mL 20%(体积分数)丙酮/乙酸乙酯分数次洗涤研钵和研磨棒,洗涤液转入层析柱内,用 60 mL 20%(体积分数)丙酮/乙酸乙酯洗脱。收集洗脱液,经减压浓缩,定容至 2 mL 待测。

(3)枸杞:用干法和湿法都可以。湿法:取粉碎的样品 2 g,加入 3 mL 去离子水,使其吸湿 1 h 后,加入 6 g 弗罗里硅土,充分研磨,其他操作与三七相同,只是淋洗剂改为乙酸乙酯;干法:与金银花相同,但弗罗里硅土加入 2 g 即可。

检测:GC-FPD。

中草药不同于一般蔬菜水果,其含水量通常都较低,需要对样品是否需要加水及加水量多少和固体分散剂的用量等进行研究。例如,金银花在不加水或减少弗罗里硅土用量情况下可达到良好的效果。对于三七粉,如果不添加适量的水,则敌敌畏、甲胺磷、乙酰甲胺磷几乎完全不能回收,此外,在未添加水的情况下,三七粉在淋洗过程中会逐渐膨胀,使得淋洗速度大大降低。对于枸杞,加水或不加水都能获得满意的回收结果。由于各种中草药的性质相差太远,在利用 MSPD 法时,需要区别对待。

中草药不同于蔬菜、水果的另一特点是它的成分往往较复杂,含有较多的挥发性植物油、皂苷、糖苷和生物碱等,单靠与固相吸附剂(或分散剂)的接触常常不能达到满意的要求。一般需要在样品混合物上柱前,在柱的下端加入一些其他的吸附剂,以帮助进一步净化洗脱液。

该方法在金银花、三七、枸杞中的添加回收率结果见表7-6。

表7-6　金银花、三七、枸杞添加中浓度回收率结果

农药	添加浓度/(mg/kg)	金银花		三七		枸杞	
		回收率/%	变异系数/%	回收率/%	变异系数/%	回收率/%	变异系数/%
敌敌畏	0.129	71.8	10.7	89.2	3.6	90.2	2.4
甲胺磷	0.168	76.1	10.2	96.9	2.5	94.0	2.2
速灭磷	0.324	89.6	4.4	96.7	3.0	106.3	2.1
乙酰甲胺磷	0.318	84.8	4.2	89.6	9.0	92.3	5.5
甲拌磷	0.150	89.9	4.1	74.1	4.0	95.7	3.2
乙拌磷	0.264	92.2	3.4	74.8	5.1	98.0	3.9
稻瘟净	0.247	97.4	2.9	93.5	8.4	89.9	5.0
乐果	0.378	98.0	3.6	96.2	6.1	98.8	3.9
二嗪磷	0.525	94.8	8.8	98.9	4.6	104.9	5.0
毒死蜱	0.304	91.9	2.8	68.8	9.8	86.1	3.8
马拉硫磷	0.612	98.5	4.7	86.8	7.6	89.2	7.3
对硫磷	0.390	96.0	3.8	85.5	13.4	85.8	5.4
稻丰散	0.502	93.3	4.6	85.1	11.3	86.4	7.6
丙溴磷	0.594	98.2	3.7	80.9	6.9	88.2	7.6

3. 底物固相分散法测定土壤中甲氰菊酯残留量[21]

样品处理:称取土壤4.0 g置于研钵中,加入1.0 mL水,拌匀,加入10.0 g弗罗里硅土,充分研磨30 min,使之成为均匀的混合物。在层析柱下端放入小块脱脂棉,依次填入8 g Na$_2$SO$_4$(无水)、上述样品和固相吸附剂的混合物和2 g Na$_2$SO$_4$(无水),加盖滤纸,轻轻敲实。用石油醚/乙酸乙酯(10∶90,体积比)混合溶剂15 mL

淋洗层析柱,收集洗脱液,用氮气流浓缩至 1.0 mL,待测。

吸附剂:弗罗里硅土,630 ℃下烘烤 4 h,用前在 150 ℃下活化 4 h。

检测:GC。

往底物中加入水的量,固相吸附剂的用量和底物质量之间的比例,淋洗液的极性和用量是影响前处理效果的 3 个主要因素。其中,弗罗里硅土起着支持剂、吸附剂的作用,农药在弗罗里硅土与土壤之间进行吸附与分配,经适当极性的淋洗剂洗脱达到提取与净化的双重效果。水的加入主要是调节弗罗里硅土的吸附性能,当水的量过低时回收率偏低,而且土壤中的干扰杂质很容易与甲氰菊酯一起被洗脱;过高时所需弗罗里硅土的量就很大,且所需淋洗剂的量增加。

7.4 分散固相萃取

分散固相萃取(dispersive solid phase extraction,d-SPE)与 MSPD 有相同之处,两者都是使用分散的固相萃取吸附剂而不是经典的固相萃取柱对样品进行萃取。但是,与 MSPD 不同,d-SPE 是将固相萃取吸附剂颗粒分散在样品的萃取液中,涡旋混匀,吸附萃取液中的干扰物,然后通过离心或过滤得到澄清的样品提取液,而不是将吸附剂直接加入原始样品中。d-SPE 最典型的应用就是在多农药残留检测中使用的 QuEChERS 样品前处理方法。

7.4.1 QuEChERS 方法

1. QuEChERS 方法简介

QuEChERS 是英文 Quick,Easy,Cheap,Effective,Rugged,Safty 的缩写,即为"快速、简单、经济、有效、耐用、安全"的前处理方法。该方法是 Anastassiades 等于 2002 年首先在第四届欧洲农药残留工作组会议上提出,并于 2003 年正式公布的一个用于农产品中农药多残留分析的前处理方法[31]。Lehotay 等最初旨在针对水果、蔬菜、谷物等低脂农产品而建立一个快速、低花费的农药多残留物样品前处理方法,后来该方法也被发展到其他基质的分析和液质联机检测、气相色谱-FPD 和 ECD 检测,并被扩展到兽药和抗生素残留等分析。QuEChERS 方法虽然问世较晚,但却吸引了大量农药残留分析研究者的关注,目前已经发展成为一个应用范围非常广泛的样品前处理方法,得到了 AOAC 和欧盟农残监测委员会的认可,并成为多个国家农药监测体系的官方方法,在食品安全检测实验室得到广泛的使用[32-37]。我国 2018 年 12 月 21 日开始实行的食品安全国家标准 GB 23200.113—2018[38]中水果、蔬菜和食用菌的样品前处理也采纳了 QuEChERS 方法。d-SPE 在该方法中被应用于除去样品中的杂质干扰物,目前,一些厂商提供预包装 QuEChERS 试剂包,如安捷伦、艾杰尔、西格玛、Restek、岛津、UCT 等公司。

2. QuEChERS 方法的基本原理

QuEChERS 方法的发展是以固相萃取技术与基质固相分散技术的结合与衍生为基础的,该方法是在一些高效的提取试剂和净化处理试剂的作用下,通过涡旋、离心等较为简单、省时、省力的操作步骤,将食品中残留的农药待测物与样品中的基质干扰物(如脂肪酸、糖类、色素、蛋白质、水分等)分离。该方法主要分为提取和净化两个步骤。首先,在提取过程中,提出了一种加入分析保护剂的单一溶剂提取农药分析物的新模式,通过实验发现乙腈作为提取溶剂最为合适,可提取极性范围较大的多种农药残留物,同时该方法使用具有较强吸水作用的无水硫酸镁代替常用的无水硫酸钠,在吸水的过程中同时释放大量的热能,从而促进农药残留物的提取。在净化过程中,采用 d-SPE 技术,用 PSA、GCB、C$_{18}$ 等材料进行净化,去除基质中的干扰物质,如脂肪酸、糖类、有机酸和极性亲脂性色素,而对农药残留分析物无吸附、保留作用[39-41]。与其他萃取层析填料如 GCB、弗罗里硅土、中性氧化铝等相比,PSA 对大部分农药分析物的保留作用较弱,从而能达到更好的回收效果。QuEChERS 方法的技术核心是在样品基质的提取液中直接加入除水剂和杂质吸附剂,经过离心后,提取液可直接进行色谱、质谱等仪器分析。

3. QuEChERS 方法的操作程序

QuEChERS 方法经过了多个实验室内部的验证和优化,目前已经发展为一个应用非常广泛的方法,并成为多个国家农药监测体系的官方方法,其具体步骤如下[42]:

第一步:试样制备

样品的取样量按照相关标准的规定执行。对于水果和蔬菜样品,建议进行低温研磨(如在研磨过程中加入干冰),以提高样品的均匀性。在研磨前,可将样品切成小块混匀后放入冰箱(如−18 ℃冷冻过夜),然后进行低温匀浆(见图 7-7 中的步骤 1~3),可减少干冰的使用量。

由于样品的用量只有 10~15 g,必须注意样品的代表性。因此,正确采样十分关键。为了确保样品的代表性,采样量不应少于 1 kg。样品必须充分地混合均匀,然后取 10~15 g 进行检测。为了减少挥发性农药残留物的损失,建议在匀浆过程中加入干冰。如果样品含水量在 25%~80% 之间,要加入一定量的水使得样品中水的含量到达 10 g(以 10 g 样品为例)。如果样品含水量小于 25%(如干果、面粉、蜂蜜、香辛料等),应该适当减少样品的用量,并加入一定量的水。注意,加入的水的温度应该在 4 ℃左右,以中和加盐所产生的热量。表 7-7 列出了不同样品的用量及水的加入量。

图 7-7　QuEChERS 方法操作的图片[42]

其中步骤 1~3 是 QuEChERS 萃取方法中的第一步,步骤 4~7 是第二步,步骤 8~11 是第三步

表 7-7　不同样品的用量及水的加入量

样品类型	样品用量/g	水加入量/g	注释
谷物	5	10	
干果	5	7.5	可以在样品粉碎过程中加入水。12.5 g 匀浆试样用于分析

续表

样品类型	样品用量/g	水加入量/g	注释
水果、蔬菜,含水量>80%	10	—	
水果、蔬菜,含水量25%~80%	10	X	X=10 g-10 g 样品的含水量
蜂蜜	5	10	
调味品	2	10	

第二步:萃取/分离

称取10.0 g±0.1 g试样,置于50 mL离心管中,加入10 mL乙腈及内标物,加盖后剧烈振荡1 min。然后依次加入:4 g±0.2 g无水硫酸镁,1 g±0.05 g氯化钠,1 g±0.05 g二水柠檬酸三钠及0.5 g±0.03 g含水柠檬酸二氢钠。加盖后剧烈振荡1 min,3000 r/min离心5 min(见图7-7中的步骤4~7)。

虽然丙酮和乙酸乙酯也可以作为萃取溶剂,但实验表明乙腈作为萃取溶剂最适合。因为在加入盐后,乙腈比丙酮更容易与水相分层。乙酸乙酯虽然比乙腈容易与水分层,但是乙酸乙酯的共萃取物较多,另外,对酸性农药的萃取率偏低,而且在下一步分散固相萃取时得到的溶液没有乙腈干净。

盐的加入有利于有机相与水相的分层。同时,盐析效应有利于目标化合物更多地分配在有机相中。为了促使有机相与水相分层,需要加入过饱和的硫酸镁。而氯化钠的加入则有利于控制萃取溶剂的极性以减少共萃取物的含量。氯化钠的用量必须注意,过多的氯化钠会影响有机溶剂对极性目标化合物的萃取。

大多数农药在酸性条件下较为稳定。对于大多数样品而言,柠檬酸缓冲盐的加入使得样品溶液的pH在5~5.5之间。该pH范围既有利于农药残留物的定量萃取,又可以防止酸性或碱性不稳定农药残留物的损失。如果样品本身是富酸性的(pH<3),可以视其酸度适当加入5 mol/L氢氧化钠。例如,柠檬、酸橙和葡萄加入600 μL,树莓加入200 μL。为了防止硫酸镁遇水结块,在加入盐后立即剧烈振荡数秒钟。

注意,由于含有酸性基团的农药(如苯氧羧酸类)会与PSA结合,如果要检测的样品中具有这类农药,就不能用PSA分散固相萃取净化,而是直接进行LC-MS/MS分析。

第三步:分散固相萃取

在一次性的聚乙烯离心管中按每毫升萃取液加入25 mg PSA吸附剂和150 mg硫酸镁的比例加入适量的PSA和硫酸镁,然后将一定量的有机萃取液转移至离心管中。剧烈振荡30 s,3000 r/min离心5 min。将上清液转移至带盖样品瓶中,并迅速用5%(体积分数)乙酸(用量为10 μL/mL清液)将pH调节至5左右(见图7-7中的步骤8~11)。

　　由于在第二步萃取/分离得到的萃取物中含有脂肪和蜡状物等共萃取物,这些物质会对 GC 分析的稳定性产生负面的影响,因此必须除去,QuEChERS 采用的是 d-SPE 法除去杂质。加入分散的固相萃取吸附剂的目的是要吸附萃取液中的杂质,而不是目标化合物。PSA 可以吸附极性有机酸及一些糖和脂类杂质。如果脂类物质较多,可以冷冻除脂(冷冻 1 h 以上,或者过夜)。残留的共萃取物可以通过上述 PSA+硫酸镁 d-SPE 法除去。也可以在用 PSA 进行 d-SPE 的同时加入一定量的 C$_{18}$ 或 C$_8$ 以更有效地除去脂类,添加量分别是每毫升萃取液 25 mg 及 50 mg。

　　对于胡萝卜素或叶绿素含量高的样品,在进行 d-SPE 时,除了 PSA 外,还可以加入一定量的 GCB,并将振荡时间延长至 2 min。注意,由于 GCB 对具有平面结构的农药具有很强的吸附力,GCB 一定要适量使用。根据 Anastassiades 等的实验[31],只要肉眼还能够观察到萃取液中的色素,GCB 的用量就不会导致这些农药的明显吸附。例如,对于胡萝卜、莴笋等,GCB 的用量为 2.5 mg;而对于甜青椒、菠菜等则可加入 7.5 mg GCB。

　　在萃取液中加入适量的乙酸可以对一些农药起到稳定作用,另外也可以改善一些农药在 GC 色谱柱中的拖尾现象。

　　图 7-8 是 QuEChERS 方法的图解示意图。

图 7-8　QuEChERS 萃取方法示意图

图中样品及试剂的用量是以 10 g 样品为例,如果样品用量不同,可依比例增加或减少试剂的用量通过 QuEChERS 方法对 250 种农药的萃取检测表明,该方法对于不同基质的样品回收率在 70%~110%[43]。表 7-8 是应用 QuEChERS 方法对黄瓜中添加农药的萃取结果。

表 7-8　黄瓜中有机农药的萃取回收率(检测方法 GC-MS 或 LC-MS,浓度 0.1 mg/kg, $n=5$)

农药	类别	回收率/%	RSD/%	农药	类别	回收率/%	RSD/%
乙酰甲胺磷	有机磷酸酯类	96.3	7.8	吡虫啉	新烟碱类	101.4	2.3
嘧菌酯	甲氧基丙烯酸酯类	97.9	1.7	虱螨脲	苯甲酰脲类	96.0	4.1
多菌灵	苯并咪唑类	98.1	5.7	甲胺磷	有机磷酸酯类	86.9	7.5
氟氯氰菊酯	拟除虫菊酯类	96.7	3.3	速灭磷	有机磷酸酯类	96.7	7.9
氯氰菊酯	拟除虫菊酯类	96.7	2.7	对硫磷	有机磷酸酯类	100.1	0.9
敌敌畏	有机磷酸酯类	100.0	5.7	霜霉威	—	82.9	3.8
苄氯三唑醇	三唑类	101.2	3.1	吡丙醚	—	94.9	0.7
烯酰吗啉	肉桂酸类化合物的衍生物	99.0	3.3	虫酰肼	双酰肼类	97.1	1.8
苯丁锡	有机锡类	96.5	4.4	吡螨胺	吡唑类	95.6	0.8
氟虫脲	苯甲酰脲类	99.6	5.9	噻菌灵	苯并咪唑类	96.3	1.6
林丹	有机氯类	97.2	3.4	氟菌唑	咪唑类	95.8	1.5
抑霉唑	咪唑类	91.2	4.6	乙烯菌核利	二甲酰亚胺类	97.5	0.8

4. QuEChERS 方法的优缺点

与传统分析方法相比,QuEChERS 方法简化了提取步骤,减少了分析过程中溶剂的消耗,分析速度快。表 7-9 列出了 QuEChERS 方法与传统分析方法的比较。

表 7-9　QuEChERS 方法与传统分析方法的比较

传统分析方法	QuEChERS 方法	传统分析方法	QuEChERS 方法
样品均质	此步可省略(采用捣碎)	转移全部萃取液	移取部分(可用内标法)
超声混合等措施	振摇或者涡旋	使用大量玻璃器皿	萃取、分离在一个容器中进行
过滤等操作	离心	旋转蒸发、定容	可引入大体积进样、使用更灵敏的仪器
多步骤分离	一步分离	经典的 SPE 柱	d-SPE

QuEChERS 方法具有以下优点:

(1)回收率高(>85%):不论是极性强,还是挥发性强的农药,大部分都达到了满意的回收率。目前可以分析 300 多种农药残留。

(2)省时省力:一个分析人员可以在 30 min 内制备 10 个以上样品。

(3)费用低:每个样品只需要 1 美元左右的材料费用。

（4）方法简单：只需在一个聚四氟乙烯管进行操作，且容器易清洗、可再利用。

（5）清洁、环保：整个过程产生的可溶性废弃物不到 10 mL，而传统方法产生 75～450 mL 的废弃物。

（6）准确：可用内标来校正提取液体积的变化和水分含量变化。

（7）溶剂消耗少，不使用含氯的溶剂（图 7-9）。

（8）加入乙腈提取液后容器马上密封，减少了对操作者的危害。

QuEChERS 方法的主要缺点是：萃取容易受到基质干扰、净化效果较差。

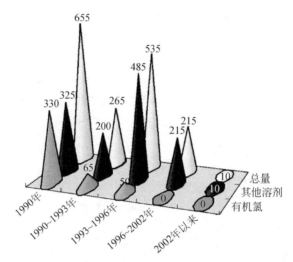

图 7-9　QuEChERS 方法与传统分析方法溶剂消耗量的对比

图中数据单位为 mL

7.4.2　改良 QuEChERS 方法

1. AOAC 方法 2007.01[44]

近年来，QuEChERS 萃取方法得到许多实验室的验证并广泛使用，同时许多改良方法也被提出。AOAC 方法 2007.01 就是其中之一。为了有效地萃取某些 pH 敏感化合物（如苯氧基羧酸类），减少 pH 对酸、碱不稳定农药的降解影响，扩大检测范围，AOAC 方法对 QuEChERS 萃取方法进行了一些改良，用乙酸钠代替氯化钠。改良后的方法步骤如下：

第一步：样品萃取

（1）对冷冻样品进行粉碎均质使之具有代表性；

（2）称取 15 g 上述样品于 50 mL 离心管中；

（3）加入 15 mL 1%（体积分数）乙酸-乙腈溶液、适当的内标溶液、6 g 硫酸钠、

1.5 g 无水乙酸钠；

　(4)剧烈振荡 1 min；

　(5)1500 r/min 离心 1 min，将固体与液体分离。

第二步：分散固相萃取样品净化

　(1)取适量的上层清液移入装有 PSA、硫酸镁及其他吸附剂(C_{18} 、GCB 根据需要)的离心管中；

　(2)剧烈振荡 1 min；

　(3)1500 r/min 离心 1 min；

　(4)GC-MS 或 LC-MS 分析。

2. 用 SPE 柱取代分散固相萃取

在 QuEChERS 萃取方法中，通过向萃取液加入 PSA(或同时加入 C_{18} 及 GCB)来萃取干扰杂质。也有人提出用商品 SPE 柱取代 d-SPE，例如，用 PSA 柱或 GCB/PSA 双层柱对萃取液进行净化。Schenck 等[45]的实验表明采用 GCB/PSA 双层SPE 柱对萃取物进行净化处理，同样可以得到较为干净的样品及满意的回收率。以下是 Schenck 等的方法：

第一步：样品萃取

　(1)15 g 样品加入 15 mL 乙腈，振荡；

　(2)加入 1.5 g 氯化钠，振荡 20 s；

　(3)加入 6.0 g 硫酸镁，剧烈振荡 2 min；

　(4)1000 r/min 离心 10 min；

　(5)10 mL 上层清液在氮气气氛下 50 ℃浓缩至小于 1 mL。

第二步：SPE 柱样品净化

　(1)GCB/PSA 双层柱(250 mg/500 mg)中加入 1～2 g 硫酸镁；

　(2)两倍柱体积的丙酮/甲苯(3∶1，体积比)淋洗 SPE 柱(约 5 mL)；

　(3)定量将浓缩液加入 SPE 柱；

　(4)用 0.5 mL 丙酮/甲苯溶液洗涤样品试管，并将洗涤液加入 SPE 柱；

　(5)用适量丙酮/甲苯溶液洗脱目标化合物，总收集体积>12 mL；

第三步：溶剂转换及 GC 或 GC-MS 分析

　(1)收集洗脱馏分，在氮气气氛下 50 ℃浓缩至< 0.5 mL；

　(2)加入 5 mL 丙酮，浓缩至<0.5 mL；

　(3)加入 100 μL 甲基毒死蜱色谱内标，用丙酮调节最终体积；

　(4)GC 或 GC-MS 分析。

在本方法中，采用了 GCB/PSA 双层 SPE 柱。其中 GCB 用于吸附水果蔬菜中的共萃取干扰物及甾酮类干扰物。但 GCB 的用量必须控制，根据 Schenck 等的报告,500 mg 的 GCB 会导致非极性芳香族化合物的回收率大为降低。由于 GCB 对具有平面苯环结构的农药吸附力较强,因此在洗脱溶液中加入了 25% 左右的甲苯,以破坏 GCB 与这类农药之间的相互作用。另外,甲苯的存在还可以防止碱性敏感农药在碱性吸附剂(PSA 和 NH$_2$)上的降解。在 QuEChERS 法萃取中采用了双层填料的标准 SPE 柱对萃取物进行净化,可以实现净化操作的自动化。

3. MAS 样品净化方法

MAS(multi-adsorption reverse SPE)样品萃取净化方法由艾杰尔公司提出。该方法是基于 d-SPE 的基本原理,实际上也是 QuEChERS 的一种改良方法。该方法的特点是根据不同的样品基质和杂质,选用一种或多种固相萃取吸附剂来有针对性地吸附杂质,达到样品萃取和净化的目的。该方法将适用的样品种类从瓜果蔬菜扩展到生物样品及动物类食品。表 7-10 列举了常用的几种 MAS 方法试剂包。

表 7-10　MAS 方法试剂包及适用范围

编号	填料	适用范围
1	6 g MgSO$_4$(无水)	瓜果蔬菜等样品基质
	250 mg PestiCarb	
	500 mg NH$_2$	
2	500 mg PestiCarb	叶绿素较多的样品基质
3	500 mg C$_{18}$	含脂肪较多的样品基质
4	50 mg C$_{18}$	生物样品等小量样品
	150 mg MgSO$_4$	
5	500 mg PSA	除去酸性杂质
	1.5 g MgSO$_4$(无水)	
6	季铵盐功能化聚苯乙烯	肉、蛋、奶制品中三聚氰胺

1)MAS 方法具体操作步骤

将粉碎的样品置于离心管中,加入提取溶剂、试剂(如无水硫酸钠、无水硫酸镁等除水试剂)及填料(如 C$_{18}$、PSA、PestiCarb 等)。均质或超声波萃取,离心后取上清液进行仪器分析。

2)MAS 方法的特点

相比于传统的固相萃取方法,MAS 方法具有快速、简单、萃取和净化一步完成的特点,因此可以大大节省样品前处理的时间。由于方法简单,避免了样品转移、浓缩造成的损失,保证了结果的重现性。而且,MAS 方法使用的都是实验室常规的设备,成本低,易于推广。但是,也必须指出,MAS 方法也有其局限性。例如,难以实现对痕量物质的富集,净化效果有时不理想,对某些杂质无法除去等。

4. 多次推送过滤净化法

结合传统的 SPE 方法,潘灿平等发明了多次推送过滤净化(multi-plug filtration clean-up,m-PFC)装置[46],如图 7-10 所示。该方法将 d-SPE 步骤中使用的吸附剂装填至固相萃取柱柱管内,柱管与注射器相连,通过抽拉注射器的方式使提取液通过净化剂层,该净化操作简单,只需吸取提取液快速数次通过固相材料,即可在数十秒内达到净化目的。

m-PFC 的净化操作步骤如图 7-11 所示,使用时针头保持在液面以下,然后推拉注射器活塞:

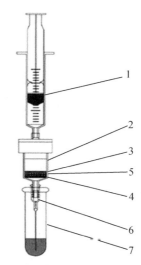

图 7-10 多次推送过滤净化装置示意图

1. 注射器;2. 柱体;3. 筛板(上);4. 筛板(下);
5. 固相材料或混合材料;6. 针头;7. 离心管

(1)抽拉活塞,所有提取液进入 m-PFC 柱管并通过吸附剂;

(2)推动活塞,所有提取液注入微型离心管中并再次通过吸附剂;

(3)重复第一步和第二步操作两次;

(4)拔去针头并将提取液经过微孔滤膜后注入进样小瓶中待测。

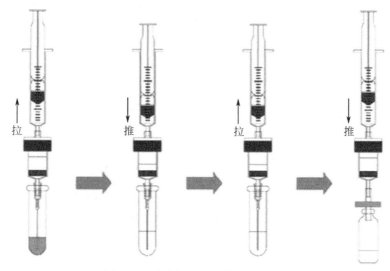

图 7-11 多次推送过滤净化操作步骤

目前该方法已应用于多种基质中农兽药前处理分析。Zhao 等[47]将 m-PFC 方法与 LC-ESI-MS/MS 联用,建立了苹果、甘蓝、马铃薯中的 40 种农药的 m-PFC 净化方法,农药添加浓度为 0.01 mg/kg 和 0.1 mg/kg,回收率在 71% ~ 117% 之间,大部分农药的 RSD 均小于 15%。Zhao 等[48]将 MWCNTs 作为 m-PFC 中的净化材料,建立了番茄和番茄制品中 186 种农药的残留分析方法,回收率与 RSD 均满足残留分析要求。Han 等[49]将 m-PFC 方法与 GC-MS/MS 联用,建立了白酒及酿酒原材料(高粱和稻壳)中 124 种农药的残留分析方法,其中 121 种农药的回收率在 71% ~ 121% 之间,并且除了嘧菌环胺、吡氟草胺和丙硫菌唑等农药外,其余农药的 RSD 均低于 16.8%。Qin 等[50]建立了小麦、菠菜、胡萝卜、花生、苹果和柑橘等六种典型基质上的 25 种农药的 m-PFC 净化方法,并与 d-SPE 方法比较,结果表明,m-PFC 方法可去除更多色素干扰物,且 m-PFC 操作过程中无须旋转蒸发、涡旋、离心等步骤,简化了净化方法,具有较好的市场应用与开发前景。Qin 等[51,52]还将 m-PFC 方法与冷冻除脂相结合将 m-PFC 方法扩展到动物源产品中的农兽药多残留检测,建立了猪牛羊肌肉及肾脏组织和牛奶中的替米考星等 8 种兽药多残留分析方法以及鲤鱼、鲈鱼、大鲵肌肉组织中的己烯雌酚等 4 种兽药的多残留分析方法。相比分散固相萃取,m-PFC 方法不需要称量吸附剂,也无须涡旋离心等操作,可以大大缩短净化时间,从而提高工作效率。

　　但是在大量处理样品时,多次手动操作 m-PFC 方法比较消耗人力,同时也无法准确控制每一批次提取液通过净化剂填料层的速度,对检测结果带来一定影响。因此,中国农业大学潘灿平课题组与艾杰尔公司合作开发了自动化 m-PFC 设备(图 7-12),可精准控制 m-PFC 方法的净化体积、抽提速度、灌注速度、推送次数,以达到节省人力和提高方法准确度的目的,并将该设备应用于"特色小宗作物"及其制品(猕猴桃及其果汁)和代表性基质(蔬菜、水果、谷物等)样品中农药多残留分析。

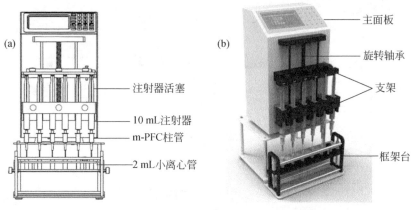

图 7-12　自动化 m-PFC 设备(AGELAFFP001)

(a)装置示意图;(b)主要部件

　　该课题组与北京绿绵科技有限公司合作开发了改进型的自动化 m-PFC 设备（PromoChrom SPE-04-02）（图 7-13），与前期开发的自动化 m-PFC 设备相比，该设备改进了 m-PFC 方法的实现方式，可将上清液由滤过型柱管上部注入，通过控制注入流速，使上清液反复通过净化剂填料层（针对复杂基质，可优化净化次数），既节省了净化操作时间，又避免了上清液反复通过净化剂层带来的杂质再洗脱现象，并将该设备应用于"特色小宗作物"枸杞、代表性基质（蔬菜、水果、谷物等）、含大量色素的复杂基质（菠菜、绿茶等）样品中农药多残留分析。

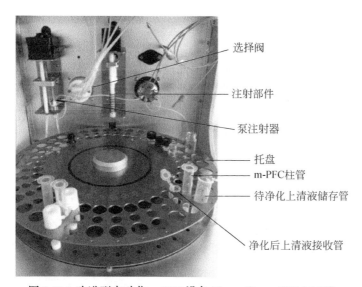

　　选择阀

　　注射部件

　　泵注射器

　　托盘

　　m-PFC柱管

　　待净化上清液储存管

　　净化后上清液接收管

图 7-13　改进型自动化 m-PFC 设备（PromoChrom SPE-04-02）

　　最近该课题组与睿科集团（厦门）股份有限公司合作开发了全自动 m-PFC 样品前处理设备（QS-60）（图 7-14）。该仪器基于 m-PFC 技术原理，应用预装填式的复合型净化剂对样品进行快速过滤型样品净化。该自动化设备通过多通道连续处理净化的运行模式，在高效且自动化完成样品大批量处理的同时，确保分析样品的回收率和重现性等参数优于手动 m-PFC。设备中采用移液吸嘴取样设计，吸嘴可自动装载和自动废弃，与样品一对一使用，没有共用管路，无交叉污染，也无任何清洗溶剂消耗。提取好的样品可根据样品复杂程度设定样品通过 m-PFC 柱净化的次数，也可以调节通过的速度等参数，在上机检测前可自动完成过微孔滤膜的操作，收集液直接流入进样小瓶，无须多次转移。该设备可实现 6~8 个通道同时处理，48~64 个样品连续处理，平均净化一个样品只需 1min 左右。

5. Sin-QuEChERS 方法的开发与应用

Sin-QuEChERS 中 Sin 意思为 single-step（一步）。Song 等[53]于 2019 年首次公

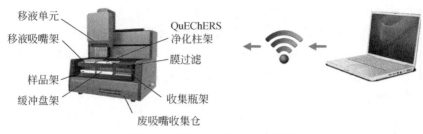

图 7-14　QS-60 自动 m-PFC 设备

开采用一次性滤过型柱管完成了与提取离心管的对接操作与方法评价。该方法采用图 7-15 中的特制柱管和材料,与提取的 50mL 离心管匹配,一次性向下推动提取离心管,使得提取液乙腈层缓慢通过净化材料层,从而达到净化效果。提取离心管的推动可以根据净化需要予以控制;由于底部采用封水膜的结构,提取液可全部通过,当水相接触封水膜时不再通过任何液体。该研究通过调节净化材料组成和配比,进行了辣椒及其制品中 47 种典型农药的分析方法开发,表明该方法具有较好的应用前景。北京绿绵科技有限公司和天津安邦键合科技有限公司等已经将该产品商业化。

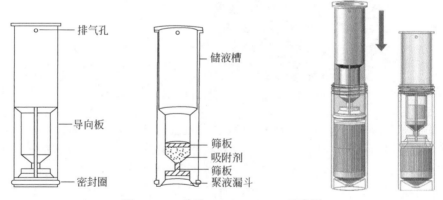

图 7-15　一步法 Sin-QuEChERS 示意图

7.4.3　QuEChERS 萃取方法在样品前处理中的应用

对于含水量较低(<80%)的样品,萃取前需另加水以保证水的总体积达到 10 mL;对于含水量低于 25% 的样品,如谷物、干果、蜂蜜、调味品等,应减少称样量(表 7-7)。

食品分为非脂类食品(<2%)、低脂类食品(2% ~ 20%)和高脂类食品(>20%)。作为一种快速、简便、便宜、高效、便携、安全的农药多残留测定方法,在开发初期,QuEChERS 方法主要用于非脂类食品中农药残留的测定,如蔬菜、水果、谷物以及包括干果的各种加工食品。改进后的 QuEChERS 方法也已应用于高脂肪含量植物样品,如牛油果、橄榄、橄榄油[54,55]和花生油[56]中农药多残留的检测,在用乙腈或者酸化乙腈提取后,一般使用 PSA、GCB 和 C_{18} 对高脂肪含量植物样品进行净化后检测。

1. 在植物源性食品中的应用

1)《蔬菜、水果中 51 种农药多残留的测定　气相色谱–质谱法》(NY/T 1380—2007)[57]

提取:称取 15 g 试样(精确至 0.01 g)于 50 mL 聚苯乙烯具塞离心管中,加入 15 mL 冰醋酸–乙腈(0.1+999.9)溶液,加入 6 g 无水硫酸镁,1.5 g 无水乙酸钠,剧烈振荡 1min 后,以 5000 r/min 的转速离心 1 min,取出后待净化。

净化:称取 0.1 g PSA、0.1 g C_{18}、0.3 g 无水硫酸镁置于 5 mL 玻璃具塞离心管中,吸取上清液 2mL 至此离心管中,在涡旋混合器上混合 1min,以 5000 r/min 的转速离心 1 min,移取上清液 1mL 于 1mL 容量瓶中。

分析保护剂配制:3-乙氧基-1,2-丙二醇乙腈溶液(400 g/L)/山梨醇溶液(20 g/L),按 1∶1(体积比)混合,得到分析保护剂混合溶液。

添加内标物和分析保护剂溶液:将含有 1 mL 上清液的容量瓶放在氮气吹干仪上,缓缓通入氮气,室温下浓缩至低于 0.8 mL,分别准确添加 100 μL 内标物工作溶液和 100 μL 分析保护剂混合溶液,用乙腈准确定容至 1.0 mL,在涡旋混合器上混匀,待测。

检测:GC-MS。

该方法中使用了分析保护剂,有效地消除了部分农药的基质效应,提高了分析灵敏度和稳定性,适用于蔬菜、水果中 51 种农药残留量的测定,方法的检出限为 0.0001~0.0637 mg/kg。

2)《植物源性食品中 208 种农药及其代谢物残留量的测定　气相色谱–质谱联用法》(GB 23200.113—2018)[38]

a. 蔬菜、水果和食用菌

样品预处理:称取 10 g 试样于 50 mL 塑料离心管中,加入 10 mL 乙腈、4 g 硫酸镁、1 g 氯化钠、1 g 柠檬酸钠、0.5 g 柠檬酸氢二钠及 1 颗陶瓷均质子,盖上离心管盖,剧烈振荡 1 min 后 4200 r/min 离心 5 min,待净化。

吸附剂:900 mg 硫酸镁、150 mg PSA(颜色较深的基质:885 mg 硫酸镁、150 mg PSA 及 15 mg GCB)

吸附:吸取 6 mL 上清液至盛有吸附剂的 15 mL 塑料离心管中,涡旋混匀 1 min。

分离:4200 r/min 离心 5 min。

浓缩:准确吸取 2 mL 上清液于 10 mL 试管中,40 ℃ 水浴中氮气吹至近干。

定容:加入 20 μL 的内标溶液、1 mL 乙酸乙酯复溶,过微孔滤膜。

检测:GC-MS/MS。

b. 谷物、油料和坚果

样品预处理:称取 5 g 试样于 50 mL 塑料离心管中,加 10 mL 水涡旋混匀,静置 30 min。加入 15 mL 乙腈/乙酸溶液(体积比为 99∶1)、6 g 无水硫酸镁、1.5 g 乙酸钠及 1 颗陶瓷均质子,盖上离心管盖,剧烈振荡 1 min 后 4200 r/min 离心 5 min,待净化。

吸附剂:1200 mg 硫酸镁、400 mg PSA 及 400 mg C_{18}。

吸取 8 mL 上清液净化,其余步骤同 a。

c. 茶叶和香辛料

样品预处理:称取 2 g 试样于 50 mL 塑料离心管中进行提取,加 10 mL 水涡旋混匀,静置 30 min。加入 15 mL 乙腈/乙酸溶液(99∶1,体积比)、6 g 无水硫酸镁、1.5 g 乙酸钠及 1 颗陶瓷均质子,盖上离心管盖,剧烈振荡 1 min 后 4200 r/min 离心 5 min,待净化。

吸附剂:1200 mg 硫酸镁、400 mg PSA 及 400 mg C_{18}、200 mg GCB。

净化和检测均同 a。

本方法针对不同的基质,选用不同的提取和净化方法:蔬菜、水果和食用菌基质较简单,采用硫酸镁和 PSA 净化即可,对于颜色较深的样品可引入 GCB 吸附部分色素;谷物、油料和坚果中含有一些油脂类物质,加入 C_{18} 可以除去这些干扰物质;茶叶和香辛料基质更为复杂,含有大量的色素、生物碱和多酚类物质,需要同时引入多种吸附剂以达到净化目的。

3)《蔬菜水果中多菌灵等 4 种苯并咪唑类农药残留量的测定　高效液相色谱法》(NY/T 1680—2009)[58]

提取:称取 25 g 试样(精确到 0.01 g)于 100 mL 具塞离心管中,加入 25 mL 乙腈,高速匀浆 2 min,加入 15 g 无水硫酸镁,盖上盖子,剧烈振摇 1 min,静置 30 min,2500 r/min 离心 5 min,使乙腈和水相分层。

净化:移取 1 mL 上层乙腈溶液于 2 mL 离心管中,加入 200 mg 无水硫酸镁和 50 mg PSA,2500 r/min 离心 5 min,准确吸取 0.5 mL 乙腈溶液,然后加入离子对试剂 0.5 mL,振荡后过 0.45 μm 滤膜,待测。

检测:HPLC。

该方法用乙腈提取,硫酸镁盐析、净化后,经反相离子对高效液相色谱分离,测定蔬菜、水果中多菌灵、噻菌灵、甲基硫菌灵和 2-氨基苯并咪唑等四种苯并咪唑类农药残留量。该方法的检出限:多菌灵为 0.07 mg/kg,甲基硫菌灵为 0.09 mg/kg,噻菌灵为 0.05 mg/kg,2-氨基苯并咪唑为 0.10 mg/kg。

4)乙腈提取、低温冷冻净化结合 LC-MS/MS 测定油菜籽、菜油和菜粕中的 34

种农药残留[59]

a. 油菜籽

样品处理:称取 10 g 磨碎后的油菜籽样品于 50 mL 带盖的聚乙烯离心管中,加入 2 mL 超纯水后加入 10 mL 1%(体积分数)甲酸乙腈溶液,在涡旋混合器上涡旋 1 min,加入 1 g NaAc 和 4 g 无水硫酸镁,迅速混匀,放入冰水混合物中降温,涡旋 1 min,在离心机上以 3800 r/min 离心 5 min 后在-18 ℃ 放置 12 h。将 1 mL 上清液用 0.22 μm 滤膜过滤,LC-MS/MS 进样分析。

b. 菜油

样品处理:称取 10 g 菜油样品于 50 mL 带盖的聚乙烯离心管中,加入 5 mL 超纯水后加入 10 mL 1%(体积分数)甲酸乙腈溶液,在涡旋混合器上涡旋 1 min,加入 1 g NaAc 和 4 g 无水硫酸镁,迅速混匀,放入冰水混合物中降温,涡旋 1 min,在离心机上以 3800 r/min 离心 5 min 后在-18 ℃ 放置 12 h。将 1 mL 上清液用 0.22 μm 滤膜过滤,LC-MS/MS 进样分析。

c. 菜粕

样品处理:称取 10 g 磨碎后的菜粕样品于 50 mL 带盖的聚乙烯离心管中,加入 2 mL 超纯水后加入 20 mL 乙腈溶液,在涡旋混合器上涡旋 1 min,加入 1 g NaAc 和 4 g 无水硫酸镁,迅速混匀,放入冰水混合物中降温,涡旋 1 min,在离心机上以 3800 r/min 离心 5 min 后在-18 ℃ 放置 12 h。将 1 mL 上清液用 0.22 μm 滤膜过滤,LC-MS/MS 进样分析。

由于待测基质不同的脂肪含量(菜油 100%、油菜籽 35%～40% 和菜粕<2%)和目标农药不同的理化性质,不同浓度的 34 种待测农药在三种不同基质的提取效率也不同。在菜油和油菜籽中,农药的回收率随着农药辛醇-水分配系数值的上升而下降。

为了分析和检测低水含量和高脂肪含量的食物基质的农药残留水平,加入一定量的水可以使得农药在基质、水和有机溶剂(如乙腈)之间足够地分配。脂肪的熔点低于 40 ℃,而大多数农药的熔点高于 250 ℃,脂类不易溶于乙腈,但少量脂类会同时被提取出来,所以将乙腈提取物放入-18 ℃ 12 h 后,待测农药仍溶解在乙腈中而脂类物质已凝固,通过离心可将脂类与乙腈提取液分离。

2. 在动物源性食品中的应用

1)滤过型净化法结合液相色谱-串联质谱测定典型动物性食品中的磺胺类药物、替米考星和阿维菌素残留[52]

a. 牛肉、山羊肉、猪肉及其肾脏等 6 种基质

提取:取 10 g 粉碎的样品于 50 mL 离心管中,加入 3 mL 一级水调节样品中水分含量,再加入 10 mL 含有 1% 甲酸的乙腈溶液,涡旋 2 min。加入 3 g 氯化钠后涡

旋 3 min,3800 r/min 离心 5 min。

净化:使用正己烷冷冻除脂与 m-PFC 净化方法相结合的方式。取 5 mL 上清液转移至 15 mL 离心管中,加入 5 mL 正己烷涡旋 2 min,3800 r/min 离心 5 min。取 1 mL 下层溶液用 m-PFC 净化(装置图如图 7-16 所示),其中填料为 50 mg PSA、35 mg C_{18} 和 150 mg 无水硫酸镁。将 2 mL 注射器与滤过型净化柱相连,向上抽使所有液体经过净化柱,再推出至离心管中,提取液第二次经过吸附剂部分,重复 2 次后,将提取液过 0.22 μm 滤膜后至进样小瓶中,待测。

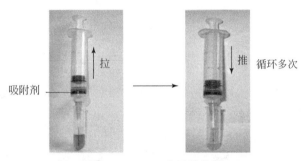

图 7-16　m-PFC 方法操作图

检测:LC-MS/MS。

b. 牛奶

提取:取 10 g 样品于 50 mL 离心管中,加入 10 mL 含有 1% 甲酸的乙腈溶液,涡旋 2 min,30 ℃超声 20 min。恢复至室温后加入 3 g 氯化钠,涡旋 2 min,3800 r/min 离心 5 min,取 1 mL 溶液净化。

净化:直接使用 m-PFC 净化。操作同 a。

检测:LC-MS/MS。

由于牛肉、山羊肉、猪肉及肾脏中含有较多油脂,采用乙腈溶液提取后加入正己烷萃取可去除部分脂肪类物质。另外,本方法中的 PSA 用于吸附基质中的脂肪酸和糖类,C_{18} 可以除去部分亲油性物质,如脂类。

2) 鱼体内孔雀石绿、己烯雌酚及其代谢物多残留检测[60]

提取:称取 5 g 匀浆后的鲤鱼、鲈鱼、大鲵样品于 50 mL 具塞离心管中,加入 2 mL 一级水后加入 10 mL 含 0.1%(体积分数)甲酸的乙腈,使用涡旋混合器涡旋 1 min,加入 1 g 氯化钠和 4 g 无水硫酸镁,立即放置于冰水浴中冷却至室温,涡旋 1 min,3800 r/min 离心 5 min,上清液待净化。

净化:净化过程分为两步,首先进行低温冷冻除脂(−20 ℃冷冻过夜),之后进行 m-PFC 净化(装置图如图 7-16 所示),其中填料为 10 mg MWCNTs 和 150 mg 无水硫酸镁。

检测:LC-MS/MS。

鲤鱼、鲈鱼、大鲵肌肉组织中水分含量较少,为提高提取效率,提取前加入2 mL水。该方法对待测物的回收率在73%~106%之间,RSD低于15%;日间回收率范围为71%~107%,日间RSD低于15%;LOQ范围为0.1~0.5 μg/kg。图7-17为空白鲤鱼样品中4种兽药添加50 μg/kg的总离子流色谱图。

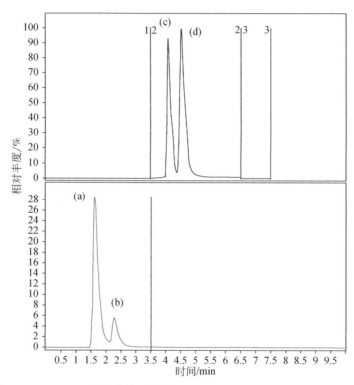

图 7-17 LC-MS/MS 检测添加浓度为 50μg/kg 的鲤鱼样品总离子流色谱图

a. 孔雀石绿;b. 隐孔雀石绿;c. 己烯雌酚;d. 己二烯雌酚

3)牛奶和鸡蛋中30种农药多残留检测[61]

提取:称取15.0 g样品于50 mL离心管中;加入15 mL含1%(体积分数)乙酸的乙腈;加入6 g无水硫酸镁和1.5 g乙酸钠,振摇1 min;5000 r/min离心1min,待净化。

净化:取1mL上清液移入含有50 mg PSA、50 mg C$_{18}$和150 mg无水硫酸镁的2 mL的离心管中,涡旋20 s后离心。

检测:LC-MS/MS,GC-MS。

前处理采用改良后的QuEChERS方法,测定了32种添加农药的回收率,与基质固相分散(MSPD)方法的回收率比较,并将QuEChERS方法中的分散方式改装为柱方式做对比。结果见表7-11。

表 7-11　牛奶和鸡蛋中分别应用分散方式和柱方式、MSPD 方法
测定农药的添加回收率和 RSD（GC/MS 和 LC-MS/MS 分析）

农药	QuEChERS[a]方法								MSPD[a]方法			
	分散方式				柱方式							
	牛奶		鸡蛋		牛奶		鸡蛋		牛奶		鸡蛋	
	50ng/g (n=3)	500ng/g (n=3)	50ng/g (n=3)	500ng/g (n=3)	50ng/g (n=3)	500ng/g (n=3)	50ng/g (n=3)	500ng/g (n=3)	50ng/g (n=3)	500ng/g (n=3)	50ng/g (n=3)	500ng/g (n=3)
乙酰甲胺磷[b]	107(3)	101(8)	107(3)	107(6)	105(2)	109(1)	103(5)	49(26)	98(1)	112(7)	77(4)	66(22)
敌菌丹	n.d.	97(15)	n.d.	66(2)	n.d.	120(15)	n.d.	97(62)	n.d.	123(13)	n.d.	97(13)
克菌丹	108(8)	105(7)	n.d.	71(9)	95(8)	108(7)	n.d.	68(37)	n.d.	120(10)	n.d.	74(7)
甲萘威[b]	112(4)	114(6)	118(1)	124(2)	113(1)	115(2)	126(2)	123(2)	105(1)	113(4)	101(2)	104(2)
多菌灵[b]	93(4)	105(5)	92(3)	139(2)	88(2)	103(4)	72(5)	66(7)	94(2)	123(10)	66(32)	127(1)
氯丹	80(4)	85(5)	74(6)	74(3)	81(7)	79(6)	67(4)	69(8)	114(6)	102(9)	102(7)	101(3)
百菌清	135(18)	91(6)	64(16)	68(3)	159(9)	100(4)	n.d.	90(86)	110(36)	99(9)	n.d.	n.d.
毒死蜱	100(1)	94(4)	87(8)	90(3)	95(1)	93(2)	93(4)	90(2)	116(2)	100(5)	110(5)	104(3)
甲基毒死蜱	99(2)	99(3)	96(6)	95(2)	101(3)	97(3)	101(2)	98(1)	115(1)	100(3)	103(5)	99(1)
蝇毒磷	117(5)	114(6)	124(18)	113(7)	101(4)	108(12)	152(33)	131(8)	150(5)	126(6)	128(3)	121(8)
嘧菌环胺	96(5)	96(6)	93(14)	89(4)	98(5)	85(4)	90(9)	90(4)	125(4)	113(2)	102(4)	111(6)
滴滴伊(DDE)	70(4)	75(5)	62(12)	63(5)	72(8)	70(6)	56(7)	56(9)	121(6)	102(9)	96(9)	102(6)
苯氟磺胺[b]	91(2)	105(2)	31(20)	79(4)	93(1)	113(2)	29(26)	70(19)	58(2)	104(3)	31(16)	56(28)
二氯二苯甲酮	75(7)	94(10)	84(6)	82(7)	83(7)	85(7)	78(7)	80(8)	127(1)	116(6)	132(8)	114(7)
敌敌畏	111(7)	115(5)	105(12)	106(3)	110(5)	107(3)	117(8)	115(5)	67(38)	96(10)	83(11)	86(20)
狄氏剂	88(3)	95(5)	87(9)	79(2)	83(9)	86(5)	76(8)	76(5)	133(15)	100(10)	98(13)	103(5)
硫丹硫酸盐	110(12)	102(6)	101(13)	105(5)	105(10)	101(3)	119(16)	112(5)	155(5)	119(4)	120(11)	106(6)
灭菌丹	113(1)	94(6)	51(17)	74(2)	92(9)	100(8)	n.d.	77(42)	97(87)	110(8)	101(26)	84(3)
环氧七氯	86(17)	97(3)	93(9)	80(2)	91(13)	89(6)	89(16)	81(3)	127(9)	101(7)	105(5)	101(4)
六氯苯	62(8)	66(4)	45(9)	45(8)	62(8)	60(9)	34(10)	36(20)	74(11)	65(8)	75(12)	81(6)
抑霉唑[b]	80(5)	83(4)	96(1)	97(2)	86(2)	90(3)	75(19)	56(69)	4(27)	1(14)	4(21)	n.d.
吡虫啉[b]	113(3)	119(7)	117(2)	122(4)	113(1)	116(1)	128(3)	130(4)	107(5)	121(7)	104(4)	105(2)
林丹	99(7)	106(4)	93(9)	95(0)	91(3)	97(4)	96(5)	94(1)	114(2)	97(5)	96(6)	96(3)
甲胺磷[b]	106(7)	109(5)	93(5)	100(6)	105(5)	85(6)	77(6)	77(12)	96(21)	113(19)	81(16)	92(11)
戊菌唑[b]	99(2)	101(1)	106(1)	108(1)	104(0)	108(2)	108(1)	107(7)	90(2)	79(19)	68(25)	72(7)
氯菊酯	86(8)	88(10)	86(12)	78(6)	84(3)	78(6)	79(15)	80(5)	132(10)	112(6)	112(6)	114(6)
残杀威	118(5)	110(3)	124(3)	121(6)	113(7)	110(3)	125(26)	138(27)	160(14)	110(7)	155(16)	122(5)

续表

农药	QuEChERS[a]方法								MSPD[a]方法		
	分散方式				柱方式						
	牛奶		鸡蛋		牛奶		鸡蛋		牛奶		鸡蛋
	50ng/g (n=3)	500ng/g (n=3)	50ng/g (n=3)	500ng/g (n=3)	50ng/g (n=3)	500ng/g (n=3)	50ng/g (n=3)	500ng/g (n=3)	50ng/g (n=3)	500ng/g (n=3)	50ng/g (n=3)	500ng/g (n=3)
吡蚜酮[b]	98(2)	106(1)	93(4)	114(5)	83(1)	80(3)	72(7)	67(29)	18(6)	10(30)	11(14)	2(23)
噻菌灵[b]	111(1)	111(2)	131(0)	118(2)	103(2)	104(2)	103(2)	87(22)	8(13)	5(110)	16(54)	13(69)
甲苯氟磺胺[b]	93(1)	106(2)	40(12)	88(2)	98(2)	115(2)	41(16)	84(11)	75(3)	110(3)	46(13)	67(20)

注:a. n. d. 表示未检出;数据单位为%;

　　b. LC-MS/MS 测定结果。

从表 7-11 可以看出,牛奶和鸡蛋基质中无论是较低添加水平 50 ng/g,还是较高添加水平 500 ng/g,实验中 30 种农药的回收率大多在可接受的 70% ~120% 范围之内,RSD 均小于 15%。QuEChERS 方法中之所以采用分散 SPE,一方面与 SPE 柱相比,两种方法获得的添加回收率差别较小,而分散 SPE 方法的回收率更高、更稳定,从乙酰甲胺磷的实验结果便可看出。另一方面,分散 SPE 更便于操作、更廉价、更快速,而且所需材料和设备更少。

3. 在环境样品中的应用

1)金属-有机纳米管分散固相萃取-气相色谱-串联质谱高灵敏分析环境水样中痕量多氯联苯[62]

吸附剂制备:首先取 0.1513 g β-环糊精和 0.2987 g PbCl$_2$,加 40 mL 去离子水混合均匀,80 ℃水浴加热并过滤。将得到的澄清溶液转移至 100 mL 不锈钢反应釜中,依次缓慢加入 20 mL 环己醇和 20 mL 三乙胺,密封并置于烘箱中,以 16 ℃/h 升温加热至 110 ℃,并保持 72 h,然后以 6 ℃/h 降至室温。将收集到的产物用去离子水和无水乙醇洗涤数次,最后在 160 ℃烘干 30 min,即可得到无色透明的 Pb-MONTs 晶体材料。

吸附剂:62.5 mg Pb-MONTs。

吸附:将吸附剂加入装有 100 mL 环境水样的烧杯中,室温下超声 5 min。

分离:过滤,收集水中的 Pb-MONTs。

洗脱:向盛有吸附剂的烧杯中加入 8 mL 正己烷,超声 5 min。

浓缩:收集到的洗脱液在柔和的氮气流下吹干。

定容:加入 200 μL 正己烷复溶并转移至进样瓶中。

检测:GC-MS/MS。

含铅金属-有机纳米管(Pb-MONTs)是近年新发现的一种金属-有机纳米管材

料,具有比表面积大、微孔结构丰富和性质稳定等特点,可用于分离富集环境污染物。

2)QuEChERS/超高效液相色谱-串联质谱法快速测定土壤中19种氟喹诺酮类抗生素残留[63]

样品预处理:称取5 g样品置于50 mL离心管中,加入200 μg/kg的内标物质,静置1 h,加入10 mL 0.1 mol/L EDTA-Mcilvaine缓冲溶液,涡旋1 min,再加入10 mL乙腈,涡旋1 min,25 ℃超声提取15 min,以4000 r/min离心5 min,将上清液转入50 mL离心管中,并将沉降的土样再次超声提取,收集两次提取后上清液,用0.1 mol/L EDTA-Mcilvaine缓冲溶液与乙腈混合溶剂(1∶1,体积比,现配现用)将两次提取液定容至40 mL。加入两袋盐包后,立即密封离心管,剧烈摇动1 min,使40 mL提取液分层,以4000 r/min离心5 min。

d-SPE柱:5 mL PVC针筒顶端放入隔垫后,将150 mg无水硫酸镁、15 mg PSA、15 mg C_{18}吸附剂填充至柱管中,另一端再放入隔垫。

吸附:移取2 mL上清液过d-SPE柱。

溶剂置换:取1 mL过柱后的溶液置于玻璃试管中,45 ℃水浴条件下氮吹至近干,用1 mL乙腈/0.1%(体积分数)甲酸水溶液(20∶80,体积比)复溶,过0.22 μm有机相滤膜。

检测:UPLC-MS/MS。

氟喹诺酮类抗生素易与土壤中的金属离子结合,本方法通过添加EDTA-Mcilvaine缓冲溶液,使EDTA与金属离子形成络合物,将土壤中的目标化合物游离出来,再添加有机溶剂进行提取。

4. 在其他样品中的应用

1)分散固相萃取净化/液相色谱-串联质谱法测定化妆品中7种氨基苯甲醚[64]

样品预处理:称取1 g试样置于10 mL比色管中,用甲醇/水溶液[1∶1,体积比,含0.1%(体积分数)甲酸]定容至5 mL,涡旋分散3 min,常温下超声提取15 min,2000 r/min离心2 min。

吸附剂:200 mg PSA。

吸附:吸取2 mL上清液至盛有吸附剂的塑料离心管中,涡旋2 min。

分离:20000 r/min离心1 min,上清液过0.22 μm滤膜。

检测:LC-MS/MS。

化妆品的成分复杂,大量共存杂质易被同时萃取,从而影响待测组分检测的灵敏度。PSA是高纯硅胶基质的极性吸附剂,同时含有伯胺和仲胺基团,具有极性作用和弱阴离子交换作用,可有效去除提取液中的有机酸、脂肪酸和极性色素等水溶性杂质,从而达到净化的目的。

2)分散固相萃取–高效液相色谱法测定饲料中低聚果糖含量[65]

样品预处理:称取饲料样品 10 g 于 100 mL 的具塞三角瓶中,加入 70 mL 50%
乙腈溶液,置于超声波振荡器中超声提取 30 min 后,转移至 100 mL 容量瓶中,定容
至刻度并混匀,4000 r/min 离心 5 min。

吸附剂:100 mg PSA、100 mg GCB。

吸附:移取 2 mL 上清液,加入 20 μL 甲酸酸化后,再加入混合吸附剂,涡旋
1 min。

分离:15000 r/min 离心 5 min,上清液过 0.22 μm 滤膜。

检测:HPLC-IR。

饲料基质中的主要干扰物质为脂肪酸、有机酸、碳水化合物、甾醇,以及一些金
属离子,在酸性条件下,PSA 兼具极性吸附作用和弱阴离子交换作用,可以通过弱
阴离子交换或极性吸附作用除去这些杂质。此外,饲料中含有的色素可用 GCB 吸
附去除。

参 考 文 献

[1] Barker S A,Long A R,Short C R. J Chromatogr A,1989,475(2):353

[2] Bienvenida G L,García-Reyes J F,Antonio M D. Talanta,2009,79(2):109

[3] Valenzuela A I,Lorenzini R,Redondo M J,et al. J Chromatogr A,1999,839(1/2):101

[4] Fernández M,Picó Y,Mañes J. J Chromatogr A,2000,871(1):43

[5] Yagüe C,Bayarri S,Lázaro R,et al. J AOAC Int,2001,84(5):1561

[6] Barker S A,Long A R. J AOAC Int,1994,77(4):848

[7] Chase G W,Thompson B. J AOAC Int,2000,83(2):407

[8] Brandšteterová E,Kubalec P,Bovanová L U,et al. Z Lebensm Untersu Forsch,1997,205(4):311

[9] Tolls J,Haller M,Sijm D T H M,et al. Anal Chem,1999,71(22):5242

[10] Acar H,Kılınç M,Guven S,et al. Inte J Envir & Poll,2000,13(1/2):284

[11] Long A R,Soliman M M,Barker S A. J Assoc Off Anal Chem,1991,74(3):493

[12] Boyd D,O'keeffe M,Smyth M R. Analyst,1994,119(7):1467

[13] Horne E,O'keeffe M,Desbrow C,et al. Analyst,1998,123(12):2517

[14] Kishida K,Furusawa N. J Chromatogr A,2001,937(1):49

[15] 丁岚,谢孟峡,刘媛,等. 分析化学,2004,32(2):139

[16] 王鹏,郭少飞,荆涛,等. 色谱,2008,26(3):353

[17] de Llasera G M P,Gómez-Almaraz L,Vera-Avila L E,et al. J Chromatogr A,2005,1093(1):139

[18] Zuin V G,Yariwake J H,Lancas F M. J Braz Chem Soc,2003,14(2):304

[19] Karasová G,Lehotay J. J Liq Chromatogr Rel Technol,2004,27(18):2837

[20] 李建科,胡秋辉,乌日娜,等. 南京农业大学学报,2005,28(2):111

[21] 李朝阳,张智超,周其林,等. 分析试验室,2003,22(3):13

［22］Barker S A. J Chromatogr A,2000,885(1):115

［23］Kristenson E M,Haverkate E G,Slooten C J,et al. J Chromatogr A,2001,917(1):277

［24］van Poucke L S G,Depourcq G C I,van Peteghem C H. J Chromatogr Sci,1991,29(10):423

［25］Reimer G J,Suarez A. J Chromatogr A,1991,555(1/2):315

［26］Hines M E,Long A R,Snider T G,et al. Anal Biochem,1991,195(2):197

［27］庞民好,康占海,陶晡,等. 农药学学报,2008,10(4):491

［28］Carro A M,Lorenzo R A,Fernández F,et al. J Chromatogr A,2005,1071(1):93

［29］Cao Y,Tang H,Chen D,et al. J Chromatogr B,2015,998-999:72

［30］冯秀琼,唐庆勇. 农药科学与管理,2002,23(2):17

［31］Anastassiades M,Lehotay S J,Stajnbaher D,et al. J AOAC Int,2003,86(2):412

［32］Lehotay S J. Methods Mol Biol,2011,747:65

［33］Wilkowska A,Biziuk M. Food Chem,2011,125(3):803

［34］Orso D,Floriano L,Ribeiro L C,et al. Food Anal Method,2016,9(6):1638

［35］Wong J W,Hennessy M K,Hayward D G,et al. J Agric Food Chem,2007,55(4):1117

［36］Payá P,Anastassiades M,Mack D,et al. Anal Bioanal Chem,2007,389(6):1697

［37］董静,潘玉香,朱莉萍,等. 分析测试学报,2008,27(1):66

［38］GB 23200. 113—2018. 食品安全国家标准 植物源性食品中 208 种农药及其代谢物残留量
　　 的测定 气相色谱-质谱联用法

［39］Lehotay S J,Son K A,Kwon H,et al. J Chromatogr A,2010,1217(16):2548

［40］Shen C,Cao X,Shen W,et al. Talanta,2011,84(1):141

［41］Gilbert-López B,García-Reyes J F,Lozano A,et al. J Chromatogr A,2010,1217(39):6022

［42］A Mini-Multiresidue Method for the Analysis of Pesticide Residues in Low-Fat Products. http://
　　 quechers. cvua-stuttgart. de/pdf/reality. pdf

［43］Anastassiades M S E,Bertsch D. Poster at 3rd MGPR symposium. Aix on Provence,France,2003

［44］AOAC Offical Method 2007. 01:Determination of pesticide residues in foods by acetonitrile
　　 extraction and partitioning with magnesium sulfate

［45］Schenck F J,Wong J W. QuEChERS Method Trail. Unpublished report,2007

［46］潘灿平,赵鹏跃. 一种农药残留的净化方法及其专用净化器:中国,201210586885. 9,2013

［47］Zhao P,Fan S,Yu C,et al. J Sep Sci,2013,36(20):3379

［48］Zhao P,Huang B,Li Y,et al. J Agric Food Chem,2014,62(17):3710

［49］Han Y,Song L,Zou N,et al. J Sep Sci,2017,40(4):878

［50］Qin Y,Zhao P,Fan S,et al. J Chromatogr A,2015,1385:1

［51］Qin Y,Zhang J,Zhang Y,et al. Food Control,2017,77:50

［52］Qin Y,Jatamunua F,Zhang J,et al. J Chromatogr B,2017,1053:27

［53］Song L,Han Y,Yang J,et al. Food Chem,2019,279:237

［54］Cunha S C,Lehotay S J,Mastovska K,et al. J Sep Sci,2007,30(4):620

［55］Hernando M D,Ferrer C,Ulaszewska M,et al. Anal Bioanal Chem,2007,389(6):1815

［56］Su R,Xu X,Wang X,et al. J Chromatogr B,2011,879(30):3423

［57］NY/T 1380—2007. 蔬菜、水果中51 种农药多残留的测定 气相色谱–质谱法

［58］NY/T 1680—2009. 蔬菜水果中多菌灵等4 种苯并咪唑类农药残留量的测定 高效液相色谱法

［59］Jiang Y,Li Y,Jiang Y,et al. J Agric Food Chem,2012,60(20):5089

［60］Qin Y,Zhang J,Li Y,et al. Anal Bioanal Chem,2016,408(21):5801

［61］Lehotay S J,Mastovská K,Yun S J. J AOAC Int,2005,88(2):630

［62］黄芳,佘晓坤,周家斌,等. 分析化学,2017,45(6):856

［63］陈磊,吴赟琦,赵志勇,等. 分析测试学报,2019

［64］黄嘉乐,李秀英,寻知庆,等. 分析测试学报,2017,36(7):858

［65］潘城. 分析科学学报,2017,(6):885

第8章　固体支撑液–液萃取

固体支撑液–液萃取(solid supported liquid-liquid extraction, supported liqud-liqud extraction, 或 supported liquid extraction, 简称 SLE)是一种以吸水很强的固体为支撑, 发生在固体表面的液–液萃取(LLE)。由于这种液–液萃取与传统的两相振荡混合、分层液–液萃取不同, 是依靠固体支撑, 在固体表面完成的, 因此称为固体支撑液–液萃取。虽然 SLE 的萃取机理与传统的 LLE 相同, 都是将目标化合物从水相萃取到有机相中, 但 SLE 的操作模式与传统 LLE 有显著的不同, SLE 是一种以固相萃取形式进行的液–液萃取。

早在 1941 年 Martin 等就提出了用有机溶剂从硅胶(固相)表面吸附的水解蛋白质(水相)中萃取氨基酸的方法[1]。1997 年 Johnson 等以价格低廉的亲水性硅藻土为固体支撑材料对组合化学(combinatory chemistry)合成的化合物库(compound library)进行净化, 以除去化合物库合成过程中残留的盐、亲水性胺类和酸类[2,3], 并将这项萃取技术称为固体支撑液–液萃取。直到最近几年该项技术才引起分析化学家的注意, 特别是在药物分析和临床检测中, 将 SLE 技术应用于 LC-MS/MS 分析前的生物样品前处理[4-7]。相关的产品也相继投放市场, 如安捷伦的 Chem Elut 和 Hydromatrix, Biotage 的 ISOLUTE+系列, Agela 的 Cleanert® SLE 系列, Macherey-Nagel 的 Chromabond XTR, Merck-Milipore 的 Extrelut 以及 Thermo Fisher 的 HyperSep 系列等。虽然 SLE 技术引入分析实验室时间并不是很长, 但发展还是很迅速的。在雅虎搜索"supported liquid extraction", 相关的信息多达 800 多万条。

虽然 SLE 是一种在特殊环境下的 LLE, 并遵循 LLE 的规律, 但在形式上与 SPE 相同。事实上, 在经典 SPE 中, 硅藻土柱是作为正相萃取材料使用的, 主要用途是从非极性液体中除去极性杂质。鉴于 SLE 在生物样品分析前处理中起着重要的作用, 而该技术对于国内许多分析化学者又较为陌生, 所以本章对 SLE 技术进行一些介绍。

8.1　基本原理

在传统的 LLE 中, 通常是采用非水溶性有机溶剂对水相样品中的目标化合物进行萃取。LLE 是利用目标化合物在水相和有机相不同的分配比而达到萃取目的的, 因此在萃取过程中需要不断地振荡, 以增加有机相与水相的接触面, 从而提高有机溶剂对目标化合物的萃取率。由于生物样品中的水溶性磷脂、蛋白质、盐等许多分析干扰物在 LLE 中都会保留在水相,因此可以得到比较干净的有机萃取液。而 SLE 萃取净化的基本原理与 LLE 相同,所以 LLE 的优点在 SLE 中得以保留。

SLE 是将高纯度、强吸水性固相材料装填在与固相萃取相同的萃取柱或 96 孔萃取板中(统称 SLE 装置),从形式上看,SLE 装置与传统的 SPE 柱或 96 孔 SPE 板相同,但其萃取机理属于 LLE。换句话说,LLE 方法很容易移植到 SLE 中。SLE 是在支撑固体表面进行的 LLE,所以固体支撑材料是 SLE 的核心所在。常见的固体支撑材料是吸水性强、表面积大的硅藻土。

硅藻土是一种生物成因的硅质沉积岩,其化学成分主要是 SiO_2,同时还含有少量 Al_2O_3、Fe_2O_3、CaO、MgO 等和有机质。在扫描电子显微镜下可以观察到硅藻土特殊的多孔结构。如图 8-1 所示,其中(a)是放大 200 倍的照片,可以看到硅藻土的颗粒是不规则的,(b)是放大 1000 倍时显示的硅藻土多孔结构,(c)和(d)分别是硅藻土放大 3000 倍和 6000 倍的多孔微观结构。

图 8-1 硅藻土扫描电镜图
(a)放大 200 倍;(b)放大 1000 倍;(c)放大 3000 倍;(d)放大 6000 倍

虽然 SLE 装置与 SPE 相同,但在萃取原理上是截然不同的。在 SLE 的操作中没有经典 SPE 中柱预处理(活化)的步骤,也没有目标化合物洗脱前对干扰物洗涤的步骤。所以在实际操作中 SLE 比经典 SPE 更加简单。

在 SLE 中,首先是将稀释后的血浆或血清等水相样品加入干燥的 SLE 装置中

[图 8-2(a)],水相样品通过毛细作用和吸附作用湿润整个 SLE 装置柱床,并在硅藻土的多孔表面形成很薄的一个水膜层,如图 8-2(b)所示。这个过程大概需要 5 ~ 10 min,有时这个过程所需的时间会稍长[4]。

当一定体积的非水溶性有机溶剂加入 SLE 柱或萃取板中时,在水层外表会形成有机相膜层[图 8-2(c)]。可以设想,开始时在有机相膜层中目标化合物的浓度为零。遵循溶质扩散的原理,目标化合物会从高浓度的水相向有机相扩散。

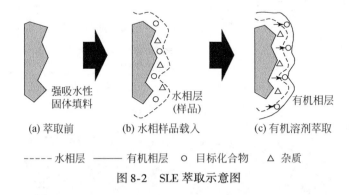

强吸水性
固体填料
(a) 萃取前

水相层
(样品)
(b) 水相样品载入

有机相层
(c) 有机溶剂萃取

----- 水相层　　—— 有机相层　　○ 目标化合物　　△ 杂质

图 8-2　SLE 萃取示意图

根据菲克(Fick)定律,在 A、B 的混合物中如果存在浓度梯度,组分 A 通过垂直于扩散方向的单位截面时,其扩散速率 n_A 可以由以下公式定量地表示为[8]

$$n_A = -D_{AB} \frac{\partial c_A}{\partial z} \tag{8-1}$$

式中:n_A 是组分 A 的扩散通量,即通过单位面积的扩散速率,$mol/(m^2 \cdot h)$;D_{AB} 是溶质 A 在溶剂 B 中的扩散系数,m^2/h;c_A 是溶质 A 的浓度,mol/m^3;z 是扩散向上的距离,m。

菲克定律表明,扩散速率正比于浓度梯度,并且与体系的扩散系数 D_{AB} 有关。溶质 A 浓度越高,扩散速率越大。由此可见,扩散的速率决定了 SLE 萃取过程的速率。由于有机相是不断通过 SLE 填料并被收集,可以认为目标化合物在新的有机相膜层的浓度总是低于水相,所以水相中的目标化合物不断向有机相扩散转移,最后完成对目标化合物的萃取。由于在 SLE 中有机相与水相接触的面积远比传统的 LLE 大,加上不断有新鲜的有机溶剂通过吸附在固相材料微孔的水相层表面,相当于进行了多次 LLE,因此 SLE 的萃取效率要比 LLE 高,而且重现性也比 LLE 好。在整个 SLE 萃取过程,水相层始终处于静态,有机相层在重力的作用下不断向下运动通过 SLE 柱床,并从 SLE 装置底部的出口流出到收集容器中。

近年来,SLE 技术越来越多地应用于对生物体液(血浆、血清、尿液等)进行快速萃取净化,并且有取代传统 LLE 的趋势。与传统 LLE 相比较,SLE 具有显著的优势:

（1）在 LLE 中，萃取效率来源于通过刚性振荡使得有机溶剂形成小珠，从而增加有机溶剂相与水相接触的表面积。这种剧烈的物理振荡可能会生成乳化层，从而导致回收率降低以及重现性差。然而，在整个 SLE 操作过程中没有上述剧烈振荡，整个萃取过程几乎都是在重力作用下温和地完成，因此不会出现经典 LLE 中常见的乳化现象。

（2）因为多孔硅藻土具有很高的比表面积，有机溶剂与硅藻土表面含有目标化合物的水相薄层有很密切的接触，目标化合物得以有效地从水相转移到有机相。因此无论回收率还是重现性都比 LLE 要好。

（3）通常 SLE 装置的出口筛板都是疏水性的材料，可以有效地防止由样品体积过载导致柱穿透的游离水从 SLE 装置中流出到收集的有机相中。

（4）在 LLE 中，萃取的回收率和重现性在很大程度上取决于操作人员的经验，而 SLE 减少了对个人操作技能的依赖，因此能够获得更好的回收率和重现的结果。

（5）相对于 LLE，SLE 中有机溶剂的用量明显减少，通常在几百微升至几毫升。

（6）SLE 能够有效地除去生物样品中的磷脂、蛋白质和盐，减少基质效应对 LC-MS/MS 分析的影响。

（7）SLE 操作过程十分简单：载样—等待—洗脱，三步即可完成。

（8）SLE 所使用的玻璃容器比 LLE 少很多，既降低了成本，又提高了效率。

（9）由于 SLE 填料装填在与 SPE 相同的萃取柱或 96 孔萃取板中，因此所有自动或半自动 SPE 仪器设备都可以用于 SLE。这一点对于需要处理大量样品的临床检测及新药开发尤为重要。

8.2　影响 SLE 的因素

虽然 SLE 操作简单，但要得到最好的结果，以下几个因素必须考虑。

8.2.1　SLE 填料量及样品体积

SLE 填料的用量可以根据样品体积决定。一般而言，按照填料量与样品量 1:1 计算，1 mL 水样需要不小于 1 g 的硅藻土，以保证在载样过程中样品不会因填料吸水饱和而降低萃取效率。例如，在应用 SLE 柱对纺织品染料中偶氮化合物萃取时约 20 mL 样品使用的是 20 g SLE 柱[9]。在对血浆中左炔诺孕酮分析时 400 μL 稀释血浆样品 SLE 填料量为 500 mg[10]。

SLE 所需的样品体积取决于目标化合物在样品中的浓度和所使用检测手段的灵敏度。对于环境水样品，大的 SLE 柱可以接受多达 100 mL 的样品。而对于血液及尿液等生物样品，当检测手段为 LC-MS/MS 时，样品体积可少至 200～400 μL，甚至几十微升。

8.2.2　有机溶剂及体积

与 LLE 相同,在 SLE 中使用的是非水溶性有机溶剂,甲基叔丁基醚(MTBE)、二氯甲烷和混合溶剂都是常用的 SLE 萃取溶剂。萃取所用有机溶剂的体积最少应该与样品体积相等。根据经验,为了达到最佳的回收率,有机溶剂的体积不应该小于两个柱床体积,而且分 2～3 次洗脱比一次洗脱的回收率要好。

8.2.3　酸碱度对 SLE 的影响

如上所述,SLE 是在支撑固体表面发生的 LLE。因此,SLE 遵从传统 LLE 的萃取原则。在 LLE 中,影响目标化合物回收率的因素之一是萃取环境的酸碱度,这点对于弱酸性和弱碱性化合物尤为重要。为了有效地从硅藻土表面的水相样品膜层中萃取可离子化的弱酸性和弱碱性化合物,环境的 pH 必须确保目标化合物呈不带电荷的中性状态,因此调节萃取环境的 pH 至关重要。有关 pH 调节的原则请参考第 3 章 3.1.3 节。概括起来就是酸性环境有利于酸性化合物的萃取;而碱性环境则有利于碱性化合物的萃取。对于极性大的化合物更需要注意控制萃取环境的pH。目前有的 SLE 商品供应商在生产过程中已经对硅藻土进行了酸化或碱化处理。用户可以根据应用选择不同 pH 的 SLE 产品。另一种方式就是调节样品的pH,以确保目标化合物在样品中呈中性状态。

8.2.4　lg K_{ow} 对 SLE 的影响

在第 5 章 5.1.2 节中我们讨论过 lg K_{ow} 对 SPE 的影响,在 SLE 中同样可以利用目标化合物的 lg K_{ow} 来选择适当的有机溶剂将目标化合物从被活性硅藻土表面吸附的水相膜层中萃取目标化合物。对于一个给定化合物而言,lg K_{ow} 越小,其极性就越大,越容易溶解在水相中。当 lg K_{ow} 值为负数时,该化合物具有很强的亲水性,很难用 SLE 技术将该目标化合物从样品中分离萃取出来。当 lg K_{ow} 等于 0 时,该化合物在有机相和水相的分配比相等。当 lg K_{ow} 值为正数时,该化合物具有亲脂性,该数值越大表示目标化合物的亲脂性越强,在 SLE 中越容易被有机溶剂萃取。表 8-1 总结了 lg K_{ow} 与化合物极性及水中溶解度的关系。

表 8-1　lg K_{ow} 与化合物极性及水中溶解度的关系

lg K_{ow}	化合物极性	水中溶解度
>3	非极性	很低
1～3	中等	低
<1	极性	高
<0	强极性	很高

在 SLE 中对于极性强和中等极性的目标化合物可使用中等极性的有机溶剂进行萃取。由于异丙醇和甲醇这类强极性有机溶剂与水相溶,不适合作为有机溶剂在 SLE 中单独使用。但是作为改良剂,这两种溶剂可以被添加在非极性有机萃取剂中以改善萃取效果,表 8-2 列举了部分常用的混合有机溶剂。值得注意的是,要控制在混合溶剂中极性有机溶剂所占的比例,水溶性有机溶剂比例过高会对样品净化起到相反的作用,会导致被硅藻土吸附的部分杂质转移到有机萃取相中。对于非极性化合物,非极性有机溶剂是最好的选择,如正己烷和异辛烷等。

表 8-2   混合有机溶剂体系中水溶性有机溶剂最大比例

混合有机溶剂	水溶性溶剂最大比例	混合有机溶剂	水溶性溶剂最大比例	混合有机溶剂	水溶性溶剂最大比例
DCM-MeOH	20% MeOH	DCM-THF	70% THF	EtOAc-THF	70% THF
DCM-丙酮	20% 丙酮	DCM-ACN	10% ACN	EtOAc-IPA	60% IPA
DCM-DMF	10% DMF	甲苯-THF	70% THF	EtOAc-MeOH	10% MeOH
DCM-DMA	10% DMA	甲苯-DMF	30% DMF	二乙基醚-THF	50% THF
DCM-NMP	20% NMP	EtOAc-DMF	10% DMF		

注:表中数据仅供参考,建议针对你的样品进行评估。DCM. 二氯甲烷;DMF. 二甲基甲酰胺;IPA. 异丙醇;ACN. 乙腈;DMA. 二甲胺;MeOH. 甲醇;THF. 四氢呋喃;NMP. N-甲基-2-吡咯烷酮。

8.2.5   盐析效应对 SLE 的影响

盐析效应(salting out effect)是指在 LLE 中加入过量的盐有助于有机相从水相中析出。最显著的例子是在 QuEChERS 方法[11]中加入大量的盐从而使得有机萃取相析出。盐析效应也被用于从生物体液中分离萃取药物[12]。

盐析效应与目标化合物及所使用的盐有关。目标化合物含碳原子数量越多,盐析效应越明显。盐析效应使得高分子量的化合物在水中的溶解度降低[13]。对于生物样品通常可以加入铵盐(NH$_4$Ac)进行盐析,其原因一方面主要是铵盐溶解度大,可以获得与其他无机盐(NaCl、MgSO$_4$)相似的回收率;另一方面是铵盐对质谱分析不会产生显著影响,同时可以减少残留盐对仪器的污染[14]。

在 LLE 中水相中加入高浓度的盐有助于萃取高极性及水溶性目标化合物,提高这些化合物的萃取回收率。由于 SLE 是一种特殊情况下的 LLE,盐析效应的基本原理也可以用于 SLE。例如,地塞米松(dexamethasone)是一个极性化合物,其 lg P = 1.83,pK_a = 12.14。如表 8-3 所示,血浆用水稀释后再用 SLE 萃取,回收率仅为 53.5%。而在血浆样品中加入 NH$_4$Ac 后回收率增加,当铵盐的浓度为 200 mmol/L 时,回收率达到 82.2%[15]。

表8-3　盐析效应对 SLE 萃取血浆中地塞米松的影响($n=3$)

样品	加入 NH_4Ac 浓度	回收率/%
血浆+50 μL 水	0	53.5
血浆+50 μL 盐溶液	20 mmol/L	59.0
血浆+50μL 盐溶液	200 mmol/L	82.2

虽然 SLE 具有上述众多优点,但在使用 SLE 时还必须考虑一些材料本身可能影响萃取结果的因素。例如,由于硅藻土矿的来源不同,生产工艺不同,不同厂商提供的产品的孔径、比表面积等也不同。这些差异会导致萃取结果的不同。所以在用不同厂商提供的 SLE 产品重现文献方法时,必须对萃取参数进行必要的修正。另外需要注意的就是,同一厂商不同批号的产品之间是否有差异,在更换不同批号时最好进行必要的评估,差异大的也需要对萃取参数进行修正。

8.3　SLE 基本操作

在 SLE 中,虽然硅藻土填料是装填在与 SPE 相同的柱子或 96 孔板中,但由于 SLE 与 SPE 的原理不同,其操作步骤也不同。其中最显著的不同是,在 SLE 中没有经典 SPE 步骤中的柱预处理和柱平衡步骤,也没有 SPE 经常用到的杂质洗涤步骤。以生物液体样品(血浆、血清、尿液等)为例,SLE 的基本操作通常分为三步:

步骤一:将血浆、血清或尿液载入 SLE 装置中(对于生物样品通常需要在载入 SLE 装置前进行必要的处理,如稀释、添加缓冲溶液、盐以及调节 pH 以确保目标化合物呈中性状态等)。样品载入 SLE 装置通常都是在重力的作用下进行。对于一些黏稠性较大的样品,可以稍微给予一定的正压或真空负压,以保证水相样品完全被硅藻土吸附。

步骤二:等待 5～10 min。等待过程是要给予足够的时间,以确保水相样品在多孔硅藻土表面形成膜层。

步骤三:加入有机萃取液并收集流出液。这个过程从形式上看类似于 SPE 中的洗脱步骤,但在 SLE 中,这是一个 LLE 过程。这一过程通常都在重力作用下进行。值得指出的是,在 SPE 中,通常会在洗脱的最后阶段对 SPE 装置给予一定的外力,以便尽可能地将洗脱溶剂全部收集。但在 SLE 中切记在这一步最好不要使用外力,如果必须使用,也需要切记外力不可过量,因为过量的外力会增加水相穿透 SLE 装置的风险。

表8-4 以 Cleanet SLE 产品为例,给出了样品体积、填料量及洗脱溶剂用量的参考值。其他品牌产品可以以此为基础,进行适当修正。

表 8-4　SLE 萃取中样品体积、填料量和萃取溶剂用量参考值

萃取装置	样品体积	Cleanert SLE 产品	萃取溶剂
96 孔 SLE 板	<100 μL	200 mg/2 mL	1×1 mL 或 2×600 μL
	100 ~ 200 μL	200 mg/2 mL	1×1 mL 或 2×600 μL
	200 μL	200 mg/2 mL	1×1 mL 或 2×750 μL
	300 μL	300 mg/2 mL	1×1 mL 或 2×700 μL
	400 μL	400 mg/2 mL	3×700μL 或 4×440 μL
	>400 μL	500 ~ 600 mg/3 mL	3×1 mL 或 4×800 μL
SLE 柱	< 200 μL	200 mg/3 mL	1×1 mL 或 2×0.5 mL
	500 μL ~ 1 mL	1 g/6 mL	1×6 mL 或 2×3 mL
	1 ~ 2 mL	2 g/12 mL	2×6 mL 或 3×4 mL
	2 ~ 4 mL	4 g/25 mL	2×6 mL 或 3×6 mL
	8 ~ 10 mL	10 g/60 mL	4×15 mL
	10 ~ 20 mL	20 g/60 mL	4×20 mL

注:(1)表中数据以 Cleanert SLE 为例,仅供参考。

(2)生物体液需要用水或缓冲溶液进行至少 1∶1 稀释。碱性化合物建议使用 1 mol/L 铵盐缓冲溶液 (pH 9 ~ 10),酸性化合物建议使用 1 mol/L 磷酸缓冲溶液(pH 2 ~ 3)。

(3)载样和有机溶剂萃取时给予适当的正压或负压有助于提高效率。

　　SLE 技术在很多领域都得到很好的应用。Owen 等[4]对 96 孔 SLE 板与 SPE 板对血清中的醛甾酮进行萃取的结果进行了比较,证明 SLE 与 SPE 的结果相近。而且使用 SLE 时血清样品无须进行蛋白质沉淀,可以直接载入 SLE 板。Pan 等[16]用 SLE 对血浆中的埃罗替尼进行了萃取,结果表明 SLE 的回收率比蛋白质沉淀法和 LLE 法要高。Kanaujia 等[17]将 SLE 技术用于萃取环境水中的化学武器试剂,结果表明 SLE 可以满足定性和定量分析要求。

参 考 文 献

[1] Martin A J P,Synge R L M. Biochem J,1941,35(1/2):1358

[2] Johnson C R,Zhang B,Fantauzzi P,et al. Presentation at the 5th International Symposium on Solid Phase Synthesis and Combinatorial Chemical Libraries,London,1997

[3] Johnson C R,Zhang B,Fantauzzi P,et al. Tetrahedron,1998,54:4097

[4] Owen L J,Keevil B G. Annals Clin Biochem,2013,5:489

[5] Majors R E. LC-GC North Am,2012,30 (8):626

[6] Rogatsky E,Browne S,Cai M,et al. J Chrom Separat Techniq,2014,5(3):224

[7] Pan J,Jiang X,Chen Y L. Pharmaceutics,2010,2:105

[8] 李洲,秦炜. 液−液萃取. 北京:化工出版社,2012

[9] GB/T 17592—2011. 纺织品 禁用偶氮染料的测定

［10］ Selection Guide for Bio-sample Preparation,Bonna-Agela Technologies,Rev. 1. 2015

［11］ Anastassiades M,Lehotay S J. J AOAC Int,2003,86(2):412

［12］ Zhang J,Wu H,Kim E,et al. Biomed Chromatogr,2009,23:419

［13］ Zhang J,Wu H,Kim E,et al. J Pharm Biomed Anal,2008,48:1243

［14］ Majors R E. LC-GC North Am,2009,27(7):52

［15］ Sample Preparation Products,Bonna-Agela Technologies,Rev. 1. 2016

［16］ Pan J W,Jiang X Y,Chen Y L. Pharmaceutics,2010,2:105

［17］ Kanaujia P K, Pardasani D, Tak V, et al. Chromatographia, doi: 10. 1365/s10337-009-1182-0,2009

第9章 固相萃取的自动化

9.1 固相萃取自动化的概况

采用自动固相萃取系统可以将操作人员从烦琐的样品前处理工作中解放出来,提高工作效率。就一个或一组样品而言,自动固相萃取系统与手工固相萃取比较,并没有加快速度,因为仪器也要按照固相萃取的步骤一步一步地进行。但采用自动固相萃取仪,人为的介入大为减少,可以将有限的人力资源用于其他方面。对于人力资源紧张的实验室,增添自动固相萃取设备无疑是一种解决方案。另外,自动化系统可以 24 h 不间断地工作,因此可提高每天处理样品的通量。假设萃取一个样品所需的时间为 10 min,手工操作每天按 8 h 计算,大约处理 50 个样品,一台单通道固相萃取仪按 20 h 工作计算,可以处理 120 个样品;一台四通道固相萃取仪可以处理 480 个样品;一台八通道的固相萃取仪则可以处理 960 个样品。需要处理的样品越多,就越能够体现自动化的优越性。

样品前处理的自动化不仅能降低实验室人员的劳动强度、提高样品处理通量,还可以排除人为操作可能出现的错误,提高结果的重现性。由于自动固相萃取系统是通过电脑软件控制,所有的条件和参数都是预先设定,系统严格按照设定的程序进行工作,因此不会出现手工操作可能产生的各种人为错误。

在固相萃取中,样品及洗脱溶剂通过萃取柱的流速对回收率有很大的影响。手工操作多数都是采用负压真空萃取装置,流速难以准确控制。而在自动固相萃取系统中,液体通过固相萃取柱的流速多是通过正压注射泵控制的(如睿科 Fotector Plus 等),最后得到结果的重现性也比手工操作要好。另外,自动化也是规范样品前处理操作的重要手段。因为许多自动化样品前处理系统具有自动记录功能,在仪器运行时按照时间顺序记录仪器的所有动作。这种人为无法修改的原始电子记录符合良好实验室规范(GLP)。

在实验室中,接触的样品多种多样,有的样品对操作人员是有危险的,如各种生物样品中的病毒以及未知样品的潜在风险。实验人员接触这些样品越多,风险越大,采用自动化样品前处理系统可以大大减少这些风险。另外,样品前处理通常都要使用各种对人体有害的有机溶剂,这对于长期在实验室工作的人员来说是很大的一个潜在威胁。要最大限度地保护实验人员的身体健康,样品前处理的自动化无疑是一个很好的选择。

目前,市场上有多个品牌的自动固相萃取仪,有进口品牌,也有国产品牌。经过多年的发展,国产品牌无论在功能方面,还是在质量方面都不落后于进口品牌,甚至在一些方面还超过了进口品牌。根据固相萃取装置的类型,自动固相萃取仪也可分为基于固相萃取柱的系统,如睿科生产的 Fotector 系列、莱伯泰科生产的 SPE1000、屹尧科技生产的 EXTRA 等;基于固相萃取膜片的系统,如睿科生产的 Auto D10、Horizon 生产的 SPEDX4700 等;基于固相萃取吸嘴的系统,如 Hamilton 生产的 Microlab NIMBUS、睿科生产的 Vitae M96 等;以及基于 96 孔 SPE 板的系统,如睿科生产的 Vitae 100、Tomtec 生产的 Quadra 4 SPE 等。此外,一些针对特殊应用的专用仪器也相继投放市场,如睿科专门为 QuEChERS 样品净化而生产的 QS-60 等。

随着人们对实验室自动化要求越来越高及实验室机器人的引入,包括均质、离心、振荡、固相萃取、浓缩等工序在内的多功能全自动样品前处理平台也逐渐展现在人们眼前,如睿科建立的 Smartlab 平台等。

9.2　基于固相萃取柱的自动固相萃取系统

基于固相萃取柱的自动固相萃取系统可以看作是一种将手工的萃取方法自动化的仪器。我们以睿科 Fotector Plus 系列为例来说明这类自动固相萃取仪是如何实现固相萃取自动化的。

9.2.1　仪器硬件

Fotector Plus 全自动固相萃取仪是一款能够自动对样品进行固相萃取富集/净化的仪器,如图 9-1 所示。Fotector Plus 全自动固相萃取仪由控制面板、柱插杆、SPE 柱架、收集管架、样品管架、样品针、注射泵及相关阀组等部分组成。系统可以使用多达八种不同的溶剂。

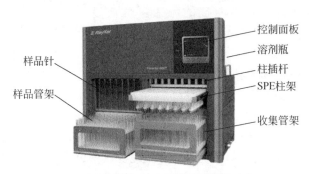

图 9-1　Fotector Plus 全自动固相萃取仪

　　下面我们来看一下 Fotector Plus 全自动固相萃取仪是如何自动完成整个固相萃取程序的。将盛有样品的试管放入样品管架,摆放好收集管架,SPE 柱架中放入相应的 SPE 柱(可放置多种规格 SPE 柱或免疫亲和柱,柱体积 1 mL、3 mL、6 mL、12 mL 皆可匹配。该仪器可同时处理 6 个样品,连续处理样品量为 60 个)。计算机可通过 WiFi 实现对仪器的远程控制、监控及方法导入/导出等。

　　仪器运行时,样品液通过样品针抽入注射器中,然后通过阀组通道切换,将样品液注入 SPE 柱中。不同于其他固相萃取设备的针+柱盖的密封模式,Fotector Plus 系列采用的是特氟龙柱插杆+耐腐蚀 O 型圈进行密封(图 9-2),当液体或气体经过 SPE 柱时,O 型圈产生细微形变密封,这种静密封性能够承受 8 个大气压。在处理含有蛋白质的生物样品时,样品中的蛋白质会导致样品液通过 SPE 柱时遇到非常大的阻力[1],而注射泵的大扭矩可以产生很大的推力,确保样品液体通过 SPE 柱,从而大大降低了柱堵塞的风险。

柱插杆

密封圈

SPE柱

图 9-2　柱插杆与固相萃取柱的密封模式

　　Fotector Plus 全自动固相萃取仪通过移动 SPE 柱架技术来完成 SPE 程序。我们以一个包括 SPE 柱预处理、样品添加、SPE 柱洗涤、干燥、目标化合物洗脱这几个步骤的经典 SPE 程序来说明。如图 9-3 所示,在进行 SPE 柱预处理、样品添加、SPE 柱洗涤及干燥时,SPE 柱架位于废液槽的上方,这时通过 SPE 柱的液体都是废液,被排放到废液槽中通过废液导管流入外置的废液收集瓶中。废液槽有三个排放口,分别是废水、废有机液和特殊废液。可以根据废液的性质分别收集在不同的废液瓶中,显著降低了实验室废液处理的成本。

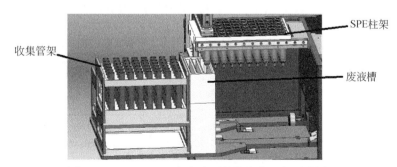

收集管架

SPE柱架

废液槽

图 9-3　Fotector Plus 全自动固相萃取仪运行示意图 1

　　在进行洗脱之前,SPE 柱架移动至洗脱位置(图 9-4)。当洗脱溶液通过特氟龙柱插杆进入 SPE 柱,并在正压下流过 SPE 柱后就被收集在下方的收集管中,这样就完成了整个 SPE 过程。Fotector Plus 可根据应用将第二份洗脱溶液 B 收集在第二排收集管中,以此类推,最多可完成十次洗脱收集。

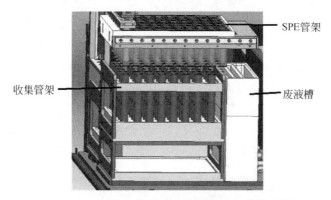

SPE管架

收集管架

废液槽

图 9-4　Fotector Plus 全自动固相萃取仪操作示意图 2

9.2.2　控制软件

　　自动固相萃取仪的控制软件应该简单、易操作,同时还要有足够的灵活性,以便满足不同应用的要求。Fotector Plus 全自动固相萃取仪的控制软件是根据客户的使用习惯,推出的便于实验新手入门的操作软件。从系统的配置、方法的建立到建立特殊指令都充分考虑了用户的需求。在软件内设的固相萃取指令中有清洗样品通道(wash sample path)、柱预处理(condition)、上样(load)、柱洗涤(wash plunger)、干燥(dry)、目标化合物洗脱(elute)等指令,以及实验室常用的液体处理指令,详见表 9-1。同时打开一个参数窗口,使用者只需填入相关的参数即可,如洗脱溶剂的位置、体积、流速等。

表 9-1　Fotector Plus 全自动固相萃取系统部分常用指令

中文指令	英文指令	简述	中文指令（辅助）	英文指令	简述
柱预处理	condition	用指定液体对 SPE 柱预处理	清洗样品通道	wash sample path	以指定液体对样品针进行内外壁冲洗,杜绝交叉污染
上样	load	将样品注入 SPE 柱	清洗注射泵	wash syringe	以指定液体对注射器内部进行清洗,进行溶剂置换等

中文指令	英文指令	简述	中文指令（辅助）	英文指令	简述
吹干	dry	干燥 SPE 柱	清洗样品瓶	rinse sample tube	以指定液体对样品瓶壁进行润洗,紧接着仪器将样品回抽,以上样流速过柱
气推	air push	注射器抽取空气,将管路中残留的液体推出系统	清洗柱塞	wash plunger	以指定液体对柱插杆进行清洗
淋洗	rinse	以指定液体对 SPE 柱进行淋洗,除去杂质或特定目标化合物	填充样品路径	fill sample path	以指定液体对样品路径填充,避免管路存在空气影响后续上样
洗脱	elute	以指定液体对 SPE 柱进行洗脱,常常需要收集流出液	特殊上样	load special sample	以较小补偿体积的模式进行上样
大体积上样	load large-volume sample	针对大体积水样的上样命令(配合大体积上样套件)	组分收集	fractionation	以指定液体对同一 SPE 柱分步洗脱

图 9-5 显示了一个固相萃取程序,包括样品针(注射泵)进行润洗(杜绝交叉污染)、两步 SPE 柱预处理(活化)、样品添加、SPE 柱洗涤、SPE 柱干燥和目标化合物洗脱。在方法程序编写完成后,仪器就可以自动执行该方法,完成固相萃取工作。一般说来,现有的手工固相萃取方法都可以通过固相萃取仪自动完成。运用

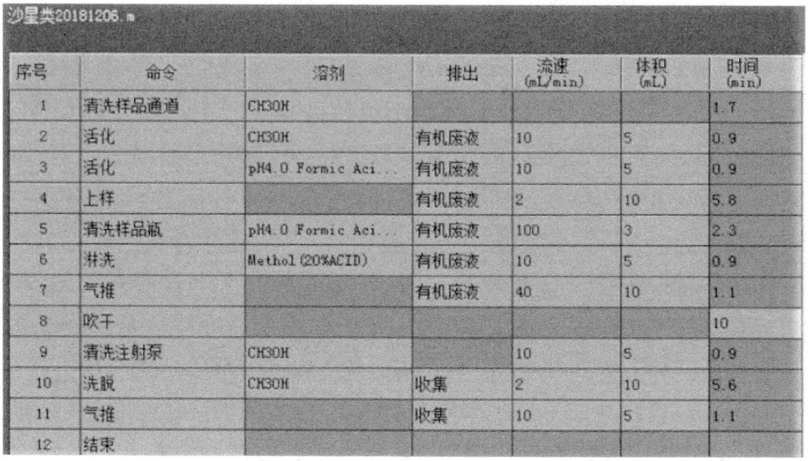

序号	命令	溶剂	排出	流速(mL/min)	体积(mL)	时间(min)
1	清洗样品通道	CH3OH				1.7
2	活化	CH3OH	有机废液	10	5	0.9
3	活化	pH4.0 Formic Aci..	有机废液	10	5	0.9
4	上样		有机废液	2	10	5.8
5	清洗样品瓶	pH4.0 Formic Aci..	有机废液	100	3	2.3
6	淋洗	Methol (20%ACID)	有机废液	10	5	0.9
7	气推		有机废液	40	10	1.1
8	吹干					10
9	清洗注射泵	CH3OH		10	5	0.9
10	洗脱	CH3OH	收集	2	10	5.6
11	气推		收集	10	5	1.1
12	结束					

图 9-5　Fotector Plus 软件建立固相萃取方法画面

Fotector Plus 软件可以将不同的萃取方法在"Sample List"中排列,使得用户可以事先将不同检测目标的样品放置在样品管架区,然后将所对应的萃取方法排列在"Sample List"中,固相萃取系统就可以自动调用不同的方法完成对不同样品的萃取。如图 9-6 所示,我们将农药残留、沙星类药物、真菌毒素、阴阳离子等萃取方法列入"Sequence"中,固相萃取仪在完成对农药残留的萃取后就会自动执行对沙星类样品的萃取方法,以此类推。

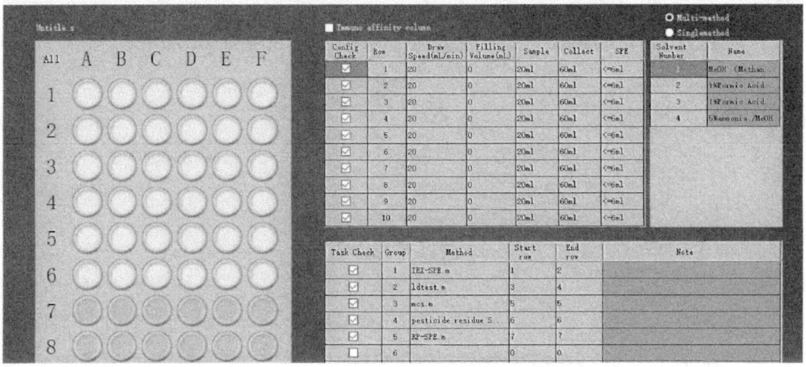

图 9-6　软件控制自动执行不同的萃取方法

　　Fotector Plus 内置的压力感应器可以对固相萃取过程的压力进行实时监测,若压力高于设定值(如 SPE 柱堵塞引起压力增加),软件可以根据事先设定的处理方法进行适当的处理。例如,马上停止仪器的运行,跳过被堵塞的 SPE 柱,继续下一个样品的萃取等。

9.2.3　自动固相萃取仪的应用

　　商品 SPE 柱的自动萃取系统已经广泛应用于许多领域。例如,程莉等[2] 利用 Fotecor Plus 设备实现了蜂蜜中吡咯里西啶类生物碱的净化,然后用 UPLC 对萃取物进行检测,实验加标回收率为 82.0% ~ 110%。张钰等[3] 将 Auto SPE 06C 设备用于大体积水样的检测,在 SupelClean ENVI-Chrom P SPE 柱上,采用仪器的前后排收集模式,探寻不同洗脱体积对水中微囊藻毒素、甲萘威等物质回收率的影响。林麒等[4] 利用 Fotector Plus 设备实现对水中 17 种沙星类抗生素的富集,实现痕量沙星类抗生素的微量检测,检测限低至 0.4 ~ 4.2 ng/L。自动化固相萃取设备不仅可以用于水质或食品方面的净化处理,而且可以完美地运用在免疫亲和柱上。如图 9-7 所示,Fotector Plus 设备可用于大批量粮油样品中真菌毒素的前处理,独特的柱插杆下压模式,利于免疫亲和柱自动脱帽,最大限度地确保免疫亲和柱始终保存在缓冲溶液中。该模式下免疫亲和柱可对超低限量的黄曲霉毒素(Aflatoxin B_1、B_2、G_1、

G_2)保持吸附效果(MDL 低至 0.1 ng/g),进而最大限度地避免实验人员过多地接触强致癌的黄曲霉毒素[5]。

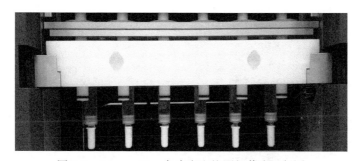

图 9-7 Fotector Plus 免疫亲和柱固相萃取运行图

9.3 基于固相萃取膜的自动固相萃取系统

在对体积大的样品进行固相萃取时,如各种地表水、地下水、自来水及废水中有害物质的萃取,可以采用膜片型固相萃取装置。由于 SPE 膜片表面积大,使用颗粒粒径及膜片孔径远小于固相萃取柱填料尺寸。样品可以在较短的时间内通过 SPE 膜,所以萃取速度较快。SPE 膜除了可以手工操作外,也可以通过仪器自动进行。

我们以睿科公司的 Auto D10(图 9-8)为例,说明这类仪器的工作原理。该系统中已存有水质国标方法和部分美国 EPA 方法,用户可以直接使用。用户也可以对这些方法参数进行修改,进行洗脱溶剂的选择、浸泡时间等参数变更。样品瓶倒置在萃取膜片装置的上方,靠重力流入装有 SPE 膜片的样品杯,通过灵敏的传感器进行上样过程控制,使得样品液在真空负压的作用下通过萃取膜片。由于萃取膜片的表面积大,厚度薄,没有渠道效应,因此,样品可以远远高于萃取柱的流速通过萃取膜片,最大流速可达 100 mL/min。该系统适用于体积较大的水样,一般处理 500 mL 的样品仅需十几分钟,比 SPE 柱的效率高很多(6 mL SPE 柱处理相同体积的水样通常至少需要 80 min)。为了减少样品容器对非极性化合物的吸附,该系统用有机溶剂对样品瓶的内壁进行清洗。该系统可使用 47 mm、50 mm 及 90 mm 的固相萃取膜片,最多可使用 8 种溶剂。该系统每次处理一个样品,然后需人工更换样品瓶及萃取膜片。如果要求提高萃取通量,则需要增加萃取单元。控制软件最多可以控制 10 个萃取模块。

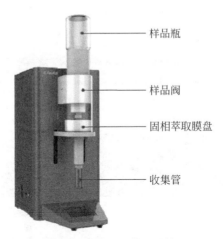

样品瓶

样品阀

固相萃取膜盘

收集管

图 9-8　膜片型自动固相萃取系统 Auto D10

9.4　基于固相萃取吸嘴的自动固相萃取系统

基于固相萃取吸嘴(SPE tips)的自动固相萃取系统实际上是一台可自动更换吸嘴的液体处理系统。换句话说,所有具备可自动更换吸嘴的自动化液体处理系统都可以作为吸嘴型自动固相萃取系统使用。例如,Raykol 公司的 Vitae 100、Raykol 公司的 Vitea M96、Hamilton Microlab NIMBUS、Tecan 公司的 Genesis RSP 150 自动工作站、BioTek 公司的 Precision 2000、Qiangen 公司的 BioRobot 9640、Thermo Orion 公司的 AS2000 等。

图 9-9 是睿科的 Vitae M96 自动液体处理工作站。该仪器结构紧凑,操作人员通过触摸屏设置参数,简单方便。吸嘴座可同时安装 96 个移液吸嘴或 SPE 吸嘴,四个移动工作位置,可以放置 SPE 吸嘴盒、96 孔板、溶剂槽等。此外,还可以扩展增加存储塔用于放置 96 孔板、吸嘴及溶剂槽等。Vitae M96 安装 SPE 吸嘴后可以同时对 96 个生物样品(血清、血浆、尿液等)进行萃取净化,也可以用于蛋白质 LC-MS 分析前的快速除盐。

SPE 吸嘴由于填料体积小,一般用于微量化合物的萃取及生物样品的纯化。McDonald 等[6]应用 Hamilton Microlab NIMBUS 配合混合型(RP/WAX)DPX 吸嘴对水解尿样样品中的 36 种精神药物进行快速萃取净化,在 15 min 内完成两块 96 孔板样品的萃取净化,然后用 LC-MS/MS 分析。其萃取过程示意图如图 9-10 所示。

具体操作步骤如下:

(1)萃取吸嘴预处理:从溶剂槽吸取并排放 30%(体积分数)甲醇水溶液。

(2)萃取样品:吸取并排放三次样品(样品含 150 μL 尿液、100 μL 混合缓冲溶

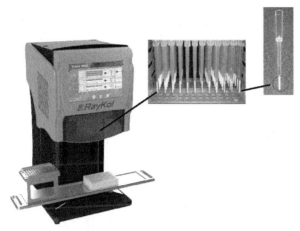

图 9-9 Vitae M96 自动液体处理工作站

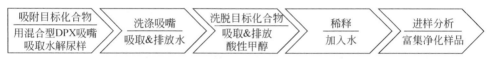

图 9-10 DPX 吸嘴快速萃取净化尿液样品流程示意图

液、水解酶及内标)。

(3)洗涤:吸取并排放水以除去基质中的盐、尿素及肌氨酸酐等干扰物。

(4)洗脱:用1%(体积分数)甲酸甲醇溶液洗脱目标化合物(吸取并排放三次)。

(5)稀释:加入 1050 μL 水使得甲醇浓度在 12.5%(体积分数)左右。

表9-2 给出了利用 DPX 吸嘴快速萃取净化尿液样品中 9 种化合物的分析结果。

表 9-2 尿液样品中部分化合物回收率

化合物	回收率/%	RSD($n=7$)/%	LOD/(ng/mL)	LOQ/(ng/mL)	R^2
吗啡	79.18	4.0	5.0	15	0.9969
氧吗啡酮	89.95	3.8	1.8	5.4	0.9982
苯丙胺	91.54	5.9	3.1	9.4	0.9944
可待因	91.89	4.1	2.2	6.7	0.9972
甲基苯丙胺	99.6	2.5	1.1	3.3	0.9993
苯环乙哌啶(PCP)	100	4.8	0.98	2.9	0.9967
美沙酮	95.01	6.8	0.56	1.7	0.9932

续表

化合物	回收率/%	RSD($n=7$)/%	LOD/(ng/mL)	LOQ/(ng/mL)	R^2
劳拉西泮	79.95	3.7	0.86	2.6	0.9984
阿普唑仑	86.93	3.8	3.9	12	0.9937

注:LOD. 检测下限;LOQ. 定量下限。

9.5　基于固相萃取板的自动固相萃取系统

在第4章中我们介绍了将 SPE 柱集成于 96 孔板形式的 SPE 板。目前这种 SPE 板已经广泛应用于临床生物样品的 LC-MS/MS 检测及药物分析中的样品前处理[7,8]。用于 96 孔板 SPE 的自动化移液工作站也相继问世。例如,进口品牌有 Hamilton 公司配备[MPE]²SPE/浓缩模块的 Microlab Star、Tomtec 公司的 Quadra 4,国产品牌主要有睿科仪器的 Vitae 100 及 Vitae M96 等。这些平台除了能够完成正常的 96 孔板 SPE 操作外,还可以进行液体转移、稀释、混合等液体工作站的工作。[MPE]²SPE/浓缩模块及 Vitae M96 采用的是正压模式,Quadra 4 及 Vitae 100 可以选择正压模式或负压模式。此外,还可以选配加热/低温、振荡等模块。

图 9-11 是 Tomtec 公司生产的 Quadra 4 固相萃取系统。该系统由 96 位吸嘴座、六位移动平台、显示器等组成,六位移动平台上可以根据应用需求放置 96 位 SPE 板、试剂、吸嘴及负压装置等。该仪器还可以扩展增加 96 孔板抓爪、储存塔等附件以增加 SPE 板、试剂、96 孔板及 96 位吸嘴盒等,从而扩展仪器容量。

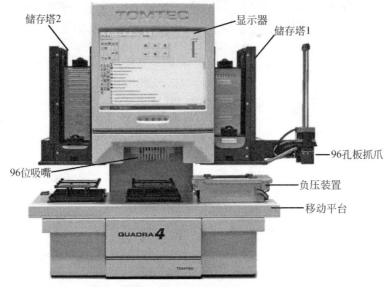

图 9-11　Tomtec Quadra 4 固相萃取系统

SPE 板自动固相萃取系统特别适用于大批量生物样品分析前的预处理,如血中药物浓度监测、药代动力学监测以及大批量临床样品前处理。例如,林慧等[9]用 Quadra 3(Quadra 4 的前身)及 MCX SPE 板对血浆中坦索罗辛进行萃取净化,并用 LC-MS/MS 对该药物的浓度进行监测。

图 9-12 是睿科的 Vitae 100 多功能样品前处理平台,可以处理 96 孔 SPE 板,也可以使用 SPE 吸嘴,配备适当的选配件后还可以进行磁珠 d-SPE 样品净化。

图 9-12　Vitae 100 多功能样品前处理系统

由图 9-13 可见,Vitae 100 工作区域可以根据应用需求放置不同的 96 孔板、模块等。加热模块可以用于需要加热或控温的样品。

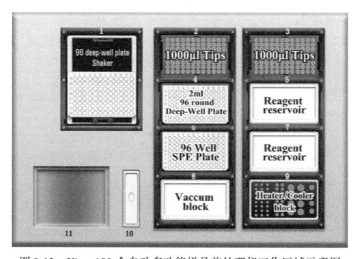

图 9-13　Vitae 100 全自动多功能样品前处理仪工作区域示意图

9.6　QuEChERS 样品净化系统

9.6.1　QuEChERS 方法及其改良

除了上述通用型的自动固相萃取系统外,还有一些是针对某一个专属应用开发的专用仪器。

在第 7 章中我们介绍了分散固相萃取的一个特殊应用:QuEChERS 样品前处理方法。由于该方法操作简单、成本低,被 AOAC[10] 和欧盟标准委员会[11] 认可,并在许多国家农残检测机构广泛使用。该方法也被我国 GB 23200. 113—2018 国家标准所采用[12]。

QuEChERS 方法虽然简单,但整个过程涉及试剂的添加、两次振荡、两次离心、两次上清液的转移、SPE 净化填料的添加、过滤等步骤,当处理大批量样品时,操作人员的劳动强度依然很大。为了提高 QuEChERS 方法的效率,Zhao 等[13] 在 2012 年提出在 QuEChERS 方法的 d-SPE 净化步骤以多壁碳纳米管(MWCNTs)取代 PSA,并取得很好的萃取净化效果。随后,该研究小组又进一步优化了 QuEChERS 方法中 r-DSPE(reversed-dispersive solid-phase extraction)净化填料,提出了 MWCNTs+PSA+无水硫酸钠的混合配方[14],并装填在 SPE 柱[15] 或注射器中[16],以多次吸取排放的方式进行 r-DSPE 净化。该方法被命名为 m-PFC(multi-plug filtration cleanup)法。

图 9-14 是采用 SPE 净化柱的 m-PFC 操作示意图,放置在离心管中的 QuEChERS 萃取离心上清液被反复两次经过装填有净化填料的 SPE 柱吸取排放,第二次排放的液体转移至一个干净的试管中,而杂质被吸附在 SPE 柱上。

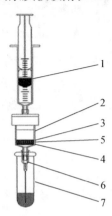

图 9-14　采用 SPE 净化柱的 m-PFC 方法示意图

1. 注射器;2. SPE 柱;3. 上筛板;4. 下筛板;5. MWCNTs+无水硫酸钠;6. 注射针头;7. 2 mL 离心管

　　Qin 等[17]应用 Agela 公司生产的 FFP001 实现了上述 m-PFC 净化操作的自动化,并对注射器推进的速度进行了优化。

　　FFP001 自动 QuEChERS 净化设备由控制面板、推进驱动杆、注射器推杆及注射器固定装置和试管架组成,可同时平行处理 6 个样品。在使用时需要先人工将医用注射器、SPE 净化柱(m-PFC 柱)及针头按图 9-14 组装成一体,SPE 净化柱位于注射器与针头之间。然后再将组装后的装置固定在 FFP001 上,注射器推杆及注射器分别如图 9-15(b)所示固定在相应的固定装置上。将 QuEChERS 萃取离心后的上清液转移至图 9-15(a)所示的 2 mL 离心管中并放置在 FFP001 试管架上[图 9-15(b)]。通过控制面板进行净化操作。吸取、排放离心管中的上清液三次,得到净化后的液体后,再用 0.22 μm 滤膜过滤,将滤液收集在进样瓶中供色谱分析。在使用 FFP001 及 SPE 净化柱时必须控制注射器吸取/排放液体的体积、吸取速度、排放速度和循环次数。根据 Qin 等[17]的实验结果,注射器吸取/排放体积为 4 mL,吸取速度为 6 mL/min,排放速度为 8 mL/min,循环次数为 3 次时所得到的结果最佳。

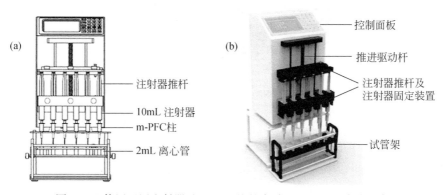

图 9-15　使用医用注射器及 m-PFC 柱的自动 QuEChERS 净化设备

9.6.2　全自动 QuEChERS 净化仪器

　　虽然 FFP001 可以实现 QuEChERS 方法中的净化步骤的自动化,并且实现了六个样品平行操作,但在整个操作过程中并未实现完全自动化。注射器与 SPE 净化柱及针头需要手工组装在一起,并手工固定在 FFP001 装置上,而且最后的过滤步骤依然需要人工完成。FFP001 使用的是一次性的医用注射器,质量难以控制。另外,根据 Zou 等[15]的实验,采用反复吸取/排放的 m-FPC 净化方法会导致部分吸附性不强的杂质再次被液体洗脱到收集管中。

　　根据 QuEChERS 方法的 r-DSPE 净化需求及上述实验结果[13-17],睿科设计生产了 QS-60 全自动 QuEChERS 样品净化仪。如图 9-16 所示,QS-60 由多通道移液单元、吸嘴架、样品架、QuEChERS 净化柱架、缓冲盘架、过滤柱架、收集架及废吸嘴收集仓等单元组成，使用的是 MCNTs(mixed-mode carbon nano tubes)柱，MCNTs 柱采用敞口 SPE 柱，装填有多壁碳纳米管、PSA、无水硫酸钠等混合填料。仪器可以同时处理 8 个样品，连续处理样品量为 64 个。为了避免交叉污染，仪器使用一次性标准 1 mL 移液吸嘴。吸嘴的安装/更换、样品的吸取/排放过柱净化及最后的过滤都是自动完成，净化后的样品直接收集在 2 mL 色谱进样瓶中供色谱分析用。

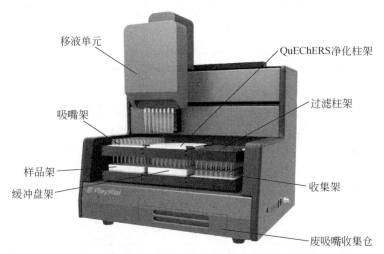

图 9-16 QS-60 全自动 QuEChERS 样品净化仪

图 9-17 显示了 QS-60 与手工 QuEChERS 方法的比较。手工 QuEChERS 可以分为 6 个步骤，其中步骤 1 和 2 是萃取，步骤 3～6 是净化和过滤。使用 QS-60 后，步骤 3～6 由 QS-60 自动完成，而且无需离心分离。

图 9-18 是 QS-60 全自动 QuEChERS 净化系统具体操作流程。移动吸嘴座首先移动到上层吸嘴存储盘自动安装 8 个 1 mL 吸嘴(步骤 1，图 9-18 ①)，然后到下层样品区吸取 1 mL QuEChERS 萃取离心上清液(步骤 2，图 9-18 ②)，将上清液注入上层 MCNTs 柱中，液体经过混合型 MCNTs 柱后被收集在下层缓冲区(步骤 3，图 9-18 ③)，吸嘴模块吸取下层缓冲区的收集液(步骤 4，图 9-18 ④)，该收集液根据需求可以继续重复步骤 3 及步骤 4 的操作(1～3 个循环)，也可以转移至过滤柱中进行过滤，滤液收集在下层 2 mL 色谱进样瓶中(步骤 5，图 9-18 ⑤)，并自动脱除使用过的吸嘴(图 9-18 ⑥)。该过程可以自动循环进行，连续处理 8 批次共 64 个样品，最后得到在 2 mL 色谱进样瓶中的收集液，可以无须浓缩直接进行分析。

QS-60 实现了批量样品全自动 QuEChERS 净化和过滤，免除了传统 QuEChERS 方法样品净化中的涡旋振荡、离心分离、手工过滤以及浓缩等步骤，大大降低了劳动强度。由于仪器自带电子操作记录，整个净化/过滤过程更加符合良好实验室规

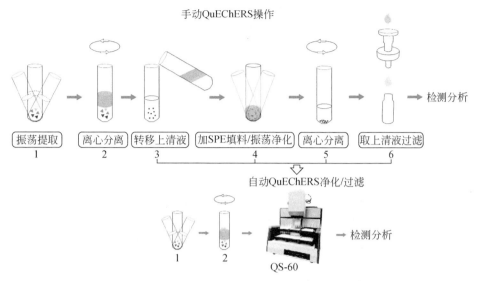

图 9-17 手工 QuEChERS 操作与自动 QuEChERS 净化的比较

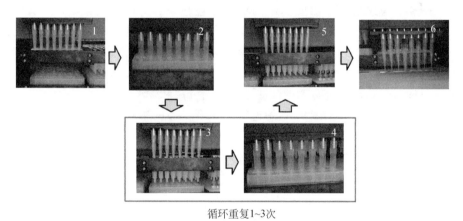

循环重复1~3次

图 9-18 QS-60 全自动 QuEChERS 净化流程示意图

范(GLP)。由于 QS-60 的独特设计,避免了原来 m-FPC 净化法中的多次反复经过净化柱的吸取/排放,从而可以有效地降低净化柱吸附的杂质被再次洗脱的可能性。Song 等[18]应用 QS-60 对西红柿及其产品中的 186 种农药残留,苹果、卷心菜、土豆中 40 种农药残留,大米、小麦、玉米中 124 种农药残留及鱼肉中 8 中兽药残留进行的 QuEChERS 方法的 m-PFC 快速净化,净化后的样品收集在 2 mL 样品瓶中,直接可以转移到仪器上进行分析。采用 QS-60 快速净化 QuEChERs 样品,平均每个样品净化处理需时约 1 min,回收率范围为 86% ~108%,LOQ 为 0.05 ~0.1 mg/kg。

9.7　在线固相萃取系统

9.7.1　阀切换在线固相萃取基本原理

在线固相萃取通常是在 HPLC 或 LC-MS 与自动进样器之间安装一组切换阀，并在阀的通路上连接可反复使用的高压 SPE 柱。图 9-19 是经典的在线固相萃取示意图。

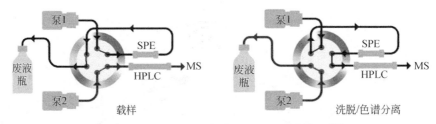

图 9-19　双泵–六通阀在线 SPE-LC-MS 示意图[18]

在图 9-19 的配置中，需要使用两台液相色谱泵，六通阀上连接了泵 1、泵 2、SPE 柱及废液瓶。当六通阀在[载样]状态下，样品在泵 1 的推动下经过 SPE 柱，目标化合物被保留在 SPE 柱上，而未保留的基质则被排放到废液瓶中，而泵 2 对 HPLC 柱进行平衡。当六通阀切换到[洗脱/色谱分离]状态时，泵 1 将吸附在 SPE 柱上的目标化合物反冲洗至 HPLC 柱进行色谱分离和 MS 检测。

另外一种操作方式是图 9-19 的连接方式不变，但在[洗脱/色谱分离]状态下，泵 1 将目标化合物反冲洗到 HPLC 柱后，六通阀再次切换，由泵 2 作为色谱分离流动相，而泵 1 则对 SPE 柱进行平衡，如图 9-20 所示。

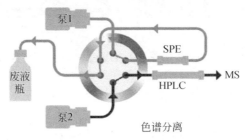

图 9-20　在线 SPE-LC-MS/MS 中 SPE 柱平衡示意图[19]

通过阀切换技术实现在线固相萃取的方法有多种，如 Waters 公司在线 SPE-UPLC 系统[图 9-21(a)][20]。该系统包括载样泵、自动进样器、双六通切换阀及双 SPE 柱、洗脱泵、UPLC 泵、分析柱及检测器。这种配置最大的优点是可以实现两个

SPE 柱平行进行工作。如图 9-21(b)所示,当 SPE1 柱在进行洗脱分析时,SPE2 柱进行下一个样品的处理,从而提高样品前处理的效率。

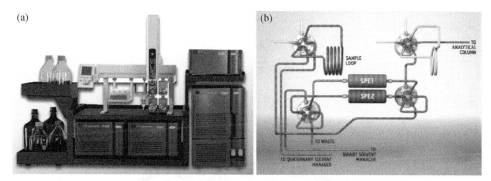

图 9-21　Waters 在线 SPE-UPLC 系统

(a)在线 SPE-UPLC;(b)双六通阀–双 SPE 柱示意图

　　阀切换在线固相萃取在 HPLC 或 LC-MS/MS 系统中通常都会与自动进样器连接,所使用的在线 SPE 柱一般都是高压柱,从在线 SPE 柱流出的目标化合物直接进入 HPLC 柱进行分离。目前国外主要的液相色谱厂商都提供在线 SPE 功能,如 Agilent 公司的 1200 Inifinity 系列、Thermo 公司的 Dionex Mate 3000 系统、Knauer 公司的 AZURA 在线 SPE 系统等。

　　通过阀切换方式实现在线固相萃取的好处是成本相对较低,一些用户可以在实验室用切换阀和泵自己组装,与现有的 HPLC 连接成在线 SPE 系统。由于这种在线固相萃取系统中 SPE 柱通常都是固定在色谱流路中,反复使用,通过切换阀技术实现的在线 SPE 净化系统存在很大的交叉污染风险。这种风险在样品分析浓度范围跨度比较大时更为突出。高浓度样品的残留会严重影响之后的低浓度样品的分析结果。

　　值得指出的是,由于在线固相萃取大多与 HPLC 或 LC-MS/MS 连接,要承受的压力等同于 HPLC 柱,所以填料的颗粒比较小,而且以规则的球形为主,因此柱子的成本比较高,所以在线 SPE 柱一般都是反复使用的。

　　阀切换在线固相萃取可以在许多商品化 HPLC 及 LC-MS/MS 系统上实现。例如,Chantarateepra 等[21]利用双切换阀实现了在线固相萃取与 HPLC-EC 系统连接检测虾肉中残留磺胺类药物。

9.7.2　可更换 SPE 柱的在线固相萃取系统

　　为了降低反复使用同一根在线 SPE 柱带来的交叉污染的风险,Spark Holland 公司推出了 ACE(automated cartridge exchange)模块[22],使用者可以根据应用自动更换在线 SPE 柱。ACE 模块不能单独使用,必须与自动进样器配合使用。如图 9-22 所

示,ACE 模块有左右两个 SPE 腔室、SPE 柱芯盘(放置 96 个 SPE 柱芯,最多可放置
两个 SPE 柱芯盘,共 192 个 SPE 柱芯)、一个机械爪及一组切换阀组成。

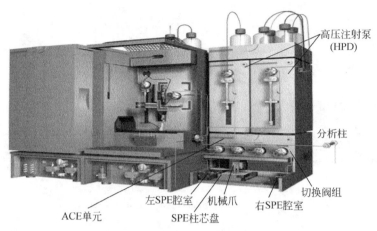

图 9-22　Spark Holland ACE-HPD 模块(可更换 SPE 柱芯)

　　ACE 的基本工作流程是:首先,机械爪在 SPE 柱芯盘中抓取 SPE 柱芯,并放置
在左 SPE 腔室内进行柱预处理、载样、洗涤。然后,机械爪将该 SPE 柱芯从左 SPE
腔室抓取到右 SPE 腔室(与分析柱连接),再从 SPE 柱芯盘中抓取一个新的 SPE 柱
芯放置在左 SPE 腔室。接着,洗脱溶剂对右 SPE 腔室中的 SPE 柱芯洗脱,并进入
分析柱进行分离分析。与此同时,左 SPE 腔室进行下一个样品的处理。由于 SPE
柱芯在洗脱时是与 HPLC 柱连接的,Spark Holland 专门配备了高压注射泵,组成
Symbiosis 在线固相萃取系统。该系统可以与目前市场上大多数 LC-MS/MS 系统连
接,其工作流程示意图见图 9-23。

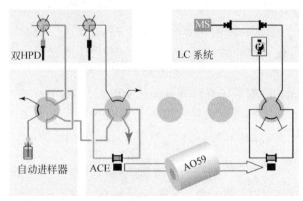

图 9-23　Spark Holland Symbiosis 在线固相萃取示意图
在左 SPE 腔室完成柱预处理、载样、洗涤后,SPE 柱芯转移到右 SPE 腔室进行洗脱及 HPLC 分析

虽然这种可更换 SPE 柱大大降低了固定在线 SPE 柱的交叉污染风险,但也明显增加了使用成本。

与非在线固相萃取技术比较,在线固相萃取最大的好处就是实现从样品前处理到分析的完全自动化。但是,目前在线固相萃取技术还是存在一定的局限性,例如,只适用于一些比较简单的萃取方法,使用的溶剂有所限制,生物样品中的蛋白质会造成系统堵塞,不适用于复杂样品基质等。这些问题都有待解决。

9.8　实验室机器人

9.8.1　分析实验室面对的挑战

在第 1 章我们就谈到样品进入仪器分析前需要经过多个样品前处理步骤,如称量、均质、萃取、振荡、离心、浓缩、净化等多道工序,而固相萃取只是其中之一。所以,对于现代化学分析实验室而言,最大的挑战是样品前处理。这些挑战概括起来主要有以下几点:

(1)人员有限但需要检测的样品量不断增多,需要进行前处理的样品量也随之增加,实验室人员的劳动负荷增加。

(2)由(1)引发的问题是由于样品数量的增加,出现实验人员操作错误的概率也增加。

(3)虽然实验室有各种不同功能的独立的样品前处理仪器,如自动均质机、自动固相萃取仪、自动浓缩仪等,但各独立仪器之间的样品转换还是需要人工介入。

(4)由于在整个样品前处理过程中,人工操作部分是没有自动电子记录的,增加了最终分析结果数据的不确定性。

(5)由于样品前处理过程需要使用各种不同的化学试剂,对操作人员有安全风险。

9.8.2　实验室的自动化和智能化

随着工业机器人的发展,面对上述挑战,仪器制造厂商开始将智能机器人平台引入分析化学实验室,如睿科新近投放市场的智能化样品前处理平台。该平台是一个开放的嵌入式样品前处理平台,可以根据实验需求嵌入不同样品前处理模块。图 9-24 显示的是一个用于 QuEChERS 的样品前处理平台,包括离心模块、振荡模块、QuEChERS 试剂添加模块、移液模块、开/关盖模块及自动样品存储管理模块等。六轴机械臂的引入使得样品前处理的各个工序可以无缝连接,完全无须人为介入。除此之外,还可以嵌入自动均质模块、自动固相萃取模块、自动浓缩模块等前处理及其辅助设备,实现样品前处理的自动化和智能化。

　　值得指出的是,该平台不仅可以自动监测并记录系统的运行状况,还具有完整的数据处理系统,进行样品前处理原始数据记录追踪,并且可以与实验室信息管理系统(LIMS)进行实时数据交换,为现代商业实验室的合规运作提供完整的数据监控和管理等必要的条件。

　　与市面上现有的自动 QuEChERS 仪器比较,睿科智能化样品前处理平台 Smartlab 可以同时处理 6 个样品,而且多道工序可以平行进行,可连续处理 60 个样品,大大提高了样品前处理的效率。

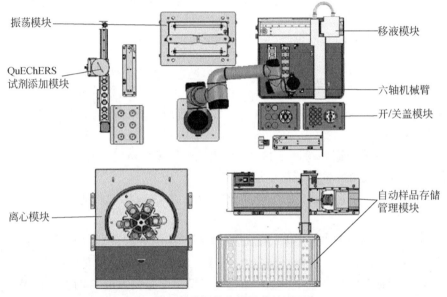

图 9-24　睿科智能化样品前处理平台

　　在对批量样品进行 QuEChERS 样品萃取净化处理时,睿科智能化样品前处理平台自动完成样品的存储及移动,QuEChERS 试剂的添加、振荡、离心,上清液的转移、净化,最后将处理好的样品转移至 2 mL 色谱样品瓶中并存放在温控样品存储区。

9.9　自动固相萃取仪在固相萃取方法建立及优化中的应用

　　在第 5 章中我们曾经讨论了固相萃取方法的建立与优化,在实际工作中,对萃取参数的优化及确定的工作量还是很大的。自动固相萃取仪的使用则可以降低劳动强度,加速实验的进程。许多实验室都在使用手工的固相萃取方法,当引入自动固相萃取系统后,最便捷的途径是将手工的方法转移到自动化系统上,然后对萃取参数进行优化。当然,也可以直接利用自动固相萃取系统进行方法的开发。直接在自动化系统上进行方法开发至少有以下几个优点：

（1）由于自动固相萃取系统能够精确地控制影响分离的各种参数，如流速、体积等，而且每次都可以精确地重复这些参数，因此所建立的方法的重现性往往比手工方法好很多。

（2）避免人工误差的干扰，数据的有效性以及规律性往往比手工优化要好很多。

（3）由于是直接采用自动化系统开发方法，开发方法及使用该方法都是通过同一台仪器进行，因此无须进行方法的转移及对手工方法中的参数进行优化。

（4）手工建立的方法由于受到人力及时间的限制，萃取参数往往没有很好地优化。而自动化的系统，只要设定好各种参数，系统就可以在无人看管的状态下进行工作，直至完成所有工作为止。如果自动固相萃取系统能够与分析装置连接，自动完成从萃取到分析的全过程，其效率将进一步得到提高。因此，可以系统地对所有萃取参数进行优化。

自动固相萃取系统在方法建立及优化过程中可以完成以下工作：

（1）选择适合的固相萃取填料；

（2）优化洗涤步骤，最大限度地除去对分析有干扰的物质；

（3）优化回收率，选择最佳条件以得到最高的回收率；

（4）优化萃取参数，特别是与流速、体积相关的参数，以得到最大的通量。

9.9.1　选择适合的固相萃取填料

选择什么类型的固相萃取填料是建立固相萃取方法时要解决的第一个问题。在选择固相萃取填料时，根据待测目标化合物及样品基质的性质，按照第 5 章中的图 5-2 可以初步确定填料的类型，如采用非极性还是极性或离子交换 SPE 柱。假设我们选择了非极性 SPE 柱，而常用的非极性填料有 C_8、C_{18}、苯基、氰基填料等。要确定究竟哪种非极性柱对你的样品萃取最为合适，最有效的方法就是对这几种萃取柱进行测试。这时，可以将上述四种非极性 SPE 柱放在自动固相萃取仪的同一个 SPE 管架上，用同一个萃取程序对添加目标化合物标样的水溶液进行萃取，然后分别测定回收率。如果萃取仪配备了自动进样模件，还可以与 HPLC 或 TPI-GC 连接，自动完成从萃取到分析的所有工作。

9.9.2　优化洗涤步骤

在这里所说的干扰物是指影响对目标化合物进行分析的物质以及对检测仪器会产生负面影响的物质。对于不同的检测手段，干扰物也会有所不同，因此，在考虑除去干扰物时必须将检测仪器的因素考虑进去。在优化洗涤步骤中，可能需要测试不同的洗涤溶液及洗涤溶液的用量（体积）。由于洗涤溶液的流速对最后的结果影响不大,可以不必过多考虑。应用自动化固相萃取系统,可以十分方便地改变每个实验流速和体积参数,以得到最佳的洗涤效果。

9.9.3　优化洗脱参数

　　虽然有许多因素会影响最后的回收率,在这里,我们以洗脱步骤为例。要得到满意的回收率,我们必须回答一系列的问题,例如,哪种溶剂洗脱效果最好?其体积和流速为多少最为合适?当我们根据第五章的指引初步选择了几种洗脱溶剂后,接下来的工作就是通过实验来证明哪些参数最为合适。除非是使用统计学的方法确定实验参数,一般每次实验只改变一个参数。例如,A、B、C、D四种溶剂,每次选择一种,而洗脱溶剂的体积和流速保持不变。如此一来,实验的次数少则几个,多则几十个,工作量不小。以Fotector Plus为例,由于Fotector Plus可以进行多个样品的连续萃取(每排6个样品同时运行,总共10排60个样品),而不同排可以使用不同的方法进行萃取,而我们在进行方法优化时,一般需要使用3~6个平行样;在Fotector Plus操作软件中,只需要将不同的方法编入序列并连续运行,例如,在图9-25中,Fotector Plus操作软件中的第一排至第十排分别使用的洗脱溶剂是10%~100%的甲醇水溶液,而每个样品又进行了6次平行(视情况可选择3~6)对比。通过对比不同溶剂的洗脱回收率,可以确定哪种溶剂最为合适,图9-26中,我们针对氯霉素的洗脱溶剂进行优化,得出不同洗脱溶剂时回收率的对比。

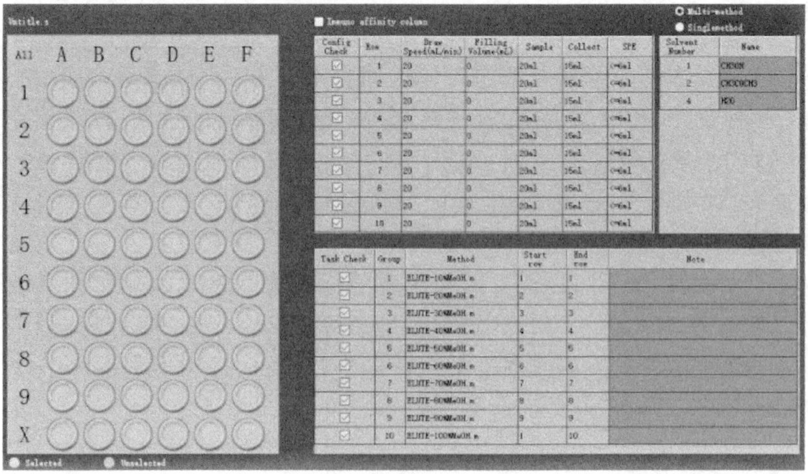

图9-25　Fotector Plus软件的样品列表(连续运行不同的萃取参数)

　　同样,可以将流速设为变量,通过改变洗脱溶剂的流速,得到最佳的洗脱流速。我们可以让仪器来执行这一系列的重复操作,直至得到满意的回收率为止。而且由于仪器可以在无人监管下自动运行,我们完全可以在下午下班之前启动优化程

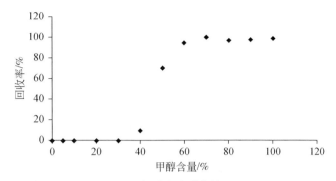

图 9-26　Fotector Plus 氯霉素洗脱曲线(2mL/min,10mL)

　　序,使其在夜间按预先设定的参数运行。这样既不会影响白天的日常工作,还可以利用夜间完成固相萃取条件优化的工作。如果将固相萃取仪与相应的分析仪器连接,还可以直接给出分析报告,大大提高了工作效率。

　　同时 Fotector Plus 具有多组分分步收集的功能,这对于选择最佳洗脱溶剂的体积十分方便。如图 9-27 所示,在进行多组分收集时,仪器将第一次的洗脱溶液收集在第一支试管中,然后自动向后位移一行,进行第二次洗脱,以此类推,最多可以收集 10 个组分。根据此功能,在优化洗脱溶剂体积时,分若干次将洗脱溶剂加入 SPE 柱中,每次过柱的馏分都单独收集,然后分别测定回收率。如图 9-28 所示,在进行 8 种磺胺类药物的检测中,使用 10 mL 洗脱溶剂,采用不同的速度分别分成五步对 8 种磺胺类药物进行洗脱,每个馏分 2 mL,测定结果以最难洗脱磺胺嘧啶回收率进行分析。可以看到,当洗脱速度为 0.5 mL/min 时,只需要 2mL 就能完全洗脱;洗脱速度为

No	Step	Source	Output	Flow rate(mL/min)	Volume(mL)	Time(min)
1	Rinse Sample Path	CH3OH		60	5	1.5
2	Condition	CH3COCH3	Waste1	2	5	2.9
3	Condition	CH3OH	Waste1	2	5	2.9
4	Condition	H2O	Waste1	2	5	2.9
5	Load Sample		Waste2	2	10	5.8
6	Rinse Sample Tubes	H2O	Waste2	60	3	2.3
7	Air Push		Waste1	60	10	1
8	Dry					5
9	Rinse Syringe	CH3OH		60	3	0.4
10	Rinse Syringe	CH3COCH3		60	3	0.4
11	Elute	CH3OH	Collect	2	2	1.4
12	Air Push		Collect	2	2	1.4
13	Multiple Elutions	CH3OH		2	2	1.4
14	Air Push		Collect	2	2	1.4
15	Multiple Elutions	CH3OH		2	2	1.4
16	Air Push		Collect	2	2	1.4
17	End					
18						

图 9-27　多组分收集示意图(同一根 SPE 柱用同一溶剂进行多次洗脱,分别收集每个组分)

1 mL/min 时,需要 4 mL;而 2 mL/min 时则需要 6 mL 就能完全洗脱。

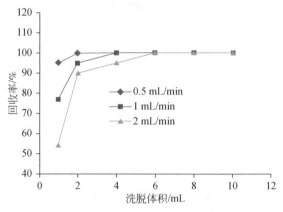

图 9-28　　磺胺喹噁啉在不同洗脱体积与洗脱速度下的回收率对比(HLB 60mg/3mL)

　　由此可见,自动化固相萃取系统不仅可以用于日常的样品前处理,而且可以用于固相萃取参数的优化。如果将固相萃取仪与分析仪器连接,如 SPE-GC 或 SPE-HPLC,就可以在完成固相萃取后,自动将每个收集的馏分注入分析仪器进行分析,大大提高了固相萃取参数优化的效率。

9.9.4　提高样品处理通量

　　优化样品处理通量的工作必须在完成了回收率及干扰物的优化之后进行。首先应该明确优化样品处理通量的目标是什么,对于离线的固相萃取来说,影响样品通量的因素为同时处理的样品数即通道数,通常来说通道数越大越好,如 Raykol 公司的 Fotector 系列除了 Fotector Plus 型号之外,还有 Fotector 08HT、Fotector 04HT 以及 Fotector 02HT,分别对应 6 通道、8 通道、4 通道与 2 通道,可以根据不同的样品量选择合适的通道数。但如果萃取系统是与分析仪器(如 HPLC)连接,样品处理的通量就受到色谱运行周期的限制,所以样品固相萃取的通量应该与色谱运行周期匹配。

　　除了通道数外,另外一个影响因素则是单批样品处理时间;换而言之,液体通过固相萃取柱的流速是影响样品处理通量的主要因素,我们应该首先优化那些花费时间最多的步骤。在许多 SPE 方法中,样品添加(过柱)和目标化合物的洗脱往往是花费时间最多的两个步骤。因为在这两个步骤中,采用低流速有利于目标化合物的保留(样品添加时)或洗脱。需要指出的是,稍微增加样品添加量和洗脱溶液的流速对回收率并没有十分明显的影响,但却可以将整个萃取时间缩短许多,从而达到提高样品处理通量的效果。萃取柱的预处理及洗涤步骤对流速的要求不是很严格,在不影响回收率的前提下,可以尽可能地加快。

　　自动固相萃取系统不仅能使烦琐的手工操作自动化,降低操作者的劳动强度,而且可以提高样品前处理的通量,提高分析结果的重现性。自动固相萃取系统不仅可以用于日常检验分析的样品前处理,而且还可以用于建立及优化固相萃取方法。与分析仪器连接后,从样品前处理开始,到得到最后的分析结果,整个过程都可以实现自动化操作。

与其他高精仪器一样,自动化固相萃取系统能否发挥作用,除了仪器本身的性能之外,操作这些系统的人是十分关键的因素。操作者必须熟悉、掌握这些自动化系统才能真正发挥自动化的作用,否则,再先进的仪器设备也只不过是一堆废铁。

参 考 文 献

[1] Schmelter C,Funke S,Treml J,et al. Int J Mol Sci,2018,19(12):3847

[2] 程莉,王丹,周爽. 环境化学,2014,33(11):1971

[3] 张珏,蒋志华,李宏亮. 华南预防医学,2017,43(5):488

[4] 林麒,罗赟,华永有. 现代预防医学,2018,2:38

[5] 睿科 Fotector Plus 全自动固相萃取应用文集. 2017

[6] McDonald K,Ocampo J,Kaur N,et al. Hamilton Lit. No. L50157 V1.0

[7] Biotage Application Note:AN757,2012

[8] Waters Application Note:720004971EN,2014

[9] 林慧,王彭,胡蓓,等. 药物分析杂志,2008,28(5):693

[10] AOAC Offical Method 2007.01:Determination of pesticide residues in foods by acetonitrile extraction and partitioning with magnesium sulfate,2007

[11] European Committee for Standardization (CEN) Standard Method EN 15662:Foods of plant origin-determination of pesticide residues using GC-MS and/or LC-MS/MS following acetonitrile extraction/partitioning and clean-up by dispersive SPE-QuEChERS-method,2008

[12] GB 23200.113—2018. 植物源性食品中 208 种农药及其代谢物残留量的测定 气相色谱–质谱联用法

[13] Zhao P,Wang L,Zhao L,et al. J Chromatogr A,2012,1225:17

[14] Zhao P,Huang B,Li Y,et al. J Agric Food Chem,2014,62:3710

[15] Zou N,Han Y,Li Y,et al. J Agric Food Chem,2016,64:6061

[16] Qin Y,Zhao P,Fan S,et al. J Chromatogr A,2015,1385:1

[17] Qin Y,Zhang J,He Y,et al. J Agric Food Chem,2016,64:6082

[18] Song L,Pang C. Oral Presentation at 14th IUPIC International Congress of Crop Protection Chemistry,Ghent,2019

[19] Biotage on-line SPE cartridges. Part Number:PPS 424,2016

[20] Waters product solution,720003353EN AO-CP,2011

[21] Chantarateepra P,Siangproh W,Motomizu S,et al. Inter J Electrochemistry,doi:10.1155/2012/862823,2012

[22] Spark Holland ACE™产品彩页. Ref. No. 0051.990-20

第10章 固相萃取技术在环境分析中的应用

10.1 环境污染问题

对环境样品中的有机污染物的分析是环境保护中的一项重要工作。政府的许多环境保护政策、法律、法规都是基于实验室的分析数据而制定的。环境污染源是多方面的,归纳起来大致有如下几个方面:农业、电厂、化学及电子工业、城市及工业垃圾、废物排放以及其他各式各样的污染源。表 10-1 列出了主要有机污染物及其主要来源。

表 10-1 环境中主要有机污染物及其主要来源[1]

环境污染源		主要有机污染物及其主要来源
农业	水	农药(土壤颗粒)、碳氢化合物(烟囱排放)
	土壤	农药、永久有机物:DDT、林丹;碳氢化合物(烟囱排放)
	空气	农药悬浮物、碳氢化合物(烟囱排放)
电厂	水	烟灰中的多环芳烃(PAHs)
	土壤	烟灰、煤渣
	空气	煤中的 PAHs
废物堆填区	水	PAHs、酚类
	土壤	含有碳氢化合物、苯、酚类、二甲苯、萘、PAHs 的柏油
	空气	挥发性有机化合物(VOCs)
冶炼工业	水	矿石清洗用的溶剂
	土壤	溶剂
	空气	VOCs
化学和电子工业	水	排放的废物、大量的化工废水、电子工业使用的溶剂、塑料产品中的邻苯二甲酸酯类、化工生产的副产物、原辅料和中间体等,包括酚类、苯胺类等
	土壤	烟囱的尘埃颗粒、废物排放区、货物装运区、废弃电子元件产生的 PAHs、邻苯二甲酸酯类
	空气	VOCs
城市及工业排放	水	大范围的排放物、烟囱排放的 PAHs、废油、二噁英、呋喃类
	土壤	PAHs、多氯联苯(PCBs)、二噁英
	空气	VOCs、悬浮物、旧燃料产生的 PAHs、PCBs、呋喃类

环境污染源		主要有机污染物及其主要来源
垃圾堆填区	水	垃圾沥出物,如 PCBs
	土壤	污水污泥中的 PAHs、PCBs;垃圾沥出物,如 PCBs;焚化炉产生的副产物,如呋喃类
	空气	焚化气体、悬浮颗粒,如二噁英、呋喃、PAHs;堆填产生的 CH_4、VOCs;家禽饲养废物:CH_4;塑料燃烧产物:PAHs、二噁英、呋喃类
运输	水	燃料溢出、运输物质的泄漏:碳氢化合物、农药等有机化合物;道路或机场除冰剂:乙烯二乙醇;燃烧产物降解:PAHs
	土壤	码头、车站、铁路遗留 PAHs 及大量的可溶或不可溶的化合物
	空气	排放气体、悬浮颗粒:PAHs
偶然来源	水	地下油库泄漏的溶剂、油品
	土壤	木材处理:五氯酚、杂酚油
	所有媒介	战争:燃油、爆炸、军火、电子部件、毒气、燃烧物;工业意外
大范围的地球大气循环(污染物的降解)	水和土壤	农药、PAHs、吸附农药和污染物的土壤
畜禽养殖业	水和土壤	抗生素和兽药等
生活污水	水和土壤	个人药物和护理产品,如抗生素和激素类等
电镀和表面处理行业	水	全氟辛酸和全氟磺酸等全氟化合物

10.2 环境分析中固相萃取柱的选择

对环境污染化合物进行固相萃取,应该首先考虑这些目标化合物的极性。从表 10-1 可以看到,环境污染物的化学性质从非极性的 PAHs 到极性的酚类、可离子化的杀虫剂,其极性范围很宽。因此,在选择固相萃取柱及洗脱溶剂时,应该从目标化合物的极性、能否离子化及溶解度等入手。

对于非极性或中等极性的化合物,通常可选择 C_{18} 或 C_8,也可选用 CN 柱。如果目标化合物具有很强的非极性,C_8 会比 C_{18} 更适合。因为强非极性化合物在 C_{18} 上的吸附力很强,在溶剂洗脱时可能较为困难。而 C_8 与这些强非极性化合物的吸附力相对 C_{18} 更弱,有利于目标化合物的洗脱。洗脱溶剂应该是对目标化合物有很好溶解性的非极性溶剂,如正己烷/丙酮、正己烷/乙酸乙酯、二氯甲烷等。使用非极性有机溶剂洗脱前,必须对萃取柱进行充分的干燥,除去填料中的水分。否则,残留水分会妨碍非极性溶剂对目标化合物的洗脱。

对于中等极性的化合物，C_{18}就比较适合，而且较容易洗脱。许多溶剂都可以作为中等极性化合物的洗脱溶剂，如乙酸乙酯等。C_{18}不适用于亲水性化合物，这时可选用非极性的高聚物材料萃取柱，如以聚苯乙烯–二乙烯基苯为填料的萃取柱或石墨碳类为填料的萃取柱。

如果目标化合物是极性的（如水中溶解度大于 1000 mg/mL），则可选择亲水亲油平衡的萃取柱，如类似于 Waters 公司的 Oasis HLB 柱。它是亲水亲油平衡的SPE 柱，基团的一端是疏水的非极性的聚乙烯基苯，而另一端 *N*-乙烯基吡咯烷酮具有一定极性，属于亲水基团，对于大多数含有羧基、羰基、醛基、羟基、胺基的抗生素和兽药等化合物，用亲水亲油平衡的柱子往往比 C_{18}柱的回收率要高。SDB 或石墨碳柱也可以选择。若目标化合物是中等极性的离子型化合物，通常无须调节 pH就可以用 C_{18}柱将其吸附并与离子干扰物分离。

对于弱阴离子或弱阳离子化合物的萃取，可采用离子交换柱或反相柱。至于应该选用哪种萃取机理的 SPE 柱，取决于分析样品基质中干扰物的性质。当干扰物主要来源于离子型的化合物时，要尽可能避免使用离子交换萃取柱，而采用反相柱。通过调节 pH 使弱离子化合物呈中性，然后用非极性柱进行萃取。为了保证弱离子型目标化合物能够有效地被非极性反相柱保留，要特别注意根据目标化合物的 pK_a调节样品的 pH，以保证目标化合物呈中性。也就是说，应该遵循在第 3 章讨论的两个 pH 单位的原则来调节样品及萃取柱的 pH。如果目标化合物的离子官能团是强阳离子或强阴离子，如磺酸基，则不可能通过调节 pH 使其呈中性。在这种情况下，就必须使用离子交换柱。

正相固相萃取在环境样品分析中，常用于对有机溶剂萃取组分的净化。例如，对土壤、淤泥中的污染物的萃取分离，常常使用有机溶剂作为萃取溶剂。所得到的有机溶剂萃取组分中含有大量的极性干扰物，可以通过正相 SPE 柱除去。

综上所述，对环境污染物进行固相萃取时，可按照图 10-1 选择 SPE 柱。

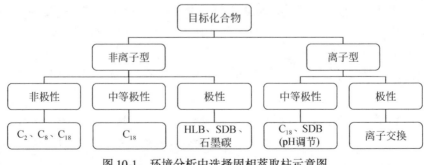

图 10-1　环境分析中选择固相萃取柱示意图

对于各种体积较大的水样，如饮用水、地表水、地下水、废水等样品中的有毒有害污染物的萃取,使用固相萃取膜片(也称为固相萃取盘,SPE disk)更为有效。其主要优点是表面积大,便于大体积水样快速通过,而且不宜出现堵塞。因此在美国环境保护署(EPA)的方法 3535A 中就建议使用固相萃取膜片对表 10-2 中的化合物进行萃取。

表 10-2　美国 EPA 方法 3535A 中用固相萃取膜片萃取的化合物种类及分析方法

分析物类别	萃取材料	EPA 分析方法
邻苯二甲酸酯	萃取膜片	8061
有机氯农药	萃取膜片	8081
多氯联苯(PCBs)	萃取膜片	8082
有机磷农药	萃取膜片	8141
硝基苯及苯胺	萃取膜片及萃取柱	8330
含有有机氯农药的 TCLP 滤出液	萃取膜片	8081
含有半挥发性化合物的 TCLP 滤出物	萃取膜片	8270
含有苯氧基除草剂的 TCLP 滤出物	萃取膜片	8321

注:TCLP. 毒性特性溶出程序。

近年来碳纳米管也被证实对于水中农药和除草剂具有良好的萃取效果。碳纳米管主要由呈六边形排列的碳原子构成数层到数十层的同轴圆管。层与层之间保持固定的距离,约 0.34 nm,直径一般为 2~20 nm。碳纳米管拥有的化学结构使其具有独特的机械性能、电子性能、化学性能和较大的比表面积,可以强烈吸附三嗪类、磺酰脲类和 DDT 等环境中的杀虫剂和除草剂。

10.3　多环芳烃的固相萃取

10.3.1　多环芳烃的特性

人们越来越关心持续增长的包括多环芳烃(polycyclic aromatic hydrocarbons, PAHs)在内的持久性有机污染物(POPs)的问题。2001 年由 100 多个国家代表通过的《关于持久性有机污染物的斯德哥尔摩公约》要求减少或消除持久性有机污染物的排放。目前已有包括我国在内的 179 个国家和地区签署了该公约。我国政府于 2001 年 5 月 23 日签署了该公约。公约首批名单中包括 12 种化合物,主要有有机氯农药、多氯联苯和二噁英,2009 年以及 2011~2015 年间的缔约方会议又增列了六氯环己烷、多溴联苯醚、全氟辛基羧酸和全氟辛基磺酸、十氯酮、硫丹等化合物,目前有 25 种 POPs。这一名单还在不断增加。有部分学者认为,PAHs 具有POPs 的多种属性,但持久性相对较弱,所以属于类 POPs。

PAHs 是一类具有较强致癌作用的化学污染物,目前已鉴定出数百种,其中以苯并芘系列多环芳烃为典型代表。PAHs 是含有两个或多个稠芳香环,由碳氢两种元素组成的化合物。PAHs 可以通过磺化、硝基化及光氧化反应生成更为有毒的化合物。例如,PAHs 在微量的硝酸作用下可以转化为硝基-PAHs[2]。PAHs 可来源于自然界或由人类活动产生。其中,主要来源是不完全的燃烧及石化燃料高温裂解[3]。吸烟及熏肉也会产生 PAHs。图 10-2 给出了美国环境保护署最关注的 16 种 PAHs 的结构。这些 PAHs 的理化性质列于表 10-3。

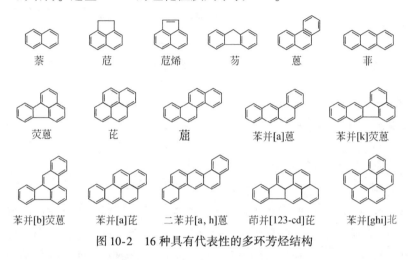

萘　　蒽　　苊烯　　芴　　蒽　　菲

荧蒽　　芘　　䓛　　苯并[a]蒽　　苯并[k]荧蒽

苯并[b]荧蒽　　苯并[a]芘　　二苯并[a, h]蒽　　茚并[123-cd]芘　　苯并[ghi]苝

图 10-2　16 种具有代表性的多环芳烃结构

表 10-3　16 种多环芳烃的理化性质

名称	CAS 编号	分子式	分子量	溶解度 /(mg/L)	lg K_{ow}
萘 (naphthalene)	91-20-3	$C_{10}H_8$	128.18	32	3.35
苊 (acenaphthene)	83-32-9	$C_{12}H_{10}$	154.20	3.4(25 ℃)	3.49
苊烯 (acenaphthylene)	208-96-8	$C_{12}H_8$	152.20	3.93	3.61
芴 (fluorene)	86-73-7	$C_{13}H_{10}$	166.23	1.9	4.18
蒽 (anthracene)	120-12-7	$C_{14}H_{10}$	178.24	0.05~0.07(25 ℃)	4.50
菲 (phenanthrene)	85-01-8	$C_{14}H_{10}$	178.24	1.0~1.3(25 ℃)	4.52
荧蒽 (fluoranthene)	206-44-0	$C_{16}H_{10}$	202.26	0.26(25 ℃)	5.20

续表

名称	CAS 编号	分子式	分子量	溶解度 /(mg/L)	lg K_{ow}
芘 (pyrene)	129-00-0	$C_{16}H_{10}$	202.26	0.14(25 ℃)	5.00
䓛 (chrysene)	218-01-9	$C_{18}H_{12}$	228.30	0.002(25 ℃)	5.86
苯并[a]蒽 (benz[a]anthracene)	56-55-3	$C_{18}H_{12}$	228.30	0.01(25 ℃)	5.91
苯并[b]荧蒽 (benzo[b]fluoranthene)	205-99-2	$C_{20}H_{12}$	252.32	—	6.04
苯并[k]荧蒽 (benzo[k]fluoranthene)	207-08-9	$C_{20}H_{12}$	252.32	—	6.11
苯并[a]芘 (benzo[a]pyrene)	50-32-8	$C_{20}H_{12}$	252.32	0.038(25 ℃)	6.35
苯并[ghi]苝 (benzo[ghi]perylene)	191-24-2	$C_{22}H_{12}$	276.34	0.00026(25 ℃)	6.90
茚并[123-cd]芘 (indeno[123-cd]pyrene)	193-93-5	$C_{22}H_{12}$	276.34	—	7.66
二苯并[a,h]蒽 (dibenz[a,h]anthracene)	53-70-3	$C_{22}H_{14}$	278.35	0.0005(25 ℃)	6.75

注:"—"表示无数据。

　　在表 10-3 列出的 16 种 PAHs 中除了萘,其他 PAHs 的溶解度和挥发性都很低。PAHs 在水中的溶解度随着分子量的增加而降低。由 PAHs 的 lg K_{ow} 可见 PAHs 的亲脂性很高。这种疏水的特性使得 PAHs 在水中的浓度很低。由于 PAHs 的半衰期为 3~300 周,所以属于持久性有机污染物(POPs)[3]。

10.3.2　水中多环芳烃的固相萃取

　　水中 PAHs 的监测是城市自来水、地表水及废水监测的一个重要项目。根据我国建设部(现住房和城乡建设部)CJ/T 206—2005《城市供水水质标准》[4]规定,城市供水中多环芳烃总量不得高于 0.02 mg/L,其中苯并[a]芘的含量不得高于 0.00001 mg/L。在我国城镇建设行业标准方法 CJ/T 147—2001[5]中包括了萘、荧蒽、苯并[b]荧蒽、苯并[k]荧蒽、苯并[a]芘、苯并[ghi]苝及茚并[123-cd]芘的萃取和检测方法。我国《地表水环境质量标准》(GB 3838—2002)[6]中规定集中式生活饮用水地表水源地苯并[a]芘的含量不得高于 0.0028 μg/L。《生活饮用水卫生标准》(GB 5749—2006)[7]中苯并[a]芘的限值是 0.01 μg/L。

目前,人们多采用固相萃取法对水中痕量的 PAHs 进行萃取富集。为了增加 PAHs 在水中的溶解度,并保证固相萃取柱在大量水样过柱时,萃取柱的平衡不会被破坏,通常要在样品中加入有机溶剂,如甲醇、乙腈或异丙醇等。样品中有机溶剂的浓度必须控制在一个适当的范围。浓度过低,不足以溶解高分子量 PAHs;浓度过高会降低低分子量 PAHs 的穿透体积[8,9]。不同的有机溶剂、不同的萃取材料所需要的有机溶剂浓度也不同。Nirmaier 等[10]采用 1 g 填料的 C_{18} 柱,500 mL 样品中加入 15% 的异丙醇,8 种 PAHs 的回收率高于 75%。El Harrak 等[9]研究了在使用 C_{18} 及聚苯乙烯–二乙烯基苯萃取膜时异丙醇浓度对回收率的影响,发现异丙醇浓度在 10% 时最为合适。浓度低于 10% 时,高分子量 PAHs 的回收率降低;浓度高于 10% 时,低分子量 PAHs 的回收率降低。

由于饮用水中的 PAHs 含量很低,为了达到分析仪器的检测极限,需要处理的样品体积往往很大,从几百毫升到一至二升。在萃取 PAHs 时使用最多的是萃取柱和以 PTFE 为基质的萃取膜片[9,11-13]。

在美国 EPA 方法 525.1 中采用固相萃取技术对饮用水中包括 PAHs 在内的 44 种有机化合物进行萃取[14]。在该方法中采用 C_{18} 萃取柱和萃取膜片作为固相萃取装置,用二氯甲烷作为洗脱溶剂。Raisglid 等[15]对 EPA 方法 525.1 进行了优化。Raisglid 等发现用 C_{18}(500 mg)柱对 1 L 水样萃取时,用二氯甲烷对 46 种化合物洗脱时最佳的绝对回收率在 63% 左右,而改用丙酮/乙酸乙酯(75∶25,体积比)时,回收率提高到 84%。加入丙酮的好处可能是有利于将萃取柱中的残留水除去,以便更加有效地对目标化合物进行洗脱。而且,改用丙酮/乙酸乙酯混合液后,洗脱前的干燥时间从原来的 10 min 减少到 1 min。洗脱溶剂的用量也从原来的 10 mL 减少为 5 mL。用丙酮/乙酸乙酯混合液取代二氯甲烷还有另外一个重要的原因就是二氯甲烷不但毒性较高,而且会破坏臭氧层。通过比较不同的非极性固相萃取柱的回收率,Raisglid 等发现 C_8 能够得到更高的回收率。表 10-4 给出了 Raisglid 等对于 PAHs 的实验结果。该结果表明,无论是绝对回收率还是相对回收率,C_8 萃取柱得到的结果都比 C_{18} 萃取柱高。这可能是对于 PAHs 这类非极性很高的化合物,C_{18} 的保留能力太强,以致洗脱不完全。而 C_8 的非极性程度适中,有利于 PAHs 的洗脱。

表 10-4　改良 EPA 方法 525.1 对 13 种 PAHs 的回收率

化合物	C_8 萃取柱(封尾)		C_{18} 萃取柱(封尾)	
	绝对回收率/%	相对回收率/%	绝对回收率/%	相对回收率/%
苊烯	93	103	86	91
芴	90	97	91	102
蒽	81	90	80	95

续表

化合物	C₈萃取柱(封尾)		C₁₈萃取柱(封尾)	
	绝对回收率/%	相对回收率/%	绝对回收率/%	相对回收率/%
菲	84	96	83	101
芘	86	89	80	95
苯并[a]蒽	86	109	78	110
䓛	85	112	79	112
苯并[b]荧蒽	90	111	75	101
苯并[k]荧蒽	90	114	75	101
苯并[a]芘	86	106	68	91
苯并[ghi]苝	96	121	69	93
茚并[123-cd]芘	105	122	68	90
二苯并[a,h]蒽	113	130	71	93
平均回收率	91	108	77	99

在应用固相萃取柱对水样中的 PAHs 萃取时,若使用非极性溶剂作为洗脱溶剂,洗脱前对萃取柱进行干燥十分重要。否则,无论是回收率还是重现性都会受到很大的影响。Kiss 等[8]比较了用四氢呋喃和二氯甲烷洗脱时,干燥与不干燥的回收率,发现不干燥时得到的回收率很低,而且相对标准偏差很大。表 10-5 给出了Kiss 等的实验结果。

表 10-5　洗脱前的柱干燥对 PAHs 回收率的影响($n=4$)

化合物	四氢呋喃洗脱				二氯甲烷洗脱			
	干燥		无干燥		干燥		无干燥	
	回收率/%	RSD/%	回收率/%	RSD/%	回收率/%	RSD/%	回收率/%	RSD/%
苊烯	78	5	67	4	81	7	46	25
蒽	92	6	79	6	92	3	75	15
荧蒽	93	4	72	4	93	5	87	9
芘	92	4	87	5	92	4	87	9
苯并[a]蒽	91	5	84	4	89	3	83	1
苯并[a]芘	91	5	77	5	90	3	82	16
二苯并[a,h]蒽	90	5	74	5	90	4	63	34
苯并[ghi]苝	92	5	84	4	91	6	71	31

1. 水中多环芳烃固相萃取方法一

Martinez 等[16]比较了不同的固相萃取柱对 PAHs 的萃取。他们发现对于同样的化合物,尽管采用相同的萃取方法,其结果会差异很大,以 Envicarb 效果最差。可见,选择正确的固相萃取材料十分重要。其萃取程序为:在 200 mL 水样中加入 10%(体积分数)的甲醇,以避免玻璃容器对 PAHs 的吸附,用 0.45 μm 滤膜过滤后进行固相萃取。结果列于表 10-6 中。

表 10-6　不同固相萃取柱对水中 16 种 **PAHs** 的萃取结果(PAHs 为 2 μg/L)

化合物	Envicrom-P	Porapak	Oasis 30	Oasis 60	Envicarb	Envi C_{18}	t-C_{18}
1	27	32	41	36	48	45	48
2	38	35	68	60	n. d.	68	72
3	112	129	93	98	94	95	125
4	73	130	65	56	n. d.	27	101
5	72	85	89	75	n. d.	85	93
6	128	91	122	88	38	75	115
7	108	93	90	86	n. d.	124	123
8	121	97	96	93	n. d.	90	81
9	98	89	73	86	n. d.	90	81
10	101	83	70	68	n. d.	85	79
11	87	58	66	57	n. d.	72	72
12	86	54	66	54	n. d.	77	67
13	108	65	74	64	n. d.	91	84
14	76	19	60	15	n. d.	27	23
15	66	43	50	38	n. d.	52	42
16	84	41	57	35	n. d.	44	40

注:化合物中,1. 萘;2. 苊烯;3. 苊;4. 芴;5. 菲;6. 蒽;7. 荧蒽;8. 芘;9. 苯并[a]蒽;10. 䓛;11. 苯并[b]荧蒽;12. 苯并[k]荧蒽;13. 苯并[a]芘;14. 茚并[123-cd]芘;15. 二苯并[a,h]蒽;16. 苯并[ghi]苝。Envicrom-P(SDB 500 mg,Supelco),Porapak(DB+VP,500 mg,Waters),Oasis 30(PDB+VP,30 mg,Waters),Oasis 60(PDB+VP,60 mg,Waters),Envicarb(石墨碳,Supelco),t-C_{18}(C_{18},500 mg,Waters)。

固相萃取步骤如下:

柱预处理:5 mL 乙酸乙酯、5 mL 甲醇、5 mL 2%(体积分数)甲醇水溶液,流速为 5 mL/min。

样品过柱:200 mL 样品以 10 mL/min 流速过柱。

柱洗涤干燥:5 mL HPLC 纯水洗涤萃取柱,并对萃取柱进行干燥。

目标化合物洗脱:5× 5 mL 乙酸乙酯对 PAHs 洗脱。

浓缩再溶解:氮气下对萃取液进行浓缩至干,残渣溶解于 250 μL 正己烷中。

定量分析:GC-MS(EI)。

2. 水中固相萃取方法二

我国城镇建设行业标准方法 CJ/T 147—2001《城市供水　多环芳烃的测定　液相色谱法》中采用的也是固相萃取对水样进行分析前的预处理[5]。在该方法中按 1 L 水加入 200 mL 异丙醇的比例对水样进行预处理。如果水中含有残留氯,则需按 25 mg/L 的量加入硫代硫酸钠除氯。根据 PAHs 的含量,水样的用量在 500 ~ 2000 mL。固相萃取柱为 C_{18}(500 mg)。采用 HPLC-荧光/紫外光检测。8 个实验室的测定结果列于表 10-7 中。

表 10-7　8 个实验室检测多环芳烃的结果

化合物	浓度/(μg/L)	回收率/%	RSD/%
萘	2000.0	85.6	20.5
荧蒽	20.0	97.6	18.5
苯并[b]荧蒽	8.0	100.5	17.8
苯并[k]荧蒽	8.0	101.5	11.5
苯并[a]芘	20.0	101	11.6
苯并[ghi]菲	32.0	94.7	9.97
茚并[123-cd]芘	20.0	96.0	121.8

固相萃取步骤如下:

萃取柱:C_{18}非极性柱,500 mg/6 mL。

柱预处理:2 mL 二氯甲烷,2 mL 甲醇,2 mL 去离子水对萃取柱进行预处理。

样品过柱:水样以 4~5 mL/min 流速过柱。

柱洗涤干燥:5 mL 纯水洗涤干扰物,用空气对 SPE 柱进行干燥。

目标化合物洗脱:2 mL 二氯甲烷(或四氢呋喃)分两次洗脱,合并洗脱溶液。

浓缩定容:氮气气氛下浓缩至 0.1 mL 以下,再定容至 0.1~0.5 mL。

3. 水中固相萃取方法三

一些固相萃取柱生产厂商专门生产了针对 PAHs 的萃取柱。例如,德国 Macherey-Nagel 公司(简称 MN 公司)生产的 Chromabond NH₂/C_{18}萃取柱[17]和美国 IST 公司生产的 ISOLUTE PAH 萃取柱[18]。这种萃取柱在 C_{18} 层上加入了氨丙基填料,主要用于自然水中的 PAHs 萃取。在自然水中含有极性的腐殖酸和棕黄酸等,这些极性化合物会随 PAHs 一起被洗脱出来,并可能影响下一步的分析。应用这种双层萃取柱对自然水中的 PAHs 萃取时,氨丙基层将极性干扰物吸附,而 C_{18} 则吸附 PAHs。由于腐殖酸、棕黄酸等在氨丙基层的吸附力较强,在用溶剂对 PAHs

洗脱时,这些极性干扰物大部分依然保留在萃取柱上。其中 MN 公司的具体方法[17]如下:

萃取柱:Chromabond NH_2/C_{18} 双层柱,6 mL,500 mg/1000 mg 玻璃柱。

柱预处理:用 10 mL 二氯甲烷、10 mL 甲醇、10 mL 10%(体积分数)异丙醇去离子水溶液对萃取柱进行预处理。

样品过柱:含 25 mL 异丙醇的水样 500 mL 过柱,流速 5 mL/min。

柱洗涤:2 mL 10% 异丙醇去离子水溶液洗涤萃取柱。

柱干燥:真空干燥 15～20 min。

目标化合物洗脱:4×1 mL 二氯甲烷洗脱 PAHs。

浓缩:低温氮气气氛下小心浓缩,防止易挥发 PAHs 损失。

表 10-8 是自然水中 16 种多环芳烃的回收率。

表 10-8　自然水中 16 种多环芳烃的回收率

化合物	回收率/%	化合物	回收率/%
萘	90	苯并[a]蒽	88
苊烯	89	䓛	95
苊	86	苯并[b]荧蒽	93
芴	87	苯并[k]荧蒽	88
蒽	87	苯并[a]芘	87
菲	89	苯并[ghi]苝	91
荧蒽	90	茚并[123-cd]芘	90
芘	93	二苯并[a,h]蒽	89

4. 水中多环芳烃固相萃取方法四

在第 4 章 4.6 节我们已经介绍了 SPE 膜片的优点。以 3 M 公司生产的 PTFE 材料萃取膜片为例,萃取膜片的表面积大(直径 47 mm、90 mm),厚度只有 0.5 mm,所以样品可以以较快的速度通过萃取膜片。例如,处理 1000 mL 的水样,采用经典的固相萃取柱需要的时间大约为 1 h,而采用萃取膜片只需要 10 min 左右,比经典的固相萃取柱要快将近 5 倍[19],而且由于萃取膜的表面积大,一般不会造成堵塞。另外,由于 PTFE 材料萃取膜片中的填料颗粒比经典的固相萃取柱要细很多(5～10 μm),所以即便在高流速下也无须担心经典萃取柱可能产生的沟渠效应(channel effect)。

在 CT/J 147—2001 中列出了使用固相萃取膜片对地下水、自来水、地表水中 7 种 PAHs 的萃取方法[5],该方法是以美国 EPA 方法 550.1[20]为基础建立的。

萃取膜:C_{18} 非极性萃取膜片,3 M 公司。

萃取膜洗涤:5 mL 二氯甲烷清洗膜片。5 mL 甲醇、5 mL 去离子水对萃取膜片预处理,注意保持膜片湿润。

样品过柱:水样在低真空下通过膜片,流速 80 ~ 120 mL/min。真空干燥 5 min。

目标化合物洗脱:5 mL 二氯甲烷低真空下洗脱。

浓缩定容:氮气气氛下浓缩至 0.05 mL,再定容至 0.1 ~ 0.5 mL 供检。

表 10-9 是 SPE 膜片萃取地表水中 7 种 PAHs 的回收率。

表 10-9　SPE 膜片萃取地表水中 7 种 PAHs 的回收率

化合物	加标范围/(ng/L)	回收率/%	RSD/%	n
萘	5 ~ 10 μg/L	74	17.8	7
荧蒽	40 ~ 60	102	8.6	9
苯并[b]荧蒽	16 ~ 24	103	13.5	10
苯并[k]荧蒽	16 ~ 24	107	7.3	10
苯并[a]芘	40 ~ 60	97	5.7	10
苯并[ghi]菲	64 ~ 96	100	8.4	10
茚并[123-cd]芘	40 ~ 60	104	8.2	10

由表 10-9 可见,在本方法的操作条件下得到的 7 种 PAHs 回收率,除萘较低(74%)外,其他六种都高于 95%。采用固相萃取柱对 1 L 水样进行处理,样品过柱时间至少需要 60 min(按流速 16 mL/min 计算),而采用萃取膜片只需要 8 ~ 13 min。由于样品过柱时间大大减少,样品处理通量增加。如果采用自动化膜片萃取装置,将更会降低实验室人员的劳动强度,并且可以提高样品处理的重现性。

10.3.3　固体样品中多环芳烃的萃取和净化

除了检测水中 PAHs 之外,土壤中的 PAHs 是环境保护监测中的一个重要项目。《土壤环境质量 农用地土壤污染风险管控标准(试行)》(GB 15618—2018)[21] 中苯并[a]芘农用地土壤污染风险筛选值为 0.55 mg/kg。《土壤环境质量 建设用地土壤污染风险管控标准(试行)》(GB 36600—2018)[22] 中包含萘、苯并[a]蒽、䓛、苯并[b]荧蒽、苯并[k]荧蒽、苯并[a]芘、茚并[123-cd]芘、二苯并[a,h]蒽 8 种 PAHs 的风险筛选值和管控值分别为 0.55 ~ 490 mg/kg 和 5.5 ~ 12900 mg/kg。

常见的土壤样品包括河床淤泥及地表土等。由于土壤样品是固体,需要采用适当的萃取方法将 PAHs 从土壤样品中萃取出来。常用的固体样品萃取方法包括溶剂萃取、手动或自动索氏萃取、加速溶剂萃取及超临界萃取等。但是,由于这些萃取方法的选择性很差,得到的萃取物中往往含有大量的干扰物,因此,常常需要进一步的净化,固相萃取就是一种常用的净化技术。Dabrowska 等[23] 用戴安公司

ASE 加速溶剂萃取仪对河床淤泥中的 PAHs 等污染物进行萃取,然后用多根固相萃取柱对萃取物进行净化及分类。Burkhardt 等[24]建立了废水排放对河床淤泥和地表土的污染检测方法。对包括 PAHs 在内的 60 多种污染物进行了检测。具体方法是:土壤样品先用水/异丙醇溶液(50∶50 或 20∶80,体积比)在 ASE-200 中萃取,萃取压力 13800 kPa,温度 120 ℃ 及 200 ℃,静态萃取 10 min。重复萃取一次。然后用 Oasis PSDVB 固相萃取柱对两种温度下得到的萃取组分进行富集,再将经过丙酮预清洗并充分干燥的装有 2.5 g 烤焙硫酸钠的弗罗里硅土柱连接在此富集柱之下,用二氯甲烷/二乙醚(80∶20,体积比)洗脱。加入硫酸钠的目的是除水,弗罗里硅土则是为了除去极性干扰物。洗脱馏分在氮气气氛下缓慢浓缩(不要浓缩至干,以防止易挥发组分损失),最后用 GC-MS 进行检测。检测结果见表 10-10。

表 10-10　河床淤泥和地表土中 PAHs 的萃取回收率($n = 7 \sim 8$)

化合物	样品	回收率/%	RSD/%
1-甲基萘	河床淤泥	77.5	13.5
	地表土	77.2	3.78
2,6-二甲基萘	河床淤泥	77.0	12.1
	地表土	75.6	4.82
2-甲基萘	河床淤泥	77.5	13.5
	地表土	77.2	3.78
蒽	河床淤泥	80.3	10.9
	地表土	75.7	7.06
苯并[a]芘	河床淤泥	84.7	22.2
	地表土	75.7	7.05
荧蒽	河床淤泥	102	38.0
	地表土	82.0	4.23
萘	河床淤泥	71.2	8.35
	地表土	76.6	3.36
菲	河床淤泥	84.9	9.98
	地表土	80.8	3.87
芘	河床淤泥	91.6	36.9
	地表土	73.2	7.22

注:添加标准样品浓度为 4 μg/kg。

在 Dabrowska 等的方法中,采用加速溶剂萃取仪对 PAHs 进行快速萃取,具有速度快、效率高的特点。但萃取仪器较为昂贵,而在进行固相萃取净化时操作比较烦琐,难以自动化。我们也可以采用投入较小、较为简单的方法。例如,用索氏萃取仪萃取土壤样品,然后用双层萃取柱进行净化。具体方法如下[25]:用无水硫酸钠干燥 30 g 土壤样品,然后用索氏萃取仪以 250 mL 石油醚对样品回流萃取 4 h。如果 PAHs 的含量较低,可以将萃取液浓缩至其体积的 1/10,然后再进行固相萃取净化。

固相萃取净化步骤如下:

萃取柱:Chromabond CN/SiOH 双层柱,6 mL,500 mg/1000 mg,Macherey-Nagel 公司。

柱预处理:用 4 mL 石油醚对萃取柱进行预处理。

样品过柱:20 mL 上述萃取液过柱。

柱洗涤:用 2 mL 石油醚洗涤萃取柱。

目标化合物洗脱:2×2 mL 乙腈/苯(3∶1,体积比)洗脱。

在对土壤中 PAHs 萃取时,也可以用超声波辅助萃取,萃取时间为 30～60 min。在固相萃取净化中,采用了氰丙基和硅胶双层的萃取柱。其中氰丙基填料通过 π-π 相互作用吸附 PAHs,硅胶层则用于除去极性干扰物。表 10-11 列出了该方法对 16 种 PAHs 的回收率。

表 10-11　土壤中 16 种 PAHs 的萃取回收率

化合物	回收率/%	化合物	回收率/%
萘	85	苯并[a]蒽	84
苊烯	92	䓛	96
苊	89	苯并[b]荧蒽	95
芴	87	苯并[k]荧蒽	90
蒽	83	苯并[a]芘	90
菲	88	苯并[ghi]芘	96
荧蒽	87	茚并[123-cd]芘	87
芘	90	二苯并[a,h]蒽	97

PAHs 属于弱极性化合物,而土壤和沉积物中含有腐殖酸、色素等大量极性干扰物,采样硅胶、弗罗里硅土和硅酸镁等正相填料也有非常不错的净化效果。《环境空气和废气　气相和颗粒物中多环芳烃的测定　气相色谱质谱法》(HJ 646—2013)[26],《固体废物　多环芳烃的测定　高效液相色谱法》(HJ 892—2017)[27],《土壤和沉积物　多环芳烃的测定　高效液相色谱法》(HJ 784—2016)[28],《固体废物　多环芳烃的测定　气相色谱–质谱法》(HJ 950—2018)[29],《土壤和沉积物　多环芳烃的测定　气相色谱–质谱法》(HJ 805—2016)[30]都建议采用硅胶或弗罗里硅土 SPE 柱净化。

对于基质复杂、干扰多的样品可以增加填料量至 10 g,防止净化柱的过载和穿透。

　　萃取柱:活化硅胶 10 g,100 目。

　　柱预处理:用二氯甲烷/正己烷 20 mL 对萃取柱进行预处理。

　　样品过柱:萃取液过柱。

　　柱洗涤:用 10 mL 戊烷洗涤萃取柱。

　　目标化合物洗脱:25 mL 二氯甲烷/戊烷(2∶3,体积比)进行洗脱。

　　对于较清洁的样品,1 g 填料就可以实现较好的净化效果。

　　萃取柱:弗罗里硅土 1 g,商品化 SPE 柱 6 mL。

　　柱预处理:用二氯甲烷/正己烷 10 mL 对萃取柱进行预处理。

　　样品过柱:萃取液过柱。

　　柱洗涤:省略。

　　目标化合物洗脱:5 mL 二氯甲烷/戊烷(1∶9,体积比)进行洗脱。

10.4　酚类化合物的固相萃取

10.4.1　酚类化合物的特性

　　酚类化合物是环境监测中的一个重要项目。环境中的酚类化合物的来源是多方面的。塑料、染料、医药、农药、造纸、石化工业都会产生酚类化合物。另外,城市水的氯化消毒会产生卤代苯酚,机动车排放的废气中含有硝基苯酚。鉴于酚类化合物对环境的污染,许多国家都要求对酚类化合物进行监控,如美国 EPA方法 604、625 和 8041。欧盟对多种酚类化合物进行监控,在 80/778/EC 文件中规定了饮用水中酚类的最高含量不能超过 0.1 μg/L。我国建设部(现住房和城乡建设部)《城市供水水质标准》(CJ/T 206—2005)规定饮用水中氯苯酚总量不得超过 0.010 mg/L。我国《地表水环境质量标准》(GB 3838—2002)[6] 中规定集中式生活饮用水地表水源地 2,4-二氯苯酚、2,4,6-三硝基苯酚和五氯苯酚的含量分别不得高于 0.093 mg/L、0.2 mg/L、0.009 mg/L。《生活饮用水卫生标准》(GB 5749—2006)[7] 中五氯苯酚的限值是 0.009 mg/L。

　　由于酚类化合物的活性和极性相差很大(表 10-12),利用固相萃取同时萃取多种酚类化合物并非十分容易。苯酚、二氯苯酚、二硝基苯酚属于亲水性的,非极性固相萃取填料对这些化合物的保留能力较弱,与三氯苯酚、四氯苯酚、五氯苯酚相比,这些酚的穿透体积也较小。另外,由于美国 EPA 方法 604 中优先关注的 13种酚类化合物的 pK_a 不同,选择性地将这些酚类化合物与酸性及中性干扰物分离较为困难。

表 10-12　包括美国 EPA 方法 604 中列出的 13 种酚在内的酚类化合物的 lg K_{ow} 及 pK_a 值

化合物	CAS 编号	分子式	分子量	lg K_{ow}	pK_a
苯酚 (phenol)	108-95-2	C_6H_6O	94.11	1.50	9.99
2,4-二硝基苯酚 (2,4-dinitrophenol)	51-28-5	$C_6H_4N_2O_5$	184.11	1.53	4.09
2-硝基苯酚 (2-nitrophenol)	88-75-5	$C_6H_5NO_3$	139.11	1.78	7.21
4-硝基苯酚 (4-nitrophenol)	100-02-7	$C_6H_5NO_3$	139.11	1.90	7.16
2-甲基-4,6-二硝基苯酚 (2-methyl-4,6-dinitrophenol)	534-52-1	$C_7H_6N_2O_5$	198.13	2.12	4.34
2-氯苯酚 (2-chlorophenol)	95-57-8	C_6H_5ClO	128.56	2.15	8.55
4-氯苯酚 (4-chlorophenol)	106-48-9	C_6H_5ClO	128.56	2.41	—
2,4-二甲基苯酚 (2,4-dimethylphenol)	105-67-9	$C_8H_{10}O$	122.17	2.42	10.6
3-氯苯酚 (3-chlorophenol)	108-43-0	C_6H_5ClO	128.56	2.50	—
2,4-二氯苯酚 (2,4-dichlorophenol)	120-83-2	$C_6H_4Cl_2O$	163.00	3.08	7.85
4-氯-3-甲基苯酚 (4-chloro-3-methylphenol)	59-50-7	C_7H_7ClO	142.58	3.10	9.55
2,4,6-三氯苯酚 (2,4,6-trichlorophenol)	88-06-2	$C_6H_3Cl_3O$	197.45	3.69	7.42
五氯苯酚 (pentachlorophenol)	87-86-5	C_6HCl_5O	266.34	5.01	4.93

注:" —"表示无数据。

10.4.2　水中酚类化合物的固相萃取

　　早期在对水中酚类化合物萃取时,反相 C_{18} 柱较为广泛使用。由于 C_{18} 主要以非极性的萃取机理保留目标化合物,在萃取样品中的五氯苯酚及二硝基苯酚等时,一般都要进行酸化,将样品的 pH 调节到 2 ~ 3。因此,为了避免硅胶填料表面的水解,应该选用三官能团衍生化处理的吸附剂。然而,在萃取水中多种不同性质的酚类化合物时,C_{18} 显然很难满足要求,由表 4-6 可见苯酚等亲水性较强的化合物的回收率很低。由此可见,反相键合吸附剂用 C_{18} 不适合多种酚类化合物的萃取。有的方法也采用苯基柱[31]。

　　越来越多的人选用以高聚物为吸附剂的固相萃取装置对水中酚类化合物进行萃取。美国 EPA 方法 528[32] 中采用的是 Varian 公司的 Bond Elut PPL SPE 柱,其吸附剂是改性 SDB。我国城市供水行业标准中采用的是 Waters 公司的 Porapak RDX[33],其填料是二乙烯基苯–乙烯吡咯烷酮。Masqúe 等[34] 比较了不同厂家的高聚物 SPE 柱,发现 LiChrolut EN 的回收率较高。Waters 公司的 Oasis HLB 也被用于水中酚类化合物的萃取[35,36]。高聚物固相萃取吸附剂对酚类化合物的保留是通过反相非极性作用及填料苯环与酚类分子间的 π-π 相互作用实现的。改性高聚物吸附剂是含有乙酰基[34]、羟甲基[37]、羧基[38]、磺酸基[39] 或季铵[40] 的 SDB。这些经改性高聚物吸附剂对酚类化合物的保留除了通过高聚物骨架本身的作用力(非极性及 π-π 相互作用)外,还有修饰官能团的作用。具有磺酸基和羧基的改性 SDB 具有阳离子交换的能力,可以与质子化的酚形成氢键。含有季铵的改性 SDB 则具有阴离子交换的能力,可以在碱性条件下保留酚类化合物。由于这些高聚物的含碳量约 90%(质量分数),比表面积大于 1000 m²/g,都比 C_{18} 要高很多(18%,200~600 m²/g),因此更加适合用于萃取水中低含量的酚类化合物。

　　由表 10-13 的实验结果看,C_{18} 萃取柱和弗罗里硅土柱仅对三氯苯酚、四氯苯酚和五氯苯酚有一定的富集效果,萃取效率分别为 58.3% ~87.0% 和 37.9% ~66.1%;HLB 萃取柱和 Strata-X 柱是同一类型的柱子,对 13 种酚类化合物均有良好的富集效果,HLB 萃取柱的回收率在 77.4% ~114%,Strata-X 柱的回收率在83.8% ~113%;其中 Strata-X 柱在硝基酚的回收率上相对比较有优势。

表 10-13　不同 SPE 柱对水中 13 种酚类化合物萃取回收率

序号	组分名称	萃取回收率/%							
		C_{18}		HLB		弗罗里硅土		Strata-X	
1	苯酚	4.6	4.2	84.3	93.7	1.0	1.1	97.5	106
2	2-氯苯酚	5.8	6.2	103	90.2	1.3	1.5	101	92.7
3	4-氯苯酚	5.2	6.4	91.6	87.6	1.1	1.6	98.6	91.8
4	五氯苯酚	58.3	62.0	107	96.6	56.4	65.1	106	98.8
5	2,4-二氯苯酚	50.1	55.9	106	96.0	15.8	19.7	111	109
6	2,6-二氯苯酚	30.4	33.1	109	97.6	17.2	22.1	112	101
7	2,4,6-三氯苯酚	72.0	87	114	97.5	43.1	57.3	107	102
8	2,4,5-三氯苯酚	71.6	86.3	82.9	77.4	37.9	47.4	111	104
9	2,3,4,6-四氯苯酚	63.3	79.0	107	94.1	52.0	66.1	103	97.5

续表

序号	组分名称	萃取回收率/%							
		C$_{18}$		HLB		弗罗里硅土		Strata-X	
10	4-硝基苯酚	46.9	53.9	91.8	81.1	6.2	6.2	104	113
11	2-甲基苯酚	5.7	6.1	81.6	84.3	1.2	1.2	104	95.7
12	3-甲基苯酚,4-甲基苯酚	4.9	5.2	100	89.7	1.3	1.7	107	97.7
13	2,4-二甲基苯酚	22.6	25.2	103	84.6	2.9	4.5	93.1	83.8

另一类用于酚类化合物萃取的固相吸附剂是石墨碳。酚类化合物在石墨碳上的保留是通过以下几种作用力实现的:反相作用力吸附非极性酚;填料与酚类化合物芳香环的 π-π 相互作用;阴离子作用力。阴离子作用力是石墨碳表面带正电荷的吡喃盐产生的[41]。由于这三种作用力的共同作用,酚类化合物在石墨碳上能够得到很好的保留。由于酚类化合物在石墨碳上的吸附力很强,其洗脱往往比较困难。通常可使用二氯甲烷/甲醇(90∶10 或 80∶20,体积比)。对于酸性较大的酚类化合物,则需要在上述混合溶液中加入三氟乙酸及四丁基铵盐[41,42]。在使用石墨碳萃取酚类化合物时还要注意石墨碳表面的醌基[43]。醌会对一些化合物产生不可逆的吸附,特别是当目标化合物含量很低时,此问题就更为突出。为了减少此负面影响,可以在萃取前用抗坏血酸溶液洗涤石墨碳,将醌还原为对二苯酚。

1. 水中 12 种有机酚的固相萃取

美国 EPA 方法 528[32] 是检测饮用水中 12 种残留有机酚的方法。在该方法中,水样经固相萃取柱富集后,用 GC-MS 检测。采集的水样必须除氯及酸化。在水样中加入 40~50 mg 硫酸钠进行除氯,然后用 6 mol/L HCl 调节 pH<2。注意,除氯必须在酸化之前进行。经过除氯及酸化的水样在 10 ℃ 可以储存 14 天。萃取物在 0 ℃ 可以储存 30 天。

美国 EPA 方法 528——水中 12 种残留有机酚的萃取及分析方法:

萃取柱:Bong Eult PPL(改性 SDB)SPE 柱,500 mg/6 mL,Varian 公司,或其他同类萃取柱。

固相萃取步骤:

柱净化:3×3 mL 二氯甲烷对萃取柱进行净化。干燥萃取柱,除去残留溶剂。

柱预处理:3×3 mL 甲醇,3×3 mL 0.05 mol/L 盐酸对萃取柱进行预处理。注意保持萃取柱湿润。

样品过柱:样品以 20 mL/min 流速过柱(1 L 水样需时约 50 min)。

柱干燥:对萃取柱进行充分干燥(真空或吹氮气),直至填料颜色呈棕褐色。

样品瓶洗涤:10 mL 二氯甲烷洗涤样品瓶,并将此溶液过柱,收集此馏分。

目标化合物洗脱:2~3 mL 二氯甲烷洗脱,收集此馏分。

萃取物脱水:合并上述两馏分,过无水硫酸钠柱(5~7 mg)脱水。

浓缩加内标:馏分在 40 ℃氮气气氛下浓缩至 0.9 mL(注意避免过分浓缩,<0.5 mL 会造成目标化合物的损失)。添加内标物(1,2-二甲基-3-硝基苯酚、2,3,4,5-四氯苯酚)并用二氯甲烷将体积调节至 1 mL 供检。

分析条件:

GC:色谱柱 1:30 m× 0.25 mm× 0.25 μm 聚苯甲基硅(J&W DB-5ms)。

色谱柱 2:30 m× 0.25 mm×0.25 μm 聚苯甲基硅(SGE DBX 5)。

无分流进样,进样口温度 200 ℃,载气压力 82.7~103.4 kPa。程序升温:35 ℃ 6 min,无分流模式 0.2 min,8 ℃/min 升至 250 ℃。

MS:电离能(IE)70 eV,40~450 aum 扫描,扫描周期≤1 s。

表 10-14 给出了上述方法对不同水样中 12 种酚的回收率,其色谱图见图 10-3。

表 10-14　水中 12 种酚的回收率

化合物	硬水(n=4)		含氯地表水(n=4)		模仿高 TOC 水(n=4)	
	回收率/%	RSD/%	回收率/%	RSD/%	回收率/%	RSD/%
苯酚	77.6	5.1	73.9	4.5	73.7	5.1
2-氯苯酚	91.2	2.6	88.6	3.0	85.8	5.2
2-甲基苯酚	93.2	3.4	91.3	2.3	89.2	4.3
2-硝基苯酚	102	2.5	99.4	2.1	99.0	2.8
2,4-二甲基苯酚	86.3	2.0	86.6	1.9	83.2	5.3
2,4-二氯苯酚	94.8	1.2	93.3	1.4	90.0	5.1
4-氯-3-甲基苯酚	98.5	1.6	97.3	1.4	94.6	3.9
2,4,6-三氯苯酚	95.5	3.9	97.5	1.4	89.1	4.1
2,4-二硝基苯酚	117	4.2	92.7	3.1	121	1.0
4-硝基苯酚	102	2.4	118	2.3	95.9	2.3
2-甲基-4,6 二硝基苯酚	115	2.2	102	3.8	115	0.71
五氯苯酚	110	4.0	113	1.5	105	1.8

注:样品中酚的浓度为 10 μg/L。

2. 水中 15 种酚类化合物的固相萃取

Martinéz 等[36]研究了应用 Oasis HLB 萃取柱对 200 mg 不同样品中的 15 种酚类化合物萃取的方法,并用 LC-MS-APIC 对萃取物进行检测。水样的固相萃取方法如下:

样品预处理:500 mL 水样用 HCl/NaCl 调节至 pH 2.5,电导率 50 mS。

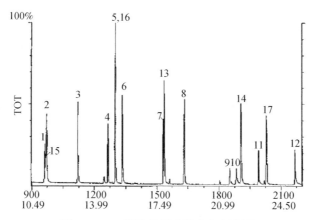

图 10-3　12 种酚的标准混合物色谱图

浓度 5 μg/L,DB-5ms 毛细管色谱柱,程序升温,无分流进样。1. 苯酚;2.2-氯苯酚;3.2-甲基苯酚;4.2-硝基苯酚;5.2,4-二甲基苯酚;6.2,4-二氯苯酚;7.4-氯-3-甲基苯酚;8.2,4,6-三氯苯酚;9.2,4-二硝基苯酚;10.4-硝基苯酚;11.2-甲基-4,6-二硝基苯酚;12. 五氯苯酚;13.1,2-二甲基-3-硝基苯酚(内标 1);14.2,3,4,5-四氯苯酚(内标 2);15.2-氯苯酚-3,4,5,6-d$_4$(监控物);16.2,4-二甲基苯酚-3,5,6-d$_3$(监控物);17.2,4,6-三溴苯酚(监控物)

柱预处理:Oasis HLB 萃取柱用 4 mL 二氯甲烷、4 mL 甲醇、5 mL 水预处理。

样品过柱:水样以 8 mL/min 流速过柱。

目标化合物洗脱:5 mL 二氯甲烷、5 mL 甲醇洗脱酚类化合物。

干燥再溶解:将洗脱液浓缩至干,用 2 mL LC 起始流动相溶液溶解后供分析。

在 Martinéz 等的研究中发现,pH 2.5 对于 Oasis HLB 萃取柱保留 15 种酚类化合物最为适应。他们还发现,用 NaCl 将样品的电导率调节至 50 mS(接近于海水的电导率),能够改进分析结果的精密度。在用二氯甲烷洗脱后,再用甲醇洗脱能够增加 4-壬基苯酚和 4-叔辛基苯酚的回收率。其分析结果列于表 10-15。

表 10-15　15 种重点监测的酚类化合物在水中的回收率

化合物	线性范围/(μg/L)	回收率[a]/%	RSD[a]/%	回收率[b]/%	RSD[b]/%	LOD[c]/(μg/L)	LOQ[d]/(μg/L)
PH	0.05~1	113	24	93	5	0.025	0.050
4-NP	0.05~1	120	16	89	11	0.025	0.050
3-NP	0.05~1	123	21	96	13	0.010	0.025
2-CP	0.05~1	106	14	78	7	0.025	0.050
2-NP	0.05~1	68	26	70	15	0.025	0.050
4-CP	0.05~1	107	15	91	3	0.010	0.025
2,4-DMP	0.05~1	115	21	86	11	0.025	0.050

续表

化合物	线性范围 /(μg/L)	回收率[a] /%	RSD[a] /%	回收率[b] /%	RSD[b] /%	LOD[c] /(μg/L)	LOQ[d] /(μg/L)
2,4-DNP	0.05 ~ 1	116	25	117	18	0.010	0.025
4-Cl-3-MP	0.05 ~ 1	85	22	94	7	0.025	0.050
2,4-DCP	0.05 ~ 1	94	19	83	5	0.025	0.050
DNMP	0.05 ~ 1	90	19	84	6	0.025	0.050
2,4,6-TCP	0.05 ~ 1	110	20	89	5	0.025	0.050
t-OP	0.10 ~ 1	106	27	89	9	0.050	0.010
PCP	0.05 ~ 1	75	28	71	9	0.010	0.025
NP	0.10 ~ 1	89	17	74	11	0.050	0.010

注:PH. 苯酚;4-NP. 4-硝基苯酚;3-NP. 3-硝基苯酚;2-CP. 2-氯苯酚;2-NP. 2-硝基苯酚;4-CP. 4-氯苯酚;2,4-DMP. 2,4-二甲基苯酚;2,4-DNP. 2,4-二硝基苯酚;4-Cl-3-MP. 4-氯-3-甲基苯酚;2,4-DCP. 2,4-二氯苯酚;DNMP. 4,6-二硝基-2-甲基苯酚;2,4,6-TCP. 2,4,6-三氯苯酚;t-OP. 4-叔辛基苯酚;PCP. 五氯苯酚;NP. 4-壬基苯酚

a. 添加浓度 0.05 μg/L;b. 添加浓度 0.5 μg/L;c. LOD 为检测下限;d. LOQ 为定量下限。

3. 水中 14 种酚类化合物的固相萃取

《水质 酚类化合物的测定 气相色谱–质谱法》(HJ 744—2015)[44]列出了应用亲水亲油平衡萃取柱对水中 14 种酚类化合物萃取的方法,并用 GC-MS 对萃取物进行检测。水样的固相萃取方法如下:

样品预处理:250 mL 水样用 HCl 调节至 pH ≤1。

柱预处理:亲水亲油平衡萃取柱用 9 mL 二氯甲烷、9 mL 甲醇、9 mL 0.05 mol/L 稀盐酸预处理。

样品过柱:水样以 20 mL/min 流速过柱,氮气吹扫干燥。

目标化合物洗脱:8 ~ 10 mL 二氯甲烷/乙酸乙酯(1∶1,体积比)洗脱。

衍生后测定:将洗脱液置换为溶剂丙酮,用五氟苄基溴衍生后,GC-MS 分析。

表 10-16 是水中 14 种酚类的回收率。

表 10-16　14 种酚类化合物加标回收率(%)

化合物名称	1	2	3	4	5	6	平均值
苯酚	100	102	103	92.0	99.3	94.5	98.5
2-氯苯酚	101	97.5	104	106	100	103	102
4-氯苯酚	99.0	104	102	101	96.5	96.0	99.8
五氯苯酚	90.8	109	91.5	96.0	97.5	105	98.3
2,4-二氯苯酚	101	106	98.5	110	106	107	105

化合物名称	1	2	3	4	5	6	平均值
2,6-二氯苯酚	98.5	102	108	109	105	106	105
2,4,6-三氯苯酚	94.0	98.0	86.5	95.0	98.0	107	96.4
2,4,5-三氯苯酚	84.3	98.5	79.8	83.0	82.3	94.8	87.1
2,3,4,6-四氯苯酚	95.0	109	91.5	101	98.5	105	100
4-硝基苯酚	109	112	102	105	116	118	110
2-甲基苯酚	85.5	86.0	103	106	98.0	106	97.4
3-甲基苯酚	87.3	104	96.8	92.0	87.5	95.3	93.8
4-甲基苯酚	83.0	96.0	94.0	89.5	81.5	96.5	90.1
2,4-二甲基苯酚	85.3	81.3	89.5	82.0	85.5	97.5	86.8

注:添加浓度为 4.0 μg/L。

10.4.3　固体样品中酚类化合物的萃取和净化

土壤、河床沉积淤泥中的酚类化合物也是环境监测中的一项内容。Martinéz 等[36]在同一个研究报告中对沉积物及绿色海藻中的酚类化合物进行了检测。对于沉积物,首先要将采集的样品在室温下干燥 2 天。然后称取 30 g 样品,加入 40 mL 含 5%(体积分数)三乙胺的甲醇/水(4∶1,体积比)混合溶液在超声波中萃取 20 min。将样品过 0.45 μm 尼龙滤膜,然后将得到的样品浓缩除去有机溶剂,剩余的水样用 Milli-Q 水调至 50 mL。之后的固相萃取操作与水样相同。对于绿色海藻样品,取 200 g 加入液氮在 Polytron 均质器中粉碎。之后的处理方法与处理沉积物相同。得到的水样按上述水样的固相萃取方法进行。

Martinéz 等最初直接将固体样品进行超声波萃取,并对萃取液体进行分析,结果发现干扰物会影响目标化合物的分析,而且本底很高。为了消除干扰物,提高检测限,必须对样品进行净化。在这里采用的是固相萃取净化。Martinéz 等测试了包括甲醇、乙酸乙酯及乙腈与水的混合液,发现含 5%(体积分数)三乙胺的甲醇/水(4∶1,体积比)对沉积物中的酚类化合物溶解效果最好。经过固相萃取净化,15 种酚类化合物的回收率为 70% ~ 99%(表 10-17)。对于绿色海藻样品,加入液氮后在 Polytron 均质器中可以得到很好的均质样品。由于绿色海藻中含有大量的叶绿素及其他成分,经过萃取得到的液体必须净化。采用同样的固相萃取净化方法得到 70% 以上的回收率(表 10-18)。

表 10-17   15 种重点监测的酚类化合物在沉积物中的回收率

化合物	线性范围 /(μg/L)	回收率[a] /%	RSD[a] /%	回收率[b] /%	RSD[b] /%	LOD[c] /(μg/L)	LOQ[d] /(μg/L)
PH	2.5~100	75	10	70	6	1.0	2.5
4-NP	5.0~100	102	6	99	6	2.5	5.0
3-NP	2.5~100	84	5	96	6	1.0	2.5
2-CP	2.5~100	85	15	80	10	1.0	2.5
2-NP	2.5~100	80	15	82	14	1.0	2.5
4-CP	2.5~100	71	8	75	7	1.0	2.5
2,4-DMP	2.5~100	75	10	70	9	1.0	2.5
2,4-DNP	5.0~100	88	16	90	5	2.5	5.0
4-Cl-3-MP	2.5~100	72	7	70	5	1.0	2.5
2,4-DCP	2.5~100	74	13	80	6	1.0	2.5
DNMP	2.5~100	102	9	95	7	1.0	2.5
2,4,6-TCP	2.5~100	68	10	70	6	1.0	2.5
t-OP	2.5~100	70	10	70	5	1.0	2.5
PCP	2.5~100	75	15	78	7	1.0	2.5
NP	5.0~100	66	12	75	6	2.5	5.0

注:化合物简称对应中文名称同表 10-15。

a. 沉积物添加浓度 5 μg/kg;b. 沉积物添加浓度 50 μg/kg;c. LOD 为检测下限;d. LOQ 为定量下限。

表 10-18   15 种重点监测的酚类化合物在绿色海藻中的回收率

化合物	线性范围 /(μg/L)	回收率[a] /%	RSD[a] /%	回收率[b] /%	RSD[b] /%	LOD[c] /(μg/L)	LOQ[d] /(μg/L)
PH	10~100	70	10	72	10	2.5	5.0
4-NP	10~100	72	15	75	10	2.5	5.0
3-NP	10~100	85	4	78	5	2.5	5.0
2-CP	10~100	80	6	75	5	5.0	10
2-NP	10~100	85	15	80	12	5.0	10
4-CP	10~100	70	9	75	5	5.0	10
2,4-DMP	10~100	75	9	70	9	5.0	10
2,4-DNP	10~100	88	7	90	15	2.5	5.0
4-Cl-3-MP	10~100	82	10	90	9	2.5	5.0
2,4-DCP	10~100	70	6	76	5	2.5	5.0
DNMP	10~100	70	6	72	4	2.5	5.0

续表

化合物	线性范围 /(μg/L)	回收率[a] /%	RSD[a] /%	回收率[b] /%	RSD[b] /%	LOD[c] /(μg/L)	LOQ[d] /(μg/L)
2,4,6-TCP	10~100	74	7	80	10	2.5	5.0
t-OP	10~100	80	5	75	9	2.5	5.0
PCP	10~100	65	7	70	5	2.5	5.0
NP	10~100	75	7	75	6	5.0	10.0

注:化合物简称对应中文名称同表 10-15。

a. 沉积物添加浓度 25 μg/kg;b. 沉积物添加浓度 100 μg/kg;c. LOD 为检测下限;d. LOQ 为定量下限。

10.5　多氯联苯和二噁英的固相萃取

10.5.1　多氯联苯和二噁英特性

多氯联苯(polychlorinated biphenyls,PCBs)是最具代表性的环境持久性有机污染物,这类化合物具有结构稳定、毒性大、残留性和富集性高、不易降解等特点。全世界每年流入海洋的 PCBs 多达 2.5 万吨,造成海洋生物污染。PCBs 会在鱼类、肉类脂肪、乳类产品中积聚,人若食用这些受污染食品,就会摄入这种有害物质。它会使肝、肾功能受损,记忆力衰退,降低成人的生殖能力,甚至引发癌症。1989 年我国将 PCBs 列入"水中优先控制污染物黑名单";2002 年《地表水环境质量标准》修订为 GB 3838—2002,水源地限值 0.02 μg/L;2007 年《展览会用地土壤环境质量评价标准》(HJ 350—2007)[45]中 A 级 0.2 mg/kg,B 级为 1 mg/kg;2013 年浙江省地方标准《污染场地风险评估技术导则》(DB 33/T892—2013)[46]中 PCBs 住宅及公共用地筛选值为 0.2 mg/kg;商业服务业及工业用地筛选值为 1 mg/kg;2017 年修订后《含多氯联苯废物污染控制标准》(GB 13015—2017)[47]的限值为 50 mg/kg;2018 年 8 月 1 日实施的《土壤环境质量　建设用地土壤污染风险管控标准(试行)》(GB 36600—2018)[22]中多氯联苯(总量)风险筛选值第一类用地为 0.14 mg/kg,第二类用地为 0.38 mg/kg。二噁英类(总毒性当量)筛选值第一类用地 $1×10^{-5}$ mg/kg,第二类用地 $4×10^{-5}$ mg/kg。

持久性有机污染物的污染受到世界各国的重视,2001 年在瑞典斯德哥尔摩通过了《关于持久性有机污染物的斯德哥尔摩公约》。在该公约中多氯代二苯并二噁英(polychlorinated dibenzo dioxins,PCDDs)、多氯代二苯并呋喃(polychlorinated dibenzofurans,PCDFs)、六氯代苯和多氯联苯都名列其中。

PCBs 是联苯的 2~6 位及 2'~6'位上的氢原子被一个或多个氯原子取代后形成的氯代烃类化合物。其分子式为 $C_{12}H_{10-x}Cl_x$。分子量为 266.5~360.9。PCBs

有 209 种同类体,以四氯和五氯化合物为多,其中含 5 个氯原子的 PCBs 有 46 种,含 10 个氯原子的只有一种。PCBs 具有较高的 lg K_{ow} 值(4. 46 ~ 8. 18),一般不溶于水,易溶于脂溶性物质或吸附在颗粒物表面。

　　二噁英是一类来源广、毒性强、稳定性高的有机污染物。它是多氯代二苯并二噁英和多氯代二苯并呋喃这两个系列的三环化合物统称,前者有 75 种,后者有 135 种,共 210 个同族体。这些化合物大部分具有强烈致癌、致畸、致突变的特点。其中 2,3,7,8-四氯二苯并二噁英(2,3,7,8-TCDD)是目前世界上已知的一级致癌物中毒性最强的有毒化合物,其毒性是氰化钾的 50 ~ 100 倍。由于二噁英具有稳定及良好的脂溶性,一旦进入人体便难以排出,长期积累就会永久破坏人体免疫系统及扰乱人体的激素分泌,对人体构成重大伤害。二噁英是人类生产、生活的产物。例如,冶炼、焚烧、合成、热处理等过程都会产生二噁英。

　　从化学结构上看,PCBs 和二噁英有相同之处,都是有两个苯环。PCBs 的两个苯环之间是由一个化学单键连接,而多氯代二苯并二噁英则是通过两个氧原子分别与两个苯环连接,多氯代二苯并呋喃则是由一个化学单键及一个氧原子将两个苯环连接在一起(图 10-4 ~ 图 10-6)。表 10-19 给出了部分二噁英的 CAS 编号、分子式、分子量及 lg K_{ow} 参数。

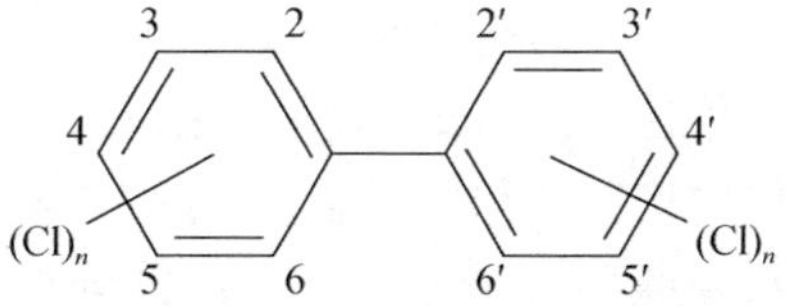

图 10-4　多氯联苯化学结构

其中苯环上 2 ~ 6 及 2′ ~ 6′的氢原子可以置换为氯原子

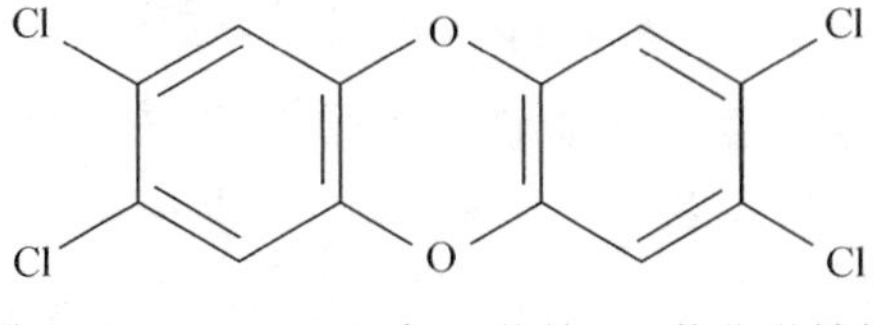

图 10-5　2,3,7,8-四氯二苯并二噁英化学结构

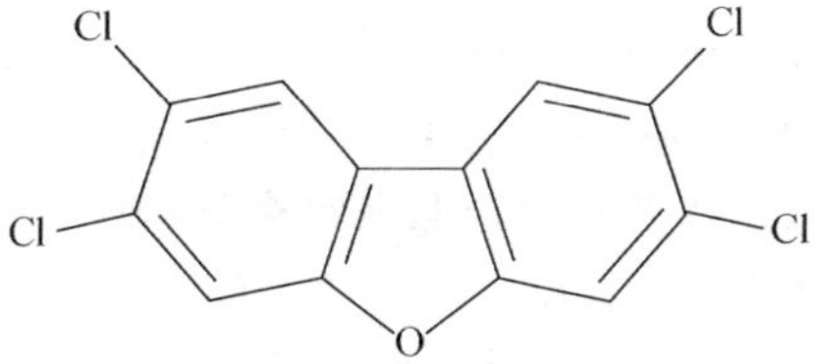

图 10-6　2,3,7,8-四氯二苯并呋喃化学结构

表 10-19　主要二噁英的理化参数

化合物	缩写	CAS 编号	分子式	分子量	lg K_{ow}
二苯并[1,4]二噁英	DD	262-12-4	$C_{10}H_8O_2$	184.2	4.30
2,7-二氯二苯并[1,4]二噁英	2,7-DCDD	33857-26-0	$C_{12}H_6Cl_2O_2$	253.08	5.75
2,3,7,8-四氯二苯并[1,4]二噁英	2,3,7,8-TCDD	1746-01-8	$C_{12}H_4Cl_4O_2$	321.98	6.80
1,2,3,7,8-五氯二苯并[1,4]二噁英	1,2,3,7,8-PeCDD	40321-76-4	$C_{12}H_3Cl_5O_2$	356.42	6.64
1,2,3,4,7,8-六氯二苯并[1,4]二噁英	1,2,3,4,7,8-HxCDD	39227-28-6	$C_{12}H_2Cl_6O_2$	390.87	7.80
1,2,3,6,7,8-六氯二苯并[1,4]二噁英	1,2,3,6,7,8-HxCDD	57653-85-7	$C_{12}H_2Cl_6O_2$	390.87	—
1,2,3,7,8,9-六氯二苯并[1,4]二噁英	1,2,3,7,8,9-HxCDD	19408-74-3	$C_{12}H_2Cl_6O_2$	390.87	—
1,2,3,4,6,7,8-七氯二苯并[1,4]二噁英	1,2,3,4,6,7,8-HpCDD	35822-48-9	$C_{12}HCl_7O_2$	425.31	8.00
1,2,3,4,6,7,8,9-八氯二苯并[1,4]二噁英	1,2,3,4,6,7,8,9-OCDD	3268-87-9	$C_{12}Cl_8O_2$	459.75	8.20
2,3,7,8-四氯二苯并[1,4]呋喃	2,3,7,8-TCDF	51207-31-9	$C_{12}H_4Cl_4O$	305.98	6.53
1,2,3,7,8-五氯二苯并[1,4]呋喃	1,2,3,7,8-PeCDF	57117-41-6	$C_{12}H_3Cl_5O$	340.42	6.79
2,3,4,7,8-五氯二苯并[1,4]呋喃	2,3,4,7,8-PeCDF	57117-31-4	$C_{12}H_3Cl_5O$	340.42	6.92
1,2,3,4,7,8-六氯二苯并[1,4]呋喃	1,2,3,4,7,8-HxCDF	70648-26-9	$C_{12}H_2Cl_6O$	374.87	—
1,2,3,6,7,8-六氯二苯并[1,4]呋喃	1,2,3,6,7,8-HxCDF	57117-44-9	$C_{12}H_2Cl_6O$	374.87	—
1,2,3,7,8,9-六氯二苯并[1,4]呋喃	1,2,3,7,8,9-HxCDF	72918-21-9	$C_{12}H_2Cl_6O$	374.87	—
2,3,4,6,7,8-六氯二苯并[1,4]呋喃	2,3,4,6,7,8-HxCDF	60851-34-5	$C_{12}H_2Cl_6O$	374.87	—
1,2,3,4,6,7,8-七氯二苯并[1,4]呋喃	1,2,3,4,6,7,8-HpCDF	67562-39-4	$C_{12}HCl_7O$	409.31	7.92
1,2,3,4,7,8,9-七氯二苯并[1,4]呋喃	1,2,3,4,7,8,9-HpCDF	55673-89-7	$C_{12}HCl_7O$	409.31	—
1,2,3,4,6,7,8,9-八氯二苯并[1,4]呋喃	1,2,3,4,6,7,8,9-OCDF	39001-02-0	$C_{12}Cl_8O$	443.76	8.78

注:"—"表示无数据。

10.5.2　水中多氯联苯的固相萃取

1. 水中多氯联苯的固相萃取方法一

由于 PCBs 几乎不溶于水,因此环境水中 PCBs 的含量很低。对水样中的 PCBs 萃取通常采用以 C_{18} 为萃取填料的 SPE 柱或 SPE 膜。许多 SPE 柱厂商都提供采用 SPE 柱对水中 PCBs 萃取的方法[48-51]。其中美国 Phenomenex 公司的方法如下:

萃取柱:Strata C_{18}-E 非极性柱,1 g/6 mL,Phenomenex 公司。

柱预处理:5 mL 甲醇、5 mL 去离子水对萃取柱预处理。

样品过柱:将水样过柱。

柱洗涤干燥:5 mL 去离子水洗涤萃取柱,干燥 30～60 s。

目标化合物洗脱:5 mL 丙酮对 PCBs 洗脱,流速小于 3 mL/min。

样品瓶洗涤:5 mL 乙腈洗涤样品瓶,然后将洗涤液转入萃取柱中,并以小于 3 mL/min流速过柱。

GC 分析:合并丙酮及乙腈洗脱溶液,按 EPA 方法 8082 中描述的方法用 GC-ECD 对 PCBs 进行检测分析。

2. 水中多氯联苯固相萃取方法二

在采用 SPE 柱对大体积水样进行萃取时,由于 SPE 柱表面积小,样品过柱的流速受到一定的限制,使得萃取时间增加。如果以 10 mL/min 流速将 500 mL 水样过柱,需要 50 min。除了自来水之外,许多水样都含有颗粒(如地表水等),这些颗粒的存在很容易造成 SPE 柱的堵塞。在这种情况下,采用 SPE 膜片往往能够得到较好的结果。当水样中的颗粒含量少于 1% 时,通常可采用 SPE 膜片对水中 PCBs 进行萃取。当水样中的颗粒较多时,可采用玻璃纤维膜过滤。必须注意,由于 PCBs 在水中的溶解度很低,往往会吸附在水中的颗粒上。Wsetbom 等[48]对 7 种 PCBs 的萃取实验表明,有 7%～63% 的 PCBs 会被保留在玻璃纤维过滤膜上,因此,要用有机溶剂(正戊烷)对过滤膜进行洗涤,并收集洗涤液。Wsetbom 等对三种商品化的 C_{18} 萃取膜进行了比较。这三种萃取膜是 ENVI-18(Supelco,USA)、SPEC-47-C_{18}(ANSYS,USA)、Empore C_{18} disk(3M,USA)。水中添加 PCBs 的浓度分别为 1000 ng/L 和 20 ng/L。在高浓度时三种萃取膜对七种 PCBs 的平均回收率分别为 76%(ENVI-18)、84%(SPEC-47-C_{18})及 91%(Empore C_{18} disk)。低浓度时的回收率分别为 82%(ENVI-18)、86%(SPEC-47-C_{18})及 94%(Empore C_{18} disk)。从实验结果看,Empore C_{18} disk 对 PCBs 的回收率较好。

在美国 EPA 方法 1668a[49]中采用的是直径为 90 mm 或 144 mm C_{18} 萃取膜。具体方法如下:

膜预处理:20 mL 甲醇通过萃取膜,注意保持萃取膜面上有约 2 mm 甲醇以防止萃取膜干燥。20 mL 水通过萃取膜,注意保持萃取膜面上有约 2 mm 水以防止萃取膜干燥。

样品过膜:水样 1 L(含 5 mL 甲醇)在负压下通过萃取膜。样品过柱时间通常小于 10 min。如果样品中悬浮颗粒过多,样品通过萃取膜的时间会延长至 1 h 或更长。

洗涤样品瓶:在水样完全通过萃取膜之前,用约 50 mL 试剂纯水洗涤样品容器并将样品中的颗粒一并转移至萃取膜。重复此操作,直至所有颗粒被转移出来为止。

膜干燥:真空干燥约 3 min。

目标化合物洗脱:加入 4 ~ 5 mL 丙酮,让萃取膜湿润 15 ~ 20 s,然后真空抽滤,收集通过萃取膜的丙酮液。当丙酮液面达到萃取膜上表面约 1 mm 处时,停止抽滤。

洗涤样品瓶:用 20 mL 二氯甲烷洗涤样品瓶,并对萃取膜进行洗脱,收集洗脱液。重复此操作一次。合并丙酮及二氯甲烷洗脱液。

除去干扰物:如果洗脱液有较深的颜色,说明萃取物中的干扰物依然较多,可对洗脱液进行液–液反萃取。

3. 水中多氯联苯固相萃取方法三

美国 J. T. Baker 公司提供的方法也是采用 SPE 膜片(Speedisk C$_{18}$,50 mm)[51]。具体方法如下:

膜预处理:10 mL 乙酸乙酯洗涤萃取膜,然后分别用 10 mL 二氯甲烷、10 mL 甲醇对萃取膜进行预处理。注意在加水样前要保持萃取膜湿润。

样品过膜:1 L 水样加入 5 mL 甲醇混合后在真空作用下通过萃取膜(3 ~ 5 min)。

膜干燥:真空干燥 5 min(61 cmHg)。

样品瓶洗涤:5 mL 乙酸乙酯清洗样品瓶,将此溶液过萃取膜并收集此溶液。然后用 5 mL 二氯甲烷、3 mL 二氯甲烷/乙酸乙酯(1∶1,体积比)洗脱,收集此溶液于上述乙酸乙酯收集试管中。

除水及浓缩:收集液过 10 g 无水硫酸钠柱除水,收集过柱溶液。用 3 mL 二氯甲烷/乙酸乙酯(1∶1,体积比)洗涤无水硫酸钠柱,收集此溶液。将两部分溶液合并,在氮气气氛下浓缩至 0.5 ~ 1 mL。为了降低样品浓缩过程造成的损失,浓缩液不要少于 0.5 mL。

GC-MS 分析:色谱柱:DB-5,30 m,0.25 mm I.D.,膜厚 0.1 μm;柱温:60 ℃ 保持 3min,15 ℃/min 升温至 280 ℃,保持 10 min;进样口/检测器温度:280 ℃。载气:He,无分流:0.2 min,线速度:1 mL/min,MS 检测。

表 10-20 是采用 Speedisk 固相萃取膜对水中多氯联苯萃取的结果。7 种目标化合物的回收率在 85% ~ 100% 之间,RSD < 12.9%,其色谱图见图 10-7。

表 10-20　Speedisk 萃取水中 PCBs 的回收率

编号	化合物	回收率/%	RSD/%
1	2-氯联苯	100	0.0
2	2,3-二氯联苯	100	0.0
3	2,4,5-三氯联苯	92	6.2
4	2,2′,4,4′-四氯联苯	96	3.8
5	2,2′,3′,4,6-五氯联苯	86	5.8
6	2,2′,3,3′,4,4′-六氯联苯	85	12.9
7	2,2′,3,3′,4,5′,6,6′-八氯联苯	93	4.9

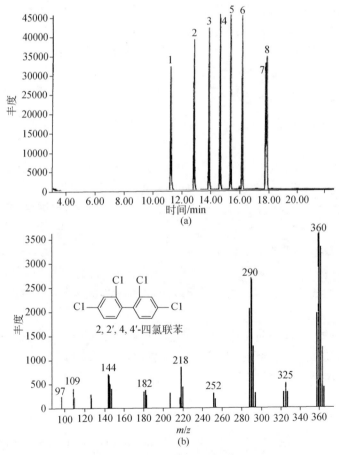

图 10-7　(a)水中七种 PCBs 的色谱图(色谱峰编号与表 10-20 中的
编号相同);(b)2,2′,4,4′-四氯联苯质谱图

土壤、淤泥中的 PCBs 通常是用溶剂进行萃取。常用的溶剂萃取方式有索氏萃取、超声波萃取、微波辅助萃取、超临界流体萃取、加速溶剂萃取等。由于上述萃取方式都是采用选择性很差的溶剂在非常规的条件(加温、加压、加能)下进行,所以萃取物中的干扰物往往比常规萃取多。在这种情况下,固相萃取可作为一种净化手段来使用。

10.5.3　水中二噁英的固相萃取

水中二噁英的萃取可以通过 SPE 膜片进行。3M 公司根据美国 EPA 方法 1613 给出的水中多氯二苯并二噁英和多氯二苯并呋喃的膜片萃取方法[51]如下:

固相萃取膜:Empore C$_{18}$ 非极性萃取膜片,90 mm 或 47 mm,3M 公司。

样品预处理:1 L 水样中加入同位素同系物,5 mL 甲醇,调节样品 pH 至 2。如果水样中明显含有颗粒,可以在萃取膜片上叠加一层孔径 1 μm 玻璃纤维滤片(GMF150,Whatman 公司生产或相等规格的)。

装置预清洗:为了确保萃取材料上没有残留的二噁英,在萃取前要对萃取装置进行清洗。用 15 mL 甲苯清洗萃取装置的玻璃内壁、滤片及萃取膜片。上述溶液全部通过萃取膜片后将膜片真空干燥。用 15 mL 丙酮重复一次清洗操作。

膜预处理:加入 15 mL 甲醇,让少量甲醇通过萃取膜片后,静置约 1 min。继续让甲醇通过萃取膜片,直至 3~5 mm 甲醇保留在萃取膜片之上。加入 50 mL 水,并通过萃取膜片,保持 3~5 mm 的水在膜片上层。加入 50 mL 水重复一次。

样品过膜:在真空下使样品尽快通过萃取膜片。无颗粒的水样通过萃取膜片的时间小于 10 min。全部样品通过后继续保持 3 min 真空。

索氏萃取:将 Emproe 萃取膜片及玻璃纤维滤片放入索氏萃取器中,滤片的上面放一层玻璃棉。在样品瓶中加入 50 mL 甲苯,洗涤样品瓶的内壁,将甲苯洗涤液转移至索氏萃取器中,再重复洗涤样品瓶两次。用 10 mL 甲苯洗涤萃取装置,将清洗液转移至索氏萃取器中。对萃取物进行索氏萃取 16~24 h。

按照 EPA 方法 1613 对样品进行浓缩、净化及同位素稀释高分辨 GC-高分辨 MS 分析。其分析结果列于表 10-21。

表 10-21　水中二噁英的回收率($n=3$)

化合物	添加浓度/(pg/L)	炼油厂废水		河水	
		回收率/%	RSD/%	回收率/%	RSD/%
2,3,7,8-TCDD	200	109	11	112	2.6
1,2,3,7,8-PeCDD	1000	110	9.1	115	1.5
1,2,3,4,7,8-HxCDD	1000	114	4.9	116	1.5

化合物	添加浓度 /(pg/L)	炼油厂废水		河水	
		回收率/%	RSD/%	回收率/%	RSD/%
1,2,3,6,7,8-HxCDD	1000	105	3.0	123	2.6
1,2,3,7,8,9-HpCDD	1000	118	15	115	6.1
1,2,3,4,6,7,8-HpCDD	1000	112	4.2	110	2.1
1,2,3,7,8-PeCDF	1000	115	6.8	116	0.6
2,3,4,7,8-PeCDF	1000	113	6.6	114	1.0
1,2,3,4,7,8-HxCDF	1000	110	6.0	118	0.6
1,2,3,6,7,8-HxCDF	1000	110	2.6	116	1.0
2,3,4,6,7,8-HxCDF	1000	108	2.5	114	1.0
1,2,3,7,8,9-HxCDF	1000	107	5.0	118	2.6
1,2,3,4,6,7,8-HpCDF	1000	109	8.6	119	2.0
1,2,3,4,7,8,9-HpCDF	1000	106	13	119	2.0

10.5.4 固体样品中多氯联苯的净化

测定土壤、沉积物、大气颗粒物中的 PCBs 时,往往用 SPE 柱进行样品的净化。这些样品往往含有许多干扰物和杂质,PCBs 属于极性非常弱的有机污染物,用正相填料可以有效地分离极性的干扰物和杂质。《环境空气 多氯联苯的测定 气相色谱法》(HJ 903—2017)[52]、《土壤和沉积物 多氯联苯的测定 气相色谱法》(HJ 922—2017)[53]、《环境空气 多氯联苯混合物的测定 气相色谱法》(HJ 904—2017)[54]、《土壤和沉积物 多氯联苯混合物的测定 气相色谱法》(HJ 890—2017)[55]、《水质 多氯联苯的测定 气相色谱-质谱法》(HJ 715—2014)[56]、《环境空气 多氯联苯的测定 气相色谱-质谱法》(HJ 902—2017)[57]中都涉及了采用 SPE 进行净化的步骤,主要是用硅胶或弗罗里硅土进行样品净化。

对于基质复杂、干扰多的样品可以增加填料量到 10 g,防止净化柱的过载和穿透。

萃取柱:活化硅胶 3 g,100 目。

柱预处理:分别用二氯甲烷 10 mL、正己烷 10 mL 对萃取柱进行预处理。

样品过柱:萃取液过柱。

目标化合物洗脱:用 40 mL 正己烷进行洗脱。

对于基体较干净的样品,也可采用商品化的硅胶净化柱(1000mg,6mL)净化。使用前分别用 10 mL 二氯甲烷和正己烷洗涤硅胶净化柱,当液面至填料层上方 1 ~ 2 mm 处时,将浓缩后的样品定量转入净化柱中,用 12 mL 正己烷洗脱,控制适当的流速,用刻度试管接收,浓缩定容,进行分析。

10.6　邻苯二甲酸酯的固相萃取

10.6.1　邻苯二甲酸酯的特性

聚氯乙烯(PVC)是广泛使用的通用型热塑性树脂,目前产量仅次于聚乙烯位居第二位,总产量占全部塑料的 20% 左右。但 PVC 熔点高,难以加工成型。因此,加工时必须加入增塑剂以提高可塑性。邻苯二甲酸酯(phthalates,PAEs)是一种使用最广泛,性能最好,又较为廉价的 PVC 增塑剂。世界上对于邻苯二甲酸酯类增塑剂的年消耗量在 300 多万吨,其中有 1% 左右通过各种途径流入自然界,目前已经在全球几乎所有的海洋、大气、饮用水、动植物及初生婴儿体内都可不同程度地检出 PAEs 类增塑剂,已经形成了比较严重的环境污染。邻苯二甲酸酯对于生物毒害的主要体现在于其具有致畸、致癌作用,对其长期高浓度接触可导致神经系统受损。为此,美国消费品安全委员会在《消费品安全改进法案》(CPSIA)(公共法律 108)中要求自 2009 年 2 月 10 日起,儿童玩具或儿童护理用品中 6 类邻苯二甲酸酯的含量不得超过 0.1%。这 6 类邻苯二甲酸酯包括邻苯二甲酸二(2-乙基己)酯(DEHP)、邻苯二甲酸二丁酯(DBP)、邻苯二甲酸丁苄酯(BBP)、邻苯二甲酸二异壬酯(DINP)、邻苯二甲酸二异癸酯(DIDP)和邻苯二甲酸二正辛酯(DnOP)。邻苯二甲酸酯的化学结构式见图 10-8。

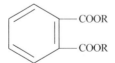

图 10-8　邻苯二甲酸酯化学结构式

当这些酯类用作塑料的增塑剂时,R 一般是 C_4 ~ C_{10} 的烷基

PAEs 类化合物在水中的溶解度十分低,可溶于乙醇、丙酮等有机溶剂中。表 10-22 列出了主要 PAEs 的理化参数。

表 10-22 部分邻苯二甲酸酯类化合物的理化参数

化合物	英文缩写	CAS 编号	分子式	分子量	溶解度	lg K_{ow}
邻苯二甲酸二(2-乙基己)酯 di(2-ethylhexyl) phthalate	DEHP	117-81-7	$C_{24}H_{38}O_4$	390.56	水:0.00034 g/L	4.89
邻苯二甲酸二丁酯 (dibutyl phthalate)	DBP	84-74-2	$C_{16}H_{22}O_4$	278.35	水:0.013 g/L; 溶于乙醇、乙醚、丙酮	4.57
邻苯二甲酸丁苄酯 (butyl benzyl phthalate)	BBP	85-68-7	$C_{19}H_{20}O_4$	312.36	水:0.00269 g/L	4.91
邻苯二甲酸二正戊酯 (di-n-pentyl phthalate)	DPP	131-18-0	$C_{18}H_{26}O_4$	306.40	水:1 g/L	4.85
邻苯二甲酸二甲酯 (dimethyl phthalate)	DMP	131-11-3	$C_{10}H_{10}O_4$	194.19	水:<1 g/L; 溶于乙醇、乙醚、苯	1.56
邻苯二甲酸二乙酯 (diethyl phthalate)	DEP	84-66-2	$C_{12}H_{14}O_4$	222.24	不溶于水;溶于乙醇、乙醚、丙酮	2.47
邻苯二甲酸二正辛酯 (di-n-octyl phthalate)	DnOP	117-84-0	$C_{24}H_{38}O_4$	390.56	水:0.003 g/L; 溶于乙醇、乙醚、矿物油,微溶于甘油、乙二醇	8.17
邻苯二甲酸二异壬酯 (diisononyl phthalate)	DINP	28553-12-0	$C_{26}H_{42}O_4$	418.62	水:<1 g/L	8.8
邻苯二甲酸二异癸酯 (diisodecyl phthalate)	DIDP	26761-40-0	$C_{28}H_{46}O_4$	446.67	不溶于水	9.05
邻苯二甲酸二丙酯 (dipropyl phthalate)	DPrP	131-16-8	$C_{14}H_{18}O_4$	250.29	—	3.66
邻苯二甲酸二异丁酯 (diisobutyl phthalate)	DIBP	84-69-5	$C_{16}H_{22}O_4$	278.35	水:5 g/L	4.11
邻苯二甲酸二环己酯 (dicyclohexyl phthalate)	DCHP	84-61-7	$C_{20}H_{26}O_4$	330.42	水:<0.01%; 溶于乙醚、丙酮、环己酮	3~4
邻苯二甲酸二庚酯 (diheptyl phthalate)	DHP	3648-21-3	$C_{22}H_{34}O_4$	362.51	水:<0.01%; 溶于苯、矿物油	—
邻苯二甲酸二异辛酯 (diisooctyl phthalate)	DIOP	27554-26-3	$C_{24}H_{38}O_4$	390.56	水:<0.01%; 溶于有机溶剂、矿物油	7.2
邻苯二甲酸二壬酯 (dinonyl phthalate)	DNP	84-76-4	$C_{26}H_{42}O_4$	418.62	几乎不溶于水	>2.2

注:"—"表示无数据。

10.6.2　水中邻苯二甲酸酯的固相萃取

由于 PAEs 类化合物大多是非极性的化合物,可以采用非极性的固相萃取材料对水中的 PAEs 进行萃取/富集,如 C_8[58]、C_{18}[59,60]、聚合型萃取材料[61,62]等。

1. 水中邻苯二甲酸酯类的固相萃取方法一[58]

固相萃取柱:Bakerbond SPE C_8 非极性柱,500 mg/6 mL,J. T. Baker 公司。

柱预处理:2×6 mL 甲醇,3×6 mL HPLC 纯水。

样品过柱:100~1000 mL 饮用水过柱(真空 36.7 cmHg)。

柱洗涤:6 mL HPLC 纯水。

柱干燥:真空(36.7 cmHg)7 min。

目标化合物洗脱:3×0.5 mL 甲醇(或乙腈,或乙酸乙酯)。

浓缩再溶解:室温下浓缩至近干,再溶解于甲醇中。

分析:高效薄层色谱(HPTLC)。

回收率:90%~98%(浓度为 1.0 mol/L 及 0.1 mol/L)

2. 水中邻苯二甲酸酯类的固相萃取方法二[61]

固相萃取柱:Oasis HLB 非极性柱,200 mg/6 mL,Waters 公司。

柱预处理:6 mL 乙醚/甲醇(95∶5,体积比),6 mL 甲醇,6 mL 水。每种溶剂都在萃取柱中停留 5 min 左右,以保证萃取填料完全湿润,流速 2~3 mL/min。

样品过柱:1 L 水样过柱,流速约为 5 mL/min。

柱洗涤:5 mL 水/甲醇(95∶5,体积比)。

柱干燥:真空干燥 3~5 min。

目标化合物洗脱:9 mL 乙醚/甲醇(95∶5,体积比),先在柱子中静置 1 min,然后过柱并收集。

除水干燥:将收集的洗脱溶液中加入 1 g 无水硫酸钠,放置过夜。

浓缩定容:K-D 浓缩器对经脱水后的溶液在氮气气氛下浓缩至 0.5 mL 左右,甲醇定容至 1 mL。

GC 分析:GC-FID,OV-1701 毛细管柱。其结果见表 10-23。

表 10-23　5 种 PAEs 的分析结果($n=5$)

化合物	检出限 /(μg/L)	线性范围 /(μg/L)	回收率/%	RSD/%
邻苯二甲酸二乙酯	0.1	0.5~100	89.5	3.4
邻苯二甲酸二丁酯	0.1	0.5~100	110.5	4.0
邻苯二甲酸丁苄酯	0.1	0.5~100	92.3	1.1

续表

化合物	检出限/(μg/L)	线性范围/(μg/L)	回收率/%	RSD/%
邻苯二甲酸二(2-乙基己)酯	0.3	0.5～100	82.5	3.6
邻苯二甲酸二环己酯	0.3	0.5～100	90.7	2.5

需要特别指出的是,由于大多数 SPE 的柱体是聚丙烯(PP)或聚乙烯(PE)材质,多少有些增塑剂的残留,特别是邻苯二甲酸二乙酯、邻苯二甲酸(2-乙基己)酯等,所以应该使用玻璃柱体的固相萃取柱,并注意方法空白的控制。

10.7　有机农药残留物的固相萃取

10.7.1　有机农药残留问题

自从瑞士科学家莫勒(Paul Miller)在 1939 年发明了 DDT 杀虫剂以来,农药的应用取得了很大进展。目前,世界农药的年产量已超过 200 万吨,每年农药的销售额平均增长率为 6%～8%。今天,农药的用量已经是 1950 年时的 50 倍。根据欧洲作物保护协会(ECPA)的统计,农药的用量还在增加(图 10-9)[63]。长期大量使用农药,使农药残留在环境中逐渐积累,尤其是在土壤环境中,这种积累导致了对环境的严重污染。目前,防止农药污染已成为当前世界上很多国家密切关注的环境保护问题。

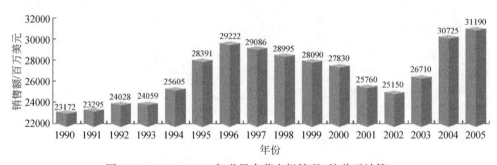

图 10-9　1990～2005 年世界农药市场情况(按美元计算)

人工合成的化学农药,按化学组成可以分为有机氯、有机磷、有机汞、有机砷、氨基甲酸酯类等制剂。从环境保护的角度看,这些农药的大量使用主要是对水土造成严重的污染。因此,检测水土中的残留农药成为环保实验室的一个主要日常工作。固相萃取作为样品中农药残留物的萃取、富集手段已在国内外许多实验室被广泛地使用。

10.7.2 有机氯类农药的特性

有机氯农药(organic chlorinated pesticides)主要分为以苯为原料和以环戊二烯为原料的两大类。以苯为原料的有机氯农药包括使用最早、应用最广的杀虫剂DDT 和六六六,以及六六六的高丙体制品林丹、DDT 的类似物甲氧 DDT、乙滴涕,也包括从 DDT 结构衍生而来、生产吨位小、品种繁多的杀螨剂,如三氯杀螨砜、三氯杀螨醇、杀螨酯等。另外还包括一些杀菌剂,如五氯硝基苯、百菌清、稻丰宁等。以环戊二烯为原料的有机氯农药包括作为杀虫剂的氯丹、七氯、艾氏剂、狄氏剂、异狄氏剂、硫丹、碳氯特灵等。此外,以松节油为原料的莰烯类杀虫剂、毒杀芬和以萜烯为原料的冰片基氯也属有机氯农药。常见有机氯农药的理化参数见表 10-24。

表 10-24 常见有机氯农药的理化参数

化合物	CAS 编号	分子式	分子量	溶解度(25 ℃) /(mg/L)	lg K_{ow}
氟乐灵 (trifluralin)	1582-09-8	$C_{13}H_{16}F_3N_3O_4$	335.29	水:0.184;溶于丙酮等有机溶剂	5.34
地茂散 (chloroneb)	2675-77-6	$C_8H_8Cl_2O_2$	207.05	水:8;溶于丙酮等有机溶剂	3.44
毒草胺 (propachlor)	1918-16-7	$C_{11}H_{14}ClNO$	211.69	水:700(20 ℃);丙酮:35%;苯:50%;乙醇:29%	2.18
六氯苯 (hexachlorobenzene)	118-74-1	C_6Cl_6	284.78	水:0.0062;溶于乙醚、氯仿	5.73
α-六六六 (α-BHC)	319-84-6	$C_6H_6Cl_6$	290.83	水:2	3.80
林丹 (γ-BHC)	58-89-9	$C_6H_6Cl_6$	290.83	水:7.3;溶于丙酮、氯仿、芳香烃	3.72
β-六六六 (β-BHC)	319-85-7	$C_6H_6Cl_6$	290.83	水:0.24	3.781
δ-六六六 (δ-BHC)	319-86-8	$C_6H_6Cl_6$	290.83	水:10	4.14
七氯 (heptachlor)	76-44-8	$C_{10}H_5Cl_7$	373.35	水:0.18;溶于乙醇、醚类及芳香烃	6.1
百菌清 (chlorothalonil)	1897-45-6	$C_8Cl_4N_2$	265.90	水:0.6;溶于丙酮、环己烷	3.05
甲草胺 (alachlor)	15972-60-8	$C_{14}H_{20}ClNO_2$	269.77	水:240;溶于丙酮、乙醇、乙酸乙酯	3.52

化合物	CAS 编号	分子式	分子量	溶解度(25 ℃) /(mg/L)	lg K_{ow}
艾氏剂 (aldrin)	309-00-2	$C_{12}H_8Cl_6$	364.91	水:0.017;溶于丙酮、苯	6.5
敌稗 (DCPA)	709-98-8	$C_9H_9NOCl_2$	218.07	水:152;溶于丙酮、二甲苯	3.07
o,p'-滴滴伊 (o,p'-DDE)	3424-82-6	$C_{14}H_8Cl_4$	318.02	水:0.14	6.00
硫丹 I (endosulfan I)	959-98-8	$C_9H_6Cl_6O_3S$	406.91	水:不溶;溶于有机溶剂	3.83
p,p'-滴滴伊 (p,p'-DDE)	72-55-9	$C_{14}H_8Cl_4$	318.03	水:0.04	6.51
狄氏剂 (dieldrin)	60-57-1	$C_{12}H_8Cl_6O$	380.9	水:0.195;溶于丙酮、四氯化碳	5.4
o,p'-滴滴滴 (o,p'-DDD)	53-19-0	$C_{14}H_{10}Cl_4$	320.04	水:0.1	5.87
乙酯杀螨醇 (chlorobenzilate)	510-15-6	$C_{16}H_{14}Cl_2O_3$	325.19	水:13;溶于甲醇、二氯甲烷	4.74
异狄氏剂 (endrin)	72-20-8	$C_{12}H_8Cl_6O$	380.91	水不溶,难溶于醇,溶于苯、二甲苯	5.05
氯丹 (chlordane)	57-74-9	$C_{10}H_6Cl_8$	409.80	水:0.25;碱性溶液中分解,溶于有机溶剂	5.20
o,p'-滴滴涕 (o,p'-DDT)	789-02-6	$C_{14}H_9Cl$	354.49	水:0.085;氯仿:9600;环己酮:100000	6.79
硫丹 II (endosulfan II)	33213-65-9	$C_9H_6Cl_6O_3S$	406.91	水:0.45	3.83
滴滴涕 (p,p'-DDT)	50-29-3	$C_{14}H_9Cl_5$	354.49	水:0.0055;溶于丙酮、四氯化碳、乙醇	6.91
异狄氏醛 (endrin aldehyde)	7421-93-4	$C_{12}H_8Cl_6O$	380.91	水:0.024	4.80
硫丹硫酸盐 (endosulfan sulfate)	1031-07-8	$C_9H_6Cl_6O_4S$	422.92	水:0.48	3.66
六氯环戊二烯 (hexachlorocyclopentadiene)	77-47-4	C_5Cl_6	272.77	水:1.8	5.04
甲氧滴滴涕 (methoxychlor)	72-43-5	$C_{16}H_{15}Cl_3O_2$	345.65	水:0.1;易溶于氯仿、二甲苯	5.08

续表

化合物	CAS 编号	分子式	分子量	溶解度(25 ℃)/(mg/L)	lg K_{ow}
异丙甲草胺 (metolachlor)	51218-45-2	$C_{15}H_{22}ClNO_2$	283.80	水:530	3.13

　　自 20 世纪 40 年代开始使用 DDT、六六六两种有机氯化合物杀虫药,由于它们防治面广,药效比当时的其他农药好,再加上它们的急性毒性低,而且残留毒性尚未被发现,因而被广泛用于防治作物、森林和牲畜的害虫。环戊二烯类杀虫剂虽然发现稍迟,但由于药效稳定持久,防治面广,在许多国家也得到较多的使用。

　　常用的有机氯农药有下列特性:蒸气压低,挥发性小,所以使用后消失缓慢。一般是疏水性的脂溶性化合物,在水中溶解度大多低于 1 mg/L,个别有机氯农药,如丙体六六六等,水溶性虽较大,但也小于 10 mg/L。有机氯农药的这种性质使其在土壤中不可能大量地向地下层渗漏流失,而能较多地被吸附于土壤颗粒,尤其是在有机质含量丰富的土壤中。因此,有机氯农药在土壤中的滞留期均可长达数年。氯苯结构较为稳定,不易被生物体内酶系降解,所以积存在动、植物体内的有机氯农药分子消失缓慢。土壤微生物对这些农药的作用大多是把它们还原或氧化为类似的衍生物,这些产物也像其母体一样存在着残留毒性问题,如 DDT 的还原产物 DDD,环戊二烯类的环氧衍生物,DDT 的脱氧化氢产物 DDE 等。个别的如丙体六六六,由于微生物的降解作用和其他因素的作用,它在环境中的持久性比 DDT、环戊二烯类、乙体六六六等异构体都短。有些有机氯农药,如 DDT 在水中能悬浮于水层表面。在气水界面上 DDT 可随水分子一起蒸发。在世界上没有使用过 DDT 的区域也能检测出 DDT 分子便同这种蒸发有关。王峰等[64]的研究表明,即便是在珠穆朗玛峰地区东绒布海拔 6500 m 的冰川的新降雪样品中也检测到了六氯苯和 DDT。由于有机氯农药在环境中残留时间长,短期内不易分解,是造成环境污染的最主要农药类型。目前许多国家都已禁止使用,我国已于 1985 年全部禁止生产和使用。然而,有机氯农药的污染问题至今依然十分严重。

10.7.3　有机氯类农药残留物的固相萃取

　　由表 10-24 可见除了毒草胺 lg K_{ow} = 2.18,其他有机氯农药的 lg K_{ow} 都大于 3,其中滴滴涕更高达 6.91。因此表中常见的有机氯农药大多属于疏水性的,在萃取时可选择非极性反相硅胶固相萃取材料或非极性高聚物材料及石墨碳类,如 C_{18}[65,66]、C_2/C_{18} 混合柱[67]、石墨碳柱[68]等。由于有机氯农药多是氯离子与苯环结合的化合物,电负性较大,也有采用阴离子交换柱进行萃取[69]。

1. 水中有机氯农药残留物的 C_{18} 柱固相萃取方法[70]

萃取柱:AccuBOND ODS(C_{18})非极性柱,500 mg/6 mL,Agilent 公司。

柱预处理:5 mL 丙酮,5 mL 甲醇,5 mL 水过柱。

样品过柱:20 mL 水样(添加 0.2 mL 甲醇)过柱。

柱洗涤:3 mL 水洗涤萃取柱,真空干燥 30 s,1000～1500 r/min 离心 5 min。

目标化合物洗脱:3 mL 丙酮洗脱目标化合物。

浓缩再溶解:氮气下浓缩至干,残渣用 200 μL 丙酮再溶解后 GC-ECD 检测。

水中 28 种有机氯农药的回收率列于表 10-25,其中林丹的回收率较低(49%),其余都在 60% 以上。

表 10-25　水中 28 种有机氯农药的回收率(n= 4,500 μmol/L)

化合物	回收率/%	SD/%	化合物	回收率/%	SD/%
氟乐灵	90	12	o,p'-滴滴伊	66	11
地茂散	90	6	硫丹 I	81	9
毒草胺	87	7	p,p'-滴滴伊	88	5
六氯苯	69	13	狄氏剂	86	8
α-六六六	73	3	o,p'-滴滴滴	97	12
林丹	49	18	杀螨酯	86	8
β-六六六	83	4	异狄氏剂	97	12
七氯	62	7	p,p'-滴滴滴	80	8
百菌清	86	2	o,p'-滴滴涕	64	14
δ-六六六	97	4	硫丹 II	91	7
甲草胺	83	5	滴滴涕	79	6
艾氏剂	67	5	异狄氏醛	85	3
敌稗	66	3	硫丹硫酸盐	90	7
环氧七氯	72	7	甲氧滴滴涕	92	11

2. 水中有机氯农药残留物 Bakerbond Speedisk C_{18} 固相萃取膜萃取方法[71]

萃取膜片:Bakerbond Speedisk C_{18} 非极性萃取膜片,50 mm,J. T. Baker 公司。

膜预处理:10 mL 乙酸乙酯清洗萃取膜片,再用 10 mL 二氯甲烷重复清洗步骤。10 mL 甲醇过萃取膜,再用 10 mL 水过萃取膜。

样品过膜:1 L 水(含 1～5 mL 甲醇)过萃取膜片(3～5 min 完成)。

膜干燥:膜片真空干燥 5 min(61.25 cmHg)。

目标化合物洗脱:5 mL 乙酸乙酯洗涤样品瓶后转移至萃取膜片。静置 1 min

后通过膜片,收集此馏分。再用 5 mL 二氯甲烷、3 mL 乙酸乙酯/二氯甲烷(1∶1,体积比)重复上述步骤。

干燥浓缩:将上述三部分有机洗脱溶液合并,通过 10 g 无水硫酸钠玻璃柱,然后用 3 mL 乙酸乙酯/二氯甲烷(1∶1,体积比)重复上述步骤。合并有机溶液,浓缩至 0.5 ~ 1 mL 供 GC/MS 分析,结果见表 10-26。

表 10-26　有机氯固相萃取膜萃取后 GC-MS 分析结果

化合物	回收率/%	RSD/%
六氯苯	94	4.5
林丹	97	3.7
艾氏剂	100	0.0
环氧七氯	83	13.4
γ-氯丹	100	0.0
α-氯丹	100	0.0
反式九氯	100	0.0
甲氧滴滴涕	94	1.8

3. 水中有机氯农药残留物的 Empore C_{18} 固相萃取膜萃取方法

采用固相萃取膜片对大体积水样进行萃取最大的特点是速度快。3M 公司根据 EPA 方法 508.1[72]建立的 Empore 膜萃取方法,其具体方法如下[73]:

萃取膜片:Empore C_{18} 非极性萃取膜片,47 mm,3M 公司。

膜片清洗:5 mL 乙酸乙酯/二氯甲烷(1∶1,体积比)部分通过萃取膜,静置 1 min,然后让剩余的溶剂全部通过萃取膜,对萃取膜进行干燥。

膜片预处理:5 mL 甲醇按上述方法通过萃取膜,但不要干燥。甲醇液面到达萃取膜上方 3 ~ 5 mm 时就加入 5 mL 水。保持水面在萃取膜上方 3 ~ 5 mm。

样品过膜:在 1 L 水样中加入 5 mL 甲醇,混合均匀后再通过抽真空方式使水样快速通过萃取膜。

目标化合物洗脱:分别用 5 mL 乙酸乙酯、5 mL 二氯甲烷洗涤样品瓶,并将洗涤溶剂倒入萃取膜。然后再用 2×3 mL 乙酸乙酯/二氯甲烷(1∶1,体积比)洗脱。合并上述有机溶剂,并加入 5 ~ 7 g 无水硫酸钠。用 2×3 mL 乙酸乙酯/二氯甲烷(1∶1,体积比)洗涤收集试管及无水硫酸钠,合并后在氮气气氛下,30 ℃浓缩至 0.8 mL。加入内标物,并用乙酸乙酯将体积调节至 1.0 mL。

分析:GC-ECD。

水样中 36 种有机氯农药的 SPE 膜片萃取回收率列于表 10-27,都在 80% 以上。但地茂散的回收率明显偏高,可能是由杂质引起的正偏差。

表 10-27　　Empore C$_{18}$ 萃取膜对水中有机氯农药的回收率（$n=8$）

化合物	回收率/%	化合物	回收率/%
甲草胺	91	硫丹 I（α-硫丹）	102
艾氏剂	70	硫丹 II	106
阿特拉津	75	硫丹硫酸盐	117
α-BHC	109	异狄氏剂	111
β-BHC	91	异狄氏剂醛	99
δ-BHC	120	土菌灵	107
γ-BHC	111	七氯	83
α-氯丹	98	环氧七氯	100
β-氯丹	93	六氯苯	91
杀螨酯	107	六氯环戊烯	53
地茂散	155	甲氧滴滴涕	109
百菌清	123	异丙甲草胺	126
氰草津	95	嗪草酮	68
CDPA	89	顺-氯菊酯	102
4,4'-DDD	108	顺-二氯醚菊酯	117
4,4'-DDE	95	毒草胺	102
4,4'-DDT	116	西玛津	82
狄氏剂	101	乐氟灵	90

10.7.4　有机磷类农药的特性

1937 年,德国的 Schrader 等发现有机磷酸酯化合物对昆虫表现出强烈触杀作用,并于 1944 年合成了对硫磷和甲基对硫磷之后,有机磷杀虫剂就开始不断取得突飞猛进的发展,商品化的品种多达 150 个以上,目前大量生产与使用的至少有 60 种。有机磷类农药是含磷的有机化合物,有的还含硫、氮元素,其大部分是磷酸酯类或酰胺类化合物。它一般有剧烈毒性,但比较易于分解,在环境中残留时间短,在动植物体内,因受酶的作用,磷酸酯进行分解不易蓄积,因此常被认为是较安全的一种农药。有机磷农药对昆虫、哺乳类动物均可呈现毒性,破坏神经细胞分泌乙酰胆碱,阻碍刺激的传送机能等生理作用,使之致死。所以,在短期内有机磷类农药的环境污染毒性仍是不可忽视的。近年来许多研究报告表明,有机磷农药具有烷基化作用,可能会引起动物的致癌、致突变作用。有机磷农药按其毒性可分成高毒、中等毒及低毒三类;按其结构则可划分为磷酸酯及硫代磷酸酯两大类,其结构通式见图 10-10。

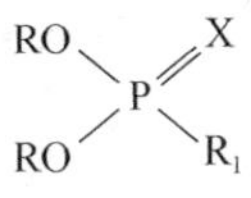

图 10-10　有机磷农药
化学结构式

根据 R、R$_1$ 及 X 等基团不同,可得到不同的有机磷农药。由于各种有机磷农药的极性强弱不同,故对水及各种有机溶剂的溶解性能也不一样,但多数有机磷农药难溶于水,可溶于脂肪及各种有机溶剂,如疏水性有机溶剂丙酮、石油醚、正己烷、氯仿、二氯甲烷及苯等,亲水性有机溶剂乙醇、二甲基亚砜等。因有机磷农药属酯类(磷酸酯或硫代磷酸酯),故在一定条件下能水解,特别是在碱性介质、高温、水分含量高等环境中,更易水解。例如,敌百虫在碱性溶液中易水解为毒性较大的敌敌畏。有机磷农药中,硫代磷酸酯农药在溴作用下或在紫外线照射下,分子中 S 易被 O 取代,生成毒性较大的磷酸酯。表 10-28 给出了部分常见有机磷农药的理化参数。

表 10-28　部分常见有机磷农药的理化参数

化合物	CAS 编号	分子式	分子量	溶解度 /(mg/L)	lg K_{ow}
乙酰甲胺磷 (acephate)	30560-19-1	$C_4H_{10}NO_3PS$	183.17	水:8.18×10^5;易溶于甲醇、丙酮	−0.85
甲基谷硫磷 (azinphos-methyl)	86-50-0	$C_{10}H_{12}N_3O_3PS_2$	317.33	水:20.9;易溶于二氯甲烷	2.75
硫丙磷 (bolstar)	35400-43-2	$C_{12}H_{19}N_3O_2PS_3$	322.45	水:0.31;溶于丙酮、二氯甲烷	5.48
三硫磷 (carbophenothion)	786-19-6	$C_{11}H_{16}ClO_2PS_3$	342.87	水:0.68;溶于有机溶剂	5.33
毒虫畏 (chlorfenvinphos)	470-90-6	$C_{12}H_{14}Cl_3O_4P$	359.57	水:124;溶于丙酮、乙醇	3.81
毒死蜱 (chlorpyrifos)	2921-88-2	$C_9H_{11}Cl_3NO_3PS$	350.59	水:1.12;溶于有机溶剂	4.96
蝇毒磷 (coumaphos)	56-72-4	$C_{14}H_{16}ClO_5PS$	362.77	水:1.5;有机溶剂中溶解度不大	4.13
甲基内吸磷 (demeton-S-methyl)	919-86-8	$C_6H_{15}O_3PS_2$	230.28	水:3300;溶于苯、乙醇	1.02
二嗪磷 (diazinon)	333-41-5	$C_{12}H_{21}N_2O_3PS$	304.35	水:40;溶于乙醇、丙酮	3.81
敌敌畏 (dichlorvos)	62-73-7	$C_4H_7Cl_2O_4P$	220.98	水:8000;溶于有机溶剂	1.47
乐果 (dimethoate)	60-51-5	$C_5H_{12}NO_3PS_2$	229.26	水:2.5×10^4;溶于有机溶剂	0.78
杀螟硫磷 (fenitrothion)	122-14-5	$C_9H_{12}NO_5PS$	277.24	水:38;溶于有机溶剂	3.3

续表

化合物	CAS 编号	分子式	分子量	溶解度 /(mg/L)	lg K_{ow}
丰索磷 (fensulfothion)	115-90-2	$C_{11}H_{17}NO_4PS_2$	308.36	水:2000;溶于有机溶剂	2.23
倍硫磷 (fenthion)	55-38-9	$C_{10}H_{15}O_3PS_2$	278.33	水:7.5;溶于醇、苯	4.09
地虫硫磷 (fonofos)	944-22-9	$C_{10}H_{15}OPS_2$	246.33	水:15.7;溶于乙醇、丙酮	3.94
马拉硫磷 (malathion)	121-75-5	$C_{10}H_{19}O_6PS_2$	330.36	水:143;溶于醇、酮、醚	2.36
脱叶亚磷 (merphos)	150-50-5	$C_{12}H_{27}PS_3$	298.52	水:0.0035;溶于丙酮、乙醇、苯	7.67
甲胺磷 (methamidophos)	10265-92-6	$C_2H_8NO_2PS$	141.12	水:$1.0×10^6$;易溶于甲醇、丙酮	-0.8
甲基对硫磷 (methyl parathion)	298-00-0	$C_8H_{10}NO_5PS$	263.21	水:37.7;溶于有机溶剂	2.86
速灭磷 (mevinphos)	7786-34-7	$C_7H_{13}O_6P$	224.15	水:$6.0×10^5$;溶于有机溶剂	0.13
对硫磷 (parathion)	56-38-2	$C_{10}H_{14}NO_5PS$	291.26	水:11;溶于乙醇、丙酮、氯仿	3.83
皮蝇磷 (ronnel)	299-84-3	$C_8H_8Cl_3O_3PS$	321.55	水:1;易溶于有机溶剂	4.88
杀虫畏 (tetrachlorovinphos)	961-11-5	$C_{10}H_9Cl_4O_4P$	365.96	水:11;易溶于有机溶剂	3.53
丙硫磷 (prothiofos)	34643-46-4	$C_{11}H_{15}Cl_2O_2PS_2$	345.25	水:0.07;溶于二氯乙烷、异丙醇	5.57
三唑磷 (triazophos)	24017-47-8	$C_{12}H_{16}N_3O_3PS$	313.32	水:0.07;易溶于丙酮、乙酸乙酯	5.67
毒壤磷 (trichloronate)	327-98-0	$C_{10}H_{12}Cl_3O_2PS$	333.60	水:0.59	5.23

10.7.5　有机磷类农药残留物的固相萃取

从表 10-28 的 lg K_{ow} 可见有机磷农药的水溶性或极性变化范围很大,从甲胺磷的-0.8 到脱叶亚磷的 7.67。因此,在选择固相萃取材料时,必须考虑其水溶性或极性。对于甲胺磷等高水溶性的有机磷农药,用一般的非极性反相硅胶固相萃取材料进行萃取是比较困难的。关于环境样品中极性化合物的固相萃取将集中在本章 10.11 节中进行讨论。有机磷农药的萃取大多采用 C₁₈(不包括极性有机磷农药)、高聚物(PS-DVB 等)、石墨碳等为材料的固相萃取装置。

1. 水中有机磷农药残留的固相萃取方法[74]

萃取柱:Chromabond HR-P(PS-DVB 柱),200 mg/3 mL,MN 公司。

柱预处理:2×2 mL 乙酸乙酯,3×2 mL 甲醇,3×2 mL 水。

样品过柱:1000 mL 水样(用 1 mol/L 磷酸缓冲溶液调节至 pH=6)通过萃取柱。

柱洗涤:2 mL 水,真空干燥 30 min。

洗脱:2×1 mL 乙酸乙酯/正己烷(50∶50,体积比)。

分析:GC。

表 10-29 是用 Chromabond HR-P 高聚物 SPE 柱对水中 16 种有机磷农药的萃取结果。

表 10-29　水中有机磷农药残留 SPE-GC 分析结果

化合物	回收率/%	化合物	回收率/%
甲基谷硫磷	90	丁苯吗啉	90
三硫磷	89	倍硫磷	94
毒虫畏	88	地虫硫磷	93
甲基内吸磷	91	马拉硫磷	89
二嗪磷	95	甲基对硫磷	91
敌敌畏	90	速灭磷	96
乐果	92	对硫磷	93
杀螟硫磷	95	三唑磷	96

2. 饮用水中 20 种有机磷农药的固相萃取方法[75]

萃取柱:Oasis HLB 非极性柱,200 mg/6 mL,Waters 公司。

柱预处理:5 mL 乙酸乙酯,5 mL 甲醇,5 mL 水。

样品过柱:500 mL 水样过柱。

柱洗涤:5 mL 水。

洗脱:8 mL 甲醇/甲基特丁基醚(10∶90,体积比)。

浓缩干燥:收集的洗脱溶液经无水硫酸钠干燥后浓缩至 1 mL 供 GC 分析。

自来水中 20 种有机磷农药的回收率列于表 10-30。由表中数据可见,Oasis HLB 柱可以用于自来水中微量有机磷农药的萃取富集。

表 10-30　　自来水中 20 种有机磷农药的回收率(250 ng/L,$n=4$)

化合物	回收率/%	RSD/%	化合物	回收率/%	RSD/%
敌敌畏	86.7	7.9	皮蝇磷	111	11
速灭磷	99.6	7.8	毒死蜱	120	11
二溴磷	112	8.0	倍硫磷	112	8.5
灭线磷	110	8.9	蝇毒磷	113	9.0
甲拌磷	88.2	14	毒壤磷	118	7.9
内吸磷	110	9.9	杀虫畏	111	9.8
甲基谷硫磷	113	9.3	丙硫磷	112	10
二嗪磷	113	11	三丁磷	107	9.9
乙拌磷	115	12	丰索磷	108	9.4
甲基对硫磷	112	9.8	硫丙磷	111	7.8

10.7.6　氨基甲酸酯类农药的特性

1958 年由美国联合碳化物公司开发成功第一种实用化的氨基甲酸酯杀虫剂甲萘威之后,氨基甲酸酯杀虫剂的生产和使用就开始不断地飞速发展,由于这类杀虫剂具有优异的生物活性和选择性,以及易于生物降解和不易产生抗性等优点,到 20 世纪 70 年代已发展成为杀虫剂中的一个重要部分,仅次于有机磷杀虫剂。目前,估计全世界已有近 60 余个品种商品化,但有 12 种已于 1999 年前停产。氨基甲酸酯农药在农业生产与日常生活中,主要用作杀虫剂、杀螨剂、除草剂、杀软体动物剂和杀线虫剂等。20 世纪 70 年代以来,由于有机氯农药被禁用或限用,且抗有机磷农药的昆虫品种日益增多,氨基甲酸酯的用量逐年增加,这就使得氨基甲酸酯的残留情况备受关注。尽管氨基甲酸酯杀虫剂对环境所造成的危害比有机磷杀虫剂小,但由于它同样具有抑制乙酰胆碱酯酶的作用特点,因而不可避免地对人类健康和生态环境构成直接和潜在的威胁,使得这类杀虫剂同有机磷杀虫剂一样,也开始在全球范围内受到限用或禁用,如克百威、灭多威、涕灭威等。在 EC98/83/CE 中规定水中每种氨基甲酸酯残留物的含量不能超过 0.1 μg/L。

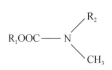

图 10-11　氨基甲酸酯类农药化学结构式

氨基甲酸酯类农药可视为氨基甲酸的衍生物,氨基甲酸是极不稳定的,会自动分解为 CO_2 和 H_2O,但氨基甲酸的盐和酯均相当稳定,该类农药通常具有图 10-11 所示通式。

常见的氨基甲酸酯类农药有:甲萘威、戊氰威、呋喃丹、仲丁威、异丙威、速灭威、残杀威、涕灭威、抗蚜威、甲硫威、灭多威、恶虫威、硫双灭多威、双甲脒等。

表 10-31 列出了常见氨基甲酸酯类的理化参数。

表 10-31　部分常见氨基甲酸酯类农药的理化参数

化合物	CAS 编号	分子式	分子量	水中溶解度 (25 ℃)/(mg/L)	pK_a (25 ℃)	lg K_{ow}
甲萘威 (carbaryl)	63-25-2	$C_{12}H_{11}NO_2$	201.22	9.1	10.4	2.36
戊氰威 (nitrilacarb)	29672-19-3	$C_9H_{15}N_3O_2$	197.24	—		—
呋喃丹 (carbofuran)	1563-66-2	$C_{12}H_{15}NO_3$	221.26	320		2.32
仲丁威 (fenobucarb)	3766-81-2	$C_{12}H_{17}NO_2$	207.27	420		2.78
异丙威 (isoprocarb)	2631-40-5	$C_{11}H_{15}NO_2$	193.25	400		2.31
速灭威 (metolcarb)	1129-41-5	$C_9H_{11}NO_2$	165.19	2600		1.70
残杀威 (propoxur)	114-26-1	$C_{11}H_{15}NO_3$	209.24	1860		1.52
涕灭威 (aldicarb)	116-06-3	$C_7H_{14}N_2O_2S$	190.27	6030		1.13
抗蚜威 (pirimicarb)	23103-98-2	$C_{11}H_{18}N_4O_2$	238.29	2700	4.53	1.70
甲硫威 (methiocarb)	2032-65-7	$C_{11}H_{15}NO_2S$	225.31	225.30	−0.82	2.92
灭多威 (methomyl)	16752-77-5	$C_5H_{10}N_2O_2S$	162.21	57.9 g/L		0.60
恶虫威 (bendiocarb)	22781-23-3	$C_{11}H_{13}NO_4$	223.23	260		1.70
硫双灭多威 (thiodicarb)	59669-26-0	$C_{10}H_{18}N_4O_4S_3$	354.47	35		1.70
双甲脒 (amitraz)	33089-61-1	$C_{19}H_{23}N_3$	293.42	1	4.2	5.50
丁酮威 (butocarboxim)	34681-10-2	$C_7H_{14}N_2O_2S$	190.26	—		1.11
乙硫甲威 (ethiofencarb)	29973-13-5	$C_{11}H_{15}NO_2S$	225.31	1800		1.63

注"—"表示无数据。

10.7.7　氨基甲酸酯类农药残留物的固相萃取

1. 水中氨基甲酸酯农药残留物固相萃取方法一

对于氨基甲酸酯类农药的萃取通常可采用 C_{18}、SDB 或 GCB 等材料的萃取装置。Sandra 等[76]采用 C_{18} 柱萃取水中的氨基甲酸酯类农药,然后用 LC-MS 进行检测,检测限可以满足欧盟 EC 的要求。其固相萃取方法如下:

萃取柱:Zorbax C_{18} 非极性柱,3 mL,500 mg,Agilent 公司。

柱预处理:3 mL 甲醇/乙腈(50:50,体积比)、3 mL 甲醇、2×3 mL 去离子水进行预处理。

样品过柱:50 mL 水样过柱(40 kPa 压力)。

柱洗涤:3 mL 去离子水洗涤,干燥 2 min。

目标化合物洗脱:3 mL 甲醇/乙腈(50:50,体积比)洗脱目标化合物。

浓缩:在氮气气氛下浓缩至干,残留物溶于 200 L 水中供 LC-MS 分析。

水中 6 种氨基甲酸酯农药的回收率为 73.7% ~92.6%,RSD<14.7%(表 10-32)。

表 10-32　水中 6 种氨基甲酸酯的回收率(0.03 μg/L,$n=10$)

化合物	回收率/%	RSD/%
涕灭威	73.7	14.1
甲萘威	88.4	14.7
呋喃丹	85.3	13.8
灭多威	92.6	13.4
杀线威	86.5	11.1
抗蚜威	92.3	11.2

虽然 C_{18} 柱可以用于表 10-32 列举的氨基甲酸酯类农药的萃取,但对于一些极性大的氨基甲酸酯及代谢物,C_{18} 并非最好的选择。de Kok 等[77]比较了 Varian 公司生产的 C_8、C_{18} 及 C_{18}OH 柱,发现极性较大的氨基甲酸酯及代谢物在 C_8 和 C_{18} 中的回收率都很低,而未封尾的 C_{18}OH 柱的回收率则比前两者高出许多。表 10-33 列出了他们的实验结果。

表 10-33　不同 SPE 柱对水中氨基甲酸酯及代谢物萃取的回收率及 RSD($n=5$)

氨基甲酸酯 及代谢物	二氯甲烷萃取 (250 mL)	C_8 SPE (50 mL)	C_{18} SPE (50 mL)	C_{18}OH SPE (50 mL)
丁酮威亚砜	—	32	40	76(3.9%)
涕灭威亚砜	62(9.6%)	37	45	83(6.2%)

氨基甲酸酯 及代谢物	二氯甲烷萃取 (250 mL)	C_8 SPE (50 mL)	C_18 SPE (50 mL)	C_18 OH SPE (50 mL)
丁酮威砜	—	41	46	80(6.4%)
涕灭威砜	—	50	45	83(6.5%)
杀线威	82(2.4%)	83	83	89(5.0%)
灭多威	91(4.4%)	58	65	81(2.7%)
乙硫甲威亚砜	74(9.4%)	107	88	55(4.8%)
久效威亚砜	—	110	91	42(7.3%)
乙硫甲威砜	66(24.2%)	113	109	102(5.1%)
甲硫威亚砜	89(5.6%)	111	106	80(4.5%)
肟杀威	—	112	108	99(3.2%)
特氨叉威砜	91(4.4%)	112	109	102(5.1%)
甲硫威砜	26(26.0%)	104	101	100(2.6%)
丁酮威		106	104	93(1.0%)
涕灭威	69(8.6%)	101	99	95(1.5%)
残杀威	89(7.9%)	102	103	98(1.4%)
呋喃丹	89(7.8%)	105	103	98(1.8%)
甲萘威	89(6.7%)	104	104	104(4.1%)
乙硫甲威	—	93	92	108(3.0%)
甲硫威	83(8.4%)	103	109	98(3.0%)
猛杀威	88(5.7%)	100	100	100(2.6%)
合杀威	82(6.1%)	95	99	96(4.0%)

注:括号内为 RSD 数据,括号外回收率单位为% ;"—"表示无数据。

对于水中氨基甲酸酯的萃取,高聚物材料(SDB 及 DVB)的固相萃取装置也是很好的选择,如 Bakerbond SPE SDB-1 及 Speedisk H_2O-Phobic DVB 萃取柱等。

2. 水中氨基甲酸酯类农药的固相萃取方法二[78]

萃取柱:Bakerbond SPE SDB-1 非极性柱,200 mg/3 mL,J. T. Baker 公司。
或 Speedisk H_2O-Phobic DVB 非极性柱,3 mL,100 mg,J. T. Baker 公司。

柱预处理:3 mL 甲醇/乙腈(50∶50,体积比),3 mL 甲醇,2×3 mL HPLC 级纯水预处理。

样品过柱:水样 500 mL 以 10 mL/min 流速过柱。

柱洗涤:2×3 mL HPLC 级纯水洗涤。

目标化合物洗脱:3×1 mL 甲醇/乙腈洗脱目标化合物。

HPLC 分析:C$_{18}$柱分析,UV 220 nm。

表 10-34 列出了用高聚物 SPE 柱对水中氨基甲酸酯萃取的结果。与表 10-33 比较,高聚物 SPE 柱得到的回收率比一般的 C$_{18}$柱要高。

表 10-34　水中氨基甲酸酯的萃取回收率

化合物	回收率/%	RSD/%
涕灭威亚砜	100. 3	2. 1
涕灭威砜	99. 4	1. 4
杀线威	99. 7	1. 2
灭多威	99. 5	1. 4
3-羟基呋喃丹	99. 1	1. 5
涕灭威	98. 4	1. 6
残杀威	99. 2	2. 9
呋喃丹	100. 1	1. 3
甲萘威	100. 6	1. 3
甲硫威	102. 9	4. 6

10. 7. 8　拟除虫菊酯类农药的特性

由于有机磷农药的毒性对人类有很大的危害,美国 EPA 已经决定逐步淘汰有机磷农药,用毒性较低的杀虫剂取而代之。拟除虫菊酯(pyrethroids)就成为近年来发展较快的一类重要的合成杀虫剂。拟除虫菊酯是人工合成的除虫菊酯(pyrethrins)衍生物,作为神经毒素对昆虫的中枢神经系统起作用。拟除虫菊酯主要应用在农业上,如防治棉花、蔬菜和果树的食叶和食果害虫,特别是在有机磷、氨基甲酸酯出现抗药性的情况下,其优点更为明显。除此之外,拟除虫菊酯还作为家庭用杀虫剂被广泛应用,它可防治蚊蝇、蟑螂及牲畜寄生虫等。拟除虫菊酯分子较大,亲脂性强,可溶于多种有机溶剂,在水中的溶解度小,在酸性条件下稳定,在碱性条件下易分解。拟除虫菊酯具有高效、广谱、低毒和可生物降解等特性,拟除虫菊酯和除虫菊酯杀虫剂在光和土壤微生物的作用下易转变成极性化合物,不易造成污染。拟除虫菊酯在化学结构上具有的共同特点之一是分子结构中含有数个不对称碳原子,因而包含多个光学和立体异构体。这些异构体又具有不同的生物活性,即使同一种拟除虫菊酯,总酯含量相同,若包含的异构体的比例不同,杀虫效果也大不相同。已合成的菊酯数以万计,迄今已商品化的拟除虫菊酯有 50 多个品种,在全世界的杀虫剂市场中占 20% 左右。常见的拟除虫菊酯有:烯丙菊酯、胺菊酯、醚菊酯、苯醚菊酯、甲醚菊酯、氯氰菊酯、溴氰菊酯、甲氰菊酯、杀螟菊酯、氰戊菊酯、氟氰菊酯、氟胺氰菊酯、溴氟菊酯等，其理化参数列于表 10-35。

表 10-35　常见拟除虫菊酯理化参数

化合物	CAS 编号	分子式	分子量	溶解度 /(mg/L)	稳定性	lg K_{ow}
烯丙菊酯 (allethrin)	584-79-2	$C_{19}H_{26}O_3$	302.42	水:4.6;溶于乙醇、四氯化碳	遇碱、光照易分解	4.78
联苯菊酯 (bifenthrin)	82657-04-3	$C_{23}H_{22}F_3ClO_2$	422.86	水:0.1;溶于二氯甲烷、乙醚、甲苯	碱性环境易分解	>6.0
溴氟菊酯 (brofluthrinate)	—	$C_{20}H_{22}BrF_2NO_4$	529	水:不溶;溶于苯、醚、醇等有机溶剂	碱性环境易分解	—
氟氯氰菊酯 (cyfluthrin)	68359-37-5	$C_{22}H_{18}Cl_2FNO_3$	434.29	水:不溶;易溶于乙醚、丙酮、甲苯、二氯甲烷	pH>7.5 易分解	5.95
三氟氯氰菊酯 (cyhalothrin)	91465-08-6	$C_{23}H_{19}ClF_3NO_3$	449.90	水:难溶;溶于丙酮、二氯甲烷	碱性条件易分解	6.9
氯氰菊酯 (cypermethrin)	52315-07-8	$C_{22}H_{19}Cl_2NO_3$	416.31	水:0.004;易溶于酮、醇、芳香烃	碱性条件易分解	6.60
溴氰菊酯 (deltamethrin)	52918-63-5	$C_{22}H_{19}Br_2NO_3$	505.21	水:0.002;溶于丙酮、二甲苯、苯	碱性介质中不稳定	6.20
高氰戊菊酯 (esfenvalerate)	66230-04-4	$C_{25}H_{22}ClNO_3$	419.91	水:不溶;易溶于丙酮、氯仿、乙腈	—	6.22
醚菊酯 (ethofenprox)	80844-07-1	$C_{25}H_{28}O_3$	376.50	水:0.001;溶于丙酮、氯仿、二甲苯	碱性介质中水解	7.05
甲氰菊酯 (fenpropathrin)	39515-41-8	$C_{22}H_{23}NO_3$	349.43	水:0.34;溶于丙酮、氯仿、DMF	—	6.0
氰戊菊酯 (fenvalerate)	51630-58-1	$C_{25}H_{22}ClNO_3$	419.91	水:0.024;溶于丙酮、乙醇、二甲苯	pH>8 的碱性介质中不稳定	6.20
氟氰菊酯 (flucythrinate)	70124-77-5	$C_{26}H_{23}F_2NO_4$	451.47	水:0.06;易溶于丙酮、二甲苯、2-丙醇	—	6.20
氟胺氰菊酯 (tau-fluvalinate)	102851-06-9	$C_{26}H_{22}ClF_3N_2O_3$	502.92	水:微溶;可溶于醇、芳香烃、二氯甲烷	碱性环境易分解	4.26
甲醚菊酯 (methothrin)	34388-29-9	$C_{19}H_{26}O_3$	302.41	水:几乎不溶;易溶于醇、丙酮、苯	碱性环境易分解	4.5
氯菊酯 (permethrin)	52645-53-1	$C_{21}H_{20}Cl_2O_3$	391.29	水:0.006;溶于丙酮、乙醇、乙醚、二甲苯	碱性介质中会水解	6.50
杀螟菊酯 (phencyclate)	63935-38-6	$C_{26}H_{21}Cl_2NO_4$	482.37	水:0.001;可溶于大多数有机溶剂	碱性介质中会水解	4.19

续表

化合物	CAS 编号	分子式	分子量	溶解度 /(mg/L)	稳定性	lg K_{ow}
苯醚菊酯 (phenothrin)	26002-80-2	$C_{23}H_{26}O_3$	350.45	水:2;易溶于二甲苯、甲醇、己烷	常温下半年无变化	—
苄呋菊酯 (resmethrin)	10453-86-8	$C_{22}H_{26}O_3$	338.45	水:1;溶于甲醇、己烷、二甲苯	对热稳定,乙醇溶液中不稳定	3.64
右旋苯醚菊酯 (D-phenothrin)	26046-85-5	$C_{23}H_{26}O_3$	350.45	水:2;易溶于己烷、甲醇、二甲苯	—	6.01
胺菊酯 (tetramethrin)	7696-12-0	$C_{19}H_{25}NO_4$	331.42	水:1.83;可溶于丙酮、乙醇、二甲苯	—	4.73

注:"—"表示无数据。

10.7.9 拟除虫菊酯类农药残留物的固相萃取

由于拟除虫菊酯类农药亲脂性强,在水中的溶解度很小,lg K_{ow} 范围多为4~7,因此会更多地附着在固体上。美国地质勘测局 Hladik 的研究报告[79]表明,拟除虫菊酯类农药在水样存放容器(玻璃或塑料)内壁的吸附可以高达50%。如果忽略了这一点,分析结果往往会偏低。应该指出,这种吸附是可逆的。如果容器中的水样是倒出或经过振荡,容器内壁上吸附的量会明显减少。而如果样品是用泵以10 mL/min泵出容器,吸附量就比前两者要高。图 10-12 显示了不同的水样导出方式对容器内壁吸附的影响。由结果可知,在对水样中的这类农药残留进行萃取时,采用泵传送水样固相萃取装置一定要注意对内壁进行清洗。在水样中加入一定量的甲醇或异丙醇等有机溶剂,也可以大大减少容器内壁对拟除虫菊酯类农药的吸附。

1. 水中拟除虫菊酯类农药的固相萃取方法[79]

样品预处理:取 1 L 水样用玻璃纤维滤膜(0.7 μm)过滤,将滤液收集在标记好的样品瓶中。将用过的滤膜用铝膜包好,冷冻保存供需要时分析用。在滤液中加入 100 μL 参比物(2 ng/μL 苯氧基-$^{13}C_6$-cis-氯菊酯/乙酸乙酯),混合均匀。

萃取柱:Oasis HLB 非极性柱,500 mg/6 mL,Waters 公司。

柱预处理:12 mL 乙酸乙酯,12 mL 甲醇,6 mL 水。

样品过柱:用泵将样品泵入 SPE 柱,10 mL/min。

柱干燥:真空干燥除去水分,用二氧化碳进一步干燥。干燥后的萃取柱或者放入密封带冷冻保存,或者马上进行洗脱。

目标化合物洗脱:12 mL 乙酸乙酯过柱。

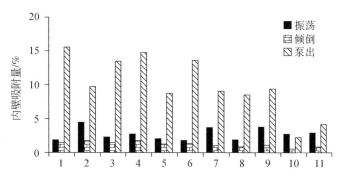

图 10-12　水样的不同导出方式对容器内壁吸附量的影响

样品中每种拟除虫菊酯农药的添加量为 400 ng/L,放置过夜。1. 联苯菊酯;2. 氟氯氰菊酯;3. 三氟氯氰菊酯;4. 氯氰菊酯;5. 溴氰菊酯;6. 高氰戊菊酯;7. 甲氰菊酯;8. 氟胺氰菊酯;9. 氯菊酯;10. 苄呋菊酯;11. 右旋苯醚菊酯

　　洗脱物浓缩:氮气气氛下浓缩至 200 μL 供 GC-MS 分析用。

　　储样瓶洗涤:在上述泵空的储样瓶中加入硫酸钠除去残留的水分,然后加入 4 mL 二氯甲烷洗涤瓶内壁。将溶液转移至浓缩试管中,重复上述洗涤至少两次,合并洗涤液,并浓缩至 0.5~1 mL。

　　滤膜的萃取:将存放在冷冻室内的上述样品过滤膜取出,放置至室温。将滤膜剪碎后放置在三角瓶中,加入 75 mL 二氯甲烷/丙酮(1:1,体积比)在超声波中振荡 30 s,重复上述操作一次。合并萃取液,过滤(0.7 μm),然后浓缩至 0.5 mL。将溶剂转换成乙酸乙酯后浓缩至 200 μL 供 GC-MS 分析用。

　　GC-MS 分析:色谱柱:DB-5ms,30 m× 0.25 mm× 0.25 μm;进样口温度:275 ℃;离子阱、歧管及传送线温度分别为 220 ℃、80 ℃、280 ℃;程序升温:80 ℃保持 0.5 min, 10 ℃/min 升至 300 ℃,保持 5 min。

　　表 10-36 是采用 Oasis HLB 高聚物 SPE 柱得到的水中 13 种拟除虫菊酯回收率、检测下限(LOD)及方法的检出限(MDL)。13 种目标化合物的回收率在 83% ~ 107% 的范围内,RSD < 9%。

表 10-36　水中 13 种拟除虫菊酯的回收率

化合物	(回收率±RSD)/%	LOD/(ng/L)	MDL/(ng/L,GC-MS)
烯丙菊酯	107±7	5	6.0
联苯菊酯	94±6	2	4.7
氟氯氰菊酯	89±9	5	5.2
λ-三氟氯氰菊酯	85±9	2	2.0

续表

化合物	（回收率±RSD）/%	LOD/（ng/L）	MDL/（ng/L,GC-MS）
氯氰菊酯	85±8	5	5.6
溴氰菊酯	96±9	2	3.5
高氰戊菊酯	89±8	2	3.9
甲氰菊酯	88±7	2	4.1
τ-氟胺氰菊酯	83±9	2	5.3
氯菊酯	98±8	2	3.4
苄呋菊酯	92±8	5	5.7
右旋苯醚菊酯	99±8	2	5.1
四甲菊酯	95±5	2	2.9

2. 河床沉积物中拟除虫菊酯类农药的固相萃取方法[79]

样品采集:每个样品至少采集 50 g,放置在广口安瓿瓶中。样品在-20 ℃保存直至分析。在此温度下样品可以存放 12 个月。

微波辅助萃取:称取约 5 g 熔化的样品,转移至微波萃取管中,加入 100 μL（2 ng/ μL)的代替品(苯氧基-$^{13}C_6$-cis-氯菊酯/乙酸乙酯),加入适量的水,使沉积物含水量为 50%。加入 30 mL 二氯甲烷/甲醇溶液(90∶10,体积比),在 120 ℃萃取 20 min,保持时间 15 min,然后冷却 20 min。将萃取液经过放有硫酸钠的漏斗,收集至收集试管中。对沉积物再进行一次上述萃取。合并萃取液。

样品浓缩:将萃取液浓缩至 < 0.5 mL。

固相萃取净化步骤如下:

固相萃取柱:Sep-Pak Alumina 极性柱,Waters 公司;Carboprep carbon 石墨化碳,500 mg/6 mL,Supecol 公司。将两根萃取柱串联,Carboprep carbon 柱放置在氧化铝柱的上方。

柱预处理:用二氯甲烷和甲醇对萃取柱进行预处理。

样品过柱:将上述样品载入萃取柱。

目标化合物洗脱:用 10 mL 二氯甲烷洗涤样品,然后转移至萃取柱对目标化合物洗脱,每秒 1~2 滴。

浓缩:将收集的样品溶液在氮气气氛下浓缩至 0.5 mL,然后加入 0.5 mL 乙酸乙酯再浓缩至<0.5 mL。

GPC 净化:用标准拟除虫菊酯样品确定收集窗口,然后将上述浓缩液注入 GPC 系统并收集相应的馏分。

浓缩:将收集液浓缩至 0.2 mL,加入 40 μL 内标物。

GC-MS 分析:分析条件与水样分析相同。

在对河床沉积物中拟除虫菊酯类农药的样品前处理中,固相萃取主要用于对微波辅助萃取得到的萃取液进行净化。考虑到干扰物的复杂性,在本方法中采用了氧化铝和石墨化碳双柱串联的方式。13 种拟除虫菊酯类农药的回收率列于表 10-37。

表 10-37　河床沉积物中 13 种拟除虫菊酯类农药的回收率

化合物	(回收率±RSD)/%	LOD/(ng/L)	MDL/(ng/L,GC-MS)
烯丙菊酯	72±7	1.5	0.2
联苯菊酯	77±4	2.2	0.2
氟氯氰菊酯	82±6	2.0	0.5
λ-三氟氯氰菊酯	79±9	2.4	0.2
氯氰菊酯	87±8	2.6	0.4
溴氰菊酯	87±8	2.5	0.2
高氰戊菊酯	83±8	2.1	0.2
甲氰菊酯	90±6	2.1	0.2
τ-氟胺氰菊酯	99±9	2.6	0.2
氯菊酯	93±3	1.0	0.2
苄呋菊酯	89±6	1.9	0.5
右旋苯醚菊酯	101±3	1.3	0.3
四甲菊酯	83±4	1.4	0.2

10.7.10　除草剂的特性

从 20 世纪 80 年代开始大约有 18 类不同结构类型的除草剂开始广为使用,全世界每年消耗的除草剂至少有 300 万吨[80]。其中,使用最多的是三嗪类、苯基脲类及苯氧基酸类,如阿律津、异丙甲草胺、甲草胺、异丙隆、敌草隆及 2,4-D 等。除草剂广泛使用,甚至滥用,已经对环境水资源造成严重的污染,对地表水、地下水、饮用水中除草剂的监测已经成为许多环境保护部门日常工作之一。表 10-38 列出了常见除草剂的理化参数。

表 10-38　常见除草剂的理化参数

化合物	CAS 编号	分子式	分子量	溶解度(25 ℃) /(mg/L)	pK_a (25 ℃)	lg K_{ow}
草净津 (cyanazine)	21725-46-2	$C_9H_{13}ClN_6$	240.70	水:171;中性、微酸、微碱中水解	0.78	2.22
咪草酸 (imazamethabenz-methyl)	81405-85-8	$C_{16}H_{20}N_2O_3$	288.34	水:1370	2.9	1.68
西玛津 (simazine)	122-34-9	$C_7H_{12}ClN_5$	201.67	水:6.2;甲醇:400	1.62	2.18
嗪草酮 (metribuzin)	21087-64-9	$C_8H_{14}N_4OS$	214.29	水:1050;甲醇:450000;乙醇:190000;丙酮:820	1	1.7
阿特拉津 (atrazine)	1912-24-9	$C_8H_{14}ClN_5$	215.68	水:34;甲醇:18000;氯仿:52000	1.7	2.61
异丙隆 (isoproturon)	34123-59-6	$C_{12}H_{18}N_2O$	206.29	水:65;溶于大多数有机溶剂	—	2.87
敌草隆 (diuron)	330-54-1	$C_9H_{10}Cl_2N_2O$	233.10	水:42;丙酮:5%	13.55	2.68
扑灭津 (propazine)	139-40-2	$C_9H_{16}ClN_5$	229.71	水:8;甲苯:6200	1.7	2.93
利谷隆 (linuron)	330-55-2	$C_9H_{10}Cl_2N_2O_2$	249.10	水:75;溶于丙酮、乙醇	—	3.2
莠灭净 (ametryn)	834-12-8	$C_9H_{17}N_5S$	227.33	水:200;丙酮:610;甲醇:510	4.1	2.98
甲草胺 (alachlor)	15972-60-8	$C_{14}H_{20}ClNO_2$	269.77	水:240;溶于丙酮、乙醇、乙酸乙酯	0.62	3.52
异丙甲草胺 (metolachlor)	51218-45-2	$C_{15}H_{22}ClNO_2$	283.80	水:530;溶于甲醇、二氯甲烷、己烷	—	3.13
特丁净 (terbutryn)	886-50-0	$C_{10}H_{19}N_5S$	241.40	水:58;溶于有机溶剂	4.3	5.50
咪唑乙烟酸 (imazethapyr)	81385-77-5	$C_{15}H_{19}N_3O_3$	289.30	水:1400;丙酮:48200;甲苯:5000	2.1	—
醚苯磺隆 (triasulfuron)	82097-50-5	$C_{14}H_{16}ClN_5O_5S$	401.82	水:50/pH5,1500/pH7;微溶于甲醇、二氯甲烷、丙酮	4.46	1.1
灭草喹 (imazaquin)	81335-37-7	$C_{17}H_{17}N_3O_3$	311.34	水:90	3.8	1.86

化合物	CAS 编号	分子式	分子量	溶解度(25 ℃) /(mg/L)	pK_a (25 ℃)	$\lg K_{ow}$
麦草畏 (dicamba)	62610-39-3	$C_8H_6Cl_2O_3$	221.04	水:8310;丙酮:810000; 二氯甲烷:260000;乙 醇:922000	1.97	2.21
甲磺隆 (metsulfuron)	79510-48-8	$C_{13}H_{13}N_5O_6S$	367.33	水:270/pH4.59,1750/ pH5.42,9500/pH11; 丙酮:36000;二氯甲烷: 121000;乙醇:23000	3.3	0.8
灭草松 (bentazone)	58856-82-9	$C_{10}H_{12}N_2O_3S$	240.28	水:500;溶于有机溶剂	3.4	1.2
氯磺隆 (chlorsulfuron)	64902-72-3	$C_{12}H_{12}ClN_5O_4S$	357.77	水:3.3/pH5,243/pH7, 53000/pH9;微溶于有 机溶剂	3.7	1.8
砜嘧磺隆 (rimsulfuron)	122931-48-0	$C_{14}H_{17}N_5O_7S_2$	431.43	水:10	4.1	1
溴苯腈 (bromoxynil)	1689-84-5	$C_7H_3Br_2NO$	276.91	水:130;丙酮:170000; 甲醇:90000	3.86	2.9
苯磺隆 (tribenuron)	106040-48-6	$C_{14}H_{15}N_5O_6S$	381.36	水:28/pH4,50/pH5, 280/pH6	4.1	—
2,4-滴 (2,4-D)	94-75-7	$C_8H_6Cl_2O_3$	221.04	微溶于水,溶于有机 溶剂	2.6	2.6
2-甲基-4-氯苯氧基乙酸 (MCPA)	94-74-6	$C_9H_9ClO_3$	200.62	水:825;溶于有机溶剂	3.73	2.2
碘苯腈 (ioxynil)	1689-83-4	$C_7H_3I_2NO$	370.92	水:50;溶于丙酮、甲醇	3.96	3.5
苄嘧磺隆 (bensulfuron)	99283-01-9	$C_{15}H_{16}N_4O_7S$	396.37	水:120/pH7,1200/ pH8;丙酮:1380;二氯 甲烷:11720;甲醇中 降解	5.2	—
2-(4-氯-2-甲基苯氧基) 丙酸 (mecoprop)	93-65-2	$C_{10}H_{11}ClO_3$	214.65	水:620;溶于丙酮、乙 醇、氯仿	3.1	3.13
2,4-滴丁酯 (2,4-DB)	94-80-4	$C_{12}H_{14}Cl_2O_3$	277.15	水:46;溶于有机溶剂	4.95	3.53

续表

化合物	CAS 编号	分子式	分子量	溶解度(25 ℃)/(mg/L)	pK_a (25 ℃)	$\lg K_{ow}$
2-甲基-4-氯丁酸（MCPB）	94-81-5	$C_{11}H_{13}ClO_3$	228.67	水:44;溶于乙醇、丙酮	4.8	2.7
氟吡禾灵（haloxyfop）	69806-34-4	$C_{15}H_{11}ClF_3NO_4$	361.70	水:43.3;溶于丙酮、甲醇、异丙醇	2.9	4.3
禾草灵（diclofop）	40843-25-2	$C_{15}H_{12}Cl_2O_4$	327.16	水:453	3.43	4.6
烟嘧磺隆（nicosulfuron）	111991-09-4	$C_{15}H_{18}N_6O_6S$	410.41	水:$1.2×10^4$	4.6	0.01
啶嘧磺隆（flazasulfuron）	104040-78-0	$C_{13}H_{12}F_3N_5O_5S$	407.33	水:2100	4.37	—
氟草灵（fluazifop）	69335-91-7	$C_{15}H_{12}F_3NO_4$	327.26	水:40.5	3.12	3.18
2,4-滴丙酸（dichloprop）	120-36-5	$C_9H_8Cl_3O_3$	235.07	水:350	3.1	3.43

注:"—"表示无数据。

10.7.11　除草剂残留物的固相萃取

1. 水中碱性、中性及酸性除草剂的萃取方法

萃取柱:Carbograph 4 石墨炭黑柱,0.5 g/120~140 目,Supelco 公司。

样品过柱:将 2 L 样品过柱,100 mL/min。

柱洗涤:7 mL 蒸馏水,5~7 mL/min。

柱干燥:空气 1 min,1 mL 甲醇,空气 1 min。

目标化合物洗脱:碱性及中性除草剂用 2 mL 甲醇、8 mL 二氯甲烷/甲醇(80:20,体积比)反洗脱,约 8 mL/min;酸性除草剂反洗脱采用 8 mL 二氯甲烷/甲醇含 50 mmol/L 甲酸(80:20,体积比),6 mL/min。

浓缩:酸性洗脱物加入 50 μL 氨水,40 ℃氮气气氛下浓缩至干,加入 200 μL 水/甲醇(50:50,体积比),50 μL 10 mmol/L 甲酸。50 μL 样品进样进行 HPLC-ESI-MS 分析。

碱性及中性除草剂 30 ℃氮气气氛下浓缩至干,加入 200 μL 水/甲醇(50:50,体积比)。50 μL 样品进样进行 HPLC-ESI-MS 分析。

图 10-13(a)和(b)分别是中性、碱性及酸性除草剂的萃取物谱图。35 种除草剂的回收率列于表 10-39。

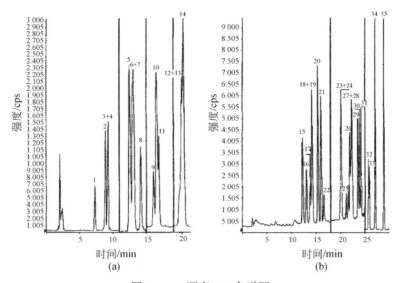

图 10-13　顺序 SIM 色谱图

(a)中性和碱性化合物馏分；(b)酸性馏分。浓度 25 ng/L,2 L。峰号与表 10-39 相同。

表 10-39　饮用水和地下水中除草剂的回收率*

编号	化合物	回收率±RSD($n=6$)/%	
		饮用水 50 ng/L	地下水 100 ng/L
1	草净津	97±5	107±6
2	咪草酸	96±4	102±4
3	西玛津	93±5	94±7
4	嗪草酮	90±6	92±6
5	阿特拉津	102±6	92±5
6	异丙隆	93±5	91±5
7	敌草隆	91±8	91±8
8	扑灭津	90±6	92±6
9	利谷隆	92±6	94±6
10	莠灭净	92±5	94±5
11	terbutilazine	90±8	90±8
12	甲草胺	92±6	90±6
13	异丙甲草胺	94±6	94±6

编号	化合物	回收率±RSD(n=6)/%	
		饮用水 50 ng/L	地下水 100 ng/L
14	特丁净	92±5	92±5
15	咪唑乙烟酸	93±4	97±5
16	醚苯磺隆	91±4	94±4
17	灭草喹	92±7	92±7
18	麦草畏	98±4	102±5
19	甲磺隆	103±4	93±5
20	灭草松	104±5	94±5
21	氯磺隆	92±7	92±7
22	砜嘧磺隆	108±5	110±7
23	溴苯腈	92±5	96±5
24	苯磺隆	96±4	94±5
25	2,4-D	93±5	93±5
26	2-甲基-4-氯苯氧基乙酸	98±5	96±6
27	碘苯腈	85±4	81±4
28	苄嘧磺隆	95±4	92±6
29	fluazifop	92±7	95±7
30	2,4-滴丙酸	98±4	95±6
31	2-(4-氯-2-甲基苯氧基)丙酸	93±4	93±7
32	2,4-滴丁酯	90±5	91±5
33	MCPB	93±7	91±6
34	氟吡禾灵	93±7	104±6
35	二氯苯氧基丙酸	93±5	103±5

＊饮用水为 2 L,地下水为 1 L。

2. 土壤中磺酰脲类除草剂的萃取方法[81]

样品萃取:称取风干后过 20 目筛的土壤 10.00 g 于 50 mL 具塞离心管中,加入提取液[(pH 7.8,0.2 mol/L 磷酸缓冲溶液/甲醇(8∶2,体积比)]10 mL,涡旋 3 min,超声波振荡 5 min,4000 r/min 离心 10min,重复提取 3 次,合并上清液。85%(体积分数)磷酸调节 pH 至 2.5。

固相萃取净化步骤如下:

萃取柱:Cleanert-C$_{18}$非极性柱,100 mg/3 mL,Agela 公司。

柱预处理:5 mL 甲醇浸泡活化 30 min,淋洗,加 5 mL 提取液,再用 85% 磷酸调节 pH 至 2.5 后预淋洗。

样品过柱:上述萃取液过柱,流速 1 mL/min。

柱干燥:真空干燥 10 min。

目标化合物洗脱:3 mL 乙腈/pH 7.8 磷酸缓冲溶液(9∶1,体积比)进行洗脱。

浓缩:氮吹定容至 1 mL。

HPLC 分析:色谱柱:ZORBAX Eclipse® ODS- C_{18} 色谱柱(250 mm×4.6 mm,5 μm,美国 Agilent 公司);流动相:乙腈-甲醇-水[0.2%(体积分数)冰醋酸],流速 1 mL/min;柱温:30 ℃;检测波长 254 nm;进样量:10 μL。

表 10-40 是用 C_{18} SPE 柱对土壤中 10 种磺酰脲类除草剂的萃取结果。除了苯磺隆外,其他化合物的回收率都在 86% 以上。

表 10-40　10 种磺酰脲类除草剂的回收率($n=3$)

化合物	添加浓度/(μg/mL)	添加回收率/%	RSD/%
烟嘧磺隆	0.01	94.52	7.22
噻磺隆	0.01	88.20	0.11
甲磺隆	0.01	104.52	2.81
嘧磺隆	0.01	95.52	8.43
氯磺隆	0.01	91.41	5.37
胺苯磺隆	0.01	102.67	12.85
苯磺隆	0.01	34.79	2.20
苄嘧磺隆	0.01	90.09	8.58
吡嘧磺隆	0.01	101.28	12.24
氯嘧磺隆	0.01	86.70	7.71

10.8　多种不同种类污染物的固相萃取

在实际工作中常常需要对多种有毒有害残留物进行监测,也就是人们经常提到的多残留物(multiresidues)监测。虽然可以对样品进行分类萃取,但需要花费较多的人力、物力和时间,最有效的方法是能够用一个萃取程序对多种污染物进行萃取。为此,人们不断在研究、开发能够涵盖更加广泛范围的萃取方法。

在对不同种类化合物进行萃取时,由于各种化合物的结构、极性相差很大,以单一萃取机理的固相萃取材料对这些化合物同时进行萃取十分困难。因此,可以考虑使用同时具有亲水及疏水功能的固相萃取材料或具有对不同极性化合物吸附的石墨碳材料。Usenko 等[82]的研究证明了这一点。Usenko 等对湖水、地下水及积雪样品中 75 种 lg K_{ow} 范围从 1.4 至 8.3,低浓度(pg/L)的化合物的固相萃取进行了研究。这 75 种化合物包括了七大类常见的半挥发性化合物:多环芳烃类、有机氯农药类、酰胺类、三嗪类、多氯联苯类、二硫代氨基甲酸酯类及硫代磷酸酯类。表 10-41 给出了 75 种化合物的 lg K_{ow} 值。

表 10-41　75 种化合物的 lg K_{ow}

化合物	lgK_{ow}	化合物	lgK_{ow}
酰胺类农药			
毒草胺	2.4	乙草胺	3.03
甲草胺	2.6	异丙甲草胺	3.1
有机氯农药及代谢物			
γ-六六六	3.8	狄氏剂	5.5
α-六六六	3.8	顺式氯丹	5.9
β-六六六	4.0	p,p'-DDD	5.9
δ-六六六	4.1	反式九氯	6.1
甲氧滴滴涕	4.5	o,p'-DDD	6.1
环氧七氯	4.6	反式氯丹	6.1
异狄氏醛	4.8	顺式九氯	6.4
异狄氏剂	5.2	艾氏剂	6.5
七氯	5.2	o,p'-DDT	6.8
六氯苯	5.5	p,p'-DDE	6.9
o,p'-DDE	5.5	灭蚁灵	6.9
氯丹	5.5	p,p'-DDT	6.9
含硫有机氯农药及代谢物			
硫丹硫酸酯	3.7	硫丹Ⅱ	3.8
硫丹Ⅰ	4.7		
硫代磷酸酯农药			
甲基对硫磷	2.7	对硫磷	3.8
马拉硫磷	2.9	己硫磷	5.1
二嗪农	3.7	毒死蜱	5.1

化合物	lgK_{ow}	化合物	lgK_{ow}
硫代氨基甲酸酯农药			
EPTC	3.2	野麦畏	2.2
克草敌	3.8		
三嗪类除草剂及代谢物			
脱异丙基阿特拉津	1.36	氰草津	2.2
嗪草酮	1.70	阿特拉津	2.3
脱乙基阿特拉津	1.78	扑草通	2.7
西玛津	2.2		
其他杀虫剂			
土菌灵	2.6	氟乐灵	5.3
氯酞酸甲酯	4.3		
多环芳烃			
萘撑	3.9	惹烯	6.4
苊	4.0	苯并[k]荧蒽	6.5
芴	4.2	苯并[a]芘	6.5
蒽	4.5	苯并[b]荧蒽	6.6
菲	4.5	茚并[123-cd]芘	6.7
芘	5.1	二苯并[a,h]蒽	6.8
荧蒽	5.2	苯并[e]芘	6.9
䓛+三亚苯	5.7	苯并[ghi]苝	7.0
苯并[a]荧蒽	5.9		
多氯联苯			
PCB 74	6.3	PCB 118	7.0
PCB 101	6.4	PCB 187	7.2
PCB 138	6.7	PCB 183	8.3
PCB 153	6.9		

　　Usenko 等比较了六种固相萃取材料,包括:Empore C$_{18}$固相萃取膜(0.1g/47 mm,3 M 公司),Abselut Nexus 高聚物材料固相萃取柱(500 mg/20 mL,Varian 公司),Amberlite XAD-2 树脂(70 g, Axys Environmental Systems 公司),以及Mallinckrodt Baker 公司的三种萃取膜(Speedisk C$_{18}$、疏水型 DVB 及亲水型 DVB)。这六种萃取装置对 1 L 反渗透水中添加具有不同 lg K_{ow}值的化合物进行萃取,结果发现没有一种萃取材料可以得到满意的结果(图 10-14)。

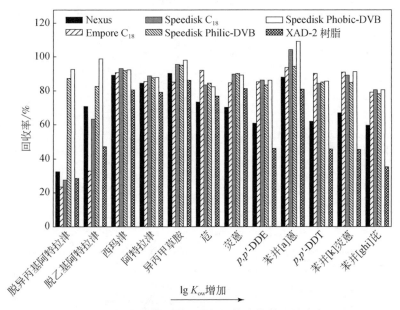

图 10-14　不同固相萃取装置对目标化合物萃取效率的对比

　　由图 10-14 可见虽然除了 XAD-2 树脂外,其他萃取材料对非极性化合物的回收率都在60%以上,但极性化合物的回收率差别很大。对脱异丙基阿特拉津和脱乙基阿特拉津(lg K_{ow}分别为 1.36 及 1.78)回收率最好的两种萃取材料是亲水型DVB(回收率分别为 87.3% 和 82.7%)及疏水型 DVB(回收率分别为 92.6% 和98.8%),而其他的几种萃取材料对极性化合物的萃取回收率都较低。鉴于上述实验结果,Usenko 等对 Speedisk 固相萃取膜进行了改良,将亲水型 DVB 和疏水型DVB 萃取膜叠加在一起组成新的萃取装置,如图 10-15 所示。

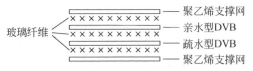

图 10-15　疏水和亲水固相萃取膜片叠加示意图

1. 雪样中多污染物的固相萃取

萃取膜预处理：乙酸乙酯、二氯甲烷、甲醇各 20 mL，反渗透水 40 mL，2 mL/min。

样品载入：50 kg 融化的雪水过叠加萃取膜，200 mL/min，减压。

清洗样品袋：分别用 40 mL 乙酸乙酯洗涤每个样品袋（共 6 个），合并洗涤溶液作为洗脱溶液 A，然后分别用 40 mL 乙酸乙酯/二氯甲烷及二氯甲烷洗涤样品袋，并分别合并为洗脱溶液 B 和洗脱溶液 C。

目标化合物洗脱：分别用上述洗脱溶液 A、B、C 及 40 mL 新鲜的二氯甲烷进行洗脱，合并洗脱馏分。

除水分干燥：用吸管将洗脱馏分中的水除去，然后加入无水硫酸钠（400 ℃ 干燥 3 h。）

浓缩溶剂转换：加入正己烷后，40 ℃ 氮气气氛下浓缩，注意不浓缩至干，反复四次如此操作。

除极性干扰物：浓缩后的正己烷溶液过 20 g 硅胶柱，然后用 50 mL 二氯甲烷、50 mL 二氯甲烷/乙酸乙酯洗脱，合并洗脱馏分。

浓缩溶剂转换：将洗脱馏分在 40 ℃ 氮气气氛下浓缩，并转换为二氯甲烷。

除去大分子：大分子干扰物通过 GPC 净化系统除去。流动相二氯甲烷，5 mL/min。

馏分浓缩：将 GPC 馏分浓缩至 0.2 mL 供 GC-MS 分析。

2. 湖水中多污染物的固相萃取

湖水的固相萃取按上述方法在现场进行，但在改良萃取装置上放置玻璃纤维以防止水样中的颗粒堵塞萃取膜。萃取完成后将玻璃纤维和萃取膜保存在干冰中送往实验室。在实验室–12 ℃ 条件下保存不要超过 10 天。表 10-42 是融雪中多种半挥发性有机化合物的回收率。

表 10-42　融雪中半挥发性有机化合物的回收率（浓度 6 ng/L,50 L 融雪）

化合物	回收率/%	RSD/%	化合物	回收率/%	RSD/%
酰胺类农药					
毒草胺	139.5	19.5	乙草胺	65.6	6.9
甲草胺	79.7	1.0	异丙甲草胺	89.0	1.4
有机氯农药及代谢物					
γ-六六六	87.9	6.3	狄氏剂	109.1	23.5
α-六六六	71.7	7.4	顺式氯丹	32.7	29.1

化合物	回收率/%	RSD/%	化合物	回收率/%	RSD/%
β-六六六	100.7	7.2	p,p'-DDD	66.5	14.6
δ-六六六	111.8	5.2	反式九氯	56.4	16.7
甲氧滴滴涕	59.1	20.9	o,p'-DDD	41.5	25.7
环氧七氯	31.8	32.0	反式氯丹	60.9	15.3
异狄氏醛	40.6	13.8	顺式九氯	30.2	27.3
异狄氏剂	90.2	26.8	艾氏剂	43.7	25.9
七氯	49.9	19.6	o,p'-DDT	36.4	5.6
六氯苯	55.3	14.6	p,p'-DDE	50.1	19.6
o,p'-DDE	55.3	12.9	灭蚁灵	51.5	10.6
氯丹	28.1	31.5	p,p'-DDT	61.9	24.3
含硫有机氯农药及代谢物					
硫丹硫酸酯	65.4	17.3	硫丹Ⅱ	53.8	18.1
硫丹Ⅰ	51.3	17.7			
硫代磷酸酯农药					
甲基对硫磷	65.4	17.3	对硫磷	56.9	9.6
马拉硫磷	54.8	13.6	己硫磷	46.7	30.0
二嗪农	75.0	11.7	毒死蜱	59.7	22.5
硫代氨基甲酸酯农药					
EPTC	64.8	25.2	野麦畏	73.6	18.5
克草敌	99.9	33.2			
三嗪类除草剂及代谢物					
脱异丙基阿特拉津	n.d.	n.d.	氰草津	73.6	18.5
嗪草酮	77.4	2.1	阿特拉津	105.8	4.2
脱乙基阿特拉津	n.d.	n.d.	扑草通	62.8	15.6
西玛津	n.d.	n.d.			
其他杀虫剂					
土菌灵	206.2	26.1	氟乐灵	47.6	30.2

化合物	回收率/%	RSD/%	化合物	回收率/%	RSD/%
其他杀虫剂					
氯酞酸甲酯	109.9	10.5			
多环芳烃					
萘撑	52.7	1.8	惹烯	61.0	4.0
苊	101.3	2.1	苯并[k]荧蒽	66.7	10.3
芴	93.2	4.7	苯并[a]芘	59.3	10.9
蒽	73.0	7.3	苯并[b]荧蒽	68.4	11.4
菲	82.7	5.1	茚并[123-cd]芘	61.5	9.1
芘	74.4	10.5	二苯并[a,h]蒽	62.9	8.5
荧蒽	77.9	10.7	苯并[e]芘	59.3	10.9
䓛+三亚苯	71.2	11.2	苯并[ghi]苝	59.2	9.4
苯并[a]荧蒽	70.5	11.1			
多氯联苯					
PCB 74	45.5	23.2	PCB 118	52.8	21.8
PCB 101	48.5	21.4	PCB 187	56.0	18.1
PCB 138	53.3	18.1	PCB 183	55.1	17.8
PCB 153	51.3	17.7			

注:n.d. 表示未检出(由于硅胶净化时损失)。

3. 水中 45 种农药残留物的固相萃取方法

Crencenzi 等[83]研究了使用 Carbograph 4 石墨炭黑柱对水中不同种类的 45 种农药残留物进行萃取,然后用 LC-MS 进行检测。萃取方法如下:

萃取柱:Carbograph 4 石墨炭黑柱,比表面积 210 m²/g,120~400 目,500 mg,Supelco 公司。

样品预处理:在自来水样品中加入 0.5 g/L 的硫代硫酸钠,混合均匀以除去自来水中的次氯酸盐。

柱预处理:6 mL 二氯甲烷/甲醇(90∶10,体积比),2 mL 甲醇,10 mL 抗坏血酸(10 g/L,pH 2),10 mL 蒸馏水。

样品过柱:水样用真空减压过柱,流速约 100 mL/min。

柱洗涤:7 mL 蒸馏水,流速 5~7 mL/min。

柱干燥:空气干燥 1 min,0.4 mL 甲醇。

目标化合物洗脱：先用 1.5 mL 甲醇，然后用 8 mL 二氯甲烷/甲醇(90∶10,体积比)。收集洗脱液于经过硅烷化的试管中。

图 10-16 是用 Carbograph 4 对 45 种不同类型的有机农药进行固相萃取富集的谱图。应用该方法对饮用水、地下水和河水样品进行萃取,结果列于表 10-43。

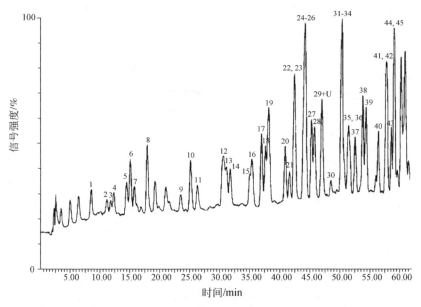

图 10-16　4 L 水样中不同种类农药萃取物的 LC-MS 全扫描色谱图

每种农药浓度为 50 ng/L。峰编号对应农药见表 10-43。U 指未知物

表 10-43　饮用水、地下水及河水中 45 种农药的萃取回收率

峰号	农药	类别	回收率±RSD($n=6$)/%					
			饮用水		地下水		河水	
			25 ng/L	250 ng/L	50 ng/L	500 ng/L	200 ng/L	2000 ng/L
1	氧乐果	硫代磷酸酯类	97±7	95±3	97±5	97±3	95±6	93±4
2	丁酮砜威	氨基甲酰肟类	95±4	96±3	94±4	95±4	90±4	92±3
3	涕灭氧威	氨基甲酰肟类	90±7	92±3	89±6	92±4	92±8	92±5
4	杀线威	氨基甲酰肟类	96±5	97±3	94±6	94±3	93±5	93±4
5	内吸磷甲砜	硫代磷酸酯类	97±4	98±3	97±5	96±4	98±4	99±4
6	灭多威	氨基甲酸酯类	95±5	97±4	93±4	94±3	96±5	97±3
7	磺吸磷	硫代磷酸酯类	95±5	98±3	97±4	98±3	103±6	99±4
8	久效磷	磷酸类	97±3	98±2	99±4	98±3	100±4	99±3
9	敌百虫	磷酸类	98±8	98±3	96±6	95±4	99±5	98±3

续表

峰号	农药	类别	回收率±RSD(n=6)/%					
			饮用水		地下水		河水	
			25 ng/L	250 ng/L	50 ng/L	500 ng/L	200 ng/L	2000 ng/L
10	乐果	二硫代磷酸酯类	94±5	97±3	93±4	96±3	95±6	97±4
11	杀草敏	哒嗪酮类	84±6	95±3	85±5	94±3	92±4	98±3
12	多菌灵	咪唑类	76±6	82±6	78±5	81±5	81±6	83±4
13	丁酮威	氨基甲酸酯类	94±4	96±3	94±5	96±4	95±4	95±4
14	涕灭威	氨基甲酸酯类	95±5	95±4	94±3	94±3	96±5	97±3
15	卡草胺	氨基甲酸酯类	98±3	96±4	97±3	97±3	97±5	99±4
16	氰草津	三嗪类	99±3	102±3	98±4	100±2	101±3	99±3
17	残杀威	氨基甲酸酯类	97±4	98±4	101±4	98±2	96±3	98±4
18	克百威	氨基甲酸酯类	92±4	95±3	91±4	94±4	92±5	91±3
19	西玛津	三嗪类	97±3	98±2	99±3	102±3	95±5	97±3
20	甲萘威	氨基甲酸酯类	94±5	97±3	96±6	96±4	93±4	95±4
21	乙硫甲威	氨基甲酸酯类	81±8	82±6	81±7	81±6	80±6	82±7
22	抗蚜威	氨基甲酸酯类	98±3	100±3	99±4	98±3	97±3	99±2
23	绿谷隆	苯脲类	93±5	95±2	93±4	94±3	90±4	91±3
24	绿麦隆	苯脲类	93±3	95±4	92±4	93±2	95±4	93±5
25	阿特拉津	三嗪类	102±3	99±3	98±3	100±3	99±3	99±3
26	吡草胺	乙酰胺类	98±4	97±3	99±4	99±3	98±4	98±2
27	异丙隆	苯脲类	93±5	92±4	94±5	95±4	94±4	93±5
28	甲基苯噻隆	苯脲类	82±6	90±3	85±4	91±4	92±5	94±3
29	敌草隆	苯脲类	92±3	93±3	93±5	94±5	91±3	92±3
30	谷硫磷	二硫代磷酸酯类	102±4	99±3	103±4	98±3	98±3	99±2
31	特丁津	三嗪类	100±3	99±2	98±3	101±3	101±3	99±3
32	甲硫威	氨基甲酸酯类	98±4	98±2	96±4	96±3	98±3	97±4
33	利谷隆	苯脲类	92±5	93±4	92±5	95±3	94±4	92±3
34	敌稗	苯胺类	103±3	98±3	100±4	97±3	96±3	100±3
35	马拉硫磷	二硫代磷酸酯类	99±4	98±4	101±5	99±3	100±2	99±2
36	戊炔草胺	苯甲酰胺类	97±3	97±2	103±3	97±3	99±2	98±3
37	禾草特	二硫代氨基甲酸酯类	93±5	96±3	92±4	96±4	94±4	97±3
38	灭线磷	二硫代磷酸酯类	98±4	97±3	100±4	98±3	96±3	98±2
39	异丙甲草胺	乙酰苯胺类	98±4	99±3	97±5	99±3	99±3	98±3

续表

峰号	农药	类别	回收率±RSD（$n=6$）/%					
			饮用水		地下水		河水	
			25 ng/L	250 ng/L	50 ng/L	500 ng/L	200 ng/L	2000 ng/L
40	草不隆	苯脲类	92±5	94±4	93±5	94±3	93±4	92±4
41	丙环唑	三氮唑类	94±4	96±3	95±5	96±4	95±4	94±3
42	二嗪农	二硫代磷酸酯类	102±3	100±3	103±4	100±3	102±3	100±2
43	辛高氯	二硫代磷酸酯类	97±3	96±4	97±5	100±2	98±3	99±4
44	甲基嘧啶磷	二硫代磷酸酯类	98±3	99±2	97±4	98±3	99±3	98±3
45	咪鲜胺	咪唑类	98±4	97±3	98±6	98±3	99±3	98±3

4. 水中 80 种农药残留物的固相萃取方法

根据欧盟规定,水中单一农药及其降解物的残留量不得大于 0.1 μg/L,多种农药残留量的总和不得超过 0.5 μg/L。Ruiz-Gil 等[84]建立了水中多种农药残留物的固相萃取和 GC-MS/MS 检测方法。采用 500 mg 的 C$_{18}$ SPE 柱对水样中 80 多种农药残留物进行萃取,样品用量为 250 mL。回收率为 70% ~ 110%,LOQ 范围为 0.003 ~ 0.076 μg/L(表 10-44)。具体操作方法如下:

样品采集:用棕色样品瓶采集 2.5 L 地表水,剧烈振荡 1 min,然后用 0.45 μm 滤膜过滤,以防止悬浮颗粒对 SPE 柱的堵塞。如果水质很清,可以省去过滤步骤。

固相萃取柱:C$_{18}$ Sep-Pak 非极性柱,500 mg/6 mL,Waters 公司。

萃取柱预处理:10 mL 乙腈/二氯甲烷(1:1,体积比),5 mL 甲醇,3 mL 去离子水预处理。注意保持柱床湿润。

样品萃取:250 mL 水样[含 1%(体积分数)甲醇]过柱,流速约 4 mL/im。

萃取柱干燥:真空干燥 2 h。

目标化合物洗脱:3 mL 丙酮,3 mL 正己烷/丙酮(1:1,体积比),3 mL 正己烷。

浓缩/再溶解:在氮气气氛下加热浓缩至干。残渣用 1 mL 加有内标物的环己烷再溶解。

GC-MS/MS:取 10 μL 再溶解的残留物注入 GC-MS/MS 分析。

表 10-44　水中 80 多种农药的固相萃取结果

农药	LOD/(μg/L)	LOQ /(μg/L)	回收率[a]/%			日间 RSD/%	
			0.03 μg/L	0.1 μg/L	0.5 μg/L	0.1 μg/L	0.5 μg/L
敌百虫	0.015	0.045	76(16)	82(10)	72(6)	17	8
五氯苯	0.002	0.006	91(15)	90(13)	77(10)	19	17
丙线灵	0.003	0.010	76(12)	99(10)	84(8)	17	13

续表

农药	LOD/(μg/L)	LOQ/(μg/L)	回收率ᵃ/%			日间 RSD/%	
			0.03 μg/L	0.1 μg/L	0.5 μg/L	0.1 μg/L	0.5 μg/L
氟乐灵	0.004	0.011	108(20)	108(14)	86(13)	18	14
治螟磷	0.005	0.013	103(17)	100(17)	78(9)	19	16
α-林丹	0.008	0.023	82(14)	75(9)	90(6)	16	9
六氯苯	0.006	0.017	84(9)	76(6)	70(6)	12	7
甘油琼脂	0.009	0.025	96(13)	79(11)	84(4)	17	9
硝基五氯苯	0.007	0.023	91(11)	89(8)	102(7)	10	7
γ-林丹	0.008	0.023	77(15)	81(13)	76(6)	17	9
β-林丹	0.006	0.020	81(12)	75(10)	79(8)	18	12
二嗪磷	0.007	0.022	77(13)	95(8)	84(7)	11	8
嘧霉胺	0.002	0.006	97(10)	76(12)	95(3)	14	7
乙嘧硫磷	0.004	0.012	72(13)	82(10)	84(6)	14	12
百菌清	0.004	0.014	77(12)	88(10)	94(5)	11	7
硫丹乙酯	0.003	0.011	107(20)	76(15)	88(12)	19	15
δ-林丹	0.005	0.014	71(10)	71(9)	82(6)	14	13
甲基氯蜱硫磷	0.003	0.010	74(15)	87(12)	77(10)	17	13
农利灵	0.005	0.016	105(17)	107(12)	76(8)	15	12
甲基一六〇五	0.001	0.003	72(12)	72(10)	79(6)	14	11
甲草胺	0.007	0.025	77(17)	79(15)	94(5)	16	7
七氯	0.008	0.006	88(16)	74(17)	92(14)	21	15
甲基嘧啶磷	0.002	0.005	85(14)	77(12)	102(9)	13	11
杀螟松	0.002	0.006	97(9)	93(7)	74(6)	16	14
去草净	0.002	0.027	70(10)	84(8)	82(9)	13	12
甲硫威	0.009	0.025	88(14)	74(11)	100(10)	19	14
马拉硫磷	0.002	0.006	96(14)	85(12)	83(11)	15	13
艾氏剂	0.002	0.005	86(12)	81(10)	76(4)	15	7
毒死蜱	0.001	0.006	109(19)	101(14)	99(12)	18	14
倍硫磷	0.004	0.027	72(12)	80(10)	78(8)	14	9
对硫磷	0.015	0.007	93(13)	78(11)	73(8)	16	12
三唑酮	0.004	0.007	87(12)	78(11)	93(4)	13	7
氟醚唑	0.005	0.003	84(17)	73(13)	71(10)	16	12
三氯杀螨醇	0.017	0.011	97(11)	78(12)	76(8)	15	12
异艾氏剂	0.012	0.050	86(20)	78(15)	75(13)	19	15
二甲戊乐灵	0.001	0.012	97(16)	99(14)	78(10)	19	17
毒虫畏	0.004	0.016	80(12)	78(11)	94(9)	14	13
环氧七氯	0.004	0.057	110(16)	105(14)	107(15)	18	16
异柳磷	0.020	0.038	75(20)	71(18)	75(14)	20	15
α-硫丹	0.003	0.004	102(16)	104(14)	99(10)	19	12

农药	LOD/(μg/L)	LOQ /(μg/L)	回收率[a]/%			日间 RSD/%	
			0.03 μg/L	0.1 μg/L	0.5 μg/L	0.1 μg/L	0.5 μg/L
硫丹内酯	0.012	0.012	103(13)	86(10)	90(9)	16	13
乙菌利	0.020	0.016	96(11)	92(8)	98(6)	12	9
喹硫磷	0.003	0.010	105(14)	84(10)	82(6)	12	11
腐霉利	0.002	0.007	94(18)	103(15)	89(5)	16	8
氟菌唑	0.002	0.007	88(15)	90(14)	76(5)	17	6
杀扑磷	0.003	0.001	83(15)	87(11)	87(6)	19	14
p,p'-DDE	0.004	0.013	75(14)	73(12)	82(9)	18	15
狄氏剂	0.002	0.007	101(14)	80(15)	74(9)	19	15
咯菌腈	0.004	0.013	86(16)	74(13)	73(12)	19	13
乙氧氟草醚	0.005	0.016	101(20)	92(12)	80(9)	19	16
腈菌唑	0.003	0.010	80(13)	93(11)	76(9)	14	12
异艾氏醛	0.002	0.007	77(15)	92(18)	89(13)	20	18
环唑醇	0.002	0.006	73(20)	70(16)	75(7)	19	11
β-硫丹	0.004	0.013	96(15)	100(13)	72(6)	17	11
乙硫磷	0.005	0.016	102(19)	95(14)	80(9)	20	16
o,p'-DDT	0.006	0.019	90(13)	81(10)	102(7)	15	12
p,p'-DDD	0.008	0.024	75(15)	80(16)	78(10)	17	14
异狄氏醛	0.006	0.018	78(17)	88(14)	70(10)	16	12
苯霜灵	0.002	0.006	85(10)	89(11)	75(9)	12	10
伐灭磷	0.003	0.009	89(14)	90(13)	88(10)	15	13
丙环唑	0.005	0.015	102(13)	100(12)	82(6)	16	8
硫丹硫酸酯	0.004	0.012	90(15)	104(12)	80(9)	16	15
己唑醇	0.004	0.012	110(15)	103(13)	106(11)	19	13
炔草酯	0.003	0.010	106(20)	103(12)	90(10)	19	16
氯苯嘧啶醇	0.005	0.016	94(12)	86(9)	90(7)	13	11
甲氧滴滴涕	0.004	0.012	80(17)	74(15)	82(8)	19	12
戊唑醇	0.007	0.022	101(12)	90(10)	95(7)	15	9
胡椒基丁醚	0.009	0.019	76(11)	95(13)	82(8)	15	9
联苯菊酯	0.003	0.010	76(14)	70(15)	84(6)	17	12
亚胺硫磷	0.008	0.025	96(20)	89(14)	106(11)	19	13
溴螨酯	0.006	0.019	72(14)	70(12)	104(9)	19	15
胺菊酯	0.004	0.013	91(11)	77(12)	85(8)	14	12
双氧威	0.003	0.008	73 20( )	70(15)	76(14)	17	17
甲氰菊酯	0.004	0.011	76(20)	72(17)	75(14)	19	16
三氯杀螨砜	0.002	0.006	74(19)	98(16)	84(12)	18	15
氟酯菊酯	0.002	0.006	75(15)	82(16)	108(11)	16	12
灭蚁灵	0.003	0.010	75(11)	80(8)	95(6)	10	8

农药	LOD/(μg/L)	LOQ/(μg/L)	回收率[a]/%			日间 RSD/%	
			0.03 μg/L	0.1 μg/L	0.5 μg/L	0.1 μg/L	0.5 μg/L
定菌磷	0.004	0.012	78(11)	75(10)	97(8)	15	12
氯苯嘧啶醇	0.005	0.014	87(13)	80(11)	74(7)	16	11
赛洛宁	0.010	0.034	76(20)	86(17)	77(13)	19	16
氯菊酯	0.004	0.013	92(17)	74(14)	86(6)	17	11
氟氯氰菊酯	0.010	0.030	73(13)	75(10)	72(8)	12	9
氯氰菊酯	0.015	0.050	73(10)	75(9)	70(6)	14	12
氟氯戊菊酯	0.007	0.022	75(14)	83(15)	80(5)	17	8
噁醚唑	0.002	0.006	101(20)	84(16)	99(6)	19	8
溴氰菊酯	0.025	0.076	79(10)	74(7)	71(5)	9	7
azoxistrobine	0.002	0.007	109(20)	96(18)	99(12)	19	14

注：a. 回收率后括号内为日内 RSD，单位为%。

5. 土壤、河床沉积物中的多种有害化合物的萃取

Burkhardt 等[24]建立了应用加压溶剂萃取(加速溶剂萃取,ASE)与固相萃取结合对沉积物和土壤中的废水化合物进行萃取净化并用毛细管柱 GC-MS 检测的方法,简称废水检测方法,具体方法如下:

样品采集:沉积物样品采集后装入 500 mL 或 1000 mL 的广口样品瓶中,尽可能减少水的含量。样品瓶必须保留一定的空间以防止样品在冷冻储藏时膨胀造成样品瓶破裂及样品损失。采集的样品用冰保护送往实验室后置于−20 ℃以下的环境保存。根据美国环保署的实验,在这种条件下样品可以保存一年。

ASE 萃取:将样品从低温柜中取出,在室温下完全熔化,并混合均匀。在 22 mL ASE 萃取管中放入玻璃纤维过滤片,将湿的样品 0.5 g(有机物含量高的样品)至 40 g(含沙的沉淀物)转移至萃取管。ASE 萃取仪:ASE 200;萃取条件:压力 13.8 MPa,温度 120 ℃及 200 ℃,静态萃取 10 min,循环 3 次;萃取溶剂:水/异丙醇(50∶50,体积比),水/异丙醇(20∶80,体积比)。每个样品用两根收集管,一根用于 120 ℃的萃取馏分,另一根用于 200 ℃萃取馏分。在后一根收集管中加入 3 mL 戊烷以减少样品损失。

固相萃取柱:Oasis HLB 非极性柱,1 g/20 mL,Waters 公司;弗罗里硅土,1 g/6 mL,IST 公司。

萃取柱预处理:采用 Oasis HLB 柱:加入 20 mL 二氯甲烷/二乙醚(80∶20,体积比)清洗萃取柱,然后再加入 10 mL 二氯甲烷/二乙醚(80∶20,体积比)做同样处理。真空干燥至少 10 min 以除去残留的溶剂。

弗罗里硅土柱:加入 10 mL 丙酮溶液过柱,重复操作一次。真空干燥至少 10 min 以除去残留的溶剂。

　　样品萃取:在 Oasis HLB 柱上方用具有特氟龙开关的连接口连接 150 mL 的储液管,将 200 ℃的萃取馏分转移至储液管,在 ASE 收集管中加入 50 mL 磷酸缓冲溶液,混合均匀,将收集管中的液体倒入上述储液管。重复磷酸缓冲溶液清洗步骤一次。打开特氟龙开关,使样品溶液过柱,流速在 5～10 mL/min。按照同样方法将120 ℃馏分及磷酸缓冲溶液载入同一根 Oaisis HLB 柱。

　　萃取柱干燥:用氮气以 2 L/min 的流速干燥萃取柱 15 min。注意不要过分地干燥,否则挥发性化合物,如萘会有 10%～20% 的损失。

　　目标化合物洗脱:将具有特氟龙开关的 150 mL 储液管连接到 Oasis HLB 柱上方。在弗罗里硅土柱内加入约 2.5 g 干燥硫酸钠。将 Oasis HLB 柱与弗罗里硅土柱连接,Oasis HLB 柱在上,弗罗里硅土柱在下。加入 10 mL 乙酸乙酯/二乙醚混合液过柱,在洗脱液液面到达 Oasis HLB 柱填料顶部时,再加入 10 mL 乙酸乙酯/二乙醚混合液。重复上述操作一次。合并收集洗脱馏分。注意:必须充分洗涤储液管的内壁,否则多环芳烃等疏水化合物的吸附损失将会高达 30%～40%。

　　洗脱馏分浓缩:在氮气气氛下加热浓缩至 1 mL,然后将浓缩试管取出,在室温下继续浓缩。注意不要浓缩至干。残留物供 GC/MS 分析。如果不是马上进行样品分析,可将样品转移至 GC 样品瓶后置于-10 ℃保存。

　　表 10-45 是土壤、河床沉积物中的多种有害化合物 ASE-SPE 萃取净化的分析结果。

表 10-45　废水检测方法对河床沉积物、地表土、泥沙中添加物的萃取结果($n=7～8$)

化合物	添加量/μg	平均回收率/%			RSD/%			MDL /(μg/kg)
		泥沙	河床沉积物	地表土	泥沙	河床沉积物	地表土	
1,4-二氯苯	4.0	70.1	45.4	67.2	7.0	14.0	5.0	27.6
	40	64.6	51.6	64.4	8.6	16.9	10.8	
1-甲基萘	4.0	76.7	77.5	72.2	6.48	13.5	3.8	27.8
	40	78.5	78.1	82.6	5.18	8.3	1.0	
2,6-二甲基萘	4.0	75.7	77.0	75.2	5.9	12.1	4.8	24.8
	40	78.5	77.4	82.3	4.6	7.9	1.7	
2-甲基萘	4.0	76.7	77.5	77.2	6.5	13.5	3.8	27.8
	40	78.5	78.1	82.6	5.2	8.3	1.0	
3,4-二氯酚异氰酸酯	4.0	43.3	36.3	36.4	24.9	18.0	28.0	60.4
	40	24.9	26.1	31.8	74.3	26.7	28.8	
3-β-粪(甾)醇	16	105.7	73.2	93.1	15.2	31.7	23.4	359.7
	160	92.6	77.3	70.2	14.6	12.8	8.3	

化合物	添加量/μg	平均回收率/%			RSD/%			MDL/(μg/kg)
		泥沙	河床沉积物	地表土	泥沙	河床沉积物	地表土	
3-甲基-1 氢-吲哚	4.0	83.1	99.9	78.9	6.7	11.9	8.4	30.9
	40	84.7	106.6	80.2	2.5	10.6	4.0	
叔丁基-4-甲氧基苯酚	4.0	79.0	40.6	93.6	22.9	26.9	8.5	101
	40	66.0	38.1	80.5	17.7	45.5	9.5	
对异丙苯基苯酚	4.0	85.9	79.6	84.0	7.0	10.6	4.8	33.7
	40	92.9	96.5	92.0	4.8	4.7	6.8	
辛基苯酚	4.0	82.3	77.1	82.5	7.97	10.1	5.2	36.8
	40	89.3	90.5	88.5	5.2	6.3	9.8	
对特辛基苯酚	4.0	85.3	82.9	86.7	4.8	10.5	5.1	22.9
	40	87.4	88.5	89.0	3.1	4.7	2.6	
乙酰苯	4.0	45.0	26.7	28.9	40.0	49.5	67.5	101
	40	53.6	42.2	39.6	13.7	9.4	7.8	
1-(5,6,7,8-四氢-3,5,5,6,8,8-六甲基-2-萘酚)乙醇	4.0	78.0	79.0	80.4	2.9	10.0	6.1	12.5
	40	83.7	77.4	83.6	3.85	6.1	5.3	
蒽	4.0	78.1	80.3	75.7	4.5	10.9	7.1	19.8
	40	84.2	83.1	79.4	2.9	5.2	2.2	
蒽醌	4.0	84.3	87.0	84.3	5.2	6.2	4.7	24.3
	40	84.4	74.7	85.6	2.7	39.5	2.5	
阿特拉津	4.0	78.7	70.0	66.0	13.4	16.9	15.4	58.9
	40	99.7	92.1	86.6	5.0	7.1	6.9	
苯并[a]芘	4.0	77.8	84.7	75.8	5.6	22.2	7.1	24.6
	40	81.7	79.2	76.9	3.8	5.2	9.5	
苯甲酮	4.0	88.8	87.9	96.1	6.4	7.8	5.5	31.8
	40	87.5	86.4	95.8	0.9	3.8	3.0	
β-谷甾醇	16.0	97.4	123	101	16.7	25.7	28.6	363
	160	82.1	66.8	83.8	10.9	12.9	12.1	
β-豆甾烷醇	16.0	96.1	73.2	92.8	17.1	27.2	31.4	367
	160	79.8	63.8	72.2	9.7	9.4	9.1	
双酚 A	4.0	64.5	53.2	58.0	8.8	18.1	15.6	31.6
	40	53.5	44.4	59.6	13.5	5.6	8.0	
除草定	14.0	62.8	43.9	48.9	20.7	36.0	39.8	254
	140	78.9	63.6	52.7	5.1	8.1	11.1	
樟脑	4.0	79.1	70.6	67.6	6.1	12.8	17.1	27.0
	40	87.3	84.6	84.4	1.9	5.9	6.5	

化合物	添加量/μg	平均回收率/%			RSD/%			MDL/(μg/kg)
		泥沙	河床沉积物	地表土	泥沙	河床沉积物	地表土	
咔唑	4.0	82.9	82.0	79.7	4.8	7.5	4.8	22.4
	40	93.2	91.5	91.4	1.3	4.0	4.1	
毒死蜱	4.0	60.4	62.2	68.3	9.9	29.1	18.9	33.6
	40	92.0	92.3	86.4	7.7	5.7	5.4	
胆固醇	16.0	99.3	125	92.4	7.6	19.2	16.9	168
	160	92.3	77.3	70.2	14.6	19.1	12.1	
二嗪农	4.0	75.8	75.5	76.0	11.5	28.2	13.1	48.7
	40	76.9	70.8	80.2	5.0	10.4	4.5	
邻苯二甲酸二乙酯	4.0	58.2	58.3	61.0	14.3	5.7	7.9	46.7
	40	70.3	74.8	82.6	5.6	9.1	9.8	
邻苯二甲酸	4.0	153	147	129	16.1	25.2	20.6	138
	40	82.9	75.4	58.2	11.2	13.0	5.5	
D-柠檬油精	4.0	65.7	29.0	64.2	6.5	20.6	5.1	23.7
	40	65.1	48.0	64.8	10.5	21.3	12.1	
荧蒽	4.0	81.0	102	82.0	5.1	38.0	4.2	23.2
	40	84.7	85.1	85.6	2.8	5.3	3.2	
佳乐麝香	4.0	76.8	76.6	78.4	3.8	14.2	6.3	16.5
	40	82.7	78.2	82.2	4.0	6.3	7.7	
吲哚	4.0	82.0	89.4	74.6	11.7	18.0	19.5	
	40	83.3	71.8	65.0	3.4	6.9	19.4	
异龙脑	4.0	86.5	78.8	85.0	8.1	20.3	9.0	39.3
	40	86.9	76.2	87.6	5.1	8.8	2.7	
异氟乐酮	4.0	12.1	4.5	5.5	64.1	45.9	56.8	43.4
	40	46.3	33.0	32.8	12.3	11.9	20.2	
异丙苯	4.0	54.4	15.1	52.8	28.4	41.0	10.5	86.6
	40	61.0	37.1	59.1	9.6	28.8	15.0	
异喹啉	4.0	59.5	46.3	37.3	25.0	31.8	50.0	83.1
	40	65.6	49.7	42.8	11.2	15.1	4.6	
薄荷醇	4.0	88.4	84.2	82.9	8.5	12.8	18.0	42.0
	40	86.9	70.8	94.2	16.3	9.8	12.9	
甲霜灵	4.0	57.7	37.6	41.3	20.7	43.4	61.8	53.4
	40	79.7	53.2	53.6	5.9	24.0	16.1	
水杨酸甲酯	4.0	13.4	12.3	35.4	47.7	156	77.9	35.8
	40	22.7	14.4	46.4	42.7	51.9	36.9	

续表

化合物	添加量/μg	平均回收率/%			RSD/%			MDL/(μg/kg)
		泥沙	河床沉积物	地表土	泥沙	河床沉积物	地表土	
异丙草胺	4.0	83.9	85.7	81.2	7.9	10.5	4.8	37.2
	40	92.0	92.3	86.4	7.6	5.7	5.4	
避蚊胺	4.0	76.3	58.7	56.7	13.2	27.5	35.8	56.2
	40	75.5	62.4	58.0	10.2	14.1	7.5	
萘	4.0	75.7	71.2	76.6	5.6	8.4	3.4	23.5
	40	78.9	73.6	81.6	3.7	11.2	3.3	
壬基苯酚,二乙氧基-(total, NPEO2)	64	106	106	113	8.9	20.6	6.8	852
	640	98.6	93.6	99.4	2.9	4.0	6.4	
壬基苯酚,二甲氧基-(total, NPEO1)	32	93.7	90.6	96.2	8.0	20.8	4.8	336
	320	93.1	89.2	93.8	3.5	6.6	7.2	
辛基苯酚,二乙氧基-(OPEO2)	2.8	103	98.3	109	9.6	24.3	8.6	38.5
	28	99.1	94.2	98.4	1.4	3.2	1.9	
辛基苯酚,二甲氧基-(OPEO1)	28	86.6	83.9	85.3	6.5	17.0	6.3	219
	280	92.3	93.3	91.4	3.3	5,5	5.3	
对甲苯酚	4.0	85.5	124	76.9	33.6	45.0	11.2	161
	40	74.2	115	67.6	5.1	14.9	5.1	
对壬基苯酚	72	79.4	79.9	83.7	6.2	11.5	10.2	499
	720	86.5	86.0	86.3	7.4	5.5	7.2	
五氯苯酚	16	52.7	45.2	54.2	44.1	35.1	19.8	520
	160	35.2	40.3	40.5	28.0	24.3	26.4	
菲	4.0	78.2	84.9	80.8	4.7	10.0	3.9	20.7
	40	85.4	86.0	88.0	2.6	5.1	2.2	
苯酚	4.0	20.9	20.8	87.5	32.8	37.8	76.4	38.2
	40	41.9	47.0	39.8	16.3	6.2	13.3	
扑灭酮	4.0	74.7	79.9	66.6	10.6	16.9	10.7	44.2
	40	88.6	74.4	73.3	10.2	10.2	6.7	
芘	4.0	73.3	91.6	73.2	5.0	36.9	7.2	20.6
	40	82.7	80.9	83.2	2.1	5.6	3.1	
四溴二苯醚	4.0	79.6	79.0	83.5	4.3	9.9	6.6	19.1
	40	84.4	87.6	67.0	5.8	8.8	19.3	
磷酸三(丁氧基乙基)酯	4.0	101	97.7	102	17.5	32.6	9.2	98.5
	40	87.9	87.8	89.3	2.4	3.7	1.0	
磷酸三丁酯	4.0	47.0	48.1	66.6	27.8	22.3	30.6	73.0
	40	46.3	49.8	63.9	24.1	18.1	21.8	

续表

化合物	添加量/μg	平均回收率/%			RSD/%			MDL /(μg/kg)
		泥沙	河床沉积物	地表土	泥沙	河床沉积物	地表土	
三氯生	4.0	82.9	70.9	86.6	10.7	12.2	13.1	49.6
	40	82.4	74.8	85.3	6.4	3.6	3.0	
磷酸三苯酯	4.0	47.8	47.9	61.4	17.2	29.3	29.0	46.0
	40	49.0	49.0	64.6	18.4	16.5	16.1	
监控化合物								
荧蒽-d_{10}	8	83.4	92.5	85	4.4	6.0	3.8	
双酚 A-d_3	8	68.2	70.5	64.1	9.4	12.0	18.9	
十氯联苯	8	56.7	55.2	62.5	12.3	11.6	14.1	

10.9　全氟辛基磺酸和全氟辛基羧酸的固相萃取

10.9.1　全氟辛基磺酸和全氟辛基羧酸的特性

全氟辛基磺酸,简称 PFOS,分子式为 $C_8HF_{17}SO_3$,其钾盐常温常压下为白色粉末,蒸气压为 $3.31×10^{-4}Pa$,沸点大于 400 ℃,K_a 值小于 $2×10^{-6}$。在水中溶解度为 519 ~ 680 mg/L。

全氟辛基羧酸,简称 PFOA,分子式为 $C_8HF_{15}O_2$,常温常压下为白色结晶体,熔点 53 ℃,沸点 189 ~ 191 ℃。在 32 ℃水中的溶解度为 0.01 ~ 0.023 mol/L,呈强酸性。

PFOS 最早由美国 3M 公司于 1952 年研制成功。历史上,3M 公司是最大也是最重要的 PFOS 生产商。1985 ~ 2002 年,3M 公司的 PFOS 累计产量为 1.37 万吨,最大年产量 3700 吨,2003 年初完全停产。自 2006 年起,欧盟、美国、加拿大和日本等发达国家和地区逐步采取控制措施限制 PFOS 的使用,PFOS 的国际市场需求已经明显萎缩。

氟碳表面活性剂因其优异的表面活性与稳定性,目前在工业上已经有广泛且成熟的应用。例如,在油漆、涂料、油墨行业作润湿、流平、防粘、防污剂;在消防工业上用作轻水泡沫灭火剂;在聚合物体系中用作乳化剂、脱模剂、防雾剂、防静电剂;在电子行业作清洗剂、助焊剂、氧化抑制剂;在金属制备中作润滑剂、漂洗添加剂、腐蚀抑制剂;在农业材料上作杀菌剂、防雾剂;以及在医疗、石油、感光材料、清洗剂、纺织等领域均有重要应用。

全氟化合物属于持久性有机污染物(POPs)的一种,2009 年 5 月在瑞士日内瓦举行的缔约方大会第四届会议决定将全氟辛基磺酸及其盐类、全氟辛基磺酰氟等

9 种新增化学物质列入公约附件 A、B 或 C 的受控范围。PFOA/PFOS 在环境中的半衰期非常长,残留显现普遍,但由于其产用量较小,所以环境中的浓度不高。目前世界各国对 PFOA/PFOS 开始关注,但还没有制定相应的环境质量标准。2006年,美国明尼苏达州环境部门规定饮用水中 PFOA 和 PFOS 的最大允许浓度分别为 0.5 μg/L 和 0.3 μg/L,新泽西州则将 0.04 μg/L 定为 PFOA 的非致癌限量值。

10.9.2 PFOA/PFOS 的固相萃取

对于水样,固相萃取法是目前应用最为广泛的提取技术,方法操作简单,溶剂消耗少,能同时完成萃取和净化步骤,可实现自动化操作,但需避免全自动固相萃取仪中 PTFE 等含氟管路。另外,当颗粒物含量较高时,需预先过滤,不能实现水相和颗粒相的同时分析。幸运的是,水体中 PFOA/PFOS 主要以溶解态存在,去除颗粒物对结果的影响不大。值得注意的是,玻璃纤维、尼龙、醋酸纤维和聚醚砜等材质的滤膜上都可能残留全氟化合物而污染样品,因此选择离心的方法分离水相和颗粒相是不错的选择。

目前可用于水中 PFOA/PFOS 的商用固相萃取柱有多种类型,如二乙烯基苯(PR)柱、聚乙烯吡咯烷酮(P)柱、C₁₈ 柱和亲水亲油平衡(HLB)萃取柱。但 HLB 柱效果最好,回收率为 57.3%~118%,利用 HLB 柱分析海水中 7 种 PFOA/PFOS 的含量,灵敏度可达 pg/L。然而 HLB 柱对短链 PFOA/PFOS 富集效率较低,弱阴离子交换(WAX)柱对 PFOA/PFOS 的总体萃取效果要好于 HLB 萃取柱。

1. 水样中 PFOA/PFOS 的固相萃取方法一

使用聚丙烯量筒量取水样 500 mL,将样品通过 0.8 μm 或相当的滤膜,去除水中颗粒物。

固相萃取柱:Oasis HLB 柱,250 mg/6 mL,Waters 公司。

柱预处理:甲醇 6 mL 和纯水。淋洗过程中确保 SPE 柱湿润,为保持 SPE 柱湿润可继续加纯水。

样品过柱:以均匀的流速(3~5 mL/min)通过 SPE 柱富集水样,上样过程要防止吸附床表面有气泡,并确保 SPE 柱不干。

干燥萃取柱:上样后柱中残留的水用泵抽 30 s。如果 30 s 不足以取出全部水分,可重复若干次,但不能超过 2 min,防止目标化合物流失。

目标化合物洗脱:使用 8 mL 甲醇溶液洗涤 SPE 柱,富集得到目标化合物。

在适宜的水浴温度(<50 ℃)下用温和的氮气流浓缩萃取液至 1 mL 以下,加入内标溶液,并用甲醇定容至 1 mL 后使用涡旋混合器混匀。将样品转移至聚丙烯材料的自动进样瓶中,用于 HPLC-MS/MS 仪器分析(结果见表 10-46 HLB)。

2. 水样中 PFOA/PFOS 的固相萃取方法二

使用聚丙烯量筒量取水样 500 mL,将样品通过 0.8 μm 或相当的滤膜,去除水中颗粒物。

固相萃取柱:弱阴离子交换(WAX)柱,150 mg/6 mL。

柱预处理:0.5%(体积分数)氨水/甲醇溶液 6 mL、甲醇 6 mL 和纯水 6 mL。

样品上样:以均匀的流速(3~5 mL/min)通过 SPE 柱富集水样。

干燥萃取柱:上样后柱中残留的水用泵抽干,但抽气时间不宜过长。

柱洗涤:使用 6 mL 乙酸盐缓冲溶液(pH=4)洗涤 SPE 柱,将目标化合物锁定在 SPE 柱上,高纯水洗涤 SPE 柱后,用真空泵抽干 SPE 柱 2 min,去除柱中残留的水分。使用 3 mL 甲醇洗涤 SPE 柱,去除杂质。

目标化合物洗脱:使用 8 mL 的 0.5%(体积分数)氨水甲醇溶液洗涤 SPE 柱,富集得到目标化合物。

氮气浓缩后,加入内标溶液,并用甲醇定容至 1 mL 后混匀,待 HPLC-MS/MS 仪器分析(结果见表 10-46 WAX)。

表 10-46　两种 SPE 柱对 PFOA/PFOS 的净化富集效果

化合物	HLB		WAX	
	加标量/(ng/mL)	测定值/(ng/mL)	加标量/(ng/mL)	测定值/(ng/mL)
全氟戊烷酸(PFPA)	20	4.5	20	25.4
全氟丁烷酸(PFBA)	20	28.4	20	42.3
全氟庚烷酸(PFHpA)	20	15.5	20	29.8
全氟辛烷酸(PFOA)	20	9.8	20	23.1
全氟壬烷酸(PFNA)	20	5.1	20	25.5
全氟癸烷酸(PFDA)	20	2.6	20	20.2
全氟十二烷酸(PFDoDA)	20	1.4	20	15.8
全氟十一烷酸(PFUnDA)	20	1.1	20	13.6
全氟十四烷酸(PFTDA)	100	0.0	20	41.0
全氟辛烷磺酸(PFOS)	20	2.2	20	20.2

10.10　抗生素的固相萃取

10.10.1　基本概况

抗生素被长期大量地用于人和动物的疾病治疗,同时,以亚治疗剂量添加于动物饲料长期用于动物疾病的预防和促进生长。至 21 世纪初,抗生素(antibiotics)家族已发展到几千种,常用的抗生素一般按化学结构的不同分为 β-内酰胺类、四环素类、磺胺类、大环内酯类、喹诺酮类等。进入生物体或人体内的抗生素不能完全被机体吸收,大部分以抗生素原形或代谢物形式经由患者和畜禽粪尿排入环境,其比例可高达 85% 以上。由于抗生素的滥用,大量耐药性致病菌层出不穷,2010 年发现的新型超级细菌 NDM-1,导致南亚、英国等 107 名患者身体畸形。抗生素经不同途径进入环境中后,对土壤、水体造成污染,抗生素在环境中的残留、归宿以及对环境的影响已经成为全球关注焦点。

表 10-47 中列出了环境中较常见的十二种磺胺、四种喹诺酮、三种四环素、一种大环内酯和甲氧苄氨嘧啶等抗生素 CAS 编号及分子式。

表 10-47　环境中常见抗生素名称、CAS 编号、分子式

序号	化合物	简写	CAS 编号	分子式
	磺胺类			
1	磺胺醋酰 （sulfacetamide）	SCT	144-80-9	$C_8H_{10}N_2O_3S$
2	磺胺噻唑 （sulfathiazole）	STZ	72-14-0	$C_9H_9N_3O_2S_2$
3	磺胺吡啶 （sulfapyridine）	SPD	144-83-2	$C_{11}H_{11}N_3O_2S$
4	磺胺甲基嘧啶 （sulfamerazine）	SMA	127-79-7	$C_{11}H_{12}N_4O_2S$
5	磺胺嘧啶 （sulfadiazine）	SD	68-35-9	$C_{10}H_{10}N_4O_2S$
6	磺胺二甲嘧啶 （sulfadimidine）	SMD	57-68-1	$C_{12}H_{14}N_4O_2S$
7	磺胺氯哒嗪 （sulfachloropyridazine）	SCP	80-32-0	$C_{10}H_9ClN_4O_2S$
8	磺胺甲基异噁唑 （sulfamethoxazole）	SMX	723-46-6	$C_{10}H_{11}N_3O_3S$
9	磺胺二甲异噁唑 （sulfisoxazole）	SIA	127-69-5	$C_{11}H_{13}N_3O_3S$
10	磺胺二甲氧基嘧啶 （sulfadimethoxine）	SDX	122-11-2	$C_{12}H_{14}N_4O_4S$
11	磺胺甲氧哒嗪 （sulfamethoxypyridazine）	SMP	80-35-3	$C_{11}H_{12}N_4O_3S$
12	磺胺喹噁啉 （sulfaquinoxaline）	SCX	59-40-5	$C_{14}H_{12}N_4O_2S$
	喹诺酮类			
13	氧氟沙星 （ofloxacin）	OFL	82419-36-1	$C_{18}H_{20}FN_3O_4$

序号	化合物	简写	CAS 编号	分子式
		喹诺酮类		
14	恩诺沙星（enrofloxacin）	ENR	93106-60-6	$C_{19}H_{22}FN_3O_3$
15	环丙沙星（ciprofloxacin）	CIP	85721-33-1	$C_{17}H_{18}FN_3O_3$
16	诺氟沙星（norfloxacin）	NOR	70458-96-7	$C_{16}H_{18}FN_3O_3$
		四环素类		
17	土霉素（oxytetracycline）	OTC	79-57-2	$C_{22}H_{24}N_2O_9$
18	金霉素（chlortracycline）	CTC	57-62-5	$C_{22}H_{23}ClN_2O_8$
19	四环素（tetracycline）	TC	60-54-8	$C_{22}H_{24}N_2O_8$
		大环内酯		
20	罗红霉素（roxithromycin）	ROM	80214-83-1	$C_{41}H_{76}N_2O_{15}$
		其他		
21	甲氧苄氨嘧啶（trimethoprim）	TMP	738-70-5	$C_{14}H_{18}N_4O_3$

　　绝大多数抗生素都是极性化合物,有一定水溶性,固相萃取多采用亲水亲油平衡(HLB)的 SPE 柱。水样过滤去除水中的悬浮颗粒物后,取 0.5 L,调节 pH 为 2~4,加入 Na_2EDTA 0.4 g。为防止萃取柱穿透,每个 SPE 柱富集水量不宜超过 2.5 L。HLB 柱预先用 6 mL 甲醇和 6 mL 纯水处理,然后载样,打开真空泵,调节流速≤3 mL/min,使水样通过 HLB 柱,待样品完全流出后,用 5 mL 水洗涤 SPE 柱,弃去全部流出液。SPE 柱在 65 kPa 负压下,抽干 1 h,然后用 8 mL 甲醇洗脱,收集洗脱液于 10 mL 试管中,在 40 ℃用氮吹浓缩至近干,使用甲醇水溶液(1:9,体积比)定容至 1 mL,加入进样内标,将定容后的溶液过 0.45 μm 滤膜后,使用液相色谱-串联质谱法分析检测。

10.10.2　磺胺类抗生素的固相萃取

　　磺胺类药物是指具有对氨基苯磺酰胺结构的一类药物的总称,是一类用于预防和治疗细菌感染性疾病的化学治疗药物。磺胺类衍生物可达数千种,其中应用较广且有一定疗效的有几十种,是一类非常重要的抗生素。磺胺类药物最早于1908 年发现,1933 年开始试用于临床,至今有 80 多年的历史。磺胺类药物的种类繁多,经合成并研究过的同系物超过 5000 多种,但有治疗价值的并不多。其中记入《中华人民共和国药典》的有磺胺甲噁唑、磺胺嘧啶、磺胺脒、磺胺醋酰等。2013年我国磺胺类药物的用量为 7000 多吨,其中磺胺间甲氧嘧啶、磺胺嘧啶和磺胺喹噁啉的用量最大,依次为 2210 吨、1260 吨和 1440 吨。统计结果显示,2013 年,甲氧苄氨嘧啶的使用量为 746 吨。表 10-48 是常见磺胺类药物和甲氧苄氨嘧啶的理化参数。

表 10-48　磺胺类药物和甲氧苄氨嘧啶理化参数

药物名称	CAS 编号/理化性质	结构式
磺胺嘧啶 (sulfadiazine)	68-35-9 黄色结晶性粉末,熔点 253 ℃	
磺胺噻唑 (sulfathiazole)	72-14-0 熔点 202.5 ℃,微溶于水	
磺胺吡啶 (sulfapyridine)	144-83-2 熔点 191 ~ 193 ℃,黄棕至白色粉末,微溶于水	
磺胺甲基嘧啶 (sulfamerazine)	127-79-7 用作医药中间体	
磺胺二甲嘧啶 (sulfamethazine)	57-68-1 白色或微黄结晶或粉末,熔点 176 ℃。微溶于水(溶解度:29 ℃,150 mg/100 mL;37 ℃,192 mg/100 mL),在热乙醇中溶解,不溶于乙醚,易溶于稀酸或稀碱溶液。无臭,味微苦,遇光颜色逐渐变深	
磺胺间甲氧嘧啶 (sulfamonomethoxine)	1220-83-3 对眼睛、呼吸道和皮肤有刺激作用。用于溶血性链球菌、肺炎球菌及脑膜炎球菌等感染	
磺胺甲噻二唑 (sulfamethizole)	144-82-1 皮肤接触会产生过敏反应	
磺胺对甲氧嘧啶 (sulfameter)	651-06-9 白色或微黄色粉末。熔点 214 ~ 216 ℃。几乎不溶于水、醚或乙醇,微溶于酸,易溶于碱。无臭,味苦	

药物名称	CAS 编号/理化性质	结构式
磺胺氯哒嗪 （sulfachloropyridazine）	80-32-0 磺胺甲氧哒嗪的中间体,本身为兽用抗菌药物	
磺胺甲氧哒嗪 （sulfamethoxypyridazine）	80-35-3 该品为白色或微黄色的结晶性粉末、无臭、味苦、遇光变色。该品在丙酮中略溶,在乙醇中溶解极微,在水中几乎不溶;在稀盐酸或碱性氢氧化物溶液中易溶。该品的熔点为 180～183 ℃(174～177 ℃)	
磺胺邻二甲氧嘧啶 （sulfadoxine）	2447-57-6 熔点 190～194 ℃,对眼睛、呼吸道和皮肤有刺激作用	
磺胺二甲氧嗪 （sulfadimethoxine）	122-11-2 皮肤接触会产生过敏反应,对眼睛、呼吸道和皮肤有刺激作用	
磺胺甲噁唑 （sulfamethoxazole）	723-46-6 白色结晶性粉末。熔点 166～169 ℃,易溶于稀盐酸、氢氧化钠溶液或氨水,几乎不溶于水。无臭,味微苦。吞咽有害。对眼睛、呼吸道和皮肤有刺激作用	
磺胺二甲异噁唑 （sulfisoxazole）	127-69-5 该品为白色或微黄色结晶性粉末,无臭,味苦。在甲醇中溶解,在乙醇中略溶,在水中几乎不溶,在稀盐酸或氢氧化钠溶液中溶解。熔点 192～197 ℃,熔融时同时分解。 水溶性:<0.1 g/100 mL(22.5 ℃)	
磺胺苯甲酰 （sulfabenzamide）	127-71-9 熔点 180～184 ℃,水溶性为 0.3 g/L(20 ℃)	
磺胺喹噁啉 （sulfaquinoxaline）	59-40-5 淡黄色结晶性粉末。熔点 248～255 ℃。不溶于水、乙醇、丙酮,溶于碱溶液	
磺胺醋酰 （sulfacetamide）	144-80-9 白色结晶粉末,熔点 179～184 ℃。溶于乙醇,微溶于水或乙醚,几乎不溶于氯仿或苯,溶于稀矿酸或碱性氢氧化物溶液。无臭,有特殊酸味。水溶性:<0.01 g/100 mL(16 ℃)	

药物名称	CAS 编号/理化性质	结构式
磺胺苯吡唑 （sulfaphenazole）	526-08-9 熔点 179～183 ℃,白色或淡黄色	
甲氧苄胺嘧啶 （trimethoprim）	738-70-5 白色或类白色结晶性粉末。熔点 199～203 ℃, 25 ℃的溶解度（g/100 mL）:DMA 13.86,苄醇 7.29,氯仿 1.82,甲醇 1.21,水 0.04,醚 0.003, 苯 0.002。无臭,味苦。水溶性:<0.1 g/100 mL （24 ℃）。吞咽有毒	

　　表 10-49 比较了 SPE 与 LLE 对磺胺类药物的萃取效率。从表中可见,固相萃取法有较好的萃取效率,19 种目标化合物的回收率为 77.4%～86.5% ;但是液液萃取法的回收率只有 0%～50.3% 。结果表明 SPE 方法明显比传统的 LLE 方法要好。而表 10-50 中,将 C_{18} 柱、HLB 柱、弱阴离子交换（WAX）柱、弱阳离子交换（WCX）柱、强阴离子交换（SAX）柱、强阳离子交换（SCX）柱等常见的固相萃取柱进行对比后发现 HLB 柱有较好的富集效果,回收率均在 75% 以上。WAX 柱、WCX 柱、SCX 柱和 SAX 柱的富集效果均不好;C_{18} 柱对磺胺二甲异噁唑、磺胺苯酰、磺胺邻二甲氧嘧啶、磺胺地索辛、磺胺喹噁啉、磺胺苯吡唑和甲氧苄氨嘧啶的富集能力可达到近 70% 及以上,但是对于其他物质的富集效果不佳。以下是用几种常见 SPE 柱比对测试方法。

表 10-49　不同萃取方法对磺胺类药物的萃取效率（添加浓度为 200 ng/L）

化合物	固相萃取					液液萃取				
	测试1 /(ng/L)	测试2 /(ng/L)	测试3 /(ng/L)	平均值 /(ng/L)	回收率 /%	测试1 /(ng/L)	测试2 /(ng/L)	测试3 /(ng/L)	平均值 /(ng/L)	回收率 /%
磺胺醋酰	188	134	185	169	84.7	1.6	4.2	2.9	2.9	1.5
磺胺嘧啶	195	134	190	173	86.5	20.6	27.5	9.4	19.1	9.6
磺胺噻唑	190	115	159	155	77.4	0	0	0	0	0
磺胺吡啶	185	130	184	166	83.2	0.2	2.6	0	0.9	0.5
磺胺甲基嘧啶	191	135	190	172	86.1	30.2	41.8	12.3	28.1	14.1
甲氧苄氨嘧啶	194	139	190	174	87.1	0	0	0	0	0
磺胺二甲嘧啶	190	131	186	169	84.5	39.1	53.3	16	36.1	18.1
磺胺间甲氧嘧啶	193	136	189	172	86.2	52.1	91.5	27.6	57.1	28.5
磺胺甲噻二唑	187	130	186	168	83.8	12.9	15.4	4.5	10.9	5.5

续表

化合物	固相萃取					液液萃取				
	测试1 /(ng/L)	测试2 /(ng/L)	测试3 /(ng/L)	平均值 /(ng/L)	回收率 /%	测试1 /(ng/L)	测试2 /(ng/L)	测试3 /(ng/L)	平均值 /(ng/L)	回收率 /%
磺胺甲氧哒嗪	186	130	185	167	83.4	56.4	74	21.6	50.7	25.3
磺胺对甲氧嘧啶	189	134	186	170	84.8	52.8	75	31	52.9	26.5
磺胺氯哒嗪	188	134	185	169	84.5	57.2	81.3	31.4	56.6	28.3
磺胺甲基异噁唑	193	134	187	172	85.8	70.5	104	44.5	73	36.5
磺胺二甲异噁唑	190	131	187	169	84.7	73.3	104	34.6	70.7	35.3
磺胺苯酰	186	134	189	170	84.8	90.1	121	54	88.3	44.1
磺胺邻二甲氧嘧啶	192	132	189	171	85.7	111	129	61.7	100	50.3
磺胺地索辛	192	132	189	171	85.7	111	129	61.7	100	50.3
磺胺喹噁啉	174	127	176	159	79.5	110	126	56.5	97.5	48.8
磺胺苯吡唑	192	133	189	171	85.7	111	117	47.3	91.8	45.9

（1）C_{18}柱:柱子规格为 1 g/6 mL,预处理过程为依次使用 10 mL 甲醇和 10 mL 实验用水活化 SPE 柱。调整水样 pH 为 2~3,加入 0.5 g Na_2EDTA 后以 5~10 mL/min 的流速通过柱,使用 10 mL 实验用水去除残留的 Na_2EDTA,然后在温和的氮吹条件下干燥 SPE 柱,最后使用 10 mL 甲醇溶液洗脱得到目标化合物。将洗脱液浓缩并转化溶剂为乙腈,浓缩至近干,使用乙腈/水(1∶1,体积比)溶剂体系定容为 1 mL,冷冻保存,仪器分析前加入内标物 10.0 μL,HPLC-MS/MS 分析。

（2）HLB 柱:柱子规格为 500 mg/6 mL,依次使用 6 mL 甲醇和 6 mL 实验用水活化 SPE 柱。将水样调整 pH 为 2~3,再加入 Na_2EDTA 0.5 g,然后以 5~10 mL 的流速通过预处理好的 SPE 柱,待样品完全通过 SPE 柱后,使用 10 mL 实验用水去除残留的 Na_2EDTA,然后在温和的氮吹条件下干燥 SPE 柱,最后使用 10 mL 甲醇溶液洗脱得到目标化合物。将洗脱液浓缩并转化溶剂为乙腈,浓缩至近干,使用乙腈/水(1∶1,体积比)溶剂体系定容为 1 mL,冷冻保存,仪器分析前加入内标物 10.0 μL。

（3）WAX 柱:柱子规格为 200 mg/6 mL,预处理过程为依次使用 10 mL 0.5% 氨水甲醇、10 mL 甲醇和 10 mL 实验用水洗脱 SPE 柱。水样 pH 为中性,加入 0.5 g Na_2EDTA 后以 5~10 mL 的流速通过 SPE 柱,使用 10 mL 实验用水去除残留的 Na_2EDTA,加入 10 mL pH 为 4 的乙酸-乙酸铵缓冲溶液(50 mmol/L)锁定目标化合物,再加入 10 mL 甲醇溶液去除杂质,最后使用 10 mL 0.5% 氨水甲醇溶液洗脱得到目标化合物。将洗脱液浓缩并转化溶剂为乙腈,浓缩至近干,使用乙腈/水(1∶1,体积比)溶剂体系定容为 1 mL,冷冻保存,仪器分析前加入内标物 10.0 μL。

（4）WCX 柱：柱子规格为 200 mg/6 mL，预处理过程为依次使用 10 mL 2%（体积分数）乙酸甲醇溶液、10 mL 甲醇和 10 mL 实验用水洗脱 SPE 柱。水样 pH 为中性，加入 0.5 g Na₂EDTA 后以 5~10 mL 的流速通过 SPE 柱，使用 10 mL 实验用水去除残留的 Na₂EDTA，加入 10 mL 0.5%（体积分数）氨水锁定目标化合物，再加入 10 mL 甲醇溶液去除杂质，最后使用 10 mL 2%（体积分数）乙酸甲醇溶液洗脱得到目标化合物。将洗脱液浓缩并转化溶剂为乙腈，浓缩至近干，使用乙腈/水（1:1，体积比）溶剂体系定容为 1 mL，冷冻保存，仪器分析前加入内标物 10.0 μL。

（5）SAX 柱：柱子规格为 200 mg/6 mL。测试方法同 WCX 柱。

（6）SCX 柱：柱子规格为 200 mg/6 mL。测试方法同 WAX 柱。

表 10-50　不同固相萃取柱对磺胺类药物的回收率（%）

目标化合物	C₁₈	HLB	WAX	SCX	SAX	WCX
磺胺醋酰	1.1	84.7	5.2	—	0.1	—
磺胺嘧啶	2.8	86.5	2.2	—	—	—
磺胺噻唑	7	77.4	0.4	—	—	—
磺胺吡啶	7.2	83.2	5.1	—	0.1	—
磺胺甲基嘧啶	10.4	86.1	1.6	—	—	—
甲氧苄氨嘧啶	69.7	87.1	1.3	—	—	—
磺胺二甲嘧啶	30.3	84.5	1.9	—	—	—
磺胺间甲氧嘧啶	35.4	86.2	1.8	—	0.1	—
磺胺甲噻二唑	36.9	83.8	0.4	—	0.1	—
磺胺甲氧哒嗪	41.8	83.4	1.9	—	—	—
磺胺对甲氧嘧啶	55.1	84.8	6.3	—	0.1	—
磺胺氯哒嗪	39.2	84.5	4.9	—	0.2	—
磺胺甲基异噁唑	44.2	85.8	5	—	0.6	—
磺胺二甲异噁唑	73.4	84.7	4.4	—	0.2	—
磺胺苯酰	69.5	84.8	—	—	—	—
磺胺邻二甲氧嘧啶	96.8	85.7	3	—	—	—
磺胺地索辛	96.8	85.7	3	—	—	—
磺胺喹噁啉	95.4	79.5	7.1	—	—	—
磺胺苯吡唑	94.6	85.7	7.7	—	—	—

10.11　极性化合物的固相萃取

10.11.1　极性化合物的特点

由于极性化合物在水中的溶解度高,采用液液萃取往往较难将这些极性化合物萃取出来。在这种情况下,固相萃取就是一个很好的选择。

人们熟悉的反相键合硅胶柱,如 C_{18}、C_8 等可用于弱酸性及弱碱性化合物的萃取。因为可以通过调节 pH 使得这些化合物呈中性状态,从而被 C_{18} 或 C_8 吸附。但是,对于强极性化合物,直接采用反相键合硅胶材料就不适合了。另外,调节样品的 pH 范围受到硅胶稳定性的限制。

通过加入离子对试剂也可以使用 C_{18}、C_8 等反相键合硅胶柱萃取高极性化合物。例如,在美国 EPA 方法 549.1 中就使用 1-己基磺酸钠作为离子对,用 C_8 萃取膜片对饮用水中百草枯进行萃取,然后用盐酸酸化洗脱溶剂破坏离子对,将百草枯洗脱[85]。表 10-51 给出了常用的离子对试剂。其中一些有足够的挥发性,适用于 LC-MS。

表 10-51　常见离子对试剂

用于碱性/阳离子化合物	用于酸性/阴离子化合物
三氟乙酸[a]	氨水[a]
五氟丙酸[a]	三乙胺[a]
六氟丁酸[a]	二甲基丁基胺[a]
丙基磺酸盐	三丁基胺[a]
丁基磺酸盐	四甲基铵盐
1-戊基磺酸盐	四乙基铵盐
1-己基磺酸盐	四丙基铵盐
1-庚基磺酸盐	四丁基铵盐
1-辛基磺酸盐	四戊基铵盐
1-壬基磺酸盐	四己基铵盐
1-癸基磺酸盐	四庚基铵盐
1-十二烷基磺酸盐	四辛基铵盐
十二烷基硫酸钠盐	十六烷基铵盐
二辛基硫代琥珀酸盐	癸二溴化三甲基铵

注:a. 适用于 LC-MS。

石墨炭黑(GCB)和多孔石墨化碳(PGC)是另外一类被用于萃取极性化合物的固相萃取材料。正如在第 4 章 4.2 节所讨论的,由于这类材料碳原子的特殊结构,以这类材料制成的固相萃取装置具有较大的极性适用范围,从非极性的化合物(如PCBs)到高极性化合物(如一些农药)。我们可以通过选择适当的洗脱溶剂对被吸附的化合物进行选择性的洗脱。但是,由于这类材料的萃取机理至今依然不是十分清楚,洗脱溶剂的选择依然有些困难,另外,这类材料对一些化合物的不可逆吸附也限制了这类材料在固相萃取中的应用。因此,当使用这类萃取材料对极性化合物进行萃取时,如果出现回收率偏低,其中一个可能因素就是发生了不可逆吸附。这时最好更换吸附能力相对较弱的萃取材料,如聚合物萃取材料。

10.11.2　极性化合物的固相萃取方法

1. 环境水中极性化合物的萃取方法[86]

表 10-52 列出了目标化合物的性质及回收率。

表 10-52　目标化合物的性质及回收率

化合物	英文缩写	化学结构	lg K_{ow}	回收率/%
氰尿二酰胺(ammeline)	ANE	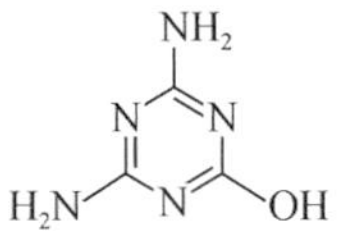	−1.2	83.4
三聚氰胺一酰胺(ammelide)	ADE	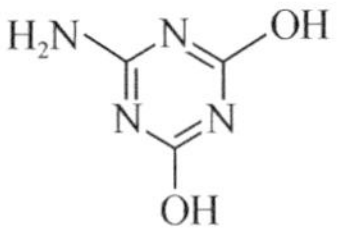	−0.7	87.1
氰尿酸(cyanuric acid)	Cya	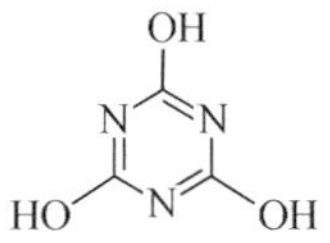	−0.2	>100
脱乙基脱异丙基阿特拉津(atrazin-desethyl-desisopropyl)	DEIA	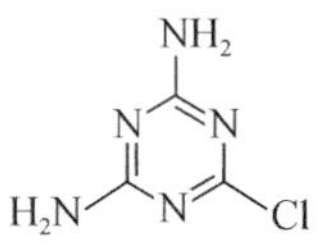	0	82.0
脱乙基阿特拉津(atrazin-desethyl)	DEA	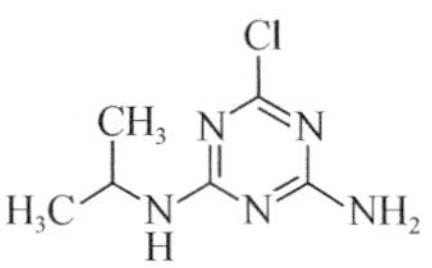	1.3	80.4
脱异丙基阿特拉津(atrazin-desisiopropyl)	DIA	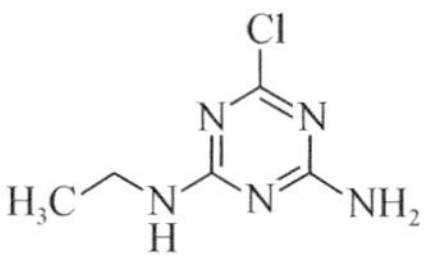	1.6	75.6

固相萃取柱:HyperSep Hypercarb PGC 柱,500 mg/6 mL,Thermo Electron 公司。

柱预处理:10 mL 甲醇,10 mL 水,真空 0.3 cmHg。

样品过柱:500 mL,真空约 1 cmHg。

目标化合物洗脱:6 mL(甲醇/THF,1∶1,体积比)+0.1%(体积分数)三氟乙酸保持 1 min 后,真空 0.3 cmHg。

洗脱物浓缩:氮气气氛下浓缩至干,加入 1 mL 水再溶解。

样品分析:LC-MS,Finnigan Surveryor 及 Finnigan LCQ Deca 系统。色谱柱:Hypercarb,5 μm,100 mm× 21 mm,Thermo 公司。流动相:A 为水+0.1%(体积分数)乙酸;B 为乙腈+0.1%(体积分数)乙酸。流速:200 μL/min。温度:68 ℃。检测:+ve/-ve ESI,SIM MS([M+H]$^+$用于 ANE、ADE、DEIA、DIA,[M-H]$^-$用于 Cya)。进样量:10 μL。

图 10-17 是表 10-52 列举的环境水中 6 种极性化合物经过 PGC 柱萃取浓缩后得到的 LC-ESI-MS 谱图。

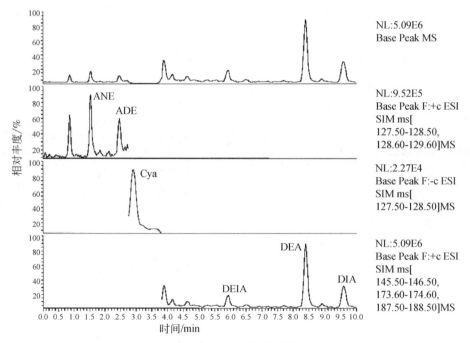

图 10-17　LC-ESI-MS 谱图

500 mL 水样,每种化合物浓度 0.1 μg/L

采用聚乙烯-二乙烯基苯(PS-DVB)聚合物固相萃取材料,可以克服 PGC 类填料对某些化合物的不可逆吸附的问题。这些聚合物材料疏水表面有许多活性芳环,因此,除了具有类似于 C_{18} 的非极性特征之外,还具有 π-π 相互作用,能够更好地保留极性化合物。特别是经过化学改性 PS-DVB,引入不同的极性官能团,使得聚合物固相萃取材料更加适用于对极性化合物的萃取分离。这些极性官能团包括乙酰基、羟甲基、苯甲酰基、o-羧基苯甲酰基等[87],这些极性官能团的引入使得聚合物固相萃取材料具有很好的亲水性,使得萃取材料表面的极性增加,从而可以有效地保留极性化合物。目前,商品化的改良聚合物固相萃取材料有许多,如 Bond Elut PPL(Varian 公司)、Envi-Chrom P(Supelco 公司)、Lichrolut EN(Merck 公司)、Isolut ENV(ISI 公司)、Oasis HLB(Waters 公司)、Porapak RDX(Waters 公司)等。

2. 水中乙酰甲胺磷的固相萃取

在聚合物固相萃取材料中引入极性官能团,使其能够用于极性化合物的萃取的一个很好的例子是对乙酰甲胺磷的萃取。乙酰甲胺磷的 $\lg K_{ow} = -0.85$,溶于水,用一般的非极性固相萃取材料很难从水中将其萃取出来。利用 Oasis HLB 材料上的亲水吡咯啉官能团就可以有效地完成乙酰甲胺磷的萃取和富集。

自来水中乙酰甲胺磷的萃取方法[88]如下:

萃取柱:Oasis HLB 非极性柱,60 mg/3 mL,Waters 公司。

样品预处理:20 mL 城市自来水中加入 5 g 氯化钠,用磷酸调节 pH = 3。

柱预处理:3 mL 二氯甲烷,3 mL 甲醇,3 mL 水。

样品过柱:20 mL 上述经处理的水样过柱,流速 4 mL/min。

目标化合物洗脱:2 mL 二氯甲烷。

浓缩再溶解:将样品浓缩至干后再用 250 μL HPLC 流动相溶解。

HPLC 分析:流动相:4%(体积分数)乙腈水溶液,流速 1 mL/min;色谱柱:Symmertry Shield RP18,UV 波长 200 nm;进样量:75 μL。

回收率(5μg/L):83.6%(RSD 为 15.0%),$n = 7$。

3. 水中百草枯和敌草快的固相萃取

目标化合物百草枯和敌草快属于季铵盐除草剂,极易溶于水,在水中呈离子状态,固相萃取柱富集水样中目标化合物的原理有基于极性分离、基于电荷分离离子交换型。由于目标化合物在水中呈离子状态,必须选用基于离子交换原理的固相萃取柱。20 世纪 90 年代时,SPE 柱填料种类单一,一般都是 C_{18} 为主,C_{18} SPE 柱本身是基于极性分离达到富集水样的目的,如果要把 C_{18} SPE 柱用于基于电荷分离的水样富集时,必须要对 C_{18} 填料进行修饰,表面连接离子对试剂,EPA 549 等传统的标准方法均是使用离子对试剂。近年来,SPE 柱填料种类越来越多,基于电荷分离的离子交换柱已经商品化,不再需要用离子对试剂去修饰 C_{18} 填料即可基于电荷分离。离子交换柱有(弱、强)阴离子交换柱和(弱、强)阳离子交换柱。目标化合物在水溶液中带正电荷,因此使用阳离子交换柱。参照阳离子交换柱使用范围,季铵盐除草剂的 pK_a 约为 10,一般使用弱阳离子交换柱。

弱阳离子交换柱富集完水样后,一般采用酸性有机溶剂洗脱。呈酸性的洗脱溶剂可以把被离子交换柱固定的那部分目标化合物替换下来,再用有机溶剂洗脱下来。甲酸是常见的洗脱溶剂添加剂。由于在仪器分析步骤采用的是乙腈作为流动相,考虑样品基质需和流动相一致的原则,在固相萃取环节采用乙腈(含一定量甲酸)作为洗脱溶剂。

环境水样中百草枯和敌草快的萃取方法如下:

萃取柱:弱阳离子交换柱,150 mg/6 mL 或 500 mg/6 mL。

样品预处理:水样中用稀硫酸或氢氧化钠调节 pH 至 6~7。

柱预处理:4 mL 甲醇,4 mL 水。

样品过柱:500 mL 水样过柱,2~5 mL/min。

杂质淋洗:2 mL 纯水,2 mL 甲醇。

目标化合物洗脱:5 mL 2%(体积分数)甲酸乙腈溶液。

浓缩:将样品浓缩至 1.0 mL。

HPLC 分析:流动相:甲酸溶液/乙腈(6:4,体积比),流速 1.0 mL/min;色谱柱:亲水液相色谱柱(HILIC),UV 波长 257 nm(百草枯)和 309nm(敌草快);进样量:50 μL。

10.12　激素的固相萃取

10.12.1　环境激素特性

近年来,性激素对环境的污染越来越引起人们的关注。这些性激素包括人工合成的药用雌性激素、植物性雌性激素、真菌性雌性激素等外源性雌性激素及雌二醇、雌三醇等人类和动物的代谢物。这些环境激素(enviromental hormone)对水体生物产生不良影响,研究表明,环境雌性激素会使青蛙变性,可能会导致世界上近三分之一的青蛙物种灭绝。环境雌性激素进入人体,会干扰内分泌系统,影响机体的生殖发育及神经系统、免疫系统。表 10-53 列出了常见性激素的种类及理化性质。

表 10-53　常见性激素的种类及理化性质

化合物	CAS 编号	分子式	分子量	水中溶解度(25 ℃) /(mg/L)	lg K_{ow}
4-壬基苯酚 (4-nonylphenol)	104-40-5	$C_{15}H_{24}O$	220.35	不溶于水,溶于丙酮、乙醇、氯仿,略溶于石油醚	5.76
双酚 A (bisphenol A)	80-05-7	$C_{15}H_{16}O_2$	228.29	不溶于水,溶于碱性水溶液、乙醇、丙酮	3.32

化合物	CAS 编号	分子式	分子量	水中溶解度(25 ℃) /(mg/L)	lg K_{ow}
雌三醇 (estriol)	50-27-1	$C_{18}H_{24}O_3$	288.38	不溶于水,溶于吡啶、乙醇、乙醚、丙酮、氯仿	2.69
17-α-雌二醇 (17-α-estradiol)	57-91-0	$C_{18}H_{24}O_2$	272.39	不溶于水,溶于醇、丙酮、碱性溶液,微溶于乙醚、氯仿	2.36
17-β-雌二醇 (17-β-estradiol)	50-28-2	$C_{18}H_{24}O_2$	272.39	几乎不溶于水,溶于醇、丙酮、二氧六环	4.01
雌酚酮 (estrone)	53-16-7	$C_{18}H_{22}O_2$	270.37	几乎不溶于水,溶于醇、丙酮、氯仿等溶剂	3.13
炔雌醇 (ethynylestradiol)	57-63-6	$C_{20}H_{24}O_2$	296.40	几乎不溶于水,溶于醇、丙酮、氯仿等溶剂	3.67
乙烯雌酚 (diethylstibestrol)	56-53-1	$C_{18}H_{20}O_2$	268.36	几乎不溶于水,溶于醇、乙醚、氯仿、脂肪油	5.07
炔诺酮 (norethindrone)	68-22-4	$C_{20}H_{26}O_2$	2981.41	不溶于水,微溶于醇,略溶于丙酮,溶于氯仿	2.97
左炔诺孕酮 (levonorgestrel)	797-63-7	$C_{21}H_{28}O_2$	312.45	不溶于水,溶于氯仿、丙酮	4.34
黄体酮 (progesterone)	57-83-0	$C_{21}H_{30}O_2$	314.47	不溶于水,溶于乙醇、乙醚、氯仿、丙酮	3.87

注:"—"表示无数据。

10.12.2　环境激素的固相萃取

由表 10-53 中的 lg K_{ow}可见,上述大多数性激素都属于亲脂性的,因此,可选用非极性的硅胶柱或高聚物柱,如 LiChrolut RP-8、Oasis HLB 等。

1. 河床沉积物及水中性激素的自动固相萃取方法[89]

1)水样萃取

固相萃取仪:ASPEC XL 配 306 泵及切换阀,Gilson 公司。

萃取柱:LiChrolut RP-18 非极性柱,500 mg/3 mL,Merck 公司。

柱预处理:7 mL 乙腈,5 mL 甲醇,5 mL 试剂纯水,3 mL/min。

样品过柱:1000 mL,5 mL/min。

柱洗涤:5 mL 试剂纯水 。

柱干燥:真空干燥。

目标化合物洗脱:2×4 mL 乙腈。

洗脱物浓缩:氮气气氛下浓缩至干,加入甲醇再溶解,最后体积为 0.5 mL。

样品分析:LC-DAD-MS。

2)河床沉积物萃取

样品萃取:冷冻干燥的河床沉积物 5 g 于超声波中用甲醇/丙酮(1∶1,体积比)萃取三次(25 mL+15 mL+15 mL),每次 5 min。4000 r/min 离心 5 min 后将萃取液浓缩至干。残渣用 2 mL 甲醇/丙酮(1∶1,体积比)溶液再溶解,并加入 18 mL 试剂纯水,混合均匀后供固相萃取用。

固相萃取柱:Sep-Pak C$_{18}$非极性柱,Waters 公司。

固相萃取、浓缩、再溶解方法与上述水样方法基本相同。

样品分析:LC-DAD-MS。

自动固相萃取得到水中 8 种性激素的回收率列于表 10-54。除了乙烯雌酚在样品 250 mL 时回收率较低(45%),其他性激素在不同体积的萃取结果都可以接受。

表 10-54　水中性激素的回收率

化合物	回收率(添加量为 10 μg/L)/%		
	样品体积 250 mL	样品体积 500 mL	样品体积 1000 mL
雌三醇	78	90	88
17-β-雌二醇	80	97	87
炔诺酮	96	92	87
炔雌醇	72	96	79
雌酚酮	92	98	100
左炔诺孕酮	96	92	101
乙烯雌酚	45	67	58
黄体酮	97	84	99

2. 河水中性激素的固相萃取方法[90]

萃取柱:Oasis HLB 非极性柱,200 mg/5 mL,Waters 公司。

柱预处理:3 mL 甲基丁基醚(可用二乙醚代替),3 mL 甲醇,3 mL 水。

样品过柱:800 mL 水样。

柱洗涤:3 mL 40%(体积分数)甲醇水溶液除去有机干扰物,3 mL 水,3 mL 甲醇/氢氧化钠/水溶液(10∶2∶98,体积比)除去无机干扰物。

目标化合物洗脱:6 mL 10%(体积分数)甲醇/甲基丁基醚。

GC 分析:洗脱馏分用无水硫酸钠除水后浓缩至 1 mL。

LC-MS 分析:洗脱馏分浓缩并置换为乙腈,定容至 1 mL。

本方法对河水中 5 种性激素固相萃取后回收率在 75%~113% 之间(表 10-55)。

图 10-18 是 5 种性激素的 LC-MS 谱图。

表 10-55　河水中 5 种性激素固相萃取回收率[a]

化合物	回收率/%	RSD/%
乙烯雌酚	75	5
雌酚酮	87	5
炔雌醇	96	12
雌二醇	93	15
双酚 A	113	11

注：a. 添加浓度为 5 ng/L。

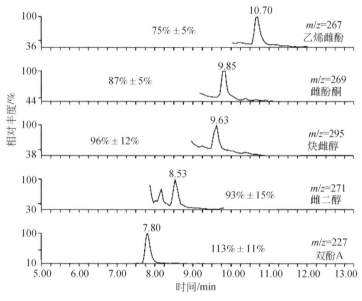

图 10-18　5 种性激素的 LC-MS 谱图

10.13　废水中矿物油和油脂的固相萃取

废水中的植物油、动物油和矿物油是环境监测中需要监测的一个项目。HJ 637—2012[91] 中采用的萃取方法是用四氯化碳对水样进行液-液萃取。但这种方法不仅劳动强度大，而且大量的四氯化碳对实验室工作人员及环境都会造成很大的伤害。由于含氯氟烃会对臭氧层造成破坏，许多国家已经根据《蒙特利尔协议》限制使用。不幸的是目前我国许多环境监测实验室依然在使用该方法。在许多国家,这一方法早已被固相萃取所取代,这就是改良的 EPA 1664A 方法。

EPA 1664A 方法[92]主要针对地表水或废水中可被正己烷萃取的化合物及可被正己烷萃取但不被硅胶吸附的化合物。该方法可以概括如下:首先将 1 L 水样的 pH 调节至小于 2,然后用正己烷萃取,将萃取液挥干后,称量得到矿物油和油脂的总含量。如果需要测定其中不能被硅胶吸附的部分含量,就需再将此萃取物溶解在正己烷中,加入一定量的硅胶,油脂被吸附在硅胶上。除去硅胶后将剩余的正己烷溶液挥干后,称量就得到不被硅胶吸附的矿物油的含量。

在改良的 EPA 166 方法中使用的是 C_{18} 萃取柱或萃取膜。J. T. Baker、Argonaut、Alltech、3M 等公司都能提供专为改良 EPA 1664A 方法使用的 C_{18} 萃取柱或萃取膜片[93-96]。这种 C_{18} 材料主要用于萃取总的矿物油及脂肪,方法也比较简单。由于未封尾的 C_{18} 材料的碳链具有非极性特征,可以吸附非极性的矿物质,而未封尾的硅羟基具有极性和离子交换的特征,可以吸附极性的动植物油。在图 10-19 中,以十六烷作为矿物油的代表物,硬脂酸作为植物油的代表物。将上述调节至 pH<2 的样品溶液通过经过处理的未封尾 C_{18} 柱(或萃取膜片)。首先用正己烷洗脱矿物油,然后再用强洗脱溶剂将动植物油洗脱。在固相萃取方法中,动植物油的吸附就相当于 EPA 1664A 方法中被硅胶吸附的那部分。

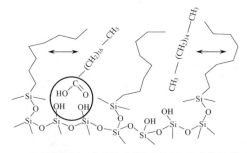

图 10-19　未封尾反相硅胶柱吸附矿物油及动植物油示意图

Raisglid 等[97]用 Isolute 固相萃取柱建立了矿物油和动植物油的萃取方法。具体方法如下:

萃取柱:Isolute C_{18} 未封尾非极性柱,1000 mg/6 mL,IST 公司。

样品预处理:1 L 水样加入 5 mL 甲醇,3~5 mL 盐酸(6 mol/L,pH 1.9~2.1)。

柱预处理:5 mL 甲醇,10 m 盐酸酸化去离子水 (pH 2),10 mL/min。

样品过柱:样品加入萃取柱。样品瓶用 20 mL 丙酮洗涤,然后加入 80 mL 酸化去离子水,混合均匀后加入萃取柱中。

柱干燥:用二氧化碳或氮气干燥萃取柱,4 L/min。或真空将水分除去。

目标化合物洗脱:2×3 mL 正己烷洗脱非极性化合物;2×3 mL THF/正己烷(1∶1,体积比)洗脱极性化合物。

浓缩:在氮气气氛下浓缩,将有机溶剂挥干。

分析:采用称量法。

回收率:动植物油 94%~98%;矿物油 90%~94%。

10.14　固相萃取用于样品的采集及保存

如前所述,对水中污染物的分析通常需要处理较大体积的样品(几百毫升至一二升),对于许多实验室来说,一次采集样品少则几十个,多则上百个样品。每个样品一瓶,就是几十至上百瓶样品。如此大量的样品,无论是运输还是保存都是十分不方便的。通常,采集的水样在分析之前都应该放在 4 ℃下保存。但国内大部分实验室由于条件所限,都无法达到这个要求。即便水样是保存在 4 ℃,Jeannot 等[98]的研究发现,将生物抑制水(biologically inhibited water)在 4 ℃的条件下存放 14 天,许多有机磷化合物的损失会高达 100%。Lacorte 等[99]发现河水中有机磷降解很快,半衰期在 2~12 天。为了使采集的水样能够更加准确地反映采集时的污染状况,人们开始尝试用固相萃取装置来保存水样中的污染物。在野外采样点对采集的水样按固相萃取方法处理,将水样通过固相萃取柱或萃取膜片,但不进行洗脱。这样,环境污染物就被保留在萃取柱(或膜片上)。这些萃取柱(或膜片)的体积比起几十瓶,甚至上百瓶水样的体积要小很多,大大地降低了样品运输和保存的压力。早在 1984 年 Chladek 等[100]就报道了应用键合硅胶固相萃取柱在现场采集废水中污染物的方法,Berkane 等[101]发现萃取到 XAD-2 SPE 柱上的杀螟松在室温下可以稳定地保存五周。一些研究结果显示农药在 Empore 萃取膜片上的稳定性要比保存在 4 ℃的水中要好许多[102,103]。Senseman 等[104]比较了冷冻干燥、真空、硫酸钙及无干燥处理等方法对富集在萃取膜上农药稳定性的影响,建议用萃取膜片富集水样后,最好能够对萃取膜冷冻干燥后进行运输,以减少萃取膜片上的农药水解。如果不能冷冻干燥运输,当富集样品的萃取膜片到达实验室后应该放在冷冻干燥的环境下保存。他们在报告中也指出虽然冷冻干燥对于多数实验农药的存放稳定性较好,但是冷冻会增加杂质,使得色谱噪声增加。

在美国地质勘探局/国家水质实验室的工作手册[105]中规定如果可能,应该在现场用固相萃取完成对溶解于水中的农药进行采集。该工作手册详细描述了用 C_{18} 及 Carbopak-B 采集水样的方法。C_{18} 萃取方法适用于 GC-MS 检测,对于不适合 GC-MS 检测的样品则采用石墨炭黑萃取方法。

在现场用 SPE 柱采集样品时有三点必须注意:

(1)采集的样品必须过滤,以除去可能造成 SPE 柱堵塞的颗粒。

(2)对于样品瓶中的农药残留物,必须在采集后的 4 天内进行 SPE 萃取富集。

(3)野外记录必须完整,便于跟踪。表 10-56 是美国地质勘探局/国家水质实验室的记录表格。

表 10-56 美国地质勘探局/国家水质实验室野外萃取记录表

采样点 ID:＿＿＿＿＿＿＿＿＿＿＿＿ 采样点名称:＿＿＿＿＿＿＿＿＿＿＿＿＿＿

日期:＿＿＿＿＿ 时间:＿＿＿＿＿ 采样员:＿＿＿＿＿＿＿＿＿＿＿＿＿＿

采样员电话:＿＿＿＿＿＿＿＿＿＿＿＿＿＿＿＿＿＿＿＿＿＿＿＿＿＿＿＿＿＿

注释:＿＿＿＿＿＿＿＿＿＿＿＿＿＿＿＿＿＿＿＿＿＿＿＿＿＿＿＿＿＿＿＿＿

实验室信息

□ SPE 柱　品牌或类型:＿＿＿＿＿＿＿＿＿＿＿＿＿＿＿

批号#:＿＿＿＿＿＿＿＿＿＿＿

干柱质量:＿＿＿＿＿＿＿＿＿ g

现 场 信 息

□ 样品过滤 (0.7 μm 玻璃纤维过滤)

过滤前样品瓶及样品毛重:＿＿＿＿＿＿＿＿＿＿＿ g

□ SPE 柱预处理

甲醇(2 mL):＿＿＿＿＿＿＿＿＿ mL

农药纯水(2 mL):＿＿＿＿＿＿＿＿＿ mL

(开始进行柱预处理后不要让柱子流干)

□ 样品　样品+ 样品瓶质量:＿＿＿＿＿＿＿＿＿ g

–样品瓶质量:＿＿＿＿＿＿＿＿＿ g

=样品质量:＿＿＿＿＿＿＿＿＿ g

添加甲醇(1%样品质量甲醇):＿＿＿＿＿＿＿＿＿ mL

样品 + 样品瓶 + 甲醇:＿＿＿＿＿＿＿＿＿ g

□ 代替品　溶液 ID:＿＿＿＿＿＿＿＿＿＿＿＿＿＿＿

加入体积(100 μL):＿＿＿＿＿＿＿＿＿＿＿＿ μL

□ QA 样品–添加混合物

溶液 ID:＿＿＿＿＿＿＿＿＿＿＿＿＿＿＿＿

添加体积(100 μL):＿＿＿＿＿＿＿＿＿ μL

□ 样品过柱:＿＿＿＿＿＿＿＿＿＿＿＿＿＿＿＿＿＿＿＿＿＿ g

样品 + 烧杯质量:＿＿＿＿＿＿＿＿＿ g

烧杯质量:＿＿＿＿＿＿＿＿＿ g

□ 流速(= 过柱样品质量/时间):＿＿＿＿＿＿＿＿＿ g

开始时间:＿＿＿＿＿＿＿＿＿＿时:分

完成时间:＿＿＿＿＿＿＿＿＿＿时:分

□ 弃除多余的水样。将采样点 ID、日期、时间标记在 SPE 柱上。将 SPE 柱放入试管中,并保存在 4 ℃。

实验室信息

实验室 ID:＿＿＿＿＿＿＿＿ 装置#:＿＿＿＿＿＿ 接收样品日期:＿＿＿＿＿＿

□ 用 N_2 或 CO_2 干燥:＿＿＿＿＿＿ 日期:＿＿＿＿＿＿＿＿＿＿＿＿

　　　　　　　　压力：_____ lb/m²

　　　　　　　　时间：_____ min

　　　　　　　　干 SPE 柱质量：_____ g

□ SPE 洗脱　　　　　　　日期：_____

　　　　　　　　加入 18 mL 洗脱溶液 _____ mL

□ 内标物(PAH-d 混合物/甲苯)

　　　　　　　　溶液 ID：_____

　　　　　　　　添加体积(100 mL)：_____ mL

□ 溶剂蒸发-氮气

　　　　　　　　压力：_____ lb/m²

　　　　　　　　时间：_____ min

分析仪器 ID：_____日期：_____

注释：_____

　　该工作手册中 C_{18} 柱野外现场萃取方法如下[105]：

　　(1)SPE 柱预处理。

　　① 2 mL 甲醇在重力下过柱；② 2 mL 水过柱除去多余的甲醇；③在预处理开始之后要防止萃取柱干燥。

　　(2)用玻璃滤斗过滤 1 L 水样。

　　(3)收集过滤的水样。

　　(4)过滤的水样中加入 10 mL 甲醇。

　　(5)过滤的水样中加入控制内标物(控制内标物是为了监测萃取方法操作是否正常而在萃取前向样品加入的一种已知浓度的化合物。该化合物的化学性质应该与目标化合物相近)。

　　(6)计量泵将过滤的水样以 20~25 mL/min 流速泵过 SPE 柱。

　　(7)20 mL 空气将 SPE 柱中的液体排出萃取柱。

　　(8)将 SPE 柱放入 40 mL 玻璃或塑料安瓿瓶中并用铝膜将安瓿瓶包裹。

　　(9)立即将装有 SPE 柱的安瓿瓶冷冻，并在 4~25 ℃的环境下运输及储存。

　　(10)立即将上述安瓿瓶送往分析实验室，并在萃取完成 7 天之内洗脱 SPE 柱上的样品。

　　该工作手册中石墨炭黑柱野外现场萃取方法如下：

　　(1)1 L 水样中加入控制内标物溶液并混合。

　　(2)加入 10 g 氯化钠并混合。

　　(3)15 mL 0.01%(体积分数)抗坏血酸，流速 20~25 mL/min，通空气 1 min。经抗坏血酸预处理的 SPE 柱必须在 8 h 内使用。

　　(4)水样过柱，流速 20~25 mL/min。

　　(5)20 mL 空气将 SPE 柱中的液体排出萃取柱。

（6）将 SPE 柱放入 40 mL 玻璃或塑料安瓿瓶中并用铝膜将安瓿瓶包裹。

（7）立即将装有 SPE 柱的安瓿瓶冷冻，并在 4 ℃的环境下运输及储存。

（8）立即将上述安瓿瓶送往分析实验室，并在萃取完成 7 天之内洗脱 SPE 柱上的样品。

参 考 文 献

［1］Henner P,Schiavon M,Morel J L,et al. Analusis Magazine,1997,25:M56

［2］Marce R M,Borrull F. J Chromatogr A,2000,885:273

［3］Baek S O,Field R A,Goldstone M E,et al. Water Air Soil Poll,1991,60:279

［4］CJ/T 206—2005. 城市供水水质标准

［5］CJ/T 147—2001. 城市供水 多环芳烃的测定——液相色谱法

［6］GB 3838—2002. 地表水环境质量标准

［7］GB 5749—2006. 生活饮用水卫生标准

［8］Kiss G,Varga-Puchony Z. J Chromatogr A,1996,725:261

［9］El Harrak R,Calull M,Marce R M,et al. Inter J Environ Anal Chem,1996,64:47

［10］Nirmaier H P,Fischer E,Meyer A,et al. J Chromatogr A,1996,730:169

［11］Application Note:Extraction of PAHs from drinking water,EN-019,J. T. Baker

［12］Prest H. Application Note:598-7150EN,2002,Agilent Technologies,J. T. Baker

［13］Application Note:78-6900-3716-9（85.2）R1,3M

［14］EPA Method 525.1:Determination of organic compounds in drinking water by liquid-solid extraction and capillary column gas chromatography/mass spectrometer,V. 2. 1991

［15］Raisglid M,Burke M F,van Horne K C. Factors affecting the reliability of solid-phase extraction for environmental analysis. International Symposium on Laboratory Automation and Robotics,Amsterdam,1993:1

［16］Martinez E,Gros M,Lacotte S,et al. J Chromatogr A,2004,1047:181

［17］Macherey-Nagel Application Note:301260

［18］Argonaut Application Note:AN1205

［19］Dean J R. Extraction Methods for Environmental Analysis. Chichester:John Eiley & Sons,1998

［20］EPA Method 550.1:Determination of polycylic aromatic hydrocarbons in drinking water by liquid-solid extraction and HPLC with coupled ultraviolet and fluorescence detection. 1990

［21］GB 15618—2018. 土壤环境质量 农用地土壤污染风险管控标准（试行）

［22］GB 36600—2018. 土壤环境质量 建设用地土壤污染风险管控标准（试行）

［23］Dabrowska H,Dabrowski L,Biziuk M,et al. J Chromatogr A,2003,1003:29

［24］Burkhardt M R,Zaugg S D,Smith S G,et al. Techniques and Methods 5-B2,U. S. Department of Interior,U. S. Geological Survey. 2006

［25］Application Note:301310,Macherey-Nagel

［26］HJ 646—2013. 环境空气和废气 气相和颗粒物中多环芳烃的测定 气相色谱-质谱法

［27］HJ 892—2017. 固体废物多环芳烃的测定 高效液相色谱法

［28］HJ 784—2016. 土壤和沉积物 多环芳烃的测定 高效液相色谱法

[29] HJ 950—2018. 固体废物 多环芳烃的测定 气相色谱–质谱法

[30] HJ 805—2016. 土壤和沉积物 多环芳烃的测定 气相色谱–质谱法

[31] Application Note:EN-012,J. T. Baker

[32] EPA Method 528:Determination of phenols in drinking water by solid phase extraction and capillary column gas chromatography/mass spectrometry. 2000

[33] CJ/T 146—2001. 城市供水 酚类化合物的测定——液相色谱分析法

[34] Masqúe M,Marcé R M,Borrall F. J Chromatogr A,1997,771:55

[35] 奚稼轩. 环境化学,2004,23(2):235

[36] Martinéz Vidal J L,Belmonte V A,Garrido Frenich A,et al. Anal Bioanal Chem,2004,379:125

[37] Sun J J,Fritz J S. J Chromatogr A,1992,590:197

[38] Eder K,Buchmeiser M R,Bonn G K. J Chromatogr A,1998,810:43

[39] Dumont P J,Fritz J S. J Chromatogr A,1995,691:123

[40] Li N,Lee H H. Anal Chem,1997,69:5193

[41] Di Corcia A,Marchese S,Samperi R. J Chromatogr A,1993,642:163

[42] Crescenzi C,Di Corcia A,Passariello G,et al. J Chromatogr A,1996,733:41

[43] Di Corcia A,Marchett M. Anal Chem,1991,63:580

[44] HJ 744—2015. 水质 酚类化合物的测定 气相色谱–质谱法

[45] HJ 350—2007. 展览会用地土壤环境质量评价标准(暂行)

[46] DB 33/892—2013. 污染场地风险评估技术导则

[47] GB 13015—2017. 含多氯联苯废物污染控制标准

[48] Westom R,Thörneby L,Zorita S,et al. J Chromatogr A,2004,1033:1

[49] EPA Method 1668A:Chlorinated Biphyl Congeners in Water,Soil,Sediment, and Tissue by HRGC/HRMS

[50] Application Note:SPD-003R1,J. T. Baker

[51] 3M Method Summary:78-6900-7352-9(85.1)R1

[52] HJ 903—2017. 环境空气 多氯联苯的测定 气相色谱法

[53] HJ 922—2017. 土壤和沉积物 多氯联苯的测定 气相色谱法

[54] HJ 904—2017. 环境空气 多氯联苯混合物的测定 气相色谱法

[55] HJ 890—2017. 土壤和沉积物 多氯联苯混合物的测定 气相色谱法

[56] HJ 715—2014. 水质 多氯联苯的测定 气相色谱–质谱法

[57] HJ 902—2017. 环境空气 多氯联苯的测定 气相色谱–质谱法

[58] 戴树桂,张东海,张仁江,等. 环境科学,2000,20(2):146

[59] 戴树桂,张东海,张仁江,等. 环境科学,2000,21(2):66

[60] Sherma J,Dryer J,Bouvard J J. American Lab,1986,October:28

[61] 贾宁,许恒智,胡亚丽,等. 分析试验室,2005,24(11):18

[62] 周益奇,许宜平,马梅,等. 分析测试学报,2005,24(1):49

[63] European Crop Protection Association Annual Review 2005—2006:7

[64] 王峰,朱彤,徐柏青,等. 中国科学 D 辑:地球科学,2007,37(5):670

[65] Sherma J. J Liq Chromtogr,1988,11(9/10):2121

[66] Technical Guide,Lit. Cat. #59892,Resteck Corporation

［67］Argonaut Application Note：AN 1026

［68］Carro A M，Lorenzo R A. Analyst，2001，126：1005

［69］Field J A，Monoham K. J Chromatogr A，1996，741：85

［70］Agilent Application Note：5988-4057EN，2001，October

［71］Application Note：SPD-005，J. T. Baker

［72］EPA Method 508. 1，Revision 2. 0，1995

［73］Method Summary，EPA Method 508. 1，78-6900-7358-6（95. 2）R1 C1，3M

［74］Solid Phase Extraction Application Guide，Macherey-Nagel，SPE Appl. e1/12/0/8. 05 PD：117

［75］刘鹏. 环境化学，2004，23（1）：117

［76］Sandra P，Tienpont B，David F. J Chromatogr A，2003，1000（1/2）：299

［77］de Kok A，Hiemstra M，Brinkman U A. J Chromatogr，1992，623（2）：265

［78］Application Note：EN-514，J. T. Baker

［79］Hladik M K. Methods development for the anaysis of pyrethroid pesticides in environmental samples，Final report for CALFED，U. S. Geological Survey，2007

［80］World Health Organization. United Nations Environmental Program：WHO Public health impact of pesticide used in agriculture. Veneva，1990

［81］SPE 方法汇编. 北京：艾杰尔公司，2008

［82］Usenko S，Hageman K J，Chmedding D W，et al. Environ Sci Technol，2005，39：6006

［83］Crescenzi C，Corcia A D，Guerriero E，et al. Environ Sci Technol，1997，31：479

［84］Ruiz-Gil L，Romero-González R，Frenich A G，et al. J Sep Sci，2008，31：51

［85］Burkhardt M R，Zaugg S D，Smith S G，et al. USEPA method 549-1，Cincinnati，1992

［86］Blythe C，Pereira L，Lewis R，et al. Thermo Scientific Poster，PO20199_E0306，Pittcon，2006

［87］Masqué M，Marcé R M，Borrull F. Trends in Anal Chem，1998，17（6）：384

［88］Waters Corporation. Environmental & Agrochemical Applications Notebook，2002：5

［89］de Alda M J L，Barceló D. J Chromatogr A，2001，938：145

［90］Waters. Environmental & Agrochemical Application Notebook，2002：39

［91］HJ 637—2012. 水质 石油类和动植物油的测定 红外分光光度法

［92］EPA Method 1664：n-hexane extractable material（HEM）and silica gel treated n-hexane extractable material（SGT-HEM）by extraction and gravimetry（oil and grease and total petroleum hydrocarbons）. EPA-821-B-94-004，1999

［93］Application Note：SPD-009，J. T. Baker

［94］Application Note：AN 1005，Argonaut

［95］Alltech，Data Sheet，1998，U202973

［96］3M. Empore Extraction Disk，EPA Methods 1664，2004，70-0708-1153-7

［97］Raisglid M，Burke M F. American Lab，2000，May：29

［98］Jeannot R. Int J Environ Anal Chem，1994，13：352

［99］Lacorte S，Garriigures S B，Barceló D. Environ Sci Technol，1995，29：431

［100］Chladek E，Marano R S. J Chromagr Sci，1984，22，Aug：313

［101］Berkane K，Caissie G E，Mallet V N. J Chromatogr，1977，139：386

［102］Tomkins B A，Merriweather R，Jenkins R A，et al. J AOAC Int，1992，29：1091

［103］Johnson W G,Lavy T L,Senseman S A. J Environ Qual,1994,23:1027

［104］Senseman S A,Lavy T L,Mattice J D. Anal Chem,1995,67:3064

［105］Wilde F D,Radtke D B,Gibs J,et al. Handbooks for Water-Resources Investigations - National Field Manual for the Collection of Water-Quality Data,US Geological Survey,2004,V 2

第11章 固相萃取技术在食品分析中的应用

近年来,相继发生了多起重大食品安全相关事件,如三鹿奶粉中三聚氰胺、白酒和饮料中塑化剂、回收油等问题,使得人们更加关心日常的食品安全。这些问题的发生往往带有普遍性,所涉及的区域可能是某个局部性的,也可能是全国性的,甚至是世界性的。食品安全已经成为广大人民及政府关注的首要问题之一。我国从2009年6月1日开始实施《中华人民共和国食品安全法》,现行的《中华人民共和国食品安全法》于2018年12月29日修正。同时,对食品的安全性进行监测和风险评估已经成为很多检测机构重要的日常工作。

对食品合格性评定检测主要有两个目的:一是确保食品不会对人们的生命造成危害;二是通过严格有时甚至是苛刻的食品安全标准,指导良好农业规范的实施。与其他分析领域相似,在食品检测中样品前处理同样是十分重要的一个环节。样品前处理的好坏直接影响最后的分析结果。本章对食品检测中的样品前处理方法,特别是固相萃取技术在食品样品前处理中的应用进行系统的介绍。

11.1 食品中常见有机毒物和主要的样品前处理方法

11.1.1 食品中常见风险管控物质及其特性

食品中常见风险管控物质包括农药残留物(农残)、兽药残留物(兽残)、自源性污染物、食品添加剂及非法添加物等。农残对农作物的污染主要是农作物在生长过程中施用农药造成的,将受农药污染的农作物作为饲料喂养动物,动物组织中同样会有农残。常见的农药包括杀虫剂、杀菌剂和除草剂等。其中杀虫剂对食品的污染尤为严重,主要包括有机磷、有机氯、氨基甲酸酯和拟除虫菊酯等。兽残主要是在动物饲养过程中使用兽药或非法使用,造成对肉类、蛋类、奶类制品,以及蜂蜜等食品的污染。常见的兽残主要有各种抗生素、激素和驱虫药等。自源性污染物是由于食品自身部分变质或周围的生物体变质所产生的污染物质,如黄曲霉毒素、赭曲霉毒素等。食品添加剂是指在食品的加工和储存过程中特意加入的物质,如保鲜剂、防腐剂、色素等。此外,还有为了其他非法目的所添加的有害物质,如苏丹红、三聚氰胺等。

食品种类繁多,基质迥异且复杂,所以食品检测的难度也较大。为了有效地对食品中的有害物质进行分析,样品前处理是一个必不可少的环节。从样品前处理的角度,将食品划分为蔬菜、水果、谷物、烟草、茶叶、酒类、畜禽肉及副产品、蛋类、水产品、乳制品、蜂产品和复杂的加工食品等。烟草虽不属于食品类,但与人体健康息息相关,所以本章同时介绍了烟草的样品前处理方法。表 11-1 列出了食品中常见的有机污染物等风险管控物质及主要来源。

表 11-1 食品中常见风险管控物质和主要来源

食品种类	常见有机毒物	主要来源
蔬菜、水果、谷物	杀虫剂:有机磷、有机氯、氨基甲酸酯、菊酯类	种植期间喷洒
	杀菌剂:三唑类、二硫代氨基甲酸酯、吗啉类、有机磷	收获前后喷洒
	除草剂:苯氧基酸类、联吡啶类、取代酚类、草甘膦	草本类蔬菜、水果种植期间喷洒
烟草、茶叶	杀虫剂:有机磷、有机氯、氨基甲酸酯、菊酯类	种植期间喷洒
	杀菌剂:三唑类、二硫代氨基甲酸酯、吗啉类、有机磷	收获前后喷洒
	添加剂	制作过程中
畜禽肉及副产品、蛋类、水产品	农药残留(如杀虫剂、杀菌剂等)	饲料
	兽药残留(如抗生素、激素、孔雀石绿等)	饲料或注射
	非法添加剂(如苏丹红、三聚氰胺等)	制作过程或饲料
乳制品	农药残留(如杀虫剂、杀菌剂等)	饲料
	兽药残留(如抗生素、激素等)	饲料或注射
	添加剂	制作过程
蜂产品	农药残留(如杀虫剂、杀菌剂等)	植物花粉
	兽药残留(如抗生素、激素等)	饲料
	添加剂(如色素、调味剂等)	制作过程

了解目标化合物的官能团、溶解度、$\lg K_{ow}$ 及 pK_a 等理化参数,对开发固相萃取方法及解决固相萃取中遇到的问题有着十分重要的意义。表 11-2 列出了部分兽药和农药的理化参数。

表 11-2 部分农药、兽药和其他一些食品安全相关的理化参数

分类	名称	CAS 编号	分子式	分子量	溶解度/(mg/L)	$\lg K_{ow}$	pK_a
有机磷类	辛硫磷 (phoxim)	14816-18-3	$C_{12}H_{15}N_2O_3PS$	298.30	水:2.239	4.39	—
	马拉硫磷 (malathion)	121-75-5	$C_{10}H_{19}O_6PS_2$	330.36	水:78.45	2.36	—
	内吸磷 (demeton)	8065-48-3	$C_{16}H_{38}O_6P_2S_4$	516.68	水:347.1	2.09	—
	乐果 (dimethoate)	60-51-5	$C_5H_{12}NO_3PS_2$	229.26	水:6626	0.78	—
	敌百虫 (trichlorfon)	52-68-6	$C_4H_8Cl_3O_4P$	257.44	水:25530	0.51	—
有机氯类	百菌清 (chlorothalonil)	1897-45-6	$C_8Cl_4N_2$	265.91	水:26.01	3.05	—
	六氯苯 (hexachlorobenzene)	118-74-1	C_6Cl_6	284.78	水:0.1922	5.73	—
	滴滴涕 (DDT)	50-29-3	$C_{14}H_9Cl_5$	354.49	水:5081	-0.60	—
	林丹 (lindane)	58-89-9	$C_6H_6Cl_6$	290.83	水:4.044	4.14	—
氨基甲酸酯类	克百威 (carbofuran)	1563-66-2	$C_{12}H_{15}NO_3$	221.25	水:353.9	2.32	—
	灭多威 (methomyl)	16752-77-5	$C_5H_{10}N_2O_2S$	162.21	水:2055	0.60	—
	甲萘威 (carbaryl)	63-25-2	$C_{12}H_{11}NO_2$	201.22	水:416.2	2.36	—
	涕灭威 (aldicarb)	116-06-3	$C_7H_{14}N_2O_2S$	190.26	水:5312	1.13	—
	仲丁威 (fenobucarb)	3766-81-2	$C_{12}H_{17}NO_2$	207.27	水:169.6	2.78	—

续表

分类	名称	CAS 编号	分子式	分子量	溶解度/(mg/L)	lgK_{ow}	pK_a
拟除虫菊酯类	氰戊菊酯 (fenvalerate)	51630-58-1	$C_{25}H_{22}ClNO_3$	419.90	水:0.006345	6.20	—
	氯氰菊酯 (cypermethrin)	52315-07-8	$C_{22}H_{19}Cl_2NO_3$	416.30	水:0.0088	6.06	—
哒嗪酮类	哒螨清 (diclomezine)	62865-36-5	$C_{11}H_8Cl_2N_2O$	255.10	水:41	3.20	—
苯并咪唑类	多菌灵 (carbendazim)	10605-21-7	$C_9H_9N_3O_2$	191.19	水:29	1.52	4.2
	苯菌灵 (benomyl)	17804-35-2	$C_{14}H_{18}N_4O_3$	290.32	水:216.2	2.12	—
	噻菌灵 (thiabendazole)	148-79-8	$C_{10}H_7N_3S$	201.25	水:339.2	2.47	—
嘧啶类	嘧霉胺 (pyrimethanil)	53112-28-0	$C_{12}H_{13}N_3$	199.26	水:121	2.84	3.52
	嘧菌胺 (mepanipyrim)	110235-47-7	$C_{14}H_{13}N_3$	223.28	水:3.1	3.28	—
	嘧菌酯 (azoxystrobin)	131860-33-8	$C_{22}H_{17}N_3O_5$	403.39	水:11.61	2.50	—
三唑类	腈菌唑 (myclobutanil)	88671-89-0	$C_{15}H_{17}ClN_4$	288.78	水:142	2.94	—
	烯唑醇 (diniconazole)	76714-88-0	$C_{15}H_{17}Cl_2N_3O$	326.22	水:1.83	4.30	—
	三唑醇 (triadimenol)	55219-65-3	$C_{14}H_{18}ClN_3O_2$	295.76	水:30.44	3.08	—
磺胺类	磺胺脒 (sulfaguanidine)	57-67-0	$C_7H_{10}N_4O_2S$	214.24	水:2200	-0.012	11.3
	磺胺 (sulfanilamide)	63-74-1	$C_6H_8N_2O_2S$	172.20	水:7500	-0.62	10.4

续表

分类	名称	CAS 编号	分子式	分子量	溶解度/(mg/L)	lgK_{ow}	pK_a
磺胺类	磺胺嘧啶 (sulfadiazine)	68-35-9	$C_{10}H_{10}N_4O_2S$	250.28	水:77	-0.09	6.36
	磺胺二甲基异嘧啶 (sulfisomidine)	515-64-0	$C_{12}H_{14}N_4O_2S$	278.33	水:1620	-0.33	7.4
	磺胺噻唑 (sulfathiazole)	72-14-0	$C_9H_9N_3O_2S_2$	255.32	水:373	0.05	7.2
	磺胺对甲氧嘧啶 (sulfameter)	651-06-9	$C_{11}H_{12}N_4O_3S$	280.00	水:730	0.41	6.7
	磺胺间甲氧嘧啶 (sulfamonomethoxine)	1220-83-3	$C_{11}H_{12}N_4O_3S$	280.37	水:4030	0.7	6.5
	磺胺二甲基嘧啶 (sulfamethazine)	57-68-1	$C_{12}H_{14}N_4O_2S$	278.34	水:1500	0.89	7.59
	磺胺甲噁唑 (sulfamethoxazole)	723-46-6	$C_{10}H_{11}N_3O_3S$	253.28	水:610	0.89	6.0
	磺胺二甲氧嗪 (sulfadimethoxine)	122-11-2	$C_{12}H_{14}N_4O_4S$	310.33	水:343	1.63	6.3
	磺胺二甲噻二唑 (sulfamethizole)	144-82-1	$C_9H_{10}N_4O_2S_2$	270.33	水:1050	0.54	5.5
	磺胺喹噁啉 (sulfaquinoxaline)	59-40-5	$C_{14}H_{12}N_4O_2S$	300.34	水:7.5	1.68	5.5
	磺胺甲氧哒嗪 (sulfamethoxypyridazine)	80-35-3	$C_{11}H_{12}N_4O_3S$	280.30	水:147	0.32	6.7
	磺胺氯哒嗪 (sulfachloropyridazine)	80-32-0	$C_{10}H_9ClN_4O_2S$	284.72	水:7000	0.31	5.9
	磺胺二甲异噁唑 (sulfisoxazole)	127-69-5	$C_{11}H_{13}N_3O_3S$	267.30	水:300	1.01	5.0
	甲氧苄啶 (trimethoprim)	738-70-5	$C_{14}H_{18}N_4O_3$	290.32	水:400	0.91	7.12

续表

分类	名称	CAS 编号	分子式	分子量	溶解度/(mg/L)	$\lg K_{ow}$	pK_a
喹诺酮类	恩诺沙星 (enrofloxacin)	93106-60-6	$C_{19}H_{22}FN_3O_3$	359.40	水:3400	0.70	6.26 (—COOH) 7.81 (—NCH$_3$)
	环丙沙星 (ciprofloxacin)	85721-33-1	$C_{17}H_{18}FN_3O_3$	331.34	水:3.0×10^4	0.28	6.09 (—COOH) 8.59 (—NH)
	达氟沙星 (danofloxacin)	112398-08-0	$C_{19}H_{20}FN_3O_3$	357.38	水:65	0.39	6.22 (—COOH) 9.435 (—NCH$_3$)
	沙拉沙星 (sarafloxacin)	98105-99-8	$C_{20}H_{17}F_2N_3O_3$	385.37	—	1.07	6.15 (—COOH) 10.17 (—NH)
	奥比沙星 (orbifloxacin)	113617-63-3	$C_{19}H_{20}F_3N_3O_3$	395.38	水:微溶	—	5.95 (—COOH) 9.01 (—NH)
	二氟沙星 (difloxacin)	98106-17-3	$C_{21}H_{19}F_2N_3O_3$	399.40	水:1330	0.89	4.33 (—COOH) 9.05 (—NCH$_3$)
	麻保沙星 (marbofloxacin)	115550-35-1	$C_{17}H_{19}FN_4O_4$	362.36	水:溶解	0.835	5.8 (—COOH) 8.2 (—NCH$_3$)
氯霉素类	氯霉素 (chloramphenicol)	56-75-7	$C_{11}H_{12}Cl_2N_2O_5$	323.13	水:2500	1.14	9.61
	甲砜霉素 (thiamphenicol)	15318-45-3	$C_{12}H_{15}Cl_2NO_5S$	356.22	水:5798	-0.33	9.76
	氟苯尼考 (florfenicol)	73231-34-2	$C_{12}H_{14}Cl_2FNO_4S$	358.22	—	-0.12	9.03
青霉素类	阿莫西林 (amoxicillin)	26787-78-0	$C_{16}H_{19}N_3O_5S$	365.41	水:3430	0.87	2.8 (—COOH) 7.2 (—NH$_2$)
	氨苄西林 (ampicillin)	69-53-4	$C_{16}H_{19}N_3O_4S$	349.41	水:1.01×10^4	1.35	2.5 (—COOH) 7.3 (—NH$_2$)
	青霉素 (penicillin)	61-33-6	$C_{16}H_{18}N_2O_4S$	334.39	水:210	1.83	—

续表

分类	名称	CAS 编号	分子式	分子量	溶解度/(mg/L)	$\lg K_{ow}$	pK_a
硝基呋喃类	呋喃唑酮 (furazolidone)	67-45-8	$C_8H_7N_3O_5$	225.16	水:40	-0.04	—
	呋喃它酮 (furaltadone)	139-91-3	$C_{13}H_{16}N_4O_6$	324.29	水:750	0.25	—
	呋喃西林 (nitrofurazone)	59-87-0	$C_6H_6N_4O_4$	198.14	水:210	0.23	10
	呋喃妥因 (nitrofurantoin)	67-20-9	$C_8H_6N_4O_5$	238.17	水:79.5 丙酮:5100 氯仿:不溶	-0.47	7.2
激素类	克伦特罗 (clenbuterol)	37148-27-9	$C_{12}H_{18}Cl_2N_2O$	277.19	水:0.12	2.0	9.6
	莱克多巴胺 (ractopamine)	97825-25-7	$C_{18}H_{23}NO_3$	301.38	—	—	—
	沙丁胺醇 (salbutamol)	35763-26-9	$C_{13}H_{21}NO_3$	239.31	水:3	0.44	9.3,10.3
	己烯雌酚 (diethylstilbestrol)	56-53-1	$C_{18}H_{20}O_2$	268.35	水:12	5.07	—
	己雌酚 (hexestrol)	5635-50-7	$C_{18}H_{22}O_2$	270.37	—	—	—
	双烯雌酚 (dienestrol)	84-17-3	$C_{18}H_{18}O_2$	266.34	水:3	5.32	—
	α-群勃龙 (17-α-trenbolone)	80657-17-6	$C_{18}H_{22}O_2$	270.37	—	—	—
	群勃龙 (trenbolone)	10161-33-8	$C_{18}H_{22}O_2$	270.37	—	—	—
	诺龙 (19-nortestosterone)	434-22-0	$C_{18}H_{26}O_2$	274.40	水:323	2.62	—
	保泰松 (phenylbutazone)	50-33-9	$C_{19}H_{20}N_2O_2$	308.38	水:47.5	3.16	4.5

续表

分类	名称	CAS 编号	分子式	分子量	溶解度/(mg/L)	$\lg K_{ow}$	pK_a
激素类	醋酸甲羟基孕酮 (medroxyprogesterone acetate)	71-58-9	$C_{24}H_{34}O_4$	386.53	—	—	—
	甲羟孕酮 (medroxyprogesterone)	520-85-4	$C_{22}H_{32}O_3$	344.49	水:不溶 氯仿:易溶	3.50	—
	醋酸美伦孕酮 (melengestrol acetate)	2919-66-6	$C_{25}H_{32}O_4$	396.52	—	—	—
	地塞米松 (dexamethasone)	50-02-2	$C_{22}H_{29}FO_5$	392.46	水:89	1.83	—
四环素类	四环素 (tetracycline)	60-54-8	$C_{22}H_{24}N_2O_8$	444.44	水:231	-0.13	3.3
	金霉素 (chlortetracycline)	57-62-5	$C_{22}H_{23}ClN_2O_8$	478.88	水:630	-0.62	3.3
	土霉素 (oxytetracycline)	79-57-2	$C_{22}H_{24}N_2O_9$	460.43	水:1100	-0.9	3.3,7.3,9.1
	强力霉素 (doxycycline)	564-25-0	$C_{22}H_{24}N_2O_8$	444.44	水:630	-0.02	3.1,7.7,9.3
	地美环素 (demeclocycline)	127-33-3	$C_{21}H_{21}ClN_2O_8$	464.86	水:1520	-1.14	3.3,7.2,9.3
	米诺环素 (minocycline)	10118-90-8	$C_{23}H_{27}N_3O_7$	457.48	水:$5.2×10^4$	0.05	2.8,5.0,7.8,9.5
大环内酯类	螺旋霉素 (spiramycin)	8025-81-8	$C_{43}H_{74}N_2O_{14}$	843.06	—	1.87	7.9
	替米考星 (tilmicosin)	108050-54-0	$C_{46}H_{80}N_2O_{13}$	869.14	水:0.015	3.8	8.18
	泰乐菌素 (tylosin)	1401-69-0	$C_{46}H_{77}NO_{17}$	916.11	水:易溶 乙醇:微溶	1.63	7.73
	红青霉素 B (rubratoxin B)	21794-01-4	$C_{26}H_{30}O_{11}$	518.51	—	—	—

续表

分类	名称	CAS 编号	分子式	分子量	溶解度/(mg/L)	$\lg K_{ow}$	pK_a
孔雀石绿类	孔雀石绿 (malachite green)	569-64-2	$C_{23}H_{25}ClN_2$	364.92	水:$4.0×10^4$	0.62	6.9
	隐色孔雀石绿 (leucomalachite green)	129-73-7	$C_{23}H_{26}N_2$	330.47	水:微溶	—	6.9
氨基糖苷类	链霉素 (streptomycin)	57-92-1	$C_{21}H_{39}N_7O_{12}$	581.58	水:$1.0×10^6$	-7.53	8.7
	新霉素 (neomycin)	1404-04-2	$C_{23}H_{46}N_6O_{13}$	614.64	—	-2.77	—
驱虫药	阿维菌素 (avermectin)	73389-17-0	$C_{44}H_{66}O_{14}$	818.99	—	—	—
	伊维菌素 (ivermectin)	70288-86-7	$C_{48}H_{74}O_{14}$	875.09	水:0.04	-3.05	—
	甲苯咪唑 (mebendazole)	31431-39-7	$C_{16}H_{13}N_3O_3$	295.30	水:71	2.83	—
	噻苯咪唑 (thiabendazole)	148-79-8	$C_{10}H_7N_3S$	201.25	水:50	2.47	4.64
	丙氧咪唑 (oxibendazole)	20559-55-1	$C_{12}H_{15}N_3O_3$	249.27	—	2.62	—
	阿苯达唑 (albendazole)	54965-21-8	$C_{12}H_{15}N_3O_2S$	265.34	—	3.14	—
	左旋咪唑 (levamisole)	14769-73-4	$C_{11}H_{12}N_2S$	204.30	水:1120	1.84	—
	氯羟吡啶 (clopidol)	2971-90-6	$C_7H_7Cl_2NO$	192.04	水:10	2.71	—
真菌毒素类	赭曲霉毒素 A (ochratoxin A)	303-47-9	$C_{20}H_{18}ClNO_6$	403.82	水:0.987	4.47	4.4 (—COOH) 7.3 (—OH)
	黄曲霉毒素 M_1 (aflatoxin M_1)	6795-23-9	$C_{17}H_{12}O_7$	328.28	水:小 甲醇:溶解	—	—

续表

分类	名称	CAS 编号	分子式	分子量	溶解度/(mg/L)	$\lg K_{ow}$	pK_a
真菌毒素类	黄曲霉毒素 B_1 (aflatoxin B_1)	1162-65-8	$C_{17}H_{12}O_6$	312.27	水:难溶 甲醇:溶解 氯仿:溶解	—	—
	黄曲霉毒素 B_2 (aflatoxin B_2)	7220-81-7	$C_{17}H_{14}O_6$	314.29	水:难溶 甲醇:溶解 氯仿:溶解	1.45	—
	黄曲霉毒素 G_1 (aflatoxin G_1)	1165-39-5	$C_{17}H_{12}O_7$	328.28	水:难溶 甲醇:溶解 氯仿:溶解	0.50	—
	黄曲霉毒素 G_2 (aflatoxin G_2)	7241-98-7	$C_{17}H_{14}O_7$	330.29	水:难溶 甲醇:溶解 氯仿:溶解	—	—
	玉米赤霉烯酮 (zearalenone)	17924-92-4	$C_{18}H_{22}O_5$	318.37	水:不溶 溶于乙醇, 氯仿、乙腈	3.58	—
	玉米赤霉醇 (zeranol)	26538-44-3	$C_{18}H_{26}O_5$	322.40	—	3.13	8.44, 11.42
食品添加剂	山梨酸 (sorbic acid)	110-44-1	$C_6H_8O_2$	122.13	水:1910	1.33	4.8
	对羟基苯甲酸甲酯 (methylparaben)	99-76-3	$C_8H_8O_3$	152.15	水:2500	1.96	8.5
	对羟基苯甲酸丙酯 (propylparaben)	94-13-3	$C_{10}H_{12}O_3$	180.20	水:500	3.04	—
	脱氢乙酸 (dehydroacetic acid)	520-45-6	$C_8H_8O_4$	168.15	水:690	0.78	5.3
	抗坏血酸 (ascorbic acid)	50-81-7	$C_6H_8O_6$	176.12	水:4.0×10^5	-1.85	4.2, 11.6
	阿斯巴甜 (aspartame)	22839-47-0	$C_{14}H_{18}N_2O_5$	294.31	—	0.07	3.2, 7.7

续表

分类	名称	CAS 编号	分子式	分子量	溶解度/(mg/L)	lgK_{ow}	pK_a
	苏丹红 I (sudan I)	842-07-9	$C_{16}H_{12}N_2O$	248.28	水:0.674	5.51	11.65
	苏丹红 II (sudan II)	3118-97-6	$C_{18}H_{16}N_2O$	276.34	水:0.055	6.60	11.65
非法添加物	苏丹红 III (sudan III)	85-86-9	$C_{22}H_{16}N_4O$	352.40	—	7.63	—
	苏丹红 IV (sudanIV)	35-83-6	$C_{24}H_{20}N_4O$	380.449	—	8.72	—
	三聚氰胺 (melamine)	108-78-1	$C_3H_6N_6$	126.12	水:3240	-1.37	5.35
其他	丙烯酰胺 (acrylamide)	79-06-1	C_3H_5NO	71.08	水:$6.4×10^5$	-0.67	8.3

注:"—"表示无数据。

11.1.2　食品分析中常用的样品前处理方法

　　食品中污染物分析一般包括提取、净化、浓缩和仪器测定等步骤。提取方法是采用特定的有机溶剂或含有某些化学试剂的水溶液,与待测样品混匀后再经过滤或离心进行分离。为提高目标化合物的萃取效率,也可借助微波辅助提取或加速溶剂萃取等技术手段。萃取得到的样品溶液含有很多干扰分析测试的自源性物质,需要进一步净化后再定量分析。常用的净化方法有液–液萃取、固相萃取、凝胶渗透色谱(gel permeation chromatography,GPC)净化等。随着污染物种类的不断增加,色谱与质谱联用(GC-MS/MS、LC-MS/MS)已成为常用的检测手段,可以用于同时分析多种物质。

　　分析农作物中的农药残留,可采用常规的 C_{18} 固相萃取方法净化,也可以弗罗里硅土、氨基键合硅胶、PSA、石墨化碳等为吸附剂,除去样品中的极性干扰物,使目标化合物保留在溶液中。Lehotay 和 Anastassiades 等[1]将蔬菜、水果中农药残留分析中的传统样品前处理方法"提取–分液–净化–浓缩"改进为"提取/分液(一步完成)–分散固相萃取",从而大大简化了前处理过程,节省了约 80% 的分析时间。该方法被称作 QuEChERS(quick,easy,cheap,efficient,rugged,and safe)方法[2,3],其中分散固相萃取净化步骤常以氨基键合硅胶、PSA 和石墨化碳等为吸附剂。这些吸附剂可以去除有机酸和色素等干扰物,从而使弱极性和非极性农药保留在溶液中。该方法在农兽药多残留分析中,特别是市场监测中应用广泛。本书 7.4 节对于 QuEChERS 及分散固相萃取有详细的介绍。

　　"逆向"固相萃取法(杂质吸附模式)即基质去除的方法,其机理是目标化合物通过净化柱,而干扰物被吸附剂捕获,常用于蔬菜、水果中农残检测中的样品净化。由于"逆向"固相萃取法简便、快速,其应用领域相当广泛。在"逆向"固相萃取基础上,采用多功能复合型吸附材料,去除生物样品中的主要干扰物质,而使强水溶性的目标化合物保留在样品溶液中,从而达到净化的目的,被称为多重机制杂质吸附固相萃取(multi-function impurity adsorption solid-phase extraction,MAS)法[4]。该方法中所用吸附剂可以在合适的条件(不同溶剂组合、pH 等)下,选择性地去除样品基质中的蛋白质、多肽、氨基酸、磷脂等物质,从而保证强水溶性目标化合物达到 70% 以上的回收率,为进一步的 LC-MS 分离检测提供了高灵敏度的保障。

　　目标化合物性质相近且浓度极低时,传统固相萃取方法倾向于富集、净化。大多数农残样品可以采用 C_{18} 或 PS 反相固相萃取材料净化。对于一些极性较大的农药,如乙酰甲胺磷、敌百虫等,则需使用表面极性官能化的树脂,如 PEP(聚苯乙烯/二乙烯苯填料)、HLB(吸附剂是由亲脂性二乙烯苯和亲水性 N-乙烯基吡咯烷酮两种单体按一定比例聚合成的大孔共聚物)等。

　　对于肉类和其他动物组织样品中的农药或非极性兽药,可采用 MAS 方法[5],选用合适强度的溶剂(如乙腈),用极性吸附材料(如 PCX 或 PAX)除去蛋白质和小肽,用反相吸附材料(如 C_{18})除去脂肪和其他强亲脂性杂质。另外,也可以将提取和净化步骤合并在一起,即基质固相分散萃取。本书7.1节对此有详细的论述。对于水溶性兽药,多采用水溶液或极性有机溶剂提取,之后用固相萃取或 MAS 方法净化。

对于乳制品、蛋类和蜂蜜等液态样品,通常可采用蛋白沉淀法结合固相萃取或MAS 方法[6]进行净化。蛋白沉淀法虽可除去大部分蛋白质,但残余的蛋白质、小肽和脂肪等仍会对分析造成一定的干扰,并且会污染色谱柱和检测器,从而影响仪器的正常使用,因此,检测样品时需要采用合适的净化手段除去这些干扰物。

本章后续各节将对不同基质样品的净化进行详细的论述,并给出具体的应用案例。

11.2　蔬菜、水果中农药残留检测中的样品净化

11.2.1　常用固相萃取方法概述

蔬菜、水果中农药残留的检测主要涉及各种杀虫剂、除草剂和一些杀菌剂,包括有机磷、有机氯、氨基甲酸酯、菊酯类、三嗪类、脲类等。

采用气相色谱或气质联用仪检测时,主要干扰物是挥发性的有机酸。通常可用弗罗里硅土或碱性的吸附材料,如氨基键合硅胶、PSA 或氨基化聚苯乙烯树脂等净化,但此方法不适用于酸性农药;分析一些非极性或弱极性的农药时,可以采用 C_{18} 吸附此类杂质。

采用液相色谱或液质联用仪检测时,主要干扰物除有机酸外,还有其他各种色素和极性化合物。因此,可使用石墨化碳,借助其独特的大 π 键结构及部分中等极性的羟基化表面,除去杂环类色素,同时加入少量反相吸附材料去除部分强亲脂性杂质。

表 11-3 列出了部分常用的蔬菜、水果中农药残留检测时的固相萃取方法和适用范围;表 11-4 为蔬菜、水果中农药残留检测涉及的分析方法和参考文献。

表 11-3　蔬菜、水果中农药残留检测常用的固相萃取方法和适用目标化合物

固相萃取方法	目标化合物	参考文献
反相固相萃取法(C_{18}、PS)	大部分杀虫剂和除草剂;水溶性极强的有机磷(甲胺磷、乙酰甲胺磷、敌百虫、敌敌畏)和氨基甲酸酯类农药除外	[7,8]
"逆向"固相萃取净化法(弗罗里硅土、石墨化碳等吸附型材料净化法)	有机氯、菊酯及部分极性较低的有机磷和氨基甲酸酯类农药	[9,10]
氨基或 PSA 键合硅胶净化法	大多数中性和碱性的农药	[11]
QuEChERS 方法	除含有酸性基团成分外的大多数农药	[12]
氨基或 PSA 与石墨化碳串联法	除个别芳香性极强的农药外的大多数农药	[13,14]

表 11-4　蔬菜、水果中农药残留检测涉及的分析方法

样品	目标化合物	提取	净化	检测	参考文献
蔬菜、水果	90 种农药	丙酮	Li Chrolut EN	GC-MS	[15]
苹果、火龙果、猕猴桃、菠菜、刀豆、土豆	92 种农药	0.1% 冰醋酸乙腈溶液	Cleanert TPN 固相萃取柱（C_{18}、PSA、GCB 混合吸附剂）	GC-MS	[16]
农产品(陈皮、西洋参、卷心菜、茶叶)	4 种有机氯	乙腈	改性多壁碳纳米管固相萃取	HPLC	[17]
蔬菜、水果	6 种拟除虫菊酯类农药（胺菊酯、甲氰菊酯、氯氰菊酯、溴氰菊酯、氰戊菊酯、氯菊酯）	乙腈	Sep-Pak® Plus 固相萃取柱	HPLC	[18]
橘子、葡萄、甘蓝、菠菜	30 种农药	乙腈	多壁碳纳米管、无水硫酸镁分散固相萃取	GC-MS	[19]
苹果、甘蓝、马铃薯	40 种农药	乙腈	多壁碳纳米管、无水硫酸镁 m-PFC 净化	LC-MS/MS	[20]
菠菜	44 种农药	乙腈	多壁碳纳米管、石墨化碳、无水硫酸镁 m-PFC 净化	LC-MS/MS	[21]
甘蓝	16 种农药	乙腈和乙酸铵溶液	石墨化碳接枝硅胶–涂布 Fe_3O_4（Fe_3O_4 @ SiO_2 @ G）	GC-MS	[22]
蔬菜	6 种氨基甲酸酯类农药	乙腈	石墨化碳黑、氨基固相萃取柱串联	LC-FD	[23]
蔬菜	77 种农药	乙腈	石墨化碳/氨基柱	GC-MS/MS	[24]
莲藕、莲子	12 种农药	乙腈–水溶液	Pesti Carb 固相萃取柱	UPLC-MS/MS	[25]

1. 反相固相萃取法(目标化合物吸附模式)

反相固相萃取法通常是将甲醇、乙腈或丙酮等极性溶剂的样品提取液加水稀释后,通过 C_{18} 或 PS 萃取柱,弱极性的农药保留在柱子上,极性较高的杂质通过洗涤去除,再用乙腈或乙酸乙酯等有机溶剂洗脱目标化合物,从而达到净化的目的。其操作步骤如下:

样品处理:用甲醇、乙腈或丙酮提取样品,加水稀释至有机溶剂含量为 5% ~ 10%(体积分数)。

柱预处理：加甲醇、水活化 SPE 柱。

样品载入：加水稀释后的样品提取液通过萃取柱。

柱洗涤/干燥：用极性有机溶剂的水溶液洗涤，吹干。

目标化合物洗脱：用乙腈、丙酮或乙酸乙酯等有机溶剂洗脱，浓缩后供进一步检测。

该方法中活化和平衡步骤非常重要，首先采用有机溶剂（如甲醇等）润湿固相萃取柱的孔洞，然后加水和样品溶剂平衡，此时有机溶剂将水带进非极性孔内，在载样时目标化合物进入孔内得以保留。如果在活化和平衡步骤操作不谨慎，特别是使用真空萃取装置时，有些柱芯的吸附剂微孔没有得到充分润湿，容易导致化合物的保留能力较差、回收率较低。

反相固相萃取法具有较宽的适用范围，除少数水溶性极强的有机磷农药，如甲胺磷、乙酰甲胺磷、敌百虫等，多数杀虫剂和除草剂都可以采用此方法。但由于不同农药的亲脂性差异较大，较难选择合适的洗涤液和洗脱液，以保证各种目标化合物均有较好的回收率的同时又能有理想的除杂效果，所以该方法对于复杂成分的多残留分析不是最优的选择。

该方法在去除蛋白质、多糖和脂肪等杂质时有较好的效果，但是对色素的去除效果不如氨基键合硅胶–石墨化碳复合材料，因此对于含色素较多的样品可结合氨基键合硅胶–石墨化碳使用。

2. "逆向"固相萃取净化法（杂质吸附模式）

"逆向"固相萃取净化法按照所使用的吸附剂也可称为弗罗里硅土、石墨化碳等吸附型材料净化法。对于非极性和弱极性农药，较简便的方法是用弗罗里硅土吸附样品基质中的有机酸和部分色素，然后采用气相色谱进行分析。弗罗里硅土是一种硅酸盐吸附剂，主要成分为弱碱性的硅酸镁，通过形成离子对和极性物理吸附去除蔬菜、水果中的有机酸和强极性干扰物。与经典的固相萃取法不同，"逆向"固相萃取净化法中，目标化合物在固相萃取柱上不保留或保留程度很低，绝大部分随着溶液通过萃取柱，而样品中的杂质保留下来。较典型的应用案例是农业部的 NY/T 761 方法[26]，其操作步骤如下：

样品处理：用可与水互溶的极性溶剂（如乙腈等）提取样品。加入氯化钠或其他无机盐使有机相与水分层，部分提取液浓缩，残渣复溶。

固相萃取：复溶液通过弗罗里硅土萃取柱，除去有机酸和部分色素等极性干扰物。收集上样液和洗脱液供 GC 或 GC-MS 检测。

该方法的特点是简单、方便、成本低，适用于大范围的农药残留情况的普查，可用于有机氯、菊酯类及个别弱极性的有机磷的测定。但该方法还有一定的局限性，如不适用于甲胺磷等极性较高的农药、基质干扰偏高、检测限难以降低等。"逆向"固相萃取净化法比经典的固相萃取方法简单，但若操作不当，也会出现一些问题。表 11-5 列出了常见的问题及解决方案。

表 11-5　采用"逆向"固相萃取净化法时的常见问题和解决方案

常见问题	可能原因	解决方案
回收率低	过度吸附	调整溶剂极性和体积;调整填料活度;改换填料
	提取不完全	调整提取液和提取条件
	浓缩过程损失	降低浓缩时的温度和真空度
	基质效应	选用专属性较强的检测器或其他净化方法
回收率过高	基质效应	选用专属性较强的检测器或其他净化方法
干扰偏高,基线偏高,基线不稳	仪器或色谱柱问题	更换色谱柱或仪器配件
	杂质未除净	降低固相萃取洗脱溶剂的极性;增加填料的量或减少上样量
		使用复合净化材料(MAS 方法)
重现性差	回收率太低	提高回收率到70%以上
	操作误差	进行实验操作方面的专题培训
	方法适应性不好	进行方法适应性条件实验,确保该方法有较宽的适用范围

3. 氨基或 PSA 键合硅胶净化法(杂质吸附模式)

该方法是用氨基或 PSA 键合硅胶替代弗罗里硅土去除蔬菜、水果中的有机酸和部分色素,然后采用 GC 分析。其基本原理与弗罗里硅土净化法相似,具体步骤如下:

样品处理:用可与水互溶的极性溶剂(如乙腈等)提取样品。加入氯化钠或其他无机盐使有机相与水分层,全部或部分提取液浓缩,残渣复溶。

固相萃取:复溶液通过氨基或 PSA 萃取柱,除去有机酸和部分色素等极性干扰物。收集上样液和洗脱液进行 GC 或 GC-MS 检测。

与弗罗里硅土净化法相比,该方法的适用范围更广。有机氯、大部分有机磷、菊酯和氨基甲酸酯类农药都适用,对于甲胺磷、乙酰甲胺磷、敌百虫、敌敌畏等强极性农药也有较高的回收率。氨基或 PSA 对有机酸有一定的吸附作用,所以该方法不宜检测酸性农药,或对碱不稳定的农药。

Schenck 等[27]的研究表明,利用 GC 分析农药时氨基和 PSA 净化柱可以有效抑制基质增强效应。采用 GC-ECD、GC-FPD、GC-MS 比较 GCB、C_{18}、SAX、氨基、PSA 净化柱对蔬菜、水果的丙酮和乙腈提取液的净化效果,发现氨基和 PSA 净化柱能够吸附大部分的脂肪酸类物质和基质共提取物,效果最理想[28]。

4. QuEChERS 方法

在传统的蔬菜、水果样品前处理过程中,最为费时费力且容易造成损失的是液-液萃取和样品溶液浓缩步骤。Lehotay 等[1]开发的 QuEChERS 方法改进了液液分配法,避免了耗时、费力的浓缩过程,并通过分散固相萃取,进一步简化了样品前处理过程。自 2003 年以来,残留分析领域的研究人员利用此技术开发了多种样品不同目标化合物的分析方法[29-37]。

5. 氨基或 PSA 与石墨化碳柱串联法(杂质吸附模式)

在该方法中,利用氨基或 PSA 键合硅胶的离子对和极性物理吸附作用,去除水果和蔬菜中的有机酸和部分色素等一些极性干扰物,再利用石墨化碳特殊的共轭结构和表面带正电荷的特性,与各类具有共轭结构的色素分子形成较强的选择性的吸附,达到彻底去除色素的目的。具体步骤如下:

样品处理:用可与水互溶的极性溶剂(如乙腈等)提取样品。加入氯化钠或其他无机盐使有机相与水分层,全部或部分提取液浓缩,残渣复溶。

固相萃取:复溶液通过氨基或 PSA 柱,除去有机酸和部分色素等极性干扰物。再通过石墨化碳或多孔石墨柱,除去大部分色素。收集上样液和洗脱液供 GC、GC-MS 或 LC-MS、LC-MS/MS 检测。

此方法适用范围广,对于有机氯、大部分有机磷、拟除虫菊酯和氨基甲酸酯类等中等极性的农药,回收率普遍较好,还可以有效去除色素,同时适用于 GC-MS 和 LC-MS 方法。

石墨化碳可以吸附多种色素,能够更好地净化颜色较深的样品溶液,所以特别适用于色素干扰较大的 LC-MS 的检测。另外,石墨化碳和多孔石墨为共轭结构,对于某些含有芳香环的农药有较强的吸附,所以还需要用乙腈和甲苯的混合溶剂洗脱,利用甲苯抑制石墨化碳对这类农药的吸附。由于氨基或 PSA 净化柱的存在,此方法同样不适用于酸性农药或碱性条件下不稳定的农药。

6. 多次推送过滤净化(multiplug filtration clean-up,m-PFC)法

将 QuEChERS 方法中分散固相萃取步骤中的吸附剂,装填至 SPE 柱的柱管内进行样品处理同样能够达到净化的目的,因此可将其视为净化柱。其原理也是提取溶剂中的样品基质与吸附剂发生作用。在 m-PFC 中,吸附剂主要用于吸附基质中的干扰物质而不是目标化合物,所以净化柱中吸附剂的含量会影响回收率和净化效果[38]。其具体操作步骤如图 11-1 所示。

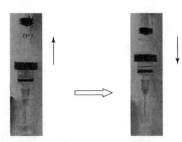

图 11-1　m-PFC 操作步骤(净化 1 次)

取 1 mL 上清液至 2 mL 塑料离心管中。将注射器与滤过型净化柱连接,向上

抽,使所有液体经过净化柱。再推出至离心管中,样品提取液第二次经过吸附剂部分,视为净化 1 次。根据实际样品净化效果重复以上操作(一般净化 2~3 次)。最后一次推出时去掉针头,将注射器与滤膜相连,溶液经滤膜过滤至进样小瓶中检测,或氮气吹干后转换溶剂过滤后测定。

相比分散固相萃取,m-PFC 方法不需要称量吸附剂,也无须涡旋离心等操作,可以大大缩短净化时间,从而提高工作效率[39]。m-PFC 的具体方法及其自动化设备的开发与应用情况可参见第 7 章有关内容。

11.2.2　蔬菜、水果中农药残留检测中的固相萃取净化

蔬菜、水果种类较多,基质成分复杂,且差别较大;不同类别的农药理化性质和结构不同,且残留在果蔬中的含量较低,使得样品前处理存在一定难度[40,41]。以下是常见蔬菜、水果中农药残留检测中的萃取净化方法。

1. NY/T 761—2008《蔬菜和水果中有机磷、有机氯、拟除虫菊酯和氨基甲酸酯类农药多残留的测定》[26]

1)蔬菜和水果中 41 种有机氯类、拟除虫菊酯类农药多残留的测定

样品预处理:准确称取 25 g 样品于匀浆机中,加入 50 mL 乙腈,高速匀浆 2 min 后过滤,滤液收集到装有 5~7 g 氯化钠的 100 mL 具塞量筒中,收集 40~50 mL 滤液,盖上塞子,剧烈振荡 1 min,室温静置 30 min,使乙腈相和水相分层。从 100 mL 量筒中吸取 10 mL 乙腈溶液,旋转蒸发近干,氮气吹干,加入 2 mL 正己烷溶解。

固相萃取柱:Florisil 柱,1000 mg,6 mL。

柱预处理:5 mL 丙酮–正己烷(1:9,体积比)、5 mL 正己烷。

样品载入:2 mL 复溶液载入 SPE 柱,并接收。加入 5 mL 丙酮–正己烷冲洗烧瓶后上柱,并接收,重复一次。

浓缩/定容:50 ℃旋转蒸发近干,氮气吹干。加入 5 mL 正己烷定容。

检测:GC-ECD。

2)蔬菜和水果中 10 种氨基甲酸酯类农药多残留的测定

样品预处理:同 1),氮气吹干,加入 2 mL 甲醇–二氯甲烷(1:99,体积比)溶液溶解残渣。

固相萃取柱:氨基柱,500 mg,6 mL。

柱预处理:4 mL 甲醇–二氯甲烷溶液(1:99,体积比)。

载样/洗脱:2 mL 复溶液,并接收。加入 2 mL 甲醇–二氯甲烷溶液冲洗烧瓶后上柱,并接收,重复一次。

浓缩/定容:50 ℃旋转蒸发近干,氮气吹干。加入 2.5 mL 甲醇定容。

检测:LC-FD。

8 种氨基甲酸酯类农药色谱图如图 11-2 所示。

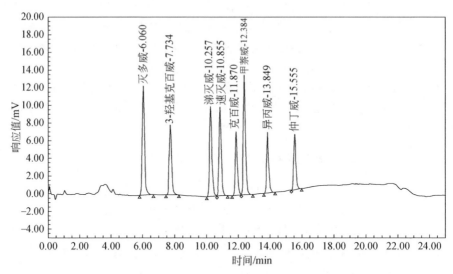

图 11-2　8 种氨基甲酸酯类农药色谱图

有机氯类和拟除虫菊酯类农药均用 GC-ECD 检测,氨基甲酸酯类需要使用带荧光检测器和柱后衍生系统的高效液相色谱分析。二者选用的净化柱也不同,前者为 Florisil 柱,后者为氨基柱。

2. GB/T 20769—2008《水果和蔬菜中 450 种农药及相关化学品残留量的测定液相色谱-串联质谱法》[42]

样品预处理:准确称取 20 g 样品于 100 mL 离心管中,加入 40 mL 乙腈,用高速组织捣碎机 15000 r/min 匀浆 1 min,加入 5 g 氯化钠,再匀浆提取 1 min,4000 r/min 离心 5 min,取 20 mL 上清液,40 ℃水浴旋转浓缩至约 1 mL,待净化。

固相萃取柱:Sep-Pak Vac 氨基固相萃取柱,1 g,6 mL。

柱预处理:柱中加入 2 cm 高无水硫酸钠,4 mL 乙腈-甲苯溶液(3∶1,体积比)预淋洗。

载样/洗脱:1 mL 浓缩液上样并接收,再加 2 mL 乙腈-甲苯溶液冲洗烧瓶后上柱,重复三次,全部接收。加入 25 mL 乙腈-甲苯溶液洗脱,与上样液合并于同一烧瓶中。

浓缩/定容:40 ℃旋转蒸发近干,氮气吹干。加入 2 mL 乙腈-水溶液(3∶2,体积比)定容。

检测:LC-MS/MS。

部分农药色谱图如图 11-3 所示。

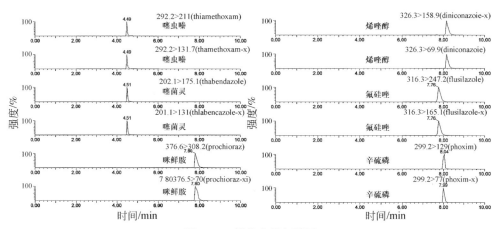

图 11-3 部分农药色谱图

部分有机磷农药(乙酰甲胺磷、甲胺磷、乐果、敌百虫等)的极性很强,容易在硅胶基质的填料上形成不可逆吸附,造成回收率极低。因此在选用相应的萃取柱时,要首先确定该柱是否适用于这类较强极性的农药。一些厂家在产品质量报告中会写明是否可以用于上述强极性农药。

3. SN/T 0134—2010《进出口食品中杀线威等 12 种氨基甲酸酯类农药残留量的检测方法 液相色谱–质谱/质谱法》[43]

样品预处理:准确称取 5 g 样品于 50 mL 离心管中,加入 20 mL 乙腈,均质提取 1 min,4000 r/min 离心 5 min。上清液转移至另一 50 mL 离心管中,残渣再用 10 mL 乙腈重复提取一次,合并上清液。加入 10 mL 正己烷,涡旋混匀,弃去正己烷层。乙腈层转移至 50 mL 鸡心瓶中,40 ℃水浴旋转浓缩至近干,2 mL 丙酮–正己烷溶液(3∶7,体积比)溶解残渣。待 Carbon 和 Florisil 串联固相萃取柱净化。

固相萃取柱:Carbon 柱,500 mg,6 mL;Florisil 柱,1000 mg,6 mL。

柱预处理:20 mL 丙酮–正己烷溶液(3∶7,体积比)。

载样/洗脱:2 mL 复溶液上样并接收,再加 2 mL 丙酮–正己烷溶液冲洗烧瓶后上柱,全部接收。加入 20 mL 丙酮–正己烷溶液洗脱,合并于同一烧瓶中,流速小于 2 mL/min。

浓缩/定容:40 ℃旋转蒸发近干,氮气吹干。加入 2 mL 甲醇 0.1%(体积分数)甲酸水溶液(1∶9,体积比),供 LC-MS/MS 检测。

10 种氨基甲酸酯类农药色谱图如图 11-4 所示。

本方法适用于玉米、糙米、大麦、白菜、大葱、小麦、大豆、花生、苹果、柑橘、牛肝、鸡肾和蜂蜜中氨基甲酸酯类农药残留的检测,这些物质的基质组成差异较大,选用 Carbon 柱和 Florisil 柱仅用于去除共有的色素、部分有机酸和强极性干扰物。

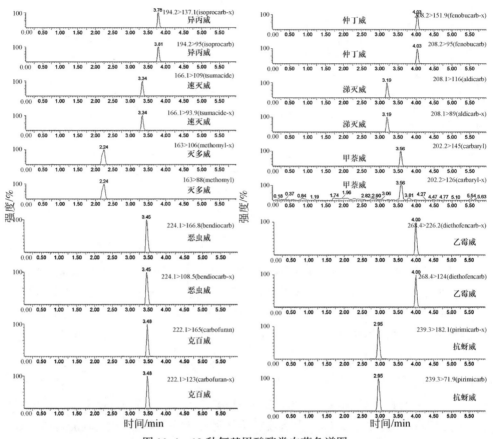

图 11-4　10 种氨基甲酸酯类农药色谱图

4. 多壁碳纳米管(multi-walled carbon nanotubes, MWCNTs)m-PFC 法结合气相色谱–三重四极杆质谱测定番茄和番茄制品中 186 种农药残留[44]

样品预处理:取 10 g 粉碎的番茄、番茄汁、番茄酱样品于 50 mL 离心管中,加入 10 mL 乙腈,涡旋 1 min。加入 1 g 氯化钠和 4 g 无水硫酸镁(番茄、番茄酱样品),或 3 g 氯化钠和 4 g 无水硫酸镁(番茄汁样品),冰浴中迅速冷却至室温。剧烈摇动 1 min,防止盐结块,3800 r/min 离心 5 min,取 1 mL 上清液转移至盛有吸附剂的 2 mL 离心管中待净化。

吸附剂:10 mg 粒径为 10 ~ 20 nm 的 MWCNTs 和 150 mg 无水硫酸镁。

吸附:将注射器与滤过型净化柱相连,向上抽,所有液体经净化柱。再推出至离心管中,提取液第二次经过吸附剂部分。重复 2 次。

分离:去掉针头,将注射器与滤膜相连,溶液经滤膜过滤至进样小瓶中,供 GC-MS/MS 检测。

吸附剂中无水硫酸镁用于吸附提取液中的水分,MWCNTs 去除脂肪酸、色素和其他一些干扰物质。

洋葱、大蒜、青葱、蒜薹、韭菜等是一类较为特殊的含硫蔬菜,此类蔬菜基质中含有杂原子和活性酶,破碎时释放出硫化物,特别是硫醚类化合物。这些含硫化合物不仅影响有机磷农药的检测,还会干扰有机氯和拟除虫菊酯类的识别。因此,排除这些有机硫化物对含硫蔬菜中残留农药的检测的干扰尤为关键。

1)气相色谱–三重四极杆串联质谱法测定含硫蔬菜中 46 种农药残留量[45]

样品预处理:称取 25 g 均质样品,加入 6 g 氯化钠和 50 mL 1% 乙酸的乙腈溶液,匀浆提取 1 min,过滤后转移至 100 mL 具塞量筒中,收集滤液。振荡 1 min 后静置 30 min。用移液管准确移取 20 mL 上清液至刻度试管中,35 ℃氮气吹近干,加 2 mL 1%(体积分数)乙酸的乙腈–甲苯溶液(3∶1,体积比)溶解残渣,待净化。

固相萃取柱:Carbon/氨基 SPE 柱,500 mg,6 mL,Agilent 公司。

柱预处理:5 mL 1% 乙酸的乙腈–甲苯溶液。

载样/洗脱:2 mL 复溶液上样并接收,再加 2 mL 1%(体积分数)乙酸的乙腈–甲苯溶液冲洗烧瓶后上柱,重复两次,全部接收。加入 20 mL 1% 乙酸的乙腈–甲苯溶液洗脱并收集。

浓缩/定容:全部上样液和洗脱液合并,于 40 ℃旋转蒸发至干。加入 1 mL 正己烷定容。供 GC-MS/MS 检测。

韭菜、大葱等蔬菜中含有丰富的叶绿素、脂肪酸和糖类物质,经有机溶剂提取后需进一步净化除去这些杂质,以减少对仪器的污染。而 Carbon/氨基 SPE 柱能有效吸附蔬菜中的色素、有机酸等,并且 46 种农药容易被洗脱,故选用其净化。

2)多壁碳纳米管分散固相萃取(m-PFC)测定韭菜、洋葱、生姜、大蒜中的农药残留[46]

样品预处理:取 10 g 样品于 50 mL 离心管中,加入 10 mL 乙腈,涡旋 1 min。再加 1 g 氯化钠和 4 g 无水硫酸镁,剧烈振荡 1 min,3800 r/min 离心 5 min,待净化。

吸附剂:10 mg 粒径为 10~20 nm 的 MWCNTs 和 150 mg 无水硫酸镁。

吸附:取 1 mL 上清液转移至盛有吸附剂的 2 mL 离心管中,涡旋 1 min。

分离:10000 r/min 离心 3 min,上清液过 0.22 μm 滤膜。供 GC-MS 检测。

本方法中 MWCNTs 主要用于去除提取液中的色素,且粒径越小吸附效果越好。

3)多壁碳纳米管滤过型净化柱净化(m-PFC 法)–超高效液相色谱/串联质谱法同时测定生姜中的涕灭威及其代谢物[38]

样品预处理:取 5 g 粉碎的生姜样品于 50 mL 离心管中,加入 10 mL 乙腈,涡旋 1 min。加入 0.5 g 氯化钠和 2 g 无水硫酸镁后剧烈摇动混匀,冰浴中静置 5 min。4 ℃ 5000 r/min 离心 5 min,取 1 mL 上清液转移至盛有吸附剂的 2 mL 离心管中待净化。

　　吸附剂:10 mg 粒径为 10 ~ 20 nm 的 MWCNTs 和 150 mg 无水硫酸镁。

　　吸附:将注射器与滤过型净化柱连接,向上抽,所有液体经过净化柱,再推出至离心管中,提取液第二次经过吸附剂部分。重复 1 次。

　　分离:去掉针头,将注射器与滤膜相连,溶液经滤膜过滤至进样小瓶中。供 GC-MS/MS 检测。

　　m-PFC 净化后提取液颜色明显变浅,综合考虑各目标化合物的回收率情况确定净化次数。

　　涕灭威及其代谢物色谱图如图 11-5 所示。

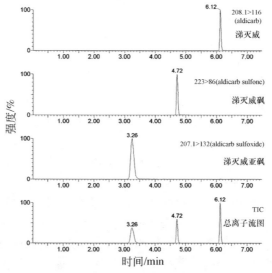

图 11-5　涕灭威及其代谢物色谱图

11.3　谷物中农药残留检测中的样品净化

11.3.1　常用固相萃取方法概述

　　除有机酸和色素外,粮食中的主要干扰物还包括大量的淀粉、蛋白质和一些油脂。采用 GC 或反相 HPLC 分析时,淀粉和糖类通常没有明显干扰;蛋白质结构中含有羧基,可以选用类似去除有机酸的方法将其除去;而要去除油脂需采用 C_{18} 或 PS 等反相吸附剂。另外,复合吸附剂的 MAS 方法,可同时除去强极性、离子型,以及非极性干扰物,从而使中等极性的农药保留在溶液中,达到最佳的净化目的。

　　常用的谷物和油料作物中农药残留净化方法有反相固相萃取法(C_{18}、PS),反相除杂净化法(C_{18}、PS),弗罗里硅土、硅胶、氧化铝固相萃取净化法,C_{18}/氨基键合硅胶/石墨化碳或 C_{18}/PSA 键合硅胶/石墨化碳净化法,以及改进的 QuEChERS 方法等,前三种方法的具体操作步骤和适用目标化合物与蔬菜、水果类似,可参见 11.2.1 节。

　　C_{18}/氨基键合硅胶/石墨化碳或 C_{18}/PSA 键合硅胶/石墨化碳净化法中,采用 C_{18} 去除油脂,氨基或 PSA 键合硅胶替代弗罗里硅土或氧化铝,去除谷物中的蛋白质、有机酸和部分极性干扰物,石墨化碳吸附样品溶液中的色素和芳香物质,最后采用 GC-MS 或 LC-MS 分析检测,操作步骤如下:

　　样品萃取:用可与水互溶的极性溶剂(如乙腈等)提取样品。

　　载样/洗脱:提取液过 C_{18} SPE 柱,收集并浓缩。浓缩液过氨基/石墨化碳或 PSA/石墨化碳净化柱,并收集上样液和洗脱液。

　　检测:GC-MS 或 LC-MS 检测。

　　此方法适用范围广,可用于甲胺磷、乙酰甲胺磷等较强极性农药的净化,并且去除色素效果较好,适用于复杂样品的多残留检测。

　　对于谷物等基质更为复杂的样品,利用 QuEChERS 方法处理时仅靠单一的 PSA 或氨基吸附材料,不能取得满意的净化效果,需要采取 C_{18}/PSA-石墨化碳两步净化的方案,具体操作步骤如下:

　　向粉碎的样品中加入适量的水溶解,再加入乙腈振荡提取。加入无水硫酸镁吸附水分,离心。取上清液,加入 C_{18} 和 PSA,离心。上清液浓缩至干,用乙腈、甲苯混合液溶解残渣。复溶液中加入石墨化碳,离心。取上清液过膜,GC-MS 检测。

　　谷物样品前处理时的常见问题和解决方案与 11.2 节类似。与含有色素较多的蔬菜、水果样品不同,谷物中含有更多的蛋白质、淀粉和油脂,需要多次除杂才能取得较好的净化效果,而随着实验步骤的增加,回收率和重现性难以得到理想的结果。

　　此外,与蔬菜、水果样品相似,一些强极性有机磷农药容易在很多吸附材料上形成不可逆吸附,从而导致回收率低或无法检测,通常要求回收率达到 50% 以上即可。

　　表 11-6 列出了部分谷物中农药残留检测涉及的提取、净化、检测方法。

表 11-6　谷物中农药残留检测涉及的分析方法

样品	目标化合物	提取	净化	检测	参考文献
小麦、玉米	16 种有机磷农药	乙腈	C_{18}-E 柱	GC-FPD	[47]
大豆	167 种农药	水和乙腈	C_{18}柱和 PSA 柱	HPLC-MS/MS	[48]
大米、大豆	20 种有机磷农药	含 0.1% 乙酸的乙腈溶液	PSA、C_{18}、无水硫酸镁分散固相萃取	GC-MS/MS	[49]

续表

样品	目标化合物	提取	净化	检测	参考文献
小麦	25 种农药	水和乙腈	PSA、C_{18}、多壁碳纳米管分散固相萃取和 m-PFC 净化	HPLC-MS/MS	[50]
小麦	萎锈灵	饱和氯化钠溶液和乙腈	PSA、GCB、无水硫酸镁分散固相萃取	HPLC-MS/MS	[51]
大米	20 种农药	乙腈	C_{18} 柱	GC-MS/MS	[52]
甜玉米粉(小麦粉和玉米粉混合)	乐果、特丁磷、乙拌磷、甲嘧硫磷	水和含 5% 甲酸的乙腈溶液	PSA、$MgSO_4 \cdot H_2O$、GCB、C_{18} 分散固相萃取	GC-NPD	[53]
谷物	50 种农药和 8 种代谢物	水和乙腈	Fe_3O_4-PSA、C_{18}、无水硫酸镁磁性固相萃取	HPLC-MS/MS	[54]
糙米、小麦、玉米、大豆	氯虫苯甲酰胺	饱和氯化钠溶液和乙腈	PSA、GCB、无水硫酸镁分散固相萃取	HPLC-MS/MS	[55]

11.3.2　谷物中农药残留检测中的固相萃取净化

1. GB 23200.9—2016《食品安全国家标准 粮谷中 475 种农药及相关化学品残留量的测定 气相色谱–质谱法》[56]

样品预处理:称取 10 g 试样与 10 g 硅藻土混合,移入加速溶剂萃取仪的 34 mL 萃取池中,10.34 MPa、80 ℃加热 5 min。用乙腈静态萃取 3 min,循环两次,然后用池体积 60% 的乙腈(20.4 mL)冲洗萃取池,并用氮气吹扫 100 s。萃取完毕后,将萃取液混匀,对含油量较小的样品取萃取液体积 1/2(相当于 5 g 试样量),对含油量较大的样品取萃取液体积的 1/4(相当于 2.5 g 试样量),待 Envi-18 柱、Envi-Carb 柱和 Sep-Pak NH_2 柱两步净化。

固相萃取柱:Envi-18 柱,2 g,12 mL。

柱预处理:10 mL 乙腈。

样品载入:萃取液过柱,收集。加入 15 mL 乙腈,收集。

浓缩:旋转浓缩至 1 mL。

固相萃取柱:Envi-Carb 柱(0.5 g,6 mL)中加入 2 cm 高无水硫酸钠,与 Sep-Pak NH_2 柱(0.5 g,3 mL)串接。

柱预处理:4 mL 乙腈–甲苯溶液(3∶1,体积比)。

载样/洗脱:浓缩液过柱,收集。加入 6 mL 乙腈–甲苯溶液分三次洗涤样液瓶后过柱,再加入 25 mL 乙腈–甲苯溶液洗脱,全部收集。

浓缩/定容:40 ℃旋蒸至 0.5 mL。加入 10 mL 正己烷分两次进行溶剂交换,最后样液体积约为 1 mL,加入 40 μL 内标,混匀,供 GC-MS 分析。

Envi-18 柱用于吸附样品中的油脂类和其他非极性物质,Envi-Carb 柱对提取液中色素的净化效果显著,而 Sep-Pak NH$_2$柱除可以吸附部分色素外,还能去除一些脂肪酸、有机酸及糖类物质,进一步提高净化效果。

2. QuEChERS/超高效液相色谱–四极杆–飞行时间质谱法测定小麦粉中 17 种农药残留[57]

样品预处理:称取 3 g 样品,置于 100 mL 塑料离心管中,加入 1.5 g 无水乙酸钠、15 mL 0.1% 乙酸的乙腈溶液,11000 r/min 均质提取 2 min,以 10000 r/min 离心 10 min,移取上层提取液 10 mL(相当于 2 g 样品)于 250 mL 尖底旋蒸瓶中,40 ℃水浴旋转浓缩至近干,加乙腈溶解残渣并定容至 2 mL,待净化。

吸附剂:C$_{18}$和 PSA。

吸附:取 2 mL 上清液转移至盛有 150 mg C$_{18}$和 150 mg PSA 的 10 mL 塑料离心管中,涡旋 2 min。

分离:5000 r/min 离心 3 min。

浓缩/定容:取 1 mL 上清液,氮气吹干。加入 1 mL 0.1%(体积分数)甲酸水–乙腈溶液(9∶1,体积比)定容。

检测:过 0.45 μm 滤膜,采用 UPLC-Q-TOF/MS 分析。

通常情况下,采用 QuEChERS 方法检测干性植物源性样品的农药残留时,需加入适量的水浸泡样品后提取。本方法中部分目标化合物采用加水浸泡提取的方式回收率较低,且浸泡后的小麦粉极易结块,黏结在均质机刀头上,难以操作。因此选择未加水浸泡的提取方式。

本方法中 PSA 主要用于吸附小麦粉中的有机酸、色素及部分糖和脂肪,C$_{18}$用于去除非极性杂质。

3. m-PFC 净化法测定大米、小麦和玉米中的 124 种农药残留[58]

样品预处理:称取 5 g 粉碎样品于 50 mL 离心管中,加入 5 mL 水溶解,振摇 1 min。再加入 5 mL 乙腈,1500 r/min 涡旋 2 min。加入 3 g 氯化钠振摇 1 min,3800 r/min 离心 5 min,取 1 mL 上清液于 2 mL 离心管中,待净化。

吸附剂:5 mg MWCNTs、15 mg PSA、15 mg C$_{18}$、150 mg 无水硫酸镁。

吸附:将注射器与滤过型净化柱连接,向上抽,所有液体经过净化柱,再推出至离心管中,提取液第二次经过吸附剂部分。重复 2 次。

分离:去掉针头,将注射器与滤膜相连,溶液经滤膜过滤至进样小瓶中。

检测:过 0.22 μm 滤膜后,采用 GC-MS/MS 分析。

谷物中含有较多的淀粉、蛋白质和油脂类物质。本方法中 PSA 为弱阴离子交换剂,可以去除基质中的脂肪酸、极性有机酸、极性色素和一些糖类,C$_{18}$用于吸附脂类物质,而 MWCNTs 对于色素和脂肪酸的净化效果显著。

11.4　烟草、茶叶、酒中成分及残留有害物质检测中的样品净化

烟草、茶叶等作物基质较为复杂,样品净化的难度更大,仅靠单一的吸附净化试剂难以满足要求,必须使用多种复合吸附材料。除 11.2 节和 11.3 节中列出的基质干扰外,这些作物还含有大量的挥发性酯类、香料类、有机碱,以及糖苷类物质等。

在农药残留分析中,这些作物的样品净化仍以"逆向"固相萃取(除杂净化)为主。特别是同时检测多种物质时,目标化合物的极性相差较大,使用传统的反相固相萃取法难以使所有目标化合物的回收率同时满足要求。与蔬菜、水果、谷物的样品净化方法相似,采用复合吸附材料的 MAS 方法,可以同时去除强极性、离子型和非极性的干扰杂质,从而取得更好的净化效果。

酒是以粮食为原料经发酵酿造而成的,其主要化学成分是乙醇,还含有微量的杂醇和酯类物质,因此酒类样品的检测涉及其自有成分、酿酒过程中如色素等添加物,以及粮食作物中引入的农药等残留的分析。

酒类样品的前处理较简单,一般加水或酸性溶液稀释后过 SPE 柱净化,也可以取部分样品直接过柱。

11.4.1　烟草中农药及内源性组分检测中的固相萃取净化

烟草样品残留物检测包括农药和内源性组分的分析,表 11-7 列出了烟草中部分农药和儿茶酚等内源性组分的分析方法。

表 11-7　烟草中残留物检测涉及的分析方法

样品	目标化合物	提取	净化	检测	参考文献
口腔液	尼古丁、可替宁、反式-3-羟基可替宁	NaOH 溶液	MCX 柱	GC-MS/MS	[59]
主流烟气	3 种多环芳烃、4 种亚硝胺	乙酸乙酯	SiO$_2$ 和 PSA 的吸管内的固相萃取	GPC-GC-MS/MS	[60]
烟草	5-O-咖啡酰奎宁酸、绿原酸、4-O-咖啡酰奎尼酸、咖啡酸、莨菪葶、芦丁、山柰酚-3-O-芸香糖苷和槲皮素共 8 种多酚	80% 甲醇水溶液	Oasis HLB 柱	HPLC	[61]
主流烟气	N-亚硝基降烟碱、4-(甲基亚硝胺基)-1-(3-吡啶基)-1-丁酮、N-亚硝基新烟草碱、N-亚硝基假木贼碱共 4 种亚硝胺	乙酸铵溶液	甲基丙烯酸改性的 Fe$_3$O$_4$ 磁性纳米颗粒固相萃取	HPLC-MS/MS	[62]

样品	目标化合物	提取	净化	检测	参考文献
卷烟主流烟气	N-亚硝基降烟碱、4-(甲基亚硝胺基)-1-(3-吡啶基)-1-丁酮、N-亚硝基新烟草碱、N-亚硝基假木贼碱共4种亚硝胺	含有内标的二氯甲烷溶液	碱性氧化铝柱	GPC-GC-MS	[63]

1. 烟草中农药残留的固相萃取净化方法

农药在防治烟草病虫害方面起着不可替代的作用,但不合理使用易引起有机磷类、有机氯类、拟除虫菊酯类等多类农药的残留,造成环境污染,甚至危害人体健康[64,65]。因此,烟草中的农药残留检测对保证烟草质量和环境安全具有重要意义。烟草样品基质复杂,残留农药含量较低(有的低至 ng/g 级),需要预处理后才能用仪器测定。目前,常用的净化方法有液-液萃取[66]、固相萃取[67]、固相微萃取[68]和分散固相萃取[69,70]等。其中固相萃取常采用 Florisil 柱、硅胶柱和石墨柱串联或 TPT 柱等。

1)烟草中 24 种农药残留微波辅助萃取-气相色谱-负化学电离/电子轰击电离-飞行时间质谱法测定[71]

样品预处理:称取 2 g 烟末样品,置于 50 mL 聚四氟乙烯萃取罐中,加入 10 mL 水,振荡至样品被水充分浸润,静置 10 min,加入 10 mL 二氯甲烷-正己烷溶液(3∶1,体积比),再加入 25 μL(NCI 源)或 250 μL(EI 源)浓度为 2 mg/L 的灭蚁灵内标工作液。密封后置于微波萃取系统,于 100 ℃萃取 10 min,提取液经 5 g 无水硫酸钠除水后转移至浓缩瓶中,于 35 ℃浓缩至 1 mL。

固相萃取柱:Florisil 柱,500 mg,3 mL。

柱预处理:3 mL 二氯甲烷-正己烷溶液(3∶1,体积比)。

载样/洗脱:1 mL 浓缩液过柱,3 mL 二氯甲烷-正己烷溶液多次洗涤浓缩瓶后上样,全部收集。加入 2 mL 二氯甲烷-正己烷溶液洗脱,合并上样溶液和洗脱液。

浓缩/定容:40 ℃旋蒸近干。加入 1 mL 丙酮定容,供 GC-TOF MS 检测。

烟草样品中含有脂肪、脂肪酸及色素等干扰物质,采用 Florisil 柱净化后萃取液颜色明显变浅,色谱图杂峰减少。

2)烟草中 22 种有机磷农药残留的检测方法[72]

样品预处理:称取 5 g 已确认不含欲测杀虫剂的烟末(含水率约 5%),与 3 g 硅藻土混合均匀,装入萃取池,其余用硅藻土填满。加入 74 μL 100 μg/mL 氯唑磷溶液(内标),将萃取池固定在加速溶剂萃取仪样品托盘上。用丙酮作溶剂进行萃取,操作条件:温度为 100 ℃;压力为 101.325 MPa;加热时间为 5 min;静态萃取时间为 3 min;冲洗体积为 10% 的萃取池体积;净化气采用氮气;吹扫时间为 60 s;循环 3 次。共得到 40 mL 萃取液。在萃取液中加入 1 mL 甲苯(保护剂),40 ℃旋转浓缩至 1 mL。取 0.1 mL 浓缩液依次用硅胶柱和石墨柱净化。

SPE 柱一:硅胶柱,500 mg,3 mL。

柱预处理:2 mL 丙酮,3 mL/min。

样品载入:0.1 mL 浓缩液过柱,3 mL/min。

柱洗涤:0.2 mL 甲苯。

目标化合物洗脱:1.1 mL 丙酮–甲苯混合溶液(83∶17,体积比),先流出的 0.3 mL 弃去,其余收集。

SPE 柱二:石墨柱,500 mg,3 mL。

柱预处理:2 mL 丙酮,3 mL/min。

载样/洗脱:上述硅胶柱洗脱液上样并收集,加入 0.8 mL 丙酮并收集,供 GC-FPD 检测。

3)固相萃取气相色谱–质谱联用法同时测定烟草中 40 种农药残留[73]

样品预处理:称取 2 g 烟末于 50 mL 离心管中,加入 5 g 无水硫酸钠、20 μL 灭蚁灵内标溶液、20 mL 乙腈,涡旋 2 min,4000 r/min 离心 10 min,吸取上清液 5 mL,氮气吹干,加入 1 mL 乙腈–甲苯溶液(3∶1,体积比)溶解,待净化。

固相萃取:Cleanert TPT 柱,1 g,6 mL,Agela。

柱预处理:柱中先加入 2 cm 高无水硫酸钠,5 mL 乙腈–甲苯溶液(3∶1,体积比)活化。

载样/洗脱:1 mL 定容液过柱,1 mL 乙腈–甲苯溶液洗涤试管后上样,重复两次,流出液均收集。加入 10 mL 乙腈–甲苯溶液并收集。

浓缩:40 ℃旋转蒸发至 0.5 mL,加 5 mL 正己烷置换,重复两次,最后溶液体积为 1 mL,供 GC-MS 检测。

Cleanert TPT 固相萃取柱应用较为广泛,它是由三种材料复合填充,底层是酰胺化聚苯乙烯高聚物,中部是氨基化硅胶,上层是石墨化碳。这种设计可以有效去除烟草中大部分色素、生物碱和糖类物质,使得净化效果更突出,同时还能保证目标化合物有较理想的回收率[74]。

2. 烟草中内源性组分的固相萃取净化方法

烟草样品除了要监控农药的残留量,还要检测一些影响品质的内源性组分,如植物多酚、芳香胺等。植物多酚是烟草中的一类重要物质,其含量对烟草品质有重要影响,因而研究烟草及其制品中的植物多酚具有重要意义。常用分析方法是:采用热甲醇水溶液对烟草中的多酚进行萃取,然后利用 C_{18} 固相萃取柱除去弱极性脂类干扰物。

儿茶酚是挥发酚的一种,烟草燃烧时会直接进入烟气,对呼吸系统有腐蚀和助癌作用[75]。卷烟燃烧后产生的烟雾及烟雾中的微粒中含有很多芳香胺类化合物,其中部分物质是致癌物[76,77],因此,也需要对这些芳香胺类化合物进行分析。

1）固相萃取-高效液相色谱法测定烟草样品中的多酚化合物[78]

样品预处理：样品粉碎后过 0.18 mm 筛，称取约 0.2 g，加入 45 mL 80%（体积分数）甲醇水溶液加热回流 30 min，冷却，过滤并定容到 50 mL。

固相萃取柱：Sep-Park-C_{18}，Waters 公司。

柱预处理：30 mL 甲醇、30 mL 水，10 mL/min。

载样/洗脱：取 5 mL 定容液过柱，弃去最初的 3 mL，收集后面的 2 mL，10 mL/min。

检测：HPLC-UV。

多酚类物质在极性有机溶剂中具有较大的溶解度，在热丙酮及甲醇中溶解性最好，但丙酮溶剂峰大，故实验选用 80% 甲醇为提取剂。

烟草样品中脂肪类物质、蜡质和色素等弱极性物质含量较高，会影响多酚类物质的检测，分析前需做脱脂处理。C_{18} 柱用 30 mL 甲醇活化后，加入 30 mL 水洗尽甲醇，提取液过柱，弱极性脂类物质保留在柱子上，而多酚类物质不保留，从而达到烟草样品的净化目的。

2）高效液相色谱-串联质谱法测定卷烟中的儿茶酚[79]

样品预处理：准确称取 10 g 烟草样品，加入 150 mL 2.5 mol/L 硫酸，加热回流 70 min，转入蒸馏烧瓶中，水蒸气蒸馏 15 min。收集馏分，定容至 250 mL。取 30 mL 加入 0.05 g 乙酸铵，用乙酸调节 pH 至 6。

固相萃取柱：Sep-Park-C_{18}，Agilent 公司。

柱预处理：15 mL 甲醇和 0.1 mol/L 乙酸溶液。

样品载入：30 mL 定容液过柱，3 mL/min，抽真空至近干。

目标化合物洗脱：5 mL 60%（体积分数）甲醇水溶液，3 mL/min。

检测：LC-MS/MS。

烟草中的酚类物质多以结合态存在，测定之前需将结合态的酚游离出来。本实验采用硫酸溶液加热回流，水蒸气蒸馏分离得到样品溶液。

酸性条件下酚类物质在 C_{18} 柱上有较好的保留，故在上样前将净化柱用乙酸调节为酸性环境。

3）气相色谱-质谱法测定卷烟烟气总粒相物中 14 种芳香胺[80]

样品制备：卷烟烟支首先按标准方法进行质量筛选和吸阻筛选，将合格烟支放入恒温恒湿室内，在温度为（22±1）℃ 和湿度为（60±2.5）% 的条件下平衡至少 48 h。将卷烟装入自动吸烟机，每分钟吸一口，每口抽吸 2 s，每口抽吸 35 mL，用剑桥滤片捕集卷烟烟气中的总粒相物。

样品预处理：将得到的滤片放入 250 mL 锥形瓶中，准确加入 150 mL 盐酸溶液（1：19，体积比），超声萃取 30 min，静置待用。准确移取 100 mL 上述萃取液至 250 mL 分液漏斗中，150 mL 二氯甲烷洗涤三次，弃去有机相，合并水相。加 NaOH 溶液调节 pH 至 12～13，再用 150 mL 正己烷萃取三次，每次 50 mL。萃取液加 15 g

无水硫酸钠干燥过夜,加入 10 μL 内标,再加入 80 μL 盐酸三甲胺和 40 μL 五氟丙酸酐,衍生化 40 min。70 ℃、高纯氮气保护下旋转蒸发浓缩至约 0.1 mL。

固相萃取柱:Florisil 柱,500 mg,3 mL。

样品载入:浓缩液过柱。

目标化合物洗脱:15 mL 苯–甲苯–丙酮溶液(5∶4∶1,体积比),1 mL/min。

浓缩:70 ℃,高纯氮气保护下旋转蒸发浓缩至约 1 mL。

检测:GC-MS。

本实验未提及活化步骤,鉴于提取液上样时溶剂为正己烷,故推荐采用 5 mL 正己烷活化。

11.4.2　茶叶中农药残留检测中的固相萃取净化

茶叶是生活中不可缺少的健康饮品,也是我国出口的主要经济作物之一。为了防治和减少茶树病虫害,茶农普遍在茶园中喷洒化学农药。农药的使用一方面可以提高茶叶的产量,另一方面却危害人类身体健康,并造成环境污染[81]。

茶叶中含有 25%~35% 的多酚类、25% 糖类、15% 蛋白质、5% 矿物质、4% 游离氨基酸、0.5% 叶绿素,以及 5.5% 咖啡因等物质[82],且需要同时检测极性差异较大的多种农药,因而对样品的前处理要求较高,其提取液较其他一般植物性产品难净化[83]。采用单一的反相固相萃取手段难以取得较好的效果,一般将活性炭柱和氨基柱串联使用。活性炭能很好地吸附色素,氨基柱能有效去除有机酸和糖分[84]。另外,与烟草样品相似,Cleanert TPT 柱中三种材料复合填充的设计,也可以有效去除茶叶中大部分色素、生物碱和多酚类物质[74]。常见茶叶中农药残留检测涉及的提取、净化方法参见表 11-8。

表 11-8　茶叶中农药残留检测涉及的分析方法

样品	目标化合物	提取	净化	检测	参考文献
龙井	92 种农药(43 种有机磷类,49 种有机氯和拟除虫菊酯)	乙腈	ENVI-carb 固相萃取(有机磷类农药)、ENVI-carb 和氨基固相萃取柱串联(有机氯和拟除虫菊酯类农药)	GC-FPD(有机磷类)、 GC-ECD(有机氯和拟除虫菊酯类农药)	[85]
绿茶	32 种农药	水、乙腈	石墨化碳固相萃取柱	GC-MS	[86]
普洱茶、绿茶、红茶、乌龙茶	153 种农药	乙腈	ENVI-carb 萃取柱和凝胶渗透色谱	GC-MS	[87]
成品茶	42 种农药(印度茶园中常用)	乙酸乙酯–环己烷溶液(9∶1)	PSA、GCB、Florisil 和硫酸钠为吸附剂	LC-MS/MS	[88]
绿茶、乌龙茶、红茶、普洱茶	72 种农药	乙腈	Carbon/氨基固相萃取柱	GC-MS	[81]

续表

样品	目标化合物	提取	净化	检测	参考文献
绿茶	8 种农药	加 20 mL 水浸泡后,再用乙腈提取	Florisil MEGA BE-SI 柱	GC-µECD	[89]
花茶、绿茶、红茶和黑茶	氟氯氰菊酯、氯氰菊酯和氰戊菊酯 3 种拟除虫菊酯农药	乙腈	Carb/氨基和 SLH 双柱串联净化	GC-MS/MS	[90]
茶叶	56 种农药	乙腈	Cleanert TPT	UPLC-MS/MS	[91]

1. GB/T 23204—2008《茶叶中 519 种农药及相关化学品残留量的测定 气相色谱-质谱法》[92]

1)490 种农药

样品预处理:称取 5 g 样品于 80 mL 离心管中,加入 15 mL 乙腈,15000 r/min 均质 1 min,4200 r/min 离心 5 min,取上清液于 200 mL 鸡心瓶中。残渣用 15 mL 乙腈重复提取一次,离心,合并两次提取液,40 ℃水浴旋蒸至 1 mL,待净化。

固相萃取柱:Cleanert TPT 柱,20 g,10 mL,加入 2 cm 高无水硫酸钠。

柱预处理:10 mL 乙腈-甲苯溶液(3∶1,体积比)。

载样/洗脱:浓缩液过柱,2 mL 乙腈-甲苯溶液洗涤样液瓶,重复三次,洗涤液均过柱,用鸡心瓶收集所有上样液。加入 25 mL 乙腈-甲苯溶液,收集至鸡心瓶中。

浓缩:40 ℃水浴旋蒸至约 0.5 mL。

溶剂置换:加入 5 mL 正己烷进行溶剂交换,重复两次,最后使样液体积约为 1 mL,加入 40 µL 内标溶液,混匀,供 GC-MS 检测。

2)29 种酸性除草剂

样品预处理:称取 2.5 g 样品于 50 mL 具塞离心试管中,加入 20 mL 乙腈,超声 30 min。加入 2 g 无水硫酸钠,振荡提取 5 min,5000 r/min 离心 3 min,取上清液于 100 mL 鸡心瓶中。残渣用 20 mL 乙腈重复提取一次,合并全部提取液,40 ℃水浴旋蒸至 1 mL,用石墨化碳黑 SPE 柱净化后,加入三甲基硅烷化重氮甲烷衍生,再用 Florisil 柱净化。

SPE 柱一:石墨化碳黑柱,1 g,12 mL,加入 1 cm 高无水硫酸钠。

柱预处理:10 mL 乙腈-甲苯-乙酸溶液(75∶25∶1,体积比)。

载样/洗脱:浓缩液过柱,2 mL 乙腈-甲苯-乙酸溶液洗涤样液瓶,重复三次,洗涤液均过柱,并收集于鸡心瓶。加入 25 mL 乙腈-甲苯-乙酸溶液,收集至鸡心瓶。

衍生化:洗脱液于 40 ℃水浴旋蒸至约 1 mL,氮气吹至近干,2 mL 苯/甲醇溶液(8∶2,体积比)溶解,加入 0.2 mL 2 mol/L 三甲基硅烷化重氮甲烷正己烷溶液,盖塞混匀,30 ℃水浴中放置 30 min。平缓氮气吹至近干,加 5 mL 正己烷溶解残渣。

SPE 柱二:Florisil 柱,250 mg,3 mL。

柱预处理:3 mL 丙酮、6 mL 正己烷。

载样/洗脱:衍生化后的定容液过柱。加入 6 mL 丙酮/正己烷溶液(2∶8,体积比),均接收至 10 mL 刻度试管中。

浓缩/定容:45 ℃平缓氮气流吹至近干。加入 0.5 mL 丙酮定容后供 GC-MS 检测。

酸性除草剂不易挥发,需要经过衍生化后采用 GC 或 GC-MS 检测。为了避免过多的杂质干扰衍生化反应,本方法先用石墨化碳黑 SPE 柱除去茶叶提取液中部分色素,衍生化后再用 Florisil 柱吸附衍生化溶液中的一些有机酸和极性干扰物。

2. 采用新型吸附填料结合 GC-MS 测定绿茶中的 15 种农药[93]

目标化合物:林丹、甲基对硫磷、杀螟硫磷、倍硫磷、杀扑磷、α-硫丹、β-硫丹、硫丹磷酸酯、p,p'-DDE、o,p'-DDT、p,p'-DDD、p,p'-DDT、联苯菊酯、甲氰菊酯、合成除虫菊酯。

样品预处理:绿茶粉碎后过 40 目筛,称取 0.5 g 于 50 mL 离心管中,加入 20 mL 丙酮-正己烷溶液(7∶3,体积比),400 mot/min 振荡 40 min。上层提取物转移至平底烧瓶中,残渣再用丙酮-正己烷溶液提取一次,400 mot/min 振荡 20 min。合并两次提取液,并旋蒸至约 2 mL,加入 100 μL 1.5 μg/g 混合内标的甲醇溶液作为固相萃取步骤的质控。

固相萃取柱制备:苯乙烯单体蒸馏去除杂质,制备粒径为 150~1000 nm 的单分散苯乙烯颗粒,经室温干燥后在表面玻璃上堆积为三维胶体晶体。取 1 g 彩色晶体浸没在 6 mL 1 mol/L 金属盐溶液[含有 0.67 mol/L 氯化镁和 0.33 mol/L 氯化铝的水-乙醇溶液(3∶7,体积比)]中,干燥后再将其浸泡在 2 mol/L NaOH 溶液中,以得到模块化的 Mg-Al LDHs 沉淀,经布氏漏斗过滤后加水清洗,室温放置,干燥一天。420 ℃加热 12 h 去除多余的苯乙烯颗粒,得到 TDH-Mg-Al-LDO 样品。之后放入 5 mL 去离子水中,室温放置一天以去活。取 350 mg TDH-Mg-Al-LDO,放入底部有玻璃滤纸的 2 mL 聚丙烯柱中,上部加入 500 mg GCB。

柱预处理:5 mL 丙酮,抽干,5 mL 正己烷。

载样/洗脱:浓缩液过柱,加入 8 mL 正己烷-丙酮溶液(9∶1,体积比)。

浓缩:40 ℃氮气吹至约 1 mL,供 GC-MS 检测。

一般茶叶中的甾醇类物质和色素多用 GCB 吸附,其他干扰物采用中性氧化铝吸附。TDH-Mg-Al-LDO 是镁和铝的复合氧化物,由于镁的存在其具有极性表面,可以替代中性氧化铝,与 GCB 同时填充净化柱可以有效去除多种杂质。

3. 超高效液相色谱-串联质谱联用仪测定茶叶中的拟除虫菊酯类农药残留[74]

目标化合物:除虫菊酯Ⅰ、除虫菊酯Ⅱ、丁烯除虫菊酯Ⅰ、丁烯除虫菊酯Ⅱ、茉莉菊酯Ⅰ、茉莉菊酯Ⅱ。

样品预处理:称取 5 g 样品,加入 30 mL 乙腈,均质 5 min,全速涡旋混匀 2 min,3500 r/min 离心 5 min。取 20 mL 上清液浓缩至约 3 mL,待净化。

固相萃取柱:Cleanert TPT,500 mg,6 mL,加入 2 cm 高无水硫酸钠。

柱预处理:6 mL 乙腈,分两次活化。

载样/洗脱:浓缩液过柱并收集,加入 8 mL 乙腈分两次洗脱,均接收至烧瓶中。

浓缩/定容:旋蒸至干。加入 1 mL 乙腈定容,过 0.22 μm 滤膜后供 UPLC-MS/MS 检测。

除虫菊酯类农药见光易分解,所有实验需避光操作。

11.4.3　酒类样品分析中的固相萃取净化

酒的种类很多,有白酒、红酒、啤酒等,其成分也各不相同,例如,红酒中 80% 以上是水,10%~13% 是乙醇,还包括酸、酯、醛、醇在内的一千多种化学物质;而啤酒中 90% 是水,除少量乙醇外,还含有多种氨基酸、维生素、低分子糖、无机盐和各种酶。酒类样品的分析包括成分、添加物、有毒有害物质的检测(表 11-9)。

表 11-9　酒类样品中有毒有害物质检测涉及的分析方法

样品	目标化合物	提取	净化	检测	参考文献
白酒	香气成分	无	HLB 柱和 MAX 柱	GC-MS	[94]
红酒、白酒	6 种邻苯二甲酸酯类物质	高效液相色谱级水 1:10 稀释样品	C_{18} 柱	GC-MS	[95]
红酒	赭曲霉毒素 A	冰醋酸酸化后加乙腈提取	MycoSep®229 柱	HPLC	[96]
红酒、白酒	9 种杀菌剂	10 mL 样品与超纯水 1:1 稀释	Oasis MAX 柱	LC-MS/MS	[97]
啤酒	5 种防腐剂	无	C_{18} 柱	HPLC-MS	[98]
红酒	25 种农药	10 mL 样品与超纯水 1:1 稀释	Oasis HLB 柱	GC-MS	[99]
红酒	13 种生物活性酚	无	SCX 柱	UPLC-MS	[100]

1. 白酒香气分析中的固相萃取

中国白酒按照主体香气成分分为浓香型、清香性、酱香型、米香型及药香型。白酒的香气成分有三百多种,但含量仅约占白酒的 1%。微量的香气成分对白酒的典型性和风味特征有很大的影响。因此,对这些微量香气的分析十分重要。李铁纯等[94]采用非极性 SPE 柱和阴离子交换柱对白酒中的醇、酯、醛和有机酸进行了分离、富集,并利用 GC-MS 检测。结果表明,采用固相萃取技术可以分离出 115 种成分,并鉴定出其中 50 种。而直接进样只鉴定出 29 种成分,未检测到烷烃、

缩醛及部分酯、醇。与液–液萃取相比,固相萃取方法不但得到的组分多,而且操作简单。该方法具体步骤如下:

SPE 柱一:Oasis HLB 柱,30 mg,1 mL,Waters 公司。

柱预处理:1 mL 甲醇、1 mL 去离子水。

样品载入:0.5 mL 白酒过柱,收集。加入 1 mL 5%(体积分数)氨水,收集,与样品过柱液合并。

柱洗涤:1 mL 去离子水清洗后用氮气吹 30 s。

洗脱:100 μL 二氯甲烷洗脱白酒中的醇、酯等中性成分。

检测:GC-MS。

SPE 柱二:Oasis MAX 柱,30 mg,1 mL,Waters 公司。

过 HLB 柱后的溶液处理:加 1 滴 0.5%(体积分数)酚酞指示剂于收集的过柱溶液中,用浓氨水调节至微红。

柱预处理:1 mL 甲醇、1 mL 5%(体积分数)氨水。

样品载入:经过调节 pH 的过柱溶液自然重力过柱。

柱洗涤:1 mL 去离子水洗涤后,氮气吹干,再加 1 mL 二氯甲烷洗涤,氮气吹干。

目标化合物洗脱:200 μL 含有 0.5%(体积分数)盐酸的乙腈溶液洗脱有机酸成分供 GC-MS 检测。

在该方法中,HLB 柱主要用于萃取、富集白酒中的醇、酯、醛类等中性成分,有机酸基本没有保留,通过 5%(体积分数)氨水溶液洗涤 SPE 柱,将残留的有机酸转化为相应的盐而洗脱出来。收集的过柱溶液和氨水洗涤液经过碱化后,呈阴离子状态,可以被 MAX 柱保留,并被酸性有机溶剂洗脱。

2. 固相萃取–液相色谱飞行时间质谱测定酒中的杀菌剂[101]

目标化合物:嘧菌酯、苯霜灵、嘧菌环胺、烯唑醇、苯醚甲环唑、氟硅唑、异丙菌胺、甲霜灵、腈菌唑、戊菌唑、丙环唑、戊唑醇、三唑醇,共 13 种杀菌剂。

样品预处理:酒类样品用超纯水 1:2 稀释。

固相萃取柱:Oasis HLB,200 mg,6 mL,Waters 公司。

柱预处理:5 mL 乙腈、5 mL pH=3.6 的超纯水溶液(用乙酸调节)。

样品载入:10 mL 稀释溶液过柱,5 mL/min。

柱洗涤:10 mL 超纯水,抽干 20 min。

洗脱/稀释:1 mL 乙腈。加超纯水 1:1(体积比)稀释洗脱液供 LC-MS/MS 检测。

HLB 柱能够有效保留红酒中的一些红色物质,对色素的净化效果优于 MAX 柱。

3. 固相萃取结合液相色谱荧光检测定量分析葡萄酒和啤酒中的赭曲霉毒素 A[102]

赭曲霉毒素是一类由赭曲霉、疣孢青霉、硫色曲霉等曲霉菌和青霉菌等几种真菌产生的次级代谢产物组群,广泛存在于谷物、豆类、干果、葡萄酒、啤酒等食品中[103]。

1) 葡萄酒

样品预处理:取 10 mL 样品,加入 3 滴 32%(体积分数)盐酸酸化,再用 5 mL 甲醇稀释。依次用 HLB 和氨基 SPE 柱净化。

SPE 柱一:Oasis HLB 柱,200 mg,6 mL,Waters 公司。

柱预处理:5 mL 甲醇、10 mL 水。

样品载入:15 mL 稀释溶液过柱,3 ~ 5 mL/min。

柱洗涤:5 mL 水,真空抽干。

SPE 柱二:氨基 SPE 柱,200 mg,6 mL。

样品载入:10 mL 甲醇经上述 HLB 柱后过柱。

柱洗涤:2.5 mL 乙酸乙酯。

目标化合物洗脱:10 mL 甲酸含量为 0.75%(体积分数)的乙酸乙酯–环己烷溶液(3∶7,体积比)。

浓缩/定容:40 ℃氮气吹至干。加入 1 mL 甲酸含量为 0.1%(体积分数)的甲醇–水溶液(1∶1,体积比)。

检测:HPLC-FD。

2) 啤酒

样品预处理:啤酒样品放置过夜,反复从一个烧杯倒入另一个烧杯中脱气,直到不再起泡。取 10 mL 样品,加入 3 滴 32%(体积分数)盐酸酸化,再用 5 mL 甲醇稀释。依次用 HLB 和氨基固相萃取柱净化,具体操作步骤参见葡萄酒样品。

文献中未提及氨基固相萃取柱的活化过程,上样溶液为甲醇,柱容量为 6 mL,所以理论上可加 5 mL 甲醇活化后与 HLB 柱串联使用。

4. 在线固相萃取–超高效液相色谱–高分辨质谱测定红酒、白酒等烈性酒中 56 种酚类物质[104]

样品预处理:酒类样品用 0.45 μm 聚四氟乙烯柱过滤后稀释 10 倍,加入对硝基苯酚内标溶液和甲酸,浓度分别为 0.495 μg/mL、0.1%(体积分数)。

固相萃取柱:Hyper Sep™ Retain PEP,3.0 mm×10 mm,40 ~ 60 m,Thermo Scientific 公司。

柱预处理:去离子水,0.25 mL/min。

样品载入:2 μL 样品溶液。

目标化合物洗脱:去离子水和乙腈(95∶5,体积比),0.40 mL/min。

检测:UPLC-HRMS。

Hyper Sep™ Retain PEP 是用尿素官能团改性过的多孔聚苯乙烯二乙烯苯材料填充,对于极性和非极性物质都有较好的保留,并能延迟羟基苯甲酸类物质的洗脱。

5. 磁性分散固相萃取结合液相色谱–串联质谱联用仪快速测定红酒中 7 种合成色素[105]

在食品工业中,人工合成色素是一类重要的添加剂,《食品安全国家标准　食品添加剂使用标准》(GB 2760—2014)规定[106],只有配制酒允许添加符合最大使用量要求的人工合成色素,其他酒类严禁添加。但是,一些不法厂商采用非法生产工艺制造假冒伪劣的葡萄酒、果酒、白兰地、威士忌等品种,通过添加合成色素使其外观接近合格产品,从而欺骗广大消费者[107]。

目标化合物:酒石黄、苋菜红、胭脂红、日落黄、诱惑红、亮蓝、赤藓红,共 7 种合成色素。

吸附剂合成:取 2 g 聚乙二醇,溶解于 200 mL 热水中,加入 0.04 mol 甲基丙烯酸甲酯、20 mmol 苯乙烯、52 mmol 甲基丙烯酸缩水甘油酯。边超声边加入 2 g OA-M,再在剧烈搅拌的状态下逐滴加入 20 mL 含有 1 g 过氧化二苯甲酰的乙醇溶液。80 ℃反应 3 h 生成 M-co-poly(MMA-St-GMA)聚合物。磁场情况下用水和乙醇清洗,除去多余的甲基丙烯酸甲酯、苯乙烯和甲基丙烯酸缩水甘油酯。

取 1.25 g M-co-poly 聚合物分散于盛有 50 mL 甲醇的 100 mL 烧瓶中,边搅拌边逐滴加入 3.5 mL(50 mmol)的乙二胺。然后将烧瓶固定在水冷凝器中 80 ℃ 加热 8 h,即得氨基化的低度交联磁性聚合体 NH_2-LDC-MP-Ⅰ。pH=7.0 的环境下用水和甲醇清洗除去多余的乙二胺。其余的 NH_2-LDC-MP 纳米颗粒如 NH_2-LDC-MP-Ⅱ、NH_2-LDC-MP-Ⅲ、NH_2-LDC-MP-Ⅳ的合成方式与之类似,苯乙烯的量分别为 10 mmol、5 mmol、0 mmol。所有 NH_2-LDC-MP 纳米颗粒 60 ℃真空干燥后存储于密封瓶中。

样品预处理:取 1 mL 样品于 80 ℃水浴蒸干,pH=9 的超纯水(加 0.5 mol/L 氨水调节)溶解。

吸附:将溶解液转移至盛有 15 mg NH_2-LDC-MP 吸附剂的 2 mL 聚丙烯离心管中,涡旋 1 min。

分离:磁场环境,0.5 mL 上清液过 0.22 μm 滤膜,供 LC-MS/MS 检测。

NH_2-LDC-MP 含有亲水性的氨基和亲脂性的苯乙烯单体,可以作为磁性吸附材料分析酒类样品中的合成色素。

11.5　肉类和水产品中有毒有害物质检测中的样品净化

在动物源性食品中,需要检测的不只有农药残留,还有兽药和其他添加物。而动物源性食品的主要基质干扰物为蛋白质、多肽、氨基酸和脂肪等,因此样品萃取净化中的难点是极性药物与强水溶性基质(如蛋白质、氨基酸)的分离,以及弱极性药物与亲脂性基质的分离。由于兽药的化学性质差异很大,同时检测多种物质的难度也较大。

11.5.1　常用固相萃取方法概述

动物源性食品中的农药残留通常来自饲料或水体污染。并且某些农药(有机氯)降解很慢,在生物体内特别是内脏中长期积累、高度富集而造成残留超标,人类长期食用也会危害身体健康。

对于有机磷、氨基甲酸酯和拟除虫菊酯类农药,通常可采用乙腈、丙酮等极性溶剂或混合溶剂提取,C_{18} 或 PS 等反相固相萃取净化,吸附蛋白质和脂肪。也可利用弗罗里硅土、硅胶或氧化铝等正相极性吸附材料,去除蛋白质和脂肪的干扰。氧化铝对鱼类的脂肪有很好的吸附效果,常用于水产品样品的净化。

对于一些亲脂性极强的有机氯农药,为了充分提取,根据相似相溶原理通常加入一些亲脂性有机溶剂,如乙酸乙酯、环己烷、丙酮、正己烷等[108-110]。净化通常采用弗罗里硅土、硅胶或氧化铝等极性吸附材料。

动物源性食品中的兽药残留主要来源于饲料或直接注射。常见的兽药包括抗生素、激素、驱虫药、生长素等。部分兽药属于禁止使用范畴,其他兽药则有严格的限制。作为样品前处理的一个方法,固相萃取技术在兽药残留分析检测方面有着重要的作用。特别是在检测参数较多、样品量较大的情况下,固相萃取技术以其快速、高通量的优势成为目前样品前处理最重要的方法之一(具体应用案例见表 11-10)。

表 11-10　动物源性食品中有害物质残留检测涉及的分析方法

样品	目标化合物	提取	净化	检测	参考文献
肌肉组织	土霉素、四环素、金霉素	4.8% 高氯酸	HLB 柱	HPLC-UV	[111]
鱼	8 种未衍生化的生物胺	三氯乙酸	Strata™ X 柱	LC-FD	[112]
牛肉、羊肉和鸡肉	15 种多环芳烃	KOH 溶液和含 5% 乙腈的甲醇溶液	磁性多壁碳纳米管颗粒磁性固相萃取	GC-MS	[113]
香肠	21 种合成色素	甲醇–水溶液	C_{18}柱	HPLC	[114]
猪肉、鸡肉	12 种磺胺	乙腈	多壁碳纳米管柱	HPLC-UV	[115]
畜禽肉	5 类 63 种兽药(β-内酰胺类、喹诺酮类、磺胺类、磺胺类增效剂和抗寄生虫类)	Na_2EDTA 和含 1% 乙酸的乙腈溶液	C_{18} 分散固相萃取	HPLC-MS/MS	[116]
牛肉	23 种兽药	pH=5.2 乙酸铵缓冲溶液	SBA-15-C_{18} 为萃取柱填料	UPLC-MS/MS	[117]
鱼	地克珠利	乙腈	C_{18} 分散固相萃取	HPLC-MS/MS	[118]

续表

样品	目标化合物	提取	净化	检测	参考文献
牛肉	26 种兽药	5% 三氯乙酸溶液、乙腈	SBA-5-C_{18}和 SBA-15-C_{18}介孔硅为萃取柱填料	UPLC-MS/MS	[119]
水产品	11 种青霉素	80% 乙腈水溶液	Oasis PRiME HLB 柱	LC-MS/MS	[120]
畜肉和肉制品	16 种镇静剂	氢氧化钠溶液	MCX 柱	LC-MS/MS	[121]
鱼、虾、蟹	氯霉素和红霉素	乙腈	Oasis PRiME HLB 柱	HPLC-MS/MS	[122]
猪肉、鱼、虾	磺胺类、喹诺酮类、糖皮质激素类、大环内酯类、β-受体激动剂类、类固醇激素类、四环素类、青霉素类、氯霉素类、头孢菌素类，共 10 大类 72 种兽药	80% 乙腈	PRiME HLB 柱	UPLC-MS/MS	[123]
鸡肉	40 种糖皮质激素和 9 种非甾体抗炎药	乙腈 - 0.1% 甲酸溶液	Oasis PRiME HLB 柱	LC-MS/MS	[124]
猪肉、牛肉及猪肉脯、牛肉干	42 种兽药	水和 5% 甲酸乙腈	WondaPak QuEChERS 多兽残专用净化包	LC-MS/MS	[125]
动物源性食品	10 种拟除虫菊酯类农药	乙酸–乙腈溶液	Z-Sep^+、C_{18} 分散固相萃取	UPLC-MS/MS	[126]

对于在一定 pH 下可离子化的药物，采用具有离子交换和反相吸附混合机制的复合功能化高聚物材料进行固相萃取是一个较好的选择，可以得到稳定的回收率和最佳的净化效果。这类商品化的固相萃取柱有 PCX、PAX、MCX、MAX、WCX、WAX。其中，PCX、MCX 凭借苯磺酸与碱性化合物形成离子对和高聚物本体的范德华力双重作用达到净化目的。WCX 则依靠羧酸基团的离子对作用及高聚物本体的范德华力双重作用净化样品。为避免形成过强的离子对作用以致难以洗脱，对于强碱性化合物，如季铵盐类，应采用 WCX。相反，PAX 或 MAX 则是通过季铵盐与弱酸类化合物形成离子对，加上高聚物本体的范德华力的协同作用，实现萃取和净化。如果是强酸类化合物，则选用 WAX(弱碱性)以降低离子对的作用。

以碱性化合物为例，用乙腈、酸化乙腈或丙酮等萃取动物组织中的目标化合物，提取液进一步酸化，沉淀蛋白质，离心备用。PCX、MCX、WCX 通用的使用方法如下：

柱预处理：依次用甲醇、水和稀酸活化 SPE 柱。

样品载入:离心后的提取液通过活化后的 SPE 柱。

柱洗涤:依次用水(或弱酸性水溶液)、甲醇洗涤。

目标化合物洗脱:采用氨化甲醇或氨化乙腈洗脱,接收洗脱液。

浓缩:洗脱液浓缩后进一步分析检测。

对于酸性化合物,步骤基本相似。不同之处在于:萃取时,使用氨化乙腈或甲醇。萃取柱为 PAX 或 MAX,采用弱碱性溶液代替稀酸进行活化。洗脱液为酸化甲醇或乙腈。

具有酸碱两性基团的化合物,也可采用类似方法,但淋洗液和洗脱液的 pH 要根据 pK_a 进行相应调整。

对于非离子化的极性化合物或一定条件下离子化被抑制的目标化合物,通常可采用极性功能化改性的高聚物材料进行反相固相萃取净化,这种材料与 C_{18} 相比具有较好的回收率。具有代表性的此类商品化萃取柱包括 Oasis HLB(Waters)、Cleanert PEP(Agela)及 SampliQ OPT(Agilent)等。

但是在去除脂肪方面,聚苯乙烯大孔树脂和 C_{18} 具有更好的效果。Agela 推出的复合净化柱——Cleanert PEP,以聚苯乙烯/二乙烯苯为基质,表面同时具有亲水性和疏水性基团,从而对各类极性、非极性目标化合物具有较均衡的吸附作用。所以 PEP 柱兼具两方面优势,既能保证较高的回收率,又能有效去除脂肪。该净化柱的机理是反相固相萃取净化,操作步骤如下:用乙腈、甲醇或丙酮提取样品,用水溶液稀释至有机溶剂含量为 5%~10%(对于油脂含量较高的样品可以先用亲脂性溶剂液液分配脱脂),依次用甲醇、水活化 SPE 柱。含有被测物质的水溶液通过萃取柱。分别用水和含有一定比例极性有机溶剂的水溶液淋洗萃取柱。用极性有机溶剂洗脱被测物质。浓缩后供进一步分析检测。

弗罗里硅土、硅胶或氧化铝的正相极性吸附萃取柱也常用作兽药残留样品的净化,特别是中等极性或弱极性化合物,该方法不仅有很好的净化效果,而且成本较低。其基本原理是:首先选择合适极性的溶液通过净化柱,中等极性的目标化合物和极性更强的干扰物被填料吸附,而极性很弱的干扰物直接滤过;随后采用极性略强的溶剂洗脱目标化合物,而极性干扰物保留在柱子上,从而达到净化的目的。对于脂溶性干扰物较少或已经脱脂的样品,此方法可以简化:选用合适极性的溶剂溶解样品后直接上样,被测物质留在溶液中,杂质保留在净化柱上。

四环素、土霉素类药物结构特殊,容易与吸附材料上的多价金属离子形成螯合物,从而使得回收率较低,甚至无法检出。因此,检测这类药物时需要在提取和净化过程中加入 EDTA,以抑制它们形成螯合物。

MAS 法是 QuEChERS 方法在兽药残留分析领域中的应用,对中性、酸性或碱性的强极性化合物都具有较好的净化效果。其原理是采用多种功能化吸附材料吸附样品中的主要干扰杂质,有效去除基体中可能存在的磷脂、脂肪和部分蛋白质等,同时被测物质保留在样品溶液中[127,128]。与经典的固相萃取方法相比,MAS 法更加简单、快速。其操作步骤如下:乙腈或酸性乙腈或碱性乙腈溶液提取(碱性物质用酸性乙腈提取,酸性物质用碱性乙腈提取)。萃取液中加入吸附材料,进一步去除蛋白质、氨基酸和脂肪。离心后取上清液检测。

该方法不仅简单、快速,而且操作中受外界因素影响较小,具有较好的稳定性和重现性。

2015 年 5 月,Waters 推出业内首款新一代的固相萃取产品 Oasis PRiME HLB,它可以在更短的时间内提供更洁净的样品,使液相色谱和液质联用系统的分析更为轻松。PRiME HLB 是基于 N-乙烯吡咯烷酮二乙烯基苯聚合物填料的反相复合填料,对动物源性食品中的蛋白质、脂肪和磷脂等物质具有特异性的吸附能力,且无须活化与平衡,样品经有机溶剂提取后,可直接上样,操作极其简便,不会出现堵柱情况[129]。

11.5.2　肉类和水产品中农药及兽药检测中的固相萃取净化

1. 农药残留检测中的固相萃取净化

农药经过食物链和生物富集作用主要积聚于动物的脂肪组织,所以此类样品前处理的关键在于去除脂肪。

1)凝胶渗透色谱-固相萃取联合净化气相色谱-质谱联用法测定动物性食品中 30 种有机氯农药的残留量[130]

样品预处理:称取 5 g 匀浆样品于 50 mL 离心管中,加入 25 μL 1 mg/L 的混合内标标准溶液,涡旋混匀,加入 2 g 氯化钠和 20 mL 乙腈,充分摇匀后超声提取30 min。加入 8 g 无水硫酸钠,于 5 ℃ 7000 r/min 离心 5 min,吸取上层清液于鸡心瓶中。用 20 mL 乙腈重复提取一次。合并两次提取液,30 ℃水浴中减压浓缩至近干,以环己烷-乙酸乙酯(1∶1,体积比)复溶并定容至 10 mL,待 GPC 净化。

GPC 净化:以 Bio-Beads S-X₃凝胶作为柱填料,环己烷-乙酸乙酯(1∶1,体积比)作为流动相,柱流速为 4.7 mL/min,样品定量环为 5 mL,收集 9.5～16.0 min的流出液,将收集的馏分旋转蒸发至约 1 mL,待 Florisil 柱净化。

固相萃取柱:Florisil 柱,2 g,12 mL。

柱预处理:5 mL 丙酮-正己烷溶液(1∶9,体积比)、5 mL 正己烷。

载样/洗脱:GPC 净化液过柱,并收集。加入 20 mL 丙酮-正己烷溶液,合并流出液。

浓缩/定容:30 ℃水浴减压浓缩近干,加入 250 μL 正己烷,供 GC-MS 分析。

Florisil 柱能去除样品基质中的部分色素、脂肪等杂质,一般用于有机氯、菊酯等极性较小农药的净化。GPC 方法根据分子大小进行分离,能有效去除脂肪、植物色素及蛋白质等物质。但是其柱容量较小,对高脂肪含量的样品除脂能力有限,净化后仍有少量脂肪残留,所以进一步用 Florisil 柱净化。

2)凝胶渗透色谱和气相色谱-质谱法测定动物食品中 27 种有机氯和 15 种拟

除虫菊酯类农药残留量[131]

样品预处理:称取 20 g 样品于 250 mL 具塞三角瓶中,加入 6 mL 水、40 mL 丙酮,振摇 30 min,加 6 g 氯化钠,充分混匀,再加 30 mL 石油醚,振摇 30 min。静置分层后,有机相过无水硫酸钠后取 35 mL,旋转蒸发至约 1 mL,加入 2 mL 乙酸乙酯–环己烷溶液再浓缩,重复两次,浓缩至约 1 mL,并转移至 GPC 自动进样系统配套试管中,用乙酸乙酯–环己烷溶液洗涤旋转蒸发瓶两次,洗涤液合并至试管中并定容至 10 mL。样品通过 5 mL 样品环注入 GPC 柱,泵流速为 4.7 mL/min,弃去 0 ~ 7.5 min 馏分,收集 7.5 ~ 15 min 馏分,15 ~ 20 min 冲洗 GPC 柱,将收集的馏分旋转蒸发至约 1 mL,待氧化铝柱净化。

固相萃取柱:氧化铝柱。

柱预处理:2 mL 乙腈。

载样/洗脱:GPC 净化液过柱并收集,加入 5 mL 正己烷饱和的乙腈溶液过柱并收集。

浓缩/定容:氮气吹干。加入 1 mL 丙酮定容后供 GC-MS 分析。

文献中未提及乙酸乙酯–环己烷溶液的比例,一般常用 1∶1(体积比)作为 GPC 的流动相,所以推荐整个实验过程全部采用此比例的溶液。另外,氧化铝柱的型号规格在文献中也没有说明,根据活化和上样体积,推荐使用 200 mg/3 mL 规格的净化柱。

3)凝胶渗透色谱–固相萃取净化/气相色谱–串联质谱法测定动物性食品中 167 种农药残留[132]

样品预处理:称取匀浆样品 5 g 于 50 mL 离心管中,加入 3 mL 水并涡旋混匀,再加入 20 mL 乙腈,充分摇匀后超声提取 30 min。加入 2 g 氯化钠和 8 g 无水硫酸钠,于 5 ℃ 7000 r/min 离心 5 min,吸取上层清液于鸡心瓶中。用 20 mL 乙腈重复提取一次,合并两次提取液,于 30 ℃ 水浴中减压浓缩至近干,用环己烷–乙酸乙酯(1∶1,体积比)复溶,经 0.22 μm 有机相滤膜过滤后定容至 10 mL,超声 5 min,待净化。

GPC 净化:以 Bio-Beads S-X₃ 凝胶作为柱填料,环己烷–乙酸乙酯(1∶1,体积比)作为流动相,柱流速为 4.7 mL/min,样品定量环为 5 mL,收集 8.0 ~ 18.5 min 的流出液,将收集的馏分旋转蒸发至约 1 mL,待过 Carb-NH₂柱净化。

固相萃取柱:Carb-NH₂柱,500 mg,6 mL。

柱预处理:5 mL 乙腈–甲苯溶液(3∶1,体积比)。

SPE 净化:GPC 净化液过柱,并收集。加入 20 mL 乙腈–甲苯溶液,合并流出液。

浓缩/定容:30 ℃ 水浴减压浓缩近干。加入 1 mL 正己烷定容后供 GC-MS/MS 检测。

Carb-NH₂柱可吸附大量色素,去除脂肪能力虽不如 Florisil 柱,但可应用于绝大部分农药的净化。因此在 GPC 净化的基础上,采用 Carb-NH$_2$ 柱进一步净化,以吸附经过 GPC 净化后仍残存于提取液中的脂肪酸、有机酸,以及极性色素和糖类等杂质,进一步提高净化效果。

2. 兽药残留检测中的固相萃取净化

目前,现行有效的关于兽药残留检测的标准主要采用液-液萃取和固相萃取两种净化方法,其中涉及固相萃取的标准如下(根据实际使用情况,部分条件有调整)。

1)GB/T 21313—2007《动物源性食品中 β-受体激动剂残留检测方法　液相色谱-质谱/质谱法》[133]

目标化合物:克伦特罗、沙丁胺醇、妥布特罗、特步它林、非诺特罗、福莫特罗、莱克多巴胺、异丙喘宁,共 8 种。

样品预处理:称取 10 g 样品,加入 15 mL pH=5.2 的乙酸-乙酸钠缓冲溶液,1000 r/min 匀浆 1 min,再加入 100 μL β-葡糖醛酸糖苷酶-芳基磺酸酯酶溶液,37 ℃ 振荡过夜。取出冷却后,用高氯酸调节 pH 至 1.0,超声振荡 20 min,80 ℃ 水浴中加热 30 min。自来水冲洗离心管,迅速冷却。4 ℃ 10000 r/min 离心 10 min。上清液转移至另一离心管中,残渣再用 10 mL 0.1 mol/L 高氯酸溶液提取一次,10000 r/min 离心 10 min。合并上清液,用 1 mol/L NaOH 溶液调 pH 为 4.0,再次离心后撇去溶液中漂浮的油脂,转移至另一离心管中。此溶液依次用 HLB 和 MCX 柱净化。

SPE 柱一:Oasis HLB,500 mg,6 mL,Waters 公司。

柱预处理:6 mL 甲醇、6 mL 水。

样品载入:提取溶液过柱,2~3 mL/min。

柱洗涤:2 mL 5%(体积分数)甲醇,真空抽干。

目标化合物洗脱:6 mL 甲醇。

浓缩/复溶:氮气吹干。3 mL 0.1 mmol/L 高氯酸溶液溶解残渣。

SPE 柱二:Oasis MCX,60 mg,3 mL,Waters 公司。

柱预处理:3 mL 5%(体积分数)氨水甲醇溶液、3 mL 甲醇、3 mL 水、3 mL 0.1 mmol/L 高氯酸溶液。

样品载入:复溶液过柱。

柱洗涤:1 mL 甲醇、1 mL 2%(体积分数)甲醇水溶液。

目标化合物洗脱:7 mL 5%(体积分数)氨水甲醇溶液。

浓缩/定容:氮气吹干。加入 1 mL 甲醇-0.1%(体积分数)甲酸水溶液(1:9,体积比)定容,供 UPLC-MS/MS 检测。

6 种 β-受体激动剂色谱图如图 11-6 所示。

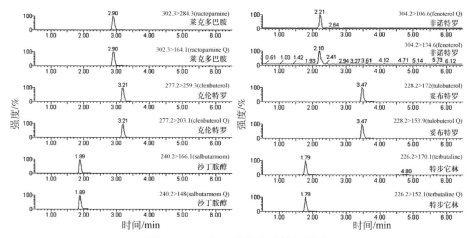

图 11-6　6 种 β-受体激动剂色谱图

β-受体激动剂的母核为苯乙胺基团,呈弱碱性,在酸性溶液中易解离提取。已知强酸型蛋白沉淀剂如高氯酸等对这类物质提取效果较好,此外,加入适量的有机溶剂能够改善提取效率[134]。

β-兴奋剂的芳香环结构上都连接烷羟基或羟基,在动物体内代谢时大部分与硫酸或葡萄糖酸作用,或者与之结合,它们的结合物水溶性很强,不溶于有机溶剂,所以必须先进行水解再提取游离态的药物。一般较常用的水解方法有酶水解和酸水解,酸水解一般采用的是无机酸,如高氯酸、盐酸等,但是酸的作用强度较大,不易准确定量;此标准中加入 β-葡糖醛酸糖苷酶/芳基磺酸酯酶进行酶解处理,水解条件温和,不会引起待测物的分解,实验重现性较好[135]。

动物源性食品中主要的干扰物质是蛋白质、脂肪及少量色素。本方法中采用高氯酸提取可以一定程度上沉淀蛋白质,且低温离心有助于去除脂肪。对于含油脂较多的样品,每次离心后将上层油脂撇去,转移至另一干净离心管中,同样能够除去部分脂肪,有利于上样净化。

2)GB/T 21312—2007《动物源性食品中 14 种喹诺酮药物残留检测方法　液相色谱–质谱/质谱法》[136]

目标化合物:恩诺沙星、诺氟沙星、培氟沙星、环丙沙星、氧氟沙星、沙拉沙星、依诺沙星、洛美沙星、吡哌酸、萘啶酸、奥索利酸、氟甲喹、西诺沙星、单诺沙星,共 14 种。

样品预处理:(1) 动物肌肉组织、肝脏、肾脏。取 5 g 样品于 50 mL 离心管中,加入 20 mL 0.1 mol/L EDTA-Mcllvaine 缓冲溶液①,涡旋混匀,超声提取 10 min,

---

①　EDTA-Mcllvaine 缓冲溶液:称取 60.5 g 乙二胺四乙酸二钠放入 1625 mL Mcllvaine 缓冲溶液中,振摇使其溶解。Mcllvaine 缓冲溶液的配制是将 1000 mL 0.1 mol/L 柠檬酸溶液与 625 mL 0.2 mol/L 磷酸氢二钠溶液混合,使 pH 为 4.0±0.05(可用盐酸或氢氧化钠调节)。

4 ℃ 10000 r/min 离心 5 min,提取三次,并合并上清液。

(2) 牛奶和鸡蛋。取 5 g 样品于 50 mL 离心管中,加入 40 mL 0.1 mol/L EDTA-Mcllvaine 缓冲溶液,涡旋混匀,超声提取 10 min,4 ℃ 10000 r/min 离心 5 min,上清液待净化。

固相萃取柱:Oasis HLB,200 mg,6 mL,Waters 公司。

柱预处理:6 mL 甲醇、6 mL 水。

样品载入:上清液过柱,2 ~ 3 mL/min。

柱洗涤:2 mL 5%(体积分数)甲醇,真空抽干。

目标化合物洗脱:6 mL 甲醇。

浓缩/定容:氮气吹干。加入 1 mL 乙腈–[5 mmol/L 乙酸铵+0.1%(体积分数)甲酸]溶液(1∶9,体积比)定容后供 UPLC-MS/MS 检测。

12 种喹诺酮药物色谱图如图 11-7 所示。

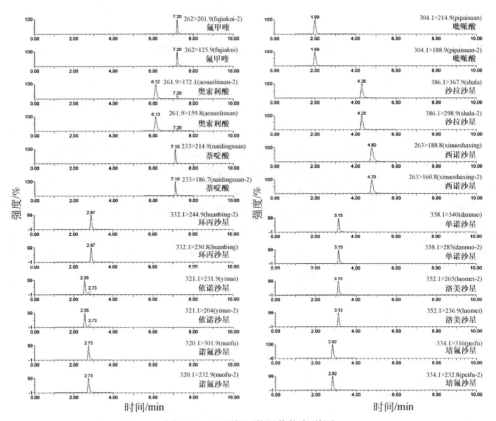

图 11-7　12 种喹诺酮药物色谱图

喹诺酮结构中含有羧基和哌嗪基,具有酸碱两性,易溶于酸性或碱性溶剂。本方法中将提取液调节为酸性,使得目标化合物的溶解性更好,提取效率相应提高。

3）GB/T 22338—2008《动物源性食品中氯霉素类药物残留量测定》(3 液相色谱–质谱/质谱法)[137]

目标化合物:氯霉素、氟甲砜霉素和甲砜霉素。

(1)动物组织(肝、肾除外)与水产品。

样品预处理:称取 5 g 样品于 50 mL 离心管中,加入 100 μL 0.1 μg/mL 内标工作液和 30 mL 乙腈,超声 20 min,离心 5 min。上清液转移至 250 mL 分液漏斗中,加入 15 mL 乙腈饱和的正己烷,振摇 2 min,静置分层,转移乙腈层至鸡心瓶中。残渣再加入 30 mL 乙腈提取一次,上清液转移至同一分液漏斗,重复以上操作,合并萃取液。40 ℃水浴蒸至近干,氮气吹干,5 mL 丙酮–正己烷溶液(1∶9)复溶后用 SPE 柱净化。

固相萃取柱:LC-Si 柱,200 mg,3 mL。

柱预处理:5 mL 丙酮–正己烷溶液(1∶9,体积比)。

SPE 净化:复溶液过柱并收集,5 mL 丙酮–正己烷溶液(6∶4,体积比)。

浓缩/定容:氮气吹干。加入 1 mL 水定容后供 UPLC-MS/MS 检测。

(2)动物肝、肾组织。

样品预处理:称取 5 g 样品于 50 mL 离心管中,加入 30 mL 0.1 mol/L 乙酸钠缓冲溶液(pH=5.0),再加入 300 μL β-葡糖醛酸糖苷酶于 37 ℃振荡过夜。样品溶液中加入 100 μL 0.1 μg/mL 内标工作液和 20 mL 乙酸乙酯–乙醚溶液(75∶25,体积比),超声 10 min,离心 5 min。上层溶液 40 ℃水浴蒸至近干,氮气吹干,5 mL 丙酮–正己烷溶液(1∶9,体积比)复溶后用 SPE 柱净化。其他处理同(1)。

氯霉素及其内标、氟甲砜霉素色谱图如图 11-8 所示。

氯霉素类物质在肝、肾中的结合物较多,需要酶解将其释放出来后测定。

4）GB/T 20752—2006《猪肉、牛肉、鸡肉、猪肝和水产品中硝基呋喃类代谢物残留量的测定　液相色谱–串联质谱法》[138]

目标化合物:AMOZ(5-吗啉甲基-3-氨基-2-噁唑烷基酮)、AHD(1-氨基-2-内酰脲)、AOZ(3-氨基-2-噁唑烷酮)、SEM(氨基脲),共 4 种。

样品预处理:称取 5 个阴性样品,各 2 g,于 50 mL 离心管中,加入适量 4 种硝基呋喃代谢物混合标准溶液,使最终测定浓度分别为 0.5 ng/mL、1.0 ng/mL、2.0 ng/mL、4.0 ng/mL、10.0 ng/mL,加入混合内标溶液,使最终浓度为 2.0 ng/mL。加入 10 mL 0.2 mol/L 盐酸、0.3 mL 衍生剂①,涡旋混匀,37 ℃恒温振荡避光反应 16 h。放置至室温,加入 5 mL 0.1 mol/L 磷酸氢二钾溶液,用 1 mol/L 氢氧化钠溶液调节 pH 约为 7.4,10000 r/min 离心 10 min,上清液待净化。

固相萃取柱:Oasis HLB,60 mg,3 mL,Waters 公司。

───────────────

① 2-硝基苯甲醛的浓度为 0.05 mol/L。称取 0.075 g 2-硝基苯甲醛溶于 10 mL 二甲基亚砜中,现用现配。

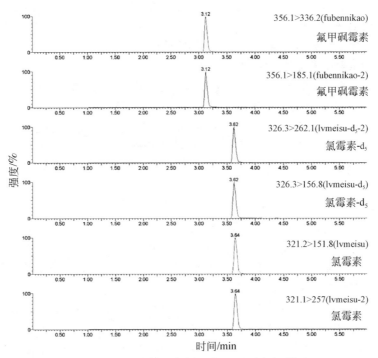

图 11-8　氯霉素及其内标、氟甲砜霉素色谱图

柱预处理：5 mL 甲醇、10 mL 水。

样品载入：上清液过柱，小于 2 mL/min。

柱洗涤：10 mL 水，真空抽干 15 min。

目标化合物洗脱：5 mL 乙酸乙酯。

浓缩/定容：氮气吹干。加入 1 mL 甲醇–[5 mmol/L 乙酸铵+0.2%（体积分数）甲酸]溶液（1∶9，体积比）定容后供 UPLC-MS/MS 检测。

AMOZ、AHD、AOZ、SEM 及其内标的色谱图如图 11-9 所示。

硝基呋喃类药物在动物体内数小时可代谢，代谢产物与蛋白质紧密结合形成结合态，长期稳定存在于动物体内[139]。

硝基呋喃类药物及其代谢物在高温、光照条件下可能降解，在操作过程中，要尽量避光、避免高温。

5）GB/T 20764—2006《可食动物肌肉中土霉素、四环素、金霉素、强力霉素残留量的测定 液相色谱–紫外检测法》[140]

目标化合物：土霉素、四环素、金霉素、强力霉素。

样品预处理：称取 6 g 样品于离心管中，加入 30 mL 0.1 mol/L Na₂ EDTA-Mcllvaine 缓冲液（pH = 4）（配制方法同 GB/T 21312—2007），涡旋 1 min，振荡10 min，10000 r/min 离心 10 min，上清液转移至另一离心管中，残渣用 20 mL 缓冲

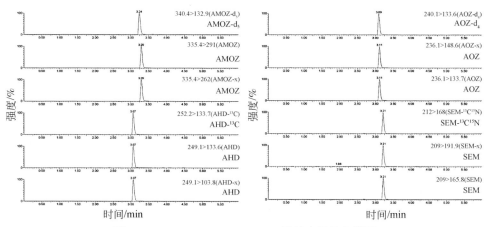

图 11-9　AMOZ、AHD、AOZ、SEM 及其内标的色谱图

液再提取一次,合并上清液。此溶液依次用 Oasis HLB 柱和羧酸型阳离子交换柱
净化。

　　固相萃取柱:Oasis HLB 柱,500 mg,6 mL,Waters 公司。

　　柱预处理:5 mL 甲醇、10 mL 水。

　　样品载入:上清液过柱,小于 3 mL/min。

　　柱洗涤:5 mL 甲醇-水溶液(5∶95,体积比),减压抽干 40 min。

　　目标化合物洗脱:15 mL 乙酸乙酯。

　　固相萃取柱:羧酸型阳离子交换柱,500 mg,3 mL。

　　柱预处理:5 mL 乙酸乙酯。

　　样品载入:15 mL 乙酸乙酯洗脱液过柱,小于 3 mL/min。

　　柱洗涤:5 mL 甲醇,减压抽干 5 min。

　　目标化合物洗脱:4 mL(乙腈-甲醇-0.01mol/L 草酸)溶液(2∶1∶7,体积
比)。

　　检测:HPLC-UV。

　　土霉素、四环素、金霉素、强力霉素色谱图如图 11-10 所示。

　　四环素类物质分子中含有若干亲水的羟基,易溶于水和较低级的伯醇类溶剂,
较难溶于非极性有机溶剂。在中性和酸性溶液中较稳定,碱性水溶液中相对不稳
定[111]。所以四环素类物质宜在中性或酸性条件下对样品溶液净化。

　　动物肌肉中存在的蛋白质影响四环素类物质的提取效率,一般用强酸溶液或
酸性溶液对蛋白质进行分离。但是,在较强酸性环境(pH<2)中四环素类药物会降
解为脱水物。因此,提取时宜选择如 Na$_2$EDTA-Mcllvaine 缓冲液类的弱酸性
溶剂[141]。

　　6)GB/T 20755—2006《畜禽肉中九种青霉素类药物残留量的测定　液相色谱

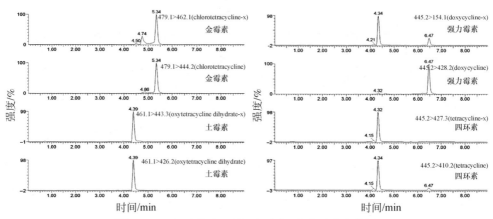

图 11-10　土霉素、四环素、金霉素、强力霉素色谱图

-串联质谱法》[142]

目标化合物:萘夫西林、青霉素 G、哌拉西林、青霉素 V、苯唑西林、阿莫西林、氨苄西林、氯唑西林、双氯西林,共 9 种。

样品预处理:称取 3 g 样品,加入 25 mL 0.15 mol/L NaH$_2$PO$_4$缓冲溶液(pH =8.5),振荡 10 min,10000 r/min 离心 10 min,上清液过 C$_{18}$柱。

固相萃取柱:BUND ELUT C$_{18}$,500 mg,6 mL,JT Baker 公司。

柱预处理:5 mL 甲醇、10 mL 水、10 mL 上述 NaH$_2$PO$_4$缓冲溶液。

样品载入:上清液过柱,3 mL/min。

柱洗涤:2 mL 水。

目标化合物洗脱:3 mL 乙腈-水溶液(1∶1,体积比)。

定容:用乙腈-水溶液将洗脱液定容至 3 mL 后供 UPLC-MS/MS 检测。

6 种青霉素色谱图如图 11-11 所示。

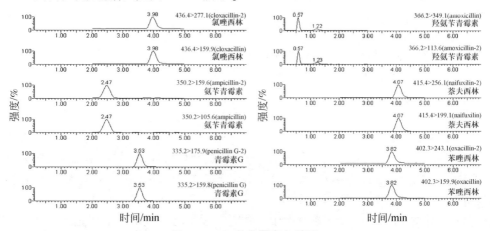

图 11-11　6 种青霉素色谱图

青霉素类药物易溶于水,且分子结构中含 β-内酰胺环,易受酸碱、重金属、羟胺基等影响发生环的裂解而稳定性较差[120]。

7)SN/T 2226—2008《进出口动物源性食品中乌洛托品残留量的检测方法　液相色谱-质谱/质谱法》[143]

样品预处理:称取 5 g 样品于 50 mL 离心管中,加入 2 g 无水硫酸钠、20 mL 乙腈,均质 2 min,10000 r/min 离心 5 min,上清液转移至分液漏斗中,残渣加 10 mL 乙腈重复提取一次,合并上清液,加入 10 mL 乙腈饱和的正己烷,振摇 3 min,下层过无水硫酸钠后浓缩近干,加 1 mL 20 mmol/L 乙酸铵溶液(pH=4)溶解残渣,待净化。

固相萃取柱:Oasis MCX,60 mg,3 mL,Waters 公司。

柱预处理:3 mL 甲醇、3 mL 水、3 mL 上述乙酸铵溶液。

样品载入:复溶液过柱,流速为 1～2 mL/min,再用 2 mL 乙酸铵溶液分两次洗涤浓缩瓶后上样。

柱洗涤:1 mL 水、1 mL 甲醇,减压抽 1 min。

目标化合物洗脱:3 mL 氨水-甲醇溶液(5∶95,体积比)洗脱。

浓缩/定容:45 ℃氮气吹近干。加入乙腈-5 mmoL/L 乙酸铵溶液(1∶9,体积比)定容。

检测:UPLC-MS/MS。

乌洛托品色谱图如图 11-12 所示。

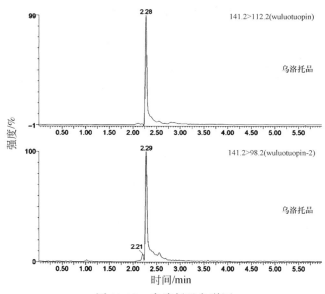

图 11-12　乌洛托品色谱图

乌洛托品分子结构中含有氨基,呈弱碱性,酸性条件下带正电,具有阳离子交换特性。利用具有强阳离子交换反相吸附剂的固相萃取柱对乌洛托品进行选择性交换吸附,再通过氨化甲醇将其置换洗脱下来,能够取得较好的富集浓缩效果[144]。

8) PRiME HLB 固相萃取/超高效液相色谱-串联质谱法快速检测牛肝中 18 种促生长剂类药物残留[145]

目标化合物:甲羟孕酮、醋酸甲羟基孕酮、醋酸美仑孕酮、丙酸睾酮、17α-羟孕酮、诺龙、睾酮、甲睾酮、沙丁胺醇、喷布特罗、莱克多巴胺、妥布特罗、克伦特罗、溴布特罗、竹桃霉素、林可霉素、红霉素、维吉霉素。

样品预处理:称取 2 g 样品于 50 mL 具塞离心管中,加入 40 μL β-葡糖醛酸糖苷酶/芳基硫酯酶和 5 mL pH=5.2 的乙酸铵溶液,于 60 ℃以 110 r/min 酶解 1 h。酶解后加入 5 mL 甲醇振荡提取 15 min,8000 r/min 离心 3 min。移取上清液,再向离心管中加入 10 mL 乙腈-甲醇溶液(9∶1,体积比),振荡提取 15 min,合并两次上清液涡旋混匀。

固相萃取柱: Oasis PRiME HLB,60 mg,3 mL,Waters 公司。

SPE 柱净化:用移液管取 4 mL 提取液过柱,收集流出液。

浓缩/定容:40 ℃氮气吹至干。加入 0.2 mL 乙腈-水溶液(3∶7,体积比)定容后供 UPLC-MS/MS 检测。

PRiME HLB 固相萃取柱无须平衡活化、润洗和洗脱等过程,大大节省了净化时间,能够有效除去牛肝中的多种干扰杂质,延长色谱柱使用寿命。

11.5.3　水产品中赤潮毒素残留检测中的固相萃取净化

在一定的环境条件下,海水中某些浮游植物、原生动物或细菌在短时间内突发性增殖或高度聚集,从而引起的一种生态异常现象,称为赤潮。赤潮生物适度的繁殖可作为海洋滤食生物的重要食物来源,所以部分赤潮对海洋生态系统有利;还有部分赤潮生物对人类和海洋生态系统存在威胁,这部分赤潮为有害赤潮。有害赤潮生物分泌的赤潮毒素可能污染鱼、贝类等生物,人进食后,可能出现神经系统麻痹、胃肠道紊乱、记忆丧失等食物中毒症状,甚至引起疾病流行和传播。常见的赤潮毒素有麻痹性贝毒、腹泻性贝毒、神经性贝毒、记忆缺失性贝毒等。其中麻痹性贝毒是已知的赤潮生物毒素中,发生最频繁、对人类影响最严重的一种;神经性贝毒是危害范围较小的一类毒素。

水产品中赤潮毒素残留检测中常用的前处理方法是用甲醇水溶液提取后,用HLB 柱或离子交换柱净化,应用案例如下。

1. 腹泻性贝毒与麻痹性贝毒 LC-MS/MS 检测方法研究[146]

目标化合物:大田软海绵酸、鳍藻毒素 1、膝沟藻毒素 1~4。

样品预处理:称取 5 g 均质样品于 50 mL 离心管中,加入 10 mL 80%(体积分数)甲醇溶液,涡旋 30 s,超声提取 10 min,5 ℃ 5000 r/min 离心 10 min。上清液转移至 25 mL 离心管中,再加 5 mL 80%(体积分数)甲醇溶液重复提取一次,合并提取液。加入 5 mL 正己烷脱脂,涡旋 30 s,静置分层,弃去正己烷层,重复操作一次,氮吹浓缩至 5 mL。

固相萃取柱:Oasis HLB,60 mg,3 mL,Waters 公司。

柱预处理:3 mL 甲醇、3 mL 水。

样品载入:浓缩液过柱。

目标化合物洗脱:3 mL 水、3 mL 甲醇。

检测:分别过 0.45 μm 和 0.22 μm 滤膜后,采用 HPLC-MS/MS 测定。

2. 液相色谱四极杆–飞行时间质谱测定失忆性贝毒的研究[147]

目标化合物:软骨藻酸及其异构体,共 8 种。

样品预处理:称取 4 g 已匀浆的贝类样品于 50 mL 离心管中,加入 16 mL 甲醇–水溶液(1∶1,体积比),并加注至 20 mL,12000 r/min 均质 2 min,3500 r/min 离心 10 min。取 5 mL 上清液过 SAX 柱净化。

固相萃取柱:SAX。

柱预处理:6 mL 甲醇、3 mL 水、3 mL 甲醇–水溶液(1∶1,体积比)。

样品载入:5 mL 上清液过柱。

柱洗涤:5 mL 乙腈–水溶液(1∶9,体积比)、0.5 mL 0.05%(体积分数)甲酸溶液。

目标化合物洗脱:3 mL 0.05%(体积分数)甲酸溶液。

检测:HPLC-Q-TOF MS。

3. 液相色谱–串联质谱法检测 9 种腹泻性贝毒[148]

目标化合物:大田软海绵酸、鳍藻毒素 1、鳍藻毒素 2、蛤毒素 2、扇贝毒素及其衍生物、环亚胺米氏裸甲藻毒素、螺环内酯毒素 1 和原多甲藻酸。

样品预处理:称取 2 g 已均质的贝类样品于 50 mL 离心管中,加入 5 mL 80%(体积分数)甲醇水溶液,超声提取 5 min,7000 r/min 离心 10 min。重复操作一次,合并上清液。浓缩近干,加 5 mL 20%(体积分数)甲醇水溶液定容。

固相萃取柱:Oasis HLB,Waters 公司。

柱预处理:6 mL 甲醇、6 mL 水。

样品载入:定容液过柱,2~3 滴/s。

柱洗涤:6 mL 20%(体积分数)甲醇水溶液。

目标化合物洗脱:2 mL 0.1%(体积分数)甲酸甲醇溶液分两次洗脱。

检测:HPLC-MS/MS。

腹泻性贝毒是脂溶性物质,属于聚醚或大环内酯化合物,易被具有两性的 HLB 柱吸附。

11.6　乳制品中残留药物检测中的样品净化

11.6.1　常用固相萃取方法概述

　　乳制品是食品的一个重要组成部分,特别是婴幼儿的主要食物来源,加强乳制品的质量安全监控尤为重要。乳制品中的污染物与肉类相似,包括农药残留、兽药残留和添加剂;主要来源为饲料、直接注射、食品加工或储藏。

　　乳制品的检测与肉类、水产品和蛋类样品相似,主要干扰物质也包括蛋白质、多肽、脂肪和一些维生素等。此外,乳制品中还含有一些乳糖类物质,只是在反相液相色谱柱中通常没有保留,对多数 LC-MS 方法没有显著影响。

　　乳制品多为乳液形态,也有固态,如奶酪等。液态乳的提取方法较为简单,通常采用乙腈或缓冲溶液沉淀蛋白质,离心后取上清液进一步净化。净化过程与肉类、蛋类样品相似。蛋白质沉淀过程对回收率和净化结果有很大影响,对于一些易与蛋白质结合的药物,需要加入磷酸以保证其与蛋白质的分离。如果蛋白质沉淀不完全,会造成回收率较低、干扰严重等现象,并且通过 SPE 柱时易引起堵塞。如果采用特殊设计的筛板可以一定程度上避免胶体造成的堵塞。常用的蛋白质沉淀剂包括三氯乙酸、三氟乙酸、乙酸铅、磺基水杨酸、酸化乙腈等。表 11-11 列出了部分乳制品常用的提取净化方法、对应的被测物质和参考文献。

表 11-11　乳制品中有害物质残留检测涉及的分析方法

样品	目标化合物	提取	净化	检测	参考文献
牛奶	6 种四环素类抗生素	EDTA- Mcllvaine 缓冲溶液	Strata Phenyl 柱	LC	[149]
鲜奶、冰淇淋、酸奶	17 种拟除虫菊酯农药	乙腈	C_{18} 和 Florisil 柱	GC-MS	[150]
奶粉、炼乳、乳清粉	万古霉素、去甲万古霉素	乙腈–水溶液	Strata-X-C	UPLC-MS/MS	[151]
牛奶	55 种药物(磺胺类、喹诺酮类、大环内酯类、林可酰胺类、镇静剂类、四环素类、苯并咪唑类、硝基咪唑类、氯霉素类)	乙腈	HLB 柱	UPLC-QTOF	[152]
牛奶	6 种头孢菌素类抗生素	0.05 mol/L K_2HPO_4 缓冲溶液	HLB 柱	UPLC-MS/MS	[153]
纯牛奶、酸奶、奶粉	18 种溴系阻燃剂	正己烷–丙酮溶液	酸化硅胶柱	GC-MS 和 HPLC-MS/MS	[154]

样品	目标化合物	提取	净化	检测	参考文献
婴幼儿配方乳粉	沙丁胺醇、林可霉素、磺胺嘧啶、螺旋霉素、双氯西林、醋酸甲地孕酮	乙腈	Captiva ND^{Lipids}固相萃取柱	LC-Triple TOF	[155]
牛奶	88 种药物(磺胺类、大环内酯类、喹诺酮类、青霉素类、苯并咪唑类、四环素类、镇静剂类、激素)	EDTA-Na$_2$ 和乙腈溶液	Turbo Flow 在线自动固相萃取	LC-MS/MS	[156]
牛奶	12 种糖皮质类激素	乙酸乙酯	C$_{18}$ 和 PSA 分散固相萃取	UPLC-MS/MS	[157]
牛奶	16 种头孢菌素类抗生素	含 0.7% 甲酸的乙腈溶液	Oasis PRiME HLB 柱	UPLC-MS/MS	[158]
牛奶、羊奶	莫奈太尔、莫奈太尔砜	乙腈	中性氧化铝柱	LC-MS/MS	[159]
牛奶	15 种有机氯农药及多氯联苯	硫酸–甲醇溶液	弗罗里硅土、C$_{18}$、MgSO$_4$ 的 MAS 法	GC-MS/MS	[160]
婴儿奶粉	16 种邻苯二甲酸酯类化合物	乙腈–水溶液	PSA 柱	GC-MS/MS	[161]

与肉类食品相似,乳制品中各类兽药残留样品的净化也可以采用 MAS 法。该方法用于乳制品检测时,无须液–液萃取,可一步净化。相比传统的反相固相萃取和正相吸附净化法,MAS 法更加简单、快速,且重现性好,特别适用于设备简单、人员缺少操作培训,以致常规的固相萃取方法难以推广的实验室。

11.6.2　牛奶及奶粉中有害物质检测中的固相萃取净化

牛奶及奶粉都属于动物源性食品,部分标准将其与肉类、水产品等的分析方法同时介绍,如牛奶中 14 种喹诺酮类物质的检测见 11.5.2 小节。

1. 气相色谱/三重四极杆串联质谱法测定牛奶及奶粉中 213 种农药多残留[162]

样品预处理:(1)牛奶。取 10 g 样品于 50 mL 离心管中,加入 5 g 氯化钠和 20 mL 乙腈,涡旋振荡 2 min,5000 r/min 离心 10 min。上清液经装有 10 g 无水硫酸钠的漏斗过滤至 120 mL 鸡心瓶中。残渣再用 20 mL 乙腈重复提取一次,合并提取液,40 ℃水浴浓缩近干,加 5 mL 乙腈–甲苯溶液(3∶1,体积比)溶解残渣,待净化。

(2)奶粉。称取 5 g 试样于 50 mL 离心管中,加入 20 mL 40~45 ℃水充分溶解并浸泡 30 min,加入 5 g 氯化钠和 20 mL 乙腈,其余操作同(1)。

固相萃取柱:石墨化碳/氨基固相萃取柱,500 mg/500 mg,6 mL。

柱预处理:10 mL 乙腈–甲苯溶液(3∶1,体积比)。

样品载入:复溶液过柱。

目标化合物洗脱:20 mL 乙腈–甲苯溶液(3∶1,体积比)分两次洗脱,0.5 mL/min。

浓缩/定容:40 ℃氮气吹近干。加入 1 mL 丙酮–正己烷溶液(1∶1,体积比)溶解残渣定容,超声溶解 30 s,上清液过 0.22 μm 有机微孔滤膜,供 GC-MS/MS检测。

牛奶中含有大量的脂肪和蛋白质,奶粉中还含有大量的糖,因此前处理时需要去除蛋白质、脂肪、糖等干扰物质。尽管脂肪不易溶于乙腈,但提取过程中仍会携带出少量的脂肪。

石墨化碳/氨基柱对含部分脂肪和脂溶性杂质的样品净化效果较好[163]。石墨化碳能很好地吸附天然产物中的色素及固醇类化合物[164],对各种极性的分析物都有较理想的保留效果,可以改善多残留分析结果;氨基柱是弱阴离子吸附柱,能出色地分离异构体,并且对于样品中的一些强极性杂质、有机酸、色素和金属离子(与金属离子产生配合作用)等具有较好的净化效果[165]。

2. 农业部 1031 号公告-2-2008《动物源性食品中糖皮质激素类药物多残留检测　液相色谱–串联质谱法》[166]

目标化合物:泼尼松、泼尼松龙、氢化可的松、甲基泼尼松、地塞米松、倍他米松、倍氯米松、氟氢可的松乙酸盐,共 8 种物质。

样品预处理:取 2 mL 样品于 50 mL 离心管中,加入 20 mL 乙酸乙酯涡旋混匀,200 r/min 振荡 15 min,8000 r/min 离心 15 min。移取乙酸乙酯层,40 ℃旋蒸近干,加 1 mL 乙酸乙酯和 5 mL 正己烷溶解残渣,待净化。

固相萃取柱:Silica 柱,500 mg,6 mL。

柱预处理:6 mL 正己烷。

样品载入:复溶液过柱。

柱洗涤:6 mL 正己烷,干燥。

目标化合物洗脱:6 mL 正己烷–丙酮溶液(6∶4,体积比)。

浓缩/定容:50 ℃氮气吹近干。加入 0.5 mL 20%(体积分数)乙腈水溶液溶解残渣,转入 1.5 mL 离心管中,15000 r/min 离心 20 min,上清液过 0.22 μm 滤膜,供UPLC-MS/MS 检测。

5 种糖皮质激素色谱图如图 11-13 所示。

糖皮质激素分子是由 21 个碳原子组成的类固醇结构,属于弱极性化合物,易溶于有机溶剂,且易被乙酸乙酯提取。硅胶是未经键合的高纯氧化硅,为强极性吸附剂,具有一定的酸性,作用机理为氢键或者偶极相互作用,适用于分离结构相似的如糖皮质类激素等弱极性化合物。

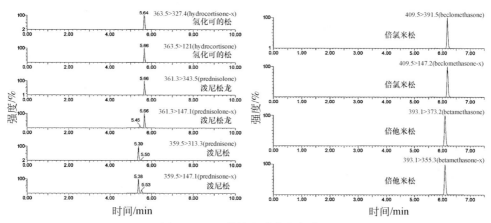

图 11-13　5 种糖皮质激素色谱图

3. 自动固相萃取结合气相色谱测定牛奶及其他乳制品中的 *N*-亚硝胺、芳香胺和三聚氰胺[167]

目标化合物:二甲基亚硝胺、二乙基亚硝胺、*N*-亚硝基吡咯烷、*N*-亚硝基吗啉、*N*-亚硝基哌啶、二丁基亚硝胺、苯胺、2-氯苯胺、4-氯苯胺、2,4-二氯苯胺、2,6-二氯苯胺、3,4-二氯苯胺、3,5-二氯苯胺、2,4,5-三氯苯胺、2-硝基苯胺、三聚氰胺,共 16 种物质。

样品预处理:(1) 牛奶、奶油、酸奶、奶酪。取 5 g 样品,加入 5 mL 乙腈,涡旋 1 min,4 ℃ 5000 r/min 离心 5 min。上清液用氮气吹至约 100 μL,加入 5 mL 0.1 mol/L、pH 为 6.5 ~ 8.5 的 NaHCO$_3$ 溶液溶解。

(2)奶粉。取 1 g 样品,加入 5 mL 纯水溶解,其余操作同(1)。

固相萃取柱:将 75 mg LiChrolut EN 装填至 8 cm×3 mm(i. d.)聚四氟乙烯柱管中,吸附剂底端和上部均放入少量玻璃棉,加入 0.5 mL 乙腈、1 mL 纯水活化。

样品载入:5 mL pH 约为 8 的复溶液过柱,流速为 4 mL/min;空气抽干 2 min,流速为 3 mL/min。

目标化合物洗脱:150 μL 含有 1 mg/L 2-叔丁基对甲酚的乙酸乙酯–乙腈溶液(9:1,体积比)。

检测:GC-MS。

牛奶和乳制品为复合乳液,含有多种物质如蛋白质、脂肪、酪蛋白胶粒和乳糖等。蛋白质胶束容易进入水和其他物质中,使得测定痕量污染物尤其困难。另外,胺类物质也可能通过非特异性相互作用进入蛋白质,分离任务更加艰巨。因此,测定胺类物质之前必须通过沉淀法将蛋白质分离。

LiChrolut EN 为非极性的聚合物固定相,通过胺类物质和吸附剂表面的氢键和 π-π 键相互作用而将其保留在萃取柱上。

4. 基质固相分散(matrix solid-phase dispersion,MSPD)萃取和固相萃取-高效液相色谱-三重四极杆-复合线性离子阱质谱同时测定奶制品中 6 种雌激素[168]

目标化合物:雌三醇、雌酮、17α-雌二醇、17β-雌二醇、炔雌醇及孕酮。

1)基质固相分散萃取

吸附剂:硅胶,40 ~ 60 μm;将吸附剂装入 50 mL 玻璃注射器至最大刻度,分别用 100 mL 正己烷、二氯甲烷和甲醇依次洗涤,真空干燥后备用。

提取:称取 1 g 固态奶粉(或量取 1 mL 液态牛奶,加入无水硫酸镁脱水),置于乳钵中,加入 10 μL 1.0 g/L 内标液,混匀,静置 15 min。

吸附:加入预先处理的 1 g 硅胶吸附剂,研磨均匀,静置 30 min,将其装入底部带有滤纸的 10 mL 玻璃注射针筒中,轻轻敲打针筒并按压。

洗涤:加 10 mL 正己烷淋洗,弃去淋洗液。

洗脱:加入 15 mL 乙腈-乙酸乙酯溶液(4∶1,体积比)洗脱,收集洗脱液。

浓缩/定容:45 ℃氮气吹近干。加入 1 mL 30%(体积分数)乙腈水溶液复溶,1500 r/min 离心 10 min。

检测:取 5 μL 上清液,采用 HPLC-MS 分析。

2)固相萃取

样品预处理:取 1 g 固态奶粉置于 10 mL 离心管中,加入 1 mL 水溶解(或量取 1 mL 液态牛奶),再加入 10 μL 1.0 g/L 内标液、1 mL 甲醇,超声提取,1500 r/min 离心 10 min。将上清液转移至另一 10 mL 离心管中,加入 2 mL 乙腈饱和的正己烷萃取,静置分层,弃去正己烷层,氮气吹干,加入 1 mL 纯水溶解。

固相萃取:Oasis HLB 柱,60 mg,3 mL,Waters 公司。

柱预处理:6 mL 甲醇、6 mL 水。

样品载入:1 mL 复溶液过柱。

目标化合物洗脱:6 mL 乙酸乙酯。

浓缩/定容:氮气吹近干。加入 1 mL 30%(体积分数)乙腈水溶液溶解残渣,1500 r/min离心 10 min。

检测:取 5 μL 上清液,采用 HPLC-MS 分析。

硅胶是利用其表面的硅羟基形成分子氢键而吸附物质,而 6 种雌激素中有 5 种均带有羟基,经过硅胶时能够被吸附,然后采用中等极性的溶剂将其洗脱,从而达到净化的目的。

5. 超高效液相色谱-串联质谱法同时测定牛奶中的硝基咪唑、苯并咪唑和氯霉素类物质[169]

目标化合物:丙硫咪唑、苯硫咪唑、罗硝唑、迪美唑、甲砜霉素等 23 种物质。

样品预处理:取 1 g 牛奶样品于 15 mL 离心管中,加入 20 μL 50 ng/mL 内标溶液、3 mL 乙腈和 2 g 氯化钠,涡旋混匀 1 min。4 ℃ 10000 r/min 离心 5 min。上层

溶液转移,下层再用 3 mL 乙腈–氢氧化铵溶液(98∶2,体积比)提取一次。合并提取液,加入 1 mL 0.1 mol/L 盐酸,30 ℃氮气吹至约 1 mL。再加入 10 mL 0.1 mol/L 盐酸稀释浓缩液,用 10 mL 正己烷脱脂。水相过 MCX 柱净化。

固相萃取柱:Oasis MCX,60 mg,3 mL,Waters 公司。

柱预处理:2 mL 甲醇、2 mL 0.1 mol/L 盐酸。

样品载入:稀释液过柱。

柱洗涤:2 mL 0.1 mol/L 盐酸、2 mL 水、2 mL 15%(体积分数)甲醇水溶液。

目标化合物洗脱:3 mL 含有 10%(体积分数)氨水的乙腈–甲基叔丁基醚溶液(2∶1,体积比)。

浓缩/定容:30 ℃氮气吹近干。加入 500 μL 0.1%(体积分数)甲酸水溶液溶解残渣,过 0.22 μm 滤膜。

检测:UPLC-MS/MS。

MCX 柱是混合型阳离子交换柱,通过反相和强阳离子交换发生作用,其保留碱性和中等极性化合物的能力优于 HLB 和 SCX。

11.7　蜂蜜中残留药物检测中的样品净化

11.7.1　常用固相萃取方法概述

中国是世界产蜜和出口蜂蜜的第一大国。除直接食用外,蜂蜜还是很多产品的原料。蜂蜜中有害物质的检测能力不仅影响产品的出口,还关系着消费者的安全。蜂蜜中的残留药物同样包括农药、兽药和添加剂等。农药残留的主要来源是蜜蜂采蜜时接触的植物,兽药和部分激素来源于直接喂食,添加剂来自加工过程中的色素、增味剂和增稠剂等。

蜂蜜中有害物质检测过程中的主要干扰物质为色素、有机酸、蛋白质和一些芳香化合物。对于蜂蜜中大多数农药残留的检测,其固相萃取净化方法与蔬菜、水果的样品净化相似(参见 11.2 节),都采用的是 C_{18}、氨基键合硅胶、石墨化碳或 Florisil 柱等。一方面利用 C_{18} 等反相材料将弱极性的农药保留在萃取柱上,而冲洗掉水溶性杂质;另一方面采用中等极性有机溶剂将农药从样品水溶液中提取出来,再通过硅藻土、氨基硅胶、石墨化碳等进一步吸附净化,除去极性干扰物和色素。

蜂蜜中的兽药和激素残留分析检测中,采用固相萃取方法进行样品净化具有方便、快捷和易自动化的优势。而选择合适的固相萃取材料,建立一个适用性强的净化方法,是保证分析检测高重现性和高可靠性的关键。

表 11-12 列出了部分蜂产品中常见药物检测中的固相萃取净化方法及参考文献。蜂蜜样品易溶于水,常采用反相或离子交换与反相的混合萃取,可以加入一些酸性或碱性溶液,或简单稀释后,直接上柱净化。此类方法减少了提取分配的步

骤,更加简便、快捷。因此,蜂蜜样品的固相萃取方法以反相萃取或混合相萃取为主。常用的固相萃取材料包括 C_{18} 键合硅胶、聚苯乙烯/二乙烯苯(PS)、极性官能化聚苯乙烯(PEP、HLB),以及部分离子化在内的多重功能化聚苯乙烯复合材料 WCX、PCX、MCX、WAX、PAX、MAX 等。

表 11-12　蜂产品中农药和兽药残留检测涉及的分析方法

样品	目标化合物	提取	净化	检测	参考文献
蜂蜜	土霉素、四环素、金霉素	Mcllvaine 缓冲溶液(pH=4)和 Na_2 EDTA 溶液	C_{18} 柱	LC-FD	[170]
蜂蜜	磺胺类、硝基咪唑类、喹诺酮类、大环内酯类、林可酰胺类和吡喹酮共 6 大类 54 种药物	pH=8 磷酸盐缓冲溶液稀释	Oasis HLB 柱	LC-MS/MS	[171]
蜂蜜类	溴氰菊酯和氯菊酯	乙腈-水溶液	C_{18} 柱	GC-MS	[172]
蜂蜜	氟虫酰胺	水	Strata® C_{18}-E 柱	LC-MS/MS	[173]
蜂蜜	磺胺类、喹诺酮类、硝基咪唑类共 3 大类 44 种兽药	pH=4 的 Na_2 EDTA-Mcllvaine 缓冲溶液	磁性多壁碳纳米管固相萃取	HPLC-MS/MS	[174]
蜂产品	20 种喹诺酮类药物	pH=3 磷酸盐缓冲溶液	HLB 柱	UPLC-MS/MS	[175]
蜂王浆	氟胺氰菊酯、三唑醇、蝇毒磷、吡氟乙草灵、多菌灵、乙基硫菌灵和甲基硫菌灵 7 种高风险农药	碱性乙腈溶液(用氨水调节 pH=8)	HLB 柱	LC-MS/MS	[176]
蜂蜜	烟碱类农药	甲酸铵溶液	Strata® X	UPLC-MS/MS	[177]
蜂蜜和蜂王浆	10 种烟碱类杀虫剂和 2 种代谢物	水(蜂蜜)、水和甲醇(蜂王浆)	HLB 柱	LC-MS/MS	[178]

对于极性较弱的药物,也可采用有机溶剂分配提取,再用正相柱(硅胶、弗罗里硅土、氨基键合硅胶)吸附除去极性较高的杂质。

11.7.2　蜂蜜中残留药物检测中的固相萃取净化

1. GB/T 20771—2008《蜂蜜中 486 种农药及相关化学品残留量的测定 液相色谱–串联质谱法》[179]

样品预处理:称取 15 g 样品于 250 mL 具塞三角瓶中,加入 20 mL 水,40 ℃ 水浴振荡溶解 15 min。加入 10 mL 丙酮,将瓶中内容物转移至 250 mL 分液漏斗中。加 40 mL 二氯甲烷分数次洗涤三角瓶,并将洗液倒入分液漏斗中,小心排气,用力振摇数次,静置分层。下层转移至装有无水硫酸钠的筒形漏斗中,收集于 200 mL 鸡心瓶中。再加入 5 mL 丙酮和 40 mL 二氯甲烷于分液漏斗中,振摇 1 min,静置、分层后收集。再重复提取一次,合并提取液,40 ℃ 水浴旋转蒸发至约 1 mL,待净化。

固相萃取柱:Sep-Pak 氨基柱,1 g,6 mL;加入约 2 cm 高无水硫酸钠,放入下接鸡心瓶的固定架上。

柱预处理:4 mL 乙腈-甲苯溶液(3∶1,体积比)。

样品载入:浓缩液过柱,2 mL 乙腈-甲苯溶液洗涤样品瓶,重复三次,全部上样液接收。

目标化合物洗脱:25 mL 乙腈-甲苯溶液。

浓缩/定容:40 ℃ 水浴浓缩至约 0.5 mL,氮气吹干。加入 1 mL 乙腈水溶液 (3∶2,体积比)溶解残渣,供 HPLC-MS/MS 检测。

蜂蜜样品中含有大量糖分,通常用水稀释后再进行提取。蜂蜜本身偏酸性,溶于水后的溶液也偏酸性。采用氨基柱净化可以有效吸附提取液中的有机酸和部分色素。

2. GB/T 22338—2008《动物源性食品中氯霉素类药物残留量测定》(3 液相色谱-质谱/质谱法)[137]

目标化合物:氯霉素、氟甲砜霉素和甲砜霉素。

样品预处理:称取 5 g 样品于 50 mL 离心管中,加入 100 μL 0.1 μg/mL 内标工作液和 5 mL 水,混匀,再加入 20 mL 乙酸乙酯,超声 10 min,离心 5 min。上清液至鸡心瓶中,残渣再加入 20 mL 乙酸乙酯提取一次,合并提取液。40 ℃ 水浴蒸至近干,氮气吹干,3 mL 水复溶后用固相萃取柱净化。

固相萃取柱:EN 柱,200 mg,3 mL。

柱预处理:5 mL 甲醇、5 mL 水。

样品载入:复溶液过柱。

柱洗涤:5 mL 水,玻璃棒压干 1 min。

目标化合物洗脱:3 mL 乙酸乙酯。

浓缩/定容:氮气吹干。加入 1 mL 水定容,供 HPLC-MS/MS 检测。

EN 柱填料为乙基乙烯基苯-二乙烯聚合物,用于分离 C_{18} 吸附能力较差的极性目标化合物,吸附剂和分析物之间通过 π-π 键发生作用。

3. 液相色谱-串联质谱法同时测定蜂蜜中 17 种磺胺类药物的残留量[180]

样品预处理:称取 1 g 样品于 50 mL 离心管中,加入 50 μL 1 μg/mL 混合内标使用液和 5 mL 0.1 mol/L 盐酸,涡旋混匀。加入 5 mL 正己烷,手动缓慢振摇 20 次,4600 r/min 离心 5 min,取下层溶液备用。

固相萃取柱:Oasis MCX,150 mg,6 mL,Waters 公司。

柱预处理:3 mL 甲醇、3 mL 0.1 mol/L 盐酸。

样品载入:上述溶液过柱。

柱洗涤:2 mL 0.1 mol/L 盐酸、2 mL 水–甲醇–乙腈溶液(55∶25∶20,体积比),负压下干燥 10 min。

目标化合物洗脱:2 mL 水–甲醇–乙腈–氨水溶液(25∶35∶35∶5,体积比)。

浓缩/定容:45 ℃水浴中氮气吹至约 0.5 mL。加水定容至 1 mL,涡旋振荡溶解残渣,过 0.22 μm 滤膜,供 HPLC-MS/MS 检测。

磺胺类药物为碱性化合物,采用 MCX 柱净化时,上样溶液为酸性,目标化合物呈离子形式而被吸附在净化柱上,再用碱性溶液将其调节为分子形式从而洗脱。

4. 磁性多壁碳纳米管固相萃取/高效液相色谱–串联质谱法测定蜂蜜中多组分兽药残留[174]

吸附剂处理:(1) MWCNTs 羧化。称取 1.5 g MWCNTs 粉末,置于 250 mL 单口烧瓶中,加入 150 mL 浓硝酸,超声振荡 1 h,移入恒温水浴槽中,于 60 ℃回流 12 h,冷却后,除去上层酸液,反复水洗至中性,于 100 ℃烘干 4 h。

(2)磁化。称取 0.36 g 羧化 MWCNTs 粉末,置于 250 mL 双口烧瓶中,加入 225 mL水,超声 20 min 后加入 0.18 g 无水氯化铁,移入恒温水浴槽中于 60 ℃氮气保护下振摇 30 min,加入 0.45 g 氯化亚铁后继续振摇 30 min,加入 150 mL 25% 氨水振摇 2 h 后,取出,冷却,除去上层液体,水洗至中性,放入电热鼓风干燥箱在 50 ℃下烘干 24 h。

样品处理如下。

提取:称取 2 g 蜂蜜样品于 250 mL 烧杯中,加入 100 mg 磁性 MWCNTs,加入 200 mL pH 为 4.0 的 Na_2EDTA-Mcllvaine 溶液,超声 5 min,使磁性 MWCNTs 均匀分布于提取液中。

吸附:提取 60 min 后,用磁铁对磁性 MWCNTs 进行吸附。

洗涤:用吸管吸取清水对磁性 MWCNTs 进行淋洗后去除洗液。

洗脱:加入 10 mL 10%(体积分数)氨水–甲醇溶液后超声 5 min,收集洗脱液,重复洗脱一次,合并两次洗脱液。

浓缩/定容:40 ℃氮气吹近干。用初始比例流动相定容至 1 mL,过 0.22 μm 有机滤膜。

检测:HPLC-MS/MS。

磁性 MWCNTs 在进行样品前处理过程中可均匀分布于提取液中,对目标化合物的吸附更彻底,待吸附完成后,利用磁性吸引,使吸附目标化合物的磁性 MWCNTs 被快速收集,磁化后的 MWCNTs 将磁性分离技术和固相吸附剂结合,很好地克服了传统 SPE 柱在样品处理过程中易堵塞和操作烦琐等问题,使分离和富集过程变得简捷、快速和高效。

11.8　食品中主要真菌毒素的免疫亲和净化

真菌毒素是真菌在生长繁殖过程中产生的次生有毒代谢产物,可引起人类、动物各种急慢性疾病,部分真菌毒素能通过长期摄入的累积引发基因突变、畸形和肿瘤等,严重威胁人类和动物的健康。目前已知的真菌毒素有 300 ~ 400 种,常见的真菌毒素包括黄曲霉毒素(aflatoxin,AF)、呕吐毒素(deoxynivalenol,DON)、赭曲霉毒素 A(ochratoxin A,OTA)、伏马菌素(fumonisin,FB)、玉米赤霉烯酮(zearalenone,ZEN)、T-2 毒素(T-2 toxin,T2)和 HT-2 毒素(HT-2 toxin,HT-2)等,这些真菌毒素广泛存在于粮油、坚果、水果及其制品中,甚至可以通过动物体内的代谢进一步污染乳及乳制品、肉类和蛋类。

据联合国粮农组织统计,全世界谷物供应链的 25% 受到真菌毒素的污染,对人体和动物的健康具有极大威胁。全世界已有 100 多个国家规定了粮食中主要真菌毒素的限量,其中欧盟已制定了 DON、ZEN、AF、FB、OTA、T2 和 HT-2 等真菌毒素的法规限量和推荐限量。我国也高度重视真菌毒素污染问题,在 2015 年新修订的《中华人民共和国食品安全法》中,首次将生物毒素明确列入重点关注的污染物质中。我国已经制定了食品中黄曲霉毒素 B_1、黄曲霉毒素 M_1、呕吐毒素、展青霉素、赭曲霉毒素 A 和玉米赤霉烯酮 6 种真菌毒素限量标准,新的毒素限量也在逐步制定完善中。

11.8.1　免疫亲和层析净化

免疫亲和层析净化法是利用抗体对抗原的专一性和亲和性,从极端复杂的环境中萃取出目标化合物的过程,是目前真菌毒素定量分析的主要前处理方法。其具有特异性强、灵敏度高、定量准确、稳定性好的特点,被国内外的标准方法广泛采用(表 11-13)。

表 11-13　部分国内外使用免疫亲和柱净化的检测标准

标准编号	标准名称	标准类型	国别	适用范围	参考文献
AOAC 999.07	花生酱、阿月浑子酱、无花果酱及辣椒面中黄曲霉毒素 B_1 和总黄曲霉毒素的测定	AOAC	美国	花生酱、阿月浑子酱、无花果酱及辣椒面	[181]
AOAC 2000.16	婴儿食品中黄曲霉毒素 B_1 含量的测定	AOAC	美国	婴幼儿食品	[182]
AOAC 2001.01	葡萄酒和啤酒中赭曲霉毒素 A 的测定	AOAC	美国	葡萄酒和啤酒	[183]

续表

标准编号	标准名称	标准类型	国别	适用范围	参考文献
AOAC 2001.04	玉米和玉米片中伏马毒素 B_1 和伏马毒素 B_2 的测定	AOAC	美国	玉米和玉米片	[184]
AOAC 2008.02	人参和姜中黄曲霉毒素 B_1、B_2、G_1、G_2 和赭曲霉毒素 A 的测定	AOAC	美国	人参和姜	[185]
ISO 15141—2018	谷物及其制品　免疫亲和柱净化–高效液相色谱法测定赭曲霉毒素 A	ISO	国际	谷物及其制品	[186]
GB 5009.22—2016	食品安全国家标准　食品中黄曲霉毒素 B 族和 G 族的测定　第二法和第三法	食品安全国家标准	中国	谷物及其制品、豆类及其制品、坚果及籽类、油脂及其制品、调味品、婴幼儿配方食品和婴幼儿辅助食品	[187]
GB 5009.96—2016	食品安全国家标准　食品中赭曲霉毒素 A 的测定　第一法	食品安全国家标准	中国	谷物、油料及其制品、酒类、酱油、醋、酱及酱制品、葡萄干、胡椒粒/粉	[188]
GB 5009.111—2016	食品安全国家标准　食品中脱氧雪腐镰刀菌烯醇及其乙酰化衍生物的测定　第二法	食品安全国家标准	中国	谷物及其制品、酒类、酱油、醋、酱及酱制品	[189]
GB 5009.209—2016	食品安全国家标准　食品中玉米赤霉烯酮的测定　第一法和第二法	食品安全国家标准	中国	粮食和粮食制品、酒类、酱油、醋、酱及酱制品、大豆、油菜籽、食用植物油	[190]
GB 5009.118—2016	食品安全国家标准　食品中 T-2 毒素的测定	食品安全国家标准	中国	粮食及粮食制品、酒类、酱油、醋、酱及酱制品	[191]
GB 5009.240—2016	食品安全国家标准食品中伏马毒素的测定	食品安全国家标准	中国	玉米及其制品	[192]
GB 5009.24—2016	食品安全国家标准　食品中黄曲霉毒素 M 族的测定　第一法和第二法	食品安全国家标准	中国	乳、乳制品和含乳特殊膳食用食品	[193]

11.8.2　食品中主要真菌毒素检测中免疫亲和净化方法

1. 食品中黄曲霉毒素总量的免疫亲和净化样品前处理[187]

样品预处理:称取 5 g 样品于 50 mL 离心管中。加入 20 mL 乙腈–水溶液(84∶16,体积比)或甲醇–水溶液(70∶30,体积比),涡旋混匀,置于超声波/涡旋振荡器或摇床中振荡 20 min(或用均质器均质 3 min),6000 r/min 离心 10 min(或均质后用定性滤纸过滤)。准确移取 4 mL 上清液,加入 46 mL 1%(体积分数)

TritionX-100(或吐温-20)的 PBS 溶液(使用甲醇-水溶液提取时可减半加入)。

免疫亲和柱:黄曲霉毒素总量免疫亲和柱,Romerlabs 公司。

样品载入:待免疫亲和柱内原有液体流尽后,将上述样液转移至 50 mL 注射器筒中,控制液滴流速为 1～3 mL/min。

柱洗涤:注射器筒内加入 10 mL 蒸馏水或 PBS 缓冲溶液,以稳定流速淋洗免疫亲和柱。待水滴完后,用真空泵抽干。

目标化合物洗脱:脱离真空系统,在亲和柱下部放置 10 mL 刻度试管,取下 50 mL 的注射器筒,加入 2 mL 甲醇分两次洗脱,控制 1～3 mL/min 的速度下滴,再用真空泵抽干亲和柱,收集全部洗脱液至试管中。

浓缩/定容:50 ℃氮气吹至近干。加入 1 mL 甲醇-水溶液(45∶55,体积比),涡旋 30 s 溶解残留物,0.22 μm 有机滤膜过滤,待检测。

检测:HPLC-FLD(柱后光化学衍生法等衍生方法)检测。

4 种黄曲霉毒素柱后光化学衍生法色谱图如图 11-14 所示。

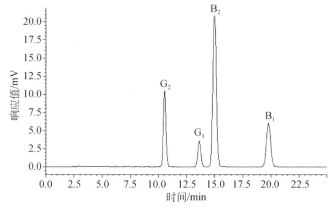

图 11-14　4 种黄曲霉毒素柱后光化学衍生法色谱图

本方法在操作时需注意:黄曲霉毒素见光易分解,实验过程中需避光;目标化合物在样品中分布不均匀,提取前应充分混匀;氮吹过程中需要注意温度和气流速度,操作不当易损失目标化合物,导致定量结果不准确。

注意事项:市售不同品牌的免疫亲和柱性能参差不齐,使用前应对柱子性能进行评测,如柱本底、柱容量、回收率等参数;免疫亲和柱在 2～8 ℃保存,不可冷冻。实验时应待其恢复至室温后使用;当样本中待检毒素的含量乘以稀释倍数高于柱容量时,需要适当降低上样液的体积,重新检测;须排空亲和柱内液体再进行上样操作。

2. 粮油及其制品中赭曲霉毒素 A 的免疫亲和净化样品前处理[186]

样品预处理:称取试样 25 g,加入 100 mL 乙腈-水溶液(60∶40,体积比),高速均质 3 min 或振荡 30 min,用定量滤纸过滤。准确移取 4 mL 滤液,加入 26 mL 磷酸盐缓冲溶液混合均匀,8000 r/min 离心 5 min,上清液作为滤液 A 备用。

免疫亲和柱:赭曲霉毒素 A 免疫亲和柱,Romerlabs 公司。

样品载入:将免疫亲和柱连接于玻璃注射器下,准确移取全部滤液 A 注入玻璃注射器中。将空气压力泵与玻璃注射器相连接,调节压力,使溶液以约 1 滴/s 的流速通过免疫亲和柱。

柱洗涤:用 10 mL 真菌毒素清洗缓冲溶液、10 mL 水先后洗涤免疫亲和柱,流速为 1~2 滴/s,弃去全部流出液,抽干小柱。

目标化合物洗脱:空气进入亲和柱中后,准确加入 1.5 mL 甲醇或免疫亲和柱厂家推荐的洗脱液进行洗脱,流速约为 1 滴/s,收集全部洗脱液于干净的玻璃试管中。

浓缩/定容:45 ℃氮气吹至近干。加入 500 μL 乙腈-水-冰醋酸溶液(96:102:2,体积比)溶解残留物,供 HPLC-FLD 检测。

赭曲霉毒素 A 标准品高效液相色谱图如图 11-15 所示。

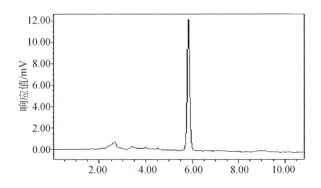

图 11-15　赭曲霉毒素 A 标准品高效液相色谱图

本方法在操作时需注意:与黄曲霉毒素相似,赭曲霉毒素 A 也见光易分解,实验过程中需避光操作。市售不同品牌的赭曲霉毒素 A 免疫亲和柱洗脱溶剂有所不同,如甲醇或酸化甲醇(含 2% 甲酸)洗脱,使用前应确认合适的洗脱溶剂。

常规注意事项同黄曲霉毒素。

3. 食品中脱氧雪腐镰刀菌烯醇的免疫亲和净化样品前处理[189]

样品预处理:称取 25 g 样品于 100 mL 具塞三角瓶中,加入 5 g 聚乙二醇、100 mL 水,混匀,置于超声波(或涡旋振荡器或摇床)中超声(或振荡)20 min。用玻璃纤维滤纸过滤至滤液澄清(或 6000 r/min 离心 10 min),收集于干净的容器中。

免疫亲和柱:脱氧雪腐镰刀菌烯醇免疫亲和柱,Romerlabs 公司。

样品载入:待免疫亲和柱内原有液体流尽后,准确移取 2 mL 滤液,注入玻璃注射器中。将空气压力泵与玻璃注射器相连,调节下滴速度,控制样液以 1 滴/s 的流速通过免疫亲和柱,直至空气进入亲和柱中。

柱洗涤:加 5 mL PBS 缓冲盐溶液和 5 mL 水先后淋洗免疫亲和柱。

目标化合物洗脱:准确加入 2 mL 甲醇洗脱,控制速度 1 滴/s,收集全部洗脱液至试管中。

浓缩/定容:50 ℃氮气吹至近干。加入 1 mL 乙腈–水溶液(10∶90,体积比),涡旋 30 s 溶解残留物,0.45 μm 有机滤膜过滤,供 HPLC-PDA 或 HPLC-UV 检测。

本方法在操作时需注意:免疫亲和柱是利用抗原和抗体间特异性的亲和力而达到净化的目的,所以其对上样溶液的 pH 有一定要求,需保持中性,若为基质复杂的样品,过柱前要将上样液的 pH 调至 7 左右。

常规注意事项同黄曲霉毒素。

4. 食品中玉米赤霉烯酮的免疫亲和净化样品前处理[190]

样品预处理:称取 40 g 粉碎试样于均质杯中,加入 4 g 氯化钠和 100 mL 90%(体积分数)乙腈水溶液,用均质器高速搅拌提取 2 min,定量滤纸过滤。移取 10 mL 滤液,加入 40 mL 水稀释混匀,经玻璃纤维滤纸过滤至滤液澄清,备用。

免疫亲和柱:玉米赤霉烯酮免疫亲和柱,Romerlabs 公司。

样品载入:将免疫亲和柱连接于玻璃注射器下,准确移取 10 mL 滤液(相当于 0.8 g 样品),注入玻璃注射器中。将空气压力泵与玻璃注射器连接,调节压力使溶液以 1~2 滴/s 的流速缓慢通过免疫亲和柱,直至有部分空气进入亲和柱中。

柱洗涤:加入 5 mL 水淋洗亲和柱,流速为 1~2 滴/s,直至有部分空气进入亲和柱中,弃去全部流出液。

目标化合物洗脱:准确加入 1.5 mL 甲醇洗脱,控制 1 滴/s 的下滴速度,收集全部洗脱液至试管中。

浓缩/定容:55 ℃氮气吹至近干。加入 1 mL 乙腈–水–甲醇溶液(46∶46∶8,体积比)溶解残渣,0.45 μm 有机滤膜过滤,待 HPLC-FLD 检测。

本方法在操作时需注意:采用 90%(体积分数)乙腈水溶液处理样品时,除可将玉米赤霉烯酮提取出来外,还会携带部分蛋白质、色素、油脂等杂质。因此,处理基质较为复杂的样品时,可以使用 0.1%(体积分数)的 PBST[含有 0.1%(体积分数)Tween 20 的 0.05 mol/L pH 为 7.4 的磷酸缓冲溶液]替代水作为稀释液,有效去除部分杂质,同时减少免疫亲和柱净化过程中流速过慢甚至堵柱现象的发生。

常规注意事项同黄曲霉毒素。

5. 粮油中黄曲霉毒素总量的免疫亲和磁珠净化样品前处理[194]

样品预处理:称取 5 g 样品于 50 mL 离心管中,加入 20 mL 乙腈水溶液(70∶30,体积比),涡旋提取 20 min,6000 r/min 离心 5 min,移取 0.5 mL 上清液于 10 mL 离心管中,加入 4.5 mL PBST 并涡旋混匀。

　　吸附/分离：加入 100 μL 黄曲霉毒素免疫磁珠,振荡反应 5 min,磁棒磁吸分离 30 s,将免疫磁珠转移至盛有 1 mL PBST 的 2 mL 离心管中,振荡 1 min,磁棒磁吸分离 30 s,将免疫磁珠转移至盛有 1 mL PBS 的离心管中,振荡 1 min,磁棒磁吸分离 30 s,再将免疫磁珠转移至盛有 0.5 mL 甲醇的离心管中,振荡 1 min,磁棒磁吸分离 30 s,弃去免疫磁珠,收集上清液于进样瓶中,供 HPLC-FLD 检测。

　　本方法在操作时需注意:免疫磁珠容易聚集沉淀在底部,使用前需将磁珠混匀,便于充分和目标化合物反应。

11.9　食品中非法添加物检测中的样品净化

　　在食品保存、运输和加工过程中,有时需要加入一些添加剂,如保鲜剂、增色剂、增稠剂、调味剂等。这些政府许可的添加剂的种类和含量通常是有明确规定的。《中华人民共和国食品安全法》指出,用非食品原料生产的食品或者添加食品添加剂以外的化学物质和其他可能危害人体健康物质的食品,都是禁止生产经营的。但是,一些不法分子为了谋求暴利,仍然会在食品中加入某些非法添加物。因此,必须对食品中的非法添加物进行检测以保证消费者的饮食安全。这些添加物包括有机物、无机物和高聚物,本节着重介绍苏丹红、孔雀石绿和三聚氰胺,部分方法案例可参见表 11-14。

表 11-14　食品中非法添加物检测涉及的分析方法

样品	目标化合物	提取	净化	检测	参考文献
粮食及肉制品	苏丹红Ⅰ、苏丹红Ⅱ、苏丹红Ⅲ、苏丹红Ⅳ等共 11 种工业染料	正己烷	氧化铝柱	UPLC-MS/MS	[195]
禽蛋	苏丹红Ⅰ、苏丹红Ⅱ、苏丹红Ⅲ、苏丹红Ⅳ	正己烷	SBEQ-CA4954 苏丹红专用 SPE 柱(上海安谱科学仪器有限公司)	UPLC-MS/MS	[196]
番茄汁	苏丹红Ⅰ、苏丹红Ⅱ、苏丹红Ⅲ、苏丹红Ⅳ、对位红、苏丹红 7B,共 6 种物质		磁性三聚铬八面体金属有机骨架(Fe_3O_4-NH_2@MIL-101)材料		[197]
水产品	孔雀石绿、隐色孔雀石绿	盐酸羟胺溶液、对甲苯磺酸溶液、乙酸铵缓冲溶液同时提取	中性氧化铝柱和丙磺酸萃取柱上下串联	LC-MS	[198]
水产品	孔雀石绿和隐色孔雀石绿、结晶紫和隐色结晶紫	乙酸铵缓冲液和乙腈	MCAX 柱(C_8 和阳离子交换复合柱)	HPLC	[199]

样品	目标化合物	提取	净化	检测	参考文献
鱼	孔雀石绿和结晶紫	乙腈	磁性 Fe_3O_4@PEI-MOF-5 材料固相萃取	UPLC-MS/MS	[200]
奶粉和液态奶	三聚氰胺	三氯乙酸	SCX 柱	HPLC	[201]
鸡蛋	三聚氰胺	三氯乙酸、乙酸铅	PCX 柱	HPLC-UV	[202]
食品（鸡蛋、猪肾、豆奶、牛奶、奶酪）	三聚氰胺和三聚氰酸	乙腈–水溶液（pH = 3.0）	Anpelclean MCT 柱（亲水性键合硅胶和阳离子交换树脂复合填料）	LC-MS/MS	[203]

11.9.1　苏丹红检测中的固相萃取净化

苏丹红是一种化学染色剂,不属于食品添加剂。如图 11-16 所示,苏丹红有 Ⅰ、Ⅱ、Ⅲ、Ⅳ四种类型,分子结构中都含有萘环,且具有偶氮结构,决定了其致癌性,研究表明苏丹红对人体的肝肾器官有明显的毒性作用,包括我国在内的很多国家禁止将其用于食品生产。由于被苏丹红染色后的食品非常鲜艳,且不容易褪色,能勾起人们的食欲,一些不法企业将苏丹红添加到食品中。常见的添加苏丹红的食品有辣椒粉、辣椒油、红豆腐、红心禽蛋等[204]。

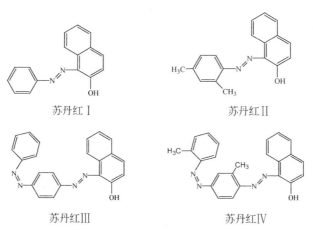

苏丹红Ⅰ　　　　　　　　苏丹红Ⅱ

苏丹红Ⅲ　　　　　　　　苏丹红Ⅳ

图 11-16　苏丹红 Ⅰ ~ Ⅳ的结构式

苏丹红不溶于水,易溶于正己烷、丙酮等。分子结构中含有苯环和羟基,所以样品溶液可采用正相(极性)固相萃取柱进行净化。另外,由于其分子结构中含有羟基,pK_a 均为 11.65[205],均为弱酸,故也可以采用阴离子交换柱进行净化处理。

1. GB/T 19681—2005《食品中苏丹红染料的检测方法 高效液相色谱法》[206]

目标化合物:苏丹红Ⅰ、苏丹红Ⅱ、苏丹红Ⅲ、苏丹红Ⅳ。

样品预处理:(1)红辣椒粉等粉状样品。称取2 g样品于离心管中,加入20 mL正己烷,超声5 min,过滤,用10 mL正己烷分多次洗涤残渣,至洗出液为无色,合并正己烷溶液,旋蒸浓缩至5 mL。

(2)红辣椒油、火锅料、奶油等油状样品。称取1 g样品于小烧杯中,加入适量正己烷溶解(1~10 mL)(难溶的样品可加热辅助溶解)。

(3)辣椒酱、番茄沙司等含水量较大的样品。取10 g样品于离心管中,加10~20 mL水使其分散成糊状(若为含增稠剂的样品,适当多加水溶解),再加入30 mL正己烷与丙酮的混合溶液(3∶1,体积比),匀浆5 min,5000 r/min离心5 min,吸出正己烷层。下层用40 mL正己烷分两次提取,合并三次溶液,加入5 g无水硫酸钠脱水,过滤后旋蒸近干,加5 mL正己烷溶解残渣。

(4)香肠等肉制品。称取10 g已粉碎样品于离心管中,加入60 mL正己烷,匀浆5 min,过滤,再用40 mL正己烷分两次提取。合并三次滤液,加入5 g无水硫酸钠脱水,过滤后旋蒸至5 mL。

固相萃取柱:氧化铝层析柱[1 cm(内径)×5 cm(高)的注射器管],中性,100~200目,干燥降活处理后填充3 cm。

柱预处理:10 mL正己烷。

柱预处理:上清液过柱,正己烷液面不能低于2 mm。

柱洗涤:10~30 mL正己烷,直至流出液为无色。

目标化合物洗脱:60 mL含5%(体积分数)丙酮的正己烷溶液。

浓缩/定容:旋蒸近干,氮气吹干。加入5 mL丙酮定容。

检测:HPLC-UV。

4种苏丹红的色谱图如图11-17所示。

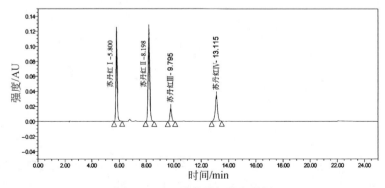

图11-17　4种苏丹红的色谱图

在淋洗步骤中,经正己烷清洗后,油脂类和胡萝卜素类等干扰物被去除,再采用含 5% 丙酮的正己烷溶液将苏丹红染料洗脱,而极性更大的辣椒素等物质仍然保留在净化柱中。

2. 应用凝胶色谱与固相萃取净化技术检测食品中 6 种禁用染料[207]

目标化合物:苏丹红Ⅰ、苏丹红Ⅱ、苏丹红Ⅲ、苏丹红Ⅳ、对位红、罗丹明 B。

样品预处理:称取 2 g 样品于离心管中,加入 15 mL 甲醇,均质 2 min,10000 r/min 离心 10 min,上层溶液用脱脂棉过滤至另一离心管中,加入 10 mL 水,涡旋混匀,取一半净化。

固相萃取柱:SAX 柱,60 mg,3 mL。

柱预处理:3 mL 乙腈、3 mL 2% (体积分数) 氨水溶液。

样品载入:一半提取液过柱。

柱洗涤:5 mL 乙腈-水溶液(1∶1,体积比)、5 mL 乙腈。

目标化合物洗脱:5 mL 含 2% (体积分数) 甲酸的乙酸乙酯溶液。

浓缩/定容:50 ℃氮气吹干。加入 1 mL 甲醇。

检测:HPLC-MS/MS。

SAX 柱同时具有反相和阴离子交换的作用。苏丹红分子结构中含有酚羟基,在碱性条件下上样,可以通过范德华力和离子交换保留在 SPE 柱上。淋洗之后,在酸性环境下目标化合物还原为中性分子,从而可以从 SAX 柱上洗脱。

11.9.2　孔雀石绿检测中的固相萃取净化

孔雀石绿(malachite green,MG)是一种带有金属光泽的绿色结晶体,由人工合成,属于有毒的三苯甲烷类化合物。它既是染料,也是杀菌剂和杀寄生虫的化学制剂,可致癌,常用作治理鱼类或鱼卵的寄生虫、真菌或细菌感染,如渔场的鱼卵容易感染的真菌 Saprolegnia。此外,孔雀石绿也被用来处理受寄生虫影响的淡水动物。

1992 年,加拿大率先禁止其作为渔场杀菌剂;1993 年,美国食品药品监督管理局(Food and Drug Administration,FDA)也规定了食用水产品中禁止检出孔雀石绿和隐性孔雀石绿;欧盟于 2002 年 6 月颁布法令禁止在渔场中使用孔雀石绿。我国也于 2002 年 5 月将孔雀石绿列入《食品动物禁用的兽药及其它化合物清单》,禁止用于所有食用动物。但是,因为其价格便宜,并且治疗水霉病等的功效是其他药物"不能替代"的,所以利益的驱动使得孔雀石绿并没有退出渔业市场。

孔雀石绿进入水生动物体内后,会迅速代谢为脂溶性的隐色孔雀石绿(leuco malachite green,LMG),也称无色孔雀石绿,其结构式如图 11-18 所示。

检测水产品中的孔雀石绿时,通常可用乙腈或乙酸铵溶液提取,离心后采用固相萃取方法净化。由于孔雀石绿属于弱碱性化合物,pK_a 为 6.9,可以在合适条件下用阳离子交换柱或混合型阳离子交换柱对样品溶液进行净化。如果样品中油脂较多,可以先用中性氧化铝去除一部分,再用阳离子交换柱进一步净化。

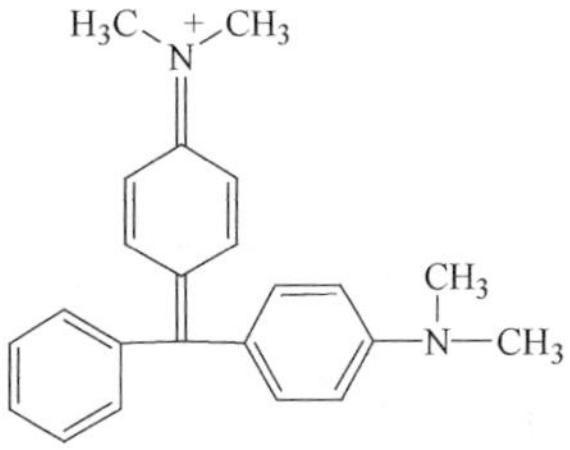

图 11-18　孔雀石绿和隐色孔雀石绿的结构式

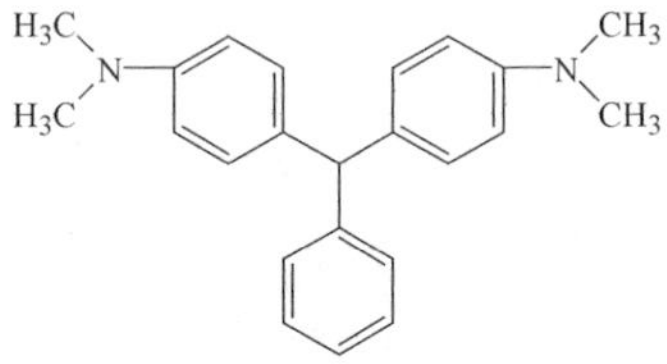

1. GB/T 19857—2005《水产品中孔雀石绿和结晶紫残留量的测定》[208]

目标化合物:孔雀石绿及其代谢物隐色孔雀石绿、结晶紫及其代谢物隐色结晶紫,共 4 种。

1)鲜活水产品

样品预处理:称取 5 g 样品于 50 mL 离心管中,加入 200 μL 100 ng/mL 的混合内标标准溶液,加入 11 mL 乙腈,超声提取 10 min,5000 r/min 离心 5 min,上清液转移至 25 mL 比色管中。再加入 10 mL 乙腈提取一次,合并上清液于比色管中,用乙腈定容至 25 mL,备用。

固相萃取柱:中性氧化铝,1 g,3 mL。

柱预处理:5 mL 乙腈。

样品载入:5 mL 定容液过柱,并收集。

目标化合物洗脱:5 mL 乙腈。

浓缩/定容:氮气吹干,加入 1 mL 0.2%(体积分数)甲酸水溶液,供 UPLC-MS/MS 检测。

2)加工水产品

样品预处理:称取 5 g 样品于 100 mL 离心管中,加入 200 μL 100 ng/mL 的混合内标标准溶液,依次加入 1 mL 盐酸羟胺、2 mL 对甲苯磺酸、2 mL 乙酸铵缓冲溶液和 40 mL 乙腈,超声提取 10 min,5000 r/min 离心 5 min,上清液转移至 250 mL 分液漏斗中。再加入 20 mL 乙腈提取残渣一次,合并上清液。分液漏斗中加入 30 mL 二氯甲烷、35 mL 水,振摇 2 min,静置分层,下层收集于鸡心瓶中,再用 20 mL 二氯甲烷萃取一次,合并二氯甲烷层,旋蒸近干。6 mL 乙腈分三次洗涤残渣过柱。

固相萃取柱:中性氧化铝柱(1 g,3 mL)和 MCX 柱(60 mg,3 mL)上下串接。

柱预处理:5 mL 乙腈活化中性氧化铝柱;依次用 3 mL 乙腈、3 mL 2%(体积分数)甲酸溶液活化 MCX 柱。

样品载入:6 mL 复溶液过柱,MCX 柱不超过 0.6 mL/min。

柱洗涤:2 mL 乙腈淋洗中性氧化铝柱;3 mL 2%(体积分数)甲酸、3 mL 乙腈洗涤 MCX 柱。

目标化合物洗脱:4 mL 5%(体积分数)乙酸铵甲醇溶液,流速为 1 mL/min。

浓缩/定容:氮气吹干。加入 10 mL 水定容。

检测:UPLC-MS/MS。

孔雀石绿、隐色孔雀石绿、结晶紫、隐色结晶紫及两种内标的色谱图如图 11-19 所示。

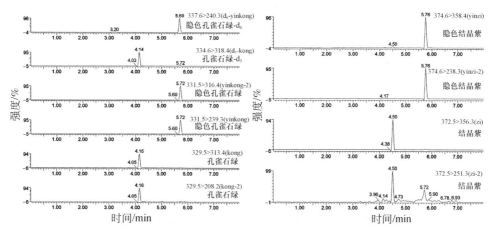

图 11-19　孔雀石绿、隐色孔雀石绿、结晶紫、隐色结晶紫及两种内标的色谱图

加工水产品相对于鲜活水产品基质更加复杂,提取液的净化方式也相对烦琐,本方法采用中性氧化铝去除部分油脂之后再用阳离子交换柱进行富集,从而达到净化的目的。

2. 液相色谱法同时测定水产品中孔雀石绿和结晶紫残留[209]

目标化合物:孔雀石绿及其代谢物隐色孔雀石绿、结晶紫及其代谢物隐色结晶紫,共 4 种。

样品预处理:称取 5 g 样品于 100 mL 离心管中,加入 50 μL 1 mg/L 的亮绿和 d_6-隐色孔雀石绿的混合内标溶液,再分别加入 1 mL 0.25 g/mL 的盐酸羟胺、1 mL 0.05 mol/L 对甲苯磺酸、2 mL 0.1 mol/L 乙酸铵溶液(用冰醋酸调 pH=4.5)和 40 mL乙腈,均质 2 min,3000 r/min 离心 3 min,上清液转移到 250 mL 分液漏斗中,加 20 mL 乙腈重复提取一次,合并上清液。于分液漏斗中加入 30 mL 二氯甲烷、35 mL 水,振摇 1 min,静置分层,收集下层溶液于 150 mL 梨形瓶中,再用 20 mL 二氯甲烷萃取一次,合并二氯甲烷层,45 ℃减压旋蒸至干。

固相萃取柱:Oasis MCX,60 mg,3 mL,Waters 公司。

柱预处理:3 mL 乙腈、3 mL 2%(体积分数)甲酸溶液。

样品载入:3 mL 2%(体积分数)甲酸的乙腈溶液分三次溶解残渣后上样,0.2 mL/min。

柱洗涤:2 mL 2%(体积分数)甲酸乙腈溶液、6 mL 乙腈,2 mL/min。

目标化合物洗脱:4 mL 5%(体积分数)乙酸铵(5 mol/L,pH=7.0)甲醇溶液,1 mL/min。

浓缩/定容:45 ℃减压至1 mL以下,用乙腈定容至1 mL。

检测:HPLC-DAD、HPLC-MS/MS。

提取液经过二氯甲烷萃取后,去除了盐等水溶性物质,但仍含有部分油脂、色素等杂质。上样时,提取液中含有油脂,黏度大,离子交换速度慢,所以过柱速度宜慢,流速控制在0.2 mL/min以下,使待测物质可以保留在净化柱中。

3. 采用石墨烯基固相萃取方法快速测定鱼组织中的孔雀石绿及其代谢物[210]

目标化合物:孔雀石绿及其代谢物隐色孔雀石绿。

样品预处理:称取1 g样品于100 mL离心管中,加入10 mL乙腈和1 μL 2 μg/mL的d_5-孔雀石绿和d_6-隐色孔雀石绿的混合内标溶液,涡旋30 s。再分别加入0.5 mL 0.02 g/mL盐酸羟胺、0.5 mL 0.19 g/mL对甲苯磺酸、2 mL Mcllvaine溶液(pH=3.0,81.1 mL 0.1 mol/L柠檬酸溶液中加入18.9 mL 0.2 mol/L Na_2HPO_4溶液),超声15 min,4 ℃ 8000 r/min离心15 min,上清液旋蒸至干,2 mL甲醇水溶液(5:95,体积比)复溶。

固相萃取柱:采用10 mg经过处理后的氧化石墨烯填充3 mL聚丙烯柱。

柱预处理:3 mL甲醇、3 mL超纯水,真空环境下控制流速为1~2 mL/min。

样品载入:复溶液过柱,1 mL/min。

柱洗涤:2 mL超纯水,抽干持续5 min。

目标化合物洗脱:4 mL氨化甲醇。

浓缩/定容:室温下氮气吹至干。加入1 mL乙腈-0.1%(体积分数)甲酸溶液(1:9,体积比)。

检测:UPLC-MS/MS。

相比传统的C_{18}和硅胶吸附剂,氧化石墨烯更加柔软、灵活,使它在固相萃取应用中的优势更明显、更易吸附在样品溶液中,且容易被水洗脱。另外,石墨烯表层碳原子呈六角形排列,与目标分子有较强的π-π键作用,且其特有的超大表面积的结构,都有助于吸附目标化合物。

11.9.3　三聚氰胺检测中的固相萃取净化

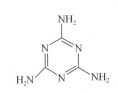

图11-20　三聚氰胺的结构式

三聚氰胺俗称蛋白精,是一种用途广泛的基本有机化工中间产品,常被用于生产三聚氰胺甲醛树脂,其结构式如图11-20所示,含氮量高达66%。不法分子为了谋求经济利益,将三聚氰胺加入动物饲料、乳品及乳制品中冒充蛋白质。

2007年,美国FDA发现宠物饲料中的三聚氰胺是造成宠物死亡的原因之一;2008年,我国爆发三聚氰胺毒奶粉事件,众多婴儿因服食掺有三聚氰胺的奶粉而导致肾结石。为此,很多分析工作者对鸡蛋、奶粉、牛奶等食品中的三聚氰胺的分析方法进行了深入研究。

对于含有三聚氰胺的样品,形态不同,采用的预处理方法也不同。一些固态样品如动物饲料、固态乳制品等,可加入乙腈和酸性水溶液匀浆,使三聚氰胺转移到酸性溶液中(如果样品中的蛋白质含量较高,可加入沉淀剂去除),再利用固相萃取法净化。对于液态样品,可在酸性条件下除去蛋白质后进行净化。

三聚氰胺的 pK_a 为 5.35,属于弱碱性化合物,酸性条件($pH \leqslant 3.35$,至少低于 pK_a 两个 pH 单位)下可被提取至水溶液中,呈阳离子状态,故可采用阳离子交换柱净化样品提取液,也可用非极性和阳离子交换混合型固相萃取柱处理。

1. GB/T 22388—2008《原料乳与乳制品中三聚氰胺检测方法》[3 第一法 高效液相色谱法(HPLC 法)][211]

样品预处理:(1)液态奶、奶粉、酸奶、冰淇淋和奶糖等。称取 2 g 样品于 50 mL 离心管中,加入 15 mL 1%(体积分数)三氯乙酸溶液、5 mL 乙腈,超声提取 10 min,再振荡提取 10 min,10000 r/min 离心 10 min。上清液经三氯乙酸溶液润湿的滤纸过滤,加三氯乙酸溶液定容至 25 mL。移取 5 mL 滤液,加入 5 mL 水混匀后作待净化液。

(2)奶酪、奶油和巧克力等。称取 2 g 样品于研钵中,加入适量海砂(样品质量的 4~6 倍)研磨成干粉状,转移至 50 mL 离心管中,再用 15 mL 上述三氯乙酸溶液分数次洗涤研钵后转入离心管中,加入 5 mL 乙腈,其余操作同(1)。

固相萃取柱:混合型阳离子交换固相萃取柱,基质为苯磺酸化的聚苯乙烯-二乙烯基苯高聚物,60 mg,3 mL。

柱预处理:3 mL 甲醇、5 mL 水。

样品载入:净化液过柱,流速小于 1 mL/min。

柱洗涤:3 mL 水、3 mL 甲醇,抽至近干。

目标化合物洗脱:6 mL 5%(体积分数)氨化甲醇溶液,流速小于 1 mL/min。

浓缩/定容:50 ℃氮气吹干。加入 2 mL 甲醇-水溶液(1∶4,体积比)。

检测:HPLC-UV 或 HPLC-PDA。

三聚氰胺液相色谱图如图 11-21 所示。

弱碱性的三聚氰胺经酸溶液提取后呈阳离子状态,在样品溶液经过阳离子交换柱时被吸附,再利用水和甲醇洗去一些中性杂质,最后利用碱性环境将三聚氰胺还原为分子状态从而洗脱。

2. GB/T 22388—2008《原料乳与乳制品中三聚氰胺检测方法》[4 第二法　液相色谱-质谱/质谱法(LC-MS/MS 法)][211]

样品预处理:(1)液态奶、奶粉、酸奶、冰淇淋和奶糖等。称取 1 g 样品于 50 mL 离心管中,加入 8 mL 1%(体积分数)三氯乙酸溶液、2 mL 乙腈,超声提取 10 min,

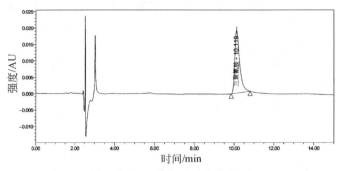

图 11-21 三聚氰胺液相色谱图

再振荡提取 10 min，10000 r/min 离心 10 min。上清液经三氯乙酸溶液润湿的滤纸过滤后，作待净化液。

(2)奶酪、奶油和巧克力等。称取 1 g 样品于研钵中，加入适量海砂(样品质量的 4~6 倍)研磨成干粉状，转移至 50 mL 离心管中，再用 8 mL 上述三氯乙酸溶液分数次洗涤研钵后转入离心管中，加入 2 mL 乙腈，其余操作同(1)。

固相萃取柱型号及柱预处理、载样、淋洗、洗脱、浓缩步骤均同 GB/T 22388—2008 3 第一法。定容溶剂为 1 mL 乙腈-水溶液(92∶8，体积比)，采用 UPLC-MS/MS 检测。

三聚氰胺液相色谱-质谱联用色谱图如图 11-22 所示。

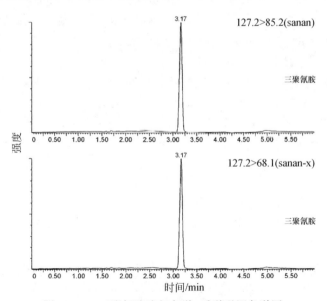

图 11-22 三聚氰胺液相色谱-质谱联用色谱图

HPLC 法检测的定量限约是 UPLC-MS/MS 法的 200 倍,因此,UPLC-MS/MS 法适合测定类似婴幼儿奶粉这种限量较低的样品。

3. 自动固相萃取–高效液相色谱–紫外检测法测定肉和肉制品中的三聚氰胺残留[212]

样品预处理:称取 5 g 样品于 50 mL 离心管中,加入 25 mL 乙腈–水溶液(1∶1,体积比),用组织捣碎机高速匀浆 1 min,超声提取 20 min,3500 r/min 离心 10 min。移取 5 mL 上清液至另一 50 mL 离心管中,加入 5 mL 0.01 mol/L 盐酸并摇匀,再加入 10 mL 正己烷,振荡 2 min,3500 r/min 离心 10 min。下层水溶液转移至另一个带盖的离心管中,加水洗涤正己烷层以充分去除脂肪,合并水溶液并离心,上清液即为待净化液。

固相萃取柱:PCX,60 mg,3 mL。

柱预处理:3 mL 甲醇、3 mL 水。

样品载入:8 mL 待净化液过柱。

柱洗涤:3 mL 甲醇、3 mL 水,抽干。

目标化合物洗脱:2 mL 5%(体积分数)氨水甲醇,洗脱三次。

浓缩/定容:氮气吹干。加入 1 mL 0.01 mol/L 庚烷磺酸钠(用柠檬酸溶液调节 pH 至 4.5)–乙腈溶液(90∶10,体积比)。

检测:HPLC-UV。

脂肪组织的极性较小,三聚氰胺的极性较大,所以脂肪中几乎不含有三聚氰胺,用正己烷除去脂肪干扰,可避免其对色谱分析造成影响。

选用的 PCX 柱具有阳离子和反相两种吸附机理,可以使样品净化更彻底。

4. 固相萃取–高效液相色谱检测法测定食用菌中三聚氰胺残留量[213]

样品预处理:称取 2 g 均质样品,加入 15 mL 三氯乙酸溶液(1 g/100 mL)和 5 mL乙腈,涡旋混匀 1 min,超声 25 min,7800 r/min 离心 5 min。

固相萃取柱:Oasis MCX,60 mg,3 mL。全过程流速小于 1 mL/min。

柱预处理:3 mL 甲醇、5 mL 超纯水。

样品载入:4 mL 上清液过柱。

柱洗涤:3 mL 超纯水、3 mL 甲醇。

目标化合物洗脱:6 mL 5%(体积分数)氨水甲醇,洗脱三次。

浓缩/定容:50 ℃氮气吹干。加入 1 mL 流动相(称取 2.10 g 柠檬酸和 2.02 g 庚烷磺酸钠,加水定容至 1000 mL,并用柠檬酸调 pH 为 3.0)。

检测:HPLC-PDA。

三聚氰胺属于强极性碱性化合物,因此提取溶剂一般都选用极性较强的有机溶剂、缓冲溶液或有机溶剂和水的混合溶液。

11.10　食品中金属元素检测中的样品净化

金属元素在食品中的应用十分广泛,并且人体所需要的矿物质元素中大部分是钙、铁、锌、硒等[214]。金属元素的摄入和吸收状况对人体的营养和健康安全至关重要,其中镉、铅、砷、汞等对人体有毒害,极小的剂量就能抑制人体化学反应酶的活动,使人体细胞质中毒[215]。

11.10.1　常用固相萃取方法概述

硅胶、有机聚合物、生物材料等一些新型材料都是常用的固相萃取剂,广泛应用于元素的形态分析中。一般商品化的键合硅胶或有机聚合物的固相萃取柱的吸附剂选择性差,不能直接吸附保留目标化合物。最简单的方法是在样品的前处理过程中,通过络合/螯合反应,将目标分析物转变为疏水性有机螯合物,采用选择性吸附或洗脱实现物质形态分离[216]。纳米材料的表面原子数较多、原子配位数不足、表面能较高,表现出很好的化学反应活性,易与其他原子结合而趋于稳定,对金属离子具有很强的吸附能力[217]。生物材料成本低,来源广,结合位点多,环境友好,与合成吸附剂相比有其独特的优越性。用作吸附剂的生物材料种类较多,包括酵母、藻类、细菌、甲壳素、纤维素等,都含有氨基、羟基、羧基、磺酸基、酰胺基、巯基等官能团,对金属离子的吸附能力强、选择性好[218]。部分食品中金属元素检测涉及的提取、净化和检测方法参见表 11-15。

表 11-15　食品中金属元素检测涉及的分析方法

样品	目标化合物	提取	净化	检测	参考文献
大米、金枪鱼、茶叶	银、镉、铜、汞和铅	浓硝酸和30%双氧水（金枪鱼、茶叶）;浓硝酸、去离子水、30%双氧水(大米)	将二巯基乙酸乙二醇酯（EGBMA）固载于3-甲氧基硅烷基-1-丙硫醇（SPT）修饰的 Fe_3O_4 磁性颗粒表面,制备成 EGBMA-MSPT-MNPs 作为磁性固相萃取吸附剂	ICP-OES、CV-AAS（汞）	[219]
大米和小麦	福美锌	乙腈	磁性羧化纳米金刚石固相萃取	FAAS	[220]
玉米粉、玉米面、木薯根粉、皮萨草叶、香菜、孜然粉、白酒	铜	浓硝酸和双氧水	浴铜灵灌注的竹纤维作为微柱体吸附剂填料	FAAS	[221]
腌制食品	铅	双氧水、硝酸	亚氨基二乙酸型螯合树脂为固相萃取材料	AAS	[222]

样品	目标化合物	提取	净化	检测	参考文献
酱油	铅、镉	硝酸、双氧水	多合一重金属固相萃取柱,填充螯合树脂	ICP-MS	[223]

11.10.2　食品中金属元素检测中的固相萃取净化

1. 采用固相萃取法测定多种食品中的铜和铁元素[224]

1) 谷物、蔬菜、水果、饮料等样品

样品预处理:固体样品用自来水和二次水清洗,于 105 ℃加热 24 h 后搅碎。称取 1.0 g 样品于 100 mL 烧杯中,加入 10 mL 浓硝酸(65%,质量分数)。130 ℃加热 4 h 至近干。冷却到室温,加入 3 mL 双氧水溶液(30%,质量分数),加热近干后加入 25 mL 去离子水稀释。

蔬菜样品若不能全部溶解,可过滤后再处理。饮料样品需取 10 g 进行上述操作。

固相萃取柱:Amberlite XAD-1180 树脂分别用 1 mol/L 硝酸、丙酮、水、1 mol/L 氢氧化钠溶液、水和丙酮清洗。105 ℃烘干后,取 0.5 g 用水溶解成糊状,装填到玻璃柱中(直径 1 cm,长 10 cm),底部放有少量的玻璃棉。

柱预处理:水、5~10 mL pH=5 乙酸–乙酸铵的缓冲溶液。

样品载入:25 mL 样品溶液用乙酸–乙酸铵缓冲溶液调节 pH 为 5,再加入 1 mL 0.5%(体积分数)N-苯甲酰-N-苯基羟胺后过柱,流速不大于 4 mL/min。

目标化合物洗脱:15 mL 1 mol/L 盐酸丙酮溶液。

浓缩/定容:电炉加热至近干。加入 5 mL 1 mol/L 盐酸,供 FAAS 检测。

2) 茶叶和咖啡样品

称取 1.0 g 样品于 100 mL 烧杯中,加入 25 mL 沸水溶解,静置 20 min,过滤后固相萃取净化、活化、上样、洗脱步骤均同 1),电炉加热近干后加入 5 mL 浓硝酸溶解后再次浓缩,最后用 5 mL 1 mol/L 盐酸溶解定容。

Amberlite XAD-1180 树脂是一种多聚体吸附剂,在极性溶液(如水溶液)中呈现出非极性(疏水特性),可吸附溶液中微量难溶的有机物。

2. 微波辅助消解–固相萃取–氢化物产生–原子荧光光谱联用检测乌龙茶茶叶中无机砷[225]

样品预处理:乌龙茶于 105 ℃热风干燥至恒重(含水率小于 10%),粉碎后过 80 目筛,收集过筛的粉末,干燥条件下保存备用。

准确称取 0.3 g 茶叶粉末于消解罐中,加入 10 mL 0.06 mol/L 硝酸–3% 双氧水提取液,置于微波消解仪中。最大微波功率 800 W 下,采用梯度升温进行消解,即 5 min 内上升至 90 ℃保持 5 min,5 min 内升至消解温度 120 ℃保持 35 min,最后降温至 55 ℃消解结束。消解液冷却至室温后转移至 15 mL 离心管中,室温下 8000 r/min 离心 15 min,得上清液。取上述 2 mL 上清液至 15 mL 离心管中,加入 2 mL 0.05 mol/L 碳酸铵平衡液,涡旋混匀,8000 r/min 离心 5 min,即为上样液。

固相萃取柱:Strata SAX,500 mg,6 mL。

柱预处理:2 mL 甲醇。

样品载入:上样液过柱。

柱洗涤:2 mL 0.5 mol/L 乙酸。

目标化合物洗脱:2 mL 0.5 mol/L 盐酸。

定容:加 30%(体积分数)盐酸-2%(体积分数)碘化钾-0.2%(体积分数)VC 试剂空白溶液①定容至 10 mL。

检测:氢化物发生-原子荧光光谱法(hydride generation-atomic fluorescence spectrometry,HG-AFS)。

茶叶中的砷由于含量低、形态不稳定且极易受基质的干扰影响等,成为茶叶中无机砷提取、分离、净化和定量的瓶颈。

无机砷包括 As(Ⅲ)和 As(Ⅴ)两类。基于 As(Ⅴ)、一甲基砷和二甲基砷解离常数的差异,通过调整上样液的 pH,使其以不同形态的离子形式存在,可实现 As(Ⅴ)与一甲基砷、二甲基砷在固相萃取柱上的分离。

3. Dowex Marathon A 固相萃取-氢化物发生-原子荧光光谱法测定食品和水中硒含量[226]

样品:豆类、蔬菜、水果、草本植物、肉制品、香料、面粉、饮料。

预处理:用超纯水将豆类、蔬菜、水果和草本植物等清洗干净,将有壳的样品研磨备用,70 ℃干燥 24 h。肉制品于 110 ℃干燥 48 h。

称取 0.3 g 样品于聚四氟乙烯消解管中,加 4 mL 浓硝酸浸泡过夜,次日加 3 mL 双氧水程序升温进行消解,同时做空白实验。消解完全后,样液澄清透明,150 ℃赶酸至近干。加入 2.0 mL 盐酸、1 mL 100 g/L $K_3[Fe(CN)_6]$ 溶液,用超纯水定容至 25 mL,再用 KH_2PO_4-磷酸缓冲溶液调节 pH 为 4.5。

固相萃取柱:取 6 mL SPE 空柱管,在底部铺上筛板,装入 DMA 树脂,轻轻敲打使填料均匀填充,避免过柱时出现大量的气泡,压好筛板,即得自制 SPE 柱。

柱预处理:pH=4.5 稀盐酸活化,保持柱体润湿。

样品载入:取上述定容液过柱,流速为 2 mL/min。

柱洗涤:少量超纯水。

---

① 取 300 mL 盐酸与 100 mL 20% KI-VC,用去离子水定容至 1 L。

目标化合物洗脱：25 mL 0.3 mol/L 硝酸。

浓缩：洗脱液蒸发浓缩至 2 mL 0.5 mol/L 硝酸溶液。

检测：HG-AFS。

DMA 是一种为除盐而使用的均粒性树脂。小颗粒的均粒树脂展现出比传统粒径树脂更快的动力性，改良的动力学带来了更好的再生效率、更高的运行交换容量。

4. 固相萃取–冷蒸气原子吸收光谱法测定汞元素[227]

样品预处理：取 0.1 g 鱼类样品，加入 5 mL 5 mol/L 盐酸，超声 30 min，离心后用去离子水稀释至 50 mL。

固相萃取柱：Amberlyst 36 树脂表面积和粒径分别为 33 m^2/g、0.600~0.850 mm。依次用去离子水、1 mol/L 硝酸和去离子水清洗掉树脂中的污染物。

取一玻璃填充柱，长为 150 mm，内径为 10 mm，容量为 250 mL。将少量玻璃棉放入活塞上方。加入 300 mg 干燥的 Amberlyst 36 树脂与少量水的混合物，再在吸附剂上方填充少量玻璃棉以固定吸附剂。

柱预处理：pH=4 去离子水。

样品载入：定容液过柱，流速为 3 mL/min。

柱洗涤：5 mL 水洗涤，再重复一次。

目标化合物洗脱：10 mL 0.1 mol/L 盐酸（CH_3Hg^+）、10 mL 0.2 mol/L 硫脲–3 mol/L 盐酸溶液（Hg^{2+}）。

检测：冷蒸气原子吸收光谱法。

Amberlyst 36 树脂为强酸性离子交换树脂，离解能力很强，在酸性或碱性溶液中均能离解和产生离子交换作用。树脂离解后，本体所含的负电基团能吸附结合溶液中的阳离子。

参 考 文 献

[1] Anastassiades M, Lehotay S J, Štajnbaher D, et al. J AOAC Int, 2003, 86: 412

[2] Lehotay S J. Pesticide Protocols, New Jersey: Humana Press, 2004

[3] Lehotay S J, Maštovská K, Yun S J. J AOAC Int, 2005, 88: 630

[4] MAS 方法在药物残留中的应用. 博纳艾杰尔固相萃取产品实用指南, 2010: 36

[5] 董静, 宫小明, 张立, 等. 中国卫生检验杂志, 2008, 18(1): 26

[6] Paoli M D, Barbina M T. Pestic Sci, 1992, 34: 61

[7] Esteve-Turrillas F A, Pastor A, de la Guardia M. Anal Chim Acta, 2005, 553: 50

[8] 刘洁, 鹿文慧, 崔荣, 等. 色谱, 2018, 36(1): 30

[9] 刘永, 唐英斐, 宋金凤, 等. 色谱, 2014, 32(2): 139

[10] 马琳, 陈建波, 赵莉, 等. 色谱, 2015, 33(10): 1019

[11] 丁明,钟冬莲,汤富彬,等. 色谱,2013,31(2):117

[12] 吴延灿,戚传勇,操海群,等. 农药学学报,2018,20(1):58

[13] 张利强,邢淑莲,林丽云,等. 分析测试学报,2018,37(8):945

[14] 张博伦,庞国芳,冯春,等. 分析测试学报,2018,37(6):653

[15] Štajnbaher D,Zupancic-Kralj L. J Chromatogr A,2003,1015:185

[16] 苗水,王柯,季申,等. 中国卫生检验杂志,2010,20(12):3106

[17] 彭晓俊,庞晋山,邓爱华,等. 色谱,2012,30(9):966

[18] Wongsa N,Burakham R. Food Anal Methods,2012,5:849

[19] Zhao P,Wang L,Zhou L,et al. J Chromatogr A,2012,1225:17

[20] Zhao P Y,Fan S F,Yu C S,et al. J Sep Sci,2013,36(20):3379

[21] Qin Y H,Huang B Y,Zhang J R,et al. J Sep Sci,2016,39:1757

[22] Chen Y L,Cao S R,Zhang L,et al. Food Anal Methods,2017,10:587

[23] 王敏,李广益,宋丰江,等. 食品研究与开发,2018,39(1):122

[24] 张权,周贻兵,林野,等. 分析科学学报,2018,34(5):699

[25] 张新忠,陈宗懋,赵梅勤,等. 分析测试学报,2018,37(10):1221

[26] NY/T 761—2008 蔬菜和水果中有机磷、有机氯、拟除虫菊酯和氨基甲酸酯类农药多残留的测定

[27] Schenck F J,Lehotay S J. J Chromatogr A,2000,868:51

[28] Schenck F J,Lehotay S J,Vega V. J Sep Sci,2002,25:883

[29] 唐婧,杨秀培,史兵方. 食品科学,2008,29(9):458

[30] 罗辉泰,黄晓兰,吴惠勤,等. 分析测试学报,2011,30(12):1329

[31] 施雅梅,徐敦明,周昱,等. 分析测试学报,2011,30(12):1372

[32] 陈琳垚. 新型QuEChERS方法在水产品兽药多残留分析中的应用研究. 杭州:浙江工商大学,2013

[33] 郭海霞,肖桂英,张禧庆,等. 色谱,2015,33(12):1242

[34] 李锦清,綦艳,廖桂福,等. 食品安全质量检测学报,2016,7(12):4753

[35] 张小刚,王霞,戴春风,等. 色谱,2018,36(4):345

[36] 黄田田,汤桦,董晓倩,等. 食品科学,2018,39(6):315

[37] 谢思思,卢俊文,李蓉,等. 食品科学,2018,39(6):307

[38] 马立利,贾丽,周欣燃,等. 色谱,2014,32(6):635

[39] 马立利,冯月超,贾丽,等. 分析试验室,2014,33:208

[40] 陆治名,韩丹丹,孟凡轩,等. 医学研究与教育,2018,35(1):70

[41] 户江涛. 现代化农业,2014,9:30

[42] GB/T 20769—2008 水果和蔬菜中450种农药及相关化学品残留量的测定 液相色谱-串联质谱法

[43] SN/T 0134—2010 进出口食品中杀线威等12种氨基甲酸酯类农药残留量的检测方法 液相色谱-质谱/质谱法

[44] Zhao P Y,Huang B Y,Li Y J,et al. J Agric Food Chem,2014,62:3710

[45] 李萍萍,程景,乐渊. 分析测试学报,2015,34(4):421

[46] Zhao P Y,Wang L,Luo J H,et al. J Sep Sci,2012,35:153

[47] 祁占林,赵春娜,李燕. 食品研究与开发,2010,31(8):144

[48] 陈树兵,钟莺莺,贺小雨,等. 分析测试学报,2014,33(5):499

[49] 曾敏,莫文莲. 粮食与油脂,2015,28(7):53

[50] Qin Y H,Zhao P Y,Fan S F,et al. J Chromatogr A,2015,1385:1

[51] 马婧玮,周玲,叶融,等. 环境化学,2016,35(1):35

[52] 陈溪,董振霖,孙玉玉,等. 分析测试学报,2016,35(4):394

[53] González-Curbelo M Á,Socas-Rodríguez B,Herrero M,et al. J Food Chem,2017,229:854

[54] Liu Z Z,Qi P P,Wang X Y,et al. Food Chem,2017,230:423

[55] 马婧玮,马欢,安莉,等. 农药学学报,2018,20(1):129

[56] GB 23200.9—2016 食品安全国家标准　粮谷中 475 种农药及相关化学品残留量的测定
气相色谱–质谱法

[57] 刘永强,刘胜,许文娟,等. 分析测试学报,2017,36(8):986

[58] Han Y T,Song L,Zou N,et al. J Sep Sci,2017,40:878

[59] da Fonseca B M,Moreno I E D,Magalhães A R,et al. J Chromatogr B,2012,889-890:116

[60] Luo Y B,Chen X J,Zhang H F,et al. J Chromatogr A,2016,1460:16

[61] 王晋,黄海涛,刘欣,等. 烟草科技,2018,51(11):66

[62] 陈嘉彬,孙海峰,游金清,等. 分析测试学报,2018,37(5):588

[63] 刘欣,张承明,王晋,等. 分析试验室,2019,38(1):89

[64] Dewan P,Jain V,Gupta P,et al. Chemosphere,2013,90(5):1704

[65] Chen X S,Bian Z Y,Hou H W,et al. J Agric Food Chem,2013,61(24):5746

[66] Lee J M,Park J W,Jang G C,et al. J Chromatogr A,2008,1187(1-2):25

[67] Haib J,Hofer I,Renaud J M. J Chromatogr A,2003,1020(2):173

[68] Shen A C,Xu Z X,Cai J B,et al. Anal Sci,2006,22(2):241

[69] 罗彦波,郑浩博,姜兴益,等. 分析化学,2015,43(10):1538

[70] 司晓喜,陆舍铭,刘志华,等. 色谱,2016,34(3):340

[71] 司晓喜,朱瑞芝,张凤梅,等. 色谱,2016,34(6):608

[72] 张洪非,胡清源,王芳,等. 烟草科技,2008,3:43

[73] 曹建敏,邱军,于卫松,等. 分析试验室,2012,31(11):24

[74] Lu C H,Liu X G,Dong F S,et al. Anal Chim Acta,2010,678:56

[75] 李忠,王岚,杨光宇,等. 分析化学,2001,29(12):1409

[76] 牟定荣,杨明权,董勇,等. 烟草科技,2008,8:38

[77] 李丛民. 烟草科技,2000,1:27

[78] 张甜,董学畅,吴方评,等. 分析化学,2005,33(3):359

[79] 任志芹,艾小勇,黄志强,等. 色谱,2015,33(5):541

[80] 石杰,程玉山,刘婷,等. 分析试验室,2009,28(2):78

[81] 陈红平,刘新,汪庆华,等. 食品科学,2011,32(6):159

[82] Hu C J,Gao Y,Liu Y,et al. Food Chem,2016,194：312

[83] 李拥军,黄志强,戴华,等. 分析测试学报,2002,21(2)：78

[84] 胡贝贞,宋伟华,谢丽萍,等. 色谱,2008,26(1)：22

[85] 楼正云,陈宗懋,罗逢健,等. 色谱,2008,26(5)：568

[86] 董金斌,王金花. 食品科学,2009,30(12)：230

[87] 李军明,钟读波,王亚琴,等. 色谱,2010,28(9)：840

[88] Kanrar B,Mandal S,Bhattacharyya A. J Chromatogr A,2010,1217：1926

[89] Cho S-K,Abd El-Aty A M,Musfiqur Rahman M,et al. Food Chem,2014,165：532

[90] 刘丽,张琦,王海雁,等. 色谱,2017,35(8)：860

[91] 杨梅,汪俭,孙思,等. 食品研究与开发,2018,39(16)：134

[92] GB/T 23204—2008 茶叶中 519 种农药及相关化学品残留量的测定 气相色谱–质谱法

[93] Huo F F,Tang H,Wu X,et al. J Chromatogr B,2016,1023-1024：44

[94] 李铁纯,回瑞华,侯冬岩. 质谱学报,2007,28(2)：96

[95] Carlo M D,Pepe A,Sacchetti G,et al. Food Chem,2008,111：771

[96] Fabiani A,Corzani C,Arfelli G. Talanta,2010,83：281

[97] Carpinteiro I,Ramil M,Rodríguez I,et al. J Chromatogr A,2010,1217：7484

[98] 李小晶,陈旻实,戴金兰,等. 分析测试学报,2013,23(8)：973

[99] Pelajic M,Pecek G,Pavlovic D M,et al. Food Chem,2016,200：98

[100] da Silva L F,Guerra C C,Klein D,et al. Food Chem,2017,227：158

[101] Fontana A R,Rodríguez I,Ramil M,et al. J Chromatogr A,2011,1218：2165

[102] Varelis P,Leong S L,Hocking A,et al. Food Addit Contam,2006,23(12)：1308

[103] 蔡伟谊,毛新武,林子豪,等. 食品安全质量检测学报,2018,9(12)：3100

[104] Barnaba C,Dellacassa E,Nicolini G,et al. J Chromatogr A,2015,1423：124

[105] Chen X H,Zhao Y G,Shen H Y,et al. J Chromatogr A,2014,1346：123

[106] GB 2760—2014 食品安全国家标准　食品添加剂使用标准

[107] 丁怡,邱佩丽,黄秋婷,等. 中国卫生检验杂志,2009,19(6)：1262

[108] 曾鸣,曾凡刚. 食品科技,2006,6：119

[109] 佟玲,杨佳佳,阎妮,等. 岩矿测试,2014,33(2)：262

[110] 曹忠波,高岩,贾宏新. 中国卫生检验杂志,2012,22(7)：1550

[111] 陈毓芳. 分析测试学报,2003,22(3)：97

[112] Sagratini G,Fernández-Franzón M,de Berardinis F,et al. Food Chem,2012,132：537

[113] Moazzen M,Ahmadkhaniha R,Gorji M E,et al. Talanta,2013,115：957

[114] Sun H W,Sun N,Li H,et al. Food Anal Method,2013,6：1291

[115] 赵海香,刘海萍,闫早婴. 色谱,2014,32(3)：294

[116] 罗辉泰,谢梦婷,黄晓兰,等. 色谱,2015,33(4)：354

[117] Casado N,Morante-Zarcero S,Pérez-Quintanilla D,et al. J Chromatogr A,2016,1459：24

[118] 邢丽红,孙伟红,孙晓杰,等. 食品科学,2016,37(14)：174

[119] Casado N,Pérez-Quintanilla D,Morante-Zarcero S,et al. Talanta,2017,165：223

[120] 郭萌萌,李兆新,王智,等. 分析测试学报,2017,36(3):337

[121] 刘家阳,黄旭,贾宏新. 分析测试学报,2017,36(3):305

[122] 柯庆青,李诗言,周凡,等. 食品科学,2017,38(24):241

[123] 郝杰,姜洁,余建龙,等. 食品科学,2017,38(12):266

[124] 陈晶燕,陈万勤,刘柱,等. 质谱学报,2019,40(2):123-130

[125] 覃玲,董亚蕾,王钢力,等. 色谱,2018,36(9):880

[126] 张聪,周常义,江锋,等. 分析测试学报,2018,37(8):887

[127] 李建旺,王宛,黄韦,等. 质谱学报,2009,30:128

[128] 姚珊珊,赵永纲,李小平,等. 色谱,2012,30(6):572

[129] 梁晶晶,徐潇颖,丁宇琦,等. 分析测试学报,2018,37(2):224

[130] 杜娟,吕冰,朱盼,等. 色谱,2013,31(8):739

[131] 王云凤,常春艳,陈其勇,等. 分析测试学报,2007,26:253

[132] 吕冰,陈达炜,苗虹. 分析测试学报,2015,34(6):639

[133] GB/T 21313—2007 动物源性食品中 β-受体激动剂残留检测方法 液相色谱–质谱/质谱法

[134] 刘先军,王一红,李帮锐,等. 中国食品卫生杂志,2015,27(3):265

[135] 张瑞. 三种瘦肉精 GC/MS 法检测技术研究及应用. 南宁:广西大学,2012

[136] GB/T 21312—2007 动物源性食品中 14 种喹诺酮药物残留检测方法 液相色谱–质谱/质谱法

[137] GB/T 22338—2008 动物源性食品中氯霉素类药物残留量测定

[138] GB/T 20752—2006 猪肉、牛肉、鸡肉、猪肝和水产品中硝基呋喃类代谢物残留量的测定 液相色谱–串联质谱法

[139] 刘红卫,高志莹,周围,等. 中国兽药杂志,2008,42(11):20

[140] GB/T 20764—2006 可食动物肌肉中土霉素、四环素、金霉素、强力霉素残留量的测定 液相色谱–紫外检测法

[141] 梅英杰,史新宇,董瑾,等. 食品与发酵工业,2017,43(8):240

[142] GB/T 20755—2006 畜禽肉中九种青霉素类药物残留量的测定 液相色谱–串联质谱法

[143] SN/T 2226—2008 进出口动物源性食品中乌洛托品残留量的检测方法　液相色谱–质谱/质谱法

[144] 马雪涛,牛之瑞,冯雷,等. 食品科学,2014,35(10):166

[145] 王智,施宗伟,郗存显,等. 分析测试学报,2017,36(10):1219

[146] 沈钦一. 腹泻性与麻痹性贝类毒素 LC-MS/MS 检测方法研究. 北京:中国农业科学院,2013

[147] 方晓明,卫峰,范祥,等. 分析测试学报,2004,23:240

[148] 吴振兴,静平,曹文卿,等. 食品安全质量检测学报,2015,6(8):3262

[149] Casella I G,Picerno F. J Agric Food Chem,2009,57:8735

[150] 薛平,杜利君,林勤保,等. 分析测试学报,2010,29(9):948

[151] 綦艳,李锦清,赵明桥,等. 分析测试学报,2013,32(6):768

[152] 彭丽,吴宁鹏,张崇威,等. 中国兽药杂志,2014,48(9):45

[153] 王建凤,刘艳,杨一帆,等. 食品安全质量检测学报,2015,6(9):3380

[154] 李健,王翼飞,周显青,等. 分析化学,2016,44(11):1742

[155] 张鸿伟,许辉,张晓梅,等. 色谱,2016,34(7):665

[156] Zhu W X,Yang J Z,Wang Z X,et al. Talanta,2016,148:401

[157] Ma L L,Fan X J,Jia L,et al. J Sep Sci,2017,40(13):2759

[158] Wang J F,Fan X J,Liu Y,et al. Anal Methods,2017,9:1282

[159] 吴映璇,谢敏玲,姚仰勋,等. 色谱,2018,36(8):752

[160] 付文雯,罗彤,朱影,等. 食品科学,2018,39(8):309

[161] 许兵兵,李晓敏,张庆合,等. 色谱,2018,36(8):786

[162] 王敬,艾连峰,马育松,等. 色谱,2015,33(11):1175

[163] Shimelis O,Yang Y H,Stenerson K,et al. J Chromatogr A,2007,1165:18

[164] 吴岩,姜冰,徐义刚,等. 色谱,2015,33(3):228

[165] 叶瑞洪,苏建峰. 色谱,2011,29(7):618

[166] 农业部 1031 号公告-2-2008 动物源性食品中糖皮质激素类药物多残留检测 液相色谱-串联质谱法

[167] Jurado-Sanchez B,Ballesteros E,Gallego M. J Agric Food Chem,2011,59:7519

[168] 韩疏影,俞慧敏,宋易霖,等. 色谱,2018,36(3):285

[169] Wang Y Y,Li X W,Zhang Z W,et al. Food Chem,2016,192:280

[170] Peres G T,Rath S,Reyes F G R. Food Control,2010,21:620

[171] 侯建波,谢文,陈笑梅,等. 色谱,2011,29(6):535

[172] Shirani M,Haddadi H,Rezaee M,et al. Food Anal Methods,2016,9:2613

[173] Ares A M,Valverde S,Bernal J L,et al. Food Chem,2017,232:169

[174] 徐潇颖,罗金文,陈万勤,等. 分析测试学报,2017,36(1):61

[175] 彭丽,吴宁鹏,方忠意,等. 中国兽药杂志,2018,52(9):53

[176] 李樱红,周萍,徐权华,等. 色谱,2018,36(2):136

[177] Valverde S,Ibáñez M,Bernal J L,et al. Food Chem,2018,266:215

[178] Hou J B,Xie W,Hong D,et al. Food Chem,2019,270:204

[179] GB/T 20771—2008 蜂蜜中 486 种农药及相关化学品残留量的测定 液相色谱-串联质谱法

[180] 徐慧,陈燕,王柯,等. 食品安全质量检测学报,2016,7(7):2727

[181] AOAC Official Method 999. 07. Aflatoxin B_1 and total Aflatoxins in peanut butter, pistachio paste,fig paste,and paprika powder immunoaffinity column liquid chromatography with post-column derivitization

[182] AOAC Official Method 2000. 16. Aflatoxin B_1 in baby food immunoaffinity column HPLC method

[183] AOAC Official Method 2001. 01. Determination of Ochratoxin A in wine and beer immunoaffinity column cleanup/liquid chromatographic analysis

[184] AOAC Official Method 2001. 04. Determination of Fumonisins B_1 and B_2 in corn and corn flakes liquid chromatography with immunoaffinity column cleanup

[185] AOAC Official Method 2008. 02. Aflatoxins B_1, B_2, G_1, G_2 and Ochratoxin A in ginseng and ginger

[186] ISO 15141:2018. Cereals and cereal products-Determination of ochratoxin A-High performance liquid chromatographic method with immunoaffinity column cleanup and fluorescence detection

[187] GB 5009.22—2016 食品安全国家标准　食品中黄曲霉毒素 B 族和 G 族的测定

[188] GB 5009.96—2016 食品安全国家标准　食品中赭曲霉毒素 A 的测定

[189] GB 5009.111—2016 食品安全国家标准　食品中脱氧雪腐镰刀菌烯醇及其乙酰化衍生物的测定

[190] GB 5009.209—2016 食品安全国家标准　食品中玉米赤霉烯酮的测定

[191] GB 5009.118—2016 食品安全国家标准　食品中 T-2 毒素的测定

[192] GB 5009.240—2016 食品安全国家标准　食品中伏马毒素的测定

[193] GB 5009.24—2016 食品安全国家标准　食品中黄曲霉毒素 M 族的测定

[194] 粮食行业标准(征求意见稿)粮油检验 粮食中黄曲霉毒素的测定 免疫磁珠净化超高效液相色谱法

[195] 冯月超,何亚荟,王建凤,等. 食品科学,2013,34(24):174

[196] 刘正才,杨方,尹太坤,等. 分析测试学报,2015,34(2):171

[197] Shi X R,Chen X L,Hao Y L,et al. J Chromatogr B,2018,1086(1):146

[198] 冯雷,孙文通,李波,等. 食品科学,2009,30(4):193

[199] 宫向红,徐英江,任传博,等. 食品科学,2012,(4):144

[200] Zhou Z H,Fu Y Q,Qin Q,et al. J Chromatogr A,2018,1560(27):19

[201] 何乔桑,刘敏芳,黄丽英,等. 色谱,2008,26(6):752

[202] 吴彩梅,白洁,贾刚,等. 食品科学,2011,32(8):212

[203] 赵善贞,邓晓军,伊雄海,等. 色谱,2012,30(7):677

[204] 丁晓雯. 食品安全学. 北京:中国农业大学出版社,2011:170

[205] 郝家勇,陈霞,李红敏,等. 现代食品科技,2014,30(11):235

[206] GB/T 19681—2005 食品中苏丹红染料的检测方法 高效液相色谱法

[207] 王洪涛,宫小明,赵晗,等. 分析试验室,2014,33(3):346

[208] GB/T 19857—2005 水产品中孔雀石绿和结晶紫残留量的测定

[209] 张志刚,施冰,陈鹭平,等. 分析化学,2006,34(5):663

[210] Chen L Y,Lu Y B,Li S Y,et al. Food Chem,2013,141:1383

[211] GB/T 22388—2008 原料乳与乳制品中三聚氰胺检测方法

[212] 贾红卫,赵玉. 食品研究与开发,2010,31(11):178

[213] 王登飞,黄智辉,郑俊超,等. 食品科学,2010,31(6):235

[214] 黄天翔. 食品安全导刊,2018,2:62

[215] 杨红本,杨凡,胡赠彬,等. 食品安全质量检测学报,2017,8(10):3935

[216] 王增焕,王许诺,谷阳光,等. 中国渔业质量与标准,2017,7(4):6

[217] 黄理金,何蔓,陈贝贝,等. 中国科学(化学),2016,46(5):452

[218] Escudero L B,Maniero M,Agostini E,et al. TrAC-Trend Anal Chem,2016,80:531

[219] Mashhadizadeh M H,Amoli-Diva M,Shapouri M R,et al. Food Chem,2014,151:300

[220] Erkan Y,Soylak M. Talanta,2016,158:152

[221] Teodoro M T F,de Dias F S,da Silva D G,et al. Microchem J,2017,132:351

[222] 马兴,肖亚兵,赵婷,等. 食品安全质量检测学报,2018,39(7):149

[223] 肖亚兵,何健,马兴,等. 食品研究与开发,2018,39(6):146

[224] Tokalioglu S,Gürbüz F. Food Chem,2010,123:183

[225] 丁力杰,罗杰,康彬彬,等. 食品安全质量检测学报,2018,9(9):2101

[226] 吴航,姜效军,吕琳琳,等. 食品科学,2017,38(10):204

[227] Türker A R,Çabuk D,Yalçinkaya Ö. Anal Lett,2013,46:1155

第 12 章　固相萃取技术在司法鉴定中的应用

在司法鉴定中,毒品、精神药物、各种毒物及爆炸物是司法鉴定人员经常遇到的样品。司法鉴定所遇到的样品基质范围很广,可能是水、酒、茶、饮料,也可能是生物样品,如动物或人体的组织、尿液、血液,甚至是腐败的生物样品。在爆炸案中,样品可能是现场的土壤、尘土、各种碎片等。世间万物都可能成为司法鉴定的样品,这种说法似乎有点夸张,但这恰恰真实地反映出司法鉴定中样品的复杂性。样品前处理在司法化学分析检验中可以说是最复杂的一个过程。与其他分析领域相同,经典的样品前处理方法主要是液-液萃取。由于样品基质复杂,液-液萃取过程也十分烦琐,一个样品常常需要经过几次萃取、反萃取后才能进行仪器分析。自从固相萃取技术被引入司法化学分析的样品前处理后,这个问题在一定程度上得到了解决,目前,固相萃取技术已经广泛应用于各种麻醉品、精神药物、毒物、爆炸残留物的样品前处理,本章将对固相萃取技术在司法鉴定中的应用进行分类讨论。

12.1　固相萃取技术在麻醉药品及精神药品分析中的应用

12.1.1　常见麻醉药品、精神药品物化性质

常见的麻醉药品包括鸦片类、可卡因类、大麻类及合成麻醉品等。根据国家食品药品监督管理局、公安部、卫计委 2013 年 11 月 11 日联合公布的麻醉药品和精神药品品种目录,受管制的麻醉药品为 121 种,精神药品为 149 种[1]。精神药品主要是直接作用于中枢神经小体,使人兴奋或抑制,连续使用会产生依赖性的药物,如巴比妥类、安定类、三嗪类药物等。许多麻醉药品和精神药品在一定的 pH 条件下呈离子状态,因此,了解这些化合物的 pK_a 等理化性质对于正确使用固相萃取技术提取分离这些化合物十分重要。表 12-1 列出了部分麻醉药品及精神药品的理化性质。

12.1.2　巴比妥类药物的固相萃取

1. 巴比妥类药物的特性

巴比妥类(barbiturates)药物属于中枢系统镇静剂,从 1940 年起就广泛用于临床。巴比妥类药物具有催眠和令人安静的作用,大量服用会引起中毒甚至死亡。因此,这类药物是司法检验中的常见药物种类之一。图 12-1 给出了巴比妥酸和巴比妥类药物的结构。

表 12-1 部分麻醉药品和精神药品的理化性质

名称	CAS 编号	分子式	分子量	溶解度/(mg/L)	pK_a	lgK_{ow}
阿洛巴比妥(allobarbital)	52-43-7	$C_{10}H_{12}N_2O_3$	208.22	水:1810 溶于丙酮、乙酸乙酯	7.7	1.15
阿普唑仑(alprazolam)	28981-97-7	$C_{17}H_{13}ClN_4$	308.77	水:13.1 氯仿中易溶,水或乙醚中几乎不溶	2.39	2.1
阿米替林(amitriptyline)	50-48-6	$C_{20}H_{23}N$	277.41	水:9.71 溶于乙醇、氯仿;难溶于乙醚	9.76	4.92
异戊巴比妥(amobarbital)	57-43-2	$C_{11}H_{18}N_2O_3$	226.28	水:603,钠盐溶于水 溶于乙醇、氯仿、醚	7.84	2.07
苯丙胺(amphetamine)	300-62-9	$C_9H_{13}N$	135.21	水:2.80×10^4 溶于乙醇、醚	10.13	1.76
阿普比妥(aprobarbital)	77-02-1	$C_{10}H_{14}N_2O_3$	210.23	水:4080 溶于乙醇、氯仿、乙醚、丙酮、冰醋酸	7.99	1.15
阿斯匹林(aspirin)	50-78-2	$C_9H_8O_4$	180.16	水:4600 乙醇:1/5,氯仿:1/17	3.49	1.19
巴比妥(barbital)	57-44-3	$C_8H_{12}N_2O_3$	184.19	水:7460 溶于乙醇、乙酸乙酯	8.14	0.65
苯佐卡因(benzocaine)	94-09-7	$C_9H_{11}NO_2$	165.19	水:1310 乙醇:1/5,氯仿:1/2,乙醚:1/43	2.51	1.86
苯非他明(benzphetamine)	156-08-1	$C_{17}H_{21}N$	239.36	几乎不溶于水,溶于甲醇、乙醇、氯仿、丙酮、苯	6.6	4.14
苯喹胺(benzquinamide)	63-12-7	$C_{22}H_{32}N_2O_5$	404.51	—	5.9	1.95
苯吗啡(benzylmorphine)	14297-87-1	$C_{24}H_{25}NO_3$	375.47	水:400	8.1	2.98

续表

名称	CAS 编号	分子式	分子量	溶解度/(mg/L)	pK_a	$\lg K_{ow}$
溴西泮 (bromazepam)	1812-30-2	$C_{14}H_{10}BrN_3O$	316.16	水:175	2.9,11.0	2.05
溴替唑仑 (brotizolam)	57801-81-7	$C_{15}H_{10}BrClN_4S$	393.69	水:1.08	2.1	2.79
布他比妥 (butalbital)	77-26-9	$C_{11}H_{16}N_2O_3$	224.26	水:1700 溶于乙醇、氯仿、丙酮、乙醚、冰醋酸	7.6	1.87
布托啡喏 (butorphanol)	42408-82-2	$C_{21}H_{29}NO_2$	327.47	—	8.6	3.68
咖啡因 (caffeine)	58-08-2	$C_8H_{10}N_4O_2$	194.19	水:2.16×10^4 乙醇:1g/66 mL,丙酮:1g/50 mL	0.6,14.0	-0.07
卡马西平 (carbamazepine)	298-46-4	$C_{15}H_{12}N_2O$	236.27	水:17.7 溶于乙醇、氯丙酮	7.0	2.45
二钾氯氮䓬 (chlorazepate)	57109-90-7	$C_{16}H_{11}ClK_2N_2O_2$	408.92	溶于水,不溶于常见有机溶剂	3.5,12.5	—
利眠宁 (chlordiazepoxide)	58-25-3	$C_{16}H_{14}ClN_3O$	299.75	水:2000	4.8	2.44
扑尔敏 (chlorpheniramine)	132-22-9	$C_{16}H_{19}ClN_2$	274.79	水:5500 乙醇330,氯仿240,甲醇130,微溶于醚	9.13	3.38
氯苯丙胺 (chlorphentermine)	461-78-9	$C_{10}H_{14}ClN$	183.68	水:3240	9.6	2.6
氯普鲁卡因 (chloroprocaine)	133-16-4	$C_{13}H_{19}ClN_2O_2$	270.77	水:665 1g盐酸盐:水22 mL,95%乙醇100 mL	9.0	2.88
氯丙米嗪 (clomipramine)	303-49-1	$C_{19}H_{23}ClN_2$	314.86	水:0.294 盐酸盐溶于水、甲醇、二氯甲烷,几乎不溶于乙醚	9.5	5.19

续表

名称	CAS 编号	分子式	分子量	溶解度/(mg/L)	pK_a	$\lg K_{ow}$
氯硝安定 (clonazepam)	1622-61-3	$C_{15}H_{10}ClN_3O_3$	315.72	mg/mL:水<0.1,丙酮31,氯仿15,甲醇8.6	1.5,10.5	2.41
可卡因 (cocaine)	50-36-2	$C_{17}H_{21}NO_4$	303.36	水:1800 1g 溶解于 6.5 mL 乙醇,0.7 mL 氯仿	8.61	2.3
可待因 (codeine)	76-57-3	$C_{18}H_{21}NO_3$	299.37	水:9000 磷酸盐溶溶于乙醇,微溶于乙醇。难溶于乙醚,氯仿	8.21	1.19
环巴比比妥 (cyclobarbitone)	52-31-3	$C_{11}H_{16}N_2O_3$	236.27	水:1600 乙醇:1g/5 mL	7.6	1.77
地莫西洋 (demoxepam)	963-39-3	$C_{15}H_{11}ClN_2O_2$	286.72	水:783	4.5,10.6	1.49
去甲丙米嗪 (desipramine)	50-47-5	$C_{18}H_{22}N_2$	266.39	水:58.6 盐酸盐溶于水	1.5,10.2	4.9
右美沙芬 (dextromethorphan)	125-71-3	$C_{18}H_{25}NO$	271.40	水:10 μg/mL,溶于乙醇及有机溶液及碱性水溶液 (pH 12)	8.3	—
二乙酰吗啡 (diamorphine)	561-27-3	$C_{21}H_{23}NO_5$	369.42	水:600 微溶于氢水或碳酸钠溶液,溶于碱性溶液,易溶于有机溶剂	7.95	1.58
安定 (diazepam)	439-14-5	$C_{16}H_{13}ClN_2O$	284.75	水:50 溶于氯仿,DMF,丙酮	3.3	2.82
双氢可待因 (dihydrocodeine)	125-28-0	$C_{18}H_{23}NO_3$	301.39	—	8.8	1.49
甲磺双氢麦角胺 (dihydroergotamine)	511-12-6	$C_{23}H_{37}N_5O_5$	583.69	不溶于水,微溶于甲醇,乙醇,氯仿,苯	6.9	—
双氢吗啡 (dihydromorphine)	509-60-4	$C_{17}H_{21}NO_3$	287.36	不溶于水,溶于醇、氯仿、丙酮	8.6	0.93

续表

名称	CAS 编号	分子式	分子量	溶解度/(mg/L)	pK_a	$\lg K_{ow}$
二甲基安非他明 (dimethylamphetamine)	4075-96-1	$C_{11}H_{17}N$	163.26	—	9.8	—
地匹哌酮 (dipipanone)	467-83-4	$C_{24}H_{31}NO$	349.52	盐酸盐溶于水、乙醇、丙酮，不溶于乙醚	8.5	5.53
芽子碱 (ecgonine)	481-37-8	$C_9H_{15}NO_3$	185.22	水:1.78×10^5 醇:1g/67 mL	2.8,11.1	-3.78
麻黄碱 (ephedrine)	299-42-3	$C_{10}H_{15}NO$	165.23	水:6.36×10^4 乙醇、氯仿	10.25	1.13
麦角新碱 (ergometrine)	60-79-7	$C_{19}H_{23}N_3O_2$	325.41	溶于水、低醇溶液、乙酸乙酯、丙酮，微溶于氯仿	6.8	0.52
麦角胺 (ergotamine)	113-15-5	$C_{33}H_{35}N_5O_5$	581.67	几乎不溶于水、甲醇:1/70,丙酮:1/150,溶于氯仿、冰醋酸	6.3	2.53
艾司唑仑 (estazolam)	29975-16-4	$C_{16}H_{11}ClN_4$	294.75	易溶于氯仿，稍溶于甲醇，难溶于丙酮、乙醇、乙酸，乙醇和苯,几乎不溶于乙醚和水	2.84	3.32
乙基吗啡 (ethylmorphine)	76-58-4	$C_{19}H_{23}NO_3$	313.40	水:2610 盐酸盐 1g 溶于 10 mL 乙醇,25 mL 乙醇,微溶于氯仿	8.2	1.77
依替卡因 (etidocaine)	36637-18-0	$C_{17}H_{28}N_2O$	276.42	水:11.9 盐酸盐易溶于水	7.7	3.69
埃托啡 (etorphine)	14521-96-1	$C_{25}H_{33}NO_4$	411.54	水:110	1.9,7.4	2.79
芬太尼 (fentanyl)	437-38-7	$C_{22}H_{28}N_2O$	336.47	水:200 柠檬酸盐 1g 溶于 40 mL 水,溶于甲醇,微溶于氯仿	8.43	4.05
氟硝安定 (flunitrazepam)	1622-62-4	$C_{16}H_{12}FN_3O_3$	313.29	水:72.8 溶于甲醇	1.8	2.06

续表

名称	CAS 编号	分子式	分子量	溶解度/(mg/L)	pK_a	$\lg K_{ow}$
氟胺安定 (flurazepam)	17617-23-1	$C_{21}H_{23}ClFN_3O$	387.90	盐酸盐极易溶于氯仿,易溶于丙酮,甲醇,乙醇,冰醋酸和乙醚,难溶于环己烷,几乎不溶于水	1.9,8.2	3.02
氟苯布洛芬 (flurbiprofen)	5104-49-4	$C_{15}H_{13}FO_2$	244.27	水:8 易溶于乙醇,乙醚,丙酮,氯仿	3.0	4.16
导眠能 (glutethimide)	77-21-4	$C_{13}H_{15}NO_2$	217.27	水:999 dl-型溶于丙酮,氯仿,甲醇,乙酸乙酯	9.2	1.9
海洛因 (heroin)	561-27-3	$C_{21}H_{23}NO_5$	369.42	水:600 氯仿:1g/1.5 mL,溶于碱液	7.95	1.58
环己巴比妥 (hexobarbital)	56-29-1	$C_{12}H_{16}N_2O_3$	236.27	水:435,溶于甲醇,热乙醇,醚,氯仿,丙酮	8.3	1.98
海克卡因 (hexylcaine)	532-77-4	$C_{16}H_{23}NO_2$	261.37	盐酸盐水溶解度12%（质量分数）	9.1	—
氢可酮 (hydrocaodone)	125-29-1	$C_{18}H_{21}NO_3$	299.36	水:6870 在沸水中稳定	8.9	2.16
氢吗啡酮 (hydromorphone)	466-99-9	$C_{17}H_{19}NO_3$	285.34	盐酸盐溶于3份水,微溶于乙醇	8.2	1.6
羟基苯丙胺 (hydroxyamphetamine)	103-86-6	$C_9H_{13}NO$	151.21	溶于乙醇、氯仿、乙酸乙酯	9.6	—
布洛芬 (ibuprofen)	15687-27-1	$C_{13}H_{18}O_2$	206.28	水:21 溶于多数有机溶剂	4.4,5.2	3.97
丙米嗪 (imipramine)	50-49-7	$C_{19}H_{24}N_2$	208.43	水:18.2 盐酸盐溶于水,略溶于乙醇,微溶于丙酮	9.5	4.8
异美沙酮 (isomethadone)	466-40-0	$C_{21}H_{27}NO$	309.45	—	8.1	4.17

续表

名称	CAS 编号	分子式	分子量	溶解度/(mg/L)	pK_a	lgK_{ow}
异丙基肾上腺素 (isoprenalin)	7683-59-2	$C_{11}H_{17}NO_3$	211.46	可溶于乙醇,不溶于乙醚,氯仿,苯	8.6,10.1	0.21
氯胺酮 (ketamine)	6740-88-1	$C_{13}H_{16}ClNO$	237.74	盐酸盐水溶度:20 g/100 mL	7.5	3.12
凯他唑仑 (ketazolam)	27233-35-4	$C_{20}H_{17}ClN_2O_3$	368.82	—	2.60	—
凯托米酮 (ketobemidone)	469-79-4	$C_{15}H_{21}NO_2$	247.33	盐酸盐易溶于水,微溶于乙醇	8.7	1.94
酮基布洛芬 (ketoprofen)	22071-15-4	$C_{16}H_{14}O_3$	254.28	水:51 溶于乙醇,氯仿,丙酮,乙醚,苯及强碱	4.48	3.12
莱瓦洛芬 (levallorphan)	152-02-3	$C_{19}H_{25}NO$	283.40	水:633 酒石酸盐可溶于水,甲醇,乙醇,微溶于氯仿,乙醚	4.5,6.9	3.48
左美丙嗪 (levomepromazine)	60-99-1	$C_{19}H_{24}N_2OS$	328.48	水:20 马来酸盐微溶于水及乙醇	9.2	4.68
左啡诺 (levorphanol)	77-07-6	$C_{17}H_{23}NO$	257.38	水:1840 酒石酸盐易溶于水,乙醇和乙醚	9.58	3.11
劳拉西泮 (lorazepam)	846-49-1	$C_{15}H_{10}Cl_2N_2O_2$	321.16	水:0.08 氯仿:3 mg/mL,醇:14 mg/mL	1.3,11.5	2.39
麦角酸 (lysergic acid)	82-58-6	$C_{16}H_{16}N_2O_2$	268.32	吡啶中的溶解度中等,微溶于水中性有机溶剂,溶于酸碱	3.4,6.3	—
麦角酰二乙胺 (LSD) lysergic acid diethylamide	50-37-3	$C_{20}H_{25}N_3O$	323.43	水:2100 溶于乙醇	7.8	2.95
麦普替林 (maprotiline)	10262-69-8	$C_{20}H_{23}N$	277.41	盐酸盐溶于甲醇,氯仿,微溶于水	10.5	4.52

续表

名称	CAS 编号	分子式	分子量	溶解度/(mg/L)	pK_a	$\lg K_{ow}$
美加明 (mecamylamine)	60-40-2	$C_{11}H_{21}N$	167.30	微溶于水	11.2	3.31
去氧安定 (medazepam)	2898-12-6	$C_{16}H_{15}ClN_2$	270.76	水:3.1 盐酸盐溶于水、醇	6.2	4.41
美芬丁胺 (mephentermine)	100-92-5	$C_{11}H_{17}N$	163.26	几乎不溶于水、溶于醇	10.3	2.67
美芬妥英 (mephenytoin)	50-12-4	$C_{12}H_{14}N_2O_2$	218.26	水:1270	8.51	1.69
甲哌卡因 (mepivacaine)	96-88-8	$C_{15}H_{22}N_2O$	246.35	水:7000	7.6	1.95
甲基苯巴比妥 (mephobarbital)	115-38-8	$C_{13}H_{14}N_2O_3$	246.26	水:666,溶于热水及乙醇	7.7	1.84
美沙酮 (methadone)	76-99-3	$C_{21}H_{27}NO$	309.46	水:48.5 醇:8 g/100 mL	8.94	3.39
甲基苯丙胺 (methamphetamine)	537-46-2	$C_{10}H_{15}N$	149.25	水:1.33×10^4 盐酸盐溶于水、乙醇、氯仿,几乎不溶于乙醚	9.87	2.07
安眠酮 (methaqualone)	72-44-6	$C_{16}H_{14}N_2O$	250.30	水:4.73 溶于乙醇、氯仿	2.5	4.33
甲基巴比妥 (metharbital)	50-11-3	$C_9H_{14}N_2O_3$	198.21	水:1980 乙醇:4.3 g/100 mL	8.01	1.15
美索比妥 (methohexital)	151-83-7	$C_{14}H_{18}N_2O_3$	262.30	钠盐溶于水	8.3	—
美托酮 (metopon)	143-52-2	$C_{18}H_{21}NO_3$	299.37	微溶于有机溶剂,盐酸盐溶于水,微溶于醇、氯仿	8.1	—

续表

名称	CAS 编号	分子式	分子量	溶解度/(mg/L)	pK_a	$\lg K_{ow}$
咪唑达仑(midazolam)	59467-70-8	$C_{18}H_{13}ClFN_3$	325.77	马来酸盐溶于水	5.88	4.33
吗茚酮(molindone)	7416-34-4	$C_{16}H_{24}N_2O_2$	276.38	这类化合物具有通常的碱性,因此其肉酯基于还原也易于水解	6.9	2.31
吗啡(morphine)	57-27-2	$C_{17}H_{19}NO_3$	285.34	水:145 乙醇:1g/210mL,不溶于氯仿、乙醚	8.0,9.6	0.89
烯丙吗啡(nalorphine)	62-67-9	$C_{19}H_{21}NO_3$	311.38	水:2770 溶于乙醇、丙酮、氯仿	7.64	1.88
奈福泮(nefopam)	13669-70-0	$C_{17}H_{19}NO$	253.34	溶于水、氯仿和甲醇	9.2	3.05
尼古丁(nicotine)	54-11-5	$C_{10}H_{14}N_2$	162.23	水:1.00×10^4 溶于乙醇、氯仿、乙醚	6.2,11.0	1.17
硝基安定(nitrazepam)	146-22-5	$C_{15}H_{11}N_3O_3$	281.27	水:76.9 溶于丙酮、氯仿、醇、乙酸乙酯	3.2,10.8	2.25
硝基呋妥因(nitrofurantoin)	67-20-9	$C_8H_6N_4O_5$	238.16	水:79.5 95%乙醇:51 mg/100 mL	7.2	-0.47
去甲可待因(norcodeine)	467-15-2	$C_{17}H_{19}NO_3$	285.34	水:3.92×10^4 略溶于丙酮,溶于热甲醇、乙醇	5.7	0.69
去甲安定(nordiazepam)	1088-11-5	$C_{15}H_{11}ClN_2O$	270.72	水:57 微溶于乙醇、氯仿	3.5,12.0	2.93
去甲巴比妥(norhexobarbital)	718-67-2	$C_{11}H_{14}N_2O_3$	222.24	水:960	7.9	1.6
去甲美沙酮(normethadone)	467-85-6	$C_{20}H_{25}NO$	295.42	—	9.2	3.75

续表

名称	CAS 编号	分子式	分子量	溶解度/(mg/L)	pK_a	$\lg K_{ow}$
去甲吗啡 (normorphine)	466-97-7	$C_{16}H_{17}NO_3$	270.30	水:2.56×10⁵	9.8	-0.17
去甲羟基安定 (oxazepam)	604-75-1	$C_{15}H_{11}ClN_2O_2$	286.71	水:179	1.7,11.6	2.24
羟可待酮 (oxycodone)	76-42-6	$C_{18}H_{21}NO_4$	315.37	几乎不溶于水,溶于醇、氯仿	8.5	0.66
羟吗啡酮 (oxymorphone)	76-41-5	$C_{17}H_{19}NO_4$	301.35	水:2.40×10⁴ 溶于沸丙酮及氯仿,溶于碱性水溶液	8.5,9.3	0.83
罂粟碱 (papaverine)	58-74-2	$C_{20}H_{21}NO_4$	339.40	水:35 溶于丙酮	8.07	2.95
戊巴比妥 (pentobarbital)	76-74-4	$C_{11}H_{18}N_2O_3$	226.28	溶于丙酮,微溶于氯仿 水:679	8.0	2.1
苯环己哌啶 (phencyclidine)	77-10-1	$C_{17}H_{25}N$	243.39	高脂溶性,水中溶解度低	8.29	4.69
苯巴比妥 (phenobarbital)	50-06-6	$C_{12}H_{12}N_2O_3$	232.24	水:1110	7.5	1.47
苯妥英 (phenytoin)	57-41-0	$C_{15}H_{12}N_2O_2$	252.27	水:32 1 g溶于 60 mL 乙醇、30 mL 丙酮	8.33	2.47
匹那西泮 (pinazepam)	52463-83-9	$C_{18}H_{13}ClN_2O$	308.77	—	3.01	2.91
环丙安定 (prazepam)	2955-38-6	$C_{19}H_{17}ClN_2O$	324.81	水:5.72	2.7	3.73
普罗比妥钠 (probarbital)	76-76-6	$C_{18}H_{28}N_4O_6Ca$	436.58	水:1210	8.14	0.97

续表

名称	CAS 编号	分子式	分子量	溶解度/(mg/L)	pK_a	$\lg K_{ow}$
普鲁卡因 (procaine)	59-46-1	$C_{13}H_{20}N_2O_2$	236.33	水:9450 溶于乙醇、氯仿	8.05	2.14
奎宁 (quinine)	130-95-0	$C_{20}H_{24}N_2O_2$	324.44	水:500 1g溶于0.8 mL乙醇,1.2 mL氯仿	4.2	3.44
速可巴比妥 (secobarbital)	76-73-3	$C_{12}H_{18}N_2O_3$	238.28	水:550 钠盐溶于醇,不溶于醚	7.8	1.97
马钱子碱 (strychnine)	57-24-9	$C_{21}H_{22}N_2O_2$	334.42	水:160 1g溶于6.5 mL氯仿,250 mL甲醇	2.5,8.2	1.93
舒林酸 (sulindac)	38194-50-2	$C_{20}H_{17}FO_3S$	356.41	弱酸,pH 4.5以下几乎不溶于水,pH 6以上水中溶解度很好	4.7	3.42
他布比妥 (talbutal)	115-44-6	$C_{11}H_{16}N_2O_3$	224.26	水:1810 溶于乙醇、氯仿、丙酮,溶于碱性溶液	7.79	1.47
羟基安定 (temazepam)	846-50-4	$C_{16}H_{13}ClN_2O_2$	300.74	水:164 溶于乙醇、氯仿	1.6	2.19
丁卡因 (tetracaine)	94-24-6	$C_{15}H_{24}N_2O_2$	264.36	水:131 盐酸盐溶于40份醇,30份氯仿,不溶于丙酮	8.2	3.51
四氢大麻酚 (tetrahydrocannabinol)	1972-08-3	$C_{21}H_{30}O_2$	314.47	水:2800	10.6	7.6
蒂巴因 (thebaine)	115-37-7	$C_{19}H_{21}NO_3$	311.38	水:680 热乙醇:1g/15 mL,氯仿:1g/13 mL	8.2	2.02
戊硫巴比妥 (thiopental)	76-75-5	$C_{11}H_{18}N_2O_2S$	242.34	水:96 钠盐溶于水,醇	7.5	2.85
甲硫哒嗪 (thioridazine)	50-52-2	$C_{21}H_{26}N_2S_2$	370.58	水:0.034 乙醇:1/6,氯仿:1/0.81	9.5	5.9

续表

名称	CAS 编号	分子式	分子量	溶解度/(mg/L)	pK_a	$\lg K_{ow}$
三氟拉嗪 (trifluoperazine)	117-89-5	$C_{21}H_{24}F_3N_3S$	407.52	水:12.2	4.1,8.4, 9.4	5.03
三唑仑 (triazolam)	28911-01-5	$C_{17}H_{12}Cl_2N_4$	343.21	水:4.53	2.32	2.42
育亨宾 (yohimbine)	146-48-5	$C_{21}H_{26}N_2O_3$	354.46	水:277	7.13	2.73

注:"—"表示无数据。

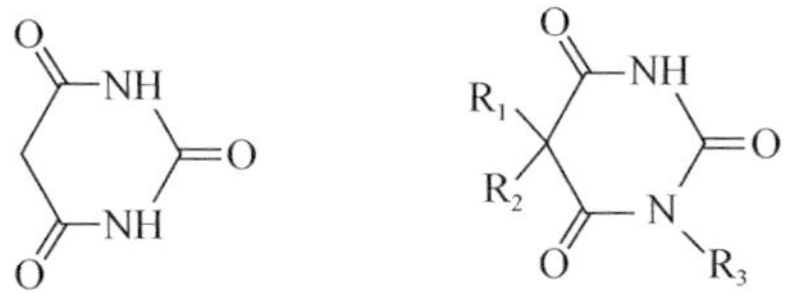

巴比妥酸　　　　　巴比妥类

图 12-1　巴比妥类药物的结构式

　　巴比妥类药物属于弱酸性化合物,通常可以采用非极性 SPE 柱进行萃取,如 C_{18} 或高聚物柱,也可使用阴离子交换柱进行萃取。在使用非极性 SPE 柱对弱酸性药物进行萃取时,要注意控制样品的 pH,保证这些弱酸性化合物呈中性状态。

　　2. 尿液中巴比妥类药物萃取方法一[2]

　　样品预处理:20 mL 尿液用 0.5 mol/L 磷酸钾(pH 8.0)调节至 pH 7。

　　萃取柱:Bakerbond SPE C_{18} 非极性柱,6 mL/500 mg,J. T. Baker 公司。

　　柱预处理:2×3 mL 甲醇,2×3 mL HPLC 纯水。

　　样品过柱:控制样品过柱流速在 4 mL/min 左右。

　　柱洗涤:3 mL 水。

　　目标化合物洗脱:2×0.5 mL 丙酮-氯仿(1∶1,体积比)。

　　3. 尿液中巴比妥类药物萃取方法二[3]

　　固相萃取柱:Oasis HLB 非极性,30 mg,Waters 公司。

　　柱预处理:1 mL 甲醇,1 mL 水。

　　柱平衡:1 mL 水。

　　样品过柱:2 mL 尿液。

　　柱洗涤:1 mL 5%(体积分数)甲醇溶液,1 mL 25%(体积分数)甲醇溶液[含 2%(体积分数)乙酸]。

　　目标化合物洗脱:1 mL 35%(体积分数)甲醇[含 2%(体积分数)氢氧化铵]。

　　浓缩/再溶解:40 ℃氮气气氛下浓缩至干,将残渣溶解于 300 μL 水中。

　　HPLC 分析:色谱柱 SymmetryShield RP18,5 μm,2.1 mm×150 mm,预柱 SymmetryShield RP18,5 μm,3.9 mm×20 mm;流动相 29%(体积分数)乙腈,71%(体积分数) 50 mmol/L 磷酸钾(pH=7.0);流速 1 mL/min;紫外检测器波长 214 nm;进样量 80 μL。

　　图 12-2 是经过固相萃取得到的添加巴比妥类药物尿液液相色谱图,其回收率列于表 12-2。

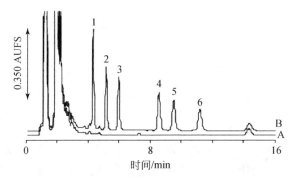

图 12-2　添加巴比妥类药物的样品萃取色谱图

A. 空白样品, B. 添加标样的尿液样品。1. 苯巴比妥;2. 仲丁巴比妥;3. 布他比妥;
4. 异戊巴比妥(内标);5. 甲基苯巴比妥;6. 速可巴比妥

表 12-2　尿液中六种巴比妥类药物回收率($n=8$)

化合物	回收率/%	CV/%
苯巴比妥	106.5	0.5
仲丁巴比妥	105.5	0.7
布他比妥	104.2	0.9
异戊巴比妥	86.3	1.7
甲基苯巴比妥	92.4	1.7
速可巴比妥	94.8	2.2

注:CV 表示变异系数。

4. 血液样品中巴比妥类药物的自动固相萃取方法[4]

血样预处理:2 mL 血样中加入 4 mL pH 6 的磷酸缓冲溶液,超声波振荡 20 min。然后高速离心 5 min,取上清液供固相萃取。

固相萃取仪:ASPEC XLi,吉尔森公司。

固相萃取柱:Bakerbond C_{18} 非极性柱,200 mg/3 mL,J. T. Baker 公司。

柱预处理:2 mL 甲醇,2 mL 水。

样品过柱:3 mL 上述清液以 0.5 mL/min 流速过柱。

柱洗涤:2 mL pH 6 磷酸缓冲溶液,2 mL 水。

柱干燥:10 mL 空气过柱。

目标化合物洗脱:1 mL 乙醚。

浓缩定容:将收集的洗脱馏分浓缩至 100 μL,然后用甲醇定容供 GC-MS 分析。

表 12-3 为血液中巴比妥类药物的回收率。

表 12-3　血液中几种巴比妥类药物的回收率

化合物	回收率/%	CV/%
巴比妥	88.5	4.6
异戊巴比妥	96.2	3.5
戊巴比妥	94.1	3.1
苯巴比妥	82.3	5.7

5. 血、肝脏中巴比妥类药物萃取方法[5]

血样预处理:1 mL 血液加入 6 mL 0.1 mol/L 磷酸盐缓冲溶液(pH 6.0),振荡 5 ~ 10 min,离心 5 min(2000 r/min),取上清液准备过柱。

肝脏预处理:1 g 肝脏样品加入 2 mL HCl(6.0 mol/L),4 mL 蒸馏水,混匀; 35 ~ 40 ℃水浴中水解 40 min;冷却后用 10%(体积分数)NaOH (约 4 mL)调节 pH 至 2 ~ 3,加入 6 mL　HCl-KCl 缓冲溶液(pH 2.2),混匀,离心 5 min(2000 r/min), 取上清液准备过柱。

固相萃取柱:GDX-403 PT,河北省津杨滤材厂。

柱预处理:5 ~ 10 mL 甲醇,4 ~ 10 mL 水,4 mL pH 6.0 缓冲溶液(血样或 4 mL pH 2.2 缓冲溶液(肝脏)。

样品过柱:上述处理好的血样或肝脏样品过柱(1 ~ 1.5 mL/min)。

柱洗涤:4 mL pH 6.0 缓冲溶液(血样)或 4 mL pH 2.2 缓冲溶液(肝脏)。

柱干燥:在真空下除去水分。

目标化合物洗脱:2 mL 丙酮-氯仿(1∶1,体积比),平衡 2 ~ 5 min,再加入 2 ~ 3 mL 上述丙酮-氯仿(1 ~ 1.5 mL/min),收集洗脱液离心除去残留水。

浓缩再溶解:80 ℃空气下浓缩至干,残渣溶于 50 μL 乙醇再溶解,供 GC 分析。

表 12-4 是血液及肝脏中巴比妥类药物的回收率。除肝脏中硫喷妥回收率偏低(61.2%)外,其他巴比妥类药物的回收率都在 70%以上。

表 12-4　巴比妥类药物在血及肝脏中的回收率

药物	血样		肝脏	
	回收率%	CV/%	回收率%	CV/%
巴比妥	71.8	11.1	79.1	——
阿普巴比妥	80.8	12.7	91.8	——
异戊巴比妥	100.1	4.9	85.0	——
戊巴比妥	100.1	5.6	87.2	——
速可眠	89.8	3.7	84.7	——

续表

药物	血样		肝脏	
	回收率%	CV/%	回收率%	CV/%
硫喷妥	106.1	5.7	61.2	—
苯巴比妥	87.2	1	—	—

12.1.3　苯二氮䓬类药物的固相萃取

1. 苯二氮䓬类药物的特性

苯二氮䓬(benzodiazepines)类药物是20世纪50年代合成的一种抗焦虑药,多为1,4-苯并二氮的衍生物,具有抗焦虑、镇静催眠、抗惊厥作用,目前已广泛应用于临床。迄今国内已生产了三十多个品种[6]。长期服用会产生对药物的依赖性。由于苯二氮䓬类有较好的抗焦虑和镇静催眠作用,安全范围大,目前几乎完全取代了巴比妥类等传统镇静催眠药。由于这类药物安全范围大,镇静作用发生快而且可产生暂时性记忆缺失,加上我国对这类药物监管不严,时常被滥用,近年来被不法分子用于麻醉抢劫、性侵犯的案子常有发生,特别是氟硝基安定(俗称 FM2)、三唑仑、阿普唑仑及艾司唑仑等。

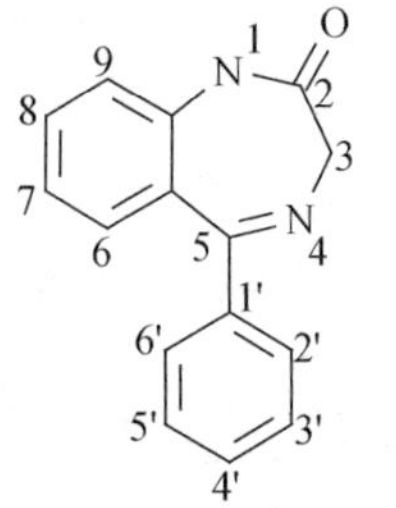

图 12-3　苯二氮䓬类药物的基本化学结构

图 12-3 显示了苯二氮䓬类药物的基本化学结构。在该结构基础上,人们又合成了一系列的衍生物,其主要类型见图 12-4。

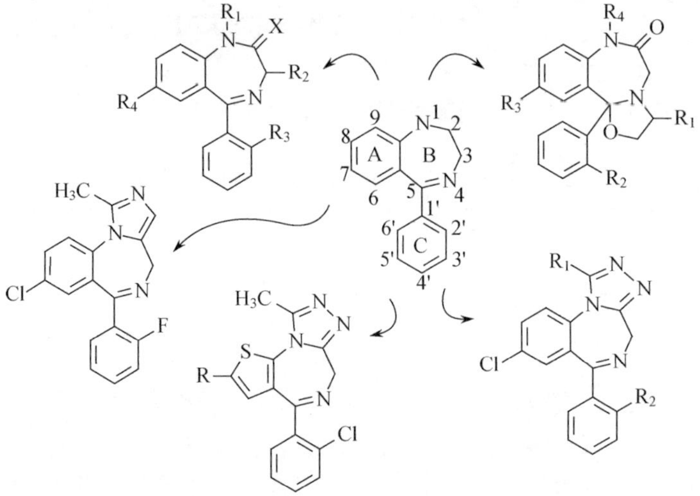

图 12-4　苯二氮䓬类药物的化学结构类型

苯二氮䓬类药物属于弱碱性化合物,在空气中稳定,遇酸、碱、受热易水解。表 12-5 列出了部分苯二氮䓬类药物的动力学参数。根据分析结果和这些动力学参数,可以推算服药量。

表 12-5　苯二氮䓬类药物的动力学参数

化合物	剂量/mg	作用周期/h	半衰期/h	血/h	尿
阿普唑仑	0.25 ~ 1	0.5 ~ 7	12 ~ 15	30	72h
利眠宁	5,10,25	1 ~ 8	5 ~ 30	>24	几天
氯硝安定	0.5,2.0	1 ~ 12	19 ~ 60	96	168h
安定	2,5,10	0.3 ~ 7	20 ~ 100	72h	几天
氟硝安定	1,2	0.5 ~ 12	9 ~ 25	18	72h
氟胺安定	15,30	1 ~ 6	20 ~ 100	140	几天
劳拉西泮	0.5,1,2	0.5 ~ 7	12 ~ 15	36	72 ~ 96h
羟基安定	15,30	1 ~ 8	9 ~ 12	72	48h
三唑仑	0.125	0.5 ~ 6	1.5 ~ 4	6	48h

在对苯二氮䓬类药物进行分析时必须考虑这类药物的特性(表 12-6),如果忽略了这些特性,就可能达不到预期的分析结果。由表 12-1 可见大部分的苯二氮䓬类药物 pK_a 较低,因此在 pH 6 ~ 7 的条件下是呈不带电的中性状态,可以用非极性 SPE 柱进行萃取,如 C_{18} 及非极性的高聚物柱等。但必须注意,如果苯二氮䓬类药物的 pK_a 与环境的 pH 之差小于两个 pH 单位时,有部分 pK_a 较高的苯二氮䓬类药物呈阳离子状态(如去氧安定 pK_a =6.2)。如果 SPE 柱吸附剂含有阳离子交换剂,这部分呈阳离子状态的苯二氮䓬类药物就会以离子交换的方式被保留在 SPE 柱上,按一般的非极性萃取的洗脱方式是不能将这部分阳离子化的苯二氮䓬类药物洗脱下来的[7]。

表 12-6　苯二氮䓬类药物分析中必须注意的事项

1. 水中溶解度低
   溶解度对于回收率有很大的影响

2. 分析浓度
   由于这类药物的服用剂量较低,所选用的检测手段必须能够检测 ng/mL 的浓度

3. 代谢物
   许多这类药物的代谢产物相类似

4. 葡萄糖苷
   这类化合物的主要代谢途径形成以葡萄糖苷

5. 化学衍生化

在这类化合物的分析中经常会使用硅烷化试剂对其进行化学衍生,以提高检测限及确认这些化合物

6. 化学多异性

这类化合物的化学性质变化很大(如 pK_a),用单一机理的萃取方法往往难以对这类化合物进行一次性的萃取

2. 尿液中苯二氮䓬类药物的固相萃取方法[8]

样品预处理:于 5 mL 尿液中加入内标物(建议用环丙安定、d_5-去甲羟基安定)及 2 mL β-葡糖醛酸糖苷酶溶液。β-葡糖醛酸糖苷酶溶液中含 5000 FU/mL Patella vulgate(溶于 0.1 mol/L 乙酸缓冲溶液,pH = 5.0)。振荡混合均匀,65 ℃水解 3 h。然后在 670 g 离心 10 min,取上层清液冷却至室温后供萃取用。

固相萃取柱:Clean Screen DAU 非极性/苯磺酸离子交换混合柱,200 mg/10 mL,UTC 公司。

柱预处理:3 mL 甲醇,3 mL 去离子水,1 mL 0.1 mol/L 磷酸缓冲溶液,pH 6.0。

样品过柱:将处理好的样品以 1 mL/min 流速过柱。

柱洗涤:2 mL 去离子水,2 mL 含20%(体积分数)乙腈的 0.1 mol/L 磷酸缓冲溶液,pH 6.0,柱干燥 5 min,2 mL 正己烷。

目标化合物洗脱:3 mL 乙酸乙酯,1~2 mL/min。

萃取物浓缩:40 ℃浓缩至干。

衍生化:于浓缩残渣中加入 50 μL 乙酸乙酯,50 μL 含1%(体积分数)氯化三甲基硅烷(TMCS)的二硅氧氟胺(BSTFA)。

3. 尿液中安定及唑仑类药物的自动固相萃取方法[9]

样品预处理:1 mL 尿液用 5 mL 缓冲溶液稀释(pH 10)。

固相萃取仪:ASPEC XLi,吉尔森公司。

固相萃取柱:Bakerbond C_{18} 非极性柱,200 mg/3 mL,J. T. Baker 公司。

柱预处理:3 mL 甲醇,2 mL 水。

样品过柱:1 mL 上述稀释液。

柱洗涤:6 mL pH 10 缓冲溶液,2 mL 水。

柱干燥:10 mL 空气过柱。

目标化合物洗脱:1 mL 乙醚。

浓缩定容:将收集的洗脱馏分浓缩至干,用丙酮定容后供 GC-ECD 分析。

表 12-7 列出了尿液中 4 种苯二氮䓬类药物的回收率。该方法已成功地应用于麻醉抢劫案中受害人的尿液检测。

表 12-7　尿液中 4 种苯二氮䓬类药物的回收率(2 μg/mL)

化合物	安定	艾司唑仑	阿普唑仑	三唑仑
回收率/%	83.4	79.6	72.5	78.7

12.1.4　三环类精神药物的固相萃取

1. 三环类精神药物的特性

三环类药物按其化学结构可分为三类:亚胺二联苄衍生物类,如丙咪嗪、三甲咪嗪等;二苯并环庚二烯衍生物类,如阿咪替林、去甲替林等;二苯并䓬衍生物类,如多虑平等。这类药物主要用于对抗情绪低落、忧郁消极及解除抑制。抗忧郁药主要作用于间脑(特别是下丘脑)及边缘系统,在这个被称为"情绪中枢"的部位,发挥调整作用。三环类抗忧郁药能阻止生物胺回收,产生抗忧郁作用。急性中毒发生于一次吞服大量药物企图自杀者。1.5 ~ 3.0 g 剂量可致严重中毒而死亡。图 12-5给出了常见三环类精神药物的化学结构式。

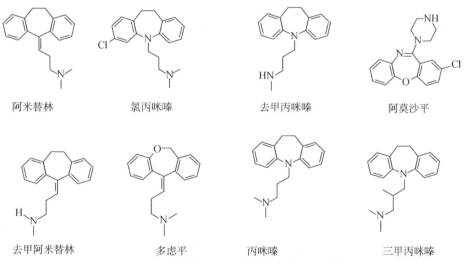

阿米替林　　　　氯丙咪嗪　　　　去甲丙咪嗪　　　　阿莫沙平

去甲阿米替林　　　　多虑平　　　　丙咪嗪　　　　三甲丙咪嗪

图 12-5　部分常见三环类抗忧郁药物的结构

三环类抗忧郁药物多属于弱碱性化合物,而且极性较弱(如阿米替林 $\lg K_{ow} = 4.92$,多虑平 $\lg K_{ow} = 4.29$,去甲阿米替林 $\lg K_{ow} = 4.74$。$\lg K_{ow}$ 大于 3 属于非极性化合物)。药用多为盐酸盐,易溶于水和醇。盐基状态易溶于乙醇、乙醚等有机溶剂,不溶于水。通常可选用阳离子交换柱,将样品的 pH 调节至低于这些弱碱性化合物 pK_a 两个 pH 单位,在洗脱时选用高于这些弱碱性化合物 pK_a 两个 pH 单位的有机溶剂。也可选用非极性硅胶柱或高聚物柱,但要注意调节 pH,使目标化合物呈中性状态。

2. 血清、血浆及全血中三环类抗忧郁药物的固相萃取方法[10]

样品预处理:1 mL 血样加入内标物①,4 mL 去离子水,2 mL 100 mmol/L 磷酸缓冲溶液(pH 6.0),混合均匀。2000 r/min 离心 10 min。注意样品的 pH 应该保持在 6.0±0.5。如果必要,用 100 mmol/L 的磷酸二氢钠或磷酸氢钠调节 pH。

固相萃取柱:Clean Screen 萃取柱 ZSDAU020,200 mg/10 mL,UCT 公司。

柱预处理:3 mL 甲醇,3 mL 去离子水,1 mL 100 mmol/L 磷酸缓冲溶液(pH 6.0)。

样品过柱:将上述处理好的血样过柱,流速 1 mL/min。

柱洗涤:3 mL 去离子水,1 mL 100 mmol/L 乙酸,3 mL 甲醇。

柱干燥:真空干燥 5 min(≥24.5 cmHg,1 cmHg=0.0133 kPa)。

目标化合物洗脱:3 mL 二氯甲烷–异丙醇–氢氧化铵(78∶20∶2,体积比),流速1~2 mL/min。

馏分浓缩:≤40 ℃浓缩至干。

HPLC 分析:将浓缩残渣用 200 μL 乙腈–去离子水(1∶3,体积比)再溶解后振动混合 30 s。取 100 μL 样品进样分析。色谱柱为封尾处理的丙氰基柱,4.6 mm×150 mm,5 μm;柱温 30 ℃;流动相为乙腈–磷酸缓冲溶液(pH 7.0)–甲醇(60∶25∶15,体积比);流速 1.75 mL/min。

3. 血清中三环类抗忧郁药物的固相萃取方法[11]

固相萃取柱:Strata-X,30 mg/1 mL,Phenomenex 公司。

柱预处理:1 mL 甲醇,1 mL 水。

样品过柱:1 mL 血清,含 2%(体积分数)磷酸,1 mL/min。

柱洗涤:1 mL 5%(体积分数)甲醇水溶液。

柱干燥:真空,24.5 cmHg,1 min。

目标化合物洗脱:1 mL 甲醇。

馏分浓缩:在馏分中加入内标物后,氮气气氛下室温浓缩至干。残渣用 200 μL 20 mmol/L 磷酸缓冲溶液(pH 7)再溶解后供 HPLC 分析。

图 12-6 为血清中 4 种三环类抗忧郁药物的回收率,范围在 91%~102%。经固相萃取得到的血清样品色谱图见图 12-7。

---

① 建议内标物:曲米帕明(trimipramine)及普鲁替林(protriptyline)。

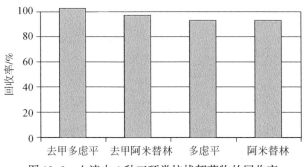

图 12-6　血清中 4 种三环类抗忧郁药物的回收率

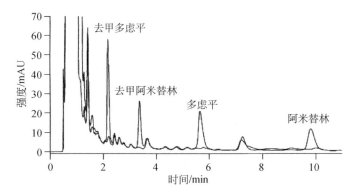

图 12-7　Strata-X 萃取柱对 4 种三环类抗忧郁药物萃取物的 HPLC 谱图

HPLC 条件:流动相 A＝KH$_2$PO$_4$(pH＝7),B＝乙腈,C＝甲醇。梯度开始 40∶30∶30(A∶B∶C)10 min,
之后变为 10∶45∶45。流速 2.0 mL/min,UV 210 nm

12.1.5　苯丙胺类药物的固相萃取

1. 苯丙胺类药物的特性

苯丙胺(amphetamines,AMP),又名去甲麻黄素。它的俗称安非他明来源于去甲麻黄素的英文名称(alpha-methyl-phenethylamine)简写(Amphetamine)的音译。苯丙胺是一种中枢兴奋药(属苯乙胺类中枢兴奋药)及抗抑郁症药。其因静脉注射具有成瘾性而被列为毒品(苯丙胺类兴奋剂)。甲基苯丙胺或甲基安非他明(methamphetamine,MA)又称冰毒,是一种人工合成的兴奋剂,被列为毒品。与大多数的兴奋剂一样,甲基苯丙胺可以使人产生强烈的快感,因此具有成瘾性。苯丙胺及甲基苯丙胺的分子结构如图 12-8 所示。

苯丙胺　　　　　　　　　　　　　　甲基苯丙胺

图 12-8　苯丙胺及甲基苯丙胺的化学结构

作为毒品被滥用的苯丙胺类药物还有亚甲基二氧苯丙胺(3,4-methylenedioxy-amphetamine,MDA),分子式为 $C_{10}H_{13}NO_2$,分子量为 179.22。亚甲基二氧甲基苯丙胺(3,4-methylenedioxymethamphetamine, MDMA) 即俗称的"摇头丸",分子式为 $C_{11}H_{15}NO_2$,分子量为 193.25。亚甲基二氧苯丙胺及亚甲基二氧甲基苯丙胺的化学结构如图 12-9 所示。

亚甲基二氧苯丙胺　　　　　　　　　亚甲基二氧甲基苯丙胺

图 12-9　亚甲基二氧苯丙胺及亚甲基二氧甲基苯丙胺的化学结构

由于苯丙胺(pK_a9.8)和甲基苯丙胺(pK_a 9.5)、亚甲基二氧苯丙胺(pK_a 10.01)及亚甲基二氧甲基苯丙胺(pK_a约9.9)都属于弱碱性化合物,故可以采用强阳离子交换或非极性/阳离子交换混合型萃取柱进行萃取。也可采用非极性萃取柱,但必须注意调节样品的 pH,以确保这些弱碱性化合物呈中性状态。

2. 尿液中苯丙胺类药物的固相萃取方法[12]

样品处理:5 mL 尿液加入内标物[①],2 mL 100 mmol/L 磷酸缓冲溶液(pH 6.0)混合均匀。注意,样品的 pH 应该保持在 6.0±0.5 的范围内,必要时可用 1 mol/L 氢氧化钾调节 pH。

固相萃取柱:Strata Screen-C C_8/苯磺酸硅胶混合柱,150 mg/3 mL,Phenomenex公司。

柱预处理:2 mL 甲醇,2 mL 去离子水,1 mL 100 mmol/L 磷酸缓冲溶液(pH 6)。

样品过柱:将上述处理好的尿液过柱,流速≤2 mL/min。

柱洗涤:2 mL 去离子水,1 mL 100 mmol/L 乙酸,3 mL 甲醇。

柱干燥:真空干燥 (>24.5 cm Hg)2~5 min。

---

① 建议 GC-MS 分析的内标物为 d_5-苯丙胺及 d_5-甲基苯丙胺。

目标化合物洗脱:3 mL 二氯甲烷–异丙醇–氢氧化铵(78∶20∶2,体积比),湿润 15 ~ 30 s,然后以流速≤ 2 mL/min 洗脱。

浓缩:在洗脱馏分中加入 100 μL 二甲基甲酰胺(DMF),40 ℃浓缩至 30 μL。注意不要浓缩至干,否则苯丙胺会损失。

衍生化:加入 50 μL 五氟丙酸酐,加盖后在 70 ℃反应 20 min,然后于≥40 ℃浓缩至干。用 100 μL 乙酸乙酯将残渣再溶解供分析用。

GC-MS 分析:进样量 2 μL。建议使用 Zebron ZB-5,15 m×0.25 mm,0.25 μm 色谱柱。

监测离子:苯丙胺 (190、91、118)、d$_5$-苯丙胺(194、91、123)、甲基苯丙胺(204、118、160)、d$_5$-甲基苯丙胺(208、119、1)。

3. 血液中苯丙胺类药物的自动固相萃取方法[13,14]

样品前处理:取 3 mL 血液用 pH 11 磷酸缓冲溶液稀释,离心后取上层清液供固相萃取。

固相萃取仪:ASPEC XLi,吉尔森公司。

固相萃取柱:Bakerbond SPE C$_{18}$非极性柱,200 mg/3 mL, J. T. Baker 公司。

柱预处理:3 mL 甲醇,2 mL 水。

样品过柱:1 mL 样品过柱。

柱洗涤:6 mL 磷酸缓冲溶液(pH 11),2 mL 水。

柱干燥:6 mL 空气。

目标化合物洗脱:1 mL 乙酸乙酯。

GC-MS 分析:色谱柱为 HP-5MS (30 m×0.25 mm,0.25 μm);柱温为初温 120 ℃保持 3 min,10 ℃/min 程序升温至 240 ℃,保持 5 min;载气流速为 1 mL/min;接口温度为 280 ℃;质量范围为 30 ~ 400 u;溶剂延滞时间为 3 min;进样方式为分流进样;分流比为 30∶1。

表 12-8 列出了血液样品中 3 种苯丙胺类药物的自动固相萃取回收率。

表 12-8　血液样品中 3 种苯丙胺类药物的回收率

化合物	MA	MDA	MDMA
回收率/%	76.9	80.4	84.3

4. 尿液中苯丙胺类药物的 SPE-GC/MS 确认方法[15]

样品前处理:采集经快速免疫检测呈阳性反应的尿液样品用磷酸缓冲溶液(pH 6)按 1∶3(体积比)的比例稀释,供固相萃取。

固相萃取柱:SPEC Plus C$_{18}$AR/MP3 混合型膜片 SPE 柱,70 mg/10 mL, Ansys Technologies 公司。

柱预处理:1 mL 甲醇,1 mL 0.1 mol/L 磷酸缓冲溶液(pH 6)。

样品过柱:8 mL 上述稀释尿液(2 mL 尿液,6 mL 磷酸缓冲溶液,pH 6)过柱,流速>10 mL/min。

柱洗涤:0.5 mL 甲醇。

柱干燥:真空干燥 3 min。

目标化合物洗脱:2 mL 2%(体积分数)氨水–乙酸乙酯。

样品浓缩:收集馏分中加入 50 μL 色谱标物(尼可刹米,nikethamide,NIK),在氮气气氛室温下浓缩至 0.2 mL。

GC-MS 分析:安捷伦 6890 GC,7883 自动进样器,5973N 质谱检测器。毛细管色谱柱:DB-35MS,30 m×0.25 mm,0.25 μm。柱温:初温 100 ℃ 保持 2 min,20 ℃/min 程序升温至 200 ℃,保持 2 min;载气流速:1.2 mL/min;进样口温度:250 ℃;GC-MS 接口温度:280 ℃;进样方式:分流进样;分流比 50:1;离子源及四极杆温度:分别为 230 ℃ 和 250 ℃;SIM 模式进行定量分析;进样量:1 μL。

表 12-9 给出了苯丙胺类药物的气相色谱保留时间及质谱选择离子监测数据。图 12-10 是苯丙胺标准品和服用苯丙胺药物者尿液的总离子色谱图。表 12-10 是尿液中不同添加浓度下苯丙胺的加标回收率。

表 12-9 苯丙胺类药物及色谱标物的色谱保留时间及 SIM 监测离子

化合物	保留时间(t_R)/min	监测离子
AMP	4.37	**44**,91
MA	4.73	**58**,91,134
MDA	7.45	**44**,77,136
MDMA	7.69	**58**,77,135
NIK	8.00	78,**106**,177

注:加粗字体数字表示用于定量分析的监测离了。

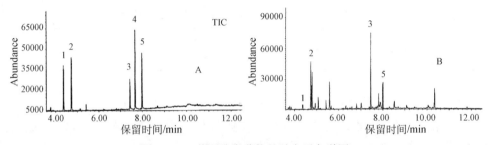

图 12-10 苯丙胺类药物的总离子色谱图

A. 标准样品;B. 服用苯丙胺类药物者的尿液固相萃取样品。1. 苯丙胺(AMP);2. 甲基苯丙胺(MA);3. 亚甲基二氧苯丙胺(MDA);4. 亚甲基二氧甲基苯丙胺(MDMA);5. 尼可刹米(NIK,色谱标物)

表 12-10　添加苯丙胺类药物标准样品尿液的回收率

添加量/(μg/mL)	回收率/%,RSD(%,n=3)			
	AMP	MA	MDA	MDMA
0.2	73.0,—	85.5,—	73/4,—	79.6,—
0.5	78.7,4.9	91.1,3.1	81.2,5.1	90.4,2.2
1.0	83.8,2.1	101.2,6.4	99.2,5.3	104.6,5.0

5. 尿液中苯丙胺类的 SLE 96 孔板萃取[16]

在对批量样品进行筛查时,采用 96 孔板 SPE 可以同时处理 96 个样品,从而大大增加样品处理通量。而固体支撑液-液萃取(SLE)则可以使样品处理简单、快速。有关 SLE 的原理请参阅第 8 章。

尿样预处理:100 μL 尿样中加入 100 μL 0.5 mol/L 氢氧化铵稀释。

96 孔 SLE 板:ISOLUTE SLE+ 200 96 孔萃取板,Biotage。

样品载入:200 μL 上述稀释尿样(每个孔一个样品),稍加真空使得样品全部被吸附,停留 5 min。

洗脱收集:在 96 孔收集板中每个孔加入 1000 μL 0.05 mol/L HCl/MeOH,1 mL/孔二氯甲烷洗脱,在重力作用下过板收集,5 min 后加入 1 mL/孔 二氯甲烷,稍加真空,收集流出液。

后处理:浓缩至干后加入 200 μL 0.1%(体积分数)甲酸水溶液-甲醇(90:10,体积比)溶液再溶解。

液质分析:Waters Acquity UPLC- MS/MS。色谱柱 Acquity BEH C_{18} 100 m×2.1 mm,1.7 μm。流动相 0.1%(体积分数)甲酸-1%(体积分数)甲酸甲醇(80:20,体积比)。流速 0.43 mL/min。柱温 40 ℃。质谱:llision EI 离子源,源温:150 ℃,去溶剂辅助加热温度 450 ℃,碰撞池压力 3.58 e^{-3} mbar。

苯丙胺类化合物的 MRM 离子通道见表 12-11。

表 12-11　苯丙胺类化合物的 MRM 离子通道

扫描功能	目标化合物	MRM 离子通道	锥孔电压	碰撞能量
1	麻黄素	166.1 > 133.0	20	19
2	苯丙胺	136.0 > 118.9	16	9
	甲基苯丙胺	150.0 > 90.9	22	17
	MDA	180.1 > 163.0	16	23
	MDMA	194.1 > 163.0	20	13
3	MDEA	208.2 > 163.0	22	13

注:MDEA 表示 DL-3,4-甲基二氧乙基苯丙胺。

SLE 萃取板操作简单,易于自动化。在该应用中几种苯丙胺类药物的回收率都高于90%,定量下限(LLOQ)为 500 pg/mL。

12.1.6 大麻类兴奋剂的固相萃取

1. 大麻类兴奋剂的特性

大麻(*cannabis*,marijuana)来自荨麻目大麻科的草本植物,特别是雌性植物经干燥的花和毛状体。大麻中含有的化合物多达 450 种,其中至少 65 种是具有 C_{21} 骨架的大麻酚类化合物(cannabinoids),而主要有效化学成分为四氢大麻酚(tetra-hydrocannabinol,THC)。大麻酚类具有极高的亲脂性,服用后能够迅速进入动脉血管组织。其主要分布在肝脏、心脏、肺、肾、脾、乳腺、甲状腺、脑垂体等组织。THC 进入体内后与血中的蛋白质结合,只有约 3% 的 THC 呈游离状态,大约 60% 与脂蛋白结合,9% 与血细胞结合,其他的与白蛋白结合。其主要的单羟基代谢产物 1-羟基-Δ^9-四氢大麻酚与蛋白质的结合程度更高,大约仅有 1% 呈游离状态。具有活性的 1-羟基-Δ^9-四氢大麻酚经氧化后代谢为没有活性的 11-去甲-9-羧基-四氢大麻酚(THC-COOH),并与葡萄糖苷结合随尿液排泄[17]。因此,对于 THC 的检测主要是检测尿液中的 THC-COOH,即四氢大麻酚酸($pK_a = 4.5$)。近年来汗迹作为一种辅助样品也引起人们的重视,因为汗迹中不但可以检测到代谢产物,往往还可以检测到药物的原体[18-20]。图 12-11 是 THC 和 THC-COOH 的化学结构,THC 的理化参数列于表 12-12。

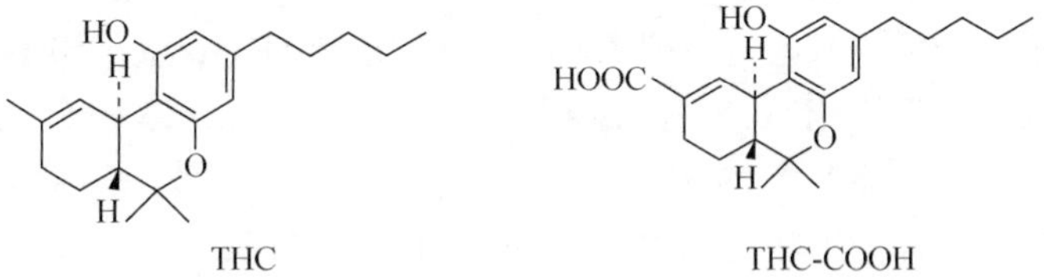

图 12-11　THC 及 THC-COOH 的化学结构

表 12-12　THC 的理化参数

参数	性质
分子量	314.45
分子式	$C_{21}H_{30}O_2$
沸点	200 ℃
UV_{max}/乙醇	283 nm,276 nm
溶解性	几乎不溶于水(约 2.8 mg/L,23 ℃) 溶于甲醇、乙醇

续表

参数	性质
辛醇水分配系数	12091
pK_a	10.6
稳定性	在酸性溶液中不稳定（$t_{1/2}=1$ h，pH 1.0，55 ℃） 对光线敏感

THC-COOH 较为稳定,未经过滤处理的尿液中的 THC-COOH 在 4 ℃及−20 ℃下可以保存一年,而经过滤并加入叠氮化钠的尿液中的 THC-COOH 在 4 ℃可以保存两年[21]。

由于 THC-COOH 属于酸性化合物,可选择阴离子交换 SPE 柱、非极性/阴离子混合 SPE 柱进行萃取分离。在一定的 pH 条件下,也可采用非极性 SPE 柱。在固相萃取过程中,要注意控制样品及萃取过程的 pH,以符合萃取机理的要求。样品以尿液为主,也可以是血液、汗液或毛发等。

2. 尿液中 THC-COOH 固相萃取方法[22]

样品预处理:取 5 mL 尿液加入 300 μL 10 mol/L 氢氧化钾及内标物,涡旋振荡。60 ℃水浴水解 15 min。将样品冷却至室温。加入约 200 μL 冰醋酸及 2 mL 50 mmol/L乙酸铵。将 pH 调节至 6~7。

固相萃取柱:ISOLUT Confirm HAX 阴离子交换柱,200 mg/10 mL,Argonaut 公司。

柱预处理:2 mL 甲醇,2 mL 水,2 mL 50 mmol/L 乙酸铵缓冲溶液。

样品过柱:水解尿液过柱,1~2 mL/min。

柱洗涤:10 mL 50%(体积分数）甲醇-水。

柱干燥:真空 10 min。

柱洗涤:2 mL 乙腈。

柱干燥:真空 2 min。

目标化合物洗脱:3 mL 正己烷-乙酸乙酯-冰醋酸(75:25:1,体积比)。

浓缩及衍生:氮气气氛下室温浓缩至干,加入 500 μL 乙酸乙酯再溶解残渣,涡旋 1 min。加入 50 μL BSTFA[1%(体积分数）TMCS],涡旋 1~2 min,70 ℃反应 20 min。冷却至室温后供 GC-MS 分析。

3. 尿液中 THC-COOH QuEChERS 萃取净化方法[23]

样品预处理:2 mL 尿液加入内标及 100 μL 10 mol/L NaOH,涡旋振荡。65 ℃水浴水解 20 min。将样品冷却至室温。加入 6 mol/L HCl 将 pH 调节至 6~7。

QuEChERS 萃取净化:于 15 mL 离心管中加入 2 mL 含有 200 ng/mL THC-

COOH d$_3$(IS)的 MeCN,800 mg MgSO$_4$,200 mg NaCl。然后将上述经酸性水解的尿样加入其中。

盖上盖子后 1000 次/min 振荡 1 min,3000 g 离心 5 min。

取上清液 1 mL 加入到含有 150 mg MgSO$_4$和 50 mg C$_{18}$的 2 mL 离心管中。

1000 次/min 振荡 1 min,3000 g 离心 5 min 后,取 0.4 mL 净化后的萃取液于 2 mL 进样瓶中,加入 0.4 mL 水,涡旋振荡 30 s,供 LC-MS/MS 分析(图 12-12)。 THC-COOH 浓度为 10.0 ng/mL 时,回收率为 115.3%,RSD 为 2.0%($n=6$)。

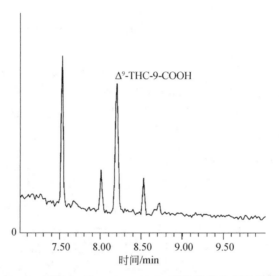

图 12-12　尿液中 Δ^9-THC-9-COOH 萃取物的总离子色谱图

4. 汗迹中 THC 的萃取方法[24]

样品采集及预处理如下。

将汗迹采集片(PharmChck sweat patch,美国 PharmChem 公司)粘在检测对象经 70%(体积分数)异丙醇清洁的皮肤上至少 12 h。取下后放入 6 mL 带盖玻璃试管中,加入 3 mL 甲醇–0.2 mol/L 乙酸钠溶液(pH 5.0,3∶1,体积比),涡旋后放置在振荡器上 250 r/min 振荡 30 min。取 2 mL 萃取液加入 4 mL 0.1 mol/L 乙酸缓冲溶液(pH 4.5),涡旋振荡后再加入 4 mL 乙酸缓冲溶液。1300 g 离心 5 min,上清液供固相萃取。

固相萃取柱:Clean Screen ZSTHC020,200 mg/10 mL,UCT 公司。

柱与处理:3 mL 甲醇,3 mL 水,1 mL 0.1 mol/L 盐酸。

样品过柱:上述汗迹萃取液在重力下过柱。

柱洗涤:2 mL 水,2 mL 丙酮–0.1 mol/L 盐酸(50∶50,体积比)。

柱干燥:真空干燥 5 min。

目标化合物洗脱:3 mL 二氯甲烷。

浓缩及衍生:40 ℃浓缩至干。加入 1 mL 庚烷,100 μL 0.01 mol/L 三乙胺庚烷溶液,20 μL 三氟乙酸酐(TFAA)。加盖后 80 ℃ 反应 20 min。冷却至室温后加入 0.5 mL 磷酸缓冲溶液(1.0 mol/L,pH 6.0),涡旋 20 s,1300 g 离心 5 min,将庚烷层转移至干净试管中,氮气气氛下 40 ℃浓缩至干,加入 25 μL 庚烷再溶解。

GC-MS 分析:对残渣进行分析,回收率 45.0%(SD 5.0%,THC 添加浓度 0.6 ng/采集片)。LOD 和 LOQ 分别为 0.2 ng/采集片、0.4 ng/采集片。

12.1.7　鸦片类药物的固相萃取

1. 鸦片类药物的特性

鸦片是较为古老的麻醉性镇痛药,是从草本植物罂粟中提炼出来的。鸦片含有 20 多种生物碱,以吗啡、可待因、蒂巴因等含量较高。由于服用鸦片或鸦片分离出来的生物碱会产生十分强烈的药物依赖性,其药用范围被严格地管制。吗啡在体内的代谢程度很大,只有 2%~12% 吗啡原体可以在尿液中发现,而 75% 的吗啡在尿液中呈葡萄糖苷的共轭体[25]。尿液中吗啡的另一个代谢物为去甲吗啡。全血中的吗啡较为稳定。根据 Al-Hadidi 等[26]的实验,添加至全血样品中的吗啡在 12 个月依然可以检测到 80% 的原体。

吗啡是一种两性化合物,其化学结构如图 12-13 所示。其叔氮原子呈碱性(pK_a =8.0);苯环上的羟基呈弱酸性(pK_a =9.9)。由于吗啡的这种特性,在萃取时可选用阳离子交换柱或反相非极性柱或混合型萃取柱[27-29]。

作为吗啡的衍生物,海洛因是一种药效比吗啡更加强烈的化合物,是一种被严格禁止生产、销售、服用的毒品。研究表明,海洛因在血液中会迅速地脱乙酰降解,其半衰期小于 30 min [30]。其主要代谢产物为 6-乙酰吗啡,6-乙酰吗啡进一步脱乙酰降解为吗啡。因此,在许多海洛因滥用者的尿液中无法检测到海洛因原体。而 6-乙酰吗啡在尿液中的浓度在服食海洛因后 2~4 h 达到最高,但在 6 h 后难以检出[31]。

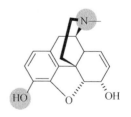

图 12-13　吗啡的化学结构图

2. 血液中吗啡的固相萃取方法[29]

样品预处理:1 mL 全血在超声波容器中振荡 15 min,然后加入 6 mL 磷酸缓冲溶液(pH 3.3,0.1 mol/L),振荡混匀后进行离心(1500 g,15 min)。取上层清液供固相萃取。

固相萃取柱:Bond Elut Certify 非极性/阳离子交换混合柱,130 mg/3 mL 或 130 mg/10 mL,瓦里安公司。

柱预处理:2 mL 甲醇,2 mL 磷酸缓冲溶液(pH 3.3)。

样品过柱:将上述经预处理的样品上清液过柱,流速 1.5 mL/min。

柱洗涤:1 mL 磷酸缓冲溶液(pH 3.3),0.5 mL 乙酸(pH 3.3,0.01 mol/L)。

柱干燥:真空干燥 4 min,加入 1 mL 甲醇,快速过柱,再真空干燥 1 min。

吗啡洗脱:2 mL 2%(体积分数)氨化甲醇,流速 0.5 mL/min。

浓缩:40 ℃氮气气氛下浓缩至 100 μL 供分析。

回收率 :> 80%。

3. 腐败生物组织中吗啡的固相萃取[32]

样品预处理:取 1 g 腐败肝组织放置于微波水解罐中,加入 10 mL 2 mol/L 盐酸溶液,密闭后进行微波水解。5 min 升温至 120 ℃,保持 15 min。水解产物中加入助滤剂后在 8000 r/min 离心 30 min。取上层清液调节 pH 为 8.7 备用。

萃取柱:Oasis HLB 非极性柱或 MCX 非极性/阳离子交换混合型柱,60 mg/mL,Waters 公司。

柱预处理:2 mL 甲醇,2 mL 去离子水,3 mL/min。

样品过柱:2 mL 上述处理过样品清液过柱,1 mL/min。

柱洗涤:2 mL 磷酸缓冲溶液(pH 9.3),2 mL 去离子水,2 mL/min。4 mL 正己烷,8 mL/min。

柱干燥:氮气吹干 3 min。

目标化合物洗脱:5 mL 氯仿/二氯甲烷(75∶25,体积比)。

浓缩:40 ℃氮气气氛下浓缩至干,加入 50 μL 乙酸乙酯将残渣再溶解。

衍生化:加入衍生化试剂 MSTFA,涡旋振荡 2 min,70 ℃加热 20 min。

分析:取 1 μL 进行 GC-NPD 或 GC-MS 分析。

表 12-13 分别列出了腐败肝组织中吗啡在 Oasis HLB 柱和 Oasis MCX 柱上的回收率。

表 12-13　腐败肝组织中吗啡的回收率($n=5$)

化合物	Oasis HLB		Oasis MCX	
	回收率/%	RSD/%	回收率/%	RSD/%
吗啡	76.0	4.71	80.8	4.02

4. 生物体液中海洛因及其代谢产物的固相萃取方法[33]

样品预处理:1 mL 样品(全血、血浆、尿液、唾液)中加入 1 mL 乙酸缓冲溶液(pH 6.0),6 mL 去离子水及 25.0 ng 内标物($[^2H_3]$-吗啡、$[^2H_3]$-6-乙酰吗啡)。涡旋振荡 10 s,20×g 离心 10 min。上层清液用 4 mL 20 μm 过滤柱过滤。过滤后的样品马上进行固相萃取。

固相萃取柱:Clean Screen 萃取柱 ZSDAU020,200 mg/10 mL,UCT 公司。

柱预处理:1 mL 乙酸乙酯-二乙胺(98:2,体积比),2×2 mL 甲醇,2×2 mL 去离子水,1~2 mL/min。

样品过柱:取经过预处理的生物液体样品过柱,1~2 mL/min。

柱洗涤:2 mL 去离子水,2 mL 乙酸缓冲溶液,4×2 mL 乙腈。

柱干燥:真空干燥 5 min。

目标化合物洗脱:4×1 mL 乙酸乙酯-二乙胺(98:2,体积比),1~2 mL/min。

浓缩:将上述洗脱收集液体分为两份(每份 2 mL),50 ℃在氮气气氛下浓缩。其中一份加入 25 μL 乙腈。另一份加入 MBTFA(40 μL),在 60 ℃进行 30 min 的衍生化反应。未进行衍生化处理的样品用于检测海洛因,经衍生化处理的样品用于分析 6-乙酰吗啡及吗啡的三氟乙酰衍生物。

分析:GC-MS。

表 12-14 是生物体液中海洛因及其代谢产物 6-乙酰吗啡、吗啡的固相萃取回收率。

表 12-14　海洛因、6-乙酰吗啡、吗啡的回收率($n=10$)

化合物	回收率/%	SD/(μg/L)	CV/%
海洛因	99.3	0.63	4.2
6-乙酰吗啡	98.0	0.53	3.7
吗啡	98.0	0.16	1.1

5. 海洛因滥用者尿液的固相萃取方法[34]

样品预处理:将冷冻尿液样品融化后取 1 mL,加入 1.92 mL 硼酸缓冲溶液(pH 9)及 40 μL 内标溶液,涡旋振荡后取 3 mL 进行萃取。

固相萃取柱:Chromabond C_{18}(EC)非极性柱,200 mg/3 mL,Macherey-Nagel 公司。

柱预处理:2 mL 甲醇,2 mL 双蒸水,2 mL 硼酸缓冲溶液(pH 9)。

样品过柱:取上述经处理的尿液过柱。

柱洗涤:2 mL 硼酸缓冲溶液。

目标化合物洗脱:0.7 mL 甲醇,0.7 mL 甲醇-乙酸(9:1,体积比)。

浓缩:将洗脱馏分浓缩至干,加入 100 μL HPLC 流动相液体(水-乙腈,98:2,体积比,5 mmol/L 乙酸铵)再溶解。

分析:LC-MS/MS。

尿液中海洛因及其代谢产物的回收率列于表 12-15 中。可以看到,海洛因在体内容易代谢,尿液中甚至无法检出海洛因原体。

表 12-15　尿液中海洛因代谢产物的回收率

化合物	绝对回收率(低浓度)/%	绝对回收率(高浓度)/%	LOD/(ng/mL)	LOQ/(ng/mL)
乙酰可待因	52.3	55.1	0.35	1.2
可待因	91.0	92.4	1.74	5.5
可待因-6-葡萄糖苷酸	96.5	80.1	3.04	10
6-乙酰吗啡	59.4	59.4	2.83	9.8
吗啡	98.3	97.4	3.4	12.4
吗啡-3-葡萄糖苷酸	39.7	45.5	5	17.8
吗啡-6-葡萄糖苷酸	46.8	52.8	7.4	26.1
那可汀	84.6	70.1	0.48	1.6
罂粟碱	59.8	50.3	0.1	0.3

6. 毛发中海洛因代谢产物的自动固相萃取方法

在毒物分析中,毛发作为检材具有体液及组织无法比拟的优点:毛发易于较长时间的保存,通常保存几个月的毛发依然可以提供滥用药物的信息。Girod 等[35]通过检测毛发中的海洛因代谢产物吗啡、6-乙酰吗啡、可待因、乙酰可待因,发现除了6-乙酰吗啡之外,乙酰可待因也可用来证明可疑吸毒者是否服用毒品海洛因。

样品预处理:采集嫌疑人毛发,用5 mL 二氯甲烷、5 mL 水、5 mL 甲醇洗涤毛发表面,以除去毛发表面的干扰物。然后在60 ℃干燥数分钟。用球磨机以4200 r/min 研磨5 min。50 mg 研磨样品放入玻璃试管,加入1 mL 0.1 mol/L 盐酸,60 ℃水解12 h。然后加入1 mL 0.1 mol/L 氢氧化钠将酸性溶液调节至中性,并加入1 mL 0.1 mol/L 磷酸缓冲溶液(pH 7.0)。4000 r/min 离心5 min,取上层清液进行固相萃取。

固相萃取仪:ASPEC 自动固相萃取仪,吉尔森公司。

固相萃取柱:Isolute HCX 阳离子交换柱,IST 公司。

柱预处理:2 mL 甲醇,2 mL 水。

样品过柱:取上述上层清液过柱。

柱洗涤:2 mL 水。

柱干燥:空气除去水分。

目标化合物洗脱:2 mL 二氯甲烷–异丙醇–氢氧化铵。

加色谱内标:加入50 μL 伪吗啡(20 μL/mL)。

衍生化:洗脱物中加入100 μL 吡啶、100 μL 丙酸酐,60 ℃加热30 min。

浓缩:氮气气氛下浓缩至干,50 μL 乙酸乙酯再溶解,取 2 μL 进行 GC-MS 分析。

GC-MS 分析:DB-5MS 毛细色谱柱,15 m×0.25 mm,0.25 μm,程序升温,170 ℃ 1 min,至 240 ℃,20 ℃/min,至 256 ℃,2 ℃/min,至 270 ℃,10 ℃/min,保持 0.6 min。进样口 270 ℃,无分流,接口 280 ℃。MS 采用 SIM 模式,m/z 355 及 282 (可待因)、m/z 383 及 327(6-乙酰吗啡)、m/z 397 及 341(吗啡)、m/z 423 及 367 (伪吗啡)。

12.1.8　麦角酸二乙基酰胺的固相萃取

1. 麦角酸二乙基酰胺的特性

1938 年瑞士化学家艾伯特·霍夫曼利用麦角中所含的麦角胺、麦角新碱,首次合成了麦角酸二乙基酰胺(lysergids,LSD)。LSD 是一种无色无臭无味的液体,属于半合成的生物碱类物质。其分子式为 $C_{20}H_{25}N_3O$,分子量为 323.44,$pK_a=7.8$,化学结构如图 12-14 所示。其酒石酸盐溶于水。LSD 是已知药力最强的迷幻剂,极易为人体所吸收。吸毒者服用该药 30~60 min 后就出现心跳加速,血压升高,瞳孔放大等反应,2~3 h 产生幻视、幻听等,对周围的声音、颜色、气味及其他事物的敏感性畸形增大,对事物的判断力和对自己的控制力下降或消失。此时,在生理上常伴有眩晕、头痛及恶心呕吐等症状。LSD 主要在肝脏内代谢,通过肠道排出体外。

2. 尿液中 LSD 的固相萃取[36]

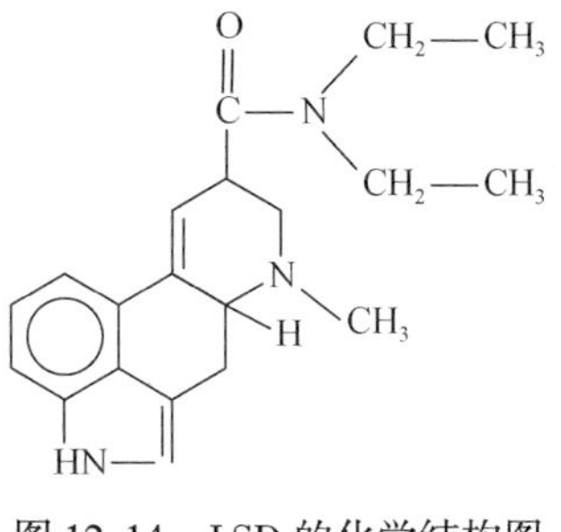

样品处理:5 mL 尿液加入内标(D^3-LSD)及2 mL 100 mmol/L 磷酸缓冲溶液,pH 6.0,混合均匀。用 100 mmol/L 磷酸二氢钠或磷酸氢钠调节样品的 pH 为6.0±0.5。

固相萃取柱 :Clean Screen 萃取柱 ZSDAU020, 200 mg/10 mL,UCT 公司。

柱预处理:3 mL 甲醇,1 mL 去离子水,1 mL 100 mmol/L磷酸缓冲溶液,pH 6.0。

图 12-14　LSD 的化学结构图

样品过柱:样品过柱流速 1 mL/min。

柱洗涤:3 mL 去离子水,1 mL 100 mmol/L 乙酸,3 mL 甲醇。

柱干燥:真空干燥 5 min,≥24.5 cmHg。

目标化合物洗脱:1~3 mL 二氯甲烷–异丙醇–氢氧化铵(78:20:2,体积比),流速 1~2 mL/min。

注意洗脱溶液要每天配制。加入异丙醇–氢氧化铵混合后,加入二氯甲烷,pH

11.0 ~ 12.0。

浓缩干燥:收集的洗脱溶液在 ≤40 ℃浓缩至干。

衍生化:于浓缩的残渣中加入 20 μL 乙酸乙酯及 20 μL BSTFA [含 1%(体积分数)TMCS]。用氮气充满试管并加盖密封,混合,振荡。在 70 ℃反应 20 min 后,将试管冷却至室温(注意不要浓缩 BSTFA 溶液)。

定量分析:GC-MS 分析,进样量 1 ~ 3 μL。

检测离子: LSD 395,293,286 (395 为定量离子)。

D3-LSD:98,296,271(398 为定量离子)。

12.1.9　苯环己哌啶的固相萃取

1. 苯环己哌啶的特性

苯环己哌啶(phencyclidine,PCP)是 20 世纪 50 年代开发的一种静脉麻醉剂。其从 1965 年开始就停止使用,因为用药者会出现激动、错觉、失去理性的现象[37]。作为一种滥用药物,非法合成的 PCP 具有与 LSD 相似的作用,而且比 LSD 更加危险。滥用 PCP 可能导致对人体肌肉、肾脏、大脑的损害,有人使用后会导致死亡。这种被称为"天使粉"的致幻剂经常与大麻混合后被滥用,因此被联合国及多国政府严格管制,在我国也严禁生产及使用 PCP。

PCP 分子式为 $C_{17}H_{25}N$(分子量为 243.39),其化学结构见图 12-15。PCP 纯品为白色粉末,溶于水,属于弱碱性化合物,$pK_a = 8.6 ~ 9.4$[38]。PCP 可以通过口服、鼻吸或皮肤吸收。PCP 具有很高的脂溶性,在服用者的大脑及脂肪组织中可以检测到较高的浓度。体内的 PCP 有 65%~78% 是与蛋白质结合的。PCP 是通过肝脏的羟基化作用进行代谢的。其代谢产物通过肾脏排出。大约有 9% 的 PCP 母体通过尿液排出。PCP 及其代谢物在尿液中的平均稳定期约为两个星期,最长可保持一个月。

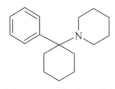

图 12-15　苯环己哌啶的化学结构

由于 PCP 是弱碱性药物,通常可以用强阳离子交换柱或混合型 SPE 柱进行萃取。如果样品基质中同时含有非极性和阳离子干扰物,可以采用非极性/阳离子交换混合型 SPE 柱分别将样品中的非极性和阳离子干扰物除去。在不损失 PCP 的同时,有效地除去非极性和阳离子干扰物的关键在于调节样品基质和固相萃取环境的 pH,有关具体原理,请参阅 4.4 节。如果样品基质中主要干扰物是阳离子型的,可以通过调节样品基质的 pH,使 PCP 呈中性,然后用非极性的 SPE 柱进行萃取。

2. 尿液中 PCP 的固相萃取方法[39]

固相萃取柱:Oasis MCX 非极性/阳离子交换混合型萃取板,30 mg/96 孔,

Waters 公司。

样品过柱:1 mL 尿液用酸性溶液稀释至 4 mL。

柱洗涤:1 mL 0.1mol/L 盐酸,1 mL 甲醇。

目标化合物洗脱:1 mL 5%(体积分数)氢氧化铵–甲醇溶液。

HPLC 分析:C_{18} 柱。

色谱柱:SymmetryShield RP18,3.9 m×20 mm,5 μm。

流动相:30%(体积分数)乙腈,70%(体积分数)50 mmol/L 磷酸缓冲溶液,pH 7,1 mL/min。

温度:30 ℃。

检测器:UV,210 nm(0.01 AUFS)。

回收率:101.2%(0.3 μg/mL);100.2%(1.5 μg/mL)。

尿液中 PCP 的 HPLC 谱图如图 12-16 所示。

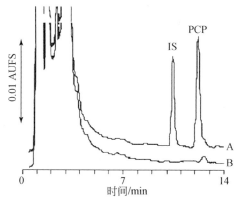

图 12-16 尿液中 PCP 的 HPLC 谱图

A. 空白样品;B. 添加 PCP 及内标物的尿液样品萃取物

12.1.10 GHB 的固相萃取

1. GHB 的特性

GHB(γ-羟基丁酸,γ-hydroxybutyrate,4-hydroxybutanoic acid)分子式为 $C_4H_8O_3$(分子量为 104.11),是一种合成药物,也是一种存在于人体中枢神经系统、肝脏、肾脏、毛发、骨头中的天然化合物。其化学结构式见图 12-17。

作为药物使用时,GHB 通常是以盐的形式存在,如 Na-GHB 或 K-GHB。其钠盐的商业名为 sodium oxybate。GHB 是一种作用力很强的中枢神经系统镇静剂,经常被滥用,也作为迷幻剂来滥用。被滥用的 GHB 类化合

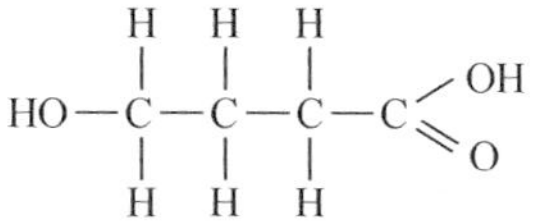

图 12-17 GHB 的化学结构

物包括 GBL、1,4-BD、GHV、GVL(表 12-16)。GBL 和 1,4-BD 服用后会代谢为
GHB。GHV 具有与 GHB 相近的生理作用,而 GVL 的代谢产物为 GHV[40]。

表 12-16　GHB 同类化合物化学名称及代谢产物

化合物	化学名称	pK_a	原始化合物	代谢产物
GBL	γ-丁内酯	15.1,4.6	GHB	GHB
1,4-BD	1,4-丁二醇	15.5,4.7	GBL	GHB
GHV	γ-羟基戊酸酯	—	—	—
GVL	γ-内酯酸	—	GHV	GHV

2. 血液、脑组织、头发中 GHB 的固相萃取[41]

样品的预处理如下。

血液:200 μL 动脉血中加入 200 μL 内标物(GHB-d_6,10 μg/mL,甲醇溶液),
1 mL丙酮混合均匀,待固相萃取。

脑组织:100 mg 脑组织放在试管中加入 200 μL 内标物(GHB-d_6,10 μg/mL,甲
醇溶液),1 mL 100 mmol/L 磷酸缓冲溶液(pH 6)。然后将样品匀浆,取 100 μL 匀
浆后的液体供固相萃取操作。

头发:脱发样品从发根毛囊处剪断,收集毛囊部分。剩余的毛发由发根向上剪
断为长度 0.5 in(1 in=2.54 cm)的小段。分别用 5 mL 1%(体积分数)十二烷基磺
酸钠、5×5 mL 去离子水洗涤。将样品干燥。取 10 mg 样品于试管中,加入 100 μL
内标物(GHB-d_6,10 μg/mL,甲醇溶液)、100 μL 100 mmol/L 磷酸缓冲溶液(pH
6)、100 μL 0.1 mol/L KOH。将样品试管放在 40 ℃ 水浴中 2 h。然后加入 100 μL
100 mmol/L磷酸缓冲溶液(pH 6),混合均匀,供固相萃取。

固相萃取柱:ZSGHB020,200 mg,UCT 公司。

柱预处理:3 mL 甲醇、3 mL 去离子水、0.5 mL 100 mmol/L 磷酸缓冲溶液(pH 6)。

样品过柱:将上述要处理的样品溶液过柱,收集过柱馏分。

目标化合物洗脱:1 mL 甲醇-NH₄OH(99∶1,体积比),收集过柱馏分。

浓缩:60 ℃ 氮气气氛下浓缩至干。

净化:上述残渣中加入 200 μL 二甲基甲酰胺、1 mL 正己烷(经二甲基甲酰胺
饱和),混合 5 min。1500 g 离心 5 min。将底层的二甲基甲酰胺转移到干净试管
中,50 ℃ 氮气气氛下浓缩至干。

衍生化:于上述残渣中加入 50 μL 乙酸乙酯、100 μL BSTFA [含 1%(体积分
数) TMCS],混合(无须加热)。血液样品加入 300 μL 乙酸乙酯、100 μL BSTFA
[含 1%(体积分数)TMCS],混合。

定量分析:GC-MS 分析。

检测质谱峰:GHB-diTMS,233,234,235。GHB-d$_6$-diTMS,239,240,241。

回收率范围:41%~86%。

3. 动物组织中 GHB 及其代谢物的自动固相萃取[42]

样品处理:所有样品都放置在含有氟化钠(10 mg/mL)的冷冻试管中,浸入液氮 60 s,然后在-75 ℃下保存至分析。在这种温度下 GHB 可以稳定保存几个月。在分析前将样品取出,解冻,并粉碎。加入 10 μL 内标溶液(GHB-d$_6$,100 μg/mL),含 2%(体积分数)十二烷基磺酸钠的 0.1 mol/L 磷酸二氢钾缓冲溶液(pH 2)。匀浆后在 11000 r/min 离心 10 min,取上层清液供萃取用。

固相萃取柱:Oasis MCX 非极性/离子交换混合型柱,60 mg/3 mL,Waters 公司。

固相萃取仪:ASPEC XLi,吉尔森公司。

柱预处理:2 mL 甲醇,2 mL 水。

样品过柱:取上述离心上层清液 1 mL 过柱。

酸性洗脱:2 mL 甲醇-甲酸的乙腈溶液(10∶90,体积比)洗脱弱酸性 GHB 和 1,4-BD。

柱洗涤:2 mL 水,2 mL 水-甲醇-2%氢氧化铵(94.5∶5∶0.5,体积比)。

碱性洗脱:2 mL 甲醇-2%(体积分数)氢氧化铵(95∶5,体积比)洗脱弱碱性 GABA、6-ACA。

浓缩:将酸性及碱性洗脱馏分合并,室温及氮气气氛下挥干。

衍生化:于挥干残留中加入含有衍生化试剂 MTBSTFA 的乙腈溶液(1∶3,体积比),80 ℃衍生反应 30 min。

GC-MS 分析:HP6890 GC - HP5973 MS(安捷伦)。进样口及检测器输送管温度分别为 180 ℃和 280 ℃。无分流进样,氦气流速 1 mL/min。毛细色谱柱为 HP-5MS[30 m×0.25 mm(i.d.)× 0.25 μm,J&W]。程序升温:70 ℃保持 1 min,然后以 9.5 ℃/min 升温至 280 ℃,采用选择离子监测(SIM)。

表 12-17 给出了 GHB 类化合物的气相色谱保留时间和质谱分析定性、定量参数。这些化合物的 GC-MS 分析总离子色谱图见图 12-18。

表 12-17　目标化合物的质谱参数

化合物	保留时间/min	定量离子(m/z)	确认离子(m/z)
1,4-BD	11.67	261	219,189
GHB	12.63	275	201,185
GHB-d$_6$	12.58	281	323
GABA	13.61	274	258,216,200
6-ACA	15.79	302	303,304

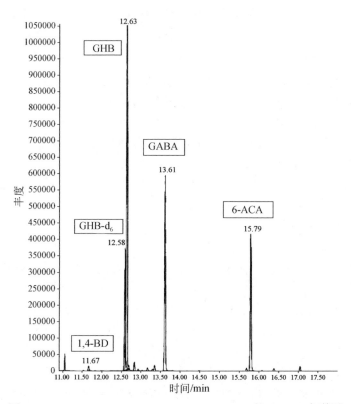

图 12-18　　GHB、GHB-d$_6$、1,4-BD、GABA、6-ACA 的 GC-MS 色谱图

12.1.11　氯胺酮的固相萃取

1. 氯胺酮的特性

氯胺酮(ketamine)是一种游离的麻醉剂,于 1963 年引入,用于取代 PCP。目前这种药物用于人类麻醉剂及作为兽药使用。氯胺酮分子式为 $C_{13}H_{16}ClNO$,分子量为 237.73,pK_a=7.5,其化学结构与 PCP 相近。氯胺酮为白色结晶性粉末,无臭。其盐酸盐易溶于水(20 g/100 mL),溶于热乙醇,不溶于乙醚和苯。作为非巴比妥类静脉麻醉药,氯胺酮有优良的镇痛效能,药效与 PCP 相似,同时具有 LSD 的视觉效果。静脉或肌肉注射氯胺酮后很快出现意识模糊,如入梦境,呈浅睡眠状态,临床表现为浅全麻。氯胺酮由于这些药理特性,近年来被滥用,其俗名为 K 粉或 K 他命等。根据 Wieber 等的报告[43],氯胺酮在体内的半衰期为(3.37±0.14)h,90%通过肾脏排泄,服用后 22 h 就无法检测到。其主要代谢产物为去甲氯胺酮(norketamine,pK_a=6.7)及去氢去甲氯胺酮(dehydronorketamine)。去甲氯胺酮的半衰期为(4.21±0.35)h,22 h 后无法检测到。去氢去甲氯胺酮的半衰期为(7.21±

1.39)h,60 h 后无法检测到。由于去氢去甲氯胺酮的半衰期最长,根据 Moore 等[44]对 33 例服用氯胺酮人员尿液的检测结果,去氢去甲氯胺酮的浓度在三者中最高,可以尿液中的去氢去甲氯胺酮作为是否服用 K 粉的鉴定依据。

氯胺酮类药物的化学结构如图 12-19 所示。

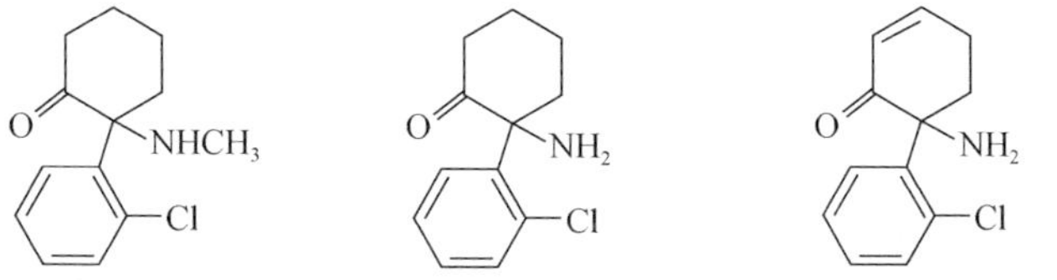

氯胺酮　　　　　　　去甲氯胺酮　　　　　　去氢去甲氯胺酮

图 12-19　氯胺酮类药物的化学结构

2. 尿液中氯胺酮及其代谢产物的固相萃取方法[45]

样品预处理:取尿液 5 mL 加入控制标样,然后在 3000 r/min 离心 10 min。将 5 mL上清液转移至试管中并加入 50 μL 0.1 mg/mL SKF 525-A(内标物)。

固相萃取柱:Clean Screen C_8 非极性柱,ZSDAU020,UCT 公司。

柱预处理:3 mL 甲醇,3 mL 去离子水,2 mL 0.1 mol/L 磷酸缓冲溶液(pH 6)。

样品过柱:将上述尿液过柱,1~2 mL/min。

柱洗涤:3 mL 去离子水,2 mL 乙腈-水(20∶80,体积比),1 mL 0.1 mol/L 乙酸。

柱干燥:真空干燥 > 10 mmHg,3 min。

柱洗涤:2 mL 环己烷,3 mL 环己烷-乙酸乙酯(1∶1,体积比),3 mL 甲醇。

柱干燥:真空干燥 > 10 mmHg,3 min。

目标化合物洗脱:2 mL 二氯甲烷-异丙醇-氢氧化铵(78∶20∶2,体积比)。

浓缩:收集的馏分在温和的氮气气氛下浓缩至干。残渣用 50 μL 甲醇再溶解后供分析。

GC-MS 分析:色谱柱为 DB-5,25 m×0.17 mm(i.d.)×0.32 μm 毛细管柱;柱温为70 ℃,保持 1 min,20 ℃/min 升温至 240 ℃,保持 2 min;接口温度为 290 ℃;进样口温度为 275 ℃;载气为氦气,34.5 kPa;质谱扫描范围 m/z 为 40~500。

12.2　固相萃取技术在毒鼠药分析中的应用

12.2.1　毒鼠药的特性

在日常生活中因使用不当或恶意投毒而导致服用毒鼠药中毒的事件时有发生。据报道,近年来,中国每年约有 10 万人发生急性中毒,其中急性鼠药中毒有5 万~7 万人。

因此,对毒鼠药的检验在临床抢救及司法鉴定中都有十分重要的意义。

　　由于国家禁止使用氟乙酰胺、毒鼠强等剧毒性毒鼠药,目前市面上较为流行的是杀鼠灵、杀鼠醚、溴敌隆、大隆等香豆素类慢性高毒抗凝血广谱性毒鼠药。该类药物主要是拮抗维生素 K1 的活性,阻碍凝血酶原的合成,损害微血管,降低血液凝固能力,导致内出血而死亡。表 12-18 列出了主要香豆素类毒鼠药的理化性质。

表 12-18　几种主要香豆素类毒鼠药的理化性质

化合物及其结构	分子式	分子量	溶解度	pK_a	lgK_{ow}	毒性 LD_{50}（大鼠急性口服）
杀鼠灵（warfarin）	$C_{19}H_{16}O_4$	308.32	水:17 mg/L 微溶于苯、乙醚、环己烷 溶于甲醇、乙醇、异丙醇 丙酮:65 g/L 氯仿:56 g/L 钠盐溶于水,不溶于有机溶剂	5.05	3.2	3 mg/kg
杀鼠醚（coumatetralyl）	$C_{19}H_{16}O_3$	292.33	不溶于水,微溶至难溶于苯、乙醚 可溶于丙酮、乙醇	4.5～5.0	3.46	5～25 mg/kg
溴敌隆（bromadiolone）	$C_{30}H_{23}O_4Br$	527.43	溶于丙酮 乙醇:8.2 mg/L 二甲基亚砜:730 mg/L 乙酸乙酯25 mg/L 微溶于乙醚、正己烷 水:19 mg/L	4.04	4.7	1.75 mg/kg
大隆（brodifacoum）	$C_{31}H_{23}O_3Br$	523.40	水:0.24 mg/L（pH 7.4） 丙酮:20 mg/L 氯仿:3 mg/L 苯:<6 mg/L	弱酸性	8.5	0.72 mg/kg

12.2.2　毒鼠药的固相萃取

由于这四种毒鼠药都属于非极性化合物,因此可以选用非极性萃取柱进行萃取分离。从这些化合物的结构可以看到它们的共同特点是含有羟基,属于弱酸性化合物。因此,在采用疏水性的非极性固相萃取材料进行萃取时,应该在酸性条件下进行,以使这些化合物呈中性状态。

1. 香豆素类毒鼠药的固相萃取方法[46]

样品预处理如下。

全血:1 mL 血样,加入 7 mL 盐酸溶液(pH 5~6)混合均匀。

肝脏组织:将肝脏组织匀浆,取 1 g 加入 8 mL 盐酸溶液(pH 5~6),混合均匀,浸泡 2 h,振荡 5 min,离心后上清液经滤纸过滤后供固相萃取。

固相萃取柱:GDX-403,河北省津杨滤材厂。

柱预处理:5 mL 甲醇,5 mL 水。

样品过柱:将上述处理好的样品过柱,1~2 mL/min。

柱洗涤:5 mL 水。

柱干燥:真空 30 min。

目标化合物洗脱:6 mL 乙酸乙酯,1~2 mL/min。

离心分离:对洗脱馏分进行离心,如果下层有水,用吸管移除。

浓缩:60 ℃氮气气氛下浓缩至干,加入 100 μL 乙醇溶解残渣,供 HPLC 分析。

HPLC 分析:色谱柱 Hypersil ODS C_{18} 柱(4.6 mm×60 mm,3 μm);流动相为甲醇,6.6%(体积分数)冰醋酸缓冲溶液;洗脱梯度为开始 60%(体积分数)甲醇,保持 2 min,4 min 甲醇达到 90%(体积分数),流速 1.2 mL/min;UV 检测波长 270 nm,柱温 40 ℃,进样量 5 μL。

表 12-19 为血液及肝脏中添加香豆素类毒鼠药的固相萃取回收率。很明显,由于肝脏样品较为复杂,回收率比血液样品要低很多。

表 12-19　香豆素类毒鼠药固相萃取回收率

化合物	血液样品(n=6)		肝脏样品(n=6)	
	回收率/%	RSD/%	回收率/%	RSD/%
杀鼠灵	72.3	4.1	37.5	5.4
杀鼠醚	90.0	5.5	67.7	12.3
溴敌隆	88.5	7.8	58.2	5.5
大隆	62.6	5.1	55.8	5.7
香豆素	66.3	3.8	50.3	11.4

2. 胃组织溴敌隆的全自动固相萃取方法[47]

样品预处理:胃组织 10 g,甲醇 10 mL,水 5 mL 放入塑料袋中并密封,放入拍打机中拍打 30 min。将拍打后的样品转移至离心试管中,加入 2 mL 磷酸缓冲溶液(pH 3 ~ 4),涡旋振荡 2 min,超声波振荡 5 min,然后高速离心 10 min,上清液供固相萃取用。

固相萃取仪:ASPEC XL,吉尔森公司。

固相萃取柱:Speekdisk 苯基柱,50 mg/3 mL,J. T. Baker 公司。

柱预处理:2 mL 甲醇、2 mL 蒸馏水、2 mL 磷酸缓冲溶液(pH 3 ~ 4)。

样品过柱:3 mL 经处理的样品过柱,0.5 mL/min。

柱洗涤:2 mL 磷酸缓冲溶液、2 mL 蒸馏水,1 mL/min。

柱干燥:10 mL 空气。

目标化合物洗脱:1 mL 甲醇,用甲醇定容到 5 mL 供 HPLC 检验。

12.3　固相萃取技术在多种药物及毒物筛查分析中的应用

12.3.1　毒物筛查分析样品前处理

毒物筛查分析(drug screening)又称为系统毒物分析(systematical toxicological analysis),是一种对未知样品进行系统分析的方法,主要针对各种中毒案件中的未知样品分析。例如,在一个非正常死亡案件中,司法人员必须鉴定死者是否服用过有毒物质,是什么有毒物质,含量是多少。这种鉴定犹如大海捞针,工作量很大。首先,必须对样品进行萃取,然后是对萃取物进行检验分析,进而排除或确认是否中毒。经典的萃取方法是采用斯-奥氏法,先进行酸性萃取,再进行碱性萃取。这种萃取方法操作烦琐、费时,而且回收率低。

与液—液萃取相比,固相萃取有许多优势。因此这一技术也被用于系统毒物分析中的样品前处理。Lillsund 等[48]曾经尝试用单一萃取模式的 SPE 柱(ChemElut)萃取 300 种不同性质的药物,回收率为 10% ~ 90%。Leferink 等报道了采用两根不同萃取机理的 SPE 柱,C_{18} 和 NH_2 进行多种药物萃取的方法[49]。由于将目标化合物从基质中分离出来主要是通过 C_{18} 柱来实现,NH_2 柱用于对 C_{18} 柱的吸附化合物分类。因此,该方法的萃取还是通过单一萃取机理来完成,难以应付不同性质的药物的萃取分离。

混合型 SPE 柱的面世,为系统毒物分析提供了一个很好的样品前处理工具。由于混合型 SPE 柱的填料具有两种或两种以上的不同的萃取官能团,因此较为适用于不同性质药物的萃取分离。关于混合型 SPE 柱的萃取机理可以参考 4.4 节,目前生产混合型固相萃取柱的厂商主要包括:瓦里安(Bond Elut Certify),J. T.

Baker(narco、narco-2)，UTC(Clean Screen DAU)，Argonaut(ISOLUTE HCX)，Waters
(Oasis MCX，MAX)等。

在系统毒物分析中，对于未知生物样品，可以应用混合型 SPE 柱的多种官能团
对酸性、中性、碱性药物进行一次性萃取，并用不同的溶剂分别进行洗脱。虽然商
品化的混合型 SPE 柱所含有的官能团有多种，但在系统毒物分析中常用的主要是
非极性/阳离子交换混合柱，如 C_8/苯磺酸基阳离子交换柱。其中 C_8 主要用于保留
酸性及中性药物，苯磺酸基用于保留碱性药物。本书作者及同事曾经对混合型固
相萃取柱在系统毒物分析中的应用做过详细的研究，样品包括血浆、全血、尿液及
肝脏。

由于体内药物或代谢物往往与体内蛋白质结合在一起，在固相萃取之前，必须
将这些药物及其代谢物释放处理。对于血浆、血清或全血，通常可以通过添加缓冲
溶液、超声波振荡等手段将其释放到溶液中，也可以采用蛋白沉淀法除去蛋白质。
对于体内组织中的样品，通常需要匀浆后再进行处理，最常用的是酸碱水解法、酶
水解法、蛋白沉淀法等。有关生物样品固相萃取前的预处理请参阅第 6 章。

12.3.2　毒物筛查分析中的固相萃取方法

1. 血浆、全血中多种药物的全自动固相萃取方法[50,51]

样品前处理如下。

血浆：1.2 mL 血浆用 3 倍的 0.1 mol/L 磷酸缓冲溶液(pH6.0)稀释，混合均匀
后涡旋振荡 30 s。

全血：1.2 mL 全血超声波振荡 15 min，然后用 3 倍的 0.1 mol/L 磷酸缓冲溶液
(pH 6.0)稀释，混合均匀后涡旋振荡 30 s。5000 g 离心 10 min，上层清液供固相
萃取。

固相萃取仪：ASPEC，吉尔森公司。

萃取柱：Bond Elut Certify 非极性/阳离子交换混合柱，130 mg/3 mL，Varian
公司。

柱预处理：2 mL 甲醇，2 mL 水，1.5 mL/min。

样品过柱：4 mL 处理好的样品过柱，1.5 mL/min，2 mL 空气。

柱洗涤：1 mL 水，9 mL 空气。

pH 调节：0.5 mL 0.01 mol/L 乙酸，pH 3.3。

柱干燥：4 mL 空气，80 μL 甲醇，9 mL 空气。

目标化合物洗脱(1)：3.5 mL 丙酮-氯仿(1：1，体积比)，1 mL/min，1 mL 空
气(洗脱酸性及中性药物)。

目标化合物洗脱(2)：2 mL 2%(体积分数)氨水-甲醇，0.33 mL/min，1 mL

空气(洗脱碱性药物)。

浓缩及分析:氮气气氛,40 ℃浓缩至约 100 μL,取 2 μL 进行 GC 分析。

在此方法中,采用了非极性和阳离子交换混合型 SPE 柱,目的是用一个萃取方法将样品中可能存在的酸性、中性和碱性药物一次性萃取出来。全血样品中 19 种药物的回收率列于表 12-20。从此表的结果可以看到 pH 对化合物固相萃取的影响。根据目标化合物的 pK_a 和萃取环境的 pH,当样品通过 SPE 柱时,不同的目标化合物分别以非极性作用力和阳离子交换作用力保留在 SPE 柱上,在洗脱时,酸性化合物、中性化合物和 pK_a 偏低的弱碱性化合物(如劳拉西泮 pK_a=2.39、去甲羟基安定 pK_a=2.24 等)被丙酮-氯仿混合溶剂洗脱出来。而碱性化合物则被碱性甲醇洗脱出来。由此可见,pH 在固相萃取中起到十分重要的作用。在实际操作中,必须根据萃取机理和化合物的 pK_a 确定萃取过程中的 pH。

表 12-20　全血中 19 种药物的回收率($n=3$)

化合物	回收率/%		RSD/%
	馏分 A	馏分 B	
阿米替林	ND	85.5	2.96
异戊巴比妥	98.8	ND	1.91
异丙基甲丁双脲	102.9	ND	2.29
可达因	ND	96.8	2.08
可待因	ND	90.8	1.53
地匹哌酮	ND	85.5	3.62
环己巴比妥	84.4	ND	3.97
凯他唑仑	86.7	ND	2.63
烯丙左吗喃	ND	82.8	2.40
劳拉西泮	82.7	ND	2.64
甲哌卡因	ND	82.7	2.57
眠尔通	86.4	ND	1.25
美沙酮	ND	82.7	2.57
甲巴比妥	88.0	ND	1.61
米安舍林	ND	85.4	3.41
去甲羟基安定	99.4	ND	4.63
戊巴比妥	82.0	ND	3.52
普马嗪	ND	96.6	2.30
丙咪嗪	ND	88.6	0.79

注:ND 表示未检出。

2. 血清、尿液中 300 种药物的固相萃取方法[52]

Lai 等在上述方法的基础上,建立了对血清、尿液中包括兴奋剂、麻醉剂、镇静剂、抗忧郁剂、安定类、抗组织胺、心血管药物、止痛剂在内的 300 种药物及其代谢物的固相萃取,HPLC-DAD 毒物药物筛选方法。

样品预处理:3 mL 尿液或血清中加入 3 mL 0.4 mol/L 磷酸缓冲溶液(pH 6.0),涡旋振荡 1 min。

固相萃取柱:Bond Elut Certify 非极性/阳离子交换混合柱,130 mg/3 mL,Varian 公司。

柱预处理:3 mL 甲醇,3 mL 0.2 mol/L 磷酸缓冲溶液(pH 6.0)。

样品过柱:将上述处理好的样品过柱,1 mL/min。

柱洗涤:3 mL 0.2 mol/L 磷酸缓冲溶液(pH 6.0),含 5%(体积比)甲醇。

柱干燥:空气通过萃取柱 10 s。

目标化合物洗脱:750 μL 氨化甲醇溶液 [甲醇+10%(体积分数)氨水 (5∶1,体积比)],0.5 mL/min。

样品浓缩:在收集的洗脱馏分中加入几滴 1 mol/L 盐酸(防止挥发性药物损失),氮气气氛下浓缩至干。残渣用 150 μL HPLC 流动相 B 再溶解,供 HPLC 分析用。

HPLC 分析:色谱柱 Hypersil C_{18},150 mm×4.6 mm,5 μm,柱温 45 ℃。流动相 A 为 pH 3.0 50 mmol/L 磷酸缓冲溶液(含 50 mL/L 乙腈);流动相 B 为 pH 3.0 磷酸缓冲溶液(含 500 mL/L 乙腈),磷酸缓冲溶液中含 375 mg/L 辛基硫酸钠及 3 mL/L 三乙胺。线形梯度洗脱为开始 15%(体积分数)B,20 min 内升至 90%(体积分数)B,保持 5 min 后在 3 min 内降至 15%(体积分数)B。检测器为 DAD 210 nm。

表 12-21 列出了固相萃取-HPLC 分析对 300 种药物及其代谢产物、基质干扰物的检测结果。

表 12-21　检测的药物及其代谢物和基质干扰物

化合物	类型[a]	化合物	类型	化合物	类型
右美沙芬	P	对乙酰氨基酚 M4	C	多虑平 M6	M
茶碱	P	可待因 M1 *[b]	M	苯巴比妥 M1	M
对乙酰氨基酚	P	雷尼替丁	P	水杨酸	P
吗啡	P	二氢可待因	P	萘羟心安	P
咖啡因 M2	M	去甲麻黄碱 M8	C	愈创甘油醚	P
可待因 M2	M	去甲麻黄碱	P	苯甲酰牙子碱	P
血清基质 1	I	N-乙酰布鲁卡因	P	羟吗啡酮	P

化合物	类型[a]	化合物	类型	化合物	类型
磺胺甲噁唑 M2	M	耐勒克松	P	可乐定	P
咖啡因 M1 *	M	可待因	P	美托洛尔 M2 *	M
肼苯哒嗪	P	氯氮平 M5	M	度硫平 M3	C
咖啡因	P	奎尼丁 M3	M	苯丙胺 M2	M
西咪替丁	P	巴比妥	P	甲基麻黄碱	P
普鲁卡因胺	P	舒必利 M1	M	利多卡因 M2	P
甲氧苄氨嘧啶 M1	M	心得安 M3	M	磺胺甲噁唑	P
福尔可定	P	扑米酮	P	奎尼丁 M2	M
舒必利	P	麻黄素	P	异丙嗪 M8	M
甲氧氯普 M2	M	伪麻黄碱	P	萘普生 M7	M
阿替洛尔	P	氯氮平 M4	C	甲氧氯普胺 M1 *	C
多虑平 M5	G	异丙嗪 M7	M	卡马西平 M5 *	C
尼可刹米	P	氧氟沙星 M1	M	磺胺甲噁唑 M1	C
肾上腺素	P	阿米替林 M8	M	异丙嗪 M6	M
氧氟沙星	P	尿液基质 M1	I	苯丙胺 M1	M
氧可酮	P	甲灭酸 M7	M	苯巴比妥	P
维拉帕 M4	C	巴比妥	P	卡马西平 M4	C
阿普唑仑 M2	G	甲灭酸 M6	M	卡马西平 M3	M
氯霉素	M	异丙嗪 M5 *	M	丙咪嗪 M5	M
甲氧苄啶	P	氯霉素 M8	M	氟马西尼	P
苯丙胺	P	阿托品	P	美托洛尔 M1	M
氯氮平 M3	C	奎尼丁 M1	M	血清基质 2	I
丙咪嗪 M7	M	尿液基质 2	I	佐匹克隆 M1	M
卡马西平 M2	C	丙咪嗪 M4	C	萘普生 M6	M
丙咪嗪 M6 *	M	利多卡因 M1 *	M	甲基苯丙胺	P
丙咪嗪 M5	M	佐匹克隆	P	阿米替林 M7	G
氯美噻唑	P	劳拉西泮 M1	G	MDA	P
芬特明	P	扑尔敏 M7	M	氯丙嗪 M7	M
咪达唑仑 M2 *	G	萘普生 M5	M	氯胺酮	P
萘普生 M4 *	M	醋丁洛尔	P	异丙嗪 M4	C
甲硫哒嗪 M6 *	C	扑尔敏 M6	M	奥沙西泮 M1	G
甲氧氯普胺	P	苯海索 M1	M	MDMA	P

化合物	类型[a]	化合物	类型	化合物	类型
非尼拉敏	P	呋塞米	P	多虑平 M4	M
普奈洛尔 M2 *	M	替马西泮 M1	G	溴安定	P
萘普生 M3	M	氯曲米 M5	M	异丙嗪 M3	C
特非那定 M2	M	吗茚酮	P	心得安 M1	G
利多卡因	P	美托洛尔	P	多虑平 M3 *	M
奎尼丁	P	氯丙嗪 M6 *	M	戊脉定 M3	M
氯曲米 M4	M	甲硫哒嗪 M5	M	吗氯贝胺	P
氯氮平 M2 *	M	多虑平 M2	M	氟哌丁苯 M1	M
异丙嗪 M2	C	酰胺咪嗪 M1	M	阿普比妥	P
可卡因	P	多虑平 M1	C	甲灭酸 M5	M
氯丙嗪 M5	C	丙咪嗪 M3 *	M	苯巴比妥	P
曲唑酮	P	丙吡胺	P	利他能	P
卡巴咪嗪	P	利眠宁	P	酮康唑 M3	M
哌替啶 M1	M	阿米替林 M6	M	丙咪嗪 M2	M
甲硫哒嗪 M4	M	异戊巴比妥	P	苯妥英	P
异丙嗪 M1	M	丙咪嗪 M1	M	哌替啶	P
氯曲米 M3	M	度硫平 M28	M	甲灭酸 M4	M
奈普生 M2	M	拉贝洛尔	P	阿米替林 M5 *	M
导眠能	P	丙氧芬 M3	M	丙咪嗪 M4	M
戊脉安 M2	M	吡罗昔康	P	速可巴比妥	P
氯曲米 M2 *	M	氯氮平 M1	M	丁螺环酮	P
阿普唑仑 M1	H	硝基安定	P	丙咪嗪 M3	M
扑尔敏 M1	M	戊脉安 M1 *	M	阿米替林 M4	M
氯丙嗪 M4	M	氯丙嗪 M5	C	戊唑辛	P
利培酮	P	丙咪嗪 M2	M	酚酞	P
氯氮平	P	奥沙唑仑	P	异丙铵替比林	P
非那吡啶	P	阿米替林 M3	H	心得安	P
美索哒嗪	P	芬氟拉明	P	溴苯那敏	P
扑尔敏	P	阿米替林 M2	M	咪达唑仑 M1	H
阿普唑仑	P	氟硝基安定	P	尿液基质 3	I
氯丙嗪 M3	M	奥沙西泮	P	甲硫哒嗪 M3	M
苯己环哌啶	P	甲硫哒嗪 M2	M	安眠酮	P

续表

化合物	类型[a]	化合物	类型	化合物	类型
红霉素 M2	M	劳拉西泮	P	硫喷妥	P
氯硝安定	P	酮康唑 M2	M	西他罗仑	P
酮康唑 M1	M	甲苯磺丁脲	P	地尔硫卓	P
多氯平	P	阿莫沙平	P	三唑仑	P
甲灭酸 M3 *	M	咪达唑仑	P	丁丙诺啡	P
安咪奈丁	P	米安舍林	P	氟卡尼	P
苯海拉明	P	甲硫哒嗪 M1	M	氟哌丁苯	P
替马西泮	P	哌氰嗪	P	特非那定 M1	M
甲灭酸 M2	M	萘普生 M1	M	丙氧芬 M2	M
去甲西泮	P	洛沙平	P	萘普生	P
帕罗西汀	P	度硫平 M1	M	氯甲西泮	P
氯巴占	P	去甲咪嗪	P	酮康唑	P
氟胺安定	P	苯托沙敏	P	去甲替林	P
氟伏沙明	P	硝苯地平	P	丙咪嗪 M1	M
氯丙嗪 M2	M	羟嗪	P	伪氟西汀	P
美沙酮 M1	C	普罗替林	P	丙咪嗪	P
度硫平	P	血清基质 3	I	丙氧芬	P
戊脉安	P	异丙嗪	P	氯丙嗪	P
氨砜噻吨	P	美芬妥英	P	苯海索	P
阿米替林	P	红霉素 M1	M	阿米替林	M1
安定	P	氟西汀	P	舍曲林	P
托品碱	P	美沙酮	P	氟奋乃静	P
红霉素	P	氯米帕明	P	安体舒通	P
丙咪嗪	P	氯丙嗪	P	普拉西泮	P
甲硫哒嗪	P	丙氧芬 M1 *	M	匹那西泮	P
哌迷清	P	甲灭酸 M1	M	异丁嗪	P
普马嗪	P	氯苄哌醚	P	吲哚美辛	P
三氟噻吨	P	特非那定	P		
布洛芬	P	芬太奴	P		

注:a. 化合物类型:P,纯化合物;M,与其母体具有相似 UV 光谱的代谢产物;G,与葡萄糖酸苷结合的代谢物;C,UV 光谱改变很大的代谢物;H,羟基化的代谢物;I,基质干扰物。

b. 人体尿液中检测到的主要代谢物用 * 标记。

3. 肝脏组织中多种药物的固相萃取方法[53,54]

样品预处理:肝脏组织 1 g 与 3 mL 水混合匀浆,取 0.4 mL(等于 100 mg 肝脏组织)加入 1 mL 去离子水,并在超声波水域中振荡 5 min 后 6000 g 离心 10 min。上清液 A 供萃取酸性及中性药物。样品离心后得到的沉淀物中加入枯草杆菌蛋白酶的 Tris 溶液,混合均匀后(pH 10.5),60 ℃水解 1 h。水解完成后,将样品冷却至室温,用 10%(体积分数)磷酸将样品的 pH 调节至 6~7,并在 6000 g 离心 10 min。所得到的上清液 B 用于萃取碱性药物。

固相萃取柱:Bond Elut Certify 非极性/阳离子交换混合柱,130 mg/3 mL,Varian 公司。

柱预处理:2 mL 甲醇,2 mL 磷酸缓冲溶液。

样品过柱:0.4 mL 上清液 A 过柱。

柱洗涤:1 mL 水,0.5 mL 磷酸缓冲溶液(pH 4.0)。

柱干燥:50 μL 甲醇,空气。

目标化合物洗脱:4 mL 丙酮–氯仿(1∶1,体积比),洗脱酸性和中性药物(馏分 A)。

柱预处理:2 mL 磷酸缓冲溶液(使用上述同一根萃取柱)。

样品过柱:上述上清液 B 过柱。

柱洗涤:1 mL 1 mol/L 乙酸(pH 2.4),2 mL 丙酮–氯仿(1∶1,体积比)。

柱干燥:50 μL 甲醇,空气。

目标化合物洗脱:2 mL 2%(体积分数)氨化乙酸乙酯,洗脱碱性药物(馏分 B)。

浓缩/分析:分别将丙酮–氯仿洗脱馏分及氨化乙酸乙酯洗脱馏分在氮气气氛 40 ℃浓缩至约 100 μL,然后进行 GC 分析。

表 12-22 是肝脏中 20 种添加药物的固相萃取回收率。这 20 种药物包括酸性、中性和碱性药物。在实际操作中,也可以将两个洗脱馏分收集在一起同时检测,以缩短检测周期。

表 12-22　肝脏组织中 20 种添加药物的固相萃取回收率($n=3$)

化合物	回收率/%			RSD/%
	馏分 A	馏分 B	总计	
二烯丙巴比妥	80.3	ND	80.3	1.8
苯唑卡因	45.5	ND	45.5	3.6
可待因	ND	87.3	87.3	6.2
安定	49.4	35.3	84.7	3.9
多虑平	ND	94.7	94.7	2.5
氟硝基安定	68.8	14.6	83.4	7.4

续表

化合物	回收率/%			RSD/%
	馏分 A	馏分 B	总计	
导眠能	84.2	ND	84.2	2.5
庚巴比妥	101.8	ND	101.8	7.6
凯他唑仑	51.5	18.5	70.0	7.5
利多卡因	ND	86.5	86.5	5.7
甲哌卡因	ND	91.0	91.0	1.4
眠尔通	100.2	ND	100.2	2.6
甲基苯丙胺	ND	74.6	74.6	4.8
美沙酮	ND	86.5	86.5	5.7
安眠酮	75.1	8.5	83.6	4.3
去甲替林	ND	87.5	87.5	8.4
戊巴比妥	79.7	ND	79.7	3.5
异丙嗪	ND	52.1	52.1	5.0
速可巴比妥	86.4	ND	86.4	5.1
丙咪嗪	ND	81.4	81.4	3.3

注:ND 表示未检出。

4. 腐败肝脏样品中安眠镇静药物的自动固相萃取方法[55]

样品预处理:腐败肝脏 2 g,添加酸碱内标物(烯丙异丙巴比妥、SKF-525)10 mg/L,加入 2 mL 4 mol/L 盐酸,50 ℃水解 1 h,然后用 10%(体积分数)氢氧化钠将溶液调节至 pH 6,离心后备用。

固相萃取仪:ASPEC XL,吉尔森公司。

固相萃取柱:Bakerbond C₁₈非极性柱,200 mg/3 mL,J. T. Baker 公司。

柱预处理:5 mL 甲醇,5 mL 去离子水,1.5 mL/min;5 mL pH 6.0 磷酸缓冲溶液(0.1 mol/L),1.5 mL/min。

样品过柱:将上述处理好的上清液过柱,0.5 mL/min。

柱洗涤:3 mL 去离子水,3 mL pH 6.0 磷酸缓冲溶液。

目标化合物洗脱:3 mL 氯仿-丙酮(1∶1,体积比),3 mL 2%(体积分数)氨化氯仿-异丙醇(4∶1,体积比),1.0 mL/min。

样品浓缩:将收集的馏分浓缩至 0.1 mL 供 GC-MS 分析。

12.4　固相萃取技术在爆炸残留物检测中的应用

在突发性爆炸案件中,爆炸残留物的检测对于炸药的种类、爆炸案的发生原因、爆炸物的来源都具有重要的意义。

常见的有机爆炸物有三硝基甲苯(TNT)、环四亚甲基四硝胺(奥克托金,HMX)、三亚甲基三硝胺(黑索金,RDX)、戊四硝酯(太安炸药,PETN)、2,4,6-三硝基甲苯硝胺(特屈儿,Tetryl)、硝化甘油(NG)、2,4-二硝基甲苯(2,4-DNT)等。

通常爆炸残留物的采集及分析程序如下:爆炸残留物采集→有机溶剂萃取→浓缩→LC 或 GC-MS 分析。

最常用的有机溶剂是丙酮,因为爆炸残留物能够迅速溶解在丙酮中。但是,同时许多其他化合物也被丙酮溶解,这些化合物不但会干扰对爆炸残留物的分析,还会对分析仪器造成污染。为了解决这个问题,Thompson 等建立了一套水萃取、固相萃取净化的方法[56]:爆炸残留物采集 → 水萃取 → SPE 净化 → 浓缩 → LC/UV 筛选 → LC-MS 或 GC-MS 确认。

爆炸残留物的采集:棉球用<1 mL 溶剂湿润［异丙醇:水,80:20(体积比)或水］,然后放入 10 mL 空塑料注射器中并将注射器密封,以防止交叉污染,棉球应在 24 h 内使用。到达爆炸现场后用镊子将湿润的棉球取出,擦拭可疑残留物体表面,然后将棉球放入原来的注射器中密封送实验室检测。实验中所使用的水是经过超纯水处理装置(Maxima UltraPure Water system,Elga Ltd)的去离子水。将放置采集棉球的注射器打开,加入 5.5 mL 水,放置 10~15 min 后将液体放出并收集在试管中,挤压棉球将残留的湿润试剂挤出。再加入 5.5 mL 水洗涤棉球,并将其收集在上述试管中供固相萃取用。如果试管中的液体含有大量颗粒,可采用离心方式除去颗粒。

土壤样品的萃取:爆炸现场采集的 20 g 土壤样品中加入 40 mL 乙腈,搅拌后超声波振荡 2 h,然后将其在黑暗处放置 15 h。将液体倒入离心试管中,在 1100 r/min 离心 10 min。取 10 mL 用 5%(体积分数)乙腈的去离子水稀释至 200 mL。然后用 Oasis HLB 萃取柱按以下方法进行固相萃取(200 mL 样品全部过柱)。

固相萃取柱:Porapak RDX,500 mg/6 mL,Waters 公司;或 Oasis HLB,60 mg/3 mL,Waters 公司;或 SDB-XC 薄膜型柱,7 mm 直径,0.5 mm 厚,含 7.5 mg SDB/3 mL,3M 公司。

Porapak RDX 柱萃取方法如下。

柱预处理:15 mL 乙腈,25 mL 水,4 mL/min。

样品过柱:2 mL/min。

柱洗涤:10 mL 甲醇-水(1:1,体积比),3 mL/min。

柱干燥:真空 5 min。

目标化合物洗脱:3 mL 乙腈,< 1 mL/min。

洗脱物浓缩:氮气气氛下 65 ℃浓缩至数微升,加入甲醇–水(1∶1,体积比)至总体积 400 μL。

Oasis HLB 柱萃取方法如下。

柱预处理:3×10 mL 甲醇,10 mL 水,5 mL/min。

样品过柱:25 mL 样品过柱,< 2 mL/min。

柱洗涤:3 mL 甲醇–水(1∶1,体积比),2 mL/min。

柱干燥:真空 5 min。

目标化合物洗脱:1 mL 甲醇,< 2 mL/min。

SDB-XC 柱萃取方法如下。

柱预处理:2×3 mL 丙酮,2×3 mL 乙腈,5 mL/min。3 mL 甲醇,10 mL 水,3 mL/min。

样品过柱:25 mL 样品过柱,3 mL/min。

柱洗涤:3 mL 水,3 mL/min。

柱干燥:真空 10 min。

目标化合物洗脱:0.5 mL 甲醇–水(90∶10,体积比),< 2 mL/min。

HPLC 分析:色谱柱为 Supelcosil LC-18-DB,4.6 mm×150 mm,5 μm;流动相为甲醇、水;流速为 0.78 mL/min;梯度洗脱为 50%(体积分数)甲醇 0 ~ 13 min,18 min 甲醇增加至 75%(体积分数),保持 5 min 后,在 28 min 回到 50%(体积分数)。UV 为 210 nm(硝胺类),240 nm(硝基苯类)。

分析:GC-MS 用于确认乙二醇二硝酸酯(EGDN),其他爆炸物用 LC-MS 确认。

图 12-20 是经固相萃取得到的爆炸残留物色谱图,其回收率列于表 12-23。

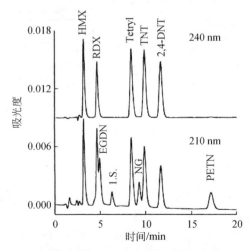

图 12-20　经固相萃取(Oasis HLB 柱)爆炸残留物的 HPLC 色谱图

表 12-23　爆炸残留物经 **Oasis HLB** 萃取柱回收率(单位:%)

爆炸残留物含量	HMX	RDX	Tetryl	NG	TNT	2,4-DNT	PETN
50 ng	83±8	101±7	96±6	110±10	103±7	93±7	106±7
500 ng	84±7	94±7	99±7	108±8	98±7	94±6	102±7

参 考 文 献

[1] 食药监化监〔2013〕230 号《关于公布麻醉药品和精神药品品种目录(2007 版)的通知

[2] Bakerbond Application note. PH-007

[3] Forensic Applications Notebook,720000252EN,Rev 2,Waters,2001:40

[4] 裴茂清,郭海荣. 安捷伦 2007 全国有机质谱用户学术交流会论文集,2007:154

[5] 李玉兰,刘耀,封世珍,等. 固相萃取技术在药毒物分析中的应用. 公安部物证鉴定中心,北京,2000:80

[6] 沈渔. 精神病学. 第 3 版. 北京:人民卫生出版社,1994:683

[7] Chen X H,Wijsbeek J,Franke J P,et al. J Forensic Sci,1992,37:61

[8] Telepchak J M, August T F, Chaney G. Forensic and Clinical Applications of Solid Phase Extraction. New Jersey:Humana Press,2004:190

[9] 裴茂清. 广东公安科技,2002,68(4):16

[10] United Chemical Technologies. SPE Application Manual, 1999:10

[11] Application Note TN-006,Phenomenex Inc. 2003

[12] Application Note,ER-001,2003,Phenomenex

[13] 裴茂清,王俊新,伍海亮. 刑事技术,2002,4:21

[14] 裴茂清. 第三届全国公安领域 GC/MS 技术研讨会论文集,2003:141

[15] Huang Z P,Zhang S Y. J Chromatogr B,2003(792):241

[16] Hasegawa C,Kumazawa T,Lee X P,et al. Anal Bioanal Chem,2007,389:563

[17] Näf M. Pharmacokinetics and analgesic potency of Δ^9- tetrahydrocannabinol (THC). Luzern:Universität Basel,2004

[18] Huestis M A,Oyler J M,Cone E J,et al. J Chromatogr B,Biomed Sci Appl,1999,733:247

[19] Huestis M A,Cone E J,Wong C J,et al. J Anal Toxicol,2000,24:393

[20] Kintz P R,Brenneisen R,Bundeli P,et al. Clin Chem,1997,43:736

[21] Levine B, Smith M L//Handbook of Workplace Drug Testing. Liu R H, Goldberger B A. Washington,DC:AACC Press,1995:214

[22] Application Note,AN-1036,Argonaut

[23] Application Note,CN-001,Phenomenex

[24] Saito T,Wtsadik A,Scheidweiler K B,et al. Clin Chem,2004,50(11):2083

[25] Stout P R,Farrell L. J Forensic Sci Rev,2003,15(1):30

[26] Al-Hadidi K A,Oliver J S. Contribution to Forensic Toxicology. Leipzig:Molina Press,1994:255

[27] Yoshimatsu K,Kiuchi F,Shimomura K,et al. Chem Pharm Bull,2005,53:1446

[28] Tav M K,Lee T K,Chui W Y. Ann Acad Med Singapore,1993,22(1)：11

[29] Chen X H,Hommerson A L C,Zweipfenning P G M,et al. J Forensic Sci,1993,38(3)：668

[30] Nakamura G,Thornton T,Noguchi T. J Chromatogr,1975,110：81

[31] 张春水,郑辉,欧阳津,等. 色谱,2004,22(1)：94

[32] 刘克林,张春水,周淑光,等. 刑事技术,2003,1：12

[33] Goldberger B A,Darwin W D,Grant T M,et al. Cln Chem,1993,39(4)：670

[34] Musshoff F,Trafkowski J,Madea B. J Chromatogr B,2004,811：47

[35] Girod C,Staub C. J Anal Toxicol,2001,25：106

[36] Telepchak M J, August T F, Cheney G. Forensic and Clinical Application of Solid Phase Extraction. Totowa：Humana Press,2004：216

[37] INFOFACTS, National Institute on Drug Abuse, US Department of Health & Human Services,2006

[38] Brenner S, Dribben W H. PCP Toxicity. https://emedicine. medscape. com/article/1010821-overview#a5. 2017-02-01

[39] Forensic Application Notebook,720000252EN,Rev 2,Waters,2001：39

[40] US Department of Justice. Intelligence Bulletin,US Department of Justice,2004-L0424-015,2004

[41] Kalasinsky K S,Dixon M M,Schmunk G A,et al. J Forensic Sci,2001,46(3)：728

[42] Richard D,Ling B,Authier N,et al. Anal Chem,2005,77(5)：1354

[43] Wieber J,Gugler R,Hengstmann J H,et al. Anaesthesist,1975,24：260

[44] Moore K A,Sklerov J,Levine B,et al. J Anal Toxicol,2001,25：583

[45] Telepchak J M,August T F,Chaney G. Forensic and Clinical Applications of Solid Phase Extraction. New Jersey：Humana Press,2004：180

[46] 封世珍,刘耀,李玉兰,等. 固相萃取技术在药毒物分析中的应用. 公安部物证鉴定中心,北京,2002：55

[47] 王小波,裴茂清,桑向玲,等. 第二届全国毒物与毒品检验专业技术交流会论文集,2005：99

[48] Lillsunde P,Korte T J. Anal Toxicol,1991,15：71

[49] Leferink J G,Dankers J. Paper Presented at the 6th International Conference of Racing Analysts and Veterinarians,Hong Kong,1985

[50] Chen X H,Franke J P,Ensing K,et al. J Anal Toxicol,1992,16：351

[51] Chen X H,Franke J P,Ensing K,et al. J Anal Toxicol,1993,17：421

[52] Lai C K,Lee T,Au K M,et al. Clin Chem,1997,43(2)：312

[53] Chen X H. Mixed- mode solid- phase extraction for the screening of drugs in systematic toxicological analysis. Groningen：State University Groningen,1993

[54] Huang Z P,Chen X H,Wijsbeek J,et al. J Anal Toxicol,1996,20：248

[55] 周娣,张文芳,周健. 质谱学报,2002,23(4)：225

[56] Thompson R Q,Fetterolf D D,Miller M L,et al. J Forensic Sci,1999,44(4)：759

第13章　固相萃取技术在药物分析中的应用

药物分析贯穿药物发现、临床前研究、临床研究、生产、销售和市场应用的全部环节,药物分析技术的发展始终围绕着药物有效性和安全性的永恒主题,在效率更高、通量更大、结果更准确、检测灵敏度更好的分析技术方面不断推陈出新,并在药物分析领域得到充分的研究和应用。同时每一次药物发展历程中发生的与药效和安全相关的事件会促进分析检测技术的快速发展,进而使得药物的质量不断提高,有效性和安全性更加有保障。

固相萃取技术已经在药物分析中广泛应用,特别是分离富集化学药物中微量有关物质、体内药物及其代谢物、生物药结构表征和中草药成分分析和鉴定等方面得到应用,已经成为一些药物质量标准中必须采用的前处理方法。固相萃取技术在体内药物分析中已经成为不可或缺的技术,特别是商业化自动化固相萃取仪的应用,使得固相萃取技术成为体内药物及其代谢产物的分析、临床前和临床药代动力学、生物利用度和生物等效性研究的有力手段。本章将对固相萃取技术在药物分析中的应用进行论述。

13.1　固相萃取技术在中草药分析中的应用

中草药是中华民族的瑰宝。在传统中医中,中草药的应用形式多种多样,有用水煎熬成的汤剂,有研磨成粉末状的粉剂,也有经过加工而成的丸剂、膏剂、酒剂和散剂等,还有制成复方的片剂、冲剂和注射剂,等等。与化学合成药物不同,中草药的成分复杂,成分的分离与分析面临挑战,固相萃取技术在中草药成分分析方面应用较多,本节从三个主要应用方面进行介绍:一是用于中草药指纹图谱的建立;二是用于中草药的质量控制;三是用于中草药中外源性有毒物质分离。表13-1汇集了部分固相萃取技术在中草药分析中的应用。

表13-1　固相萃取技术在中草药分析中的应用

样品	目标化合物	固相萃取柱	参考文献
中成药/保健品	磺酰脲类降糖药	阳离子交换柱	[1]
黄芪	黄芪甲苷等	C_{18}柱	[2]
宝坻大蒜	二烯丙基二硫醚等	C_{18}柱	[3]

样品	目标化合物	固相萃取柱	参考文献
百部	生物碱	C_{18}柱	[4]
中药注射液	单宁	自制 SPE 柱	[5]
金银花	除虫菊酯农药	Cleanert TPH 柱	[6]
罗汉果	氨基甲酸酯农药	弗罗里硅土柱	[7]
淫羊藿等中草药	有机氯农药	C_{18}非极性柱	[8]
甘草/贝母	真菌毒素	C_{18}柱	[9]

　　《中华人民共和国药典》(简称《中国药典》)2015 版一部收录的药材、饮片和制剂中有 23 种利用固相萃取技术进行鉴别、检查或含量测定。使用的固相萃取柱包括 C_{18}柱、C_8柱、混合型阳离子交换反相柱、活性炭柱和十八烷基硅烷键合硅胶柱等,见表 13-2。

表 13-2　《中国药典》2015 版一部中利用到的固相萃取技术

药物名称	项目	固相萃取柱
毛诃子	鉴别	C_{18} 固相萃取柱
西青果	鉴别	C_{18} 固相萃取柱
诃子–绒毛诃子	鉴别	C_{18} 固相萃取柱
蜂蜜	检查	活性炭固相萃取柱
小儿清肺化痰口服液	含量测定	固相萃取柱(以混合型阳离子交换反相吸附剂为填充剂)
乌鸡白凤丸	鉴别	C_{18} 固相萃取柱
乌鸡白凤片	鉴别	C_{18} 固相萃取柱
乌鸡白凤颗粒	鉴别	C_{18} 固相萃取柱
代温灸膏	鉴别	以十八烷基硅烷键合硅胶为填充剂的固相萃取柱
克咳片	含量测定	以混合型阳离子交换反相吸附剂为填充剂的固相萃取商品柱 60mg
附桂骨痛片	检查/含量测定	固相萃取柱(以混合型阳离子交换反相吸附剂为填充剂)
附桂骨痛胶囊	检查/含量测定	固相萃取柱(以混合型阳离子交换反相吸附剂为填充剂)
附桂骨痛颗粒	检查/含量测定	固相萃取柱(以混合型阳离子交换反相吸附剂为填充剂)
鱼腥草滴眼液	含量测定	C_{18} 固相萃取柱
复方川贝精片	含量测定	固相萃取柱(以混合型阳离子交换反相吸附剂为填充剂)
宣肺止嗽合剂	含量测定	以十八烷基硅烷键合硅胶为填充剂的固相萃取柱

续表

药物名称	项目	固相萃取柱
桂芍镇痫片	鉴别	以十八烷基硅烷键合硅胶为填充剂的固相萃取柱
益血生胶囊	鉴别	C_{18} 固相萃取柱
消炎止咳片	含量测定	固相萃取柱(以混合型阳离子交换反相吸附剂为填充剂)
疏风活络丸	鉴别	C_{18} 固相萃取柱
新雪颗粒	鉴别	以十八烷基硅烷键合硅胶为填充剂的固相萃取柱
橘红化痰丸	含量测定	固相萃取柱(以混合型阳离子交换反相吸附剂为填充剂)
藿香正气口服液	鉴别	以十八烷基硅烷键合硅胶为填充剂的固相萃取柱

13.1.1　中草药指纹图谱分析中的应用

中草药指纹图谱分析是评价中草药质量、鉴别真伪和确保其一致性和稳定性的有效方法,目前中草药指纹图谱分析已经用于中草药有效成分分析、质量控制以及鉴别等方面[10,11]。中草药指纹图谱分析中固相萃取技术主要用于净化样品,分离和富集目标成分。

1. 黄芪药材指纹图谱分析

黄芪为豆科植物蒙古黄芪 [*Astragalus membranaceus* (Fisch.) Bge. var. *mongholicus* (Bge.) Hsiao] 或荚黄芪 [*Astragalus membranaceus* (Fisch.) Bge.] 的干燥根,具有补气固表、利水托毒、排脓、敛疮生肌等功效。研究表明,黄芪主要含有四环三萜皂苷、黄酮、多糖以及氨基酸等多种化学成分,其中黄芪总皂苷和总黄酮等成分具有显著的生理活性,目前主要通过检测这两类成分来评价黄芪药材的质量。

邱莉等[2]采用固相萃取–高效液相色谱–蒸发光散射法(SPE-HPLC-ELSD)对黄芪药材特征图谱进行研究。该方法利用固相萃取技术对样品溶液进行净化处理,避免了传统烦琐的正丁醇萃取,除去干扰成分的效果较好,对色谱柱的损耗小,而且具有溶剂用量少、操作简便、绿色环保等优点,能有效除去黄芪药材中含有的糖类等极性成分,提高特征图谱的质量,能较好适应实际生产过程中对原料药材进行快速检测的要求,方法流程如下。

样品预处理:精密称定黄芪粉末约 2.5 g,置索氏提取器中。加石油醚回流提取 1 h,弃去石油醚液,药渣挥干。加甲醇回流提取 4 h,提取液蒸干,残渣加 5 mL 水溶解。

固相萃取柱:ODS C_{18} 柱。

柱预处理:5 mL 甲醇、5 mL 水。

　　样品分离与富集:将处理好的样品溶液载入 SPE 柱,样品过柱后依次用 5 mL 蒸馏水、5 mL 20%(体积分数)甲醇洗涤。用 5 mL 80%(体积分数)甲醇洗脱目标化合物并收集。

　　浓缩再溶解:将收集的馏分蒸干,残渣用甲醇溶解,转移至 2 mL 量瓶,用甲醇定容至刻度。

　　HPLC-ELSD 分析:色谱柱为 Grace Alltima C_{18}(4.6 mm×250 mm,5 μm);蒸发光散射检测器;进样量 10 μL;流速 0.8 mL/min;柱温 25 ℃;以乙腈和水为流动相进行梯度洗脱。

2. 宝坻大蒜 HPLC 化学指纹图谱构建

　　大蒜为百合科植物大蒜(*Allium sativum* L.)的鳞茎,具有抗氧化、防癌、保肝、增强机体免疫力以及降低心脑血管疾病发生风险等功效。大蒜富含对人体有益的蛋白质、脂肪、氨基酸、维生素,锌、铁、硒等多种微量元素,多种含硫化合物如蒜氨酸以及次级产物大蒜素等。尚云涛等[3]采用高效液相色谱法和固相萃取技术构建了宝坻大蒜的 HPLC 化学指纹图谱。利用固相萃取技术对样品进行纯化,纯化后样品峰形与分离度都得到明显改善(图 13-1),所获得的宝坻大蒜指纹图谱满足要求,操作流程如下。

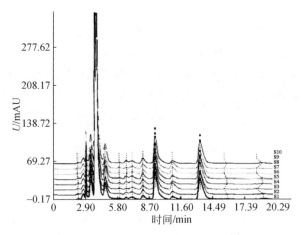

图 13-1　宝坻大蒜样品指纹图谱[3]

　　样品预处理:称取大蒜鳞茎 20 g,破碎、研磨,加入 25～30 mL 蒸馏水,50～55 ℃ 温浴酶解 1 h,加甲醇定容至 50 mL,5000 r/min 离心 15 min,取上清液经 0.45 μm 滤膜过滤。

　　固相萃取柱:C_{18}柱。

　　柱预处理:依次载入 5 mL 甲醇、10 mL 超纯水,平衡 15 min。

　　样品分离与富集:将处理好的样品溶液以 4 mL/min 过柱。用 5 mL 超纯水洗涤,低真空(60 kPa)抽干;再用 5 mL 甲醇洗脱目标化合物,收集洗脱液。

浓缩再溶解:室温下用氮气将样品浓缩至 0.5 ~ 0.8 mL,用甲醇定容至 1 mL。

HPLC 分析:色谱柱为 Eclipse Plus C_{18}(4.6 mm×250 mm,5 μm);预柱为 Eclipse Plus C_{18} Grd (4.6 mm×12.5 mm,5 μm);柱温为 35 ℃;流动相为甲醇–0.2%(体积分数)甲酸水溶液(4∶1,体积比);流速为 1 mL/min;DAD 检测波长为 240 nm;进样量为 50 μL;检测时间为 20 min。

13.1.2　中草药质量控制中的应用

随着中草药在国际上的广泛应用,其有效性、安全性问题引起了广泛关注。建立科学、合理、可行的质量标准以保证药物的安全性和有效性是一项长期而艰巨的任务。中草药质量控制一直都是中草药研究与生产中的难点和热点,也是实现中草药标准化、现代化、国际化的关键[11,12]。固相萃取法常用来纯化中草药样品,目前 C_{18} 固相萃取柱使用较多,并且有在线和离线两种模式。

1. 百部中 6 种生物碱成分的固相萃取

百部为百部科植物直立百部[*Stemona sessilifolia* (Miq.) Miq.]、蔓生百部 [*Stemona japonica* (Bl.) Miq.]或对叶百部(*Stemona tuberosa* Lour.)的干燥块根。百部具有润肺下气止咳的功效,其主要成分为生物碱。Zhang 等[4] 采用 SPE-HPLC-ELSD 对百部中的 6 种生物碱组分进行了研究,利用固相萃取技术对样品进行净化,操作流程如下。

样品预处理:准确称取 1.0 g 干燥粉末样品并加入锥形烧瓶(100 mL)中,加入 50 mL 甲醇。浸泡 30 min 后,将样品回流 30 min。过滤总提取物,减压浓缩滤液至 25 mL,得到残余物,将其悬浮在 2 mL 蒸馏水中。

固相萃取柱:C_{18} 柱。

样品分离与富集:将上述 2 mL 样品上柱,用 5 mL 水洗涤以除去水溶性物质;然后用 5 mL 甲醇洗脱得到总生物碱,收集甲醇洗脱液,0.45 μm 滤膜过滤后用 HPLC 分析。

HPLC-ELSD 分析:色谱柱为 TC-C_{18} 柱(4.6 mm× 250 mm,5 μm),预柱为 C_{18} (4.6 mm×12.5mm,5 μm),柱温为 25 ℃;流动相为乙腈–0.1%(体积分数)三乙胺水溶液;梯度洗脱;蒸发光散射检测器;进样量为 30 μL。

2. 中药注射液中 5 种单宁成分的在线固相萃取

单宁是一组天然存在的酚类化合物,广泛分布于植物中,如没食子酸和鞣花酸等。据报道,单宁具有抗癌、抗菌和抗艾滋病等作用。Sun 等[5] 建立了在线固相萃取–高效液相色谱–质谱(SPE-online-HPLC-MS)法对中药注射液中的 5 种单宁进行测定,方法流程如下。

　　样品预处理:中药注射液包括血塞通注射液、清开灵注射液、银杏达莫注射液、灯盏细辛注射液、血必净注射液和冠心宁注射液,分别标记为 A ~ F。通过 0.45 μm 尼龙膜过滤并保存于4 ℃。

　　固相萃取柱:将 SPE(Zorbax C$_{18}$、LiChrolut RP-18、LiChrolut EN 和 Oasis HLB) 吸附剂填充到不锈钢柱中(20 mm×4.6 mm)。

　　SPE-online-HPLC-MS 分析:使用 1 mL 乙腈、2 mL 水和 5 mL 含 1% (体积分数)甲酸的乙腈溶液,以 1 mL/min 的流速对 SPE 柱进行等度洗脱,分别进行平衡、洗涤和目标化合物的洗脱。SPE 柱和分析柱的温度设定在 30 ℃。使用分流阀将分析柱流出的组分分流,以 0.5 mL/min 的流速进质谱检测器分析。

　　SPE-online-HPLC-MS 方法如图 13-2 所示。通过注射器引入样品(0.5 mL),并使用泵 A 将样品输送到 SPE 柱中。通过 UV 检测器(270 nm)监测来自 SPE 柱的流出物。将 UV 检测器的出口连接到配有 pHILIC 保护柱作为组分富集柱的十通阀上。通过泵 B 将富集柱中的组分转移至 HPLC 分析柱。来自分析柱的组分通过 DAD(270 nm),DAD 的出口通过分流阀连接至 MS 检测器。

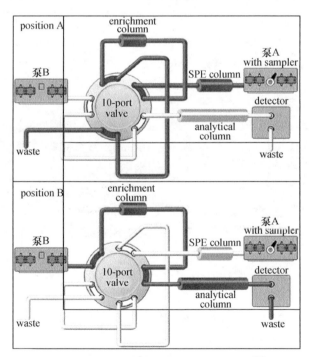

图 13-2　SPE-online-HPLC-MS 的示意图[5]

　　如图 13-2 所示,在 SPE 装置上进行平衡和洗涤步骤后,将十通阀切换到位置 A,并将来自 SPE 柱的洗脱液保留在富集柱上。然后将阀门切换到位置 B,将保留的组分泵入分析柱进行 HPLC-MS 分析。SPE 柱的作用是纯化样品,使用该研究中建立的方法纯化后的样品图谱很干净(图 13-3),并且与不含 SPE 柱的 HPLC-MS 方法相比,显著降低了每种化合物分离所用的时间。

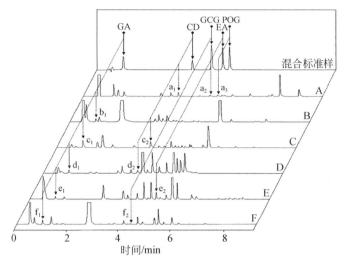

图 13-3　单宁混合标准品和 6 种中药注射液的色谱图[5]

13.1.3　中草药中外源性有毒物质分离中的应用

随着我国中医药业的迅猛发展,野生药用植物已经越来越少,人工种植的药用植物逐步走向市场。与其他农作物生产一样,在人工种植药用植物的过程中也大量使用各种农药,从而导致药用植物受到农药的污染。另外,中草药从种植到临床使用的各个环节均可能存在真菌污染并产生有害毒素的风险。这既影响了中草药的质量,也威胁到使用者的安全[13],这也成为我国中草药出口的瓶颈[14]。因此,对中草药中外源性有毒物质(农药残留和真菌毒素)检测成为控制中草药质量的重要环节。

中草药大多是固体,可以采用常用的固体样品前处理方式将中草药中残留的有机农药萃取出来,如溶剂萃取、加速溶剂萃取、微波辅助萃取、超声波萃取等。由于所有这些萃取几乎都是无选择性的萃取,萃取液中除了有需要检测的农药残留物外,还有许多杂质被同时萃取出来。因此,对得到的萃取物要进行进一步的净化处理。传统净化方法主要是用液-液萃取或柱层析。随着固相萃取技术的普及,人们越来越多地开始用固相萃取取代传统的净化方法。

固相萃取在中草药中的有机农药残留物分析中主要用于除去杂质。常用的固相萃取材料有 C_{18}、硅胶、氧化铝和弗罗里硅土等。根据不同的应用可使用单一固相萃取柱、串联固相萃取柱及基质固相分散萃取等。以下是几个不同的固相萃取方法。

1. 金银花中拟除虫菊酯农药残留的固相萃取

金银花为忍冬科植物忍冬(*Lonicera japonica* Thunb.)的干燥花蕾或带初开的花,具有宣散风热、清热解毒的功效。金银花的化学成分按结构主要包括黄酮类、环烯醚萜类、三萜及三萜皂苷类,还含有机酸类、挥发油及多种微量元素。田丽梅等[6]采用混合填料的固相萃取柱净化,气相色谱电子捕获检测器检测,建立了金银花中9种拟除虫菊酯农药残留量的分析方法,方法流程如下。

样品预处理:取2 g粉碎的金银花于50 mL离心管中,加入15 mL正己烷,涡旋5 min,再加5 g无水硫酸镁,涡旋2 min,过滤,残渣用10 mL正己烷分两次洗涤,合并滤液,于40 ℃浓缩近干,用2 mL正己烷复溶。

固相萃取柱:Cleanert TPH,10 mL,2.0 g,Agela公司。

柱预处理:5 mL正己烷-丙酮 (9:1,体积比)。

样品分离与富集:提取液上柱,用10 mL正己烷-丙酮 (9:1,体积比)洗脱并收集。浓缩近干,用1 mL正己烷溶解,待测。

气相色谱分析:色谱柱为DB-5MS (30 mm×0.25 mm,0.25 μm)毛细柱;载气为高纯He;恒压2.9 kPa;进样口温度290 ℃,检测器温度350 ℃;不分流进样,进样量2 μL;程序升温。

比较弗罗里硅土固相萃取柱和复合填料(弗罗里硅土+石墨化炭黑)的TPH固相萃取柱的净化效果。弗罗里硅土固相萃取柱净化后的样品仍残留一定的色素,TPH固相萃取柱净化后的洗脱液基本无色,杂质相对较少(图13-4),实验最终选用TPH固相萃取柱进行样品纯化。

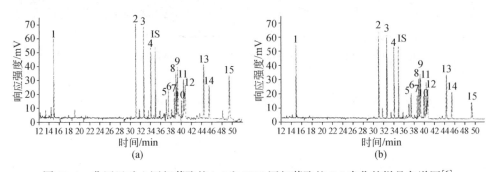

图13-4　弗罗里硅土固相萃取柱(a)和TPH固相萃取柱(b)净化的样品色谱图[6]

1. 七氟菊酯;2. 联苯菊酯;3. 甲氰菊酯;4. 氯氟氰菊酯;5. 氯菊酯A;6. 氯菊酯B;
7. 氟氯氰菊酯A;8. 氟氯氰菊酯B;9. 氟氯氰菊酯C;10. 氯氰菊酯A;11. 氯氰菊酯B;
12. 氯氰菊酯C;13. 氰戊菊酯A;14. 氰戊菊酯B;15. 溴氰菊酯;IS. 内标

2. 罗汉果中氨基甲酸酯类农药的基质固相分散萃取

罗汉果为葫芦科植物罗汉果[*Siraitia grosvenorii*（Swingle）C. Jeffrey ex A. M. Lu et Z. Y. Zhang]的干燥果实,具有抗氧化、降血糖、清热润肺、镇咳祛痰、增强免疫力等功效,主要成分包括罗汉果三萜皂苷、果糖、氨基酸、脂肪酸、黄酮类化合物、维生素 C 和微量元素等。付明磊等[7]建立了罗汉果中 10 种氨基甲酸酯类农药的高效液相色谱-串联质谱（HPLC-MS/MS）分析方法,该方法利用固相萃取技术净化样品,方法流程如下。

样品预处理:准确称取 0.5 g 罗汉果样品粉末,加入 10 mL 丙酮,在锥形瓶中超声 10 min。之后离心 10 min,取上层清液旋转蒸发至干,待净化。

固相萃取柱:4.5 cm×10 cm 的层析柱,依次装入 1.5 g 无水硫酸钠、3 g 弗罗里硅土和 1.5 g 无水硫酸钠。

柱预处理:用 10 mL 甲醇-二氯甲烷(1∶99,体积比)淋洗。

样品分离与富集:取上述样品过柱,用 10 mL 甲醇-二氯甲烷(1∶99,体积比)洗脱并收集,旋转蒸发至干,以甲醇定容至 10 mL。

HPLC-MS/MS 分析:色谱柱为 VP-ODS(2.0 mm×150 mm,5 μm);柱温 40 ℃;流速 0.2 mL/min;进样量 10 μL;流动相为甲醇-0.2 % 甲酸水溶液;梯度洗脱;采用三重四极杆质谱仪,电喷雾离子源在正离子 MRM 模式下测定。

结果显示,10 种农药的平均回收率为 84.5%～111.7%,相对标准偏差为 1.8%~7.3%,符合农药残留分析检测的要求。

3. 中草药中有机氯农药残留的固相萃取

淫羊藿为小檗科植物淫羊藿（*Epimedium brevicornu* Maxim.)、箭叶淫羊藿[*Epimedium sagittatum*(Sieb. et Zucc.)Maxim.]、柔毛淫羊藿（*Epimedium pubescens* Maxim.)或朝鲜淫羊藿（*Epimedium koreanum* Nakai）的干燥叶,具有补肾阳、强筋骨、祛风湿的功效。淫羊藿主要含有木脂素、生物碱和黄酮类化合物。刘硕谦等[8]建立了淫羊藿等药用植物中六六六及滴滴涕异构体残留量的毛细管气相色谱检测方法,样品采用固相萃取技术净化,方法流程如下。

样品萃取:称取均匀粉碎的样品约 0.5 g,加入 1 mL 水,1 mL 丙酮,涡旋 1 min,超声萃取 2 min,离心,吸取上清液于 10 mL 试管中,重复提取两次,合并上清液,40 ℃浓缩至少于 1 mL。

固相萃取柱:C₁₈柱。

柱预处理:3 mL 40%（体积分数）甲醇水溶液。

样品分离与富集:1 mL 上述浓缩样品过柱并收集;依次用 2 mL 40%（体积分数）甲醇水溶液、2 mL 丙酮-正己烷 (1∶9,体积比)洗脱并收集,合并收集液,4 ℃浓缩至近干,正己烷定容至 1 mL 待测。

GC-ECD 分析:HP 5.0 弹性石英毛细管柱;高纯氮气为载气,流速 1.5 mL/min;高纯氮气 40 mL/min 尾吹;进样口温度 250 ℃;检测器温度 300 ℃;不分流方式,进样量 1 μL;程序升温。

该方法对添加六六六及滴滴涕异构体的淫羊藿进行萃取,3 次平均回收率为 92.16%~100.59%,RSD 为 0.5%~3.7%。

4. 中草药中真菌毒素的固相萃取

真菌毒素是真菌产生的有毒次级代谢产物,已成为影响临床中草药用药安全的严重危害因子之一。中草药中真菌毒素的常用萃取方法有固相分散萃取、免疫亲和柱萃取和 C_{18} 柱萃取等[15]。

甘草为豆科植物甘草(*Glycyrrhiza uralensis* Fisch.)、胀果甘草(*Glycyrrhiza inflata* Bat.)或光果甘草(*Glycyrrhiza glabra* L.)的干燥根和根茎,具有补脾益气、清热解毒、祛痰止咳、缓急止痛的功效。甘草的主要成分包括甘草多糖和黄酮类化合物。贝母为多年生草本植物,其鳞茎供药用,具有止咳化痰、清热散结的功效,主要成分为生物碱和萜类化合物。《中国药典》2015 版一部收录的贝母包括川贝母、浙贝母、土贝母、伊贝母、平贝母和湖北贝母 6 种。Wang 等[9]采用高效液相色谱–串联质谱(HPLC-MS/MS)法同时测定甘草根和贝母中黄曲霉毒素 B1(AFB1)和赭曲霉毒素 A(OTA)的含量。利用固相萃取技术进行目标化合物的分离和富集,方法流程如下。

样品预处理:将所有样品研磨成粉末,60 ℃下干燥至恒重。称取 20 g 样品粉末,加入 100 mL 甲醇–水(85∶15,体积比)混合物,超声提取 45 min,过滤,氮气吹干。残渣用 2 mL 甲醇复溶,6000 g 离心 5 min。将上清液转移到新管中并加入 8 mL 水混匀。

固相萃取柱:C_{18} 柱,100 mg/3 mL,NERCB。

柱预处理:5 mL 甲醇、5 mL 水。

样品分离与富集:将处理后的样品过柱,用 5 mL 水洗涤。用 2 mL 甲醇洗脱目标化合物并收集,0.2 μm 滤膜过滤,待测。

LC-MS/MS 分析:色谱柱为 Waters Xbridge™ C_{18} (150 mm× 2.1 mm,3.5 μm);柱温 30 ℃;流速 0.3 mL/min;进样量 5 μL;流动相为乙腈–5 mmol/L 乙酸铵的水溶液;梯度洗脱;采用三重四极杆质谱仪,电喷雾离子源在正离子 MRM 模式下测定。

比较三种固相萃取柱效果:①PuriTox^{SR} TC-M160 多重纯化柱(100 mg/mL,Trilogy Analytical Laboratory);②Mycosep 226 真菌毒素样品净化柱(100 mg/mL,Varian);③C_{18} 固相萃取柱(100 mg/3 mL,NERCB)。结果显示 C_{18} 固相萃取柱对黄曲霉毒素 B1 和赭曲霉毒素 A 的提取效果均较好(图 13-5),且成本较低。

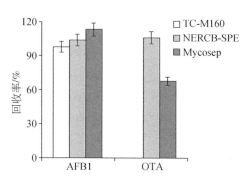

图 13-5　使用不同固相萃取柱提取黄曲霉毒素 B1(AFB1)和赭曲霉毒素 A(OTA)的效率[9]

13.2　固相萃取技术在化学药物质量控制中的应用

为确保药品的有效性和安全性,质量控制至关重要,对原料药、制剂和生产全过程物料进行分析与控制,是药品研发和生产的关键内容。在药物质量分析中,往往需要对药物中间体、原料药、制剂等进行前处理,以保证成分含量测定、杂质分析和残留溶剂分析等结果的准确可靠,从而有效控制药品的质量。固相萃取技术因分离富集待测目标化合物效率高、重复性好、操作简单和易于实现自动化等优点,已经应用于药物质量控制的前处理过程中。

13.2.1　在药物成分分析中的应用

活性药物成分(active pharmaceutical ingredients,API)是药类产品的核心,也是众多已经应用和正在研发的创新性有效治疗方案的基础。人用药品注册技术要求国际协调会(International Conference on Harmonization of Technical Requirements for Registration of Pharmaceuticals for Human Use,ICH)发布了相关的指南(Q7A)[16]对药物 API 进行了完整定义和质量控制要求;各国药典也规定了收录药品的含量测定的分析方法和控制要求。

1. 阿片成分分析

阿片为罂粟科植物罂粟的未成熟蒴果被划破后渗出的乳状液经干燥制成。含吗啡量按无水吗啡($C_{17}H_{19}NO_3$)计算,不得少于 9.5%,收录于 2015 版《中国药典》二部 534 页[17]。其含量测定按照高效液相色谱法(《中国药典》2015 版通则 0512)测定,样品前处理采用固相萃取法进行阿片中有效成分吗啡的分离与富集。以下是具体的样品前处理过程。

固相萃取柱:十八烷基硅烷键合硅胶柱。

柱预处理:依次用甲醇-水(3:1,体积比)15 mL 与水 5 mL 冲洗,再用 pH 约为 9 的氨水溶液(取水适量,滴加氨试液至 pH 9)冲洗至流出液 pH 约为 9。

样品分离与富集:取本品约 5 g,研细(过五号筛),精密称取约 1 g,置 200 mL 量瓶中,加 5%(体积分数)乙酸溶液适量,超声 30 min 使吗啡溶解,取出并放冷,用 5%(体积分数)乙酸溶液稀释至刻度,摇匀,滤过,精密量取续滤液 0.5 mL,置上述十八烷基硅烷键合硅胶柱上,滴加氨试液适量使柱内溶液的 pH 约为 9(上样前另取同体积的续滤液预先调试,以确定滴加氨试液的量),摇匀,待溶剂滴尽后,用水 20 mL 冲洗。加含 20%(体积分数)甲醇的 5%(体积分数)乙酸溶液洗脱目标化合物,待测。

HPLC 分析:辛烷基硅烷键合硅胶分析柱,0.05 mol/L 磷酸二氢钾溶液-0.0025 mol/L 庚烷磺酸钠水溶液-乙腈(5:5:2,体积比)为流动相,等度洗脱,紫外检测波长 220 nm。

2. 脂质纳米微粒中成分环孢霉素 A 分析

与传统化学药制剂相比,脂质纳米微粒载体药物在改善难溶性药物的口服制剂、难溶性药物注射剂的制备等方面具有明显优势,同时还可应用于药物的靶向治疗和定位释药等方面,是未来药物制剂研发的发展方向之一。目前许多纳米制剂药品正在进行临床试验或已获批准使用,如用于乳腺癌治疗的注射用紫杉醇(白蛋白结合型)-Abraxane®等。目前对脂质纳米微粒质量控制主要为物理化学性质的考察(主要指标包括形状、大小和 zeta 电势等),较少研究针对脂质纳米微粒药物的活性药物成分分布进行分析。Alexis Guillot 等[18]建立了 SPE-HPLC 的分析方法对脂质纳米微粒(lipid nanoparticles,LNP)中的环孢霉素 A 进行分析,该研究应用 SPE 技术建立了包封型(entrapped drug content determination,EDCD)、游离型(free drug content determination,FDCD)和总药物(total drug content determination,TDCD)前处理方法,并对分析过程进行了方法学考察,依据的指导原则为 ICH 指南 Q2A,最终建立了 HPLC 的分析方法用于环孢霉素 A 的含量测定。具体前处理分析方案见图 13-6。

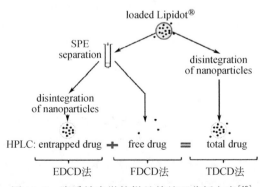

图 13-6　脂质纳米微粒样品前处理分析方案[18]

固相萃取柱:Supelclean LC-18,1 mL,60 Å,45 μm,Supelco 公司。

柱预处理:6 mL 乙腈,4 mL 0.5%(体积分数)三氟乙酸水溶液,1 mL/min,应用多头负压装置以除尽溶液(Visiprep 12-Port Vacuum Manifolds)。

样品分离与富集:1 mL 脂质纳米微粒(样品来源 Lipidot®)上样,上样压力为 −20 kPa,3 mL 0.5%(体积分数)三氟乙酸水溶液洗脱得到馏分 F1(纳米微粒,分解后 HPLC 分析 EDCD 含量),再用 4 mL 乙腈洗脱得到馏分 F2(游离环孢霉素 A,HPLC 分析 FDCD 含量),具体 SPE 分析条件见表 13-3。

表 13-3　SPE 总体分析流程[18]

步骤	介质	溶液量/mL	柱压力/kPa	馏分	容器	功能
1	乙腈	约 6	约 −50	F0	废弃	清洗
2	三氟乙酸溶液	约 4	约 −50			平衡
3	样品	1	约 −20	F1	5 mL-容量瓶 1	洗脱纳米微粒
4	三氟乙酸溶液	约 3	约 −50			
5	乙腈	约 4	约 −50	F2	5 mL-容量瓶 2	洗脱 API 成分

HPLC 分析:Waters XTerra RP-18(150 mm×4.6 mm,5 μm)分析柱,分析 FDCD 的流动相为乙腈–磷酸(5 mmol/L)(75∶25,体积比),分析 EDCD 和 TDCD 的流动相为甲醇–磷酸(5 mmol/L)(75∶25,体积比),等度洗脱,流速 1 mL/min,柱温 55 ℃,紫外检测波长 205 nm。

13.2.2　在药物有关物质分析中的应用

药物有关物质分析是评价药品质量、判断药品质量是否合格和保证药品有效性和安全性的关键指标,对于药物有关物质分析,不同的国家都会制定各自的技术指导原则,ICH 也发布了相关的指南(Q3A[19] 和 Q3B[20]);各国药典也规定了收录药品的有关物质分析方法和控制要求。

1. 别嘌呤醇有关物质分析

别嘌呤醇(allopurinol)目前在临床主要用于治疗原发性和继发性高尿酸血症、痛风、尿酸性肾结石和尿酸性肾病等。肼是化学药合成过程中的重要结构单元,具有毒性,在药物质量控制中要求限量在百万分之一水平。欧洲药典[21]中收录了一种测定别嘌呤醇中肼限量分析的方法,但需要长时间的样品制备和使用正相液相色谱系统。Tamás 等[22]采用衍生化及固相萃取技术分离和富集待测目标化合物,应用苯甲醛作为杂质肼的衍生化试剂,得到肼的衍生化产物苯甲醛吖嗪,苯甲醛吖嗪具有较强的紫外吸收并且可以富集在反相固定相中,使用 C18 固相萃取柱,别嘌呤醇比苯甲醛吖嗪具有更强的极性,先从 SPE 柱上洗脱下来,再使用强洗脱溶剂洗脱苯甲醛吖嗪,然后进行反相液相色谱(RPLC)分析,实现了别嘌呤醇原料药中含量为 0.0025‰的有关物质肼的限量检查。图 13-7 为经 SPE 前处理与未经 SPE 前处理的别嘌呤醇原料药样品色谱图,使用 SPE 进行样品前处理,避免了高浓度的别嘌呤醇直接注入色谱柱而产生的堵塞和过载,保证了色谱柱对杂质肼分析的高选择性。

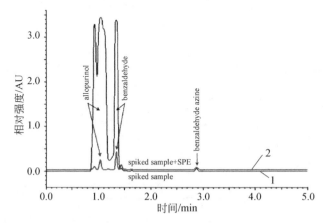

图 13-7　经 SPE 前处理与未经 SPE 前处理的标准品色谱图[22]
曲线 1 代表未经 SPE 前处理;曲线 2 代表经 SPE 前处理

样品预处理:将 50 mg 别嘌呤醇原料药溶解在 5 mL 0.2 mol/L 氢氧化钠-甲醇溶液(50∶50,体积比)中,应用苯甲醛作为杂质肼的衍生化试剂,室温条件下反应 20 min,得到肼的衍生化产物苯甲醛吖嗪。

固相萃取柱:Strata-C_{18}E,Phenomenex 公司。

柱预处理:1 mL 0.2 mol/L 氢氧化钠-甲醇溶液(50∶50,体积比)。

样品分离与富集:1 mL(10 mg/mL)经衍生化反应后的别嘌呤醇样品溶液上样,1 mL 0.2 mol/L 氢氧化钠-甲醇溶液(50∶50,体积比)洗脱别嘌呤醇,再用 1 mL甲醇洗脱待测目标化合物苯甲醛吖嗪。

HPLC 分析:Kinetex C_{18}(100 mm× 4.6 mm,2.6 μm)分析柱,流动相:水-甲醇(25∶75,体积比),等度洗脱,柱温 30 ℃,UV 检测器 300 nm。

2. 度骨化醇及其有关物质分析

度骨化醇(doxercalciferol)是合成的维生素 D 类似物,在临床上主要用于治疗慢性肾病患者继发性甲状旁腺功能亢进。Ninus Simonzadeh 等[23]建立了 SPE-RPLC 的分析方法对度骨化醇注射剂中的度骨化醇及其有关物质进行了分析。该研究应用固相萃取技术,在样品装载的过程中去除样品中的极性成分,保留了度骨化醇及其结构相关的亲脂性有关物质,度骨化醇及其相关物质(杂质 A～D)结构见图 13-8。应用 RPLC-UV 对样品进行分析。

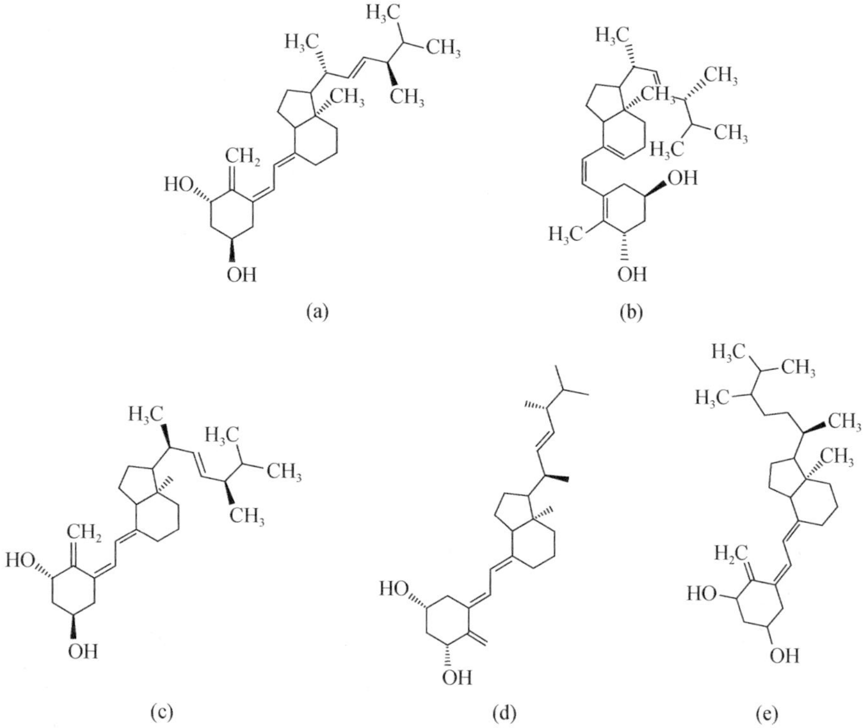

图 13-8　度骨化醇及其相关杂质的结构[23]

(a)度骨化醇;(b)杂质 A;(c)杂质 B;(d)杂质 C;(e)杂质 D

固相萃取柱:Oasis HLB Plus,Waters 公司。

柱预处理:依次使用 6 mL 甲醇,6 mL 水,1 mL/min;应用多头抽真空装置以除净水。

样品分离与富集:25 mL 度骨化醇注射液(2.0 mg/mL)上样,1 mL/min,6 mL 水洗涤,1 mL/min,3 mL 甲醇洗脱目标化合物并收集,流速<1 mL/min,待测。

HPLC 分析:Alltech Alltima HP C$_{18}$(150 mm×4.6 mm,3 μm)分析柱,流动相为乙腈和水,梯度洗脱,柱温 40 ℃,紫外检测波长 274 nm。

3. 拉莫三嗪有关物质分析

拉莫三嗪[3,5-二氨基-6-(2,3-二氯苯基)-1,2,4-三吖嗪]是一种新型抗癫痫药,其通过阻断电压依赖性钠通道和抑制谷氨酸释放以发挥其膜稳定作用。(Z)-2-(2,3-二氯苯基)-2-亚胍基乙腈(14W80)是拉莫三嗪合成过程的中间体,在拉莫三嗪的生产过程中需要检测 14W80 以监测合成途径,14W80 也是拉莫三嗪原料药中需要控制的杂质成分,图 13-9 为拉莫三嗪和 14W80 的结构。由于 14W80 在拉莫三嗪原料药中含量极低,难以直接通过 HPLC 或 LC- MS/MS 法检测,Carrier 等[24]建立了 SPE- APCI- MRM 的分析方法对拉莫三嗪原料药中的 14W80 进行分析。利用 14W80 相较于拉莫三嗪具有更强的亲脂性,应用 C_{18} 填料的 SPE 柱实现了 14W80 的富集,通过 MRM 模式对 SPE 分离富集的样品进行分析,由图 13-10 可以发现经 SPE 处理的样品在拉莫三嗪离子对通道中没有响应,在 14W80 离子对通道中具有良好的响应,表明固相萃取预处理效果良好。

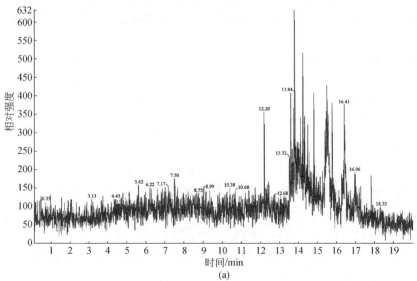

图 13-9　拉莫三嗪和 14W80 的结构[24]

固相萃取柱:Mega Bond Elute C_{18} ,Agilent 公司。

柱预处理:乙腈-水(15∶85,体积比),1%磷酸溶液。

样品分离与富集:10 mL 浓度为 20 mg/mL 的拉莫三嗪溶液上样,10 mL 含 1%(体积分数)磷酸的乙腈-水(15∶85,体积比)溶液洗脱拉莫三嗪,10 mL 乙腈洗脱 14W80,收集馏分,吹干后复溶,待测。

HPLC 分析:Luna C_{18}(50 mm×2 mm,3.5 μm)分析柱,流动相为乙腈和 0.05 mol/L 乙酸铵水溶液。梯度洗脱条件:0 ~ 10 min,15/85 乙腈/0.05 mol/L 乙酸铵水溶液-95/5 乙腈/0.05 mol/L 乙酸铵水溶液。

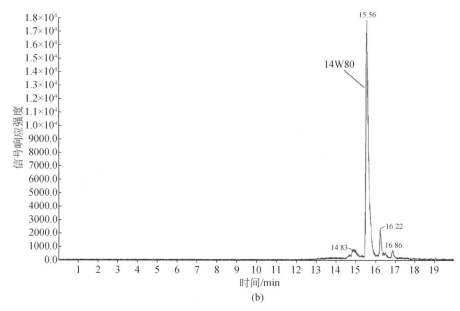

图 13-10　经 SPE 处理后样品 MRM 图[24]

(a)拉莫三嗪检测通道;(b)14W80 检测通道

质谱条件:APCI 离子源,正离子模式检测,源温度 600 ℃,14W80 的分裂电压 (fragmentation)为 80 V,碰撞能量(collision energy)为 17 eV,MRM 离子对为 m/z 229-187。

4. 阿普唑仑降解产物分析

阿普唑仑是一种苯二氮䓬类衍生物,目前临床上主要用于治疗焦虑症、抑郁症和失眠,也可作为抗惊恐药使用。Huidobro 等[25]对阿普唑仑片进行固相萃取前处理后,通过 NMR、IR、MS 和 LC-UV 等多种分析方法鉴定了阿普唑仑片中的未知杂质。鉴定得到的杂质为三唑仑喹啉(triazolaminoquinoleine),结构见图 13-11。

样品预处理:59.42 g 阿普唑仑片粉末溶解于 195 mL 的 DMSO 中,4000 r/min 离心 10 min 去除不溶性成分,上清液旋转蒸发,溶液最终浓缩至 27 mL,均分至 9 个 SPE 柱上样,每个 SPE 柱上样量为 3 mL。

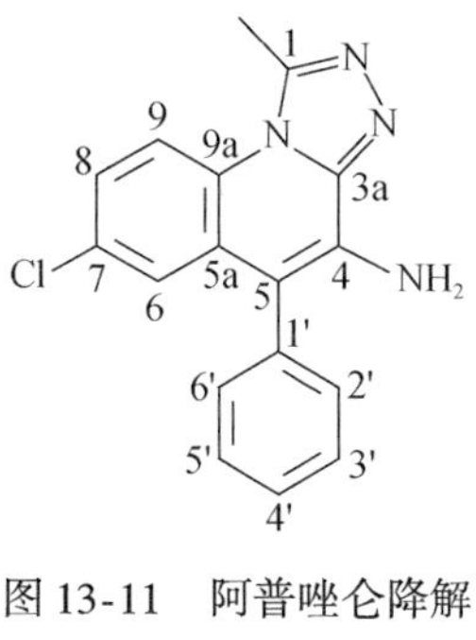

固相萃取柱:Oasis HLB LP,Waters 公司。

柱预处理:10 mmol/L 碳酸氢铵水溶液(pH 4.2)。

样品分离与富集:3 mL 阿普唑仑样品溶液上样,10 mL 碳酸氢铵水溶液(10 mmol/L,pH 4.2)洗脱阿普唑仑,10 mL 乙腈洗脱三唑仑喹啉,收集馏分,待测。

图 13-11　阿普唑仑降解
产物结构[25]

HPLC 分析:ZORBAX ODS (250 mm×9.4 mm,5 μm)半制备柱,柱温40 ℃,流动相为25 mmol/L乙酸铵水溶液(pH 4.2)–乙腈(45∶55,体积比),等度洗脱,流速为0.75 mL/min,紫外检测波长为234 nm。

5. 盐酸氯丙嗪降解产物分析

盐酸氯丙嗪为噻嗪类的代表药,为中枢多巴胺受体的阻断剂,具有多种药理活性。Landis[26]建立了 HPLC-SPE-NMR 的分析方法对盐酸氯丙嗪的降解产物进行分析。电中性的氯丙嗪原型化合物在降解过程中会产生带正电荷的氧化反应降解产物,该研究将正离子交换固相萃取技术用于氯丙嗪中降解产物富集,分离得到的降解产物经 HPLC 和 NMR 分析后鉴定为氯丙嗪亚砜。氯丙嗪及其降解产物的结构和 HPLC 色谱图见图 13-12。

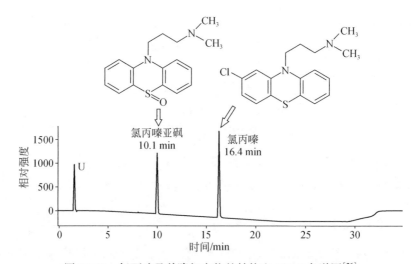

图 13-12　氯丙嗪及其降解产物的结构和 HPLC 色谱图[26]

样品预处理:在 20 mL 盐酸氯丙嗪溶液(0.15 mmol/L)中加入 5 mL 甲醇–水(4∶1,体积比)溶液,加入搅拌子后在 0 ℃冰水浴中反应,再在混合体系中加入16 mL 32%(体积分数)过乙酸乙酸溶液,搅拌 20 min,加入氢氧化钠调节 pH 为7.8,将最终 1 mL 的反应液用于 SPE 上样。

固相萃取柱:Oasis MCX,1 mL,80Å,30 μm,Waters 公司。

柱预处理:5 mL 乙腈–水(1∶1,体积比)溶液。

样品分离与富集:1 mL 的反应液 SPE 上样后,用 5 mL 0.1 mol/L 的磷酸盐缓冲液(pH 7.4)洗涤,再加入 5 mL 乙腈洗涤,最终用 5 mL 0.1 mol/L 氢氧化钡–乙腈(1∶1,体积比)溶液洗脱目标化合物,待测。

HPLC 分析:Waters Symmetry RP-8(4.6 mm×100 mm,3 μm)分析柱,流动相为13 mmol/L 三氟乙酸(pH 1.5)和乙腈溶液,梯度洗脱,流速 0.8 mL/min,分析时长

34 min,柱温 25 ℃。

13.3　固相萃取技术在抗体药物分析中的应用

抗体药物以其安全、有效、特异性高等优点,成为国际医药市场上的一类重要药物,为人类治疗肿瘤等疾病提供了有效治疗手段。2017 年全球药品销售额前十名中,单克隆抗体、多肽及融合蛋白等治疗类生物制品占据七席,随着抗体药物、抗体偶联药物及生物类似药研究的不断深入,亟须开发针对具有异质性、结构复杂的生物大分子的高专属性和高灵敏度的分析方法。本节主要介绍固相萃取技术在单克隆抗体、抗体偶联药物分析中的应用及其进展。

13.3.1　抗体偶联药物中的痕量游离小分子检测

抗体偶联药物(antibody drug conjugate,ADC)由单克隆抗体和小分子细胞毒性药物通过化学连接子连接,兼顾了单克隆抗体的选择性和小分子药物的细胞毒作用。ADC 会在生产和储存过程中产生痕量的游离小分子细胞毒药物,这些高细胞毒性药物在增加了患者风险的同时,降低了 ADC 的治疗窗口。因此,ADC 体外稳定性,即游离小分子含量是评价 ADC 安全性和有效性的重要指标。目前的研究采用分子排阻液相色谱(SEC-HPLC)和液相色谱串联质谱(LC-MS/MS)等方法检测 ADC 中游离小分子药物,灵敏度较差、方法优化空间小等是该类分析方法建立的瓶颈。

Svetlana 等[27]分析了三种候选澳瑞他汀(Auristatin)类抗体偶联药物 cBR96-AEVB、cBR96-Val-Cit-MMAE、cBR96-Phe-Lys-MMAE 的游离小分子—甲基澳瑞他汀 E(monomethylauristatin E,MMAE)和澳瑞他汀 E(auristatin E,AEVB)含量,研究三种候选 ADC 的血浆稳定性特征。该方法利用固相萃取技术,对于样品中的痕量 ADC 游离小分子细胞毒性药物进行了特异性的富集,方法流程如下。

样品预处理:取体外血浆孵育 ADC 样品 50 μL,加入 2.9 mol/L 磷酸 10 μL,混匀后待上样。

固相萃取柱:Oasis MCX,3 mL,Waters 公司。

柱预处理:加入 1 mL 水。

样品分离与富集:处理后样品直接上样,1 mL 水洗涤,5%(体积分数)氨水的甲醇溶液 1 mL 洗脱目标化合物并收集,待测。

固相萃取后采用 C$_{18}$色谱柱对待测物进行分离,如图 13-13 所示,cBR96-Val-Cit-MMAE 和 cBR96-Phe-Lys-MMAE 两种偶联 MMAE 的 ADC 相比偶联 AEVB 的 cBR96-AEVB 具有更好的血浆稳定性,游离小分子药物比例更低。对比 Val-Cit 和 Phe-Lys 连接子,Val-Cit 连接子具有更好的稳定性。本方法利用 Oasis MCX SPE 柱的混合型强阳离子交换反相吸附剂,对碱性小分子特异性截留洗脱,实现了对于

ADC 痕量游离小分子的富集和分析。

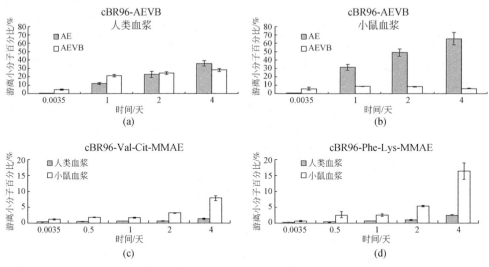

图 13-13　三种 ADC 候选物的血浆稳定性特征[27]

　　Robert 等[28]建立了在线固相萃取–高效液相色谱串联质谱(SPE-HPLC/MS)法检测 ADC 药物 Adcetris 模拟物 AFC 中的痕量小分子丹磺酰磺胺乙胺(DSEA)及 Mal-linker-DSEA,NAc-linker-DSEA 两种连接子–小分子复合物。采用 ACQUITY H-Class Bio 二维液相色谱仪,构建了第一维采用 Oasis MAX SPE 柱(2.1 mm×20 mm,30 μm),第二维采用 Porous C_{18} 色谱柱(2.1 mm×50 mm,2.7 μm)的二维液相系统,系统构建如图 13-14 所示。

　　用 Oasis MAX 系列 SPE 柱的混合型阴离子交换反相吸附剂实现了对于 ADC 样品中复杂混合物的分离,有效地去除蛋白。第一维液相中,采用 18%(体积分数)乙腈水溶液[含 0.2%(体积分数)甲酸]上样 SPE 柱,带有正电荷的 ADC 及未偶联抗体不在柱上保留,被洗脱出液相系统,而痕量残留小分子则通过阴离子交换作用吸附在柱上,再通过 36%(体积分数)乙腈水溶液[含 0.2%(体积分数)甲酸]对 SPE 柱进行洗脱,将柱上的痕量小分子洗脱至液相系统内。经过柱上稀释后,进入第二维,用 C_{18} 色谱柱分离分析。如图 13-15 所示,采用在线固相萃取的二维液相方法,ADC 模拟物 AFC 的两种小分子残留 Mal-linker-DSEA 和 NAc-linker-DSEA 可以在实际样品中被检测,检测限均达到 1.5 ng/mL(柱上 1.5 pg),相比于之前的方法分别提高了 125 倍和 250 倍。同时,方法缩短了 ADC 药物痕量小分子的前处理时间,简化了分析流程,为 ADC 成药性及临床前研究阶段关键性的痕量小分子细胞毒性药物分析和控制提供了具有高特异性和灵敏度的分析手段。

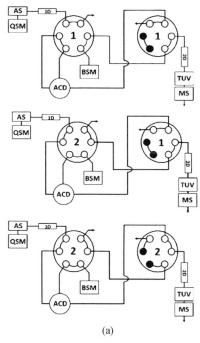

柱管理：事件表		
时间 (min)	事件	动作
0	左阀	位置1
0	右阀	位置1
12.00	左阀	位置2
12.01	右阀	位置2
17.50	右阀	位置1
17.51	左阀	位置1

(a)　　　　　　　　　　　　　　　　　(b)

图 13-14　SPE-HPLC/MS 系统组成示意图[28]

（a）在线固相萃取及 2D 液相系统柱切换示意图；（b）六通阀位置切换时间表；

AS. 自动进样器；QSM. 四元泵；ACD. 柱上稀释；BSM. 二元泵；TUV. 紫外检测器；MS. 质谱检测器

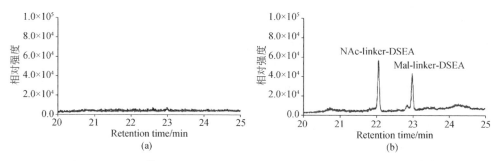

图 13-15　ADC 模拟物 AFC 实际样品分析色谱图（3 平行样品叠加图）[28]

（a）空白对照；（b）AFC 样品

13.3.2　单克隆抗体生物类似药的 N-糖基化修饰研究

单克隆抗体作为一种生物靶向药物,因其特异性强、耐受性好等特点,在肿瘤治疗中占有越来越重要的地位,随着单克隆抗体创新药的专利到期,单克隆抗体生物类似药研究成为焦点。除了对于生物类似药蛋白一级序列的严格控制,对于蛋白质糖基化等翻译后修饰特征的分析也尤为重要,N-糖基化修饰影响蛋白质的溶解度、稳定性、组织靶向性和免疫原性等关键特性,是生物类似药安全性和有效性研究的重要组成部分。

由于 N-糖的高极性特征,采用传统前处理方法难以将待测 N-糖和荧光标记、多肽片段等干扰实现良好分离,传统的 N-糖基化分析方法在灵敏度、基质干扰等方面存在不足,Xie 等[29]建立了基于 2-氨基苯甲酰胺(2-aminonbensamide,2-AB)荧光标记的亲水作用液相色谱–荧光–电喷雾电离质谱(HILIC-fluorescence-ESI-MS)法分析曲妥珠单抗及生物类似药候选物的 N-糖基化特征。采用基于 HILIC 体系的 μElution SPE 96 孔板对高极性的 N-糖组分进行特异性截留和洗脱,解决了分析关键待测目标 N-糖的瓶颈问题。

样品预处理:用 RapiGest SF 变性,二硫苏糖醇(dithiothreitol,DDT)还原蛋白通过加入 PNGase F 并在 37 ℃温育过夜使抗体的 N-端糖肽去糖基化。使用 μElution SPE 提取释放的 N-糖。随后用 2-AB 进行标记。再用 HILIC SPE 去除过量的 2-AB 标记试剂。

固相萃取板:GlycoWorks HILIC μElution SPE 96 孔板,Waters 公司。

柱预处理:每孔加入 200 μL 水,200 μL 85%(体积分数)乙腈水溶液。

样品分离与富集:每孔 400 μL 乙腈稀释样品上样,用 600 μL 90%(体积分数)乙腈水溶液 [含 1%(体积分数)甲酸] 洗涤两次,30 μL 5%(体积分数)乙腈水溶液(含 200 mmol/L 乙酸铵)洗脱目标化合物,用 100 μL 二甲基甲酰胺和 210 μL 乙腈稀释洗脱物,混匀后,待测。

HILIC-fluorescence-ESI-MS 分析采用 Waters ACQUITY UPLC 色谱仪,ACQUITY UPLC BEH Amide 色谱柱(2.1 mm×150 mm,1.7 μm,130 Å),流动相为乙腈–100mmol/L 甲酸铵水溶液,梯度洗脱。质谱分析采用 Waters SYNAPT HDMS 质谱仪,ESI+ 模式,分辨率在 m/z 600~5000 范围内为 20000。荧光检测器检测波长为 Ex 265 nm/Em 425 nm;扫描速率为 5 Hz。

基于建立的 HILIC-fluorescence-ESI-MS 法,结合 2-AB 荧光标记,对于释放的 N-糖进行了准确的定量分析,结合肽图证实了糖基化差异。创新药和生物类似药之间的主要区别在于 G0F 和 G1F 两 N-糖的比例[图 13-16(b)]。除了准确和灵敏地定量之外,该方法的另一个优点是能够分辨 N-糖的异构体,如 G1Fa 和 G1Fb,以及 G1a 和 G1b[图 13-16(a)]。而质谱分析未标记的游离 N-糖则阐明了游离的 N-糖结构(图 13-17)。该方法的建立为生物类似药的糖基化研究提供了基础,2-AB 荧光标记的 N-糖通过高性能的 HILIC SPE 96 孔板提取,提升了方法的灵敏度,也简化了之前方法的复杂操作流程。

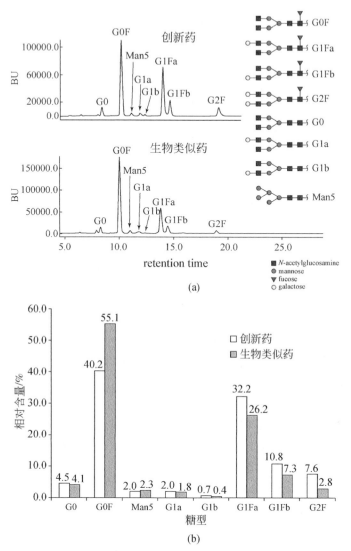

图 13-16 创新药和生物类似药 N-糖基化特征的液相色谱串联荧光检测器分析[29]

(a)2-AB 标记的 N-糖荧光色谱图;(b)通过荧光色谱峰面积定量 2-AB 标记的 N-糖的相对含量

为满足单克隆抗体 N-糖分析的实际需求,铁偲等[30]建立了稳定、灵敏、可靠的超高效液相色谱串联高分辨质谱(UHPLC-HRMS)法,采用全新的肼基衍生化试剂 T3,结合固相萃取技术,分析单克隆抗体实际样品中的 N-糖,并探讨了 N-糖衍生化效果及其在单克隆抗体药物分析中的实际应用。

样品预处理:将 5 mg 糖蛋白溶于 100 μL 的 20 mmol/L 碳酸氢铵缓冲溶液中,加入 100 mmol/L DTT 溶液 2.5 μL,65 ℃孵育 1 h。加入 100 mmol/L 的碘乙酰胺

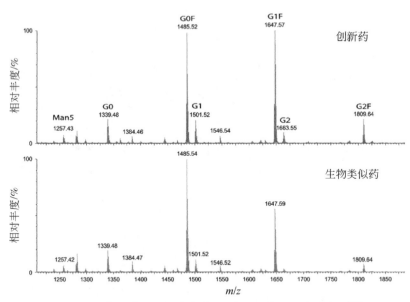

图 13-17　创新药和生物类似药 N-糖基化特征的质谱分析[29]

溶液 10 μL, 20 ℃避光孵育 1 h, 加入 100 mmol/L DTT 溶液 2.5 μL, 20 mmol/L 碳酸氢铵缓冲溶液 150 μL, PNGase F 1 μL, 37 ℃孵育 18 h。

固相萃取柱: Oasis HLB, 1 mL, Waters 公司。

柱预处理: 1 mL 甲醇, 1 mL 水。

样品分离与富集: 将酶切后糖蛋白样品直接上样 SPE 柱并收集。高极性 N-糖在 HLB 柱上难保留从而直接洗脱, 蛋白质及其他小分子则在 SPE 柱上保留, 从而达到分离纯化的目的, 将收集液真空浓缩。

衍生化及 LC-MS/MS 分析: 取固相萃取后干燥 N-糖样品适量(相当于糖蛋白 5 mg), 加入衍生化试剂 T3 溶液 10 μL, 涡旋振荡至溶解, 37 ℃孵育 2 h, 加入乙腈 10 μL, 离心后取上清液进行 UHPLC-HRMS 分析。在 Dionex UHPLC 色谱仪上采用 XBridge BEH Amide 色谱柱对 N-糖进行分离。流动相为乙腈–100 mmol/L 甲酸铵水溶液, 梯度洗脱。采用 Q Exactive 质谱仪, 扫描范围 800~2000 Da, 分辨率 70000。

采用 Oasis HLC SPE 技术去除了糖蛋白酶切过程中产生的大量蛋白质及其他小分子。如图 13-18 所示, 基于固相萃取技术和新型衍生化试剂, N-糖检测灵敏度得到了大幅度提升, 降低了分析所需样品量。该方法条件温和、灵敏度高、结果准确、过程简便, 可以有效地提高实际应用中单克隆抗体 N-糖分析的效率, 是极具潜力的单克隆抗体药物糖基化修饰均质性分析方法。

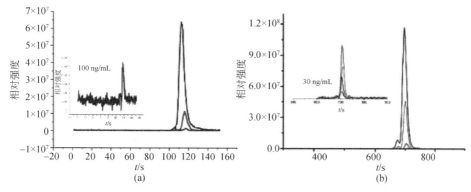

图 13-18　基于固相萃取和不同衍生化试剂的 UHPLC-HRMS 分析图[30]

(a)2-AB;(b)T3 衍生的麦芽五糖

13.3.3　固相萃取新技术在抗体药物分析中的应用

近年来,固相萃取已向更微量、更专属、更具选择性的方向发展,如免疫亲和固相萃取(immunoaffinity solid-phase extraction,IASPE)[31]、磁性固相萃取(magnetic solid phase extraction,MSPE)[32]等技术均被报道应用于多肽及蛋白质等生物大分子的研究中。Anne 等[32]建立了基于磁性固相萃取的 LC-MS/MS 方法分析生物基质中英夫利昔单抗的通用流程:将 25 μL 大鼠血浆作为模拟基质的单克隆抗体生物样品加入含 50 μL 蛋白 A(protein A)磁珠的 200 μL PBS 缓冲溶液中,37 ℃孵育1 h 后使用磁力架将磁珠与溶液分离。使用 pH 2.5 的 50 μL 100 mmol/L 甘氨酸从磁珠上洗脱蛋白质,采用 Tris 缓冲溶液调节 pH 并加入内标稳定同位素肽(24 ng/mL)。用 50 mmol/L 二硫苏糖醇还原并用 85 mmol/L 碘乙酰胺烷基化后,再加入 20 μg 胰蛋白酶,37 ℃下温育 2.5 h。最后,加入 200 μL 0.1%(体积分数)甲酸的乙腈,进样 LC-MS/MS 分析。该方法利用磁珠上包被的具有特征单克隆抗体吸附能力的蛋白 A,从生物基质中特异性提取单克隆抗体,通过酶切后进样 LC-MS/MS 分析,基于 MRM 模式检测单克隆抗体的特征肽段,结合稳定同位素内标肽,使该方法灵敏、特异性好、定量准确,对于英夫利昔单抗的分析定量下限达到了 100 ng/mL,可以满足单克隆抗体药物开发阶段的研究需求。该方法是固相萃取新技术在单克隆抗体研究中的代表性尝试,具有很重要的参考价值。

SPE 技术的出现使生物大分子药物样品预处理的过程简化,同时具有溶剂用量少、萃取回收率高、分析速度快、提高分析灵敏度等优点。但由于抗体类药物的高分子量和异质性特征,传统 SPE 原理并不适用于生物大分子药物的直接分离纯化。因此目前对于生物大分子药物研究中的 SPE 技术的应用仍局限于抗体药物相关的小分子分析或是将多肽类药物或糖肽等视作小分子进行 SPE 方法的开发,存在一定的局限性,如不耐高温、方法专属性差等。

13.4　固相萃取技术在药物代谢动力学研究中的应用

药物代谢动力学是研究药物在体内的含量随时间变化规律的科学。药物代谢动力学主要研究机体对药物处置的动态变化,包括药物在机体内吸收、分布、代谢及排泄过程。药物代谢动力学在药物治疗、临床药理、分子药理、毒理学、生物药剂、分析化学和生物化学等多个领域中均有应用,并且渗透到药物开发的各个环节,如药物评价、先导化合物设计、剂型改进和临床给药方案优化等,具有重要价值。

13.4.1　药物代谢动力学研究中主要样品种类和干扰基质

在药物代谢动力学研究中,常见的样品包括人或动物的体液(全血、血浆、血清、唾液、胆汁等)、人或动物的组织(皮肤、内脏、毛发、肌肉、脂肪等),以及尿液、粪便等排泄物。生物样本基质组成复杂,含有很多干扰药物及其代谢物分析的成分。血浆、血清等样品中的主要干扰物为蛋白质、多肽、氨基酸和磷脂等。组织样品中的主要干扰物与血浆类似,也以蛋白质、多肽、甘油酯和磷脂为主,并且甘油酯和磷脂对分析的影响要大于血浆和血清样品。通常尿液中蛋白质含量较低,对于目标化合物的干扰主要来自体内物质,尤其是一些极性较大的代谢物。上述这些干扰物一方面可能在色谱分离中产生与目标化合物的色谱峰重叠的干扰峰;另一方面会影响目标化合物在质谱仪离子源中的离子化效率,产生基质效应,进而影响目标化合物定性和定量分析的准确性。因此,在开展药物代谢动力学研究时必须对生物样品进行必要的前处理。

13.4.2　固相萃取在生物样品前处理中的优势

固相萃取在药物代谢动力学研究中有着广泛应用,其优势体现在以下几方面。①样品富集和净化程度高,可以有效去除样本基质中的干扰物,富集和纯化待测目标化合物。在生物样本分析中,内源性化合物对待测目标化合物分离和检测的干扰是主要问题,特别是采用质谱作为检测手段的定量分析,必须克服基质效应。②可供选择的固相萃取柱类型很多,包括:反相固相萃取(C_{18}、C_8、苯基等)、离子交换固相萃取(SCX、SAX、PCX、PAX 等)、正相固相萃取(氨基、腈基等)、聚合物固相萃取等。分析对象涵盖了从非极性到强极性的各类药物及代谢物,研究人员可以根据样品特点和目标化合物的性质进行选择,以及优化分离富集的条件。③易实现自动化和高通量操作,药物代谢动力学研究往往需要对一组或多组受试对象采集不同时间点的生物样本,样品数量较多。因此,在测定大批量样品时,快速高效的样品前处理方法非常必要。固相萃取的自动化已广泛应用,主要包括固相萃取板(24 孔、96 孔等)、固相萃取装置和在线固相萃取仪等。这些技术不仅大大提高工作效率,还减少了人为操作造成的误差。

13.4.3　药物代谢动力学研究中常用固相萃取技术的选择

药物代谢动力学研究中常采用的样品前处理技术包括:蛋白沉淀法、液-液萃取法、固相萃取法等,表 13-4 列举了常用的生物样品前处理方法。固相萃取技术可直接用于大多数液体生物样品(血清、血浆、尿液等)的前处理。固体、半固体样品(组织、细胞、粪便等)经过匀浆和液-液萃取处理后也可使用固相萃取进行分离和富集。此外,采用基质固相萃取技术将吸附材料与固体样品一同研磨,然后选择一定溶剂淋洗除去干扰物,再选用某种洗脱液将目标化合物洗脱并收集,可以实现直接从固体样品中提取和净化目标化合物。

表 13-4　常用的生物样品前处理方法

样品类型	干扰物	目标化合物	前处理方法	特点
血清、血浆	蛋白质、多肽、磷脂	强极性化合物	蛋白沉淀	方法简单,可实现高通量;净化效果较差,磷脂、甘油酯不易去除
			MAS(多重机制杂质吸附固相萃取法)	适用于各类中性或离子型目标化合物;净化效果优于蛋白沉淀;方法简便、快速,可实现高通量分析
			离子交换固相萃取(SCX、SAX、PCX、PAX)	较好净化效果,可实现高通量;只适用于易离子化的目标化合物
		中等极性/弱极性化合物	蛋白沉淀	方法简单,可实现高通量;净化效果较差,磷脂、甘油酯不易去除
			液-液萃取	单一液-液萃取不易去除磷脂、甘油酯等;双向液-液萃取净化效果较好,可有效除去磷脂、甘油酯等,但步骤复杂,不易实现高通量;易出现乳化问题
			固相媒介液-液萃取	方法简便,避免出现乳化问题;易实现高通量;除磷脂和甘油酯效果有限
			反相固相萃取	较好净化效果;可实现高通量自动化
			混合固定相(离子交换/反相)萃取	可达到最佳的净化效果;可实现高通量自动化
			MAS	可得到较好的净化效果;方法简单,易开发和操作;易实现高通量自动化

样品类型	干扰物	目标化合物	前处理方法	特点
尿液	代谢物、盐类	强极性化合物	离子交换固相萃取(SCX、SAX、PCX、PAX)	较好净化效果,可实现高通量;只适用于易离子化的目标化合物
			MAS	适用于各类中性或离子型目标化合物;与上述离子交换法互补;方法简便、快速,可实现高通量自动化
		中等极性/弱极性化合物	液-液萃取	双向液-液萃取效果较好,可同时除去强极性和弱极性干扰物,但步骤复杂,不易实现高通量;容易出现乳化问题
			固相媒介液-液萃取	方法简便,避免出现乳化问题;易实现高通量自动化
			反相固相萃取	较好净化效果;可实现高通量自动化
			混合固定相(离子交换/反相)萃取	可达到最佳的净化效果;可实现高通量自动化
			MAS	可得到较好的净化效果;方法简单,易开发和操作;易实现高通量自动化
组织、细胞	蛋白质、多肽、磷脂	强极性化合物	溶液提取/蛋白沉淀净化	方法简单,可实现高通量;净化效果较差,磷脂、甘油酯不易去除
			溶液提取/MAS	适用于各类中性或离子型目标化合物;净化效果优于蛋白沉淀;方法简便、快速,可实现高通量自动化
			溶液提取/离子交换固相萃取(SCX、SAX、PCX、PAX)	较好净化效果,可实现高通量;只适用于易离子化的目标化合物
		中等极性/弱极性化合物	溶液提取/蛋白沉淀	方法简单,可实现高通量;净化效果较差,磷脂、甘油酯不易去除
			溶液提取/液-液萃取	单一液-液萃取不易去除磷脂、甘油酯等;双向液-液萃取效果较好,可有效除去磷脂、甘油酯等,但步骤复杂,不易实现高通量;易出现乳化问题
			溶液提取/固相媒介液-液萃取	方法简便,避免出现乳化问题;易实现高通量自动化;除磷脂和甘油酯效果有限

续表

样品类型	干扰物	目标化合物	前处理方法	特点
组织、细胞	蛋白质、多肽、磷脂	中等极性/弱极性化合物	溶液提取/反相固相萃取	较好净化效果;可实现高通量自动化
			溶液提取/混合固定相(离子交换/反相)萃取	可达到最佳的净化效果;可实现高通量自动化
			溶液提取/MAS	可得到较好的净化效果;方法简单,易开发和操作;易实现高通量自动化
			基质固相分散萃取	可省去提取步骤;净化效果与固相萃取接近;不易实现高通量自动化;不易得到较好的重现性

对于非离子型化合物,根据目标化合物极性,优先使用极性相似的固相萃取柱,如弱/非极性化合物选用 C_{18}、C_8、C_2 和苯基等非极性柱,极性较强的化合物则使用氰基和氨基柱。另外,对于非水溶液提取的固体生物样品,可以根据化合物的 pK_a 选择合适的萃取柱。例如,目标化合物是酸性化合物,可以选择 Oasis MAX 柱、HyperSep™ Retain-AX 柱、Strata® SAX 柱、Cleanert PAX 柱等;碱性化合物可以选择 Oasis MCX 柱、HyperSep™ Retain-CX 柱、Strata® SCX 柱、Cleanert PCX 柱等。

对于某些弱酸或弱碱性化合物,还可以通过调节缓冲溶液的 pH,采用 C_{18} 等非离子型萃取柱富集。对于离子型化合物,还可采用反相材料和离子交换材料混合相,实现同时使用非极性和离子交换机理进行净化的目的,达到更佳的净化效果,如 Strata® Screen-A、Strata® Screen-C 等。对于水溶性目标化合物,可以选择 HyperSep™ Hypercarb™ SPE 柱,具有独特的石墨碳填料,适用于极性化合物的保留和分离;Cleanert PEP-2 柱,对于大多数水溶性化合物均有较好的吸附,并且对于可离子化目标化合物,不需要通过调节 pH 来降低离子化程度,使用更方便。另外,基质效应是采用 LC-ESI-MS/MS 开展药物代谢动力学研究需要克服的问题,其中磷脂是生物样品中产生基质效应的主要干扰物质,目前已经有商品化的除磷脂样品净化柱,可以较好地去除磷脂,克服基质效应,提高方法的准确性、稳定性和可靠性,如 Ostro Phospholipid Removal Plate、Cleanert MAS-C 等磷脂去除系列 SPE 柱等。此外,Beta-Gone Beta Glucuronidase Removal 萃取柱还可以快速有效地去除生物样本中的 β-葡萄糖醛酸糖苷酶,防止样品在处理和分析过程中 II 相代谢物的水解。

13.4.4 固相萃取在药物代谢动力学研究中的应用举例

近年来部分药物代谢动力学研究中的固相萃取样品前处理方法见表13-5。下面就化学药、中药和蛋白药物各举一例来说明固相萃取在药物代谢动力学研究中的应用。

表 13-5　部分药物代谢动力学研究中的固相萃取样品前处理方法

样品类型	目标化合物	固相萃取柱类型	参考文献
人血清	依那普利、依那普利拉和苯那普利	Oasis MCX 和 MAX	[33]
大鼠血浆	育亨宾	Poly(AA-EGDMA)PEEK	[34]
人尿液	司坦唑醇及其代谢物	Oasis HLB	[35]
小鼠血浆、组织	普拉克索	弱阳离子交换 SPE	[36]
大鼠血浆、脑组织	小续命汤有效部位中 21 种有效成分	Ostro™ 96 孔 SPE 板	[37]
小鼠血浆、肝脏、肾脏	雷公藤甲素及其 45 种代谢物	Qasis HLB	[38]
大鼠血浆	9 种人参皂苷和 7 种蟾皮二烯内酯	Qasis HLB	[39]
人血浆	缓激肽	Oasis WCX	[40]
人血浆	4 种合成胰岛素	Oasis HLB μElution 96 孔 SPE 板	[41]

1. 在育亨宾药物代谢动力学研究中的应用

育亨宾是一种由天然产物衍生得到的治疗男性勃起功能障碍的新型化合物，其药物代谢动力学研究在新药开发中具有重要意义。Xiang 等[34]开发了一种新型在线固相微萃取–高效液相色谱(online SPME-HPLC)方法，用于分析大鼠血浆中的育亨宾，并进一步用于药物代谢动力学研究。

样品预处理：如图 13-19 所示，取 0.2 mL 加内标的大鼠血浆，加入 0.6 mL 的 5%(体积分数)三氯乙酸溶液沉淀蛋白，涡旋，4000 g 离心 10 min。上清液采用氢氧化钠溶液调节 pH 至 8。加入磷酸盐缓冲溶液(pH 8)至 2.0 mL。

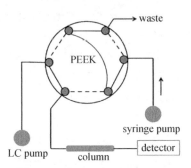

图 13-19　基于 PEEK 管萃取柱的在线 SPME-HPLC 系统原理图[34]

固相萃取柱：采用诱导聚多巴胺法活化 PEEK 管内表面，并在 PEEK 管内将丙烯酰胺–二甲基丙烯酸乙二醇酯(AA-EGDMA)单体聚合，并与 PEEK 管内表面进行化学结合。

血浆样本分离与富集:PEEK 管萃取柱连接到 HPLC 上。当六通阀设定为载样模式时,使用注射泵以 0.2 mL/min 的速率上样,样品流经 PEEK 管萃取柱,干扰物不被保留,清洗至废液瓶。当六通阀切换到注射模式时,待测目标化合物被流动相洗脱进入 LC 柱进行分离,紫外检测器检测。

HPLC 分析:色谱柱为 GL Science C_{18}(4.6 mm×150 mm,5 μm)。流动相为 10 mmol/L KH_2PO_4 水溶液–乙腈(1∶1,体积比),等度洗脱。柱温 25 ℃;流速 0.5 mL/min;检测波长 220 nm。

在该研究中,育亨宾和内标小檗碱可以吸附在基于氢键作用的聚合物 AA-EGDMA 填料上,pH 是一个主要影响因素。研究者考察了 pH6.0 ~ 9.0 的样品溶液,发现育亨宾的提取效率随着 pH 的增加而增加,这可能是由于在较高 pH 下可以更好地形成氢键。但是强碱性条件不利于育亨宾结构中酯键的稳定性。因此,最终将样品溶液的 pH 调节为 8.0。经过其他条件的进一步优化,研究者建立了在线固相微萃取–高效液相色谱法测定大鼠血浆中的育亨宾,并用于其临床前药物代谢动力学研究。图 13-20 是大鼠灌胃给予育亨宾后的血浆药时曲线。

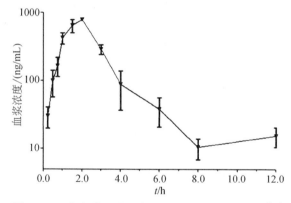

图 13-20　大鼠灌胃给予育亨宾后的血浆药时曲线[34]

2. 在小续命汤有效部位中 21 种有效成分的药物代谢动力学研究中的应用

传统中药复方小续命汤首载于唐代孙思邈所著的《备急千金要方》,用于治疗中风及其后遗症,且疗效显著。王彩虹等[37] 研究了小续命汤有效部位体内吸收成分及其代谢物,采用反向分子对接技术,发现大鼠血浆和脑组织中有 21 个暴露量较高且具有潜在的治疗活性的化合物(芍药苷、升麻苷、阿魏酸、升麻素、5-O-甲基维斯阿米醇苷、甘草苷、肉桂酸、黄芩苷、黄芩素、汉黄芩素、白杨素、甘草酸、甘草次酸、麻黄碱、伪麻黄碱、甘草素、汉黄芩苷、异甘草苷、千层纸素 A-7-O-葡萄糖醛酸苷、千层纸素 A、5-O-甲基维斯阿米醇),因此将这些化合物作为药物代谢动力学研究的目标化合物,采用高效液相色谱串联质谱技术,建立了定量测定小续命汤有效部位灌胃给药后,大鼠脑组织和血浆中 21 个目标化合物的分析方法,方法如下。

样品预处理:取 100 μL 大鼠血浆,加入 10 μL 抗坏血酸溶液和 300 μL 含内标的 1% 甲酸的乙腈溶液,涡旋 30 s,1721 g 离心 10 min,取上清液。取脑组织准确称量,加入 5 倍量含内标的 1%(体积分数)甲酸的乙腈溶液,匀浆,1721 g 离心 10 min,取上清液。

固相萃取柱:Ostro™ 96 孔 SPE 板,25 mg,1/P kg,Waters 公司。

血浆样本分离与富集:取 100 μL 大鼠血浆,加入 10 μL 抗坏血酸溶液和 300 μL含内标的 1%(体积分数)甲酸的乙腈溶液,涡旋 30 s,1721 g 离心 10 min,取上清液过固相萃取板并收集,用于 21 个目标化合物的测定。

脑组织样本分离与富集:取脑组织准确称量,加入 5 倍量含内标的 1%(体积分数)甲酸的乙腈溶液,匀浆,1721 g 离心 10 min,取上清液过 SPE 柱并收集,取其中 50 μL 洗脱液用于麻黄碱和伪麻黄碱的测定。取 500 μL 洗脱液,氮气吹干,残渣加 50 μL 75%(体积分数)乙腈溶液[含 1%(体积分数)甲酸]复溶后用于其余 19 个目标化合物的测定。

HPLC-MS/MS 分析:①麻黄碱和伪麻黄碱的测定。色谱柱为 CAPCELL PAK Phenyl UG120(2.0 mm×150 mm,5 μm)。流动相:A 液[0.1%(体积分数)甲酸水溶液]和 B 液[0.1%(体积分数)甲酸的乙腈],等度洗脱:A 液:B 液=95:5(体积比)。进样量 1 μL;柱温 30 ℃;流速 0.4 mL/min。②其余 19 个目标化合物的测定。色谱柱为 CAPCELL PAK C$_{18}$ IF(2.0 mm×50 mm,2 μm)。流动相:A 液(水,含 0.1% 甲酸和 0.08 mmol/L 甲酸铵)和 B 液[乙腈:甲醇:水=2:2:1,体积比,含 0.1%(体积分数)甲酸和 0.08 mmol/L 甲酸铵],梯度洗脱。进样量 1 μL;柱温 35 ℃;流速 0.4 mL/min。

质谱条件:ESI 源;正负离子检测模式;干燥气压力 40 psi;干燥气流速 9.0 L/min;喷雾电压 4.0 kV;干燥气温度 350 ℃;Delta EMV 电压 500 V;监测模式为 MRM。

由于 21 个目标化合物的结构类型多样,传统的液-液萃取方法难以选择一种合适的有机溶剂将其同时充分提取,所以考虑使用沉淀蛋白的方法进行前处理。但是将混合对照品溶液加到乙腈沉淀处理后的空白血浆样品后,发现黄芩素、黄芩苷和甘草酸的质谱响应下降非常明显。考虑到黄芩苷和黄芩素结构中有多个酚羟基,易被氧化,研究者在血浆中加入了 1% 抗坏血酸对其进行保护,结果二者在血浆中的响应恢复到在乙腈溶液中的响应水平。而甘草酸保留时间相对靠后,推测它的基质效应可能由磷脂引起,因此采用母离子扫描模式选择性监测磷脂,发现磷脂是甘草酸检测基质效应中产生的干扰物质,通过优化色谱条件发现,在不显著增加分析时间的前提下,很难将磷脂和甘草酸分离。因此采用了 Ostro™ 96 孔 SPE 板将磷脂除去。如图 13-21 所示,经除磷脂板处理后脑组织中的磷脂量显著下降。方法验证也表明,去除脂质后,甘草酸的基质效应被消除。图 13-22 是 21 种有效成分在大鼠血浆中的 MRM 叠加图,图 13-23 是 9 种有效成分在血浆和脑组织中的药时曲线。

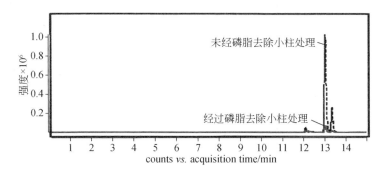

图 13-21　大鼠脑组织样本在采用除磷脂柱处理前后的磷脂 TIC 图比较[37]

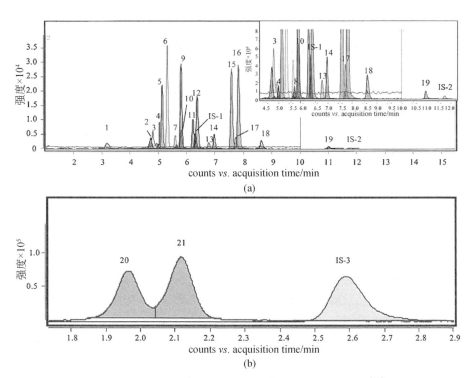

图 13-22　21 种有效成分在大鼠血浆中的 MRM 叠加图[37]

1. 芍药苷;2. 升麻苷;3. 阿魏酸;4. 异甘草苷;5. 升麻素;6. 5-*O*-甲基维斯阿米醇苷;7. 甘草苷;8. 肉桂酸;9. 5-*O*-甲基维斯阿米醇;10. 黄芩苷;11. 千层纸素 A-7-*O*-葡萄糖醛酸苷;12. 汉黄芩苷;13. 汉黄芩素;14. 甘草素;15. 汉黄芩素;16. 千层纸素 A;17. 白杨素;18. 甘草酸;19. 甘草次酸;20. 麻黄碱;21. 伪麻黄碱;IS. 内标

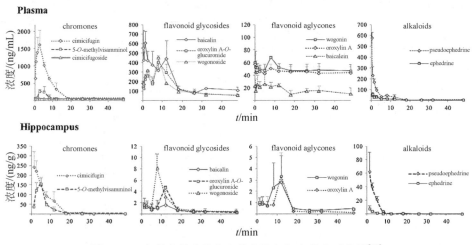

图 13-23　9 种有效成分在血浆和脑组织中的药时曲线[37]

3. 在人血浆中完整胰岛素的快速分析方法建立中的应用

多肽药物是一类重要的治疗类生物制品,在临床上广泛应用于抗肿瘤、信号传导、免疫系统、糖尿病等疾病的治疗。随着近年来糖尿病发病率的迅速增长,对于内源性人胰岛素及其长效类似物甘精胰岛素、地特胰岛素、谷赖胰岛素、门冬胰岛素等的鉴定、定量等分析方法开发成为研究热点。目前对于胰岛素的定量分析多采用 ELISA 方法,由于交叉反应的影响,其方法性能很大程度上由商业化单克隆抗体的特异性决定,常常无法区分多种胰岛素合用患者血浆内的胰岛素种类及含量。而现有的 LC-MS/MS 方法虽然具有高特异性、高动态范围、重现性好等特点,但也存在电离效率差、灵敏度低、非特异性结合和残留等问题。

Chambers 等[41]建立了一种简单快速的 SPE-LC-MS/MS 方法同时分析人血浆中的四种合成胰岛素:甘精胰岛素、地特胰岛素、谷赖胰岛素、门冬胰岛素。与蛋白沉淀方法相比,Oasis HLB μElution 96 孔 SPE 板具有高通量、高负载能力和低洗脱体积等特点,能够提高方法的灵敏度,消除基质中的蛋白干扰,提高特异性。他们首先优化了血浆样品的前处理条件,调节 pH 消除无关蛋白组分,特异性在 SPE 柱上截留和洗脱胰岛素组分。如图 13-24 所示,分别尝试了 10 mmol/L Tris 缓冲溶液和 1%(体积分数)TFA 溶液稀释血浆样品进行上样,结果显示采用 Tris 处理后,5.5~7 min 范围内洗脱出的基质干扰白蛋白含量显著下降。接下来,他们优化了 SPE 的洗脱条件及进样液稀释比例,并最终确定了如下的 SPE 流程和分析方法,分析结果如图 13-25 所示。

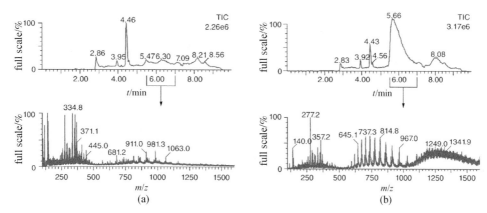

图 13-24　血浆样品前处理及上样溶液优化色谱图[41]

（a）10 mmol/L Tris 缓冲溶液；（b）1%（体积分数）TFA 溶液。下图为 5.5 ~ 7 min 部分的提取质谱图

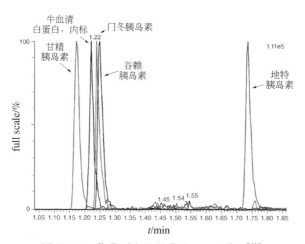

图 13-25　优化后方法的典型 MRM 谱图[41]

样品预处理：250 μL 血浆样品加入 250 μL 10 mmol/L Tris 溶液，混匀待上样。

固相萃取板：Oasis HLB μElution 96 孔 SPE 板，Waters 公司。

板预处理：每孔加入 200 μL 甲醇，200 μL 水。

样品分离与富集：500 μL 预处理的样品上样，200 μL 5%（体积分数）甲醇酸性水溶液［含 1%（体积分数）乙酸］洗涤，用 25 μL 50%（体积分数）甲醇水溶液［含 10%（体积分数）乙酸］洗脱目标化合物，50 μL 水稀释后进样分析。

HPLC 分析条件：Waters Acquity I-Class UPLC 色谱仪，Acquity UPLC CSH C_{18}（2.1 mm×50 mm，1.7 μm）色谱柱，流动相为水溶液（含 0.1% 甲酸）-乙腈溶液［含 0.1%（体积分数）甲酸］，梯度洗脱。柱温 60 ℃，流速 0.4 mL/min。ESI 正离子

MRM 模式监测 4 种合成胰岛素。

色谱条件: Waters Acquity Ⅰ-Class UPLC 色谱仪, Acquity UPLC CSH C_{18} (2.1 mm×50 mm,1.7 μm)色谱柱,流动相 A 为 0.1%(体积分数)甲酸水溶液,流动相 B 为 0.1%(体积分数)甲酸的乙腈溶液,梯度为 0~2 min (20%~65% B),2~2.1 min (65%~98%),2.1~2.6 min (98% B),2.6~2.7 min (98%~20% B),2.7~3.5 min(20% B)。柱温 60 ℃,流速 0.4 mL/min。

质谱条件: Waters Xevo TQ-S 质谱仪,ESI^+模式,毛细管电压 3.0 kV,离子源温度为 150 ℃,去溶剂化温度为 500 ℃,载气流速 1000 L/h。采用 MRM 模式监测 4 种合成胰岛素。

13.4.5　固相萃取在药物代谢动力学研究中的新技术

近年来,人们不断尝试将一些新的固相萃取技术应用在药物代谢动力学的研究中,包括分子印迹技术和免疫亲和技术等。

分子印迹技术(molecular imprinting technology, MIT)是将待分离的目标分子作为模板与功能单体在适当条件下可逆结合形成复合物,加入交联剂进行聚合后形成将目标分子包埋在内的固体颗粒介质,然后通过物理或化学方法将模板分子从聚合物中洗脱,从而获得具有识别功能并与之相匹配的三维空穴。分子印迹聚合物作为固相萃取剂具有特异的选择性与亲和性,例如,Bhawani 等通过合成分子印迹聚合物从尿液中分离和富集没食子酸[42]。

免疫亲和吸附剂(immunoaffinity adsorbent)是利用抗原–抗体相互作用可以特异性识别与自身结构相似组分的原理,从而达到目标化合物与基质分离的目的。免疫亲和吸附剂作为固相萃取剂可以从复杂的样品基质中选择性地萃取富集一种或一类化合物,多用于生物样本中蛋白质、多肽类物质的分离和富集。如图 13-26 所示,Silvia 等[43]建立了在线免疫亲和固相萃取毛细管电泳串联质谱法(IA-SPE-CE-MS)分析人血浆样品中的 8 种阿片肽类物质。基于氧化抗体与酰肼二氧化硅颗粒共价连接的位点特异性抗体固定方法,作者进行了抗体固定合成方法的优化,制备了针对 8 种阿片肽类物质的 IASPE 材料。以 End 1 和 End 2 两种阿片肽为例,证实了合成的 IASPE 材料对于阿片肽类物质的高亲和力和高吸附性,该方法较 CE-MS 方法检测限提高了 100 倍(1 ng/mL)。但本方法灵敏度提高的同时,对于 SPE 材料的合成和条件优化提出了很高的要求,需同时确保抗体和分析物的适当可及性和最大吸附剂的稳定性。

磁性固相萃取(magetic solid phase extraction, MSPE)技术是基于磁性纳米材料,利用磁性微球或磁性纳米粒子吸附目标化合物。磁性微球作用的原理是磁球吸附目标化合物,然后通过磁分离器进行分离,最后从磁球上把目标化合物洗脱下来,实现目标化合物的纯化。磁性微球具有良好的表面效应和体积效应,选择性和

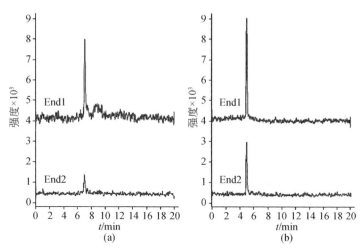

图 13-26 End1 和 End2 在两种毛细管电泳体系中的提取离子流图[43]

(a)IA-SPE-CE-MS(5ng/mL);(b)CE-MS(100ng/mL)

磁响应性好、理化性质稳定并且有一定的生物相容性,经过表面改性带有多种活性功能基团,可以专一性地分离目标化合物。例如,Gabriel 等[44]建立了一种基于磁性固相萃取的毛细管电泳法测定人血清中的 α-酸性糖蛋白(AGP)。基于制备与磁珠共价结合的 AGP 抗体 MBs-Ab,在毛细管内在线进行样品纯化和浓缩,同时避免了基质干扰,每次分析后通过去除多余的磁珠吸附颗粒避免了交叉污染。在线磁性固相萃取工作流程如图 13-27 所示。该方法可用于血清中 10 种 AGP 类物质的直接分析,与之前的方法相比,具有精密度高、分析时间短、样品处理简单等优点。

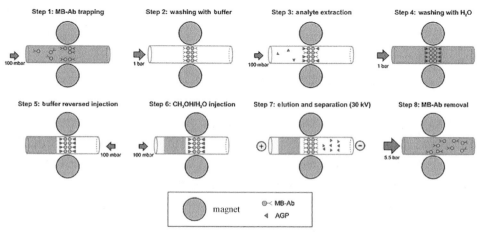

图 13-27 在线磁性固相萃取工作流程[44]

1bar=10^5 Pa

13.5　干血斑法在药物分析中的应用

干血斑(dried blood spots, DBS)采样法是通过使用一次性采血针扎指尖、耳垂或足后跟等部位,用移液管吸取血液或直接滴在滤纸上进行采样的方法。最早使用滤纸进行干血斑法采样可以追索到1907年,被誉为现代临床微量化学奠基人的Ivar Christian Bang用滤纸采集血样用于检测血中葡萄糖浓度[45]。DBS采集血样量少(<100 μL),特别适合婴幼儿及小动物研究采血。与常规的静脉采血比较,DBS采样操作简单,创伤小,经过简单培训后,可由患者本人或监护人采集样品。

早在1960年Guthrie等就成功地建立了应用DBS对新生儿苯丙酮酸尿症进行筛查的方法[46],并且DBS在新生儿遗传病筛查中一直沿用至今。但该项技术在相当长的一段时期内并没有为临床和非临床药物分析实验室接受。直至2008年Barfield等[47]用HPLC-MS/MS对干血斑中的扑热息痛进行毒物动力学研究,以及2009年Spooner等[48]将干血斑技术应用于药物动力学研究的定量生物分析方法并进行评估后,微量干血斑采样技术才引起药物分析工作者的注意。之所以越来越多的药物分析工作站对DBS感兴趣,除了DBS采样技术本身的优势外,一个重要的原因是DBS能够在很大程度上降低费用,这些费用包括采样(静脉采血)、样品存储(-70~-20 ℃)和运送(通常用大量干冰)、样品处理及相关人员培训等。另外一个不可缺少的重要因素是高灵敏的质谱技术在药物分析中的普及,其灵敏度足够检测DBS中微量目标化合物。基于上述优点,DBS更加适合大量人群采用,如流行病学研究等。

13.5.1　干血斑法在药物代谢动力学研究中的应用

由于DBS在每个时间点采样血样量小,研究人员可以用同一只动物获取完整的药物代谢动力学类型,而传统的血液采集方法只能够从不同的动物的综合数据推导出药物代谢动力学类型。

Ramesh等用DBS法研究了罗格列酮在大鼠体内的药物代谢动力学[49],该方法仅需要30 μL微量血液样品,操作简单,研究结果与眼底静脉丛取样方式获得的药物代谢动力学结果一致。Le等采用DBS法研究了氨苄青霉素在新生儿体内的群体药物代谢动力学[50],并与血浆样品比较确定其精确度。相关分析表明血浆和DBS中的氨苄青霉素浓度之间存在强关联($r=0.902, P<0.001$),并发现DBS取样能够准确预测新生儿的氨苄青霉素暴露情况。N. R. Ramisetti等采用DBS开发了快速灵敏准确的分析方法用于(+)和(-)地瑞那韦对映体在大鼠体内的药物代谢动力学研究[51],如图13-28所示。

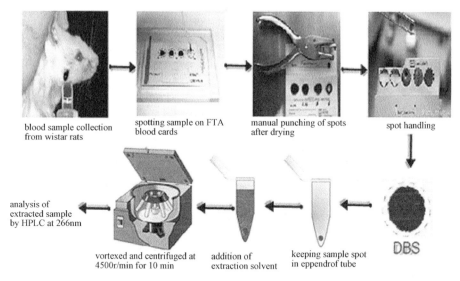

blood sample collection from wistar rats

spotting sample on FTA blood cards

manual punching of spots after drying

spot handling

analysis of extracted sample by HPLC at 266nm

vortexed and centrifuged at 4500r/min for 10 min

addition of extraction solvent

keeping sample spot in eppendrof tube

DBS

图 13-28　DBS 法采集大鼠血样流程(样本收集、点样、干燥和提取)[51]

DBS 采样:大鼠采血、点样和干燥。

DBS 处理:甲醇萃取 DBS 的对映体。

HPLC 分析条件:Chiralpak IA 色谱柱,流动相为含 0.1%(体积分数) DEA 的己烷-乙醇(75∶25,体积比),柱温 20 ℃,光电二极管阵列检测器检测波长为 266 nm。

方法验证参数包括选择性、线性、准确度、精密度和稳定性,并评价了血细胞比容对提取回收率的影响,发现 DBS 中(+)地瑞那韦和(−)地瑞那韦对映体的平均回收率分别为 85.76% 和 88.91%。日内和日间精密度和准确度分别为 3.1%~8.4% 和 0.8%~4.8%。该方法能够满足地瑞那韦对映体药物代谢动力学研究。

图 13-29 总结了应用质谱分析 DBS 样品的工作流程。DBS 样品的目标化合物萃取可以是非在线模式,也可以是在线模式。根据不同的应用,需要对 DBS 萃取物进行进一步的萃取。例如,液-液萃取(LLE)、固相萃取(SPE)、固体支撑液-液萃取(SLE)或在线使用柱切换技术。最后的检测手段可以是 GC-MS、LC-MS 及 MS 直接进样。

13.5.2　干血斑法中的固相萃取

虽然对 DBS 进行溶剂萃取操作简单,但为了减少样品中的干扰物对 LC-MS/MS 分析的影响(如基质效应),在溶剂萃取后往往需要对样品进行净化。常见的净化方法包括蛋白沉淀、液-液萃取及固相萃取及固体支撑液-液萃取,其中固相萃取是最为有效的方法,而且可以实现自动化。

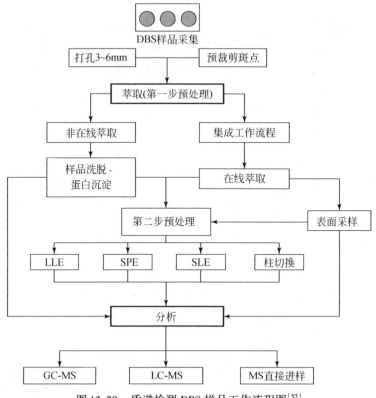

图 13-29　质谱检测 DBS 样品工作流程图[52]

1. 儿科 DBS 样品中坎利酮(Canrenone,CAN)的 LC-MS/MS 分析[6]

该方法是 Suyaph 等首次将 DBS 采样技术用于定量分析微量新生儿和小儿临床样品中的坎利酮。坎利酮是坎利酸钾在体内的代谢产物。

干血斑采样:将 30 μL 全血点在 Guthrie 采样纸卡上,样品在避光室温下放置最少 3 h,然后在-20 ℃保存。

样品制备:用 6 mm 打孔器在样品纸卡干血斑处采集干血斑片(6 mm),并转移至 5 mL 硼硅玻璃试管中。加入 2 mL 含 IS 17α-甲基睾酮(17α- methyltestosterone, MT,7.5 ng/mL)甲醇溶液进行萃取 60 min,每隔 20 min 振荡一次。完成萃取后移除纸片,萃取液在温和氮气气氛,37 ℃下浓缩至干。残渣再溶解于 1 mL 乙腈-水 (1:9,体积比)。

固相萃取净化:将上述再溶解样品载入经过 1 mL 甲醇及 1 mL 水预处理的 Oasis HLB 柱(1 mL/30 mg)中,然后用 1 mL 5%(体积分数)甲醇溶液及 1 mL 60% (体积分数)甲醇溶液洗涤。用 1 mL 甲醇洗脱目标化合物并收集。收集液在氮气气氛,37 ℃下浓缩至干并再溶解于 100 μL 液相色谱流动相(甲醇-水,60:40,体积比),取 40 μL 进样进行 LC-MS/MS 分析。

由于在对干血斑进行溶剂萃取时,磷脂及全血中的其他杂质同时被萃取到溶剂中,通过 HLB 柱对萃取液净化,可以避免基质效应及杂质对坎利酮定量分析的干扰。表 13-6 是应用该方法测定坎利酮的日内和日间准确度和精确度结果。

表 13-6　DBS 采样 SPE-LC-MS/MS 分析坎利酮日内及日间准确度和精确度结果($n=3$)

标称浓度 /(ng/mL)	日内			日间		
	测量浓度 /(ng/mL)	准确度 /%	精确度 /%	测量浓度 /(ng/mL)	准确度 /%	精确度 /%
25(LLQC)	24.26±1.39	−2.95	5.73	25.01±1.62	0.33	6.49
50(LQC)	53.63±0.43	7.31	0.80	52.41±4.08	4.81	7.78
250(MQC)	232.99±0.42	−6.80	0.18	233.66±9.57	7.52	4.10
1000(HQC)	1027±14.11	2.77	1.37	1008.4±34.89	0.84	3.46

Suyaph 等[53]对该方法的选择性、线性、精密度和准确度、灵敏度、稳定性及基质效应等因素进行了评估,证明该方法可以用于包括坎利酮在内的药物动力学和临床研究。该方法用于 37 位新生儿和儿童的 160 份 DBS 样品的定量分析,结果显示 160 份样品中坎利酮的浓度在 34 ~ 663.5 ng/mL。图 13-30 是两位患者分别在静脉注射坎利酸钾 2.08 h 及 0.5 h 后 DBS 采样分析的 SIM 谱图。两个 DBS 样品中坎利酮的浓度分别是 663.5 ng/mL 和 233.7 ng/mL。

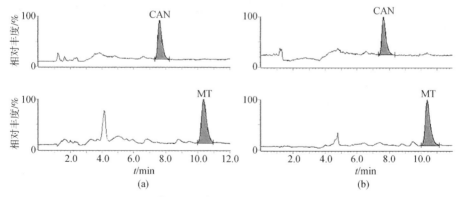

图 13-30　两位患者注射坎利酸钾后 DBS 样品的 SIM 谱图
(a)一位患者 2.08 h 后采样检测,结果为 663.5 ng/mL;
(b)另一位患者 0.5 h 后采样检测,结果为 233.7 ng/mL

2. DBS 样品中甲氨蝶呤聚谷氨酸的 LC-MS 定量分析

甲氨蝶呤(methotrexate,MTX)是治疗幼儿特发性关节炎(juvenile idiopathic arthritis,JIA)及儿童皮肌炎(juvenile dermatomyositis,JDM)的免疫调节剂。由于用

药后 24 h 95% 的药物母体都代谢了,因此可以监测其代谢产物甲氨蝶呤聚谷氨酸
(methotrexate　polyglutamates,　MTXPGs　=　MTXPG₁/MTXPG₂/MTXPG₃/MTXPG₄/
MTXPG₅)。Hamed 等建立了用 LC-MS 对干血斑中甲氨蝶呤聚谷氨酸定量分析的
方法,并对该方法的选择性、线性、准确度、精确度、灵敏度、基质效应、方法的稳定
性以及红细胞对全血在 Guthrie 采血板的扩散等因素进行了验证[54]。

干血斑的制备:30 μL 添加标样的全血点在 Guthrie 采血板上,在暗室室温下过
夜使血斑干燥。干燥后的 Guthrie 血斑板放入防油信封中,并用铝膜覆盖放入密封
聚丙烯盒内 -80 ℃ 保存。

溶-液萃取:用打孔器在 DBS 处打孔得到直径 6 mm 的 DBS 片,放入 2 mL 聚
丙烯 Eppendorf 管中。加入 950 μL 水涡旋振荡 3 min。加入 20 μL 70%(体积分
数)高氯酸进行蛋白沉淀,振荡 30 s。10000 g 离心 10 min,取上清液供 SPE 净化。

SPE 净化:将上述上清液载入经过 1 mL 甲醇和 1 mL 水预处理的 Oasis MAX
固相萃取柱中(1 mL/30 mg,Waters 公司),然后用 1 mL 5%(体积分数)NH₄OH 水
溶液、1 mL 2% 乙酸水溶液及 1 mL 100%(体积分数)甲醇洗涤。最后用 0.5 mL 含
2%(体积分数)乙酸的甲醇水(40:60,体积比)溶液洗脱目标化合物。

溶剂置换:将收集液在温和氮气下 37 ℃ 浓缩至干(40 min),然后用液相色谱
流动相 10 nmol/L NH₄HCO₃ 缓冲溶液,用乙酸调节至 pH 7.5 再溶解,取 45 μL 进
样与 LC-MS/MS 分析。

图 13-31 显示该方法对 MTX 及其代谢产物 MTXPG₁₋₅ 都有很好的选择性,经
过蛋白沉淀和 SPE 净化,DBS 中内源性基质组分对目标化合物的质谱分析没有明
显的干扰。

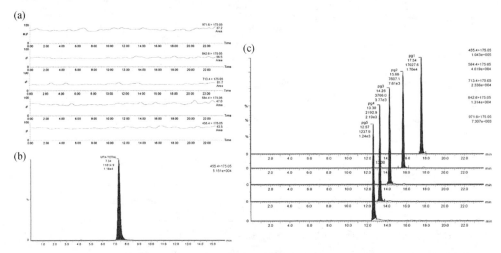

图 13-31　(a)空白 DBS 样品的 MRM 图;(b)DBS 添加 MTXPGs(最终浓度为 100 nmol/L)经酶解
转化为 MTXPG₁;(c)分别检测添加 MTXPG₁₋₅ 的 DBS 样品,每个 MTXPG 的最终浓度均为 100 nmol/L

　　上述方法经过验证后成功地用于 47 位患有 JIA/JDM 并在近期接受了低剂量 MTX(10～20 mg)治疗的儿童患者指尖血 DBS 的检测。

　　值得注意的是采用 DBS 法时,应注意血细胞比容的影响、血斑的均一性、回收率及室温干燥和放置稳定性等问题,均须在实验中评估。

参 考 文 献

[1] 朱炳辉,龙朝阳,吴西梅,等. 分析测试学报,2008,27(5): 534

[2] 邱莉,黄丽凤,苏志恒,等. 时珍国医国药,2012,23(5): 1127

[3] 尚云涛,任春雪,王宁宁,等. 天津师范大学学报:自然科学版,2018,38(1): 42

[4] Zhang R R,Lu D Y,Yang Z Y,et al. Pharmacogn Mag,2015,11(42): 360

[5] Sun M,Lin Y,Zhang J,et al. J Sep Sci,2016,39(5): 889

[6] 田丽梅,孙志勇,向明,等. 食品科学,2015,36(20): 239

[7] 付明磊,陈旭,周先丽,等. 食品研究与开发,2016(16): 133

[8] 刘硕谦,刘仲华,黄建安,等. 分析试验室,2005,24(2): 47

[9] Wang L,Wang Z,Gao W,et al. Food Chem,2013,138(2-3):1048

[10] 李强,杜思邈,张忠亮,等. 中草药,2013,44(22): 3095

[11] 刘东方,赵丽娜,李银峰,等. 中草药,2016,47(22): 4085

[12] 果德安. 中国天然药物,2009,7(1): 1

[13] 冯秀琼,唐庆勇. 农药科学与管理,2002,23(2): 17

[14] 何迎春,吴新正. 江西中医学院学报,2003,15(3): 41

[15] 张成,豆小文,杨美华. 中国药理学与毒理学杂志,2016,30(12): 1369

[16] International Committee for Harminization(ICH). GMP Guidance for APIs,ICH Q7A,2000

[17] 《中国药典》2015 版. 国家药典委员会. 北京:中国医药科技出版社,2015

[18] Guillot A,Couffin A C,Sejean X,et al. Pharm Res,2015,32(12): 3999

[19] International Committee for Harminization(ICH). Impurities in New Drug Substances,ICH Q3A (R),2002

[20] International Committee for Harminization(ICH). Impurities in New Drug Products,ICH Q3B (R2),2006

[21] European Phamacopeia 9.0 Allopurinol, European Directorate for the Quality of Medicines & Health Care,Strasbourg,2017

[22] Tamás K,Wachter-Kiss E,Kormány R. J Pharm Biomed Anal,2018,152: 25

[23] Simonzadeh N,Ronsen B,Upadhyaya S,et al. J Chromatogr Sci,2013,52(6): 520

[24] Carrier D J,Eckers C,Wolff J C. J Pharm Biomed Anal,2008,47(4-5): 731

[25] Huidobro A L,Rupérez F J,Barbas C. J Pharm Biomed Anal,2007,44(2): 404

[26] Landis M S. J Pharm Biomed Anal,2007,44(5): 1029

[27] Doronina S O,Toki B E,Torgov M Y,et al. Nature Biotechnology,2003,21(7): 778

[28] Birdsall R E,McCarthy S M,Janin-Bussat M C,et al. MAbs Taylor & Francis,2016,8(2): 306

[29] Xie H,Chakraborty A,Ahn J,et al. MAbs Taylor & Francis,2010,2(4): 379

[30] 铁偲,胡婷,张金兰. 药物分析杂志,2015,35(6):1032

[31] Medina-Casanellas S,Benavente F,Barbosa J,et al. Analytica Chimica Acta,2012,717:134

[32] Kleinnijenhuis A J,Toersche J H,van Holthoon F L,et al. J Appl Bioanal,2015,1(1):26

[33] Burckhardt B B,Laeer S. Int J Anal Chem,2015,2015

[34] Xiang X,Shang B,Wang X,et al. Biomed Chromatogr,2017,31(4):e3866

[35] Wang Z,Zhou X,Liu X,et al. J Chromatogr B,2017,1040:250

[36] Guo W,Li G,Yang Y,et al. J Chromatogr B,2015,988:157

[37] Wang C,Jia Z,Wang Z,et al. J Pharm Biomed Anal,2016,122:110

[38] Wang Z,Qu L,Li M,et al. J Pharm Biomed Anal,2018,160:404

[39] Tao J,Mao L,Zhou B,et al. Biomed Chromatogr,2017,31(3):e3816

[40] Mary E L,Erin E C,Kenneth J F. Waters 公司应用纪要,2013,720004833ZH

[41] Chambers E E,Legido-Quigley C,Smith N,et al. Bioanalysis,2013,5(1):65

[42] Bhawani S A,Sen T S,Ibrahim M N M. Chem Cent J,2018,12(1):19

[43] Medina-Casanellas S,Benavente F,Barbosa J,et al. Anal Chim Acta,2012,717:134

[44] Morales-Cid G,Diez-Masa J C,de Frutos M. Anal Chim Acta,2013,773:89

[45] Schmidt V. Clin Chem,1986,32(1):213

[46] Guthrie R,Susi A. Pediatrics,1963,32:338

[47] Barfield M,Spooner N,Lad R,et al. J Chromatogr B,2008,870:32

[48] Spooner N,Lad R,Barfield M. Anal Chem,2009,81:1557

[49] Ramesh T,Rao P N,Rao R N. J Pharm Biomed Anal,2015,111:36

[50] Le J,Poindexter B,Sullivan J E,et al. Ther Drug Monit,2018,40(1):103

[51] Ramisetti N R,Arnipalli M S,Nimmu N V. Biomed Chromatogr,2015,29(12):1878

[52] Zakaria R,Allen K J,Koplin J J,et al. eJIFCC,2016,27(4):288

[53] Suyagh M F,Laxman K P,Millership J,et al. J Chromatogr B,2010,878:769

[54] Hawwa A F,AlBawab A Q,Rooney M,et al. PLOS ONE,2014,9(2):e89908

第14章　固相萃取技术在临床检测中的应用

近年来,液相色谱–串联质谱(LC-MS/MS)技术在国内临床检测领域迅速发展。将色谱的高分离效率和质谱的高选择性、高特异性及高灵敏度有机地结合,LC-MS/MS 为临床检验开辟了一个新领域。根据一份独立调查报告[1],LC-MS/MS 和 LC-TOF-MS 已经进入许多临床检测实验室(图 14-1),该调查报告还指出,在问到未来 12 ~ 18 个月需要增加什么仪器时,选择 LC-MS/MS 的比例比化学分析仪和免疫分析仪高很多。由此可见质谱在临床检测领域将成为一个重要的检测手段。

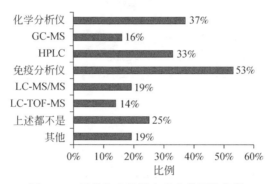

图 14-1　目前临床检测实验室使用的仪器

与免疫分析方法比较,LC-MS/MS 更适用于小分子化合物的定性、定量检测,如激素、维生素、遗传代谢疾病诊断及治疗药物监测等,特别是 LC-MS/MS 能够进行多组分同时检测[2],突显了该技术在临床检测方面的优势。如图 14-2 所示,规模较大的第三方临床检测机构拥有几十台 LC-MS/MS,一些检测项目已经形成了工业化的流水线作业。美国一些第三方机构网站公布的 LC-MS/MS 临床收费检测的项目多达 2000 多项。美国一些较大的临床检测实验室在 2010 年 LC-MS/MS 的检测量就已经达到 2000000 份[3]。由于临床质谱检测样品量大,样品前处理方法必须满足高通量的要求。

大多数临床质谱检测方法都是实验室自建检测(laboratory developed test,LDT)方法。由于检验结果会直接影响医生对患者的诊疗,这些方法(包括样品前处理方法)都必须经过严格的验证(validation)。美国临床实验室标准协会(Clinical and Laboratory Standards Institute,CLSI)在 2014 年颁布了《C62-A 液相色谱–质谱方法认可指南》[4],对临床实验室提供了开发和验证包括样品前处理方法

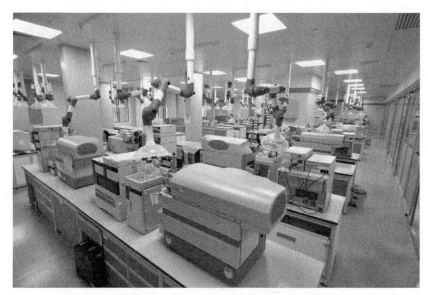

图 14-2　第三方临床检测 LC-MS/MS 实验室

在内的液相色谱–质谱方法的指导。

由于血清、血浆、尿样等生物样品组成复杂,含有较多内源性干扰物(如盐、碳水化合物、蛋白质、磷脂等),这些物质可能会干扰目标化合物在质谱中的离子化过程,导致目标化合物离子抑制(ion suppression)或离子增强(ion enhancement),即产生基质效应(matrix effect),严重影响质谱检测分析。因此,在 LC-MS/MS 分析前常常需要对生物样品进行必要的前处理。根据中国医师协会检验医师分会临床质谱检验医学专业委员会发表的《液相色谱串联质谱临床检测方法的开发与验证》[5],在 LC-MS/MS 分析中常用的样品前处理技术包括蛋白沉淀法、液–液萃取法及固相萃取法等。

固相萃取技术在临床 LC-MS/MS 检测中起着重要的作用。一方面可以除去生物样品基质中的干扰物,另一方面可以对微量的目标化合物(如生物标志物,biomarkers)进行富集。由于临床生物样品体积小,数量大,而 LC-MS/MS 分析速度快,因此,在临床质谱检测中的固相萃取技术必须满足处理微升级样品的要求,同时要具备高通量的样品处理能力。

本章结合作者实验室临床检测的具体应用及相关文献对固相萃取技术在临床 LC-MS/MS 检测中的应用进行介绍。所涉及的应用包括 96 孔 SPE 板、SPE 吸嘴、固体支撑液–液萃取(SLE)、在线固相萃取(on-line SPE)、干血斑(DBS)-SPE 等。

14.1 固相萃取技术在 25-羟维生素 D 检测中的应用

14.1.1 25-羟维生素 D 的生理活性及理化性质

维生素 D(VD)是脂溶性维生素之一,功能性 VD 包括 VD_2 和 VD_3。25-羟维生素 D(25-OHD)是体内 VD 主要储存和转运形式,反映内源性合成和外源性补充状况。人体 25-OHD 的浓度大于 20 ng/mL 有利骨骼健康,大于 30 ng/mL 为充足状态。故临床上检测 25-OHD 可评估体内 VD 是否缺乏或者补充是否有效,是衡量人体 VD 营养状况的最佳指标[6,7]。

目前,两种最常用的测定人体循环中的 25-OHD 浓度的方法主要为免疫法和 LC-MS/MS 法[8]。LC-MS/MS 法可同时检测 25-羟维生素 D_3(25-OHD_3)和 25-羟维生素 D_2(25-OHD_2)两种形式,为临床提供总 25-OHD 结果用以评估整体 VD 储存。LC-MS/MS 法的准确度、分析灵敏度和特异性都确保了其检测结果的准确和可靠[7]。

25-OHD_2 和 25-OHD_3 的化学结构式见图 14-3。其理化性质见表 14-1。

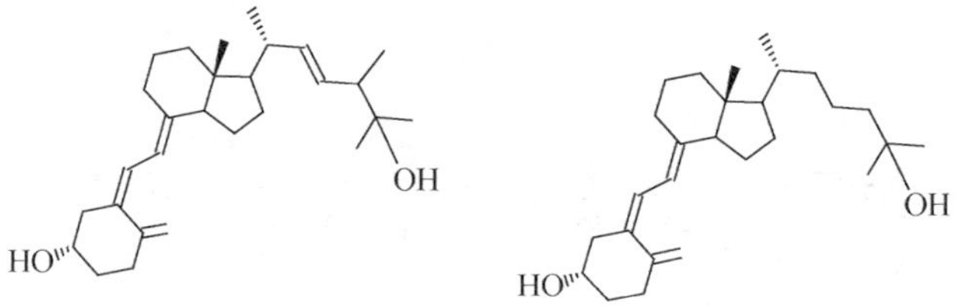

25-羟维生素D_2 25-羟维生素D_3

图 14-3 25-OHD 的化学结构式

表 14-1 25-OHD 的理化性质

名称	CAS 编号	分子式	分子量	溶解度/(mg/L)	pK_a	$\lg K_{ow}$
25-OHD_2 (ercalcidiol)	21343-40-8	$C_{28}H_{44}O_2$	412.65	难溶于水,水中溶解度: 2 mg/L,可少量溶于氯仿、乙酸乙酯、甲醇	18.38	9.35
25-OHD_3 (calcifediol)	19356-17-3	$C_{27}H_{44}O_2$	400.64	难溶于水,水中溶解度: 2.2 mg/L,可少量溶于氯仿、乙酸乙酯、甲醇	18.38	9.14

目前常用的 LC-MS/MS 检测 25-OHD 的前处理方法主要有三种:沉淀法、液-液萃取法和固相萃取法。沉淀法灵敏度低,通常需结合衍生化方法或使用超灵敏的质谱仪方可进行定量[9];液-液萃取法回收率较高,但需手动操作,限制了样品的

通量[10];固相萃取法样品处理干净,但流程复杂,成本较高[11]。本章作者利用固体支撑液–液萃取(SLE)技术建立了 25-OHD 的自动化 SLE 前处理方法,该技术既可媲美液–液萃取法的高回收率,又可实现样本的全自动处理,兼顾了样品处理的效果和效率。

14.1.2　25-OHD$_2$/D$_3$样品前处理方法

1. 血清样品中 25-OHD$_2$/D$_3$固体支撑液–液萃取

第 8 章介绍了 SLE,而 96 孔 SLE 板在生物样品萃取净化中可以完成经典 LLE 的任务。以下案例就是应用 SLE 板萃取血清样品中的 25-OHD$_2$和 25-OHD$_3$。在本方法中,SLE 萃取是在 Tecan Freedom EVO 全自动液体处理系统上完成的。如图 14-4 所示,该系统包括:机械臂、溶剂槽、50 μL/200 μL/1000 μL 的移液器吸嘴放置架、载样架、96 孔板抽滤装置、96 孔板放置架、涡旋振荡器等。

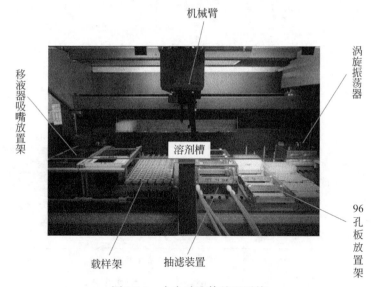

图 14-4　全自动液体处理系统

全自动 SLE 程序如下。

样品预处理:将离心后的待测血清样品置于 1.5 mL/2 mL 离心管中,打开离心管盖子后将其按顺序置于载样架上。也可将采血离心后的样品管直接置于载样架上。准确吸取 75 μL 血清样本置于 96 孔收集板内。加入 10 μL 内标工作液(混合同位素内标工作液),1800 r/min 涡旋 10 s 后,加入 20 μL pH 调节剂和 225 μL 沉淀剂,1800 r/min 涡旋 1 min。

样品添加:上述经处理的样本全部转移至 SLE 96 孔板(500 μL)中,等待

5 min。

SLE 洗脱:待所有液体被硅藻土充分吸收后,用 700 μL 提取剂提取,继续等待 5 min 后再次用 700 μL 提取剂提取,重复三次提取,待第三次提取剂全部自然流出后在 SLE 板上加 4 psi 正压 10 s,将残余提取液排尽,收集所有提取液于 96 孔收集板中。

浓缩/再溶解:将上述 96 孔收集板取出,在 40 ℃ 空气吹干。放回全自动液体处理装置中,启动后续程序,加入 150 μL 80%(体积分数)甲醇水溶液,1800 r/min 涡旋 5 min 后程序完毕,取出待测 96 孔收集板,封板待测。

分析:Exion 液相色谱仪串联 QTRAP 6500 质谱仪(Sciex)进行分析和检测,以 Luna Omega C_{18} 100 A,1.6 μm,2.1 mm×50 mm(Phenomenex)色谱柱作为分离柱,并将 0.2%(体积分数)甲酸水溶液和 0.2%(体积分数)甲酸的甲醇溶液分别作为流动相的水相和有机相进行梯度洗脱。质谱检测采用大气压化学电离(APCI)模式,正离子扫描,定量的离子对分别为:25-OHD_2 395.3→209.0 u,25-OHD_3 401.3→365.3 u,离子源参数和化合物参数通过优化得到。

25-OHD_2 和 25-OHD_3 均在 5~100 ng/mL 范围内有较好的线性关系,权重因子均为 $1/x$,线性方程分别为:$y=0.0438x+0.00176$ 和 $y=0.0618x+0.000463$,相关系数均大于 0.999。25-OHD_2 和 25-OHD_3 的检测限(LOD)分别为 1.38 ng/mL 和 1.32 ng/mL。样品分析时间为 3 min,其中 25-OHD_2 和 25-OHD_3 的保留时间分别为 1.30 min 和 1.23 min,与前后的干扰峰实现了基线分离(图 14-5)。

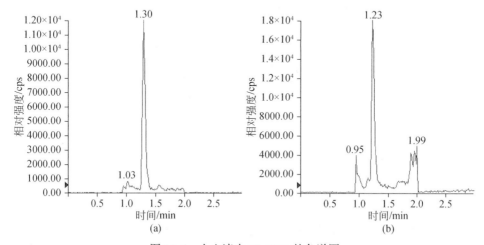

图 14-5　人血清中 25-OHD 的色谱图

(a)25-OHD_2 浓度为 18.4 ng/mL;(b)25-OHD_3 浓度为 6.6 ng/mL

本方法的添加回收实验结果显示 25-OHD_2 的准确度为 90.0%~105.8%,25-OHD_3 的准确度为 95.4%~103.6%,而美国国家标准技术研究院(NIST)人血清标准物质检测的结果与理论值的偏差分别不超过 4.3% 和 6.2%，精密度分别不超过 6.2% 和 5.2%。本方法中 25-OHD_2 的提取回收率和 IS 校正后的基质效应分别为 69.6%~78.5%，0.988 ~ 1.11，25-OHD_3 的提取回收率和相对基质效应分别为 68.4%~78.0%，0.991 ~ 1.05，内标校正后均可满足测定要求（表 14-2）。

表 14-2　25-OHD 检测方法的性能验证

分析物	准确度 /%	NIST 血清 /(ng/mL)	偏差 %	质控浓度 /(ng/mL)	精密度 /%	回收率 /%	IS 校正后的基质效应
25-OHD_2	90.0 ~ 105.8	13.3±0.3	4.3	22.2	6.2	69.6 ~ 78.5	0.988 ~ 1.11
		NA	NA	64.0	4.6		
25-OHD_3	95.4 ~ 103.6	19.8±0.4	6.2	30.9	5.2	68.4 ~ 78.0	0.991 ~ 1.05
		30.6±1.2	1.8	60.4	4.8		

注：IS 代表内标；NA 代表该 NIST 血清样本中无 25-OHD_2。

全自动 SLE 技术可实现该方法的自动化，从而减少了手动操作的复杂程度和变异性，提高了方法的重复性和耐久性，是实验室应对大样品量一个较好的选择。

2. 微量全血样中 25-OHD_2/D_3 的萃取分析

Zhan 等[12]尝试了三种不同采样方式采集微量全血（20 μL），包括直接采血（图 14-6 中 A）、干血斑（dried blood spots，DBS）采血（图 14-6 中 B）和 Mitra™微量采血棒（图 14-6 中 C）。样品经溶解、蛋白沉淀、离心后用 Cleanert PEP 96 孔 SPE 板（Agela）进行萃取，然后进行 LC-MS/MS 分析。

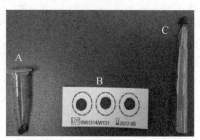

图 14-6　三种微量全血采样方式
A. 直接采血；B. 干血斑采血；C. Mitra™微量采血棒

三种采样方式及样品前处理的示意图如图 14-7 所示。Mitra™微量采血棒是 Neoteryx 公司推出的一种新型定量微量全血采集装置，该微量采血棒采用了 Voluemetric adsoptive Microsampling（VAMS™）专利技术，属于美国 FDA 列表设备 1 （D254956）产品，可以定量采集 10 μL、20 μL 或 30 μL 血样[13]，定量采血精度高 （RSD<4%）。表 14-3 是三种不同采样方式的分析结果。

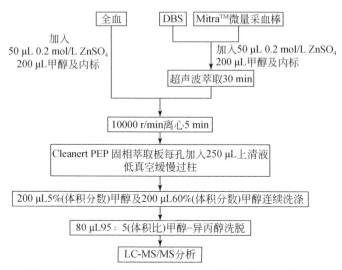

图 14-7　微量全血中 25-OHD_2/D_3 的萃取净化方法示意图

表 14-3　微量全血中 25-OHD_2/D_3 三种不同采样方式的 LC-MS/MS 测定结果

化合物	添加浓度 /(nmol/L)	全血		DBS		Mitra™微量采血棒	
		回收率/%	CV/%	回收率/%	CV/%	回收率/%	CV/%
25-OHD_2	7.5	109.4	16.8	114.6	25.5	118.5	7.7
	60	127.1	8.2	130.0	5.6	127.3	7.5
25-OHD_3	15	94.3	8.5	92.0	5.0	95.7	8.2
	120	115.8	5.8	106.2	6.0	113.3	6.3

3. 干血斑中 25-OHD 代谢物的萃取净化及 SPE-LC-MS/MS 分析[14]

干血斑萃取如下。

在 DBS 滤纸片上打孔取 3.2 mm DBS 放入带盖试管中,加入 50 μL 水湿润并在室温下振荡 30 min。加入 500 μL 乙腈(含内标 d_3-25-OHD_2,0.5 pmol/L,d_3-25-OHD_3,0.5 pmol/L)。超声波水浴 5 min,涡旋振荡后 4 ℃离心 10 min 去除蛋白质。

1)固相萃取净化

板预处理:200 μL 2%(体积分数)乙酸–乙腈溶液。

样品载入:每个试管取 500 μL 上清液转移至 96 孔离子交换 SPE 板中(含 ZrO_2 和 TiO_2)。

目标化合物洗脱:乙腈–水(9:1,体积比),低真空。

目标化合物浓缩:将收集液浓缩至干。

2)衍生化反应

用多道移液器加入 50 μL 衍生化试剂 PTAD(0.1g/L 4-苯基-1,2,4-三唑啉-3,5-二酮–无水乙酸乙酯),室温下保持 30 min。然后 500 r/min 涡旋振荡 30 min,浓缩至干。处理好的样品在 96 孔板中可以在–20 ℃下保存两个月。

LC-MS/MS 分析取四块处理好的 96 孔板样品加入 60 μL 33%(体积分数)乙腈水溶液,室温下 650 r/min 振荡 1 min。然后用自动移液仪转移至 384 孔板中进行 LC-MS/MS 分析。LC 系统:Nexera X2 UHPLC,岛津,包括 SIL-30AC 自动进样器,LC-30AD 二元梯度泵,DGU-20A5 脱气机,CTO-30A 柱温箱,Kinetex XB-C$_{18}$ 色谱柱,Phenomenex。5500 QTRAP APCI-串联质谱,TIS 离子源,Sciex。

由图 14-8 可见,使用 ZrO$_2$/TiO$_2$ SPE 板净化后,磷脂的含量减少了一半,同时 PTAD-25-OHD$_3$ 的信号增强了 12.5 倍。

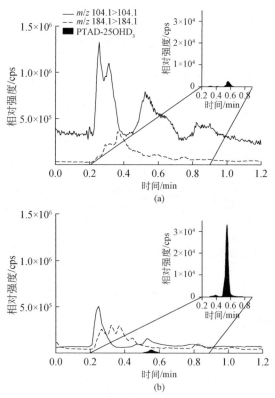

图 14-8　患者 DBS 样品 APCI LC-MS/MS 谱图

(a)SPE 净化前;(b)SPE 净化后,除去磷脂

14.2　固相萃取技术在儿茶酚胺类激素检测中的应用

14.2.1　儿茶酚胺类激素的理化性质

儿茶酚胺类激素是一类结构含有儿茶酚和胺基的神经递质,在人体内具有广泛的生理作用。肾上腺素、去甲肾上腺素、多巴胺是儿茶酚胺分泌型肿瘤(如嗜铬细胞瘤)的重要诊断标志物[15]。氧甲基代谢物能代表一段时期内人体儿茶酚胺类激素的真实水平,是判断体内儿茶酚胺水平特异的生物标志物。因此,同时测定儿茶酚胺及其氧甲基代谢物对诊断嗜铬细胞瘤具有很高的特异性和灵敏度[16]。

本节介绍 LC-MS/MS 同时检测人血浆中肾上腺素(E)、去甲肾上腺素(NE)、多巴胺(DA)、变肾上腺素(MN)、去甲变肾上腺素(NMN)、3-甲氧酪胺(3-MT)6 种儿茶酚胺类激素的方法。由于儿茶酚胺血浆浓度极低(E<112 pg/mL,NE<750 pg/mL,DA<30.6 pg/mL,MN<98.5 pg/mL,NMN<165 pg/mL,3-MT<18.4 pg/mL),干扰多而复杂,即使采用具有强大定量检测功能的 LC-MS/MS 技术,检测血浆中游离儿茶酚胺及其氧甲基化代谢物也一直存在挑战[17]。作者所在课题组采用丹磺酰氯衍生化反应结合固相萃取的技术,使人血浆中 E、NE、DA、MN、NMN、3-MT 这 6 种儿茶酚胺类激素成功实现同时定量检测,这种方法不仅提升了分析灵敏度,还大大改善了分析物与干扰物的分离。表 14-4 列出儿茶酚胺和甲氧基代谢物的基本理化特性。

表 14-4　儿茶酚胺类激素理化性质

名称	CAS 编号	分子式	分子量	结构式	溶解度	pK_a	$\lg K_{ow}$
肾上腺素 (epinephrine)	51-43-4	$C_9H_{13}NO_3$	183.20		微溶于水 (18.6 g/L)、 醇、醚	9.69,8.91	−1.37
去甲肾上腺素 (norepinephrine)	51-41-2	$C_8H_{11}NO_3$	169.18		水:849 mg/mL	9.5,8.85	−1.24
多巴胺 (dopamine)	51-61-6	$C_8H_{11}NO_2$	153.18		水:535 mg/mL	10.01,9.27	−0.98

名称	CAS 编号	分子式	分子量	结构式	溶解度	pK_a	lg K_{ow}
变肾上腺素 （metanephrine）	5001-33-2	$C_{10}H_{15}NO_3$	197.23		水:13 g/L	10.05,9.25	−0.64
去甲变肾上腺素 （normetanephrine）	97-31-4	$C_9H_{13}NO_3$	183.20		水:8.44 g/L	9.99,9.06	−1.05
3-甲氧酪胺 （3-methoxytyramine）	554-52-9	$C_9H_{13}NO_2$	167.21		水:5.36 g/L	10.39,9.64	0.68

14.2.2　儿茶酚胺类激素样品前处理方法

1. 血浆中儿茶酚胺类激素的衍生化–固相萃取法

儿茶酚胺类激素的血浆水平极低,其中 DA 和 3-MT 在部分临床样本中甚至低于 5 pg/mL。因此仅依靠样本浓缩和使用高灵敏度的质谱仪可能仍无法满足定量需求。儿茶酚胺类激素结构中既含有酚羟基,侧链又有氨基,因此选用可同时与这两个基团反应的丹磺酰氯试剂进行衍生化可使这些分析物的结构加上 2~3 个丹磺酰基团(图 14-9),这种改变使分子量增加,极性减小,有利于分析物在反相色谱柱上保留。另一个明显优势是结构中增加叔胺基从而大大增强离子化效率,显著提高检测灵敏度,使低水平激素得以准确检测。

衍生化与固相萃取流程如下。

衍生化步骤:取 200 μL 血浆样本置于 96 孔收集板中,加入 10 μL 混合同位素内标工作液,再加入 0.56 mL 沉淀剂,1800 r/min 涡旋 1 min 后全部转移至 96 孔蛋白沉淀板(2 mL),正压并收集滤液,在滤液中加入 60 μL 丹磺酰氯溶液和 80 μL pH 调节剂,1800 r/min 涡旋振荡 10 s 后封板,60 ℃ 孵育 15 min,打开封膜,加入 0.8 mL 0.2%(体积分数)甲酸水溶液后待上样。

固相萃取方法如下。

96 孔 SPE 板:SOLAμ SCX,2 mg/1 mL,Thermo Fisher。

板预处理:300 μL 甲醇和 2% 甲酸–水活化平衡 96 孔 SPE 板。

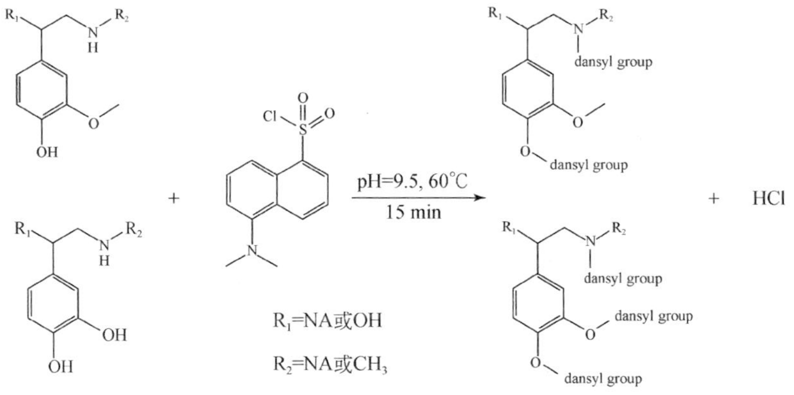

图 14-9　儿茶酚胺与丹磺酰氯的衍生化反应

dansyl group 代表丹磺酰基

样品载入:衍生化并稀释后的样品分两次上样,700 μL 2%(体积分数)甲酸水洗涤 2 次,再用 200 μL 70%(体积分数)乙腈洗涤 2 次。

目标化合物洗脱:40 μL 10%(体积分数)氨水乙腈洗脱并收集在 96 孔收集板中,用 80 μL 2.5%(体积分数)氨水-4%(体积分数)甲酸-20%(体积分数)乙腈-水稀释洗脱液后封板待测。

LC-MS/MS 分析如下。

Exion 液相色谱-串联 QTRAP 6500 质谱仪(Sciex)进行分析和检测,以 Luna Omega C$_{18}$(100 Å,1.6 μm,2.1 mm×50 mm,Phenomenex)作为分离柱,并将 5 mmol/L 甲酸铵-水和 5 mmol/L 甲酸铵/95%(体积分数)乙腈-水分别作为流动相的水相和有机相进行梯度洗脱,分析时间为 11.5 min。质谱检测采用 ESI 模式,正离子扫描。

儿茶酚胺及其氧甲基代谢物的色谱图如图 14-10 所示。

为了监测每一个临床样本可能存在的干扰,分别为每一个分析物选择了定量和定性离子对,并通过计算二者比值与标准样品的偏差来判断临床样本是否存在干扰。离子源参数和化合物参数通过优化得到。在衍生化过程中,应确保衍生化试剂的反应效率和反应时间,若反应不充分,则可能产生不完全衍生化的产物,导致衍生化效率降低或产生额外的干扰物。

为满足临床需求,儿茶酚胺类激素的定量下限(LLOQ)为 2.5～10 pg/mL,线性范围跨度达到了 1000 倍,无论是正常水平还是异常升高的样本均可在线性范围内被定量检出。该方法的灵敏度较高,部分分析物的检测限可达到 1 pg/mL。从图 14-10 的真实样本色谱图也能看出,衍生化后的分析物在 C$_{18}$ 分析柱上与干扰峰可实现较好的分离。

蛋白沉淀结合丹磺酰氯衍生化和 SPE 处理可最大程度清除血浆样本中的干扰基质,但结构和理化性质较相似的类似物仍需优化色谱条件来实现进一步分离。

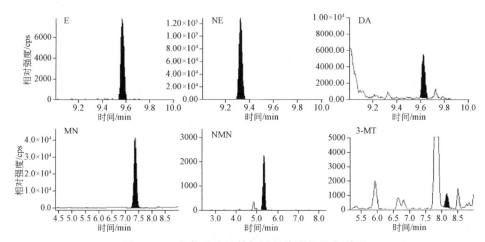

图 14-10　儿茶酚胺及其氧甲基代谢物的色谱图

3-MT 2.51 pg/mL；NMN 84.3 pg/mL；MN 316 pg/mL；DA 11.3 pg/mL；NE 423 pg/mL；E 64.1 pg/mL

儿茶酚胺及其氧甲基代谢物的准确度、精密度、回收率结果见表 14-5。儿茶酚胺及其氧甲基代谢物的批内和批间准确度为 89.78%～108.5%，精密度均<8.97%。所有分析物的回收率均在 85% 以上，内标校正后的基质效应接近 1.00。

表 14-5　儿茶酚胺及其氧甲基代谢物的验证指标性能

分析物	准确度/%		精密度/%		回收率/%	IS 校正基质效应
	批内	批间	批内	批间		
E	98.47～102.9	98.43～100.1	6.16	8.97	87.0～96.1	0.998～1.10
NE	100.2～104.3	96.52～100.2	3.58	5.03	92.9～103.0	1.10～1.11
DA	90.16～99.59	89.78～99.62	4.82	4.43	90.4～94.6	1.05～1.18
MN	93.34～95.93	93.41～95.65	4.87	3.69	90.9～98.3	0.999～1.17
NMN	102.6～108.5	97.48～108.3	6.73	6.94	86.2～88.8	0.954～1.01
3-MT	101.8～104.5	96.71～100.5	4.11	6.72	85.5～90.3	0.976～0.994

2. 尿液中儿茶酚胺类激素的固相萃取法[18]

尿液样品处理：按照尿液样品体积加入 10%（体积分数）的 1 mol/L HCl。加入 50 μL 内标溶液[10 μg/mL d$_3$-变肾上腺素、d$_3$-去甲变肾上腺素、d$_4$-多巴胺、d$_6$-肾上腺素、d$_6$-去甲肾上腺素于 0.1%（体积分数）抗坏血酸甲醇溶液，最终浓度 800 ng/mL]于 400 μL 酸化尿液中，再加入 1 mL 0.5 mol/L NH$_4$CH$_3$COO。

固相萃取板：OASIS WCX，30 mg，96 孔 SPE 板。

板预处理：1 mL 甲醇，1 mL 0.5 mol/L NH$_4$CH$_3$COO。

样品载入：上述酸化样品加入到 WCX 板中，每孔 450 μL。

板洗涤：1 mL 20 mmol/L NH$_4$CH$_3$COO，1 mL 甲醇，真空干燥 30 s。

目标化合物洗脱：2×250 μL 洗脱溶液［ACN-水(85∶15,体积比)，含 2%（体积分数)甲酸]。

LC-MS/MS:液相色谱为 Acquity UPLC I-Class,Acquity UPLC BEH 氨基柱,质谱 Xevo TQD,ESI。

儿茶酚胺及变肾上腺素谱图如图 14-11 所示。

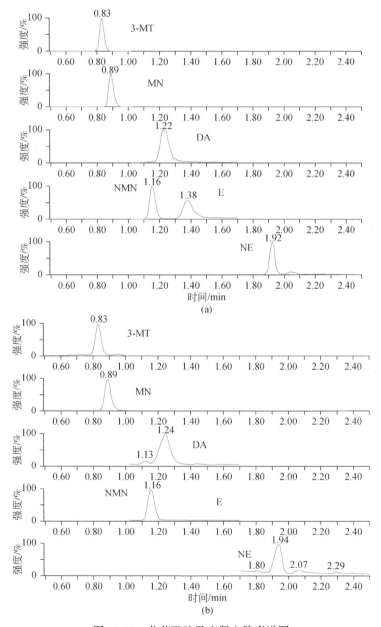

图 14-11　儿茶酚胺及变肾上腺素谱图

(a)50ng/mL 加标样品;(b)尿液样品中内源性儿茶酚胺和变肾上腺素

3. 尿液中儿茶酚胺类激素的自动高通量 DPX 萃取[19]

自动化仪器:NIMBUS96®,96 通道,Hamilton 。

SPE 吸嘴:SBD-DPX 吸嘴,DPX Technologies。

自动化程序:用 1 mL 吸嘴于 96 孔样品板中加入 300 μL 尿液样品及 10 μL 内标液。

向样品板中加入 600 μL 络合剂 [2%(质量分数)二苯基硼酸,5g/L EDTA 于 2 mol/L NH_4Cl/NH_4OH,pH 8.5]。自动更换 1 mL DPX 吸嘴。

吸嘴预处理:连续吸/排两次 100%(体积分数)甲醇,两次洗涤液(0.2 mol/L NH_4Cl/NH_4OH,pH 8.5)。

目标化合物吸附:连续吸/排四次上述尿液样品。

吸嘴洗涤:连续吸/排两次洗涤液(0.2 mol/L NH_4Cl/NH_4OH,pH 8.5)。

目标化合物洗脱:270 μL 10%(体积分数)甲醇 1 mol/L 乙酸溶液。

LC-MS/MS:1260 系列 HPLC(Agilent),TSQ Vantage™ 三重四极杆质谱(热电);色谱柱:Restek 3 μm Ultra PFPP 柱(100 mm×2.1 mm),柱温 40 ℃;流动相:0.1%(体积分数)乙酸溶液(A),0.1%(体积分数)乙酸的甲醇溶液(B)。

在上述自动 DPX 萃取方法中,二苯基硼酸与 SDB 填料形成络合物是对儿茶酚胺类激素定量分析的基础,反复吸取/排放是要确保完全络合反应及对目标化合物的吸附。在酸性条件下,二苯基硼酸络合物解离,10%(体积分数)甲醇溶液有效地将目标化合物洗脱。

由图 14-12 可见除了多巴胺回收率较低(81%)外,其余化合物都高于 96%。肾上腺素、多巴胺、去甲变肾上腺素及变肾上腺素的基质效应都比较低(1%～14%),但去甲肾上腺素则比较高(39%)。整个 DPX 萃取过程在 15 min 完成,而

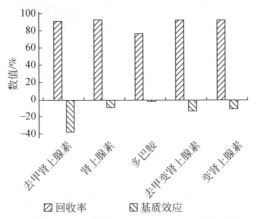

图 14-12　尿液中儿茶酚胺及其代谢产物自动 DPX 萃取方法回收率及基质效应

每个样品 LC-MS/MS 分析时间为 5.5 min。经过验证该方法的批内准确度(CV≤6%)和批间精确度(CV≤7%)都符合要求。表 14-6 列出了该方法校正曲线、最低检测限(LOD)及最低定量限(LLOQ)的数据。

表 14-6 儿茶酚胺类激素线性曲线及最低检测线和最低定量限数据(n=5)

化合物	S_y	Avg_m	LOD	LLOQ	Avg R^2
去甲肾上腺素	0.0037	0.068	0.18	0.53	0.9992
肾上腺素	0.0058	0.088	0.22	0.65	0.9996
多巴胺	0.0055	0.012	0.15	0.46	0.9996
去甲变肾上腺素	0.00019	0.019	0.003	0.01	0.9998
变肾上腺素	0.0016	0.017	0.03	0.09	0.9982

注:S_y 表示 y 轴截距的标准偏差;Avg_m 表示平均斜率,Avg R^2 表示平均相关系数。

14.3　固相萃取技术在遗传性代谢疾病检测中的应用

先天性遗传性代谢疾病(inborn errors of metabolism,IEMs)是一组遗传代谢性疾病,基因改变引起酶缺陷、细胞膜功能异常或受体缺陷,从而导致机体生化代谢紊乱,造成中间或旁路代谢产物蓄积,或终末代谢产物缺乏,引起一系列临床症状的一组疾病,是遗传性生化代谢缺陷的总称。IEMs 可涉及氨基酸、有机酸、脂肪酸、尿素、碳水化合物、类固醇、金属等多种物质代谢的异常[20]。

14.3.1　法布里病 Lyso-Gb3 检测

法布里病(Fabry disease)是一种罕见的 X 伴性遗传的溶酶体贮积症(lysosomal storage disease,LSD),由于溶酶体 α-半乳糖苷酶 A 的缺乏而在体液中积聚三己糖酰基鞘脂醇(Gb3)和脱乙酰基 Gb3(lyso-Gb3)的排泄增加[21]。因此,采用 LC-MS/MS 方法测定血浆中 lyso-Gb3 浓度可以诊断法布里病。图 14-13 给出了 lyso-Gb3 的化学结构。

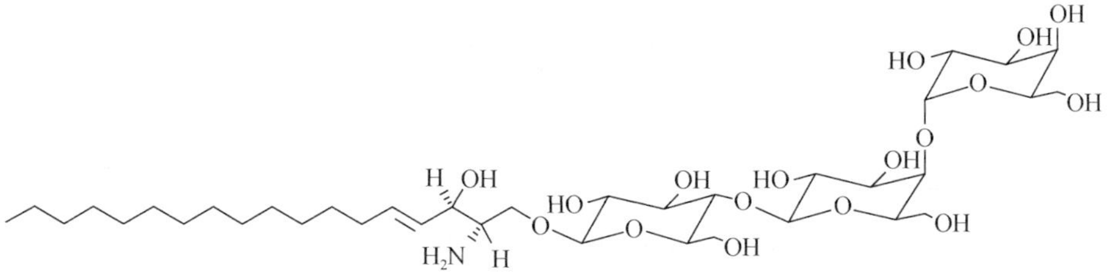

图 14-13　lyso-Gb3 的化学结构

1. 血浆 lyso-Gb3 的 LC-MS/MS 检测[22]

1)SPE 方法

取 200 μL 血浆样品与 500 μL 2%(体积分数)磷酸水溶液、500 μL 内标混合。SPE 用混合模式阳离子交换柱(Oasis MCX,30 mg,60 μm,Waters),先以 1200 μL 甲醇和 1200 μL 磷酸水溶液预处理。混合样品上样转移至提取柱,用 1200 μL 的 2%(体积分数)甲酸水溶液洗涤,然后用 1200 μL 含 0.2%(体积分数)甲酸的甲醇溶液将目标化合物洗脱到含有 600 μL 2%(体积分数)氨水的甲醇溶液玻璃管中。氮气吹干,残余物用 200 μL 50%(体积分数)乙腈-0.1%(体积分数)甲酸水溶液复溶,并转移到玻璃瓶用 LC-MS/MS 分析。

lyso-Gb3 含有伯胺基团、疏水性鞘氨醇和极性糖基团,因此,采用 MCX 柱进行 SPE 萃取可以实现保留。

2)LC-MS/MS 分析

液相色谱为 2795HT 系统(Waters),串联质谱仪为 Quattro Micro(Waters)。流动相为 0.2%(体积分数)甲酸的乙腈溶液(A 相)和 5%(体积分数)乙腈-0.2%(体积分数)甲酸水溶液(B 相),梯度洗脱,0~5 min 20%~100% A 相(0.4 mL/min),5~8 min 100% A 相(0.4 mL/min),8~12 min 20% A 相(0.6 mL/min)。色谱柱 Halo C_{18}(2.7 μm,2.1 mm×50 mm,Advanced Materials Technology),柱温 30 ℃,进样 25 μL。

质谱检测离子源为 ESI,正离子模式,多反应监测(MRM)检测,定量分析 lyso-Gb3 检测离子通道为 786.6→282.3 u。离子源参数和化合物参数通过优化得到。

该方法线性范围 1~400 nmol/L(R^2=0.996,n=3),批内批间偏倚 5.1%~7.4%,CV 3.5%~11.7%,LOD 和 LOQ 分别为 0.7 nmol/L 和 2.5 nmol/L。提取回收率为 64%,室温(22 ℃)、4 ℃和−20 ℃下 lyso-Gb3 保持稳定,未检测到携带污染,lyso-Gb3 色谱图如图 14-14 所示。

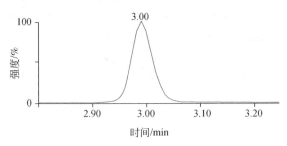

图 14-14　lyso-Gb3 的 LC-MS/MS 色谱图

2. 血浆 lyso-Gb3 及 6 个类似物的 LC-MS/MS 检测[23]

1)SPE 提取方法

法布里病患者 lyso-Gb3 可经酶在鞘氨醇上转换成一系列−C_2H_4、−H_2、+O、+H_2O、

$+H_2O_2$、$+H_2O_3$ 类似物。

SPE 提取用 Oasis MCX SPE 柱(30 mg,60 μm,Waters),依次用 1000 μL 甲醇和 1000 μL 2%(体积分数)磷酸水溶液平衡;100 μL 血浆样品与 500 μL 2%(体积分数)磷酸混合,用吸管上样至平衡的 MCX 柱;依次用 1000 μL 2%(体积分数)甲酸水溶液洗涤 MCX 柱,1000 μL 0.2%(体积分数)甲酸的甲醇溶液洗涤 MCX 柱;用 600 μL 2%(体积分数)氢氧化铵的甲醇洗脱;在室温下氮气流蒸发至干;100 μL 50%(体积分数)乙腈-0.1%(体积分数)甲酸溶液复溶;转移至玻璃瓶用 UPLC-MS/MS 分析。

2)LC-MS/MS 分析

UPLC 系统为 Acquity I-Class,含自动进样器(Waters),串联质谱仪为 Xevo TQS(Waters)。流动相 A 为 0.2%(体积分数)甲酸的乙腈溶液,流动相 B 为 5%(体积分数)乙腈-0.2%(体积分数)甲酸水溶液,流速 0.5 mL/min。梯度洗脱,0~1 min 0%A 相,1~3 min 0%~35%A 相,3~5.5 min 35%~50%A 相,5.5~7 min 90%A 相,7~9 min 0%A 相。色谱柱 BEH C_{18}(1.7 μm,2.1 mm×50 mm,Waters),柱温 30 ℃,自动进样器 10 ℃,进样 7.5 μL。

质谱检测离子源为 ESI,正离子模式,MRM 检测,喷雾电压 3.2 kV,源温度 120 ℃,去溶剂温度 450 ℃。lyso-Gb3 及类似物的检测离子通道见表 14-7。

表 14-7　lyso-Gb3 及类似物的质谱检测参数

化合物	检测通道/u	锥孔电压/V	碰撞能/eV
lyso-Gb3	786.45→282.28	65	35
lyso-Gb3($-C_2H_4$)	758.42→254.25	55	35
lyso-Gb3($-H_2$)	784.43→280.26	65	35
lyso-Gb3($+O$)	802.44→280.26	65	38
lyso-Gb3($+H_2O$)	804.46→318.25	65	30
lyso-Gb3($+H_2O_2$)	820.45→334.25	60	32
lyso-Gb3($+H_2O_3$)	836.45→350.24	50	35
lyso-Gb3-Gly(IS)	843.47→264.27	20	48

lyso-Gb3 及 6 个类似物的色谱图如图 14-15 所示,梯度色谱洗脱使分析物与同系干扰物得到分离,并使基质的离子抑制效果最小。由于缺乏 lyso-Gb3 和类似物的商业化标准品,而这些分析物都具有一个伯胺基团,在正电喷雾离子化过程中,质谱响应基本相似,故 lyso-Gb3 为定量分析,以其响应因子对 lyso-Gb3 的类似物进行相对定量分析。lyso-Gb3 及 6 个类似物测量的日内和日间精密度低浓度质控 <15%,高浓度质控<11%。低、高浓度质控提取回收率分别为 66% 和 59%,LOQ 为 0.21~0.97 nmol/L。

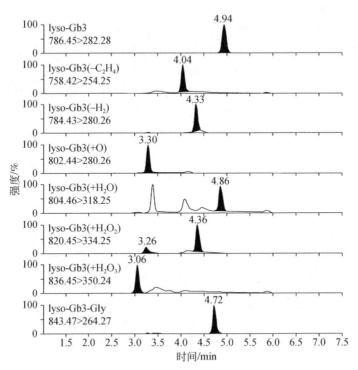

图 14-15　lyso-Gb3 及 6 个类似物的 UPLC-MS/MS 色谱图

14.3.2　尿样酰基甘氨酸检测[24]

　　酰基甘氨酸(acylglycines, AG)是由线粒体甘氨酸-N-酰基转移酶(EC 2.3.1.13)的作用形成的,当酰基辅酶 A 酯在体内积累时,即使患者看起来症状有所缓解,AG 仍不断升高。检测尿液中 AG 可诊断多种 IEMs,如脂肪酸氧化缺陷(酰基辅酶 A 脱氢酶)和亮氨酸分解代谢缺陷(异戊酰辅酶 A 脱氢酶、甲基巴豆酰-CoA 羧化酶等)。此外,某些甘氨酸结合物的积累可以诊断异亮氨酸、缬氨酸和赖氨酸分解代谢相关酶的缺陷(丙酰辅酶 A 羧化酶、戊二酰辅酶 A 脱氢酶)。图 14-16 显示了酰基甘氨酸系列化合物的化学结构。

　　1)SPE 方法

　　样品净化和衍生化程序:尿液样品稀释成 1.0 mmol/L 的肌酐浓度,将 0.1 mL 稀释尿液加入 0.9 mL 水中,然后与 1 mL pH 6.0 的 0.5 mol/L 磷酸盐缓冲溶液混合,接着加入 10 μL 内标溶液(含 25 μmol/L 各种氘标)。强阴离子 SAX SPE 柱(500 mg, 3 mL, Agilent)预先用 2 mL 甲醇预处理,然后用 2 mL 水和 2 mL 0.5 mol/L 磷酸盐缓冲溶液(pH 6.0)平衡。将样品通过预先平衡的 SAX 柱,用 4 mL 水洗涤,最后以 1 mL 1 mol/L 甲酸的无水甲醇洗脱酰基甘氨酸。将洗脱液在 45 ℃ 下蒸干,加入

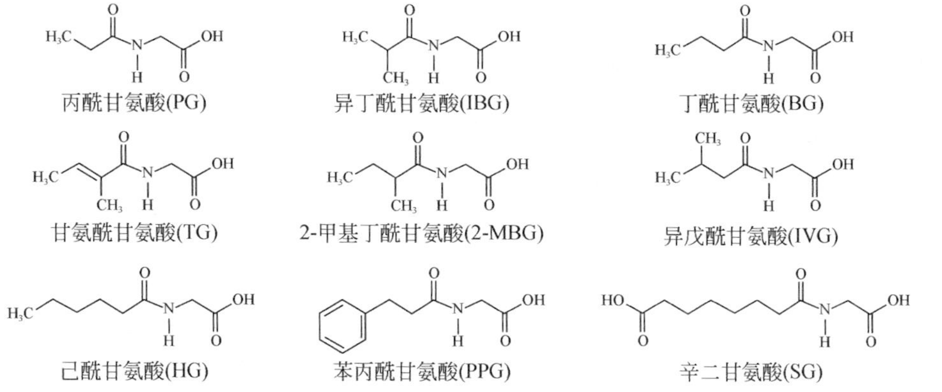

图 14-16　酰基甘氨酸化学结构

100 μL 3mol/L 盐酸的正丁醇溶液。65 ℃下进行丁基衍生化处理 15 min。蒸干溶剂,残余物用含 0.1%(体积分数)甲酸的 100 μL 乙腈–水(50∶50,体积比)复溶。

　　2)LC-MS/MS 分析

　　HP 1200 HPLC 系统(Agilent)由二元梯度泵、真空脱气机和自动进样器组成。色谱柱 Atlantis dC$_{18}$(150 mm×2.1 mm,5 μm,Waters)室温使用。将 10 μL 丁基衍生化酰基甘氨酸混合物经自动进样器注入,以 200 μL/min 流速梯度洗脱,以 20 mmol/L 甲酸–甲酸铵(1∶4,体积分数,流动相 A)和乙腈(流动相 B)为流动相。梯度以 18%B 开始,保持 5 min;5～18 min,50%B;18～19 min,60%B;19～23 min,80%B 并保持;30～30.5 min,18%B;30.5～33 min 保持 18%B 平衡色谱柱。3200 QTRAP 质谱仪(Applied Biosystems)配 TIS 离子源。使用空气作为雾化气,氮气作为气帘和碰撞气。离子源温度 650 ℃,喷雾电压 5.5kV。在正离子 MRM 模式下检测酰基甘氨酸。使用的电压、碰撞能和离子通道见表 14-8,质谱仪使用 Analyst 1.4 软件进行操作。

表 14-8　酰基甘氨酸的 LC-MS/MS 检测参数

酰基甘氨酸	定性离子	Q1 质量数/Da	Q3 质量数/Da	DP/V	EP/V	CEP/V	CE/eV	CXP/V	相关内标
PG		188.1	76.1	26	3.2	16	20	2.8	d$_3$-PG
	PG-1	188.1	57.1	26	3.2	16	27	2.4	
IBG		202.1	76.2	25	5.0	13	18	2.0	d$_7$-IBG
	IBG-1	202.1	128.2	25	5.0	13	12	2.1	
BG		201.9	76.0	25	5.0	11	18	3.0	d$_3$-BG
	BG-1	201.9	128.2	25	5.0	11	12	2.1	
TG		214.1	83.1	23	4.5	11	18	2.8	d$_2$-TG

续表

酰基甘氨酸	定性离子	Q1 质量数/Da	Q3 质量数/Da	DP/V	EP/V	CEP/V	CE/eV	CXP/V	相关内标
	TG-1	214.1	55.1	23	4.5	11	34	2.0	
2-MBG		215.9	57.2	26	5.0	19	28	2.4	d_9-2-MBG
	2-MBG-1	215.9	75.9	26	5.0	19	20	3.4	
IVG		215.9	76.0	22	4.5	11	20	2.2	d_9-IVG
	IVG-1	215.9	57.2	22	4.0	11	32	2.2	
HG		230.2	76.2	27	4.0	21	24	2.2	d_3-HG
	HG-1	230.2	132.1	27	4.0	21	14	2.1	
PPG		264.2	105.1	29	3.7	15	29	3.0	d_2-PPG
	PPG-1	264.2	132.2	29	3.7	15	15	2.9	
SG		344.2	83.2	34	5.0	22	42	3.3	d_2-SG
	SG-1	344.2	168.2	34	5.0	22	23	2.7	

该方法尝试了 Oasis MCX、HLB、MAX 和 Agilent SAX 等不同填料的 SPE 柱,一直存在明显的离子抑制现象。故考虑用盐酸正丁醇衍生化处理,Oasis MCX 和 Agilent SAX 可较好地减轻基质效应,相比而言 Agilent SAX 回收率更高,尿 AG 的回收率为 90.2%~109.3%(CV 为 1.93%~13.58%),LOQ 为 0.001~0.015 μmol/L,线性回归 R^2>0.99。图 14-17 显示了 AG 的 LC-MS/MS 总离子流图。

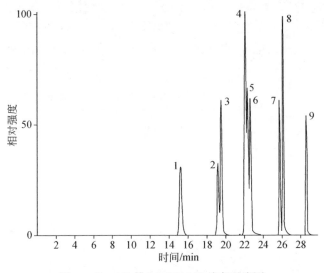

图 14-17　AG 的 LC-MS/MS 总离子流图

1. 丙酰甘氨酸;2. 异丁酰甘氨酸;3. 丁酰甘氨酸;4. 甘氨酰甘氨酸;5. 2-甲基丁酰甘氨酸;
6. 异戊酰甘氨酸;7. 己酰甘氨酸;8. 苯丙酰甘氨酸;9. 辛二甘氨酸

14.3.3　血浆中氨基酸检测[25]

氨基酸代谢异常是 IEMs 常见的遗传缺陷,氨基酸代谢障碍表现为体内相应氨基酸的异常增高,在新生儿期即可发病,但只有 72% 的患儿到 15 岁才能明确诊断,仅有 1/3 患儿在一岁前确诊[21]。通过质谱定量检测血中氨基酸可诊断氨基酸代谢病。本部分介绍一种氨基酸经过氟衍生化和整体 SPE 纯化后直接进样供质谱分析检测的解决案例。

1)样品前处理方法

用氟聚氨酯–丙烯酸酯(PFUA)对氨基酸进行氟代烷基衍生化处理,衍生化反应过程如图 14-18 所示,在 2-甲基吡啶硼(2-PB)的还原作用下,PFUA 与氨基酸的伯胺进行氟烷基化反应。

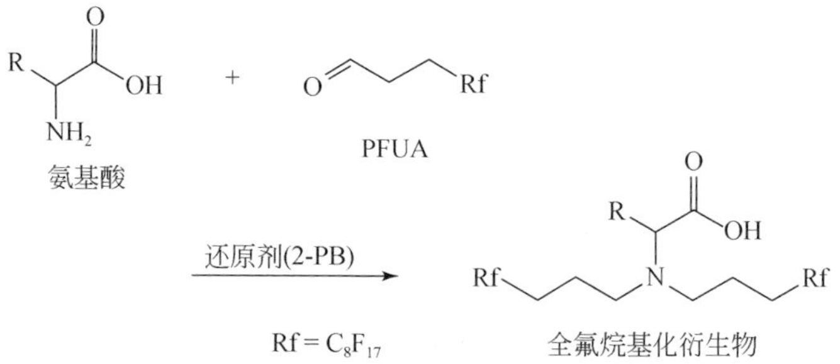

图 14-18　氨基酸的氟烷基化衍生反应

取 100 μL 血浆样品于 1.5 mL 小瓶中,加入 200 μL 含 100 μmol/L IS 的甲醇溶液,混合,13000 g 离心 10 min。取 70 μL 上清液转移到另一个小瓶中,然后加入 20 μL 2.0 mol/L PFUA 和 10 μL 1.5 mol/L 2- PB,盖上小瓶并在 37 ℃ 下加热 20 min。接着加入 20 μL 2.5 mol/L 二乙胺的异丙醇溶液,以消耗过量试剂,然后加入 480 μL 甲醇、水和 TFA(90∶10∶0.1,体积比)混合液,取 100 μL 所得溶液进行整体 F-SPE 纯化。

整体式 F- SPE 离心柱(monolithic F- SPE spin column, MonoSpin® ODS, GL Sciences)用前经 500 μL 甲醇和去离子水平衡预处理。将衍生化样品溶液加载到预处理过的整体式 F-SPE 离心柱上。用 800 μL 甲醇、DMF 和水(50∶40∶10,体积比)混合液洗涤,然后用 100 μL TFE、甲醇和 TFA(90∶10∶0.1,体积比)混合液洗脱,洗脱液直接注入 ESI-MS/MS 系统检测。整体式 F-SPE 离心柱均通过 1500 g 离心 1 min 处理。

2)LC-MS/MS 分析

HPLC 系统(Shimadzu)由 LC-20AD 泵、DGU-20A3 在线脱气机和 SIL-20AC 自动进样器组成。使用甲醇、水、乙酸和 TFA(90∶10∶1∶0.1,体积比)为流动相,流速 0.4 mL/min。取 1 μL 经整体式 F-SPE 离心柱处理的洗脱液进样,无须色谱柱分离,直接导入质谱离子源。每个样品的总分析时间为 1 min。

API 4000 QTRAP 串联质谱仪(Sciex),以正离子电喷雾模式进行 MS/MS 分析,Analyst 1.5.2 软件采集数据。喷雾电压 5500V;源温度 500 ℃;气帘气 10 psi;GS1 60 psi;GS2 80 psi。其他质谱参数如表 14-9 所示。

表 14-9　氟烷基化衍生的氨基酸 LC-MS/MS 检测参数

氨基酸	缩写	前体离子 (m/z)	产物离子 (m/z)	DP/V	EP/V	CE/eV	CXP/V	定量内标
L-丙氨酸	Ala	1010	964	121	10	79	38	Val-d_8
L-精氨酸	Arg	1095	130	161	10	91	8	His-d_3
L-天冬氨酸	Asp	1054	994	96	10	69	46	Glu-d_5
L-谷氨酸	Glu	1068	1022	96	10	77	50	Glu-d_5
甘氨酸	Gly	996	950	141	10	81	40	Val-d_8
L-组氨酸	His	1076	1030	116	10	67	54	His-d_3
L-亮氨酸/ L-异亮氨酸	Leu/Ile	1052	1006	156	10	81	44	Val-d_8
L-赖氨酸	Lys	1987	1050	120	10	120	20	Lys-d_8
L-苯胺基丙酸	Phe	1086	1040	91	10	87	44	Phe-d_5
L-丝氨酸	Ser	1026	1008	90	10	70	50	Val-d_8
L-苏氨酸	Thr	1040	1022	146	10	71	10	Val-d_8
L-酪氨酸	Tyr	1102	123	111	10	115	10	Phe-d_5
L-缬氨酸	Val	1038	992	106	10	85	44	Val-d_8
^{2}H$_5$-L-谷氨酸	Glu-d_5	1073	1027	96	10	77	50	
^{2}H$_3$-L-组氨酸	His-d_3	1079	1033	116	10	67	54	
^{2}H$_8$-L-赖氨酸	Lys-d_8	1995	1058	120	10	120	20	
^{2}H$_5$-L-苯胺基丙酸	Phe-d_5	1091	1045	91	10	87	44	
^{2}H$_8$-L-缬氨酸	Val-d_8	1046	1000	106	10	85	44	

经过整体式 F-SPE 离心柱提取,所有氨基酸衍生物均能提取并检测到,图 14-19 显示了整体式 F-SPE 离心柱和整体式 ODS 离心柱比较,F-SPE 离心柱的提取回收率明显提高。在 SRM 模式下检测,可以分辨出氨基酸代谢缺陷的样本中氨基酸浓度明显发生改变。图 14-20 展示了 MSUD 病、PKU 病、对照血浆样本及未经 F-SPE 纯化的样本质谱图。

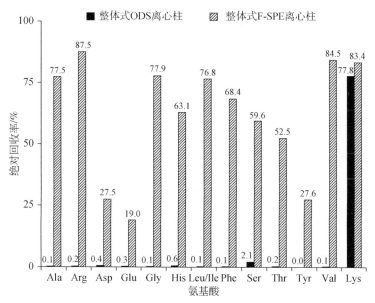

图 14-19　提取回收率比较

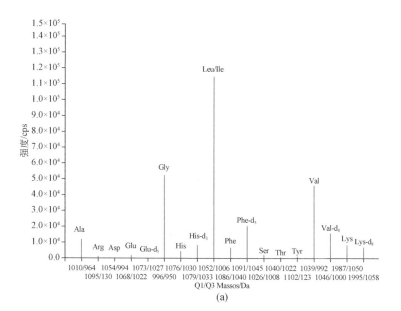

(a)

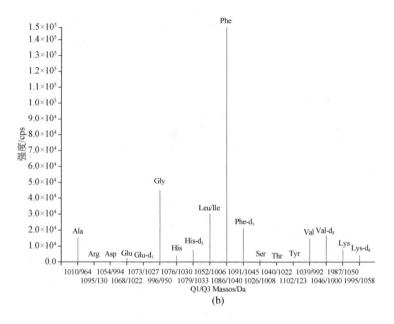

(b)

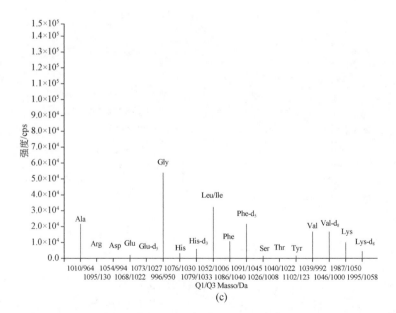

(c)

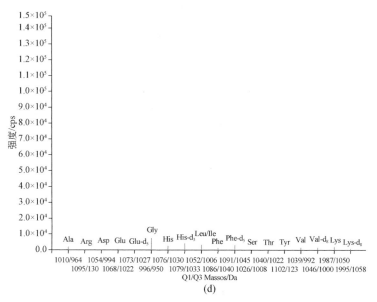

图 14-20　氨基酸衍生物的 SRM 检测图

(a) MSUD 病；(b) PKU 病；(c) 对照血浆样本；(d) 未经 F-SPE 纯化的样品

14.4　固相萃取技术在类固醇激素检测中的应用

14.4.1　类固醇激素的理化性质

类固醇激素 (steroids hormone) 又称甾体激素，是一类四环脂肪烃化合物，具有环戊烷多氢菲母核的非极性的小分子激素，由胆固醇转化而成，通过内分泌系统调节体内代谢过程[26]。根据功能不同，类固醇激素分为糖皮质激素、盐皮质激素、孕激素、雄激素和雌激素等类别，为身体发育、性分化、性成熟以及新陈代谢所必需[27]。类固醇激素的检测可帮助诊断许多内分泌紊乱的疾病，如先天性肾上腺增生症、醛固酮增多症、库欣综合征以及不孕不育症等。由于 LC-MS/MS 法的灵敏度和特异性高，其所需样本量少，是类固醇激素检测的首选方法。本节介绍一种固相萃取方法在 LC-MS/MS 同时检测睾酮、双氢睾酮、雄烯二酮、脱氢表雄酮、羟孕酮五种类固醇激素的应用。其理化性质见表 14-10。

14.4.2　血浆类固醇激素的固相萃取法

1) 样品前处理

取 500 μL 人血清加 5 μL 50%（体积分数）甲醇水溶液，加 10μL 内标工作液，再加入 500 μL 甲醇,混匀,振荡 5 min,15000 r/min 离心 10 min,上清液全部转移,加入 500 μL 2%(体积分数)氨水,再加 3.5 mL 2%(体积分数)氨水–10%(体积分数)甲醇溶液混合,待上样。

表 14-10　五种类固醇激素的理化性质

名称	CAS 编号	分子式	分子量	结构式	溶解度	pK_a	lgK_{ow}
睾酮 (testosterone)	58-22-0	$C_{19}H_{28}O_2$	288.42		水:0.033 g/L, DMSO:45 mg/mL	19.09, −0.88	3.32
双氢睾酮 (dihydrotestosterone)	521-18-6	$C_{19}H_{30}O_2$	290.44		水:525 mg/mL, DMSO<7 mg/mL	19.38, −0.88	3.55
雄烯二酮 (androstenedione)	63-05-8	$C_{19}H_{26}O_2$	286.41		水:0.027 g/L	19.03, −4.8	2.75
脱氢表雄酮 (dehydroepiandrosterone)	53-43-0	$C_{19}H_{28}O_2$	288.42		水:0.044 g/L	18.2, −1.4	3.23
羟孕酮 (α-hydroxyprogesterone)	68-96-2	$C_{21}H_{30}O_3$	330.46		水:0.029 g/L, DMSO:40 mg/mL	12.7, −3.8	3.17

　　血清样品经 SOLAμ HRP 96 孔 SPE 板(2 mg/1 mL,Thermo)萃取:700 μL 甲醇活化;700 μL 10%(体积分数)甲醇–2%(体积分数)氨水平衡;上样;700 μL 40%(体积分数)甲醇清洗 2 次;50 μL 甲醇洗脱 2 次(气压 30 psi 以内);将洗脱下来的溶液转移至进样管并加入 20 μL 水稀释后混匀进行分析,进样体积为 30 μL。

　　2)LC-MS/MS 分析

　　API 4000 串联质谱仪(Sciex);HPLC 系统:SIL-30AC 自动进样器、LC-30AD 输液泵、DGU-20A 5R 在线脱气仪、CBM-20A 控制器、CTO-20A 柱温箱(Shimadzu)。Sample Manager-FL 自动进样器,Binary Solvent Manager,CH-A 柱温箱(Waters)。分

析柱 PoroShell 120 EC-C$_{18}$(2.1 mm×100 mm,2.7 μm,Agilent)。

质谱分析条件见表 14-11。

表 14-11　质谱分析条件

离子源/极性	电喷雾离子源/正离子			
扫描方式/扫描间隔	MRM 扫描/5 ms			
分辨率	中等			
离子源参数	GS1:60 psi;GS2:70 psi;气帘气:30 psi;碰撞气:12 psi;电压:5500 V;温度:550 ℃			
离子通道选择	双氢睾酮:291.2→255.2 u	双氢睾酮-d$_3$:294.2→258.2 u		
	睾酮:289.2→97 u	睾酮-d$_3$:292.2→97.0 u		
	雄烯二酮:287.2→97.0 u	雄烯二酮-^{13}C:290.2→100.0 u		
	脱氢表雄酮:289.2→253.2 u	脱氢表雄酮-d$_5$:294.3→258.2 u		
	羟孕酮:331.2→97.0 u	羟孕酮-d$_8$:339.2→100.0 u		
	分析物	DP/V	EP/V	CE/eV	CXP/V
仪器参数设定	睾酮	62	7	31	5
	双氢睾酮	70	7	21	15
	脱氢表雄酮	50	7	16	15
	雄烯二酮	65	9	30	9
	羟孕酮	80	7	33	9

睾酮、双氢睾酮、雄烯二酮、脱氢表雄酮、羟孕酮的 LC-MS/MS 色谱图见图 14-21。经方法学验证,线性回归(权重系数 $1/x$)r 均大于 0.99;批内准确度为96.60%~105.6%,精密度 CV 均小于 8%;批间准确度为 95.00%~105.2%,精密度 CV 均小于 6%;睾酮、双氢睾酮、雄烯二酮、脱氢表雄酮、羟孕酮的提取回收率分别为 45.7%、53.7%、54.6%、57.3% 和 51.7%,相对基质效应分别为 0.8834、1.005、1.003、0.9669 和 1.009,方法性能满足临床检测要求。

3)Turboflow 在线固相萃取血浆中 10 种类固醇激素[28]

样本前处理:在 1.5 mL Eppendorf 管中加入 100 μL 血清样品,加入 70 μL0.3 mol/L ZnSO$_4$的 80% 甲醇和 30 μL 内标工作溶液,在 2200 r/min 下混合 10 s。样品在室温下静置 30 min,随后在 12700 g 下离心 10 min,将 160 μL 上清液转移到进样瓶中,于自动进样器(10 ℃)进行 LC-MS/MS 分析。

Turboflow 在线固相萃取 LC-MS/MS:Dionex Ultimate 3000 UHPLC 系统(Thermo),集成 Transcend TLX Turboflow 样品制备系统,连接 TSQ Quantiva 三重四极杆质谱仪(Thermo),质谱仪配备正负离子模式操作的加热电喷雾(HESI)探针。HESI 探针上正负离子模式的喷雾电压分别为 1.0 kV 和 2.5 kV。使用 HTS PAL 自

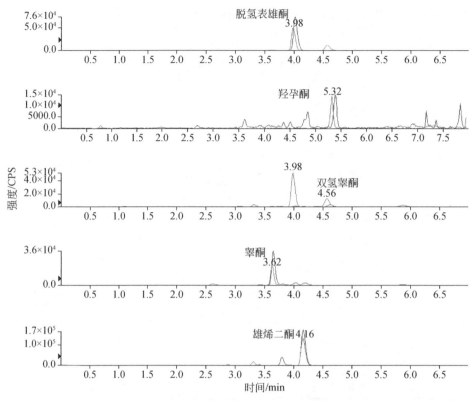

图 14-21　五种类固醇激素的 LC-MS/MS 色谱图

动进样器(CTC)进样,Turboflow 系统使用 Cyclone-P Turboflow 50 mm×0.5 mm 色谱柱,用于样品的净化和富集,Hypersil Gold aQ 50 mm×2.1 mm,1.9 μm 作为分析柱进行色谱分离,含嵌入式保护柱(Hypersil Gold 3UM 10 mm×2.1 mm)。Cyclone-P Turboflow 柱控制 25 ℃,Hypersil 分析柱加热至 30 ℃使用。具体的 Turboflow 在线固相萃取程序设置见表 14-12。

表 14-12　Turboflow 在线固相萃取程序

| | Turboflow 净化与富集 | | | | | | | 洗脱 | | | |
时间/min	流速/(mL/min)	梯度	流动相A/%	流动相B/%	流动相C/%	汇合	进样环	流速/(mL/min)	梯度	流动相A/%	流动相B/%
0	2.00	Step	100	—	—	—	Out	0.40	Step	100	—
2	0.10	Step	100	—	—	—	Out	0.40	Step	100	—
2.17	0.10	Step	100	—	—	+	In	0.40	Step	100	—
3.17	1.50	Step	—	100	—	—	In	0.40	Ramp	47	53
3.50	1.50	Step	—	—	100	—	In	0.40	Ramp	47	53

时间/min	流速/(mL/min)	梯度	流动相A/%	流动相B/%	流动相C/%	汇合	进样环	流速/(mL/min)	梯度	流动相A/%	流动相B/%
Turboflow 净化与富集								洗脱			
4.50	0.50	Step	15	85	—	—	In	0.40	Ramp	47	53
6.50	0.50	Step	100	—	—	—	Out	0.40	Ramp	20	80
8.50	0.50	Step	100	—	—	—	Out	0.40	Step	1	99
10	2.00	Step	100	—	—	—	Out	0.40	Step	100	—
11	2.00	Step	100	—	—	—	Out	0.40	Step	100	—

注:流动相:A. 5 mmol/L 乙酸铵 2% 甲醇;B. 甲醇;C. 丙酮-乙腈-异丙醇(10∶45∶45,体积比)。洗脱流动相:A. 5 mmol/L 乙酸铵 2% 甲醇;B. 5 mmol/L 乙酸铵甲醇。Step 表示直接梯度;Ramp 表示渐变梯度;In 表示连通;Out 表示断开。

　　本方法采用 Turboflow 在线固相萃取 LC-MS/MS 方法同时测定血清中 10 种类固醇激素:脱氢表雄酮硫酸盐(DHEAS)、黄体酮(progesterone)、羟孕酮、Δ4-雄烯二酮(Δ4-androstenedione)、皮质酮(corticosterone)、11-脱氧皮质醇(11-deoxycortisol)、皮质醇(cortisol)、可的松(cortisone)、睾酮和雌酮 3-硫酸酯(estrone 3-sulfate)。方法学验证数据见表 14-13。

表 14-13　方法学验证数据

分析物	范围/(nmol/L)	水平/(nmol/L) 低	高	批内 RSD/% 低	高	批间 RSD/% 低	高	LOQ/(nmol/L)	人群区间/(nmol/L)
DHEAS	LOQ ~ 16283	85	8548	0.6	2.7	1.6	2.4	19	206 ~ 16733
黄体酮	LOQ ~ 106	0.56	56	5.2	3.5	9.8	5.8	0.036	<LOQ ~ 4.0
羟孕酮	LOQ ~ 141	0.74	74	4.7	0.7	1.9	1.0	0.10	<LOQ ~ 10.0
Δ4-雄烯二酮	LOQ ~ 61	0.31	31	0.8	0.3	1.4	0.7	0.042	0.25 ~ 7.2
皮质酮	LOQ ~ 139	0.40	40	15.8	15.5	7.9	3.1	0.10	0.52 ~ 163
11-脱氧皮质醇	LOQ ~ 48	0.25	25	3.2	0.8	6.5	1.1	0.017	<LOQ ~ 4.9
皮质醇	LOQ ~ 1839	9.7	966	0.7	1.7	1.9	1.7	1.9	69 ~ 817
可的松	LOQ ~ 108	0.44	44	2.0	1.8	6.2	1.5	0.19	20 ~ 164
睾酮	LOQ ~ 58	0.30	30	0.9	0.2	2.5	0.7	0.012	<LOQ ~ 36
雌酮 3-硫酸酯	LOQ ~ 48	0.25	25	1.8	1.2	2.2	1.7	0.026	<LOQ ~ 5.4

注:人群区间通过 391 名年龄 10 ~ 18 岁丹麦男孩建立。

　　Turboflow 在线固相萃取技术可实现全自动处理样本和富集浓缩、洗脱及色谱分离于一体。该技术利用色谱柱填料表面多孔的大粒径键合相,将涡流扩散和化学作用相结合,在排除基质干扰的同时捕获目标化合物,结合质谱检测技术,使得分析灵敏度、准确度和自动化程度相得益彰,提升了血清中多种类固醇激素检测的效率和效果。图 14-22 显示了 Turboflow 在线固相萃取技术检测血清中 10 种类固醇激素的色谱图。

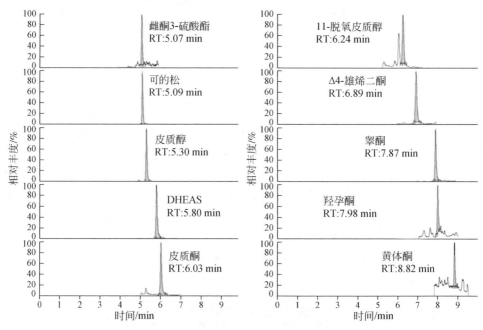

图 14-22　血清中 10 种类固醇激素的色谱图

血清样本来自一位丹麦 13.7 岁男孩

14.4.3　在线固相萃取唾液中皮质醇和可的松[29]

样本前处理:300 μL 唾液样本与 30 μL 内标混合,取 250 μL 混合液转移至预先用 1 mL 甲醇和 1 mL 水平衡的 Oasis HLB 1 mL 固相萃取柱(Waters),上样,然后用 500 μL 水–甲醇(80∶20,体积比)进行洗涤,最后加入 250 μL 甲醇洗脱,洗脱液置于 LC-MS/MS 自动进样器中。

在线固相萃取-LC-MS/MS 检测:Agilent HPLC 1200,带有柱温箱、自动进样器、二元 LC 泵和脱气机以及用于在线 SPE 的切换阀;Agilent 6430 三重四极杆质谱仪,ESI 离子源,正离子模式。在线富集和样品净化在 Zorbax Extend C_{18} 柱(2.1 mm× 12.5 mm,5 μm)上,用水–甲醇(70∶30,体积比)溶液进行,并通过 Zorbax Eclipse XDB-C_{18} 分析柱(4.6 mm×50 mm,1.8 μm)进行 HPLC 分离,以双溶剂梯度系统(保持柱温 50 ℃)进行洗脱,其中溶剂 A 含有 0.1%(体积分数)甲酸甲醇,溶剂 B 含有 0.1%(体积分数)甲酸水。总运行时间为 7 min。在 MRM 模式中进行定量分析,质谱 MRM 离子通道和参数见表 14-14。

表 14-14　皮质醇和可的松的质谱 MRM 离子通道和参数

分析物	定性/定量通道	离子通道	FV/V	CE/eV
皮质醇	定量	363.2>121.1	140	33
	定性	363.2>327.2	140	13
	定性	363.2>145.1	140	29
可的松	定量	361.2>163.1	125	21
	定性	361.2>121.1	125	33
	定性	361.2>145.1	125	37
d_4-皮质醇	定量	367.1>121.1	125	24
d_4-可的松	定量	369.3>169.1	125	25

　　皮质醇和可的松保留时间分别为 4.7 min 和 4.4 min（图 14-23），线性区间为 0.51 ~ 55.4 nmol/L 和 0.55 ~ 51.0 nmol/L，在出峰时间，未观察到离子抑制，批内、批间精密度<10%，皮质醇和可的松回收率分别为 90% ~ 111% 和 90% ~ 115%。午夜唾液皮质醇切值（Cut-off）为 2.4 nmol/L，对库欣综合征（CS）的诊断灵敏度为 100%，特异性为 98%。

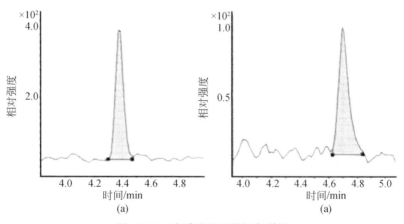

图 14-23　皮质醇和可的松色谱图

（a）可的松 4.4 min（m/z 361.2 > 163.1）浓度 1.1 nmol/L;（b）皮质醇 4.7 min（m/z 363.2 > 121.1）浓度 0.6 nmol/L

14.5　固相萃取技术在药物检测中的应用

14.5.1　在线固相萃取技术在氯吡格雷检测中的应用

　　氯吡格雷（clopidogrel）是一种口服抗血小板聚集的药物，常与阿司匹林合用[30]。据报道,冠状动脉支架置入术可降低急性冠脉综合征患者的危险[31],使经皮冠状动脉介入治疗患者获益[32]。氯吡格雷被批准用于减少中风、心肌梗死、心血管疾病和急性冠脉综合征患者的动脉粥样硬化事件[33]。服用后,约85%的氯吡格雷在体内经酯酶转化成无活性的氯吡格雷酸,小部分氯吡格雷经 P450 酶代谢成 2-氧氯吡格雷,最终形成活性代谢产物巯醇式氯吡格雷(图 14-24)[34,35]。氯吡格雷的活性代谢产物可选择性不可逆地与血小板膜表面腺嘌呤核苷二磷酸(ADP)受体(P_2Y_{12})结合,抑制血小板聚集,这是氯吡格雷产生抗血小板聚集的药效学基础。

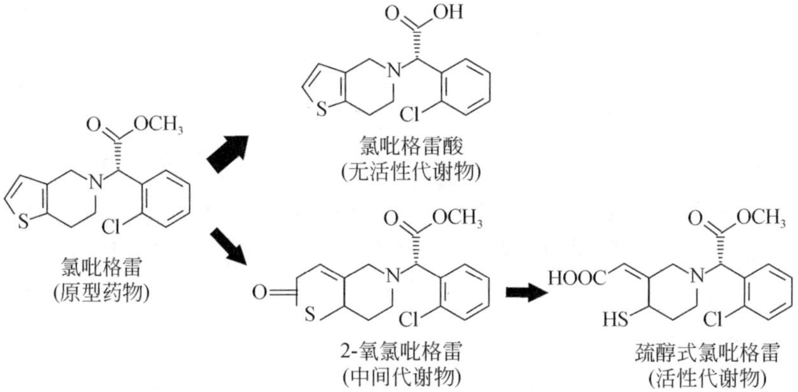

图 14-24　氯吡格雷体内代谢途径

　　氯吡格雷基本结构特点:分子量 321.82;分子式 $C_{16}H_{16}ClNO_2S$;pK_a 4.77,呈弱酸性;lgP 4.03,强脂溶性。故该分析物无论在色谱分离还是建立反相 SPE 样品处理方法方面,相对容易保留。

　　氯吡格雷在线 SPE-LC-MS/MS 分析[35]如下。

　　1)在线固相萃取

　　在线固相萃取仪需与质谱检测器联用,无法单独使用。整套系统包括固相萃取仓、自动进样器、含脱气机的液相泵、高压输液泵(2 个)、样品仓和柱温箱(Spark,荷兰)。待处理的样品放置于样品仓中,待测样品可以是血浆、尿液,也可以是经过预处理的样品,如血浆经蛋白沉淀后的上清液。样品应不含颗粒物,或其他会导致仪器管路堵塞的物质,如纤维蛋白等。

　　样品洗脱流程:样品通过自动进样器进入固相萃取仓,使用高压输液泵 1 进行活化、平衡、上样、清洗后,通过机械臂转移至另一位置使用高压输液泵及/或流动相进行洗脱,洗脱下来的溶剂直接进入检测器,洗脱完成后的 SPE 柱使用高压输液泵 2 进行清洗,完成清洗后使用机械臂放回至 SPE 柱托盘,待下次使用,这类 SPE 柱根据基质复杂程度不同可以反复使用。本实验建立的方法经考察试验,可反复使用至少 75 次,无交叉污染,且不影响保留强度。如果多个样品一起提交,在检测前一个样品时,可以同时对下一个样品进行固相萃取,提高检测通量。

采用固相萃取柱 Hysphere C_8 EC-SE(10 mm×2.0mm,10 μm),乙腈和水为洗脱溶剂,聚焦泵洗脱模式,氯吡格雷固相萃取详细步骤见表 14-15[36]。

表 14-15　在线固相萃取步骤

步骤名称	溶剂	流速/(μL/min)	流量/μL
活化	乙腈	5000	1000
平衡	水	5000	2000
上样	水	2000	1000
洗涤	25% 乙腈的水溶液	5000	1000
	25% 乙腈的水溶液	5000	500
清洗使用后 SPE 柱	乙腈	5000	1000
	水	5000	500
	乙腈	5000	500
	水	5000	500
	乙腈	5000	500
	乙腈	5000	1000
洗脱	聚焦泵模式		
	流动相/150 μL/min/150 μL		
	水/200 μL/min/200 μL		

本实验使用的在线 SPE 仪器分 3 种洗脱模式:标准模式、聚焦泵模式、聚焦 HPD 模式。常用标准模式,该模式下对色谱行为影响最小。聚焦泵模式相当于分析物使用梯度条件在色谱柱上进行洗脱,条件摸索相对复杂,需要考虑流路溶液的变化造成的 pH、溶液极性、盐浓度变化引起的色谱条件的波动。本方法使用了聚焦泵模式,该模式下流动相的组成足以将分析物从 SPE 柱上洗脱下来,但是导致分析物在色谱柱上保留下降,出峰过早,峰形也不够尖锐,因此使用高压输液泵 2 增加流动相中水相,增强保留,改善峰形。

2)LC-MS/MS 分析

质谱条件:离子源为电喷雾离子源;极性为正离子;扫描方式为 MRM 扫描;离子通道选择为氯吡格雷为 322.1→212.1 u;内标:326.1→216.1 u。质谱参数:GS1 为 70 psi;GS2 为 60 psi;CUR 为 30 psi;CAD 为 8;电压为 1800V;温度为 550 ℃;DP 为 35 V;EP 为 8 V;CE 为 22 eV;CXP 为 7 V。

色谱条件:色谱柱 Kromasil Eternity- 2.5- C_{18}- UHPLC(50 mm × 2.1 mm,2.5 μm);流动相含 3 mmoL 乙酸铵 0.04%(体积分数)甲酸 65%(体积分数)乙腈水

溶液等度洗脱;梯度流速 0~1 min 0.15 mL/min;1~5 min 0.35 mL/min;柱温:45 ℃。

　　使用在线 SPE-质谱联用法测定的人血浆中氯吡格雷浓度方法学验证结果显示,在 10 pg/mL~10 ng/mL 浓度范围内,线性回归相关系数 $r>0.995$,具有良好相关性;空白基质未见干扰,专一性强,空白及 LLOQ 样品色谱图见图 14-25;批内、批间准确度基本大于95%,批内、批间精密度 CV 均小于6%,结果见表14-16;血浆样品及化学品的平均提取回收率均接近100%;平均基质效应约75%;稳定性实验结果表明,血浆样品经预处理后在 4 ℃放置 60 h,血浆样品室温放置 24 h、经过 3 次冻融、–30 ℃冻存 77 d;储备液–30 ℃放置 105 d、室温放置 24 h,均保持稳定。

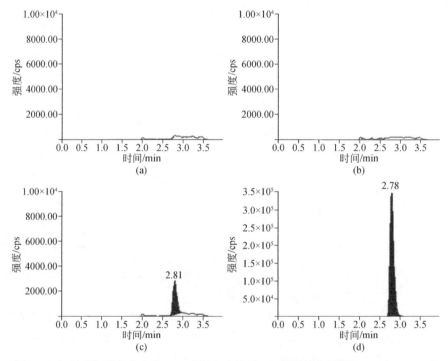

图 14-25　氯吡格雷空白血浆(a)、内标空白溶液(b)及最低定量限[(c),10 pg/mL]
及内标[(d),1 ng/mL]的色谱图

表 14-16　批内、批间准确度及精密度

浓度/(pg/mL)	批内(n=6)		批间(n=18)	
	平均准确度/%	CV/%	平均准确度/%	CV/%
10	99.4	3.9	94.8	5.2
25	98.2	2.7	97.1	4.5
1500	100.4	0.3	101.0	2.4
8000	98.9	0.5	99.7	1.0

　　在线固相萃取考察提取回收率比较特殊。通常离线检测方法的提取回收率考察方法是将经预处理后进样得到的峰面积与空白基质经预处理后添加化学品进样得到的峰面积进行比较。但是在线检测系统是对样品进行了在线处理,在对空白基质处理后无法添加化学品,因此在线固相萃取必须使用特殊模式进行考察。本实验用 AMD 模式考察提取回收率,将 2 个 SPE 柱进行串联,一起进行活化、平衡及血浆的上样、清洗,随后将其分别接入流动相体系进行洗脱,2 个 SPE 柱洗脱的峰面积出现在同一张色谱图,A1 为样品流经的第一个 SPE 柱的色谱峰,A2 为样品流经的第二个 SPE 柱的色谱峰,色谱峰示意图见图 14-26,提取回收率计算方法为:提取回收率(%)=$A_1/(A_1+A_2)\times100\%$,其中 A_1、A_2 为峰面积。

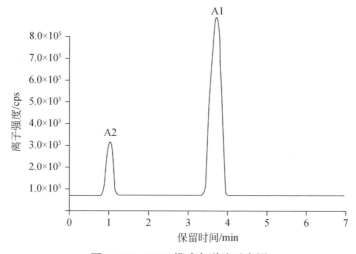

图 14-26　AMD 模式色谱峰示意图

14.5.2　全血中免疫抑制剂的在线固相萃取[37]

　　自动化样品前处理:液体处理系统为 Tecan Freedom EVO 150 液体处理平台,配备 8 通道液体处理臂,带有标准固定吸嘴、自动化处理臂和振荡器、真空分离模块。样品自动化制备步骤包括:①转移 100 μL 0.1mol/L 硫酸锌水溶液到 96 孔板(孔径 0.45 μm,低结合亲水性 PTFE 膜,体积 0.5 mL,Millipore);②转移 25 μL 内标溶液(40 ng/mL 子囊霉素甲醇-水,50∶50,体积比)至 96 孔板;③四次吹打原始采血管,使样本重悬浮,吸取 50 μL 全血至 96 孔板;④通过振荡模块(1200 r/min,150s)振动 96 孔板;⑤加入 150 μL 甲醇进行蛋白沉淀;⑥通过振荡模块(700 r/min,200s)振动 96 孔板;⑦通过真空分离模块(400 mbar,240 s)将混合样品过滤到 0.5 mL 聚丙烯 96 孔收集板;⑧封板。每个移液步骤结束后,清洗站按照先内后外顺序清洗固定吸嘴。蛋白沉淀处理好的上清液使用柱切换进行在线固相萃取。

　　LC-MS/MS 条件:色谱分离采用 Agilent 1200 HPLC 系统,配备二元泵和等度泵、真空脱气机、自动进样器和柱温箱,进样体积为 30 μL。固相萃取柱 Zorbax Extend-C$_{18}$(2.1 mm×12.5 mm,5 μm,Agilent)进行在线纯化,Zorbax Eclipse XDB-C$_{18}$柱(4.6 mm× 50 mm,1.8 μm 粒径,Agilent)为分析柱,60 ℃柱温进行色谱分离。如图 14-27 所示,由切换阀控制柱切换。溶剂 A 为甲醇缓冲液[甲醇–水(98∶2,体积比),含 2 mmol/L 甲酸铵和 0.1%(体积分数)甲酸],溶剂 B 为 2 mmol/L 甲酸铵和 0.1%(体积分数)甲酸水溶液,梯度洗脱程序见表 14-17。Agilent 6430 三重四极杆质谱仪检测,MRM 模式,分析物前体离子均为铵加合物。正离子模式。离子通道:依维莫司 975.7→908.5 u,西罗莫司 931.7→864.5 u,他克莫司 821.5→768.4 u,子囊霉素(内标)809.5→756.6 u。

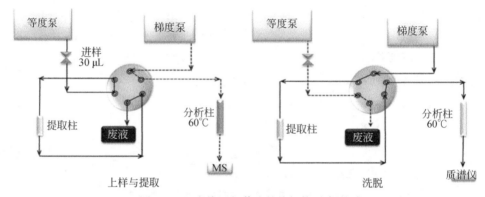

图 14-27　在线固相萃取的柱切换示意图

表 14-17　流动相梯度洗脱程序

等度泵			二元泵		
时间/min	流速/(mL/min)	流动相 B/%	时间/min	流速/(mL/min)	流动相 B/%
0.00	0.1	100	0.00	0.8	45
0.09	0.1	100	0.39	0.8	45
0.10	3.0	100	0.40	0.8	2
0.30	3.0	100	1.99	0.8	2
0.31	0.1	100	2.00	0.8	45

　　本方法测定 4 种免疫抑制剂的运行时间为 2.0 min,分析物的保留时间为 1.7 min (图 14-28)。HPLC 需要额外 1.1 min 进行系统平衡、洗针和进样,因此本方法的检测通量为 19 个样品/h。该全自动蛋白沉淀+柱切换在线 SPE 方法替代实

验室原有复杂费时的手工操作方法,显著提高了检测通量。对于日常 100 个左右样品,只需要 6 h 即可完成整个检测分析过程(40 min 样品制备+5 h 色谱分析时间)。方法的线性相关系数>0.991,LOD 和 LLOQ 分别为 0.1 ng/mL 和 0.2 ng/mL,方法准确度通过参加 UK-NEQAS 的 PT 评价,SIR 偏差为−3.0%(范围为−16.9%~+12.3%),EVE 偏差为−1.8%(范围为−17.9%~+14.3%)。

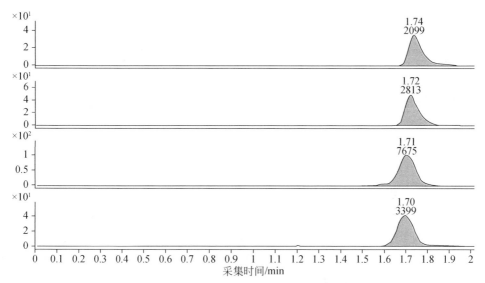

图 14-28 免疫抑制剂的色谱图

从上至下分别为:依维莫司、西罗莫司、他克莫司、子囊霉素

14.5.3 在线固相萃取 LC-HRMS/MS 同时检测人血浆中四种抗癫痫药物[38]

样品预处理和色谱分离:使用 Ultimate 3000 HPLC 系统(Thermo),SPE 采用 Oasis HLB 萃取小柱(2.1 mm×20 mm,5 μm,Waters),色谱分离采用 ZORBAX SB-C$_{18}$色谱柱(4.6 mm×250 mm,5 μm,Agilent)。自动化在线 SPE-LC-HRMS/MS 标准流程包括上样、转移和分离三个步骤。①上样步骤:自动进样器通过六通阀(6−1位)直接把 10 μL 血浆样品注入 SPE 柱上;乙腈−10 mmol/L 乙酸铵缓冲溶液(2:98,体积比,pH=3.5)清洗基质干扰,流速为 1 mL/min,持续 2 min。②转移步骤:将六通阀切换到 2−1 位,将 SPE 柱与分析柱连接,梯度洗脱将目标分析物从 SPE 柱转移至分析柱。③分离步骤:将六通阀切回 6−1 位,SPE 柱和分析柱处于平行阶段。按照表 14-18 的在线 SPE 和 HPLC 的洗脱程序,实现苯巴比妥(PB)、苯妥英(PHT)、卡马西平(CBZ)、10,11-环氧卡马西平(CBZE,CBZ 的活性代谢物)和拉莫三嗪(LTG,内标)最佳色谱分离。

表 14-18　在线 SPE 和 HPLC 的洗脱程序

时间/min	SPE 柱			分析柱				切换阀
	流速/(mL/min)	溶剂 A/%	溶剂 B/%	流速/(mL/min)	溶剂 A/%	溶剂 C/%	溶剂 D/%	
0	1	2	98	1	10	20	70	6-1
2	1	2	98	1	10	20	70	2-1
3	1	2	98	1	10	30	60	6-1
6	1	100	0	1	10	60	30	
11	1	100	0	1	60	10	30	
11.5	1	2	98	1	10	20	70	
13	1	2	98	1	10	20	70	

　　溶剂 A. 乙腈;溶剂 B. 10mmol/L 乙酸铵缓冲溶液(pH=3.5,乙酸调节);溶剂 C. 甲醇;溶剂 D. 10mmol/L 乙酸铵缓冲溶液(pH=5.5,乙酸调节)。

　　高分辨质谱(HRMS)Q-Exactive Hybrid Quadrupole Orbitrap 系统(Thermo)配备加热电喷雾电离源和轨道离子阱质量分析仪。PB 和 PHT 以负离子模式检测,CBZ、CBZE 和 LTG 以正离子模式检测。离子源参数:正负喷雾电压分别为 3.5 kV 和 4 kV;S-lens RF 为 50 V;辅助气加热器和毛细管温度分别调节至 300 ℃ 和 320 ℃。超纯液氮用作离子源气和碰撞气,鞘气和辅助气流量分别设定为 35 和 10 (任意单位)。靶向 MS/MS(t-MS^2)扫描模式获得定量数据,质量分辨率设定为 17500 FWHM(m/z 200),自动增益控制(AGC)目标设定为 2×10^5,最大进样时间为 100 ms。只要在质量清单中检测到目标化合物,四极杆选择的前体离子就被传输到 Q-Orbitrap 质谱仪的 HCD 碰撞池。前体离子用特定的碰撞能量碎裂以获得碎片离子图。

　　自动在线 SPE-LC-HRMS/MS 方法实现了灵敏、准确地测定人血浆中的 PB、PHT、CBZ、CBZE 和 LGT 五种抗癫痫药物(图 14-29)。在线分析使得总运行时间为 13 min。该方法优点:快速样品制备(实现血样直接进样),所需样品体积小(10 μL),高灵敏度和高选择性检测(t-MS^2 模式)。该方法的线性、重复性、准确度、精密度得到验证。在线 SPE 的提取回收率为 91.82%~108.27%,基质效应为 93.29%~102.09%。随后该方法成功应用于中国癫痫患者的 TDM。

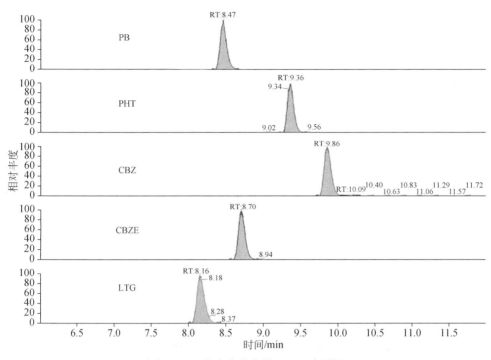

图 14-29　抗癫痫药物的 HRMS 色谱图

参 考 文 献

[1] Watts R. Trends and outlook for clinical diagnostics testing. Sciex Ducument：IVD-MKT-19-2341-A,2015

[2] 李水军,Wang S. 液相色谱–质谱联用技术临床应用. 上海：上海科学技术出版社,2014：2

[3] Grebe S K G,Singh R J. Clin Biochem Rev,2011,32：5

[4] Clinical and Laboratory Standards Institute. C62-A Liquidchromatography-mass spectrometry methods；approved guideline,2014

[5] 中国医师协会检验医师分会临床质谱检验医学专业委员会. 检验医学,2019,34(3)：189

[6] Holick M F. N Engl J Med,2007,357：266

[7] Wang S. Nutr Res Rev,2009,22：188

[8] 李水军,王思合,周建烈,等. 国际检验医学杂志,2012,33：3028

[9] Fabregat-Cabello N,Farre-Segura J,Huyghebaert L,et al. Clin Chim Acta,2017,473：116

[10] Zhang S W,Jian W,Sullivan S,et al. J Chromatogr B,2014,961：62

[11] Abu Kassim N S,Shaw P N,Hewavitharana A K. J Chromatogr A,2018,1533：57

[12] Zhen S,Zhai Y,Jang X,et al. Preliminary LC-MS/MS Method Development for 25OH Vitamin D_2 and 25OH Vitamin D_3 Quantitation using Whole Blood Microsampling. APFCB,2016

［13］Blood Collection Devices Powered by Volumetric Absorptive Microsampling（VAMS™）Technolog，Neoteryx，2018

［14］Kavskoff D，Heath A K，Smila H A，et al. Clin Chem，2016，62（4）：639

［15］Duncan M W，Compton P，Lazarus L，et al. N Engl J Med，1988，319：136

［16］Eisenhofer G，Peitzsch M. Clin Chem，2014，60：1486

［17］Peitzsch M，Adaway J E，Eisenhofer G. Clin Chem，2015，61：993

［18］Waters Application Note 720005093EN，2014

［19］DPX Application Note，DPXAN009 011717，DPX Technologies

［20］李水军，Wang S. 液相色谱–质谱联用技术临床应用．上海：上海科学技术出版社，2014：131

［21］中国法布里病专家协作组．中华医学杂志，2013，93：243

［22］Boutin M，Gagnon R，Lavoie P，et al. Clin Chim Acta，2012，414：273

［23］Boutin M，Lavoie P，Abaoui M，et al. Current Protocols in Human Genetics，2016，90：17. 23. 1

［24］Fong B M，Tam S，Leung K S. Talanta，2012，88：193

［25］Tamashima E，Hayama T，Yoshida H，et al. J Pharm Biomed Anal，2015，115：201

［26］Kulle A E，Welzel M，Holterhus P M，et al. J Endocrinological Inves，2011，34：702

［27］李水军，Wang S. 液相色谱–质谱联用技术临床应用．上海：上海科学技术出版社，2014：90

［28］Søeborg T，Frederiksen H，Johannsen T H，et al. Clin Chim Acta，2017，468：180

［29］Antonelli G，Ceccato F，Artusi C，et al. Clin Chim Acta，2015，451：247

［30］Lepantalo A，Virtanen K S，Resendiz J C，et al. Thromb Res，2009，124：193

［31］Cuisset T，Frere C，Quilici J，et al. J Am Coll Cardiol，2006，48：1339

［32］Cowper P A，Udayakumar K，Sketch M H，et al. J Am Coll Cardiol，2005，45：369

［33］Englberger L，Faeh B，Berdat P A，et al. Eur J Cardiothorac Surg，2004，26：96

［34］Kazui M，Nishiya Y，Ishizuka T，et al. Drug Metab Dispos，2010，38：92

［35］Savi P，Pereillo J M，Uzabiaga M F，et al. Thromb Haemost，2000，84：891

［36］Liu G，Dong C，Shen W，et al. Acta Pharm Sinica B，2016，6：55

［37］Marinova M，Artusi C，Brugnolo L，et al. Clin Biochem，2013，46：1723

［38］Qu L，Fan Y，Wang W，et al. Talanta，2016，158：77

第15章 固相萃取在生命科学领域中的应用

谈到固相萃取(SPE)技术,人们大都将其看作分析化学中的一种样品预处理技术。其实,SPE 技术发展到今天,它的应用范围早已不局限在传统的分析化学领域。在蓬勃发展的生命科学领域,SPE 技术也显示出极大的优越性[1]。

在生命科学领域,SPE 技术已经广泛应用在基因组学、转录组学、蛋白质组学、代谢组学、脂质组学、糖组学以及其他生命科学相关领域。在基因组学和转录组学中,SPE 主要应用于 PCR 样品的制备、PCR 之后及测序反应的纯化[2]。在蛋白质组学中,SPE 主要应用于质谱(MS)分析前的酶解蛋白质的除盐和富集[3]。在代谢组学和脂质组学中,SPE 主要应用于生物体液的各种代谢物分析前除蛋白质和干扰物[4]。在糖组学中,SPE 主要利用亲疏水作用实现痕量糖链的富集[5]。下面具体讨论 SPE 在生命科学领域的应用。

15.1 固相萃取技术在基因组学中的应用

基因组学(genomics)的概念最早于 1986 年由 Thomas Roderick 提出[6],其内容主要包括以全基因组测序为目标的结构基因组学和以基因功能鉴定为目标的功能基因组学两个大方向。在进行基因分析之前,必须从样品中提取出高质量的DNA。分离出来的 DNA 必须被制成 DNA 库,其中包括了许多独立的碎片,这些碎片共同表征样品基因组中的每一个核苷。要成功地进行基因测序,就必须对所得到的 DNA 进行分离及纯化。

15.1.1 离心柱在 DNA 分离中的应用

除传统的 SPE 柱[7]之外,离心柱(spin column)是基因组学研究中常用的一种细胞 DNA 以及质粒 DNA 分离纯化的工具。根据分离的对象不同,离心柱的填料可以是硅胶膜、琼脂糖凝胶等。离心柱的萃取分离可分为柱预处理、DNA 键合、柱洗涤、DNA 洗脱等步骤。与常规 SPE 柱不同,离心柱通常是在离心机上利用离心力进行小量样品的快速萃取分离。使用时需要将离心柱放在离心管中,然后将离心管放置在离心机中,每步操作都是通过离心完成。

通常离心柱都是与配套的试剂盒一起使用。例如,Sigma 公司生产的GenElute™基因组 DNA 纯化试剂盒能从血液、植物、细菌、粪便、土壤和尿液中提取高纯度的高分子量 DNA;质粒试剂盒能够高质量提取各种质粒 DNA。图 15-1 所示为 PCR 扩增 DNA 的分离萃取过程。

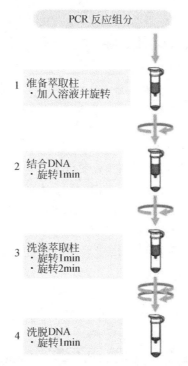

图 15-1　GenElute™ PCR 净化柱净化 PCR 扩增 DNA 的示意图

　　萃取净化机理:DNA 键合在经过预处理的离心柱上,用试剂盒中的洗涤溶液洗涤离心柱,除去未键合的引物、核苷酸、DNA 聚合酶、油、盐等干扰物。最后用缓冲溶液将 DNA 洗脱到离心管中。GenElute™ PCR 净化柱可纯化 100 μL 或 10 μg PCR 扩增产物,并获得高达95%的 PCR 扩增 DNA(范围在 100 bp～10 kp),可去除99%以上的引物和其他成分。

15.1.2　微芯片固相萃取在分离纯化 DNA 中的应用

　　自从 Manz 等[8]在 1990 年提出微全分析系统(μ-TAS),即"lab-on-a-chip"(芯片上的实验室)之后,人们发展了各种基于 μ-TAS 分析平台的微型系统,其功能包括样品制备、分离及检测等,其中微芯片固相萃取(microchip SPE,μchip SPE)已被广泛应用于 DNA 纯化[9]。Christel 等[10]最早报道了应用氧化硅微芯片萃取 DNA。从基本原理上说,μchip SPE 与传统的 SPE 的机理是相同的,但 μchip SPE 装置及其制作与传统的 SPE 柱完全不同,通常多是在细小的通道内加入 SPE 材料,如硅胶等,然后以一定方式将其固定。这个细小的通道就是 SPE 的柱床。这种柱床可以是直线形[11],也可以是蛇形等各种形状[12-15]。

图 15-2 是一种简单的 μchip SPE 装置。这个装置由两块板组成:其中下板通过影印石板技术在中间蚀刻了一条 2.2 cm 长,60 μm 深的槽,槽中心的宽度为400 μm。上盖板在槽的两端位置钻有两个小孔,小孔的直径为 1.1 mm。然后将690 ℃下两块板加热黏合在一起。在微管中注入硅胶颗粒及溶胶–凝胶剂(sol-gel),最后在一定温度下固化就制成了 μchip SPE 装置。该装置上的两个孔分别为液体入口及出口。可以用手工或注射泵将液体注入并通过该装置完成 SPE 操作。这种 μchip SPE 装置通常可以重复使用。

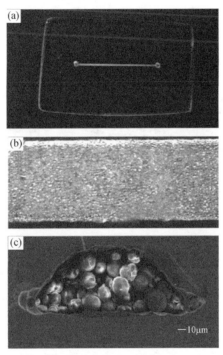

图 15-2 用溶胶–凝胶法固定硅胶颗粒的 μchip SPE 装置[11]

(a)装置全景;(b)放大 10 倍的填料;(c)放大 500 倍的硅胶填料管路横截面

新制作的芯片需用甲醇淋洗 30 min,流速为 250 μL/h。之后就可以按照以下正常的 SPE 方法进行 DNA 的分离纯化:

萃取装置预处理:TE 缓冲溶液(10 mmol/L Tris,1 mmol/L EDTA,用 HCl 调节至 pH 7.6)淋洗 30 min,GuHCl(6 mol/L GuHCl-TE 缓冲溶液)淋洗 30 min。

样品载入:20 μL 含 DNA 的载样溶液[6 mol/L GuHCl,1%(体积分数)Triton X-100 溶于 TE 缓冲溶液]通过萃取装置,流速 250 μL/h。

洗涤:20 μL 洗涤溶液(异丙醇–水,80:20,体积比)通过 SPE 萃取装置(除去蛋白质及 PCR 抑制剂)。

　　DNA 洗脱:TE 缓冲溶液通过萃取装置。DNA 洗脱后,用载样液洗涤 5 min,以便用于下一个样品。

　　整个 μchip SPE 过程在 15 min 内完成。图 15-3 显示了 μchip SPE 的萃取过程,可以看到,在样品载入和杂质洗涤过程中 DNA 没有明显的损失,而在洗脱步骤中 DNA 被有效地从萃取装置中洗脱出来。

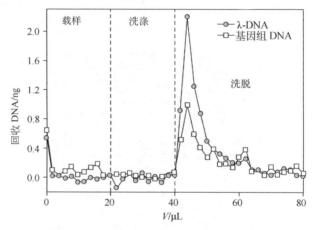

图 15-3　DNA 的 μchip SPE 萃取结果图[11]

15.1.3　微芯片离心柱在 DNA 分离中的应用

　　DNA 分离纯化方法中,传统的离心柱具有快速、回收率高、除杂效率好的优势,而微固相萃取(μSPE)装置具有成本低、自动化、方便携带、样品用量小的特点。Landers 等将二者优势结合起来,发展了一种被称为 Spin-dSPE 的离心μSPE 装置,如图 15-4 所示[16]。在一块离心板上有 4 个独立萃取单元,每个萃取单元包含了 6 个

图 15-4　Spin-dSPE 装置实物图[16]

室(1 个样品室、3 个溶液室、1 个废液室、1 个 DNA 回收室),整个装置通过电机调控转速。在准确的旋转频率控制下,各种溶液会依次自动流入或流出样品,不用额外的驱动力。而磁性硅胶颗粒在外磁场控制下,可以一直待在样品室,不受离心力影响。这个装置可以同时实现 4 个样品的处理,对人类 DNA 的提取效率可以达到 44% ±4.4%。

15.1.4　固相萃取分离病变 DNA 代谢产物

DNA 的氧化会导致很多疾病,如癌症、糖尿病、唐氏综合征等。5-羟甲基胞嘧啶是 5-甲基胞嘧啶的主要氧化产物,也是多种肿瘤的潜在生物标志物。Wang 等[17]利用 HLB SPE 柱开发了一种尿液中多种核苷酸的准确定量方法。尿液中另一种重要的 DNA 氧化代谢产物 8-羟基-2′-脱氧鸟苷(8-OHdG)浓度水平可以反映人体健康状态和疾病发展。Kannan 等[18]采用 Elut Nexus 柱富集了 21 个真实尿液中的 8-OHdG,所有样品均有不同浓度的检出。汞中毒也会导致体内 DNA 被氧化,因此 8-OHdG 可以反映汞中毒的程度[19],基体分析方法如下:

样品预处理:2 mL 尿液用 1 mL 0.1 mol/L 磷酸二氢钾（pH 6.0）稀释,混合均匀后在 1500 g 离心 10 min。

萃取柱:Bond Elut Certify,10 mL,Varian 公司。

萃取柱预处理:10 mL 甲醇,5 mL 去离子水,10 mL 0.1 mol/L 磷酸二氢钾。

萃取柱洗涤:3 mL 去离子水。

萃取柱干燥:真空干燥 10 min。

目标化合物洗脱:1 mL 0.1 mol/L 磷酸二氢钾。

分析:HPLC-ECD。

表 15-1 是汞暴露人群和非暴露参比人群的尿液中 8-OHdG 的分析结果。由表 15-1 可见,通过对尿液中 8-OHdG 进行 SPE 分离,可以准确地诊断受检测者是否汞中毒。

表 15-1　尿液中 8-OHdG 浓度[19]

实验人群	8-OHdG/（ng/mg 肌氨酸酐）		8-OHdG/（μg/L）	
	平均值(SD)	范围	平均值(SD)	范围
汞暴露人群(33)	242.9(423.6)	9.2~1400	287.8(501)	9.3~2003.7
非暴露参比人群(15)	2.08(1.23)	0.95~4.7	2.28(1.37)	1.05~5.33
p,t 检验	< 0.01	< 0.01		

除了传统的各种硅胶类 SPE 材料,一些新型纳米材料也逐渐用于基因组学的研究中,如碳纳米管[20]、离子液体[21,22]等,这些材料在富集容量和选择性方面具有一定的优势。

15.2　固相萃取技术在转录组学中的应用

　　基因组学主要研究 DNA 水平基因表达情况,而转录组学(transcriptomics)则关注 RNA。由于 DNA 和 RNA 性质的相似性,转录组学和基因组学中所采用的 SPE 技术也很相似。Rodríguez-Gonzalo 等[23]利用 Oasis® HLB, Isolute® ABN 和 Isolute® ENV+三种材料按照 1∶2∶3 比例装填了新型 SPE 柱,用于 DNA 和 RNA 中 2-脱氧鸟苷、8-OHdG、8-羟基鸟苷、腺苷、1-甲基腺苷、7-甲基鸟苷和肌苷的检测。通过对 42 位吸烟和不吸烟的健康人尿液分析,7-甲基鸟苷含量水平存在显著性差异。微流控技术在富集 RNA 方面也发挥了作用,Shin 等[24]开发了一种通过调节缓冲溶液 pH,利用二甲基亚氨酸酯可逆地捕获释放 RNA 的方法,整个过程如图 15-5 所示。此外,新的研究表明氧化石墨烯对 RNA 也有很好的富集效果[25]。

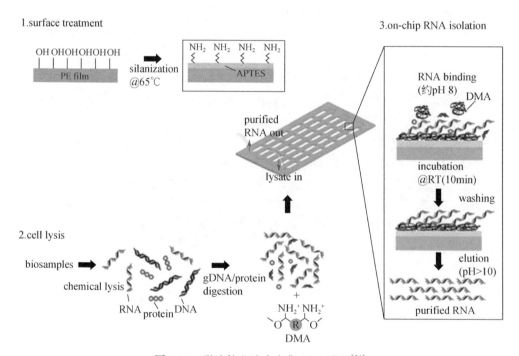

图 15-5　微流控芯片中富集 RNA 流程[24]

　　样品预处理:100 μL 裂解液中加入 100 mg/mL DMA,再加入 20 μL 核糖核酸酶和蛋白酶。

　　样品载入:注射器注入芯片,室温保持 10 min。

　　洗涤:PBS 流速 100 μL/min。

RNA 洗脱:10 mmol/L 碳酸氢钠缓冲盐。

分析:PCR。

15.3　固相萃取技术在蛋白质组学中的应用

蛋白质组(proteome)是 1994 年提出来的[26]。蛋白质组学的主要研究内容是系统识别一个细胞或组织中表达的每一个蛋白质,并确定每个蛋白质的特征丰度、修饰状态以及在多蛋白质复合体中的状态。蛋白质组学技术包括分离蛋白质和多肽的分离技术、识别和定量分析技术,以及数据管理和分析的生物信息学技术。人类基因组包含 20000 ~ 30000 个基因,而蛋白质的数量则是 50000 ~ 500000 [27],可见蛋白质组学面临的工作量比基因组学要大得多。目前的研究通常是对蛋白质混合物进行酶切后,在多肽水平上对蛋白质进行测定。蛋白质不仅种类多,而且丰度差异巨大,对痕量蛋白质检测离不开 SPE 等有效的样品前处理技术。

15.3.1　蛋白质分析前的除盐

生物样品组成十分复杂,其中盐、有机酸以及油脂对分析结果有较强干扰。在进行 MS 分析时,这些物质会抑制蛋白质的离子化,严重干扰生物标志物的检测或鉴别。

SPE 技术在蛋白质组学的一个主要应用就是在 MS 分析前除去样品中对蛋白质及其水解产物 MS 分析产生严重干扰的盐类,疏水性 C_{18} SPE 柱是最常用的除盐 SPE 柱。当样品载入 SPE 柱时,盐类在疏水性 SPE 柱上不保留,直接通过 SPE 柱,而蛋白质及其水解产物则吸附在 SPE 柱上,最后用适当的溶剂洗脱。这就是 MS 分析前的蛋白质除盐的基本原理。

Sze 等[28]在对间充质干细胞研究时,对蛋白质的胰岛素酶解产物用 Sep-Pak 的 C_{18} SPE 柱除盐。样品过柱后,用 3% (体积分数)乙腈和 0.1% (体积分数)乙酸进行柱洗涤,最后用 70% (体积分数)乙腈及 0.1% (体积分数)乙酸洗脱。96 孔 SPE 板适用于大量样品快速分析中的样品前处理。例如,美国 Millipore 公司生产的 ZipPlate micro-SPE 微量萃取板等就可以用于生物样品中多肽分析前的除盐及浓缩。具体操作方法如下:

样品预处理:300 μL 血清 [不稀释或用 10 mmol/L Tris 缓冲溶液按 1∶1(体积比)稀释]在 MultiScreen 过滤板中用 Ultracel-10 10 K 滤膜过滤,滤液收集在 V 形底收集板中。然后 2500 g 离心 45 ~ 50 min。离心得到的上清液在 −70 ℃ 冷冻保存或马上进行 SPE 处理。

96 孔固相萃取板:ZipPlate micro-SPE 板(每个孔的出口尖部固定有 300 nL C_{18} 填料),美国 Millipore 公司。

萃取板预处理:在萃取前加入 3 μL 乙腈于每个板孔,保持 3 min。

样品添加:于每个板孔中加入 50 μL 0.5%(体积分数)三氟乙酸(TFA)及 50 μL经过滤的血清样品。样品经移液器吸排混合后,在低真空(31.1~43.2 cmHg)下通过萃取板。

萃取板洗涤:200 μL 0.1%(体积分数)TFA,高真空。

目标化合物洗脱:4 μL 50%(体积分数)乙腈含 0.1%(体积分数)TFA 离心洗脱,馏分收集在 V 形底收集板中。

MALDI-MS 分析:Bruker Daltonics Autoflex MALDI MS,反射模式。2 μL 萃取馏分点样于 MALDI 板上,并加入 1 μL MALDI TOF 基质溶液(CHCA)。

图 15-6 是在不同状态下得到的血清 MS 图。由图 15-6 可见,未经过样品前处

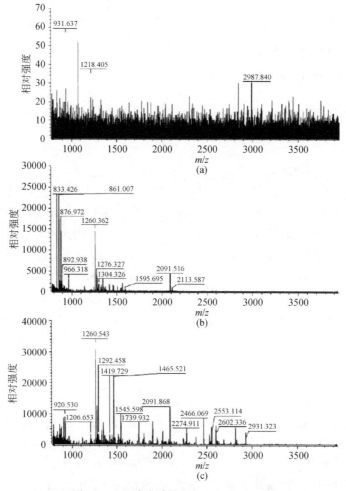

图 15-6　血清多肽的 MALDI TOF MS 图

(a)未经处理的血清;(b)经过 Ultracel-10 滤膜过滤的血清;(c)经过 Ultracel-10 滤膜过滤及 ZipPlate 萃取的血清

理的血清谱图离子抑制严重,无法对血清中的多肽进行识别[图 15-6(a)]。经过 Ultracel-10 滤膜过滤的血清是大量稀释后的样品,并且含有盐,其 MS 图依然不理想[图 15-6(b)]。而经过 SPE 浓缩和除盐后得到的 MS 信号丰度明显增强,且具有很好的信噪比,能够检测到 50 多条多肽[图 15-6(c)]。

15.3.2　痕量蛋白质富集

在医学领域,特别是癌症诊断方面,急需寻找特异血清生物标志物作为临床诊断指示。通过高选择性、高灵敏度的 MS 对分子疾病标志物进行识别已成为医学研究广为使用的手段[3]。然而,生物样品中含有很多高丰度蛋白质,而很多特征标志物的天然丰度很低,远远低于仪器的检出限。因此,在蛋白质组学分析中,建立一个有效样品分离方法对于除盐、去除高丰度蛋白质并选择性地富集痕量目标蛋白质及多肽是十分关键的步骤。样品分离方法必须保证具有很好的重现性,以便通过所检测的 MS 峰正确地评估具有生物意义的差异。使用不同作用机理的 SPE 吸嘴能够较好地解决生物样品的前处理问题。

Navare 等[29]建立了应用过滤膜及 SPE 吸嘴对血清样品进行分离萃取,用 MS 对萃取物进行识别的方法。具体操作如下:

样品的预处理:取 500 μL 血清样品,每 200 μL 血清样品中加入 25 μL 80% (体积分数)乙腈终止分子间的作用。该混合物旋振后在室温(20～25 ℃)下培养 30 min。将 240 μL 血清样品用 Microcon 膜(50 kD 截止分子量)在 13000 g 下过滤 25 min。滤膜在使用前用 2×0.2 mL 去离子水洗涤。取 120 μL 过滤后样品,加入 30 μL 2%(体积分数)TFA 溶液进行酸化,pH 2.0。另外 120 μL 过滤后样品中加入 NH_4Cl-NH_3 缓冲溶液进行碱化,pH 8.5。

SPE 吸嘴:C_{18}、C_8、C_4、SAX(强阴离子交换剂)、WCX(聚天门冬氨酸,PolyCAT A,弱阳离子交换剂)、IMAC(固定金属离子亲和色谱)、ZrO_2(氧化锆) NuTip(10 μL,Glygen 公司)。

MALDI-TOF-MS:MALDI-TOF-MS 配氮激光(337 nm,3 ns 脉冲持续时间)。正离子模式。25 kV 加速电压线性模式采集 MS 数据,92.8% 栅压,300 ns 采集延滞。平均每个 MS 图 240 次激光打击。α-氰基-4 羟基肉桂酸(CHCA)溶液(10 mg/mL)与含 0.1%(体积分数)TFA 的 50%(体积分数)乙腈作为 MALDI 样品基质。萃取后的样品与 CHCA 溶液按 1∶1(体积比)混合,1 μL 混合液点在不锈钢 MALDI 板上。用于 IMAC 和 ZrO_2 吸嘴洗脱馏分的 CHCA 溶于 50%(体积分数)乙腈–0.4% (体积分数)乙酸–10 mmol/L 柠檬酸。

根据 MALDI-TOF-MS 分析结果,可以发现不同作用机理的 SPE 吸嘴所得到的 MS 图有较大差异,而萃取机理相同的 SPE 吸嘴,其萃取产物的谱图则相近。例如,图 15-7 显示 C_8 和 C_{18} 的 MS 图相近,表明其萃取的多肽大部分是相同的。而图15-7

中的 WCX、SAX 与 C_8 及 C_{18} 的谱图就有相当的不同,图 15-8 中的谱图也有许多不同。该结果表明,对于不同的生物标志物,可根据其性质选择不同的 SPE 吸嘴进行样品前处理。

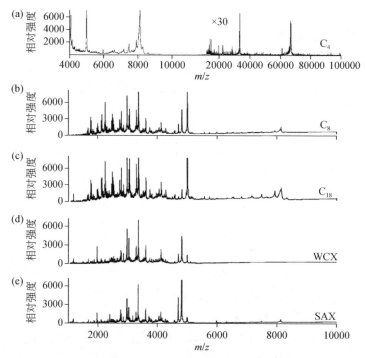

图 15-7　SPE 吸嘴得到的人血清的 MALDI MS 指纹谱图[29]

(a)C_4;(b)C_8;(c)C_{18};(d)WCX;(e)SAX

　　蛋白质的各种翻译后修饰也是蛋白质组学的重要研究内容,如磷酸化、糖基化、泛素化、乙酰化、甲基化等,一些特定的修饰与疾病息息相关。不同的修饰蛋白质,特别是低丰度蛋白质,需要不同的 SPE 方法来实现高选择性富集,例如,糖基化修饰需要亲水相互作用色谱(HILIC),磷酸化修饰需要金属氧化物亲和色谱(MOAC)和固定金属离子亲和色谱等[30,31]。磷酸肽是磷酸化蛋白质的酶解产物,它对于研究细胞调节过程具有重要作用,并为药物靶点的搜寻和新型药物的设计提供指导。虽然 C_{18} SPE 柱是最常用的除盐介质,但磷酸肽具有较高的亲水性,以致许多磷酸肽在 C_{18} SPE 柱上的保留不好。针对这个问题,人们开发了一系列高选择性的纳米材料,以实现磷酸化肽和糖肽的富集。图 15-9 为 6 种磷酸化肽富集材料的电子显微镜表征图。利用无模板水热法可合成近乎单分散的介孔 SnO_2 纳米球,将其应用于磷酸化肽富集,比非孔 SnO_2 纳米粒子和商品化 TiO_2 纳米粒子具有更好的富集效果[32]。进一步研究表明:SnO_2 对单磷酸化肽有很好的选择性,

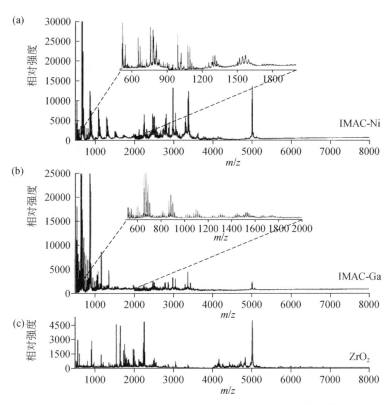

图 15-8　SPE 吸嘴得到的人血清 MALDI MS 指纹谱图[29]
(a) IMAC-Ni(Ⅱ); (b) IMAC-Ga(Ⅲ); (c) ZrO$_2$

ZnSn(OH)$_6$ 则对多磷酸化肽有很好的选择性,而双金属双组分 SnO$_2$-ZnSn(OH)$_6$ 可以实现单多磷酸化肽同时富集[33]。在 β-酪蛋白酶解液样品浓度低至 1×10^{-10} mol/L 时,仍检出三条磷酸化肽。有人将 GdF$_3$ 材料用于磷酸化肽富集材料,并通过密度泛函理论研究金属氧化物亲和色谱作用机理[34]。除此之外,SnO$_2$-rGO(还原氧化石墨烯)复合材料也对磷酸化肽有很好的富集效果[35]。这得益于 rGO 的疏水性和 SnO$_2$ 的选择性,这种材料在 β-酪蛋白酶解液中富集到 4 条磷酸化肽。除了金属氧化物亲和色谱,研究人员还开发了酰肼基功能化硅球、胍基功能化石墨烯以及氨基功能化整体材料用于磷酸化肽的特异性富集。对于酰肼基功能化硅球,随着富集溶液中甲酸浓度的逐渐提高,材料会逐步表现出对具有更多磷酸化位点的磷酸化肽的富集选择性[36];胍基功能化石墨烯可以利用其石墨烯基底与激光解吸附 MS 之间的相容性进行无须洗脱的直接分析[37];氨基功能化整体材料借助于整体材料基底连续的特点可原位生长于移液器吸头尖端,同时利用其内部丰富的孔道结构所带来的大比表面积以及良好的溶液通透性实现对磷酸化肽的有效富集[38]。

图 15-9　纳米材料的电子显微镜表征图

(a)SnO_2纳米球[32];(b)GdF_3纳米棒[33];(c)SnO_2-ZnSn(OH)$_6$[34];

(d)SnO_2-rGO 复合材料[35];(e)酰肼基功能化硅球[36];(f)胍基功能化石墨烯[37]

15.3.3　微量血样蛋白质组 nano-LC-MS/MS 分析样品前处理

Chen 等[39]应用强阳离子交换树脂(SCX)和 C_{18} SPE 膜片组成 SPE 吸嘴完成了蛋白质的预富集、还原、硅烷化、酶解、多肽除盐、洗脱和高 pH 反相分级等蛋白质组学 nano-LC-MS/MS 分析前的样品前处理过程,上述过程都是在 SPE 吸嘴上完成,被称为 SISPROT(simple and integrated Spintip-based proteomics technology)。如图 15-10 所示,SISPROT 所用的 SPE 吸嘴装填有 C_{18} 膜片和 SCX 树脂,C_{18} 膜片在下方,SCX 树脂在上方。蛋白质预富集、还原、烷基化和酶解在上层 SCX 树脂上完成,酶解后的多肽被下层 C_{18} 膜片吸附后进行除盐和高 pH 反相分级洗脱。

在 SISPROT 技术中 SPE 吸嘴不但起到了 SPE 的作用,如富集、分步洗脱,而且扩展到蛋白质组学中其他的样品前处理技术,如还原、烷基化、酶解、除盐等。该研究小组利用上述技术在 1.4 h 时间里鉴定了 2000HEK293 细胞中的 1270 个蛋白质,并进一步在 22 h 对 100000 个细胞进行分析,鉴定了 7826 个蛋白质。Lin 等[40]进一步将 SISPROT 技术与 DIA LC-MS 分析(data independent LC-MS/MS analysis)技术结合,在 3.5 h 内完成血清样品的样品制备及 DIA 数据分析。

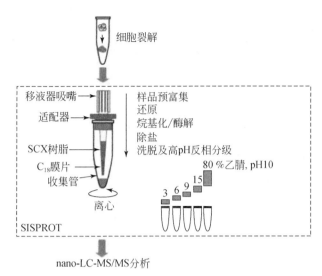

图 15-10　SISPROT 蛋白质 nano-LC-MS/MS 分析样品前处理流程示意图

Lu 等[41]在原有的 SISPROT 中引入了强阴离子交换树脂(SAX),组成了含有 SCX/SAX 和 C_{18} 的混合型 SPE 吸嘴,并在此基础上推出了混合型 SISPROT。如图 15-11所示,采用混合型 SISPROT 能够快速处理 1 μL 的血清,包括还原、烷基化、酶解等在内的蛋白质样品前处理过程可以用混合型 SPE 吸嘴在30 min内完成。

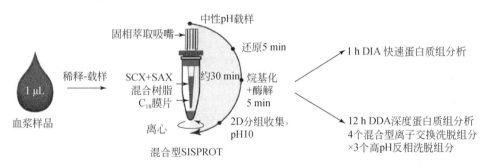

图 15-11　用于快速及深度血浆蛋白质组 MS 分析的混合型离子交换 SISPROT 流程示意图

15.4　固相萃取技术在代谢组学研究中的应用

代谢组学(metabonomics)是二十世纪九十年代中期后基因时代的一门新兴学科,是系统生物学的重要组成部分。它是关于生物体系内源代谢物质种类、数量及其变化规律的科学,研究生物整体、系统或器官的内源性代谢物质及其所受内在或外在因素的影响。代谢组学利用高通量、高灵敏度与高精确度的核磁共振

（NMR）、MS、HPLC、CE 等分析技术,对组织、细胞、有机体分泌出来的体液中的代谢物的整体组成进行动态跟踪分析,借助多变量统计分析方法,来辨识和解析被研究对象的生理、病理状态及其与环境因子、基因组成等的关系。生物体液的代谢物分析可以反映机体系统的生理和病理状态[42]。如上所述,代谢组学研究多使用NMR[43]和 MS 技术[44],因此样品前处理显得尤为重要。

15.4.1　血液代谢组学研究

血液样品包括血浆、血清、干血斑,是代谢组学中最常见的研究对象,因为它们成分极其复杂,含有的大量蛋白质、磷脂等成分会严重干扰低丰度代谢物的测定,因此对样品前处理提出了很高的要求。在对目标化合物进行 SPE 处理之前,通常要进行蛋白沉淀等处理。Hill 等[45]建立的前处理方法降低了磷脂的干扰,对血浆进行了代谢物轮廓分析。他们使用过滤盘与 Strata-X-C SPE 结合的方式,可以去除绝大多数典型的溶血卵磷脂(LPC)和卵磷脂(PC),具体方法如下:

血浆预处理:4 倍样品体积的甲醇［含 1%(体积分数)甲酸］与样品混匀。

过滤盘:加入样品后涡旋 2 min,真空抽滤,然后加入 100 μL 甲醇［含 1%(体积分数)甲酸］。

SPE 柱活化:200 μL 水［含 5%(体积分数)甲醇］清洗,2 mL 水清洗后抽干。

目标化合物洗脱:上样后,先用 1 mL 甲醇再用 1 mL 乙酸乙酯洗脱。

吹干复溶:洗脱液挥干溶剂后,加入甲醇：水(80：20,体积比)溶解,储存于–20 ℃供分析检测。

代谢轮廓分析可以提供一系列代谢物的信息,而代谢靶标分析是对某一代谢通路相关的某个或某几个特定组分进行分析,通过选择性的前处理技术可以提高检测灵敏度。为了测定血液中胆汁酸代谢物,Borchers 等[45]开发了另外一种去除磷脂的前处理方法——磷脂消耗 SPE 技术(PD-SPE)。Sigma-Aldrich 的 Hybrid SPE 96 孔板一步萃取可以显著降低磷脂干扰,50 种已知胆汁酸的检出限都低至纳摩尔水平。测定方法的误差变小,可同时准确检出人血浆中 43 种不同的胆汁酸,还发现了一些新型胆汁酸异构体。除了商品化的 SPE 材料,一些新型纳米材料也应用于血液代谢组学分析当中,石墨烯填充的萃取头对血浆中丙二醛有很好的富集效果[46]。所用萃取头是实验室自制的,将 2 mg 石墨烯装填入 10 μL 移液枪头,两边用脱脂棉堵住,防止石墨烯流失。而萃取枪头的活化、上样、清洗和洗脱则是通过另外一个尖端切除的 100 μL 移液枪头实现。选择二甲亚砜作为洗脱溶剂,这不同于其他商品化 SPE 柱的洗脱方法。

15.4.2　尿液代谢组学研究

尿液含较多有机酸、碱、单糖、多糖、多元醇、氨基酸、低分子量蛋白质、多肽以及各种无机盐。这些化合物的变化情况直接反映了生物体内各种化学变化过程。由于尿液组成复杂,代谢研究中的困难之一就是对复杂的¹H NMR 谱图指认解析。即便是使用目前常用的代谢物指认二维 NMR 方法以及标准物质加入法的结合,能够指认的代谢物也不到代谢物总数的一半。杨为进等[47]通过对尿液样品 SPE 预处理,结合多种 NMR 方法,对尿液样品中代谢物进行分析,鉴别解析出 74 种化合物的¹H 和¹³C 化学位移,并对¹H 谱的多数谱峰进行了指认。

尿液处理:健康成年男子上午和下午尿样各 6 mL,用甲酸调节至 pH 3 左右后,各加入 0.12 mL 的乙腈,得到含有 2%(体积分数)乙腈,pH 3 的尿样。

SPE 柱:C_{18} 500 mg/6 mL,C_{18} 1000 mg/12 mL,IST 公司。

柱预处理:2 g C_{18} 柱中加入 24 mL 乙腈,6 mL/min,25 mL 上述缓冲溶液冲洗,6 mL/min。

尿液过柱:pH 3 的上午尿液样品过柱。

目标化合物洗脱:15 mL 2%(体积分数)乙腈的甲酸-甲酸铵缓冲溶液洗脱,收集为馏分 1。

15 mL 15%(体积分数)乙腈的甲酸-甲酸铵缓冲溶液洗脱,收集为馏分 2。

15 mL 35%(体积分数)甲酸-甲酸铵缓冲溶液洗脱,收集为馏分 3。

15 mL 50%(体积分数)甲酸-甲酸铵缓冲溶液洗脱,收集为馏分 4。

15 mL 75%(体积分数)甲酸-甲酸铵缓冲溶液洗脱,收集为馏分 5。

浓缩冻干:上述 5 个洗脱馏分挥发除去乙腈,冷冻干燥,然后加入适量重水溶解,离心后供 NMR 检测。

图 15-12 是上述尿液样品经 SPE 处理后得到的五个洗脱馏分的¹H NMR 谱,可见五个谱图的差异非常明显。去除溶剂峰,谱图的信号强度随着馏分 1 到馏分 5 依次减弱。最强的馏分 1 的 NMR 信号多分布于 $\delta(2.5 \sim 4.5) \times 10^{-6}$ 之间,属于各种糖类和氨基酸谱 α¹H 化学位移区,馏分 2 出现了 $\delta(6.5 \sim 8) \times 10^{-6}$ 较强的芳香区的信号,馏分 3 信号强度较弱,$\delta(0.7 \sim 2) \times 10^{-6}$ 的长链脂肪酸信号相对较强,馏分 4 和馏分 5 的¹H NMR 谱图信号(谱峰)强度非常弱,说明这两个馏分内的代谢物浓度已经非常低。由 SPE 洗脱过程推断,首先洗脱出来的馏分是水溶性好、极性较大的代谢物质,依次类推,最后出来的馏分是亲油性较高的代谢物质。5 个馏分的¹H NMR 谱图比较进一步表明,正常人尿样中的代谢物多以极性大、水溶性好的化合物为主,亲油性高的代谢物含量极少。

上述文献还对五个 SPE 洗脱馏分进行了二维 NMR 测定,包括同核二维氢谱和全相关谱实验、异核相关谱实验、J-分解谱实验及尿液样品代谢物的解析,共解析出 74 种代谢物,有 49 种直接从 SPE 洗脱馏分 1 中解析得到,18 种是从馏分 2 中得到,馏分 3 至馏分 5 仅解析出 7 种代谢物。

氧化应激是生物体内的重要代谢过程,它与炎症、癌症、心脏病、高血压等疾病

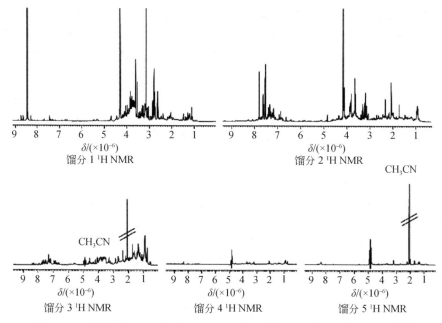

图 15-12 尿液样品 SPE 得到的五个洗脱馏分¹H NMR 谱图(上午尿液)[47]

息息相关,这一过程可以通过监测氧化损伤产物的生物标志物来评价。Kataoka 等[48]开发了一种在线管内固相微萃取(SPME)结合 LC-MS 的联用方法,可同时测定尿液中脂质氧化标志物 8-异前列烷、核酸氧化标志物 8-OHdG 和蛋白氧化标志物 3-硝基-L-酪氨酸。具体方法如下:

SPME 管:Carboxen 1006 PLOT(膜厚 17 μm,管长 60 cm),Supelco 公司。

萃取管预处理:40 μL 甲醇、50 μL 空气、40 μL 水,200 μL/min 清洗管路各一次。

尿液过管:40 μL 尿液样品过柱。

目标化合物洗脱:流速为 200 μL/min 的 5 mmol/L 甲酸铵-甲醇(40∶60,体积比)。

Lin 等[49]开发了一种类似的方法用于测定尿液中可替宁和 8-OHdG 含量。这个方法中尿液先经过溶液 [5%(体积分数)甲醇+0.1%(体积分数)甲酸] 稀释,再进行在线富集。结果表明,吸烟者尿液中可替宁含量与 8-OHdG 高度相关,证明吸烟会加大体内氧化应激风险。

15.4.3 唾液代谢组学研究

除了尿液和血液,唾液也是一种重要的生物体液。采用唾液进行代谢组学分析,具有非侵入性、收集容易、可持续采样、成分简单、脂质类弱极性成分含量少等特点。Pawliszyn 等[50]利用混合模式 SPME 纤维进行了唾液代谢组学的轮廓分析,鉴定出 47 种氨基酸、31 种甘油磷脂、25 种类花生酸、12 种脂肪酸和 13 种甘油酯化

合物,具体分离流程如下:

口腔处理:志愿者空腹,刷牙 4h 后收集唾液,采样前清水漱口。

SPME 纤维:C_{18}+苯磺酸膜(厚 45 μm,长 1.5 cm),Supelco 公司。

样品处理:SPME 纤维插入 300 μL 唾液中萃取 15 min,纯水冲洗 10 s。

目标化合物洗脱:300 μL 50%(体积分数)乙腈的水溶液,在 1000 r/min 涡旋下脱附 60 min。

15.5　固相萃取技术在脂质组学中的应用

在众多代谢物中,脂类化合物是一类不易溶于水而溶于有机溶剂的化合物。它们在生命活动中起到重要的作用,其功能包括能量储存、组成细胞膜、信号传导等。由于脂类化合物种类繁多,研究生物体内的脂类化合物有重要的医学意义,于是脂质组学(lipidomics)作为代谢组学的一个重要分支引起了人们的普遍关注[51]。例如,血浆中胆固醇的含量高会导致人体内低密度脂蛋白增加,这直接与心脏疾病有关。乳腺肿瘤患者血浆中缺乏三种葡萄糖基神经酰胺,其可以作为乳腺癌肿瘤的潜在生物标志物[52]。因此,人体内脂类化合物的检测有望在临床医学中发挥更大的作用[53]。

Juaneda 等[54]利用硅胶 SPE 柱从生物样品中成功分离了非极性和极性脂类化合物。将样品载入未经预处理的萃取柱后,用 20 mL 氯仿洗脱非极性脂类化合物,然后用 30 mL 甲醇洗脱极性脂类化合物。Bateman 等[55]利用氨基柱分离了微生物培养液中的非极性和极性脂类化合物。首先用庚烷–异丙醇溶液(1∶4,体积比)萃取总脂类化合物。然后将萃取物载入氨基柱,用 4 mL 氯仿–异丙醇洗脱非极性脂类化合物,8 mL 二乙醚–乙酸(98∶2,体积比)洗脱游离脂肪酸,4 mL 甲醇洗脱极性脂类化合物。

Kaluzny 等[56]报道了采用 Bond Elut 氨基 SPE 柱(500 mg)对脂类化合物进行分类分离的方法,见表 15-2 及图 15-13。该方法虽较为复杂,但萃取效果好,已被许多实验室使用。此后,人们对 Kaluzny 方法进行了一些改良以简化操作[57-59]。Kaluzny 等的 SPE 方法使用了三根氨基 SPE 柱对脂类化合物进行分类分离。第一根萃取柱用环己烷预处理两次,然后将 0.5 mL 氯仿浓缩液载入萃取柱。依次用 4 mL 洗脱溶液 A、B、C 分别洗脱,并分别收集每个组分。将组分 A 在氮气气氛下浓缩至干,用 0.2 mL 环己烷再溶解后载入第二根萃取柱,用洗脱溶剂 D 洗脱,并收集 CE 组分。然后,将第二根萃取柱与第三根萃取柱上下串联,分别用 6 mL 溶剂 E 和 12 mL 溶剂 F 对串联柱进行洗脱,分别收集组分 TG 和 C。将两根萃取柱分开后,分别用 4 mL 溶剂 G 和 4 mL 溶剂 H 洗脱上柱[图 15-13 中的 NH_2(2)]中的 DG 和 MG,并分别收集这两个组分。

表 15-2　用于 **Bond Elut** 氨基萃取柱分离脂类化合物的洗脱溶剂[56]

洗脱溶剂	溶剂	溶剂洗脱强度 P'	脂类标准溶液洗脱溶剂用量 /mL	脂肪组织萃取物洗脱溶剂用量 /mL	洗脱的脂类化合物种类
A	氯仿–异丙醇 2∶1(体积比)	4.07	4	4	所有中性脂类
B	2%(体积分数)乙酸二乙醚	2.86	4	4	脂肪酸
C	甲醇	5.1	4	4	磷酸酯
D	环己烷	0.01	4		胆固醇醚
E	1%(体积分数) 二乙醚,10%(体积分数)二氯甲烷的环己烷溶液	0.437	6	8	甘油三酯
F	5%(体积分数)乙酸乙酯的环己烷溶液	0.325	8+4	16+4	胆固醇
G	15%(体积分数)乙酸乙酯的环己烷溶液	0.616	4	8	甘油二酯
H	氯仿–甲醇 2∶1(体积比)	4.43	4	4	甘油一酯

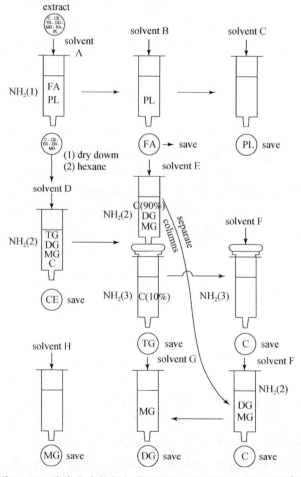

图 15-13　脂类化合物氯仿萃取物的 SPE 分类分离示意图[56]

C-胆固醇;CE-胆固醇醚;TG-甘油三酯;DG-甘油二酯;MG-甘油一酯;FA-脂肪酸;PL-磷酸酯

　　母乳对婴儿的成长至关重要,研究母乳的成分对于改善婴儿奶粉质量也非常有帮助。Garwolinska 等[60] 利用 C_{18} 修饰的 SPME 纤维从人母乳中萃取脂质并进行了轮廓分析。他们将 SPME 纤维插入母乳中萃取 5 min,然后在 LC 样品瓶中用异丙醇洗脱 5 min。经过 LC-MS 分析,最终确定了母乳中 764 种脂质。统计分析表明,母乳与配方奶粉、牛奶的成分存在较大的差异。Wu 等[61] 开发了离线 HLB 与在线 C_{18} SPE 柱联合的前处理方法,用于血清中聚不饱和脂肪酸的测定。两步处理后,可以去除血清中大部分干扰物,样品回收率仍有 80.1%~93.0%。Wang 等[62] 则是建立了一种脂质和其他代谢物同时测定的方法,具体方法如下(图 15-14):

　　SPE 板:Ostro 96 孔板,Waters 公司。

　　代谢物提取:100 μL 血清样品中加入 300 μL 乙腈[含 1%(体积分数)甲酸],混匀 4 ℃静置 5 min,然后真空抽滤 5~8 min,收集滤液。

　　脂质提取:样品孔中加入 600 μL 氯仿–甲醇(2:1,体积比),混匀后 4 ℃静置 5 min,然后真空抽滤 5~8 min,收集滤液。

　　浓缩复溶:2 份滤液在 35 ℃下用氮气吹干,再用 150 μL 等比例甲醇和水复溶。

　　磷脂是脂类化合物中的一大类,它们结构中都有磷酸化基团,因此可以采用金属氧化物亲和色谱等磷酸化肽富集相似的策略。二氧化钛包覆的硅球可以作为 SPE 材料,用于富集血清中磷脂[63,64]。钛离子的不饱和配位轨道对磷酸化基团有很强的亲和力,因此富集效果比较显著。

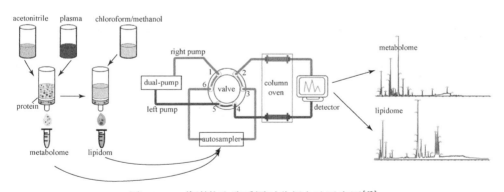

图 15-14　代谢物和脂质同时分析方法示意图[62]

15.6　固相萃取技术在糖组学中的应用

　　细胞表面覆盖有丰富多样的糖蛋白和糖链,糖组学(glycomics)就是全面研究糖蛋白/糖肽组成及功能的一门学科[65]。聚糖作为除核酸、蛋白质外的第三类生物信息大分子,参与了细胞的各种活动,也影响了生物体的状态,如细胞识别、肿瘤转移、免疫反应、微生物感染等。糖组学研究最多的是蛋白质和脂质中的糖链,即糖蛋白和糖脂。

15.6.1　亲水材料在糖蛋白研究中的应用

糖基化可能是最复杂的蛋白质翻译后修饰,它对于蛋白质的折叠、运输、定位起着重要的作用。免疫系统中几乎所有的关键分子都是糖蛋白,许多癌症诊断标记物和治疗的靶标都是糖蛋白。由于糖基具有较好的亲水性,所以亲水性功能材料常用于糖蛋白和糖肽的富集[66]。

凝集素是一种动植物都能分泌的糖结合蛋白,能够专一性地识别某一特殊结构的单糖或聚糖中特定的糖基序列并与之结合,这种结合是非共价且可逆的[67]。Tang 等[68]将伴刀豆凝集素 A(ConA)修饰到磁性纳米球的表面并用于糖蛋白的选择性分离和富集。先在氨基苯硼酸磁性纳米球的表面修饰上一层单糖,再根据单糖和 ConA 亲和作用形成硼酸–单糖-ConA 这样的“三明治”结构。将这种磁球用于复杂样品人肝癌细胞株 7703 裂解液中糖蛋白的富集,结合 nano-RPLC-ESI-MS/MS,可鉴定出包括 184 个糖基化位点在内的 101 个糖蛋白。而市售的 ConA 磁球和没有固定 ConA 的苯硼酸纳米磁球只能鉴定出 51 个糖蛋白的 69 条多肽。具体富集方法如下:

磁球活化:200 μg 磁球先后经过磷酸缓冲盐、50 mmol/L pH 8 的 NH₄HCO₃清洗。

SPE:2 μL 糖蛋白样品加入磁球,室温剧烈搅拌 1 h。取出磁球后,再用缓冲盐洗几次。

洗脱:用 10 μL 含有甲基-D-吡喃甘露糖的缓冲盐室温洗脱 15 min,用于后续分析。

Liang 等[69]将另一种亲水材料 Click TE-Cys 用于人血清中 N-糖蛋白的富集。Click TE-Cys 是一种商品化材料,它端部的羧基和氨基与糖链有很好的亲水作用。经过富集洗脱后,最终检测到血清样品中 47 条糖链。

金属有机骨架材料具有超大的比表面积,而其孔洞多为疏水性环境,通过点击化学反应修饰上麦芽糖,可以极大提高材料的亲水性,得到功能化金属有机骨架材料 MIL-101(Cr)-maltose[70]。该材料可以从免疫球蛋白 G(IgG)酶解液中富集到 33 条糖肽,部分检出限可以低至 1 fmol。半胱氨酸功能化金属有机骨架材料 MIL-101(NH₂)@ Au-Cys,可以分别从辣根过氧化物酶(HRP)和免疫球蛋白 G 酶解液中富集到 16 条和 31 条糖基化肽段。另外,海拉细胞裂解液中可以检测到 1123 个 N-糖基化位点,这是目前 N-糖基化位点数目最多的报道[71]。由 Co-ZIF-67 高温制备的磁性纳米微孔碳对糖蛋白上的糖链也表现出很好的富集效果[72],可从 1.0 ng/μL 的卵清蛋白酶解液中富集到 13 条糖链。

免疫球蛋白是一种典型的糖蛋白,除了众多的中性糖基化位点,还有少量的酸性糖基化位点。检测痕量甚至超痕量酸性糖链需要高特异性的 SPE 技术。Wang 等[73]设计了 TiO₂-PGC 微流控芯片用于富集类风湿性关节炎患者免疫球蛋白的痕量酸性糖链。装置设计如图 15-15(a)所示,45 nL 的 TiO₂ 捕集柱夹在 2 个 100 nL 的多孔石墨化碳捕集柱中间形成三明治结构,通过调整流动相组成来分离不同种类糖链,同时捕获酸性糖链,最终检测到 20 条磺酸化糖链和 4 条乙酰化糖链。

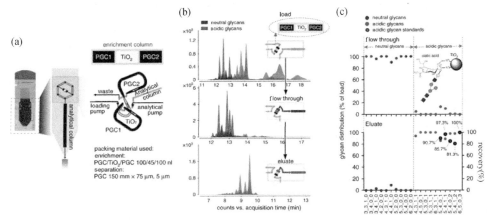

图 15-15　TiO₂-PGC 微流控芯片方法示意图[73]

(a)TiO₂-PGC 微流控芯片示意图;(b)N-多聚糖色谱图,分别是 Load(上样)、Flow-through(流过)(中性糖链)和 Eluate(洗脱)(酸性糖链);(c)TiO₂ 富集柱选择性捕捉酸性糖链

糖链酶解:用 100 mmol/L 碳酸氢铵缓冲溶液(pH 7.4)溶解 50 μg IgG 蛋白到 1 μg/μL浓度,加入 0.5 μL PNGase 酶,在 37 ℃反应 16 h。上样到 C₁₈ SPE 柱,用蒸馏水洗去脱糖蛋白,洗脱液真空干燥后用 100 μL 蒸馏水复溶。

糖链上样:2 μL 复溶样品经流动相 [0.6%(体积分数)乙酸+2%(体积分数)甲酸+2%(体积分数)乙腈的水] 输送到 TiO₂-PGC SPE 柱,流速为 3 mL/min,所有糖链都会被 PGC1 捕获。

中性糖链洗脱:所有 PGC1 捕获的糖链在不同梯度下依次洗脱下来,中性糖链直接洗脱进废液,酸性糖链会被 TiO₂柱捕集。流动相 A 为含 1%(体积分数)甲酸的水,流动相 B 为乙腈。洗脱程序:5% B 持续 5 min,然后 10 min 内 B 比例增加到 60%,最后 3 min B 比例保持 80%。

酸性糖链洗脱:5 μL 5%(体积分数)氨水。

15.6.2　疏水材料在糖脂研究中的应用

相比于糖蛋白,独立的糖脂组学研究比较少,它通常在脂质组学中研究得比较

多。鞘糖脂广泛存在于真核细胞表面,在细胞信号传导方面有重要作用。Neville
等[74]开发了液相萃取和 C_{18} SPE 相结合的方法用于小鼠脑组织中鞘糖脂的检测。
氯仿–甲醇体系可以有效提取弱极性鞘糖脂,用 C_{18} SPE 经水洗脱掉极性干扰物
后,再用氯仿–甲醇洗脱目标化合物。神经节苷脂是一类阴离子鞘糖脂,Lebrilla
等[75]针对牛奶和母乳中该类物质进行了轮廓分析。氯仿–甲醇萃取后,样品进一
步经过 DEAE-Sephadex 和 C_{18} SPE 柱纯化,结果表明,牛奶和母乳中神经节苷脂的
种类和含量差别很大。鼠李糖脂是假单胞菌属细菌表面的活性物质,Hayen 等[76]
利用季铵阴离子交换 SPE 柱从恶臭假单胞菌中分离鉴定出 20 种鼠李糖脂,这为后
期进一步研究相关糖脂的作用提供了可靠的方法。

15.7　固相萃取在生命科学领域的其他应用

15.7.1　尿液中吡咯素的固相萃取

晚期糖基化终末产物(advanced glycation end products, AGEs)是体内蛋白质中
赖氨酸的氨基部分与还原糖的羰基在无酶的条件下发生反应,形成 Schiff 碱,经
Amadori 反应重排后形成相对稳定的糖基化产物,并经进一步与其他蛋白质、核酸
大分子物质以及脂类形成交联物,成为脂褐素的基本成分。脂褐素被溶酶体吞噬
后,在细胞内堆积,干扰细胞正常代谢,影响细胞功能并产生细胞毒性作用。吡咯
素(pyrraline)是主要的 AGEs 之一。现代医学研究表明,糖基化终末产物与糖尿
病、老年痴呆等病症的形成有密切的关系[77]。因此,检测尿液中吡咯素的含量对
于研究及治疗这类病症有重要意义。

　　SPE 柱:Oasis HLB 非极性/阳离子混合型柱,3 mL,Waters 公司。

　　柱预处理:3 mL 甲醇,3 mL 水。

　　样品过柱:1 mL 尿液样品过柱。

　　柱洗涤:2 mL 水。

　　目标化合物洗脱:3 mL 乙腈(含 1.0 mL/L TFA)。

　　浓缩:洗脱馏分在氮气气氛下浓缩至干,再用 1 mL HPLC 洗脱溶液溶解。

　　HPLC 分析:色谱柱-Wakosil Ⅱ 5C_{18},流动相 8%(体积分数)乙腈(含 1.0 mL/L
TFA)水溶液,流速 0.8 mL/min,柱温 40 ℃,检测器 UV-Vis,298 nm。

15.7.2　在线固相萃取-LC-MS 萃取分析神经肽

在对儿童自闭症的研究中人们根据"鸦片样活性肽过剩"理论提出了自闭症
与内在的及外来的与鸦片作用相似的神经肽(又称"鸦片样活性肽")有关[78]。这
些神经肽包括醇溶朊(gliadinomorphin, Tyr-Pro-Gln-Pro-Gln-Pro-Phe)、β-酪啡肽(β-

casomorphin，Tyr-Pro-Phe-Pro-Gly-Pro-Ile）。据报道，患者尿液中可以检测到这些神经肽。为了检验这种理论是否正确，Dettmer 等[79]建立了在线 SPE-HPLC-MS/MS 分析尿液中外来神经肽醇溶朊和 β-酪啡肽以及内生多肽皮啡肽 I 和皮啡肽 II 的方法。

如表 15-3 和图 15-16 所示，在线 SPE 使用的是 Waters 公司生产的 Oasis HLB 在线萃取柱（2.1 mm×20 mm，25 μm）。当切换阀位于位置（A）（图 15-16），样品通过自动进样器载入在线 SPE 柱，并对 SPE 柱进行洗涤，除去盐及蛋白质。然后，切换阀切换至位置（B）（图 15-16），流动相反方向将吸附在 SPE 柱上的多肽洗脱下来，并流入反相 HPLC 柱进行分离，并用串联 MS 进行检测。该方法对上述四种神经肽的回收率在 78%~94% 的范围，RSD 在 0.2%~6.8% 范围。

表 15-3　在线 SPE-HPLC 分析流动相梯度[79]

时间/min	流动相溶剂 A 浓度（H₂O，0.1% 乙酸）/%	流动相溶剂 B 浓度（乙腈，0.1% 乙酸）/%	切换阀位置
0	99	1	A：载样，洗涤
2.2	99	1	B：洗脱
20.0	70	30	B：洗脱
25.0	50	50	B：洗脱
27.0	0	100	B：洗脱
32.0	0	100	B：洗脱
35.0	99	1	B：洗脱

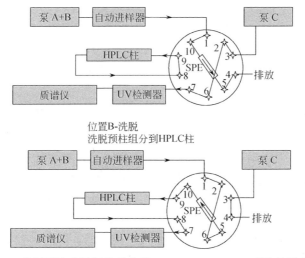

图 15-16　分析尿液中神经肽的在线 SPE-HPLC-MS/MS 系统的示意图[79]

该研究报告显示,SPE-HPLC-MS/MS 方法对上述四种神经肽的最低检测限在进样量为 20 µL 时是 250 pg/mL。然而,Dettmer 等利用这个方法对 54 个患者尿液进行检测,并未检出上述四种神经肽。虽然该研究报告得出的结果与"鸦片样活性肽过剩"理论不符,但该方法依然可以用于腹腔疾病的醇溶朊以及尿液中代谢产物的检测。

15.7.3 尿液中雌激素的固相萃取

人体或动物体内的激素作为一种生物指标,可以用于肿瘤的临床监测。例如,女性雌性激素的水平与乳腺癌有着密切的关联,雌激素超标是导致乳腺癌的一个主要原因。雌二醇、雌激素酮还会诱发肾肿瘤。因此,研究雌激素及其代谢物、共聚物、加合物对研究雌激素相关的肿瘤、癌症的诊断有重要意义。Todorovic 等[80]采用 SPE 及 HPLC、LC-MS 建立了尿液中雌激素及其代谢物、共聚物、加合物的萃取分析方法。

尿液样品:24 h 的雌性实验鼠尿液收集到含 2.5 mL 50 mmol/L 乙酸铵(pH 3.5)和 4 mg/mL 抗坏血酸试管中,−80 ℃ 保存。检测代谢物时,取 1/3 收集的鼠尿,用 20 mmol/L 乙酸铵(pH 3.8)稀释两倍。调节样品最终 pH 在 3.5 ~ 3.8,抗坏血酸浓度为 2 mg/mL。检测总代谢物(游离+共轭),1/3 收集的鼠尿中加入 50 mmol/L 乙酸铵(pH 5)至 5 mL。加入 3000 U(含 200 U 硫酸酯酶)葡糖醛酸糖苷酶,37 ℃ 酶解 6 h。注意,为了防止雌激素被氧化,所有水溶液中都需加入抗坏血酸。

SPE 柱:Bond Elut Certify 非极性/阳离子混合型柱,130 mg/3 mL,Varian 公司。

柱预处理:甲醇,20 mmol/L 乙酸铵,pH 3.8。

样品过柱:将上述经过处理的样品清液通过 SPE 柱。

柱洗涤:4 mL 20 mmol/L 乙酸铵,2 mL 20%(体积分数)甲醇,2.5 mL 含 40%(体积分数)甲醇的 50 mmol/L 乙酸。

目标化合物洗脱:2 mL 50%(体积分数)甲醇,6 mL 含 60%(体积分数)甲醇的 50 mmol/L 乙酸 [或 4 mL 60%(体积分数)甲醇于 30 mmol/L 盐酸]。

由上述应用实例可以看到,SPE 技术在生命科学领域的应用范围十分广泛。除了经典的 SPE 柱外,根据生命科学领域的特点,SPE 装置也趋向小型化和微观化,各种微型 SPE 装置用在了生命分析化学的样品前处理中。另外,新型萃取材料,特别是包括碳材料、金属氧化物和有机金属骨架材料在内的各种纳米材料用于 SPE,展示了很好的应用前景。随着生命科学领域中检测技术的发展,对样品前处理的要求也会越来越多。SPE 技术作为一个稳定、便于自动化、较易掌握的样品前处理技术,在这个领域中的应用范围将会越来越广泛。

参 考 文 献

［1］Tan S C,Yiap B C. J Biomed Biotech,2009,Article ID:574398

［2］Wells D A,Herron L L. Majors R E,LC-GC N Am,2002,20(5):416

［3］Callesen A K,Madsen J S,Vach W,et al. Proteomics,2009,9(6):1428

［4］Bojko B,Reyes-Garces N,Bessonneau V,et al. Trends Anal Chem,2014,61:168

［5］Raman R,Raguram S,Venkataraman G,et al. Nat Methods,2005,2:817

［6］Yadav S P T. J Biomol Tech,2007,18(5):277

［7］Katevatis C,Fan A,Klapperich C M. P O,2017,12(5):e0176848

［8］Manz A,Graber N,Widmer H M. Sens Actuators B,1990,1(1):244

［9］Ayoib A,Hashim U,Gopinath S C B,et al. Appl Microbio Biotech,2017,101(22):8077

［10］Christel L A,Petersen K,McMillan W,et al. J Biomech Eng,1999,121(1):22

［11］Breadmore M C,Wolfe K A,Arcibal I G,et al. Anal Chem,2003,75(8):1880

［12］Cao W,Easley C J,Ferrance J P,et al. Anal Chem,2006,78(20):7222

［13］Wolfe K A,Breadmore M C,Ferrance J P,et al. Electrophoresis,2002,23(5):727

［14］Chiesl T N,Shi W,Barron A E. Anal Chem,2005,77(3):772

［15］Wu Q,Bienvenue J M,Hassan B J,et al. Anal Chem,2006,78(16):5704

［16］Jackson K R,Borba J C,Meija M,et al. Anal Chim Acta,2016,937:1

［17］Yin R C,Mo J Z,Lu M L,et al. Anal Chem,2015,87(3):1846

［18］Martinez M P,Kannan K. Environ Sci Tech,2018,52(11):6647

［19］Chen C,Qu L,Li B,et al. Clin Chem,2005,51(4):759

［20］Xu K,Wang Y,Zhang H,et al. Microchim Acta,2017,184(10):4133

［21］Wang X F,Xing L G,Shu Y,et al. Anal Chim Acta,2014,837:64

［22］Nacham O,Clark K D,Anderson J L. Anal Chem,2016,88(15):7813

［23］Rodríguez-Gonzalo E,Herrero-Herrero L,García-Gómez D. J Chromatogr B,2016,1019:132

［24］Yoon J,Yoon Y J,Lee T Y,et al. Sens Actuators B,2018,255:1491

［25］Yan H,Xu Y,Lu Y,et al. Anal Chem,2017,89(19):10137

［26］Wilkins M R,Sanchez J C,Gooley A A,et al. Biotech Gen Eng Rev,1996,13(1):19

［27］Liebler D C. Introduction to Proteomics:Tools for the New Biology. New York:Springer Science & Business Media,2001

［28］Sze S K,de Kleijn D P V,Lai R C,et al. Mol Cell Proteo,2007,6(10):1680

［29］Navare A,Zhou M,McDonald J,et al. Rapid Commun Mass Spectrom,2008,22(7):997

［30］Huang J,Wang F,Ye M,et al. Chromatogr A,2014,1372:1

［31］Li L,Xu L,Li Z,et al. Anal Bioanal Chem,2014,406(1):35

［32］Li L,Chen S,Xu L,et al. J Mat Chem B,2014,2(9):1121

［33］Li L,Zheng T,Xu L,et al. Chem Commun,2013,49(17):1762

［34］Li L,Liu J,Xu L,et al. Chem Commun,2014,50(78):11572

［35］Ma W,Zhang F,Li L,et al. ACS Appl Mater Interfaces,2016,8(51):35099

[36] Xu L,Ma W,Shen S,et al. Chem Commun,2016,52(6): 1162

[37] Xu L,Li L,Jin L,et al. Chem Commun,2014,50(75): 10963

[38] Xu L,Bai Y,Liu H. Scientia Sinica Vitae,2018,48(2): 207

[39] Chen W D,Wang S,Adhikari S,et al. Anal Chem,2016,88: 486

[40] Lin L,Zheng J,Yu Q,et al. J Proteomics,2018,174:9

[41] Lu X,Lin L,Zhou W,et al. Chromtogr A,2018,1564: 76

[42] Holmes E. Xenobiotica,1999,29: 1181

[43] Beckonert O,Keun H C,Ebbels T M D,et al. Nat Protoc,2007,2: 2692

[44] Han J,Liu Y,Wang R,et al. Anal Chem,2015,87(2): 1127

[45] David A,Abdul-Sada A,Lange A,et al. J Chromatogr A,2014,1365: 72

[46] Kaykhaii M,Yahyavi H,Hashemi M,et al. Anal Bioanal Chem,2016,408(18): 4907

[47] 杨为进,王亚韡,周群芳,等. 中国科学,2008,1(1): 85

[48] Saito A,Hamano M,Kataoka H. J Sep Sci,2018,41(13): 2743

[49] Chen C Y,Jhou Y T,Lee H L,et al. Anal Bioanal Chem,2016,408(23): 6295

[50] Bessonneau V,Bojko B,Pawliszyn J. Bioanalysis,2013,5(7): 783

[51] Lagarde M,Géloën A,Record M,et al. Biochim Biophys Acta,2003,1634(3): 61

[52] Yang L,Cui X,Zhang N,et al. Anal Bioanal Chem,2015,407(17): 5065-5077

[53] Teo C C,Chong W P K,Tan E,et al. Trends Anal Chem,2015,66: 1

[54] Juaneda P,Rocquelin G. Lipids,1985,20(1): 40

[55] Bateman H G,Jenkins T C. J Agri Food Chem,1997,45(1): 132

[56] Kaluzny M,Duncan L,Merritt M,et al. J Lip Res,1985,26(1): 135

[57] Aufenanger J,Kattermann R. Clin Chem Lab Med,1989,27(9): 605

[58] Kerwin J L,Duddles N D,Washino R K. J Invertebr Pathol,1991,58(3): 408

[59] Zamir I,Grushka E,Chemke J. J Chromatogr B,1991,567(2): 319

[60] Garwolinska D,Hewelt-Belka W,Namiesnik J,et al. J Prot Res,2017,16(9): 3200

[61] Gu W,Liu M,Sun B,et al. J Chromatogr A,2018,1537: 141

[62] Li Y,Zhang Z,Liu X,et al. J Chromatogr A,2015,1409: 277

[63] Bian J,Xue Y,Yao K,et al. Talanta,2014,123: 233

[64] Wei F,Wang X,Ma H F,et al. Anal Chim Acta,2018,1024: 101

[65] Hart G W,Copeland R J. Cell,2010,143(5): 672

[66] Zhang Y,Peng Y,Yang L,et al. Trends Anal Chem,2018,99: 34

[67] Guan F,Tan Z,Li X,et al. Carbohyd Res,2015,416: 7

[68] Tang J,Liu Y,Yin P,et al. Proteomics,2010,10(10): 2000

[69] Cao L,Zhang Y,Chen L,et al. Analyst,2014,139(18): 4538

[70] Ma W,Xu L,Li Z,et al. Nanoscale,2016,8(21): 10908

[71] Ma W,Xu L,Li X,et al. ACS Appl Mater Interfaces,2017,9(23): 19562

[72] Sun N,Zhang X,Deng C. Nanoscale,2015,7(15): 6487

[73] Wang J R,Gao W N,Grimm R,et al. Nat Commun, 2017,8(1): 631

[74] Neville D C,Coquard V,Priestman D A,et al. Anal Biochem,2004,331(2):275

[75] Lee H,An H J,Lerno L A,et al. Int J Mass Spectrom,2011,305(2-3):138

[76] Behrens B,Engelen J,Tiso T,et al. Anal Bioanal Chem,2016,408(10):2505

[77] 韩国玲,闫福岭. 现代医学,2004,32(2):125

[78] Panksepp J. Trends Neurosci,1979,2:174

[79] Dettmer K,Hanna D,Whetstone P,et al. Anal Bioanal Chem,2007,388(8):1643

[80] Todorovic R,Devanesan P,Higginbotham S,et al. Carcinogenesis,2001,22(6):905

第 16 章　固相萃取中常见的问题及解决方法

当所设定的 SPE 方法没有达到预期的效果时,有很多因素应该考虑。本章对固相萃取过程中经常出现的问题进行了归纳。在固相萃取中常见的问题有:①流速问题;②回收率问题;③污染问题;④非萃取问题。

16.1　流　速　问　题

真空、压力、重力等因素都会影响液体通过 SPE 柱的流速。稳定的流速在 SPE 中对于萃取效率十分重要,特别是在样品过柱及洗脱步骤[1]。流速过快会降低目标化合物的回收率,这一点对于以离子交换为机理的萃取更为明显。流速过慢会增加分析时间,降低工作效率。此外,还会增加填料吸附干扰物的机会。必须指出的是,与 HPLC 相比,由于填料颗粒的形状、大小的变化,以及 SPE 开放式的流动系统,SPE 流速的变化是很大的。基于这一原因,SPE 柱与柱之间在一定范围内的流速变化是正常的。对于工业化生产的 SPE 柱,这种微小的流速变化不会造成明显的结果差异。SPE 流速问题可由以下一种或几种原因引起:

(1)SPE 柱的生产过程引起的流速问题:填料颗粒、过滤片、装填过程等;

(2)不稳定的液体流动驱动源;

(3)样品基质的黏度或颗粒。

生产商对填料颗粒大小及填料颗粒孔径的控制都会造成流速问题。由图 16-1 的 SPE 柱填料颗粒大小分布图可以看到,通常会有一些颗粒要比该批填料的平均颗粒直径小。这些细小颗粒会造成液体过柱不顺畅,从而导致流速变化。如果填料颗粒分布范围过宽,意味着有较多的微细颗粒,过多这些颗粒的存在会阻碍正常流速或使流速不稳定。如果颗粒的直径小于滤片微孔的孔径(对于颗粒在 40 ~ 60 μm 范围的 SPE 填料,隔片的微孔多为 20 μm),这些微细颗粒就可能随洗脱液一起流出 SPE 柱,造成洗脱馏分的污染。在实际操作中,如果发现经过浓缩挥干后的洗脱物中有微细的结晶体,则多是由填料颗粒的渗漏所引起的。

由生产过程引起的流速问题也可能出现在 SPE 柱的隔片上,SPE 柱上下两个隔片的作用是将填料固定。隔片微孔大小是可以选择的,必须考虑样品基质、目标化合物分子量的大小等因素。如果隔片微孔的大小不一或大小不合适,就会对流速产生负面的影响。另外,多数隔片都是由大片的聚合物材料裁剪而得,如果其边缘切割不好,液体就会由隔片边缘沿着柱子内壁流过,而不是通过填料。隔片边缘

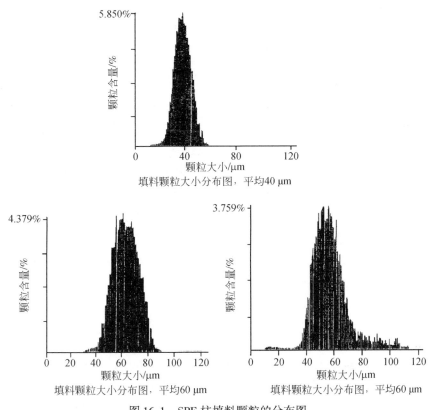

图 16-1　SPE 柱填料颗粒的分布图

切割不好还会在运输或使用过程中出现填料流失的现象。隔片的原料本身对流速也会有影响。聚合物隔片属于疏水性的材料,对水性样品具有抗拒性;玻璃纤维隔片则是亲水的,但成本较高。

由 SPE 柱的生产引起的流速问题还涉及装柱过程。萃取柱的填料装填过密实会限制流速,反之,装填过松会导致流速过快,出现回收率和选择性方面的问题。一般说来,自动或机械装填的 SPE 柱较为均一,但是如同分析仪器,每次装填的产品同样存在变异。值得指出的是有相当一部分 SPE 柱,特别是用量少的专用柱,依然是用手工装填的,操作工的手法难以严格控制一致。另外,并非所有 SPE 柱的生产商都进行日常的流速监测。

在固相萃取中,经常需要一定的外力来辅助液体通过 SPE 柱。手工操作中使用真空泵产生的吸引力就是一种常见的外力。不稳定或不足够的真空会造成液体过柱流速的不稳定。真空泵的质量、与萃取柱的距离以及真空腔室的尺寸都会对流速产生影响。在真空负压条件下流速较难准确控制,这是真空负压固相萃取装置的缺陷。

在实际应用中,影响流速的因素还可能来自样品本身。样品黏度大或样品中的颗粒较多都会造成隔片微孔的部分或全部堵塞,从而影响液体过柱的流速。对于黏度大的样品,可采取稀释的方法加以解决。要注意稀释液本身不能含有大量与目标化合物竞争的成分,通常用适当的缓冲溶液对样品进行稀释。如果加入的稀释液体积过大,可能会破坏经过预处理的 SPE 的平衡。这时,可以在稀释后的样品中加入少量的极性有机溶剂,如甲醇(<10%,体积分数)。对于存在大量颗粒的样品,视颗粒的性质可采用过滤、离心等方法。如果问题是由蛋白质引起的,可采用超声波法、沉淀法等除去蛋白质。当然,也可改用隔片孔径较大、填料颗粒较粗的 SPE 柱。在 SPE 柱中加入一定量的硅烷化玻璃棉也是除去样品中颗粒的好方法。硅烷化玻璃棉应该放置在紧靠顶部隔片的上方。由于玻璃棉的用量很小,其表面积也相对较小,对样品吸附的量通常可以忽略。离心是除去样品中颗粒的一个有效的方法,特别是对于含有大分子和细胞碎片的样品尤为有效。超声波法可以破碎纤维蛋白、黏膜成分、蛋白质及细胞。这项技术通常与离心法同时使用,经过超声波破碎的大分子碎片再用离心法除去。

16.2　回收率问题

一般而言,当萃取回收率结果不理想时,应该细致地、系统地进行逐项排除,找出原因。然后对萃取方法进行改进。通常,这样做的结果是建立了一个稳定可靠的 SPE 方法。与 LLE 不同,在 SPE 中,流速可以直接影响最终的结果,因此,应该适当地注意流速问题,特别是样品过柱及溶剂洗脱时的流速。

对于生物样品,首先要考虑的是目标分析物是否呈游离状态。如果目标分析物依然与样品基质中的大分子键合在一起,就必须在进行 SPE 之前对样品进行适当的前处理,以释放目标分析物。在确认目标分析物呈游离状态后,回收率依然偏低,就要考虑所用的 SPE 柱填料是否合适,是否能够有效地将目标分析物吸附在 SPE 柱上,这可以通过测定流过 SPE 柱的基液进行判断。

第 5 章介绍了经典的 SPE 方法包括以下五个步骤:固相萃取柱预处理、样品过柱、固相萃取柱洗涤、固相萃取柱干燥、目标化合物洗脱。

上述步骤中的每一步都可能影响方法的回收率和重现性。根据目标化合物及基质的性质,对每一个步骤进行分析。第 5 章已经详细讨论了 SPE 方法的建立与优化。这里重点考虑的是萃取方法中每个步骤对回收率的影响,以便在出现回收率未达到理想值时,懂得从哪里着手找出造成回收率偏低的原因。

1. 固相萃取柱预处理

在这个步骤中要选择适当的溶剂,以便有效地活化 SPE 柱。对于含水样品而

言,好的预处理溶剂应该满足以下几个特点:

（1）能与含水样品基质（样品及缓冲溶液）很好地互溶;

（2）容易扩散到 SPE 填料的小孔内;

（3）可以洗脱填料上的极性及非极性杂质。

溶剂过少,或者溶剂过柱的流速过快都可能造成 SPE 柱未能充分活化。流速过快会导致碳链未能充分伸展开,另外,还可能在填料中形成沟渠效应,沟渠效应不利于有效萃取,因为这种效应会降低吸附剂与样品接触的表面积,导致吸附剂容量明显下降。在样品过柱时,部分样品进入这些沟渠快速通过 SPE 柱,未能充分地与吸附剂接触,其结果是回收率降低。一般流速 $0.5 \sim 3.0$ mL/min 是不会对 SPE 填料造成沟渠效应的。对于许多 SPE 柱,特别是以硅胶为基质的 SPE 柱,预处理好的柱子在添加样品之前应该保持湿润。如果在样品过柱之前 SPE 柱填料中的溶剂已经流干,最简单的方法就是重新对该 SPE 柱进行预处理,然后再进行下面的步骤。但是,如果填料已经形成了沟渠,重新预处理步骤并不能解决问题。这时,最好放弃已形成沟渠的柱子,因为用这种柱子得到的回收率和重现性都不好。

沟渠效应在薄膜型的 SPE 柱上表现得不明显。因为这种 SPE 柱的柱床较浅,框架较为刚硬,即便在高流速下也不易产生沟渠效应。薄膜型 SPE 柱的这种特性使其较为适用于大体积样品的快速过柱。例如,在对环境水的检测中经常需要处理的水样体积为升级的,采用这种萃取材料可以大大地缩短样品前处理的时间。另外,薄膜型 SPE 柱由于溶剂用量较少而广泛应用于药物分析。

在 SPE 柱预处理的步骤中,调节萃取环境的 pH 和离子强度对于目标化合物从样品基质中转移到萃取吸附剂上也十分重要。萃取环境的 pH 和离子强度调节不正确,会直接影响目标化合物在吸附剂上的保留。pH 对于可离子化的化合物的状态影响很大,如果环境的 pH 不合适,目标化合物将无法被定量地保留在 SPE 柱上。通常 SPE 柱预处理的 pH 宜与样品的 pH 相同。关于 pH 对固相萃取的影响请参阅 3.2 节。

2. 样品过柱

样品通过 SPE 柱时,目标化合物能否被有效地保留,取决于萃取的化学及物理条件。如果目标化合物依然与样品基质组分键合,就无法被 SPE 柱的填料保留,而是随着样品基质一起流过 SPE 柱,即柱穿透,这样势必导致回收率降低。在样品过柱过程中,最常见的柱穿透问题的产生往往是由流速过快而破坏了目标化合物与吸附剂之间的亲和力所引起的。流速过快会导致目标化合物与吸附剂的键合位置之间的传质过程不能充分地进行。因此,在出现回收率偏低时,需要考虑的问题之一就是样品过柱的流速是否适当。除此之外,可能造成柱穿透的因素还包括:①固相萃取柱预处理的条件不合适;②加入不合适的溶剂（离子强度、有机强度等）;

③体积超载,保留弱的目标化合物随基质流失;④质量超载,柱容量不够（目标化合物+基质）;⑤萃取填料不适合目标化合物的保留。

前面已经讨论了 SPE 柱预处理和基质影响的问题。流速对于样品过柱步骤的影响是很大的,必须保证样品能够充分地与吸附剂接触。过快的流速会导致柱穿透。如果目标化合物在萃取柱上的保留很弱,就可能随样品基质流过 SPE 柱。另外,还可能在接下来的洗涤步骤中被洗涤液洗脱,流出 SPE 柱,造成目标化合物进一步流失。在这种情况下,即便是微小的化学变化(如溶剂的变化)或流速的变化都会对重现性产生影响。对于以离子交换为机理的萃取,样品过柱的流速就更应该注意。因为离子交换的键合动力学表明其所需的键合速度比反相键合要慢。必须指出的是,样品过柱的流速并非越慢越好,流速过慢可能会使样品基质中的其他成分被保留,从而导致干扰物增加,回收率降低,甚至影响最后的分析。由体积超载或质量超载引起的柱穿透问题可以通过减少样品用量或增加吸附剂用量得以解决。在许多情况中,质量超载往往是由样品基质中的非目标化合物的保留而引起的。因此,选择恰当的萃取机理是解决这个问题的较好途径。例如,对于一个可以离子化的目标化合物而言,如果主要干扰物是非极性的,就应该避免采用 C_8、C_{18} 等非极性机理的吸附剂。应该根据目标化合物的 pK_a 选用适当的离子交换 SPE 柱或混合型萃取柱。也可以采用两种不同萃取机理的萃取柱叠加的方式,用上面一根柱吸附杂质,下面一根柱吸附目标化合物。例如,在萃取生物样品中盐酸克伦特罗时,就可以将 C_{18} 柱和阳离子交换柱串联在一起,C_{18} 柱用于吸附样品中的非极性和中等极性的杂质,阳离子交换柱用于吸附盐酸克伦特罗,最后只对阳离子交换进行洗脱[1]。

3. 固相萃取柱洗涤

这个步骤中目标化合物流失主要有两个原因。一个原因是上面提到的目标化合物在 SPE 柱上的保留不够强,当进行洗涤时,部分目标化合物随洗涤液流出萃取柱。另一个原因是所选用的洗涤溶剂对目标化合物的洗脱能力太强,在洗涤干扰物的同时也洗脱了目标化合物。这时,应该更换洗脱强度较弱的洗涤溶剂。流速的影响在这个步骤的表现不明显,无须作为重点去考虑。

4. 固相萃取柱干燥

柱干燥的目的是除去残留的水分及水溶性干扰物。视填料的多少,干燥时间也有所不同。一般在真空或加压的条件下 3 ~ 5 min 的干燥时间就足够了。在真空干燥时,判断是否干燥有一个简易的方法,就是用手接触接近柱床的位置,如果感觉温度比室温低就表明还有水分。注意:过分干燥也可能造成目标化合物的流失,特别是在一些反相固相萃取中。疏水键合取决于填料烷烃链与目标化合物间的 H—C 作用力,如果填料过分干燥到除溶剂点,目标化合物就会受到物理环境的限制,以致洗脱溶剂无法将其从填料的键合位置释放出来。另外,还要注意的是过分干燥可能会引起易挥发化合物的部分流失。

5. 目标化合物洗脱

在对目标化合物洗脱时,我们希望能够用最少的溶剂选择性地对目标化合物进行完全的洗脱。洗脱溶液体积小一方面可以增加选择性;另一方面可以减少或省略样品浓缩的步骤。洗脱溶剂的洗脱强度应该是以能够完全破坏目标化合物与填料之间的键合为宜。过强的洗脱溶剂会增加馏分中的杂质含量。流速的控制在目标化合物洗脱步骤中也十分重要,必须保证有足够的时间让洗脱溶剂与目标化合物进行作用,将目标化合物从吸附剂的官能团中释放出来。

必须注意洗脱条件是否恰当,如 pH、极性、溶解度等。如果采用的是离子交换,就必须注意 2 个 pH 单位的原则,具体请参阅 3.2 节。在阳离子交换中经常使用氨水来调节洗脱溶剂的 pH。氨水在空气中容易挥发,使得洗脱溶剂的 pH 降低。因此,应该每天配制新鲜的氨水洗脱液。

当回收率偏低时,未回收的那部分目标化合物在哪里? 只有找到这部分目标化合物的去向,才能了解回收率偏低的原因,从而对症下药,提出解决方案。因此,对包括萃取在内的整个分析方法及过程进行系统的诊断是解决问题的最好方法。对于固相萃取而言目标化合物有以下几个去处:

(1)目标化合物在样品过柱时未能或部分未能保留在萃取柱上,而是与样品基质一起流过萃取柱。这时应该考虑萃取条件是否合适,如萃取机理、pH 等。另外还需要考虑目标化合物是否呈游离状态。对于生物样品,要考虑蛋白质结合的问题;对于某些化合物,要注意容器吸附的问题,如玻璃容器内壁对 PAH 的吸附等。

(2)目标化合物在洗涤时被洗脱。这时要选择对目标化合物洗脱强度弱的溶剂作为洗涤溶液。

(3)目标化合物在洗脱溶剂流过 SPE 柱后依然保留在 SPE 柱上,未能被洗脱。这时要考虑 SPE 柱对目标化合物的吸附力是否过强,SPE 柱是否过分干燥,洗脱溶剂强度是否足够等问题。

为了找出回收率偏低的原因,可以用空白样品(对于反相和离子交换萃取可用空白水;对于正相萃取则为空白的有机溶剂)添加已知浓度的标准目标化合物,然后进行同样的萃取,不同的是,收集萃取过程中每一部分流过 SPE 柱的液体,并通过适当的方法分别检测这些液体中是否有添加的标准目标化合物。如果这些馏分中都未发现标准目标化合物,那么很大的可能性是依然保留在 SPE 柱上。通过系统排查的方法就可以确定目标化合物是在哪个环节损失,并对方法进行相应的修正。表 16-1 列举了固相萃取中常见的问题和解决方法。

表 16-1　固相萃取中常见的问题及解决方法(Trouble Shooting Guide of SPE) [2]

问题	原因	解决方法
目标化合物回收率低；目标化合物没有或部分被吸附在 SPE 柱上(如目标化合物与样品基质一起通过 SPE 柱)	1. SPE 柱没有很好地被预处理 2. SPE 柱的极性不合适 3. 目标化合物对样品溶液的亲和力远远大于对 SPE 柱的亲和力 4. 当大体积水样品通过 SPE 柱时,反相柱填料失去柱子预处理时留下的甲醇	1. 反相柱:用甲醇、异丙醇或乙醇处理柱子,然后用稀释样品的溶剂处理柱子。注意不能让 SPE 柱变干。 2. 选择对目标化合物有明显选择性的 SPE 柱 3. 改变极性或样品溶液的 pH 使目标化合物在样品溶液中的亲和力降低 4. 在样品溶液中加入 1%~2% 的甲醇或异丙醇或乙腈
目标化合物回收率低目标化合物分析物没有被洗脱出 SPE 柱	1. SPE 柱的极性不合适 2. 洗脱溶剂不够强,无法将目标化合物从 SPE 柱上洗脱 3. 洗脱溶剂体积太小 4. 目标化合物被不可逆地吸附在 SPE 载体上。载体-分析物作用力太强	1. 选择其他低极性或选择性弱的 SPE 柱 2. 改变洗脱溶剂的 pH 以增加其对目标化合物的亲和力 3. 增加溶剂体积 4. 反相:选择疏水性弱的载体。如果原来用的是 C_{18} ,则改为 C_8 、C_2 或 CN。 阳离子交换:用羧酸取代苯磺酸。 阴离子交换:用伯胺、仲胺代替叔胺。
萃取重现性差	1. 在添加样品之前 SPE 柱已干燥 2. SPE 柱超容量 3. 样品过柱流速太快 4. 洗脱液流速太快 5. 目标化合物在样品中的溶解度太大,样品过柱时与样品同时通过柱子而没有被保留 6. SPE 柱用极性溶剂处理而洗脱溶剂是不兼容的非极性溶剂 7. 洗涤杂质用的溶剂太强,部分目标化合物与杂质同时被从 SPE 柱洗脱。目标化合物在这一步损失的多少取决于洗脱溶剂的流速、SPE 的特性以及洗涤溶剂的体积 8. 洗脱液的体积太小	1. 重新进行 SPE 柱预处理 2. 减少样品量或选择大容量柱 3. 降低流速。特别是离子交换时流速应低于 5 mL/min 4. 在使用外力之前让洗脱液渗透过柱。两次 500 mL 洗脱可能比一次 1000 mL 更有效 5. 通过改变样品极性或 pH 而改变目标化合物的溶解度 6. 在使用非极性溶剂之前对 SPE 柱进行干燥 7. 降低洗涤溶剂的强度 8. 增加洗脱液的体积
在用反相 SPE 柱萃取时,洗脱馏分中有水	目标化合物洗脱之前 SPE 柱没有很好地干燥	用氮气或空气干燥 SPE 柱;用 20~100 μL 含 60%~90% 甲醇的水将 SPE 柱上的残留水分除去

续表

问题	原因	解决方法
洗脱馏分中含有干扰物	1. 干扰物与目标化合物被同时洗脱 2. 干扰物来自 SPE 柱	1. 在洗脱目标化合物之前选用中等极性的溶剂将干扰物洗涤出 SPE 柱。可将两种或更多种兼容的溶剂混合以达到不同的极性 2. 选用对目标化合物亲和力更大而对干扰物亲和力低的 SPE 柱 1. 用两根不同极性的 SPE 柱以除去干扰物。如反相柱和离子交换柱或硅胶柱 2. 在柱子预处理之前用洗脱溶剂洗涤 SPE 柱
SPE 柱流速降低或阻塞	1. 样品存在过多的颗粒 2. 样品溶液黏度太大	1. 对样品进行过滤或离心 2. 用溶剂对样品进行稀释
用反相柱从固态样品中萃取非极性目标化合物	目标化合物不在液体溶液中	用甲醇、异丙醇或乙醇对样品进行匀浆处理。然后过滤或离心,再用水将清液稀释为含水量 70%~90% 的水溶液
用正相柱从固态样品中萃取目标化合物	目标化合物不在液体溶液中	用非极性溶剂(如正己烷、石油醚、氯仿等)匀浆
用正相柱从脂肪样品中萃取目标化合物	脂肪可与目标化合物一起被洗脱出来或降低 SPE 柱的吸附容量	用正己烷溶解脂肪。冰冻除去凝结的脂肪
用反相柱从含蛋白质的溶液中(血、血清、血浆)萃取目标化合物	目标化合物与蛋白质键合使分析物通过 SPE 柱而没有被保留	1. 通过改变样品的 pH 或用水对样品稀释破坏蛋白键合 2. 加酸除蛋白质(如 $HClO_4$、TFA、TCA) 3. 加有机溶剂除蛋白质(如乙腈、丙酮或甲醇)。离心后用水或缓冲溶液将上清液稀释至有机溶剂含量少于 10%
从含有表面活性剂的溶液中萃取目标化合物	表面活性剂与 SPE 柱表面起作用	1. 如果目标化合物是非离子状态,可用离子交换柱除去表面活性剂离子 2. 用二醇基柱除去非离子化的表面活性剂
用常规柱(60Å)萃取蛋白质的回收率低	1. 蛋白质体积太大,不能进入萃取柱的微孔 2. 蛋白质不可逆地被吸附在反相 SPE 柱上。蛋白质在 SPE 柱担体微孔内变性	1. 用大孔径反相柱或离子交换柱 2. 用大孔径反相柱或离子交换柱

16.3　污　染　问　题

　　SPE 柱产生的污染在很大程度上取决于目标化合物的浓度范围以及所使用的检测手段。具有质量控制的生产厂商通常都可以将污染物控制在 10^{-9} 数量级的范围内。低于此数量级的污染物可能存在。如果这些污染物会干扰对目标化合物的检测,应该对 SPE 柱进行预清洗。如果在洗脱步骤中要用到强洗脱溶剂,建议用 10 ~ 20 倍柱床体积的该洗脱溶剂(对于 200 mg 的填料为 3 ~ 4 mL)对 SPE 柱进行预清洗。如果在固相萃取的柱洗涤步骤使用酸,这些酸可能会从 SPE 柱内壁或隔片中释放出邻苯二甲酸酯。因此,在固相萃取之前用这些酸对 SPE 柱进行预清洗也可以降低可能的污染。SPE 柱本身最常见的污染来源于萃取柱的聚乙烯针筒、聚乙烯隔片以及填料中的各种聚合物残留和邻苯二甲酸酯。表 16-2 列出了可能出现的污染物及其来源。

表 16-2　SPE 柱可能的污染成分

化合物	SPE 柱材料		
	聚乙烯针筒	聚乙烯隔片	C_{18} 键合硅胶
C_8 烯烃		—	×
C_9 烯烃	—	—	×
$C_{10} \sim C_{16}$ 烯烃	×	—	
$C_{17} \sim C_{28}$ 烯烃	×	×	×
$C_8 \sim C_{18}$ 烷烃	—	—	×
萘	—	—	—
联苯	×	—	—
芘	×	—	—
2,6-二叔丁基对甲基苯酚	×	—	—
2,6-二叔丁基对甲基苯醌	×	—	—
酚	×	—	—
硬脂酸甲酯	×	—	—
二甲基十八烷硅醇	—	—	×
十甲基戊硅氧烷	—	—	×
十二甲基己硅氧烷	—	—	×
十四甲基-1,13-二氢氧基七硅氧烷	—	—	×
二乙基邻苯二甲酸酯	—	—	×
二丁基邻苯二甲酸酯	×	×	×
邻苯二甲酸二辛酯	×	×	×
己二酸二异辛酯	×	—	—

注:×表示可能出现污染影响;—表示无影响。

确定污染物是否由 SPE 柱本身产生,一个最简单的方法就是用与使用方法相同量的已确定无污染物的洗脱溶剂淋洗萃取柱,收集通过柱子的这些溶剂并按分析方法对这些溶剂进行分析。如果从空白柱的洗脱液中检出污染物,就说明污染来源于萃取装置。

　　如果污染物既非来源于萃取装置,也非样品,就要考虑其他来源。例如,在生物分析中 96 孔深孔板经常用于收集馏分、样品储存、转移等。因此在使用前必须确认所使用的深孔板是否会对 SPE 萃取装置产生污染,但大部分情况下污染物都是由其他原因造成的。Knight[3]对产自欧洲、美国和中国的部分深孔板进行了 GC-MS 测试,如表 16-3 所示,有的 96 孔深孔板自身产生的污染还是很严重的。遇到污染问题,应该系统地分别排查萃取及分析过程中的每个部分,找出问题并加以排除。

表 16-3　96 孔深孔板污染状况

深孔板	编号	检测结果
欧洲产 2 mL 方孔板	D	未发现
欧洲产 1 mL 圆孔板,黑色	F	未发现
欧洲产 1.6 mL 存储板	A	微量污染物
美国产 2 mL 深孔板	J	微量污染物
美国产 1 mL 圆孔板	N	微量污染物
中国产 2 mL 深孔板	I	明显污染物
欧洲产 1 mL 圆孔板	M	明显污染物
美国产 2 mL 方孔板	Q	明显污染物

16.4　非萃取问题

　　一般如果分析结果显示回收率偏低或有干扰物,应该对包括样品前处理在内的分析过程中的每一个步骤进行逐个排除,以确定回收率偏低的原因及干扰物的来源,而不是只针对分析过程的某一个或几个步骤。最有效的检查方法是由后向前排查,即由检测开始:

　　(1)目标化合物(在所要求的浓度范围内)在所选择的检测仪器上是否有响应?

　　(2)如果是采用 GC/MS 或 LC/MS 检测,所选择的 SIM 是否正确?

　　(3)色谱条件是否适合对目标化合物的分离及检测?

　　在对萃取方法进行检查之前,应首先用标准样品对检测方法进行确认,以排除由于检测方法或条件选择不正确而引起的问题。如果方法中包括对目标化合物进行衍生化处理,还要考虑衍生化试剂是否恰当、衍生产物在实验条件下是否稳定

(温度、湿度、分析时间)等。如果在分析前,需要用其他试剂对萃取物进行再溶解,就要考虑再溶解溶剂对目标化合物的溶解度、反应性及极性等。例如,有的拟交感(神经)胺药物在乙酸乙酯中的溶解度要比乙酸乙酯/异丙醇(80∶20,体积比)低很多。

另一个要考虑的非萃取问题是浓缩蒸发,即目标化合物在加热条件下是否稳定。如果目标化合物在所溶解的溶剂中易挥发,可以降低浓缩温度或加入沸点较高的溶剂。这些溶剂可以吸收热能,防止低沸点化合物在浓缩蒸发过程中的损失。表 16-4 列出了 SPE 材料之外的其他可能污染源。

表 16-4　非 SPE 相关污染源

气相色谱
- 色谱柱流出物
- 进样口密封垫片
- 检测器不干净

- 进样针
- 进样口插管,玻璃棉或失活硅胶预柱

液相色谱
- 保护柱(旧)

- 色谱柱上的污染

自动化仪器
- O 形密封圈

多种污染源
- 进样针
- 移液器吸嘴
- 进样阀
- 进样瓶隔片
- 样品污染

- 溶剂
- 衍生化试剂——未按要求保存(温度、湿度等)
- 样品存放容器
- 试管盖
- 浓缩容器

药剂缓慢释放
- 三乙基柠檬酸
- 乙酰三乙基柠檬酸
- 二乙基化邻苯二甲酸酯

- 三丁基柠檬酸
- 二丁基化癸二酸酯
- 二丁基化邻苯二甲酸酯

标准样品中的杂质

衍生化试剂中的杂质

参 考 文 献

[1] Bouvier E S P. Waters Column,1994,5(1):1
[2] Zief M,Kiser R. Solid phase extraction for sample preparation. J T Baker,Phillipsburg,NJ,1988
[3] Knight S. Chromatogr Today,2018,11(2):10

第 17 章　固相萃取技术的展望

正如前面章节所讨论的,固相萃取作为一种有效的样品前处理技术已经广泛应用于许多分析实验室。特别是在食品分析、环境监测及生物分析中,固相萃取技术的应用更显突出。随着人们对固相萃取技术的深入理解以及新型固相萃取材料的开发、自动化水平的提高、检测技术的发展,固相萃取技术已在不同领域(材料科学、纳米技术及聚合物合成等)得到广泛关注,未来将联合多种样品前处理技术及新的确证技术进一步拓宽固相萃取技术的应用前景及范围。本章就固相萃取技术的展望进行论述。

17.1　新型固相萃取材料

一般而言,固相萃取材料分为以下几类:反相键合硅胶、无机氧化物、高分子聚合物等。经典的反相键合硅胶一般适用于 pH 4~7 的酸碱度范围。无机氧化物吸附剂与分析物的相互作用限制了此类吸附剂(硅、铝及硅酸镁等)的发展。在环境、药物以及食品分析检测领域中,其中的问题之一就是样品中含有大量的水及其他分子量较大的极性分子,同时非选择性吸附剂存在分配系数及不可逆吸附等问题,不利于将分析物转移到吸附剂床上。因此开发对目标分析物具有高选择性/特异性的新型固相萃取材料具有重要意义。

目前,人们已经开发出新型的固相萃取材料包括各种高聚物材料、分子印迹材料、免疫亲和材料、限进介质材料等。随着研究的不断深入,新型固相萃取材料的探索、发现仍在继续。近年来,人们开始关注纳米材料、分子识别材料、多孔有机骨架材料等。这些新型材料的使用,将进一步扩展固相萃取技术的应用范围。

17.1.1　纳米材料

1. 碳纳米材料

自从富勒烯 C_{60} 在 1985 年被发现以来[1],碳纳米材料因其优良的物质和化学性质在材料领域逐渐崭露头角,目前已被证明在 SPE 吸附剂上具有非常大的应用潜力。碳纳米材料目前主要包括石墨烯、碳纳米管、碳纳米锥等(图 17-1)。碳纳米粒子主要是通过非共价作用力(静电力、氢键、范德华力等)与有机化合物相互作用。通常以富勒烯和碳纳米管[2](CNTs)作为有机化合物和金属离子的固相萃取材料。以碳纳米管为例,理想的碳纳米管是由碳原子组成的六角形石墨烯片,并卷成无缝、中空的同轴圆柱体。单壁碳纳米管(single walled carbon nanotube,SWNT)的管壁只有一个原子的厚度,被视为碳纳米管的基本单元,由于 SWNT 的最小直径与富勒烯分子类似,故也称为巴基管或富勒管。由这样的基本单元形成的多层的同轴碳纳米管称为多壁碳纳米管(multi-walled carbon nanotube,MWNT)。碳纳米管具有独特的结构和性能,其应用也越来越引起人们的关注。

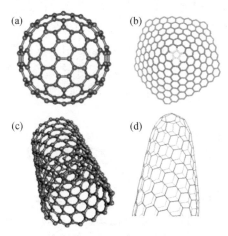

图 17-1　碳纳米材料图例
(a)富勒烯 C_{60} ;(b)碳纳米锥;(c)单壁碳纳米管;(d)碳纳米角

　　作为一种新型材料,碳纳米管也被用于萃取小分子物质。汪雨等[3]利用多壁碳纳米管 SPE 柱萃取水中多氯联苯和有机氯农药残留,回收率与商品 LC18 SPE 柱相近;李权龙等[4]和韩宝武等[5]使用多壁碳纳米管 SPE 柱分别萃取水中残留有机磷农药和牛奶中残留的四环素类抗生素;Gouda[6]等将多壁碳纳米管用作固相萃取食品和水样中痕量重金属离子(Cd、Cu、Ni、Pb、Zn)的高效吸附剂;Duran[7]等利用多壁碳纳米管和络合剂邻甲酚酞络合酮对重金属离子 Cu(Ⅱ)、Co(Ⅱ)、Ni(Ⅱ)和 Pb(Ⅱ)进行预富集,通过对标准物质 HR 1(Humber 河沉积物)的分析,验证了该方法的有效性。

　　石墨烯是由碳原子以 sp^2 杂化轨道组成六角形呈蜂巢晶格的二维碳纳米材料,其具备优良的热性能、电性能及机械性能。相比于碳纳米管,石墨烯具有更大的比表面积,且制备简单,因此作为更优异的吸附剂而广泛用于 SPE 等分离领域。国内研究石墨烯 SPE 的应用较多,如江桂斌等[8]将石墨烯 SPE 应用于环境水样中氯酚的检测,通过对比商用填料 C_{18}、石墨化碳、碳纳米管以及石墨烯作为吸附剂的萃取效率,发现石墨烯比 C_{18}、石墨化碳和碳纳米管等吸附剂的使用寿命更长、重现性更好、回收率更高。Wu 等[9]使用磁性氧化石墨烯将芝麻醇、芝麻素和芝麻酚林吸附在表面,使用甲醇解吸后对上清液进行 HPLC 分析,三种物质的检出限分别为 0.05 μg/g、0.02 μg/g 和 0.05 μg/g。

此外,碳纳米锥、碳纳米纤维、碳纳米片等也逐渐演变为吸附材料[10],其中碳纳米纤维应用最为广泛,它的出现解决了石墨烯及碳纳米管在流动床填料中保留效率下降的问题,同时简化了包覆或功能性修饰等步骤。

2. 纳米纤维

纳米纤维是近年开发的新型材料之一,这种材料也被应用于固相萃取。高分子量黏弹性聚合物溶液是制备纳米纤维的基础,从而进一步通过静电纺丝技术制备而成。以此制备的纳米纤维具备很高的比表面积,与传统的纤维比较,纳米纤维一个显著的特点是其单位体积的表面积是微米纤维的 10^3 倍左右。Kang 等[11]尝试用聚苯乙烯(polystyrene,PS)纳米纤维作为固相萃取填料对血浆中的曲唑酮进行萃取。如图 17-2 所示,纳米纤维固相萃取装置由 200 μL 移液器吸嘴装填两团 0.3 mg(共 0.6 mg)PS 材料构成。纳米纤维装填在吸嘴的尖端部位。

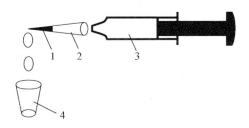

图 17-2　纳米纤维固相萃取装置示意图
1. 装填的纳米纤维;2. 吸嘴;3. 2 mL 气密注射器;4. Eppendorf 离心管

同一个研究小组还制备聚苯乙烯(PS)、聚苯乙烯–甲基丙烯酸［poly(styrene-co-methacrylic acid),PS-COOH］、聚苯乙烯-p-苯乙烯磺酸［poly(styrene-p-styrene sulfonate),PS-SO$_2$OH］三种聚合物纳米纤维固相萃取材料,实验结果表明,纳米纤维所具有的水中六种芳香烃官能团对回收率有很大的影响。在相同的萃取条件下,PS-COOH 对水中芳香烃类的萃取能力最好。纳米纤维对六种芳香烃类的萃取能力随纳米纤维的直径减少而增加。这主要是因为纳米纤维直径越小,表面积越大,越有利于对目标化合物的吸附。但是,由于纳米纤维的直径太小,纳米纤维的产率较低。

与其他纳米纤维相同,聚合物纳米纤维作为固相萃取材料依然处于研究阶段,距工业化大规模生产还有一段距离。但是,根据现有的研究结果可以看到,这是一种很有潜力的新型固相萃取材料。

3. 树突状聚合物

树突状聚合物是通过纳米级自组装工艺形成的一类独特的球形高分子材料,

其特征表现为高度分支和三维结构。树突状聚合物由于其对药物和污染物(包括重金属、多环芳烃和染料)的高容量吸附而被应用于许多科学领域[12],树突状聚合物功能化为制备高性能介孔二氧化硅提供了有效途径,通过将树突状聚合物的优点与固体载体的易分离特点相结合来高效地制备固相萃取填料。Wang 等[13]制备一种树枝状硼酸官能化磁性纳米颗粒,其显著增强了与糖蛋白的结合强度。由于树突状聚合物辅助的多价协同结合,硼酸盐亲和性材料对糖蛋白的解离常数为 $10^{-5} \sim 10^{-6}$ mol/L,比单一硼酸结合的亲和性材料高 3 ~ 4 个数量级。与此同时,在以三(2- 氨基乙基) 胺为支点,聚酰胺 – 胺树突状聚合物 [poly (amidoamine),PAMAM]为主端支架,SiO_2 @ PAMAM 与 4-甲酰基苯基硼酸(4-foPBA)反应,合成了大容量硼酸盐亲和性材料(SiO_2 @ dBA)[14]。此类材料可用于 SPE 柱开关,从而进一步与 HPLC 联用,用于健康人体尿液中四种核苷酸(尿苷、腺苷、胞苷、鸟苷)的测定。

4. 磁性纳米材料

磁性纳米粒子由于高表面积和吸附率而在 SPE 领域受到广泛关注,磁性纳米粒子应用于 SPE 中能明显缩短提取时间。与传统 SPE 吸附材料相比,该磁性 SPE 的应用大大简化了实验流程,通过外部磁场可以快速完成相分离[15],进一步在合适的溶剂条件下洗脱,用于后续的分析检测。目前应用较多的磁性纳米粒子多包覆二氧化硅涂层,并且可进一步进行官能化修饰。常用的复合磁性纳米粒子如 Fe_3O_4 @ SiO_2 表面修饰有烷基 C_{18}[16],从而在纳米尺度表现出高富集能力。Lei 等[17]在磁性纳米粒子的基础上固定高密度聚(苯乙炔)骨架,在 π-π 堆积作用下可以吸附具有苯基结构的杀菌剂。与此同时,该课题组通过将 Fe_3O_4 纳米粒子固定在聚苯共轭微孔聚合物框架内[18],使该复合材料对羟基多环芳烃具有明显的选择性吸附作用。此外,碳纳米材料(氧化石墨烯及碳纳米管等)、金属有机骨架(MOFs)、分子印迹聚合物(MIPs)材料、多聚体(TTP 和 CP)、离子液体等可作为磁性纳米粒子的包覆材料。磁性纳米复合材料制备过程较为烦琐,样品处理过程中优化条件较多,从而限制了该磁性纳米复合材料在固相萃取中的应用。

17. 1. 2　分子识别材料

分子识别表现为主体对于客体的选择性结合,如目前常见的抗原与抗体特异性结合都是基于主客体的选择性作用,其中分子识别过程包括受体与底物间的选择性键合作用,因此具备该特征的材料在固相萃取中发挥重要作用。

1. 核酸适配体改性吸附材料

核酸适配体是一种经过指数富集方法而筛选出能结合靶物质的特异性核苷酸序列。核酸适配体通过分子内的相互作用(氢键、范德华力等)实现对小分子、蛋白质及金属离子等特异性识别与结合,同时该材料具有成本低、易合成、无毒、稳定性高、易于修饰等优点,从而使得核酸适配体在 SPE 领域具有广泛的应用空间。目前,已有部分基于核酸适配体的 SPE 技术被应用,该技术已用于萃取可卡因[19]、四环素[20]、凝血酶[21]等物质。Gan 等[22]使用戊二醛将氨基官能化 Fe_3O_4 与 8-OHdG 核酸适配体固定于不锈钢管中,作为磁性固相萃取(MSPE)的吸附剂,该 MSPE-HPLC-MS 可以实现吸附与解吸操作的一体化,大大简化了分析过程。Yasun 等[23]使用适配体修饰的金纳米棒实现了缓冲体系和人血清溶液中凝血酶蛋白的富集和检测,富集效果达 90%左右。尽管目前开发了很多基于核酸适配体的固相萃取装置,但现有的核酸适配体数量有限,同时核酸结构本身不稳定性对于固相萃取效果具有很大的影响,因此亟须开发具有优异稳定性和多样性的核酸适配体材料。

2. 免疫吸附材料

免疫吸附材料通常使用天然抗体或者纳米抗体作为分子识别元件,以抗原-抗体特异性结合而达到固相萃取中分离目标化合物的目的。因此,基于抗体的免疫亲和固相萃取具有更强的选择性,从而使得与目标化合物物理化学性质相似的结构类似物实现有效的分离和去除。章璐幸等[24]将免疫亲和固相萃取结合 UPLC-MS/MS,建立了同时测定牛奶中 α-玉米赤霉醇、β-玉米赤霉醇、α-玉米赤霉烯醇、β-玉米赤霉烯醇、玉米赤霉酮和玉米赤霉烯酮残留的检测方法,其中六种目标化合物在 1~200 ng/mL 范围内线性关系良好,相关系数(r^2)≥0.9957。张灿等[25]制备了一种以硅胶作载体的氯霉素 SPE 柱,采用戊二醛法与氯霉素抗体偶联制得,其对氯霉素的吸附量为 80 ng/mL 柱。免疫吸附材料具备优异的识别性能,但抗体的稳定性能随着使用次数的增多,识别能力逐渐降低,同时新型抗体的开发成本高、周期长,这在一定程度上限制了该材料在固相萃取装置上的应用。

3. 分子印迹

分子印迹聚合材料是一种模拟自然界抗体和酶功能的新型识别材料,在模板分子、功能单体及交联剂的共聚作用下形成的聚合材料,该材料具备一定的机械强度和化学性能,在复杂环境下保持稳定。分子印迹的特异性亲和性使其可应用于固相萃取剂分离和富集复杂样品中的目标化合物。近些年来,分子印迹与固相萃取的应用越来越广泛。Adali-Kaya 等[26]使用光引发聚合,室温条件下即可实现自由基聚合,从而制备出可分离睾酮和普萘洛尔的印迹固相萃取整体柱。Lv 等[27]在水中以磺胺为模板合成间苯二酚-甲醛-三聚氰胺树脂(MIRFM)亲水性分子印迹,对牛奶样品中的磺胺类化合物进行选择性识别,间苯二酚和三聚氰胺主要通过氢键和 π-π 键与模板相互作用,使 MIRFM 与磺胺类具有较强的亲和性。基于分子印迹的固相萃取技术操作简单,同时具备很好的重现性,但分子印迹聚合材料在洗脱过程不彻底,水相体系中选择性较差等问题仍需进一步研究和探讨。

17.1.3　多孔有机骨架材料

1. 金属有机骨架

金属有机骨架(MOFs)是以金属离子或金属簇为配位中心,与含氧或氮的有机配体通过配位作用形成多孔骨架结构。MOFs具有比表面积高、孔隙率大、孔径设计灵活及多样性等特点,从而在样品固相萃取方面展示出巨大的潜力。目前已应用多种MOFs对痕量元素和有机物进行分析。目前已经报道使用的MOFs材料包括MOF-5、MOF-177、MOF-235、ZIF-7及ZIF-8等。磁性MOFs包括MIL-100、MIL-101、UiO-66等。Gu等[28]证明金属有机骨架MIL-53、MIL-100和MIL-101能实现多肽的有效富集,同时从复杂的生物样品中排除蛋白质的干扰。同时发现MIL-101可用于二甲苯异构体和乙苯的高分辨率气相色谱分离[29]。Chang等[30]在毛细管表面修饰ZIF-8涂层,研究发现由于分子间范德华力,其对烷烃分子表现出优异的吸附和分离性能。贾玉倩[31]成功制备三种MOFs材料,结合GC-MS/MS对食品和水中的持久性有机污染物(POPs)进行分析测定。Hu等[32]使用原位生长法固定MOF-5于多孔铜泡沫载体上,通过热解吸气相色谱/质谱联用,可应用于韭菜、蒜苗挥发性有机硫的顶空吸附萃取。因此,磁性MOFs复合材料目前应用较为广泛,此类磁性固相萃取材料易于实现回收利用。但部分复合材料制备过程复杂,在溶液体系中的溶解度及稳定性较差。同时MOFs复合材料与目前现有的分析检测方法需要兼容。因此,在固相萃取实际应用中需提高MOFs材料的选择性和吸附效率。

2. 共价有机骨架材料

共价有机骨架(COFs)是由有机结构单元通过共价键连接的具有周期性结构的多孔化合物,具有低密度、高热稳定性以及多孔性等特点。Liu等[33]报道了一种共价三嗪基骨架(CTF)作为八种芳香族化合物的吸附剂,研究表明,CTF对极性和/或离子性化合物的吸附能力强,快速吸附/解吸动力学和完全吸附可逆性的优点使得CTF成为芳香族化合物的优良吸附剂。Song等[34]使用2,6-二氨基蒽醌(DAAQ)和1,3,5-三甲酰基间苯三酚(TFP)为骨架材料,采用快速、环保的研磨方法制备了共价有机骨架DAAQ-TFP,应用该共价有机骨架作为吸附剂,对痕量农药残留进行固相萃取。Zhong等[35]使用溶胶-凝胶法制备聚二甲基硅烷/CTFs,该材料可以从环境水样中吸附8种酚类物质。COFs材料结构多样性的特点使得其在固相萃取技术应用的稳定性及特异性方面具有独特的优势。COFs与固相微萃取装置的结合,使得COFs在样品前处理方面拥有着良好的发展前景。COFs化学性质稳定,孔径可调节性使得COFs在固相萃取应用方面具有普适性,但是COFs材料较低的合成率、复杂的功能化修饰等缺点使其在样品前处理领域存在着一定的局限性。

17.1.4　其他

除此之外,离子液体修饰在固相表面可以增强与金属螯合物之间的疏水作用,提高对重金属离子、农兽药残留等富集效果;限进介质(RAMs)目前多与分子印迹组合使用,后者特异性识别结合小分子,而 RAMs 则可以排除大分子的干扰,该类复合材料已应用于提取低分子量的痕量目标化合物。

总之,随着固相萃取材料合成技术和方法的日益发展及多样化,现有阶段发展起来的新型固相萃取材料均具有高选择性及高富集性能等优点。新型固相萃取材料的应用可能会显著减少样品分析的步骤及时间。同时,一些新型材料可以减少有机溶剂的使用,从而满足绿色化学的理念。

17.2　固相萃取装置

固相萃取的装置种类较多,SPE 柱和 SPE 膜,也称 SPE 盘(disk),是目前常用的两种柱构型。为了保证测试样品的顺利流过,往往在装置上采取加正压或者负压的方法提高工作效率。例如,目前常用的 SPE 膜下方与真空泵相连,通过真空泵提供一定的真空度,使得样品的过滤速度加快。此外,磁性固相萃取装置可在外加磁场的作用下实现固液相的分离,不仅使得萃取效率显著提高,而且制备过程简单,可以重复利用。

17.2.1　固相萃取装置的形式

1. 固相萃取柱

SPE 柱通常是由聚丙烯或者玻璃筒状材料构成,这种材质对不同溶剂有很大的耐受性,同时降低了被样品污染的可能性。目前市场上有非常广泛的具有不同固相和大小的 SPE 柱,其萃取效率多取决于固相萃取材料。通过两种或两种以上 SPE 柱的结合使用可以有效提高目标产物的提取率和回收率。多孔 SPE 板是通过多个 SPE 柱来实现的,它的出现有利于实现高通量的样品前处理分析,同时减少了批间误差,提高了准确性。市面上通常是 96 孔和 384 孔两种规格,每个孔由 0.5 mL或 2.5 mL SPE 柱构成。由于减少了昂贵和环境敏感溶剂的使用,该产品目前在药物开发、临床检测及农药残留分析上应用较为广泛。

2. 固相萃取膜(盘)

现有文献资料表明,用于各种分析的圆形膜片直径通常在 47～96 mm,SPE 膜的外观和厚度与圆形滤纸相似。多种吸附剂类型和操作模式都能够用于膜片形式,并且可以组合多个膜片和预过滤器以容纳复杂的样品。与 SPE 柱的情况一样,用于分离分析物的膜片的大小取决于分析样品的体积,通常小直径 SPE 膜常用于临床诊断及药物分析,大直径用于环境分析等。同时目前固相萃取材料多被固定在聚合物(聚四氟乙烯)或者玻璃纤维中。此外,目前直接可以通过傅里叶变换质谱和基质辅助激光解析[36]两种方法对 SPE 膜表面的物质进行分析。

3. 固相萃取吸嘴

随着固相萃取微型化及小型化的发展趋势,将固相萃取技术转移到移液器吸嘴尖端,此时固相萃取材料装填在吸嘴内,大大降低了制备成本,并且缩短了样品前处理分析所需的时间,该装置适用于微量样本的提取浓缩,如常见的生命科学领域中基因组学或蛋白组学分析。同时,该方式易于实现自动化,样品处理后的洗脱液可直接注入色谱检测器中。目前商品化的产品包括 Millipore 公司推出的 ZipTip 及 EST 公司的 DPX 一次性 SPE 吸嘴等。

4. 新型固相萃取方式

在传统固相萃取的基础上逐渐发展出多种新型固相萃取方式。例如,基质分散固相萃取技术是将样品和固相吸附剂一起研磨,在形成微小碎片后分散在吸附剂表面,同时结合洗脱缓冲液将目标化合物洗脱下来,该方式需要样品具有一定的黏度(固态或者半固态),从而更方便结合在吸附剂表面,常见的固相吸附剂为硅石基固体载体。该技术目前已用于分离药物、污染物和其他种类化合物。Wang 等[37]以聚乙烯亚胺(PEI)改性凹凸棒石为基质制备固相载体,用于海产品中镉的提取和测定。Cheng 等[38]将基质分散固相萃取与表面增强拉曼技术结合,实现油炸食品中的丙烯酰胺的检测。Dziomba 等[39]使用 TiO_2 作为分散固相萃取混合材料,其具有选择性捕获磷酸结构的高度亲水性分子等特性,并且这种固相萃取材料成本低,价格比传统材料便宜两个数量级。

磁性固相萃取(magnetic solid-phase extraction, MSPE)能够替代部分固相萃取应用,该技术主要使用磁性吸附剂,将吸附剂均匀分散在大体积样品中,然后利用外部磁场进行有效的吸附剂回收。MSPE 解决了传统固相萃取的吸附剂填充、高反压或填充床堵塞有关的问题,并且具有简单、低成本及高选择性等特点。目前常用于磁性固相萃取的吸附剂多为 Fe_3O_4 表面功能化纳米颗粒,含磁性纳米颗粒的复合分子印迹聚合物、碳纳米管等。除以上材料之外,磁性金属有机骨架材料近些年发展迅速,多样化 MOFs 磁化方式提高了 MSPE 的应用范围和使用策略。

17.2.2　自动化固相萃取装置

由于目前很多领域的检测分析过程需要对大量的样品进行前处理,手工操作的方式很难满足实际的需求,固相萃取的自动化成了必然的发展趋势。自动化固相萃取装置的引入大大提高了样品检测分离的效率,同时减少了人为操作引起的误差。20 世纪 90 年代,国内自动化固相萃取装置基本上以进口品牌为主,如 Gilison、Dionex 等。进入 2000 年后,国产自动化固相萃取装置迅猛发展,从仿制到研发生产,具有自主知识产权的产品不断投放市场。例如,厦门睿科集团为大体积水样而设计生产的 AutoSPE-06 plus 全自动固相萃取仪[图 17-3(a)],具有六个萃取通道,可同时处理 6 个大体积水样。而该集团研发生产的 Fotector plus[图 17-3(b)]则是为小体积样品而设计的,可连续处理 60 个样品,收集管架中组分可直接转移到 AutoEVA-60 自动平行浓缩仪[图 17-3(c)]中进行快速浓缩。

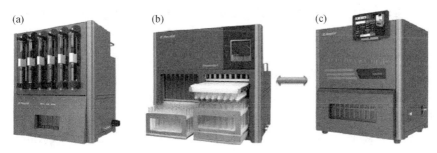

图 17-3　(a) AutoSPE-06 plus、(b) Fotector plus 和(c) AutoEVA-60

北京莱伯泰科生产的 Sepathsgu 可以兼顾 SPE 柱及 SPE 膜[图 17-4(a)]。上海屹尧仪器的全自动固相萃取仪 EXTRA[图 17-4(b)]可以实现完全连续定量上样,多通道同时进行 SPE 柱预处理、载样、洗涤和洗脱等步骤等,最多可同时处理 108 个样品。上海科哲生化开发的 GOODSPE-5000 型模块化全自动固相萃取仪[图 17-4(c)]专为小批量多品种固相萃取而设计,可根据样品处理数量增减模块,每个仪器模块可一次处理 12 个样品,可按顺序进行处理,适用于小批量多品种样品的固相萃取。而厦门睿科集团最新投放市场的 Vitae M96 则是适用于批量微量生物样品的快速固相萃取净化,该仪器使用 96 个 SPE 吸嘴,可同时处理 96 个微量血液、尿液等样品。厦门睿科集团最新投放市场的固相萃取仪还增加了远程控制等功能。

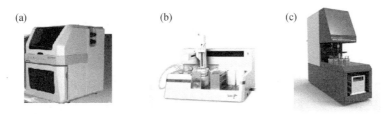

图 17-4　自动化固相萃取装置
(a) Sepathsgu;(b) EXTRA;(c) GOODSPE-5000 型

17.2.3　固相萃取的在线联用装置

1. 固相萃取装置与其他样品前处理装置联用

由于样品的状态及分析检测手段等因素,所涉及的样品前处理过程可能包括多种不同功能的装置。在很多情况下固相萃取只是整个样品前处理环节中的一个步骤。虽然固相萃取可以借助于固相萃取仪自动完成,但不同的前处理步骤之间依然需要人工介入。例如对于固态食品,通常需要经过均质、离心、萃取、浓缩等多个步骤。而在每个步骤之间样品依然需要人工转移。为了解决不同样品前处理步骤之间的自动连接,许多仪器生产厂商提出了不同的解决方案,可以将这些解决方案归纳为两类:

1) 第一类:多种样品前处理功能集成在一台仪器上

这种仪器最大的特点是在 X-Y-Z 工作站上将振荡、离心、萃取、液体转移等功能集成在一起。例如 Teledyne Tekmar 公司针对 QuEChERS 方法开发的 Automate-Q40(图 17-5),将 QuEChERS 方法中的溶剂加入、QuEChERS 试剂加入、QuEChERS 净化试剂加入、振荡、离心、液体转移等多个样品前处理步骤集成在 Automate-Q40 工作站上,该仪器可连续处理 40 个样品,实现了无人介入的全自动 QuEChERS 萃取净化。

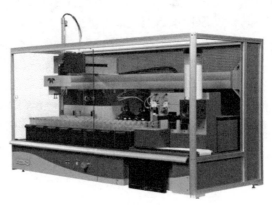

图 17-5　Automate-Q40 全自动 QuEChERS 样品萃取净化平台

2) 第二类:多种独立仪器集成在一个平台上

与第一类多功能样品前处理仪器不同,第二类多功能样品前处理平台最大的特点是将多台可独立运行的样品前处理仪器集成在一个样品前处理平台上。例如均质仪、振荡仪、离心机、固相萃取仪、浓缩仪等,同时具有开/关盖、移液等功能。样品在不同仪器间的转移通过多轴机械手完成。不同的仪器可以在相同或不同的时间工作,最大限度地缩短样品前处理时间,提高样品处理通量。这种多功能平台属于开放式平台,可以视为一个全自动的样品处理实验室,根据应用需求可以增加或减少平台上不同的独立前处理仪器。而平台上各独立仪器也可以脱离系统独立使用。例如厦门睿科集团推出的智能样品前处理平台(图 17-6)就属于此类。另外,该平台还可以与实验室信息管理系统(Laboratory Information Management System,LIMS)连接,将平台所有数据纳入 LIMS 系统,具有完整的索源性,使得整个样品前处理过程更加符合实验室 GLP 管理。

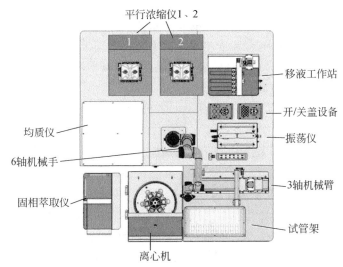

图 17-6　智能样品前处理平台

2. 固相萃取仪与分析仪器在线联用

固相萃取也可实现在线情况下的选择性分离,该在线方法将固相萃取与高效液相色谱、气相色谱、毛细管电泳、电感耦合等离子体质谱等其他分析方法进行联用。它具有污染少、自动化程度高、灵敏度高等优点。目前广泛使用的是 SPE 与液相/气相色谱-串联质谱联用[40-43],样品在经过固相萃取柱后,待分析物通过开关阀洗脱进入分析柱后进行分离检测;在线固相萃取-离子色谱联用可用于测定氯离子、氟离子、硝酸根离子、硫酸根离子等。此后,SPE 结合非色谱检测新方法陆续被开发,如固相萃取与原子吸收光谱结合用于提取并测定天然水中的痕量钒[44]。Leal 等[45]采用电感耦合质谱在线磁性固相萃取对无机砷的形态进行分析,采用预富集/分离的步骤,无须洗涤或反应气体即可连续测定两种无机砷种类,大大节省分析时间。Roger 等[46]开发了一种固相萃取-毛细管电泳-质谱联用技术用于纯化、富集、分离、鉴定肿瘤血清中 micro RNA 和转录后修饰的研究,证实了该技术在筛选慢性淋巴细胞白血病方面具有重要潜力;与此同时,具有拉曼活性的固相萃取膜可用于目标化合物的快速分离富集及原位检测,目前研究用于固相萃取的拉曼活性基底包括氧化石墨烯氧化物/金纳米颗粒衬底[47]、嵌入银和磁铁矿纳米颗粒的碳酸钙微粒[48]、装载银–石墨烯基磁性复合材料($Fe_3O_4@GO@Ag$)[49],此类固相萃取膜不仅能对复杂样品进行富集分离,同时通过对膜表面进行拉曼信号检测即可达到定量的目的,很好地满足了分析技术中快速检测的发展需求。同时,固相萃取的实现也可以固定在移动装置上。例如,现场可以应用无人机技术提供低成本固相萃取采样及实时数据分析,通过无线获取数据资料及测试结果,可以实现复杂地形取样点的检测分析。

　　总之,在人工智能和大数据时代的发展趋势下,未来的固相萃取装置将会向智能化及自动化方向发展,更有利于在实验室实现高效精准的固相萃取分析检测,与此同时,固相萃取装置的微型化、阵列化发展使得现场检测分析更加便捷与准确。

17.3　固相萃取技术的标准

　　目前现有分析方法中能够列为标准方法的条件是其在不同操作人员、不同实验室操作环境的条件下依然具备良好的重现性(在误差允许的范围内)。相对于传统的液–液萃取,固相萃取除了具有方法简单、操作方便、无乳化、有机溶剂用量少、适用范围广以及便于自动化等优点外,良好的重现性是固相萃取技术的一个重要特点。因此,固相萃取技术更加适用于标准分析方法中的样品前处理。在旧的国家标准方法(简称国标)及行业标准方法(简称行标)中,对固体样品进行分析前的样品处理通常是采用溶剂萃取,然后通过柱层析对萃取物进行净化。而层析柱则多为实验室自行装填,填料的来源、装填的密度都难以一致,为了确保能够最大限度地洗脱被层析柱吸附的目标化合物,往往需要使用较大体积的洗脱溶剂。固相萃取作为一种重现性好的萃取净化手段将被广泛用于国标和行标检测方法中。部分国内外标准分析方法见表 17-1。

表 17-1　国内外部分涉及固相萃取技术的标准分析方法

国别	标准号	标准名称		参考文献
中国	GB 23200.8—2016	食品安全国家标准	水果和蔬菜中 500 种农药及相关化学品残留量的测定　气相色谱–质谱法	[50]
	GB 23200.9—2016	食品安全国家标准	粮谷中 475 种农药及相关化学品残留量测定　气相色谱–质谱法	[51]
	GB23200.19—2016	食品安全国家标准	水果和蔬菜中阿维菌素残留量的测定　液相色谱法	[52]
	GB23200.34—2016	食品安全国家标准	食品中涕灭砜威、吡唑醚菌酯、嘧菌酯等 65 种农药残留量的测定　液相色谱–质谱/质谱法	[53]
	GB/T 32384—2015	食品安全国家标准	中间馏分中芳烃组分的分离和测定　固相萃取–气相色谱法	[54]

续表

国别	标准号	标准名称	参考文献
中国	HJ 716—2014	水质–硝基苯类化合物的测定　液液萃取/固相萃取–气相色谱–质谱法	[55]
	SL761—2018	水质–阿特拉津的测定　固相萃取–高效液相色谱法	[56]
	SL 392—2007	固相萃取气相色谱/质谱分析法(GC/MS)测定水中半挥发性有机污染物	[57]
	SL 391.3—2007	有机分析样品前处理方法　第 3 部分:固相萃取法	[58]
美国	ASTM D7575-11(2017)	Standard test method for solvent-free membrane recoverable oil and grease by infrared determination	[59]
	ASTM D7168-16	Standard test method for ^{99}Tc in water by solid phase extraction disk	[60]
	ASTM D7485-16	Standard test method for determination of nonylphenol, p- tert-octylphenol, nonylphenol monoethoxylate and nonylphenol diethoxylate in environmental waters by liquid chromatography/tandem mass spectrometry	[61]
美国	BS EN ISO 17943:2016	Water quality: Determination of volatile organic compounds in water: Method using headspace solid-phase micro- extraction (HS-SPME) followed by GC-MS	[62]
	BS EN 16694:2015	Water quality: Determination of selected polybrominated diphenly ether (PBDE) in whole water samples. Method using solid phase extract ion(SPE) with SPE-disks combined with GC-MS	[63]
	BS EN 13585:2002	Foodstuffs: Determination of fumonisins B_1 and B_2 in maize: HPLC method with solid phase extraction clean-up	[64]
欧洲标准学会(EN)	DIN EN 16278-2012	Animal feeding stuffs: Determination of inorganic arsenic by hydride generation atomic absorption spectrometry (HG-AAS) after microwave extraction and separation by SPE	[65]
	DIN EN 16691-2015	Determination of selected polycyclic aromatic hydrocarbons (PAH) in whole water samples. Method using solid phase extraction(SPE) with SPE-disks combined with GC-MS	[66]
	DIN EN 15890-2010	Foodstuffs: Determination of patulin in fruit juice and fruit based purée for infants and young children HPLC method with liquid/liquid partition cleanup and solid phase extraction and UV detection	[67]

　　不难发现,在目前现有的技术水平条件下,固相萃取技术在食品及水质样品的分析检测标准中占有重要的地位。以《水果和蔬菜中阿维菌素残留量检测方法——液相色谱法》为例,该标准最初是 2008 年由山东出入境检验检疫局起草作为出入境行业标准颁布,如今经过修订作为国家标准 GB 23200.19—2016 实施执行,这从一方面表明固相萃取作为样品前处理技术,逐渐得到广泛的关注和重视。

17.4　固相萃取技术的应用

固相萃取技术最初发展于 20 世纪 40 年代,1970 年之后固相萃取柱应用于实验室的常规操作,1980 年受到广泛的重视。随后经过不断发展,其应用逐步扩展到复杂样品基质中,包括牛奶、血液、尿液、植物和动物组织等,广大科学工作者在不同研究领域依然不断尝试应用固相萃取技术,以解决生命科学组学、临床医学检测等领域的诸多问题。

生命科学组学分析方面:以蛋白组学为例,其关键的一个流程为样品前处理,这对有效优化蛋白质材料的提取和加工,确保高灵敏度检测具有重要意义。传统使用液液萃取(LLE)主要用于除去脂质类物质,难以将特异性极性分析物提取到有机相中,SPE 萃取技术由于吸附剂种类多样,为样品中特异性目标分子的提取提供了极大的便利。例如,Christopher 等[68]提出的一种基于顺磁珠的单点、固相萃取样品前处理技术,用于快速高效处理蛋白分析样品。Wang 等[69]制备了亲水性聚酰胺肟聚合物的新型固相萃取基质,用于糖类和磷蛋白体的序列表征。Bi 等[70]制备亲水性麦芽糖功能化的磁珠,从而可实现生物分析样品中低丰度糖肽的分离和富集。Gallegos 等[71]研究了阳离子交换固相萃取离子来测定人血浆中游离噻吗洛尔,可以在不受内源性成分的干扰下实现定量检测。Su 等[72]采用固相萃取–蛋白质沉淀-LC-MS/MS 法分析大鼠血浆中游离和脂质体两性霉素。

临床医学检测方面:目前质谱技术已经应用于新生儿遗传病筛查[73]、体内维生素 D_2/D_3[74]、各种激素及体内生物标记物等的检测分析[75]。由于生物样品基质产生的基质效应会对质谱检测分析造成影响,采用固相萃取等技术对生物样品进行前处理成为质谱在临床检测应用的一个必需条件[76]。与食品、环境等常规分析方法不同,临床检测样品量大(通常是几十万份/年的检测量),单纯依靠常规方法处理单个样品无法满足临床检测需求。因此高通量的样品前处理方法也成为质谱技术在临床检测应用的关键。而 96 孔 SPE 板、SLE 板、蛋白沉淀板也相继问世。与之相对应的高通量固相萃取仪器设备也不断投放市场。

总之,随着固相萃取技术的逐步发展,未来其将在基因组学、蛋白组学、代谢组学、脂质组学和临床医学检测等痕量分析领域中发挥越来越多的作用,大大降低样品前处理分析所需的时间及分析物的损失率。

17.5　固相萃取技术的问题与发展

目前,固相萃取技术已经替代部分液液萃取方法应用于分析检测实验室,作为一种低成本、简单的方法,它表现出较高的回收率,同时易于实现分析物的浓缩。

近几十年的发展使得固相萃取技术的理论和应用都相对成熟,但仍存在一些问题与不足。例如,复杂样品的体系中分析物的性质不稳定会降低固相萃取的回收率。同时,固相萃取的选择性和重现性仍显不足。随着固相萃取材料制备技术的发展,新型吸附材料的研发和应用显著提高分析物的高选择性及减少样品前处理的时间;经济环保型的绿色 SPE 技术的开发符合绿色化学的原则,如使用植物产品加工的副产物(果壳废料等)作为固相萃取柱或者固相萃取盘的材料。同时,在目前现有的仪器制造及计算机技术水平条件下,固相萃取技术更易实现微量化、自动化及智能化操作。未来将更多集中在高选择性及通用性的萃取材料研究与开发、样品前处理装置的联用、分析测试仪器的在线联用、微型化仪器装置开发等方面,从而使得固相萃取技术未来能够更好地服务于现代分析检测领域。

参 考 文 献

[1] Kroto H W,Heath J R,O'brien S C,et al. Nature,1985,318(6042):162

[2] Iijima S. Nature,1991,354(6348):56

[3] 汪雨,支辛辛,张玲金. 分析测试学报,2008,27(5):493

[4] 李权龙,袁东星. 厦门大学学报(自然科学版),2004,43(4):531

[5] 韩宝武,范必威. 广州化工,2007,35(5):39-40

[6] Gouda A A,Al Ghannam S M. Food Chem,2016,202:409-416

[7] Duran A,Tuzen M,Soylak M J. Hazard Mater,2009,169(1-3):466

[8] Liu Q,Shi J,Zeng L,et al. J Chromatogr A,2011,1218(2):197

[9] Wu L X,Yu L,Ding X X,et al. Food Chem,2017,217:320

[10] Zhang B T,Zheng X,Li H F,et al. Anal Chim Acta,2013,784:1

[11] Kang X J,Pan C,Xu Q,et al. Anal Chim Acta,2007,587(1):75

[12] Li Y,Yang J J,Huang C N,et al. J Chromatogr A,2015,1392:28

[13] Wang H,Bie Z,Lü C,et al. Chem Sci,2013,4(11):4298

[14] Gao L,Du J,Wang C Z,et al. RSC Adv,2015,5(128):106161

[15] Xiao D,Lu T,Zeng R,et al. Microchim Acta,2016,183(10):2655

[16] Wang Q,Huang L J,Yu P F,et al. J Chromatogr B,2013,912:33

[17] Lei H Y,Hu Y L,Li G K. J Chromatogr A,2018,1582:22

[18] ZhouL J,Hu Y L,Li G K. Anal Chem,2016,88(13):6930

[19] Madru B,Chapuis-Hugon F,Peyrin E,et al. Anal Chem,2009,81(16):7081

[20] Aslipashaki S N,Khayamian T,Hashemian Z. J Chromatogr B,2013,925:26

[21] Du F,Alam M N,Pawliszyn J. Anal Chim Acta,2014,845:45

[22] Gan H J,Xu H. Anal Chim Acta,2018,1008:48

[23] Yasun E,Gulbakan B,Ocsoy I,et al. Anal Chem,2012,84(14):6008

[24] 章璐幸,孙洁胤,王延辉,等. 色谱,2018,36(6):566

[25] 张灿,周婷,陆介宇,等. 食品科学,2012,33(24):352

[26] Adali-Kaya Z, Bui B T S, Falcimaigne-Cordin A, et al. Angew Chem Int Ed, 2015, 54(17): 5192

[27] Lv T, Yan H, Cao J, et al. Anal Chem, 2015, 87(21): 11084

[28] Gu Z Y, Chen Y J, Jiang J Q, et al. Chem Commun, 2011, 47(16): 4787

[29] GuZ Y, Yan X P. Angew Chem Int Ed, 2010, 49(8): 1477

[30] Chang N, Gu Z Y, Yan X P. J Am Chem Soc, 2010, 132(39): 13645

[31] 贾玉倩. 金属–有机框架复合材料结合 GC-MS/MS 测定水及食品中的持久性有机污染物.
泰安: 山东农业大学, 2018

[32] Hu Y L, Lian H X, Zhou L J, et al. Anal Chem, 2014, 87(1): 406

[33] Liu J L, Zong E M, Fu H Y, et al. J Colloid Interface Sci, 2012, 372(1): 99

[34] Song Y, Ma R, Hao L, et al. J Chromatogr A, 2018, 1572: 20

[35] Zhong C, He M, Liao H, et al. J Chromatogr A, 2016, 1441: 8

[36] Callesen A K, Madsen J S, Vach W, et al. Proteomics, 2009, 9(6): 1428

[37] Wang T T, Chen Y H, Ma J F, et al. Talanta, 2018, 180: 254

[38] Cheng J, Zhang S, Wang S, et al. Food Chem, 2019, 276: 157

[39] Dziomba S, Pawelec A, Ciura K, et al. Microchem J, 2019, 145: 784

[40] Poiger T, Buerge I J, Bächli A, et al. Environ Sci Pollut R, 2017, 24(2): 1588

[41] Rubirola A, Boleda M R, Galceran M T. J Chromatogr A, 2017, 1493: 64

[42] Yang X T, Hu Y F, Li G K. J Chromatogr A, 2014, 1342: 37

[43] Wei T F, Chen Z Y, Li G K, et al. J Chromatogr A, 2018, 1548: 27

[44] Kim M L, Tudino M B. Talanta, 2009, 79(3): 940

[45] Leal P M, Alonso E V, Guerrero M M L, et al. Talanta, 2018, 184: 251

[46] Pero-Gascon R, Sanz-Nebot V, Berezovski M V, et al. Anal Chem, 2018, 90(11): 6618

[47] Cheng J, Zhang S, Wang S, et al. Food Chem, 2019, 276: 157

[48] Markina N E, Markin A V, Zakharevich A M, et al. Microchim Acta, 2017, 184(10): 3937

[49] Yu S, Liu Z, Li H, et al. Analyst, 2018, 143(4): 883

[50] GB/T 19648—2006　水果和蔬菜中 500 种农药及相关化学品残留量的测定　气相色谱–
质谱法

[51] GB/T 19649—2006　粮谷中 475 种农药及相关化学品残留量的测定　气相色谱–质谱法

[52] GB 23200.19—2016 水果和蔬菜中阿维菌素残留量检测方法　液相色谱法

[53] GB 23200.34—2016 食品中涕灭砜威、唑菌胺酯、腈嘧菌脂等 65 种农药残留量检测方法
液相色谱–质谱/质谱法

[54] GB/T 32384—2015 中间馏分中芳烃组分的分离和测定　固相萃取–气相色谱法

[55] HJ 648—2013 水质硝基苯类化合物的测定水质硝基苯类化合物的测定　液液萃取/固相
萃取–气相色谱法

[56] SL761—2018 水质阿特拉津的测定水质阿特拉津的测定　固相萃取–高效液相色谱法

[57] SL 392—2007 固相萃取气相色谱/质谱分析法(GC/MS)测定　水中半挥发性有机污染物

[58] SL 391.3—2007 有机分析样品前处理方法　第 3 部分: 固相萃取法

[59] ASTM D7575-11 Standard test method for solvent-free membrane recoverable oil and grease by

infrared determination

[60] ASTM D7168-16 Standard test method for ^{99}Tc in water by solid phase extraction disk

[61] ASTM D7485-16 Standard test method for determination of nonylphenol, *p-tert*-octylphenol, nonylphenol monoethoxylate and nonylphenol diethoxylate in environmental waters by liquid chromatography/tandem mass spectrometry

[62] BS EN ISO 17943:2016 Water quality: Determination of volatile organic compounds in water: Method using headspace solid-phase micro-extraction (HS-SPME) followed by gas chromatography-mass spectrometry(GC-MS)

[63] BS EN 16694:2015 17943:2016 Water quality: Determination of selected polybrominated diphenly ether(PBDE) in whole water samples: Method using solid phase extraction(SPE) with SPE-disks combined with gas chromatography-mass spectrometry(GC-MS)

[64] BS EN 13585:2002 Foodstuffs: Determination of fumonisins B_1 and B_2 in maize: HPLC method with solid phase extraction clean-up

[65] DIN EN 16278-2012 Animal feeding stuffs: Determination of inorganic arsenic by hydride generation atomic absorption spectrometry(HG-AAS) after microwave extraction and separation by solid phase extraction(SPE)

[66] DIN EN 16691-2015 Determination of selected polycyclic aromatic hydrocarbons(PAH) in whole water samples: Method using solid phase extraction(SPE) with SPE-disks combined with gaschromatography-mass spectrometry(GC-MS)

[67] DIN EN 15890-2010 Foodstuffs: Determination of patulin in fruit juice and fruit based purée for infants and young children: HPLC method with liquid/liquid partition cleanup and solid phase extraction and UV detection

[68] Hughes C S, Moggridge S, Müller T, et al. Nature Protocols, 2019, 14(1): 68

[69] Wang J, Wang Y, Gao M, et al. Anal Chim Acta, 2016, 907: 69

[70] Bi C, Zhao Y, Shen L, et al. Acs Appl Mater Inter, 2015, 7(44): 24670

[71] Gallegos A, Peavy T, Dixon R, et al. J Chromatogr B, 2018, 1096: 228

[72] Su C, Yang H, Sun H, et al. J. Pharmaceut Biomed, 2018, 158: 288

[73] Gelb M H, Turecek F, Scott C R, et al. J Inherit Metab Dis, 2006, 29: 397

[74] Shieh A, Chun R F, Ma C, et al. J Clin Endocr Metab, 2016, 101: 3070

[75] Zhang A, Sun H, Wang X. Mass Spectrom Rev, 2018, 37: 307

[76] Moussa B A, Mahrouse M A, Fawzy M G. J Pharmaceut Biomed, 2019, 163: 153

附录一 固相萃取相关术语

柱床体积(bed volume 或 void volume)

对于装填在 SPE 柱中一定质量的 SPE 吸附剂,所需充满吸附剂颗粒及内孔空间的溶剂体积等于柱床体积。对于 40 μm、60Å 的吸附剂,柱床体积大约为 120 μL/100 mg吸附剂。

柱穿透(breakthrough)

目标化合物在载样时没有被 SPE 吸附剂保留而流过 SPE 柱。目标化合物在吸附剂的保留太弱或吸附的样品超过柱容量时就会发生柱穿透。

柱容量(capacity)

在一定的溶液环境中,给定的 SPE 柱能够保留目标化合物及干扰物的总量。对于某一目标化合物,吸附剂的柱容量与其所在的溶液基质有关。通常柱容量不会大于吸附剂质量的5%。

柱体积(column volume)

常见的商品化 SPE 柱有 1 mL、3 mL、6 mL 等。这里的毫升数指 SPE 空柱的体积。柱体积并不等于可以加载至某一 SPE 柱的样品体积。例如,1 mL SPE 柱的载样量并非等于 1 mL。SPE 柱的载样量取决于柱容量和样品浓度,通常载样量大于柱体积。

预处理(condition)

柱预处理又称柱活化。主要目的是使 SPE 柱达到萃取的最佳状态,以便吸附目标化合物。对于以硅胶为基质的反相 SPE 柱,必须注意在载样之前,活化好的 SPE 柱要保持湿润。

共价作用(covalent interaction)

共价作用是指目标化合物与吸附剂之间形成的共价键。共价键一般不容易逆转,但在一定条件下是可逆的。共价作用在固相萃取中并不常见,但具有很好的选择性。例如,苯硼酸基在低 pH 时硼原子与三个不同的原子键合。当 pH 升高至 8.5 时,硼原子与 OH 基结合,在这种状态下,就可以通过连接硼原子的两个氧原子与目标化合物形成共价键。通常其可以与二酚、二胺或胺醇形成共价键。当 pH 降至 1.0,就会释放目标化合物。

干燥(dry)

在对目标化合物进行洗脱之前,对 SPE 柱进行干燥的目的是除去萃取柱中的水分,以便更好地进行洗脱。同时,也可以防止水分对气相色谱柱的损害。

洗脱(elution)

洗脱是用适当的溶剂将目标化合物从 SPE 柱上洗脱出来的过程。应该根据 SPE 柱对目标化合物不同的保留机理选择适当的洗脱溶剂。溶剂的选择应该是最大限度地将目标化合物洗脱,而共洗脱的杂质越少越好。

封尾(endcapping)

用三甲基氯硅烷对硅胶基质表面未与官能团键合的硅羟基进行反应,以减少硅羟基的数量,从而减少硅羟基对固相萃取中主作用力的干扰。

萃取机理(extraction mechanism)

在固相萃取中,萃取机理是指化合物与吸附剂之间相互作用的化学本质。在固相萃取中主要的萃取机理有非极性、极性、离子交换、共价等。

官能团(functional group)

官能团也称功能团。在固相萃取中,官能团是指具有一定性能的化合物原子基团。这些原子基团在一定的条件下可以被吸附剂所吸附而使目标化合物得以保留在 SPE 柱上。适当地改变条件又可以破坏这种相互作用,使这些原子基团从吸附剂上释放出来。

相互作用(interaction)

相互作用是指在一定的化学环境中,两个化合物之间相互吸引或排斥。在固相萃取中,有三种基本的相互作用:目标化合物/吸附剂、样品基质/吸附剂、目标化合物/样品基质。

干扰物(interferences)

干扰物也称杂质,是指对目标化合物的萃取或检测起到负面作用的物质。干扰物主要有两类。一类是通过与目标化合物竞争或与目标化合物结合而阻碍或限制吸附剂对目标化合物的吸附;另一类是对最终的检测起到干扰作用的物质。这两类干扰物在样品前处理过程中都应该尽量除去。

离子交换作用(ion-exchange interaction)

离子交换作用是化合物中的离子官能团与吸附剂表面带相反电荷官能团之间的相互作用。离子交换可以通过溶剂 pH、离子强度、竞争离子的选择性等条件来控制。按照化合物与吸附剂之间相互作用能量的大小,离子交换作用有强弱之分。

检测限(limit of detection，LOD)

检测限是目标化合物信号能够与背景噪声区别开来的最小量。LOD 可以用信/噪比来表示，检测限的信/噪比应该大于 3。

定量限(limit of quantification，LOQ)

定量限是在保证足够的精确度和准确度的前提下，目标化合物能够被检测到的最低浓度。

载样(load)

载样即为样品过柱，是将样品载入并通过 SPE 柱的过程，也是 SPE 柱对目标化合物吸附保留的过程。

非极性作用(non-polar interaction)

非极性作用发生于具有非极性官能团的化合物与具有非极性官能团的吸附剂之间。非极性作用主要是通过范德华引力产生作用的。

极性作用(polar interaction)

极性作用是具有偶极矩官能团的化合物与吸附剂表面同类官能团之间的相互作用。

样品基质(sample matrix)

样品基质是指目标化合物所处的样品环境。样品基质在固相萃取中是一个十分重要的因素。样品基质不但会影响对萃取机理的选择，还会影响化合物在吸附剂上的保留程度。

选择性(selectivity)

对于一个化合物而言，选择性是指吸附剂只保留该化合物的能力。在固相萃取中，选择性十分重要，因为萃取过程中的选择性越高，干扰物就越少，萃取步骤就可能越简单。另外，选择性越高，吸附剂的用量就越小。

固相萃取装置(SPE devices)

固相萃取装置是文献中经常出现的术语，是对固相萃取柱、固相萃取膜片(盘)、固相萃取吸嘴等各种产品的统称。

吸附剂(sorbent)

固相萃取吸附剂又称固相萃取填料。固相萃取就是靠这些吸附剂将目标化合物从复杂的样品基质中萃取出来。吸附剂的种类有多种，如反相硅胶、高聚物、氧化铝、石墨化碳等无机材料等。

表面积(surface area)

填料的表面积是指填料颗粒外表面积及填料微孔表面积的总和，单位为 m^2/g。

通量(throughput)

在固相萃取中,通量是指每天处理样品的数量。

洗涤(wash)

洗涤的目的是要将干扰目标化合物分析的杂质在洗脱之前除去。洗涤剂的选择应该是能够最大限度地除去杂质,而对目标化合物没有明显损失。

附录二　化合物官能团 pK_a 值

编号	化学结构	pK_a(25 ℃)	编号	化学结构	pK_a(25 ℃)
1	$NH_4^{\oplus}$	9.3	11	1-萘胺 $\overset{\oplus}{N}H_3$	3.9
2	$R{-}\overset{\oplus}{N}H_3(R = alkyl)$	10.6~10.7	12	2-萘胺 $\overset{\oplus}{N}H_3$	4.1
3	$\underset{OH}{CH_2CH_2{-}\overset{\oplus}{N}H_3}$	9.5	13	$\underset{CH_3}{CH_3{-}\overset{\oplus}{N}H_2}$	10.8
4	$\underset{NH_2}{CH_2CH_2{-}\overset{\oplus}{N}H_3}$	10.1	14	$\underset{CH_2CH_3}{CH_3CH_2{-}\overset{\oplus}{N}H_2}$	11.0
5	$CH_2{=}CH{-}CH_2{-}\overset{\oplus}{N}H_3$	9.5	15	$(CH_3)_3{-}\overset{\oplus}{N}H$	9.8
6	$C_6H_5{-}CH_2{-}\overset{\oplus}{N}H_3$	9.4	16	$\underset{CH_2CH_3}{(CH_3)_2{-}\overset{\oplus}{N}H}$	10.0
7	$C_6H_5{-}CH_2CH_2{-}\overset{\oplus}{N}H_3$	9.8	17	$(CH_3CH_2)_3{-}\overset{\oplus}{N}H$	10.7
8	环己基$-\overset{\oplus}{N}H_3$	10.6	18	$\underset{OH}{CH_2CH_2{-}\overset{\oplus}{N}H(CH_3)_2}$	9.2
9	$C_6H_5{-}\overset{\oplus}{N}H_3$	4.6	19	$\underset{NH_2}{CH_2CH_2{-}\overset{\oplus}{N}H(CH_3)_2}$	9.5
10	$\underset{CH_3}{C_6H_5{-}CH_2CH{-}\overset{\oplus}{N}H_3}$	9.8	20	$CH_2{=}CH{-}CH_2{-}\overset{\oplus}{N}H(CH_3)_2$	8.6

续表

编号	化学结构	pK_a(25 ℃)	编号	化学结构	pK_a(25 ℃)
21	$CH_2CH_2-\overset{\oplus}{N}H(CH_2CH_3)_2$; OH	9.8	32	苯环-$\overset{\oplus}{N}H_2$-CH_3	4.9
22	$CH_2CH_2-\overset{\oplus}{N}H(CH_2CH_3)_2$; NH_2	10.0	33	苯环-$\overset{\oplus}{N}H$-$(CH_3)_2$	5.1
23	哌啶环-$\overset{\oplus}{N}H_2$	11.2	34	苯环-$\overset{\oplus}{N}H$-$(CH_2CH_3)_2$	6.6
24	哌啶环-$\overset{\oplus}{N}H$-CH_3	10.1	35	联苯-$\overset{\oplus}{N}H_2$	0.85
25	哌啶环-$\overset{\oplus}{N}H$-CH_2CH_3	10.4	36	吡啶环-$\overset{\oplus}{N}H$	5.2
26	吡咯烷环-$\overset{\oplus}{N}H_2$	11.3	37	吡啶环-$\overset{\oplus}{N}H$	0.6
27	环丙基-$\overset{\oplus}{N}H_2$	8.0	38	N环-$\overset{\oplus}{N}H$	1.3
28	吡啶环-$\overset{\oplus}{N}H$	0.7	39	哒嗪环-$\overset{\oplus}{N}H$-N	2.3
29	$H_2\overset{\oplus}{N}$-哌嗪环-$\overset{\oplus}{N}H_2$	pK_{a_1}=9.8 ; pK_{a_2}=5.7	40	喹啉环 $\overset{H\oplus}{N}$	4.9
30	O-吗啉环-$\overset{\oplus}{N}H_2$	8.7	41	异喹啉环-$\overset{\oplus}{N}H$	5.1
31	苯环-NH-$\overset{O}{\underset{}{C}}$-$CH_3$	0.61	42	吖啶环 $\overset{H\oplus}{N}$	5.6

续表

编号	化学结构	$pK_a(25℃)$	编号	化学结构	$pK_a(25℃)$
43	(吩嗪, N—H⊕ 两处)	$pK_{a_1}=1.2$ $pK_{a_2}=4.3$	53	HCOOH	3.8
44	CH_3—C(=O)—NH_2	15.1	54	CH_3COOH	4.8
45	(吡咯 NH⊕)	−0.3	55	$Cl_2CHCOOH$	1.3
46	(咪唑 NH⊕)	2.5	56	Cl_3CCOOH	0.7
47	(苯并咪唑 $NH_2^{\oplus}$)	5.5	57	CH_2COOH | OH	3.8
48	(异噁唑 O—NH⊕)	1.3	58	$CH_3CH_2CH_2CH_2COOH$	4.8
49	(噻唑 HN⊕···S)	2.5	59	CH_2COOH | SH	$COO^-=3.68$ $SH=10.41$
50	(三唑 $NH_2^{\oplus}$)	2.3	60	$COOH$ | $COOH$	$pK_{a_1}=1.3$ $pK_{a_2}=4.3$
51	$COOH$ | CH_2 | NH_2	$COO^-=2.4$ $NH_3^+=9.9$	61	CH_2 ⟨$COOH$ / $COOH$⟩	$pK_{a_1}=2.9$ $pK_{a_2}=5.7$
52	H_2CO_3	$pK_{a_1}=6.3$ $pK_{a_2}=10.3$	62	CH_2COOH | CH_2COOH	$pK_{a_1}=4.2$ $pK_{a_2}=5.6$

编号	化学结构	pK_a(25 ℃)	编号	化学结构	pK_a(25 ℃)
63	(H)(COOH)C=C(H)(COOH) 顺丁烯二酸	$pK_{a_1}=1.9$ $pK_{a_2}=6.2$	72	CH_2COOH —苯环	4.3
64	(H)(COOH)C=C(HOOC)(H) 反丁烯二酸	$pK_{a_1}=3.0$ $pK_{a_2}=4.4$	73	CH_3—CH(COOH)—苯环	4.7
65	COOH / HO—CH / HO—CH / COOH	$pK_{a_1}=3.0$ $pK_{a_2}=4.4$	74	HO—CH(COOH)—苯环	3.4
66	CH_2COOH / CH_2 / CH_2COOH	$pK_{a_1}=4.3$ $pK_{a_2}=5.3$	75	苯环—CH(COOH)—苯环	3.9
67	CH_2COOH / HO—C—COOH / CH_2COOH	$pK_{a_1}=3.1$ $pK_{a_2}=4.8$ $pK_{a_3}=6.4$	76	苯环—C(OH)(COOH)—苯环	3.0
68	丁二酰亚胺（O=环N—H=O）	9.6	77	COOH（苯环）OH（间位）	4.1
69	苯环—COOH	4.2	78	COOH（苯环）OH（对位）	4.5
70	苯环—OH	10.0	79	COOH（苯环）Cl（邻位）	2.9
71	COOH（苯环）OH（邻位）	3.0	80	COOH（苯环）Cl（间位）	3.8

续表

编号	化学结构	pK_a(25 ℃)	编号	化学结构	pK_a(25 ℃)
81	COOH—C₆H₄—Cl（对氯苯甲酸，苯环上对位取代）	4.0	83	苯环（OH，OH 间位取代）	9.4
82	苯环（OH，OH 邻位取代）	9.5	84	苯环（OH，OH 对位取代）	10.0

注:数据来源于 Hand Book of Sorbent Extraction Technology,Varian,1993。

附录三 常见商品化固相萃取柱对照表

Agela Cleanert	Agilent SampliQ	IST Isolute	JT Baker Bakebond	MN Chromabond	Phenomenex Strata	Supelco Discovery Supelclean	Varian BondElut	Waters Sep-Pak Oasis	UCT
				反相柱					
C_{18}	C_{18} (EC)	C_{18} (EC)	Octadecyl	C_{18} ec	C_{18}-E	18	C_{18}	tC_{18}	C_{18}
	C_{18}	C_{18}	PolarPlus	C_{18}	C_{18}-U				
			Octadecyl light load	C_{18} PAH					
C_8	C_8	C_8 (EC)	Octyl	C_8	C_8	8	C_8	C_8	C_8
	Phenyl	101	Phenyl	C_6H_6	Phenyl (PH)	PH	PH		Phenyl
PS	PS-DVB		H_2O-Phobic DVB	HR-P	SDB-L	PS/DVB	ENV		
		ENV+		PS-RP			LMS		
PEP	OPT		H_2O-Phobic DVB	Easy	Strata-X		Plexa	Oasis HLB	
							PPL	Proapak RDX	
							Focus		
				正相柱					
Silica	Silica	Silica	Silica-Gel	SiOH	Si-1	Silica	Silica	Silica	Silica
Eniv-Florisil	FL	FL	Florisil	Florisil	FL-PR		Florisil	Florisil	Envi-Florisil

续表

Agela Cleanert	Agilent SampliQ	Evidex	IST Isolute	JT Baker Bakebond	MN Chromabond	Phenomenex Strata	Supelco Discovery Supelclean	Varian BondElut	Waters Sep-Pak Oasis	UCT
正相柱										
NH_2	Amino		NH_2	NH_2	NH_2	NH_2	NH_2	NH_2	NH_2	Amino propyl
CN	Cyano		CN	CN	CN	CN	CN	CN	CN	CN
离子交换柱										
SAX	SAX		SAX	Quaternary Amine	SB	SAX	SAX	SAX		Quaternary amine
SCX	SCX		SCX	Aromatic sulfonic acid	SA	SCX	SCX	SCX		Benzene Sulfonic acid
PCX	SCX				PS-H$^+$	Strata-X-C			Oasis MCX	StyreScreen
PAX	SAX			Carboxylic acid	PS-OH$^-$				Oasis MAX	
			CBA	Carboxylic acid	PCA	WCX	WCX	CBA		
		HCX	HCX	Narc-2	Drug	Screen-C		Certify I		Clean Screen DAU
		HAX	HAX	Narc-1	Drug II	Screen-A		Certify II		Clean Screen THC

注:该表只说明不同生产商生产的相类似的 SPE 柱,不等于它们之间相同。当使用不同品牌的同类 SPE 柱时,注意对萃取参数进行必要的修正。

附录四　固相萃取中常用的溶液和缓冲溶液

1.0 mol/L 乙酸溶液

向 400 mL 去离子水加入 28.6 mL 冰醋酸,然后用去离子水稀释至 500 mL,混合均匀。

　　保存:25 ℃玻璃瓶或塑料瓶中。

　　保质期:6 个月。

0.1 mol/L 乙酸溶液

将 40 mL 1.0 mol/L 乙酸溶液用去离子水稀释至 400 mL,混合均匀。

　　保存:25 ℃玻璃瓶或塑料瓶中。

　　保质期:6 个月。

0.1 mol/L 乙酸缓冲溶液,pH 4.5

将含三水的乙酸钠 2.93 g 溶解在 400 mL 去离子水中,加入 1.62 mL 冰醋酸,用去离子水调节至 500 mL,混合均匀。

　　保存:25 ℃玻璃瓶或塑料瓶中。

　　保质期:6 个月。

　　如果溶液出现沉淀或浑浊,表明溶液中有细菌生长。

1.0 mol/L 乙酸缓冲溶液,pH 5.0

将含三水的乙酸钠 42.9 g 溶解在 400 mL 去离子水中,加入 10.4 mL 冰醋酸,用去离子水稀释至 500 mL,混合均匀。

　　保存:25 ℃玻璃瓶或塑料瓶中。

　　保质期:6 个月。

　　如果溶液出现沉淀或浑浊,表明溶液中有细菌生长。

0.1 mol/L 乙酸缓冲溶液,pH 5.0

将 40 mL 1.0 mol/L 乙酸缓冲溶液用去离子水稀释至 400 mL,混合均匀。

　　保存:25 ℃玻璃瓶或塑料瓶中。

　　保质期:6 个月。

7.4 mol/L 氢氧化铵溶液

50 mL 去离子水中加入 50 mL 浓 NH_4OH,混合均匀。

　　保存:25 ℃玻璃瓶或含氟聚合物塑料瓶中。

保质期:取决于储存条件。

β-葡糖醛酸糖苷酶溶液,5000 Fishman U/mL

将 100 000 Fishman U 的冻干粉溶解于 20 mL 1 mol/L 乙酸缓冲溶液(pH 5.0)。

保存:-5 ℃保存在塑料瓶中。

保质期:几天;最好每天配制新鲜溶液。

0.1 mol/L 盐酸溶液

将 4.2 mL 浓盐酸加入 400 mL 去离子水中。然后用去离子水稀释至 500 mL,混合均匀。

保存:25 ℃玻璃瓶或塑料瓶中。

保质期:6 个月。

甲醇-氢氧化铵溶液(98:2,体积比)

将 2 mL 浓氢氧化铵加入 98 mL 甲醇中,混合均匀。

保存:25 ℃玻璃瓶或含氟聚合物塑料瓶中。

保质期:1 天。

0.1 mol/L 磷酸缓冲溶液,pH 6.0

将 1.70 g Na_2HPO_4 和 12.14 g NaH_2PO_4 溶解在 800 mL 去离子水中。然后用去离子水稀释至 1000 mL,混合均匀。

调节 pH 至 6.0±0.1(用 0.1 mol/L 磷酸二氢钠调低 pH;用 0.1 mol/L 磷酸氢二钠调高 pH)。

保存:5 ℃玻璃瓶。

保质期:1 个月。

二氯甲烷-异丙醇-氢氧化铵溶液(78:20:2,体积比)

将 4 mL 浓 NH_4OH 加入到 40 mL 异丙醇中,混合均匀。然后加入 156 mL CH_2Cl_2,混合均匀。

保存:25 ℃玻璃瓶或含氟聚合物塑料瓶中。

保质期:1 天。

0.5 mol/L 磷酸溶液

将 17.0 mL 浓磷酸加入 400 mL 去离子水中,用去离子水稀释至 500 mL,混合均匀。

保存:25 ℃玻璃瓶或塑料瓶中。

保质期:6 个月。

1.0 mol/L 乙酸钠溶液

将 13.6 g 乙酸钠溶解于 90 mL 去离子水中,并用去离子水稀释至 100 mL,混合均匀。

　　保存:25 ℃玻璃瓶或塑料瓶中。

　　保质期:6 个月。

0.1 mol/L 乙酸钠溶液

用去离子水将 10 mL 1.0 mol/L 乙酸钠溶液稀释至 100 mL,混合均匀。

　　保存:25 ℃玻璃瓶或塑料瓶中。

　　保质期:6 个月。

0.1 mol/L 硼酸钠溶液

将 3.81 g $Na_2B_4O_7 \cdot H_2O$ 溶解于 90 mL 去离子水,用去离子水稀释至 100 mL,混合均匀。

　　保存:25 ℃玻璃瓶或塑料瓶中。

　　保质期:6 个月。

0.1 mol/L 磷酸一氢钠溶液

将 2.84 g Na_2HPO_4 溶解于 160 mL 去离子水,用去离子水稀释至 200 mL,混合均匀。

　　保存:5 ℃玻璃瓶中。

　　保质期:1 个月。

0.1 mol/L 磷酸二氢钠溶液

将 2.76 g NaH_2PO_4 溶解于 160 mL 去离子水,用去离子水稀释至 200 mL,混合均匀。

　　保存:5 ℃玻璃瓶中。

　　保质期:1 个月。

0.1 mol/L 硫酸溶液

将 5.6 mL 浓 H_2SO_4 加入 400 mL 去离子水中,用去离子水稀释到 500 mL,混合均匀。

　　保存:25 ℃玻璃瓶或塑料瓶中。

　　保质期:6 个月。

Tris-HCl 缓冲液

将 121 g 三羟基氨基甲烷(Tris 碱)溶解于约 900 mL 去离子水中,再根据所要求的 pH(25 ℃)加一定量的浓盐酸(11.6 mol/L),用去离子水稀释至 1000 mL,混合均匀。

Tris-HCl 缓冲液浓盐酸加入体积与缓冲溶液 pH 的关系

浓盐酸的体积/mL	8.6	14	21	28.5	38	46	56	66	71.3	76
pH	9.0	8.8	8.6	8.4	8.2	8.0	7.8	7.6	7.4	7.2